한국의 들꽃

한국의 들꽃

— 우리 들에 사는 꽃들의 모든 것

Herbaceous Plants of Korean Peninsula I
- Plants living in Seasides, Rivers, Wetlands and Cities

김진석·김종환·김중현 지음

2018년 10월 19일 초판 1쇄 발행
2021년 8월 20일 초판 2쇄 발행

펴낸이 한철희 | **펴낸곳** 돌베개 | **등록** 1979년 8월 25일 제406-2003-000018호
주소 (10881) 경기도 파주시 회동길 77-20 (문발동)
전화 (031) 955-5020 | **팩스** (031) 955-5050
홈페이지 www.dolbegae.co.kr | **전자우편** book@dolbegae.co.kr
블로그 blog.naver.com/imdol79 | **트위터** @dolbegae79 | **페이스북** /dolbegae

주간 김수한 | **편집** 김서연·남미은
표지디자인 김동신 | **디자인** 김동신·이은정·이연경
마케팅 심찬식·고운성·조원형 | **제작·관리** 윤국중·이수민 | **인쇄·제본** 상지사 P&B

© 김진석(Jin Seok, Kim)·김종환(Jong Hwan, Kim)·김중현(Jung Hyun, Kim), 2018

ISBN 978-89-7199-906-6 04480
        978-89-7199-907-3 (세트)

책값은 뒤표지에 있습니다.

이 도서의 국립중앙도서관 출판예정도서목록(CIP)은 서지정보유통지원시스템 홈페이지(http://seoji.nl.go.kr)와 국가자료
공동목록시스템(http://www.nl.go.kr/kolisnet)에서 이용하실 수 있습니다.(CIP제어번호: CIP2018029699)

한국의 들꽃

우리 들에 사는 꽃들의 모든 것

김진석
김종환
김중현

돌베
개

책머리에

이 책은 우리나라의 강가·바닷가·습지 또는 길가·농경지·민가 등 주변에서 볼 수 있는 1,140분류군의 초본류가 수록된 도감이다. 저자들은 한반도에 자생하는 초본류를 들꽃과 산꽃으로 구분하고, 그 각각을 필드에서 쉽게 찾아볼 수 있도록 도감 형태로 구성해보기로 했다. 이 책은 그중 들꽃을 다루는 『한국의 들꽃』이며, 이후 『한국의 산꽃』도 출간할 계획이다.

사실 우리가 다루는 식물들 가운데 일부는 산과 들에 광범위하게 분포하고 있어 자생지가 뚜렷이 구분되지 않지만 사구식물, 수생식물, 염생식물 등과 같이 대다수 식물은 특정 생육지를 선호해 분포한다.

식물을 연구하는 사람이라면 누구나 식물도감 집필이 개인적 목표이자 소명일 것이다. 우리 저자들 역시 정확한 식물도감 만들기를 꿈꾸며 십수 년에 걸쳐 산과 들에서 식물을 관찰했고 국내외 문헌을 참고하며 자료를 정리했다. 전 세계 어떤 식물도감과 견주어도 손색없는 결과물을 만들어낼 수 있다는 자신감을 가지고 『한국의 들꽃』 집필을 시작했다. 그러나 집필 과정에서 우리 자신의 부족함을 느끼기도 했고 정확한 도감을 만드는 일이 얼마나 어려운 작업인지도 새삼 깨달았다.

지난 30~40년간 우리나라 식물분류 분야의 교수님들과 선후배님들의 노력으로 분류학적 자료가 많이 축적되어 과거에 비해서는 자생식물의 식별 및 동정(同定)이 정확해지고 수월해졌지만, 주변국 학자들과 분류학적 견해가 일치하지 않는다거나 자료가 미흡한 분류군에 대한 동정 작업은 여전히 어려워 부담스러운 일이다. 그런에도 저자들은 학자들 간에 분류학적 견해가 다른 식물에 대해서도 필드에서 관찰한 경험적 지식을 바탕으로 우리 자신의 견해를 밝혔다.

저자들은『한국의 들꽃』에 수록된 일부 분류군에서 국명을 새로 명명했거나 다른 학명을 사용했으며 기존의 여러 식물도감에서 반복 재생산된 오류를 최대한 바로잡고자 노력했다. 그래서 자생식물 분류에 해박한 지식을 가진 분들도 생소하게 느낄 만한 부분이 없지 않을 것이다. 저자들이 가진 지식의 한계로 인해 독자들에게 혼란을 주지는 않을까 염려스럽기도 하지만, 완벽하지는 못할지라도 정확도와 완성도 면에서 국내외 어떤 도감과 비교해도 뒤떨어지지 않는다고 조심스럽게 자평하며, 혹 잘못된 부분이 있다면 그 부분은 계속해서 보완해나갈 계획임을 밝혀둔다.

『한국의 들꽃』에 수록된 구체적인 내용은 물론 함께 실린 사진 또한 그동안 저자들이 산과 들에서 흘린 피와 땀 그리고 집필 중 느낀 고뇌와 갈등이 고스란히 담긴 결과물이다. 폭염이 한창이던 어느 여름에 촬영한 서울개발나물, 나름 귀한 카메라를 물속에 빠트리며 찍은 애기거머리말, 추석 연휴 마지막 날 시궁창 냄새 가득한 습지에서 비 맞으며 촬영한 세모부추와 들통발… 이런 사진들은 꽤 오랜 시간이 흘렀음에도 그날의 피곤함과 서글픔을 상기시킨다. 모쪼록『한국의 들꽃』에 녹아 있는 우리의 애틋한 추억과 노력이 독자 여러분에게도 자그마한 감동과 신뢰로 전해지기를 소망한다.

우리 주변에서 피고 지는 풀꽃들이『한국의 들꽃』이라는 이름으로 완성되기까지 많은 분의 도움이 있었다. 저자들에게 식물분류에 관한 지식과 열정을 물려준 경북대학교 박재홍 교수님, 전북대학교 김무열 교수님, 신경대학교 윤창영 교수님께 먼저 감사의 마음을 전한다. 또한 야외에서 식물 채집 및 조사를 함께 다니며 무수한 이야기를 나누고 지식을 공유해준 국립수목원의 정재민 박사님과 이강협 선생님, 우리식물연구소 조양훈 소장님, 그리고 '산과자연의친구 우이령사람들'의 이병천 박사님께도 항상 존경과 감사의 마음을 품고 있다는 말씀을 전하고 싶다. 많은 비용을 들여 고생스럽게 촬영한 사진을 흔쾌히 제공해준 서울식물원 양형호 선생님과 울산생명의숲 '숲이랑꽃이랑'의 김상희 회장님, 한국생태계획연구소의 이호영 박사님께도 진심으로 감사드린다. 또한 책장과 컴퓨터에 갇혀 세상의 빛을 받아보지 못하고 사라질 수도 있었던 자료들을 모으고 엮어 아름다운 책의 형태로 정성껏 만들어준 돌베개 출판사의 한철희 사장님, 김수한 님과 김서연 님, 남미은 님, 디자이너 김동신 님과 이연경 님, 이은정 님, 김명선 님에게도 깊이 감사드린다. 마지막으로, 잦은 출장과 야근으로 얼굴 보기 힘든 가장을 둔 가족에게도 미안하고 고맙다는 말을 전한다.

보고 싶은 식물을 찾아나서 관찰하고 새로운 사실을 밝히려 전국의 산과 들을 다니는 것이 항상 즐거운 일이기만 한 것은 아니다. 많은 곳을 누비는 만큼 우리 인간에 의해 이 땅에서 사라져가는 희귀 식물을 자주 목격한다. 안타깝고 화나는 일이다. 우리가 보는 지구의 생태계와 이를 구성한 모든 생물은 적자생존이라는 냉혹한 지구 환경에 적응해 지금껏 살아남은, 진화의 역사를 온전히 담고 있는 소중한 생명체이자 미래에 나타날 새로운 생물들의 씨앗이다. 인간의 욕심으로 인해 생물종의 역사가 변할 수도 있음을 유념해야 한다. 유유히 흘러가는 아름다운 자연의 흐름을 거스르지 않고 이 땅의 식물을 사랑하고 보살피는 사람들이 늘어나기를 소망한다.

2018년 9월

사진을 제공해준 분

이강협(국립수목원), 양형호(서울식물원), 김상희(울산생명의숲 '숲이랑꽃이랑'), 조양훈(우리식물연구소), 남기흠(국립생물자원관), 이호영(한국생태계획연구소), 이봉식(한국식물생태연구소), 김재영(안동대학교 생약자원학과 식물분류학연구실), 김현식(한국가스공사)

차례

피자식물문 MAGNOLIOPHYTA

● 목련강 MAGNOLIOPSIDA

목련아강 MAGNOLIIDAE

조록나무아강 HAMAMELIDAE

석죽아강 CARYOPHYLLIDAE

딜레니아아강 DILLENIIDAE

장미아강 ROSIDAE

초본식물의 정의와 현황

초본식물(herbaceous plant)의 정의

목본(나무)식물과는 달리 줄기가 2차생장(부피생장)을 하지 않는 식물을 이른다. 낙엽성인 경우 해마다 새로운 지상부가 뿌리 또는 땅속줄기에서 자라 나온다.

자생 초본식물의 현황

한반도의 초본식물은 『The genera of vascular plants of Korea』(2007)를 기준으로 총 119과 716속 2,124종 33아종 235변종 27품종의 2,419분류군이다.

생활형 구성비

- 초본식물 중 다년생은 57과 452속 1,613종 30아종 196변종 25품종의 1,866분류군(77.14%), 2년생 초본은 17과 81속 146종 2아종 15변종 1품종의 164분류군(6.78%), 1년생은 45과 182속 363종 1아종 24변종 1품종의 389분류군(16.08%)이다.
- 상록성 초본식물은 10과 34속 65종 5변종 1품종의 71분류군(약 3%)에 불과하며 대부분은 하록성 초본식물(약 97%)이다.

귀화식물 구성비

• 우리나라에 들어와 있는 귀화식물은 40과 175속 302종 15변종 4품종의 총 321분류군이고 그중 초본식물은 족제비싸리, 오동나무 등의 목본식물 7종을 제외한 314분류군이다. 과별 종수는 국화과 68분류군(21.66%), 벼과 62분류군(19.75%), 십자화과 30분류군(9.55%), 콩과 17분류군(5.41%) 순이다.

• 원산지별 종수는 유럽 원산이 133분류군(42.35%), 북아메리카 원산이 72분류군(22.93%), 유라시아 원산이 27분류군(8.6%), 아시아 원산이 20분류군(6.37%) 순이다.

• 생태계교란생물로 지정된 귀화식물은 애기수영, 가시박, 마늘냉

이, 도깨비가지, 가시상추, 단풍잎돼지풀, 돼지풀, 미국쑥부쟁이, 서양금혼초, 서양등골나물, 양미역취, 갯줄풀(갯쥐꼬리풀), 물참새피(갈래참새피), 영국갯끈풀, 털물참새피 등 15종이다.

들꽃의 자생지

1. 바닷가

우리나라는 환경이 서로 다른 바다로 삼면이 둘러싸여 있어 해안에 다양한 형태의 생육지가 분포한다. 동해에는 단조로운 해안선을 따라 넓은 모래해변과 사구, 그리고 서남해에서는 볼 수 없는 석호가 분포하는 반면 염습지는 거의 발달하지 않았다. 서해(황해)에는 세계적으로도 규모가 큰 편에 속하는 넓은 염습지와 함께 일부 지역에서는 큰 규모의 사구가 형성되어 있다. 전형적인 리아스식 해안인 남해는 해안선을 따라 크고 작은 반도와 만이 연속해서 분포하고 침식 지역과 모래나 자갈 해변이 많은 것이 특징이다.

해안사구

해류와 연안류에 의해 운반된 해변의 모래가 바람에 의해 내륙으로 운반되어 쌓인 모래언덕을 말한다. 동해안과 서해안, 제주도에 넓게 분포하며 그중 규모가 큰 대표적 해안사구로는 태안군(신두리, 장곡리 등) 사구, 신안군 우이도 사구, 옹진군 대청도 옥죽동 사구 등이 있다. 해안가 모래땅에 주로 생육하는 식물을 '사구식물'이라 부르기도 하는데 우리나라에는 갯메꽃, 갯완두, 갯씀바귀, 통보리사초 등 33종류가 분포하는 것으로 알려져 있다.

충남 태안군 신두리 사구

염습지(갯벌)

주기적으로 해수의 영향을 받는 해안가 갯벌을 말하며 강이나 바다로부터 유기물이 침전되어 이루어진 해변과 하구에 주로 발달한다. 우리나라 갯벌의 80% 이상이 서해안에 분포한다. 서해안 갯벌은 북해 연안, 캐나다 동부 해안, 미국 동부 조지아

전북 군산시 새만금 간척지

해안, 아마존강 하구와 함께 세계 5대 갯벌이다. 염분 농도가 높은 토양에 적응해 생육하며 이와 연관되는 형태적·생리적 특징을 갖는 식물을 '염생식물'이라 부른다. 우리나라에는 나문재, 천일사초, 해홍나물 등 29종류의 염생식물이 분포하는 것으로 알려져 있다.

바위지대

우리나라 해안선의 상당 부분을 차지하며, 특히 동해와 남해 도서지역에서 그 비중이 상대적으로 높다. 갯까치수영, 낚시돌풀, 돌채송화, 둥근바위솔 등 내염성이 강한 양지성 식물이나 염생식물이 주로 자란다.

경북 울릉군 태하리

석호

강원 고성군 천진호

파도나 해류의 작용으로 해안선에 생기는 사주, 평행사도(平行砂島)에 의해 하천의 하구나 만이 막혀서 생성된 연안 호소를 말하며 일반적으로 해수와 담수가 섞여 있는 독특한 형태의 기수호(汽水湖)로 분류된다. 남한에는 총 18개의 석호가 분포하는데 대부분이 강원도의 고성군·속초시·양양군·강릉시에 집중되어 있다. 국내의 석호에는 갯봄맞이꽃, 제비붓꽃, 조름나물 등 다수의 멸종위기 야생식물을 포함해 총 720종류의 관속식물이 생육하는 것으로 알려져 있다.

바다 수중

바닷속 갯벌이나 바위지대에서 사는 관속식물을 흔히 해초류(seagrass) 또는 잘피류로 부르며 우리나라에는 거머리말, 새우말, 해호말 등 총 9종이 자생한다. 자생 해초류의 대부분이 조간대 또는 수심이 얕은 조하대에서 자라지만 왕거머리말, 수거머리말은 수심 4~15m 정도

경남 남해군 평산리 거머리말 자생지

의 다소 깊은 곳에서도 생육한다.

2. 하천

하천은 하구를 제외한 내륙을 흐르는 강(또는 천)을 말하며 물길과 관련된 제방 안쪽의 둔치와 습지 등이 포함된다. 하천에 생육하는 식물의 종류와 종수는 하천을 흐르는 물의 유속이나 유량의 변화에 영향을 받는다. 유량 변화가 적거나 유속이 느린 하천은 유량 변화가 심한 하천에 비해 더 다양한 습지식물이 분포하며, 특히 다년생 식물의 비율이 높은 편이다.

물길 및 하도습지

하천 내의 위치와 하천의 지리적 위치에 따라 차이는 있지만 물길에서 자라는 것에는 주로 다년생 침수식물과 정수식물의 비율이 높다. 하천 제방 안쪽에 형성된 습지를 하도습지(河道濕地)라 하며 낙동강의 구담습지와 해평습지가 대표적이다.

강원 정선군 골지천

하도습지와 주변의 습한 둔치에는 흔히 버드나무, 선버들, 갯버들 같은 목본식물이 하천림을 이루는 경우가 많다. 물길과 하도습지에서 관찰되는 주요 식물은 나사말, 낙지다리, 넓은잎말, 대가래, 등포풀, 물쑥 등이 있다.

둔치

하천의 물길과 제방 사이를 말하며 흔히 모래나 자갈이 두텁게 퇴적되어 있다. 중·하류의 건조한 둔치에서 자라는 주요 식물로는 단양쑥부쟁이, 버들명아주, 솔장다리, 자주황기 등이 있다. 둔치는 강우의 강도에 따른 극심한 자연환경의 변화는 물론 인위적 간섭을 많이 받는 자생지로서 다양한 귀화식물이 정착하는 경우가 많다. 최근에는 가시박, 뱃지, 왕도깨비바늘 등 1년생 귀화식물이 크게 번성하는 추세이다.

경북 구미시 낙동강

3. 호소 등 내륙습지

호소(湖沼)는 물의 흐름이 없는 정수성 습지로서 면적과 수심에 따라 호수, 소택지, 늪, 습원으로 구분할 수 있는데 호수에는 인공적으로 형성된 연못, 저수지, 댐이 포함된다. 호소는 물이 흐르는 하천과는 구분되는 생태계를 이루며 호소의 면적과 수심에 따라 출현하는 생물종의 종류와 수가 다르다. 하천에 비해 침수성 또는 부엽성 수생식물의 종수가 현저히 많다.

배후습지

하천 제방의 형성과 발달 과정에서 제방 바깥에 자연적으로 만들어진 저습지를 말한다. 배후습지는 하천의 범람 강도와 빈도 그리고 지형적 특징에 따라 규모와 생태 구조가 다양하게 나타난다. 한반도에서는 한강과 금강 등에서 분포한 바 있으나 대부분 매립되었고, 현재는 낙동강 유역에 가장 많이 분포한다. 원동습지, 질날늪, 화포습지 등이 대표적 배후습지이며 넓은 의미에서는 우포늪도 포함된다. 서울개발나물, 선제비꽃, 창골무꽃 등 일부 희귀식물이 주로 배후습지에서 관찰된다.

경남 양산시 원동습지

산지습지와 고층습지

산지습지란 산지의 평탄하거나 완만한 지역 또는 골짜기 주변의 사면에 물이 고여 형성된 소택지, 이탄지, 고층습지 등을 말한다. 산지습지에서 자라는 주요 식물로는 가는동자꽃, 깨묵, 보풀, 숫잔대, 진퍼리잔대, 키큰산쑥 등이 있다. 산지습지 가운데 이끼류를 포함해 식물이 사체가 완전히 썩지 않고 물위에 스펀지 형태로 퇴적된 습지를 고층습지라 하는데, 습지가 분포하는 해발고도에 의한 분류가 아니라 수면에 대한 이탄층(또는 부식층) 표면의 상대적 위치를 기준으로 분류한다. 고층습지는 유기물의 느린 분해, 낮은 pH, 지표수의 정체 등으로 인해 미네랄 농도가 매우 낮은 빈영양 생육지로서 식충식물이 비교적 높은 빈도로 나타나는 것이 특징이다. 대표적인 고층습지는 대암산 용늪, 정족산 무제치늪, 지리산 왕등재늪 등이 있다. 대암산 용늪은 개통발, 대암사초, 물지채, 비로용담, 왕삿갓사초 등과 같은 북방계 습지식물의 남한 내 유일한 자생지이다.

강원 인제군 대암산 용늪

제주 선흘리 웃바매기오름 습지

4. 길가 및 민가

인천 서구 민가 주차장

우리가 사는 도시의 공원, 길가, 빈터 등에도 다양한 종류의 식물이 생육한다. 개미자리, 마디풀, 비노리, 애기땅빈대 등 건조에 강한 식물은 생육환경이 열악한 도심 보도블록 사이의 좁은 틈에서도 자란다. 아파트 단지 또는 공원의 잔디밭에서는 구슬붕이, 노랑선씀바귀, 서울제비꽃, 호제비꽃과 같이 예쁜 꽃을 피우는 식물이 자라기도 한다. 도시에 분포하는 식물의 종다양성은 답압(踏壓), 제초, 풀베기 등 인간의 간섭이 적당히 일어나는 곳에서 가장 높게 나타나고 인간의 간섭이 빈번한 곳에서는 1년생 식물과 귀화종의 비율이 높게 나타나는 것으로 알려져 있다.

5. 농경지(논과 밭)

국내의 농경지에서 자라는 식물은 총 460여 종류이며 국화과, 벼과, 사초과에 속하는 식물이 30% 이상을 차지한다. 농경지에 분포하는 식물의 종류나 종수는 작물의 종류, 재배법, 제초법 등 농지 이용방법에 따라 크게 다르다. 논에서는 가래, 물달개비, 벗풀 등 수생식물이 흔히 자라며, 밭에서는 명아주, 쇠비름, 석류풀 등 건조에 견디는 능력이 있는 식물들이 자란다. 매화마름, 물고사리, 실새삼, 진주고추나물 등은 주로 농경지에서 관찰되는 희귀식물이다.

부산 강서구 둔치도

일러두기

수록 종

『한국의 들꽃』은 우리나라의 습지, 해변 또는 길가, 농경지, 민가 등 주변에서 볼 수 있는
1,140분류군의 초본식물이 수록된 도감이다. 수록 종에 귀화식물과 소수의 재배식물을
포함했으며, 식별과 동정의 편의성을 고려해 주로 산지에서 자라는 일부 초본식물도
선별적으로 수록했다.

분류체계

전반적 분류체계는 『국가 생물종 목록집 〈관속식물〉』(국립생물자원관, 2011)을 기준으로
했으며, 과내 속이나 종의 순서는 알파벳 순으로 정리하되, 일부 속이나 종은 비교가
용이하도록 인접해 배열했다.

학명과 국명

원칙적으로는 『국가 생물종 목록집 〈관속식물〉』(국립생물자원관, 2011)을 기준으로
했으나, 중국식물지(FOC), 일본식물지, 최근에 발표된 분류학적 문헌 등과 수록 종의
학명이 다를 경우에는 저자들의 분류학적 관점을 반영해 일부 수정했다.

국내 분포 및 자생지

국내 문헌, 국립생물자원관의 표본 정보, 저자들이 필드에서 관찰한 경험 정보를 종합해
간략하게 기록했다.

기재문

저자들이 10여 년간 필드에서 관찰하고 기록한 자료를 근간으로 작성했으며, 수록된
식물의 원기재문 및 분류학적 논문, 중국과 일본의 식물지를 참고해 수정하고 추가로
기록했다. 기재문의 용어는 가능하면 『알기 쉽게 정리한 식물용어』(국립수목원, 2010)를
따르는 것을 원칙으로 했으나, 우리말 표현으로 풀어 써서 오히려 표현이 모호해지거나
생소해질 소지가 있는 경우는 한자식으로 표현했다.

사진

수록된 사진 대부분은 자생지에서 저자들이 직접 촬영했으며, 분포와 개화 시기 등의
정보를 제공하고자 대표 사진 아래에 촬영 일자와 장소를 구체적으로 병기했다. 저자들이
촬영하지 않은 사진은 저작권자를 명시했다.

피자
식물문

MAGNOLIOPHYTA

목련강
MAGNOLIOPSIDA

목련아강
MAGNOLIIDAE

삼백초과 SAURURACEAE

쥐방울덩굴과 ARISTOLOCHIACEAE

연과 NELUMBONACEAE

수련과 NYMPHAEACEAE

어항마름과 CABOMBACEAE

붕어마름과 CERATOPHYLLACEAE

미나리아재비과 RANUNCULACEAE

양귀비과 PAPAVERACEAE

현호색과 FUMARIACEAE

조록나무아강
HAMAMELIDAE

뽕나무과 MORACEAE

삼과 CANNABACEAE

쐐기풀과 URTICACEAE

약모밀

Houttuynia cordata Thunb.

삼백초과

국내분포/자생지 중남부지방에서 재배

형태 다년초. 줄기는 높이가 30~60cm
이고 전체에서 특유의 냄새가 난다.
땅속줄기는 백색이고 가늘며 길게 뻗
는다. 잎은 어긋나며 길이 4~10cm
의 넓은 난형 또는 난상 심장형이다.
꽃은 5~7월에 백색으로 피며 길이
1.5~2.5cm의 짧은 수상꽃차례에서 모
여 달린다. 꽃차례 아래에 4장의 꽃잎
모양 총포가 있다. 꽃잎은 없으며 수술
은 3개이고 씨방은 3(~4)실이다. 열매
(삭과)는 길이 2~3mm이고 암술대가 남
아 있다.

참고 삼백초에 비해 꽃차례가 짧고 꽃
차례에 4개의 백색 총포가 있으며 잎
이 백색을 띠지 않는 것이 특징이다.

❶2001. 6. 22. 경북 울릉도 ❷꽃차례. 삼백
초와 달리 꽃은 짧은 수상꽃차례로 빽빽이
모여 달리며 꽃자루는 매우 짧다. ❸꽃. 꽃잎
은 없으며 수술은 3개이고 암술대보다 길다.

삼백초

Saururus chinensis (Lour.) Baill.

삼백초과

국내분포/자생지 제주의 저지대 습
지에 드물게 자생

형태 다년초. 줄기는 높이가 60~100
cm이고 곧추 자란다. 땅속줄기는 백
색이며 굵고 길게 뻗는다. 잎은 어긋
나며 길이 10~20cm의 넓은 난형이
고 밑부분은 심장형이다. 꽃은 6~8
월에 백색으로 피며 길이 5~20cm의
총상꽃차례에서 모여 달린다. 꽃잎은
없으며 수술은 6(~8)개이고 씨방은 4
실이다. 열매(분열과)는 지름 3mm 정
도이고 거의 둥글다.

참고 국명 삼백초(三白草)는 뿌리, 개
화기 잎, 꽃이 백색인 풀이라는 의미
이다. 제주에서도 일부 습지에서만
자라는 희귀식물인데도 개발로 인해
자생지는 계속 줄고 있다.

❶2016. 6. 15. 제주 제주시 한경면 ❷꽃차
례. 꽃자루와 함께 백색의 털이 밀생한다. 수
술은 6~7개이다. ❸열매. 둥글다. ❹자생지
(2016. 6. 15. 제주 제주시 한경면)

쥐방울덩굴

Aristolochia contorta Bunge

쥐방울덩굴과

국내분포/자생지 제주를 제외한 전국의 길가, 하천가 및 숲가장자리

형태 덩굴성 다년초. 잎은 길이 3~13cm의 긴 삼각형–삼각상 심장형이다. 꽃은 6~7월에 피며 잎겨드랑이에서 2~8개씩 모여 달린다. 꽃받침통은 길이 1.5cm 정도의 나팔형이고 밑부분은 둥글게 부풀어 있으며 끝은 길게 뾰족하고 끝부분에서 꼬인다. 꽃술대(gynostemium)는 6개로 갈라지며 수술은 6개이다. 열매(삭과)는 길이 3~6.5cm의 타원상 도란형–난상 구형이다. 씨는 길이 3~5mm의 넓은 난형이고 막질의 날개가 있다.

참고 최근 쥐방울덩굴의 개체수가 줄어들면서 쥐방울덩굴을 먹이식물로 삼는 꼬리명주나비도 개체수가 감소하는 추세이다.

❶2003. 6. 28. 경기 가평군 명지산 ❷꽃. 잎겨드랑이에서 몇 개씩 모여난다. 꽃받침통부는 나팔모양이고 끝부분은 나선상으로 1~2바퀴 꼬인다. ❸열매. 익으면서 윗부분이 6개로 갈라진다.

연(연꽃)

Nelumbo nucifera Gaertn.

연과

국내분포/자생지 중부지방 이남으로 식재

형태 다년초. 잎은 지름 25~90cm의 편원형–원형이다. 잎자루는 잎몸의 중앙 아랫부분에서 방패모양으로 붙으며 단단한 가시모양 돌기가 있다. 꽃은 7~9월에 백색, 연한 적색으로 피며 지름은 10~20cm이다. 꽃턱은 길이 5~10cm의 도원뿔형이고 개화기에는 녹색이고 푹신하지만 결실기에는 흑갈색으로 변하면서 딱딱해진다. 열매(견과)는 길이 1~2cm의 긴 타원형–도란형이고 흑갈색으로 익는다.

참고 흔히 연자(蓮子)라고 부르는 것은 연의 열매이다. 씨는 배젖이 없는 무배유씨이고 딱딱한 껍질에 안전히 싸여 있다.

❶2007. 8. 2. 경남 창원시 주남저수지 ❷꽃. 꽃잎과 수술은 다수이고 수술은 황색이다. ❸꽃턱. 열매는 꽃턱의 구멍 속에 1개씩 들어 있다.

가시연(가시연꽃)

Euryale ferox Salisb.

수련과

국내분포/자생지 제주를 제외한 중부지방 이남의 오래된 연못이나 호수

형태 1년초. 전체에 가시가 많다. 잎은 최대 지름 1~1.5m의 원형이고 잎자루와 잎맥에 가시가 발달한다. 표면은 주름이 지며 뒷면은 어두운 적자색이고 맥이 돌출한다. 꽃은 7~8월에 연한 적자색−적자색으로 피며 지름 5cm 이하이다. 꽃받침잎은 4개이며 꽃잎은 여러 개이고 길이 1~2.5cm의 긴 타원상 피침형이다. 열매(장과)는 지름 5~10cm의 난형상 구형−구형이며 가시가 빽빽이 난 꽃받침에 싸여 있다. 씨는 지름 6~10mm의 구형이며 흑색이며 점액질(다육질)의 가종피에 싸여 있다.

참고 온대지역에서는 1년초이지만 열대지역에서는 다년초로 자란다. 꽃은 수련처럼 낮에 피었다가 저녁에는 닫힌다. 1개체당 10장 정도의 잎이 달린다. 가시연은 수심 30~50cm의 지점에서 생육이 가장 왕성하고 수심 1m 이상 지점부터 개체수가 급격히 감소한다. 열매는 점액질의 부유물질에 싸여 있어 물위에 떠서 이동하다가 2~3일 후에 물밑으로 가라앉는다. 가시연의 씨에는 탄수화물과 다양한 종류의 미량 영양소가 함유되어 있다. 중국 및 인도에서는 fox nut 또는 Makhana로 부르며 식용하거나 혈액순환, 호흡기, 신장, 생식기 등의 질환 치료에 이용된다.

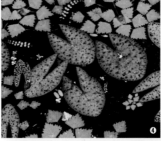

❶2004. 8. 19. 경북 포항시 ❷꽃. 낮에 피었다가 밤에 닫힌다. 꽃자루와 꽃받침에서도 긴 가시가 밀생한다. ❸열매(ⓒ김상희). 점액질에 싸여 있다. ❹어린 잎. 물속 잎과 봄철에 나온 잎은 타원상 화살촉모양으로 밑부분이 깊게 갈라진다. ❺잎 뒷면. 짙은 자색이며 잎맥이 돌출한다. 잎맥 위에는 가시가 많다. ❻2013. 9. 23. 경남 양산시(ⓒ김상희)

미국수련
Nymphaea odorata Aiton

수련과

국내분포/자생지 중부지방 이남으로 식재
형태 다년초. 땅속줄기는 옆으로 벋는다. 잎은 지름 10~40cm의 난형-거의 원형이며 아래쪽은 화살모양으로 깊게 갈라진다. 뒷면은 녹색 또는 적자색이다. 꽃은 6~8월에 백색으로 물위에 떠서 피며 지름 6~20cm이다. 꽃잎은 길이 3~5.5cm의 긴 타원형-난형이고 (14~)17~43개이다. 꽃받침잎은 4개이고 맥은 뚜렷하거나 희미하다. 수술은 35~102개이고 황색이며 중앙부의 아래쪽이 가장 넓다. 씨는 길이 1.5~4.5mm의 난형이다.
참고 흔히 수련으로 부르고 있으나 국내에 야생화된 원예 수련류의 대부분은 미국수련, 유럽수련(*N. alba*) 또는 *N. candida*이거나 이들 종의 품종들이다.

❶2004. 7. 2. 강원 고성군 ❷꽃. 3~7일간 개폐운동을 한다. 오전에 피었다가 해 질 무렵 꽃이 닫힌다. ❸생육지

수련(각시수련)
Nymphaea tetragona Georgi
Nymphaea pygmaea (Salisb.) Aiton;
N. tetragona var. *minima* (Nakai) W. T. Lee

수련과

국내분포/자생지 강원. 경남의 오래된 연못이나 호수에서 드물게 자생
형태 다년초. 잎은 지름 5~12cm의 난상 타원형-난상 원형이고 밑부분은 화살촉모양으로 깊게 갈라진다. 꽃은 지름 3~6cm이고 6~8월에 백색으로 핀다. 꽃잎은 8~17개이고 길이 2~2.5cm의 넓은 피침형-도란형이다.
참고 학자에 따라서는 꽃턱(화탁)의 모양, 암술머리의 색, 잎 뒷면의 맥 등 형태적 차이를 근거로 *N. tetragona*(미국, 유럽, 동북아시아의 고위도 지역에 분포)와 *N. pygmaea*(중국 남부 및 동남아시아에 분포)를 구분하기도 한다.

❶2005. 7. 22. 강원 고성군 ❷꽃. 지름 3~6cm로 작은 편이다. 수술은 50~60개이다. ❸열매. 난형상이다. ❹잎 뒷면. 잎맥은 약간 오목하다.

왜개연(왜개연꽃)

Nuphar pumila (Timm) DC.

수련과

국내분포/자생지 전국의 오래된 연 못이나 호수에 드물게 자생

형태 다년초. 잎은 길이 7~17cm 의 난형~넓은 난형이다. 꽃은 지름 2~3(~4)cm이고 4~8월에 황색으로 피며 물밖으로 나온 긴 꽃자루 끝에 서 1개씩 달린다. 꽃받침잎은 5개이 고 긴 타원형~타원형이며 황색이다. 꽃잎은 길이 7~10mm의 주걱상 도 란형이며 가장자리에 불규칙한 톱니 가 있다. 꽃밥은 길이 1~2.5mm이고 황색이다. 암술머리는 반원형이고 중 앙에 돌기가 있으며 연한 황색이거 나 붉은빛이 돈다. 열매(장과)는 지름 1.5~2cm이며 씨는 길이 5mm 정도 의 긴 타원형이다.

참고 암술대가 적색인 것을 남개연 (var. *ozeensis*)으로 구분하기도 하지만 이 책에서는 왜개연에 통합하여 처리 하였다. **개연꽃(**N. japonica**)**은 왜개연 에 비해 전체적으로 대형이고 잎이 수 면 위로 올라오는 것이 특징이다. 개 연꽃은 자생 기록이 있기는 하지만 국 내 분포는 불분명하며 일부 학자들은 일본 고유종으로 보기도 한다.

❶2014. 7. 26. 전남 화순군 ❷~❸꽃. 암술 머리가 적색인 남개연 타입이 더 흔히 관찰 된다. 꽃잎모양의 꽃받침잎은 도란형~넓은 도란형이고 5개이며 꽃잎은 다수이고 수술 과 모양이 비슷한 주걱상이다. 수술은 다수 이고 꽃잎과 길이가 비슷하다. ❹열매. 난 상 구형이다. ❺물속 잎. 잎자루가 짧고 두께 가 얇은 종이질이며 물결모양으로 주름진다. ❻개연꽃(2003. 7. 12. 경기 포천시 국립수 목원). 잎이 물밖으로 나오는 정수식물이다.

순채

Brasenia schreberi J. F. Gmel.

어항마름과

국내분포/자생지 중부지방 이남의 오래된 연못이나 호수에 드물게 분포
형태 다년초. 잎은 어긋나며 길이 5~10cm의 타원형-넓은 타원형이고 가장자리는 밋밋하다. 잎자루는 잎몸의 중앙부에 방패모양으로 붙는다. 꽃은 5~7월에 짙은 적자색으로 피며 지름 1~2cm이다. 꽃받침잎과 꽃잎은 3개씩이며 꽃잎은 꽃받침잎보다 약간 더 길다. 열매(수과상)는 길이 6~10mm의 난형이고 물속에서 익으며 익어도 벌어지지 않는다.
참고 내륙에 서식하는 집단은 대부분 식재한 것으로 추정하고 제주의 자생지만 자연 분포로 인정하기도 한다.

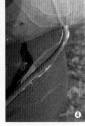

❶2014. 6. 12. 경남 합천군 ❷꽃. 흔히 암술이 먼저 성숙하고 곧 수술이 자라 올라온다. ❸열매. 1~3개의 씨가 들어 있다. ❹잎자루. 잎 뒷면과 잎자루에 한천 같은 투명한 점액질이 붙어 있다. ❺자생지. 경남 합천군

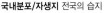

붕어마름

Ceratophyllum demersum L.

붕어마름과

국내분포/자생지 전국의 습지
형태 1년초. 잎은 길이 1.5~2cm의 선형이고 가장자리에 가시 같은 톱니가 있다. 암수한그루이다. 꽃은 6~9월에 피며 지름 1~3mm이고 꽃잎은 없다. 수꽃은 줄기의 위쪽에 달리고 암꽃이 줄기의 아래쪽에서 핀다. 열매(수과)는 길이 3.5~6mm(가시 제외)이며 위쪽에는 길이 4~15mm의 가시모양의 암술대가 있고 아래쪽에는 길이 4~12mm의 가시가 2개 있다.
참고 붕어마름에 비해 **오성붕어마름**(*C. platyacanthum* subsp. *oryzetorum*)은 가시가 열매의 위쪽 가장자리에 2개가 더 있어 총 5개의 가시(가시모양의 암술대 포함)가 있는 것이 특징이다.

❶2008. 8. 16. 경남 창원시 주남저수지 ❷잎. 마디에서 7~10개씩 돌려나며 잎가장자리에 가시 같은 톱니가 있다. ❸열매. 아래쪽에 2개의 가시가 발달한다. ❹오성붕어마름(2006. 9. 30. 우포늪). 붕어마름에 비해 열매 위쪽에 2개의 가시가 더 있다.

동강할미꽃

Pulsatilla tongkangensis Y. N. Lee & T. C. Lee

미나리아재비과

국내분포/자생지 강원 삼척시, 영월군, 정선군의 석회암지대 바위 및 풀밭
형태 다년초. 잎은 3출겹잎이다. 꽃은 4~5월에 적자색-연한 자색-자색으로 핀다. **열매**(수과)는 길이 3.4~4mm의 긴 타원형이다.
참고 할미꽃에 비해 작은잎이 3개이며 꽃이 옆 또는 위를 향해 피는 것이 특징이다. 이러한 특징은 북한의 석회암지대에 분포하는 세잎할미꽃(*P. chinensis*)과 동일하므로 두 종에 대한 면밀한 비교·검토가 요구된다. **분홍할미꽃**(*P. dahurica*)은 북부지방에 자라며, 할미꽃에 비해 꽃이 필 때의 잎 (3출겹잎)이 다 자라 펼쳐진 상태이고 꽃은 분홍색인 것이 특징이다.

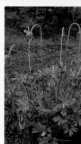

❶ 2001. 4. 23. 강원 정선군 조양강 ❷ 열매. 끝부분의 암술대는 길이 3.5~6cm이다. ❸ 잎. 표면에 광택이 난다. ❹ 분홍할미꽃 (2011. 6. 1. 중국 지린성). 할미꽃에 비해 꽃이 다소 작고 분홍색이다.

할미꽃

Pulsatilla cernua (Thunb.) bercht. & J. Presl

미나리아재비과

국내분포/자생지 주로 전국의 하천가나 저지대 풀밭
형태 다년초. 잎은 길이 3~7.8cm의 난형이고 3~5개의 작은잎으로 된 깃털모양의 겹잎이다. 꽃은 4~5월에 적자색으로 피며 긴 꽃자루의 끝에 1개씩 아래를 향해 달린다. 꽃받침잎은 길이 1.8~3cm의 긴 타원형-난형상 긴 타원형이며 6개이다. **열매**(수과)는 길이 3mm 정도의 난형상 긴 타원형이며 남아 있는 암술대는 길이 4cm 정도이고 깃털모양으로 퍼진 털이 빽빽하게 난다.
참고 노랑할미꽃은 꽃색이 연한 황색 품종으로서 간혹 할미꽃과 혼생한다.

❶ 2004. 4. 18. 경기 포천시 ❷ 열매. 암술대는 길게 신장하며 깃털모양의 털이 많다. ❸ 잎. 흔히 작은잎은 5개이다. ❹ 노랑할미꽃(2017. 4. 19. 강원 강릉시). 할미꽃과 함께 자란다. 넓은 의미에서 할미꽃에 포함된다.

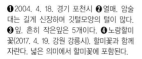

털개구리미나리
Ranunculus cantoniensis DC.

미나리아재비과

국내분포/자생지 중부지방 이남의 저지대 습지

형태 다년초. 줄기에 퍼진 털이 밀생한다. 잎은 3출겹잎이며 길이 3~14cm의 넓은 난형이다. 작은잎은 2~3개로 갈라지고 가장자리에 뾰족한 톱니가 불규칙하게 있다. 꽃은 5~7월에 황색으로 핀다. 꽃은 지름 1~1.5cm이며 꽃잎은 길이 4~7.5mm의 좁은 타원형 또는 도란형이다. 꽃받침잎은 길이 3~4mm의 좁은 난형이며 뒤로 젖혀진다. 열매(집합과)는 지름 7~9mm의 거의 구형이며 수과는 길이 2.5~3.5mm의 편평한 도란형이다.

참고 왜젓가락나물에 비해 수과에 남아 있는 암술대가 뒤로 젖혀지지 않고 직립하는 것이 특징이다.

❶2005. 5. 15. 경남 양산시. 잎과 줄기에 털이 많다. ❷꽃 ❸열매. 집합과는 구형이며 꽃턱(화탁)은 약간 길어진다. 암술대는 위로 직립한다. ❹잎. 3출겹잎이다.

젓가락나물
Ranunculus chinensis Bunge

미나리아재비과

국내분포/자생지 전국의 저지대 습지

형태 2년초 또는 다년초. 줄기는 비어 있고 겉에는 긴 털이 많다. 뿌리잎은 3출겹잎이고 길이 4~8cm의 난형이며 작은잎은 2~3개로 깊게 갈라진다. 꽃은 5~6월에 황색으로 피고 지름 7~13mm이다. 꽃잎은 길이 5~6mm의 난형 또는 도란형이며 5개이다. 꽃받침잎은 길이 3~5mm의 타원상 난형이고 뒤로 젖혀진다. 열매(집합과)는 길이 6~10mm의 긴 타원형이며 수과는 길이 2~2.5mm의 도란형이고 끝에 남아 있는 암술대는 짧다.

참고 털개구리미나리에 비해 열매(집합과)가 타원형이며 잎의 열편이 보다 가는 것이 특징이다.

❶2001. 5. 18. 대구시 경북대학교 ❷꽃 ❸열매. 집합과는 타원형이고 꽃턱이 길게 신장한다. ❹잎. 열편이 가늘다.

물미나리아재비

Ranunculus gmelinii DC.

미나리아재비과

국내분포/자생지 함북(두만강 유역)의 습지

형태 다년초. 줄기잎은 길이가 4~15mm의 콩팥모양의 원형이고 밑부분까지 깊게 갈라진다. 꽃은 6~9월에 황색으로 피며 길이 4cm 이하의 꽃자루에 1개씩 달린다. 꽃은 지름 4~10mm이며 꽃잎과 꽃받침잎은 5개씩이다. 꽃잎은 길이 2.2~4mm의 좁은 도란형이며 꽃받침잎은 길이 2.2~3mm의 타원형-도란형이다. 열매(집합과)는 지름 3~5mm의 거의 구형이며 수과는 길이 1~1.3mm의 타원형 또는 도란형이다.

참고 얕은 물속 또는 계곡 가장자리에서 모여 자란다. 잎이 홑잎이며 털이 거의 없는 것이 특징이다.

❶2012. 9. 16. 중국 지린성 두만강 상류 ❷꽃 ❸열매. 수과 표면에 털이 없으며 암술대는 뒤로 약간 젖혀진다. ❹물속 잎. 밑부분까지 깊게 갈라지며 열편이 가늘다.

개구리자리

Ranunculus sceleratus L.

미나리아재비과

국내분포/자생지 전국의 저지대 습지

형태 2년초. 줄기에 털이 거의 없다. 아래쪽의 줄기잎은 길이 1~4cm의 넓은 난형상이고 3개로 깊게 갈라지며 측열편은 다시 2개로 갈라진다. 위쪽의 줄기잎은 3개로 완전히 갈라진다. 꽃은 4~6월에 황색으로 핀다. 꽃잎은 길이 2.2~4.5mm의 좁은 도란형-도란형이며 꽃받침잎은 길이 2~3mm의 타원형-도란형이다. 열매(집합과)는 길이 3~11mm의 원통형이며 수과는 길이 1mm 정도의 도란형이고 털이 없다.

참고 줄기와 잎에서 광택이 나고 털이 거의 없으며 집합과가 타원상 원통형이고 작은 수과가 빽빽이 달리는 것이 특징이다.

❶2012. 5. 12. 경남 양산시 ❷꽃 ❸열매. 집합과는 타원상 원통형이며 수과는 작고 빽빽이 많이 달린다. ❹뿌리잎. 홑잎이고 3개로 깊게 갈라진다.

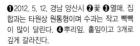

왜젓가락나물
Ranunculus silerifolius H. Lév.

미나리아재비과

국내분포/자생지 경북(울릉도) 및 제주의 숲 가장자리, 저지대 습지 등

형태 다년초. 줄기에 털이 없거나 약간 있다. 아래쪽의 줄기잎은 3출겹잎이며 작은잎은 난형이고 3개로 깊게 갈라진다. 꽃은 5~9월에 황색으로 피며 지름 1~1.5cm이다. 꽃잎은 길이 5~6mm의 좁은 도란형-도란형이다. 꽃받침잎은 길이 3.5~4mm의 타원상 난형이며 5개이고 뒤로 젖혀진다. 열매(집합과)는 지름 5~8mm의 거의 구형이며 수과는 길이 2~3mm의 납작한 도란형이고 털이 없다.

참고 털개구리미나리에 비해 줄기에 털이 없거나 약간 있으며 수과 끝의 암술대가 갈고리모양처럼 뒤로 젖혀지는 것이 특징이다.

❶~❸ ©이강협 ❶2013. 7. 29. 제주 ❷꽃 ❸열매. 집합과에 수과가 비교적 적게 달리며 암술대가 뒤로 젖혀진다.

개구리미나리
Ranunculus tachiroei Franch. & Sav.

미나리아재비과

국내분포/자생지 전국의 저지대 및 산지습지

형태 다년초. 줄기의 아랫부분에는 퍼진 털이 많다. 중앙부의 줄기잎은 길이 5cm 정도이고 넓은 마름모형이며 3개로 깊게 갈라진다. 꽃은 6~7월에 황색으로 피며 꽃잎은 길이 5~8mm의 긴 타원형-도란형이다. 열매(집합과)는 지름 8~9mm의 거의 구형이며 수과는 길이 3mm 정도의 도란형이고 털이 없다. 수과의 끝에 남아 있는 암술대는 길이 1.2~1.6mm이며 거의 곧추선다.

참고 털개구리미나리에 비해 아래쪽의 줄기잎이 2회 3출겹잎이며 열편의 너비가 좁고 줄기와 잎에 털이 적은 것이 특징이다.

❶2003. 7. 26. 강원 대관령 ❷꽃 ❸열매. 집합과는 둥글고 수과 끝부분의 암술대는 곧다. ❹잎. 줄기잎은 3출겹잎이고 열편은 가늘다. 뿌리 부근의 잎은 2회 3출겹잎이다.

기는미나리아재비
Ranunculus repens L.

미나리아재비과

국내분포/자생지 북부지방의 농경지, 하천가 등 습지

형태 다년초. 줄기는 높이 10~60cm 이고 땅위로 길게 벋는 줄기가 있다. 뿌리 부근의 잎은 3출겹잎이고 잎자루가 길다. 작은잎은 길이 2~4.2cm 의 넓은 마름모형이고 3개로 깊게 갈라진다. 꽃은 5~7월에 황색으로 피며 지름 1.5~2.2cm이다. 꽃자루는 길이 1~8cm이고 누운 털이 있다. 꽃받침잎은 길이 5~7mm의 타원상 도란형이다. 열매(집합과)는 지름 6~9mm 의 거의 구형이며 수과는 길이 2.2~3mm의 납작한 도란형이고 털이 없다.

참고 땅위로 길게 벋는 줄기가 있으며 마디에서 뿌리를 내리는 것이 특징이다.

❶2018. 6. 10. 중국 지린성 ❷꽃. 꽃잎은 도란형이며 수술은 다수이다. ❸열매. 수과 끝의 암술대는 길이 0.8mm 이하이다. ❹잎. 3출겹잎이다. 가장자리는 결각상으로 갈라진다.

개구리갓
Ranunculus ternatus Thunb.
Ranunculus extorris Hance

미나리아재비과

국내분포/자생지 제주의 길가, 바닷가 또는 산지의 습한 풀밭

형태 다년초. 줄기는 높이 10~30cm 이며 뿌리의 일부는 방추형으로 부풀어 있다. 뿌리잎은 난형 또는 콩팥 모양의 원형이고 3개로 깊게 갈라진다. 꽃은 3~4월에 황색으로 피며 지름 1.2~1.7cm이다. 꽃잎과 꽃받침잎은 5개씩이다. 꽃잎은 도란형이며 꽃받침잎은 넓은 타원형이고 뒤로 젖혀진다. 열매(집합과)는 지름 1cm 정도의 타원형 또는 거의 구형이며 수과는 넓은 도란형이고 털이 없다.

참고 자생 미나리아재비속의 다른 종에 비해 작고 줄기와 잎에 털이 적으며 방추형의 뿌리가 있는 것이 특징이다.

❶2014. 4. 12. 제주 제주시 ❷열매. 수과는 작은 편이고 털이 없다. ❸뿌리. 일부 뿌리의 윗부분은 방추형으로 부푼다. ❹잎. 3출겹잎이며 밑부분은 심장형이다. 털은 거의 없다.

매화마름
Ranunculus kazusensis Makino

미나리아재비과

국내분포/자생지 바다에서 가까운 농경지 또는 습지

형태 다년초. 잎은 어긋나며 3~4회 깃털모양으로 갈라지고 열편은 실같이 가늘다. 꽃은 4~5월에 백색으로 피고 잎과 마주나며 길이 3~7cm의 꽃자루의 끝에 1개씩 달린다. 꽃은 지름 8~12mm이며 꽃잎은 긴 타원상 도란형–도란형이고 중앙부는 황색이다. 열매(집합과)는 지름 4~6mm의 구형이며 수과는 표면에 주름이 있다.

참고 미나리아재비과의 다른 종들과 달리 꽃이 백색이고 수과의 표면에 주름이 있어 *Batrachium*속으로 처리하기도 한다. 민매화마름(*R. yezoensis*)은 꽃턱에 털이 없는 것이 특징이다. 국내 분포는 불명확하다.

❶ 2013. 4. 28. 인천시 강화도 ❷ 꽃. 백색이고 지름 5~9mm로 작다. 꽃잎의 밑부분은 황색이다. ❸ 열매. 수과 표면에 주름이 있다.

긴잎꿩의다리
Thalictrum simplex var. *brevipes* H. Hara

미나리아재비과

국내분포/자생지 강원, 경기 및 경북(포항시), 인천시 이북의 바닷가나 하천가의 풀밭

형태 다년초. 아래쪽 줄기잎은 길이 20cm 이하의 2~3회 3출겹잎이다. 작은잎은 길이 2~4cm의 긴 타원상 주걱형–넓은 마름모상 타원형이다. 꽃은 7~8월에 연한 황색으로 핀다. 꽃받침잎은 길이 2~2.5mm의 좁은 타원형이며 빨리 떨어진다. 열매(수과)는 자루가 없으며 길이 2~3mm의 좁은 타원형–좁은 난형이고 8개 정도의 뚜렷한 능각이 있다.

참고 긴잎꿩의다리의 원변종(var. simplex)은 꽃자루의 길이가 4㎜로 길고 작은잎이 보다 넓다.

❶ 2016. 7. 19. 인천시 서구 ❷ 꽃. 수술대는 꽃밥보다 1.5~2배 길다. ❸ 열매. 수과는 자루가 거의 없다. ❹–❺ 잎. 털이 없고 표면은 광택이 나며 뒷면은 흰빛이 돈다.

애기똥풀

Chelidonium majus var. asiaticum
(H. Hara) Ohwi

양귀비과

국내분포/자생지 전국의 강가, 길가, 숲가장자리, 풀밭 등

형태 2년초. 위쪽 줄기잎은 마주나며 길이 2~8cm의 도란상 긴 타원형이고 1~2회 깃털모양으로 갈라진다. 꽃은 5~8(~10)월에 황색으로 피며 산형으로 모여 달린다. 꽃잎은 길이 1~1.5cm의 타원상 도란형-도란형이며 꽃받침잎은 길이 5~8mm의 타원상 난형이고 겉에 긴 털이 많다. 암술대는 길이 1~2mm이고 암술머리는 2개로 얕게 갈라진다. **열매**(삭과)는 길이 2~5cm의 좁고 긴 원통형이다.

참고 유럽에 분포하는 원변종(var. *majus*)에 비해 꽃이 지름 2.5~3.5cm로 대형이다. 국명은 줄기나 잎에 상처가 나면 황색의 유액이 나오는 특징에서 유래하였다.

❶2003. 5. 16. 경기 남양주시 ❷꽃. 꽃받침잎은 일찍 떨어진다. 꽃잎과 수술은 황색이다. ❸열매. 산형상으로 모여 달린다. ❹줄기와 잎 뒷면. 백색의 긴 털이 밀생한다.

흰양귀비

Papaver amurense (N. Busch)
N. Busch ex Tolm.

양귀비과

국내분포/자생지 북부지방의 길가, 풀밭, 하천가 등

형태 2년초. 줄기는 높이 40~60cm이며 전체에 굵은 긴 털이 밀생한다. 잎은 긴 타원형이며 가장자리는 깃털모양으로 깊게 갈라진다. 꽃은 6~7월에 백색으로 피고 지름 5~8cm이며 뿌리에서 나온 긴 꽃줄기 끝에 1개씩 달린다. 꽃받침잎은 보트모양의 타원형이고 바깥 면에 털이 많으며 2개이고 일찍 떨어진다. 꽃잎은 도란상 원형이고 4개이다. 수술은 다수이고 꽃밥은 황색이다. **열매**(삭과)는 길이 1.5~2cm의 도란상 원통형이다.

참고 줄기 없이 잎이 뿌리에서 나오며 꽃이 백색인 것이 특징이다. 학자(중국)에 따라서는 *P. nudicaule*의 품종(f. *amurense*)으로 처리하기도 한다.

❶2018. 6. 11. 중국 지린성 ❷꽃. 백색이고 꽃잎 가장자리에 물결모양의 톱니가 있다. ❸열매. 암술머리는 4~9개이다. ❹잎. 모두 뿌리에서 나오며 꽃줄기에는 잎(포)이 없다.

개양귀비
Papaver rhoeas L.

양귀비과

국내분포/자생지 유럽 원산. 전국에 관상용으로 식재하며 일부가 야생화됨
형태 1년초. 전체에 거친 긴 털이 밀생한다. 잎은 어긋나며 길이 3~15cm의 좁은 도란형이고 깃털모양으로 갈라진다. 열편은 피침형이며 가장자리에 결각상 톱니와 긴 털이 있다. 꽃은 5~9월에 흔히 짙은 적색으로 피며 지름 6~9cm이다. 꽃받침잎은 길이 1~1.8cm의 넓은 타원형이고 녹색이며 2개이다. 수술대는 길이 8mm 정도이고 진한 자색(또는 황색)이다. 씨방은 길이 7~10mm의 도란형이고 암술머리는 8~16개이다. 열매(삭과)는 길이 1~1.8cm의 넓은 도란형이고 털이 없다.

참고 꽃색은 짙은 적색이 흔하지만 분홍색, 오렌지색, 백색으로 피기도 하며 꽃잎 아래쪽에 검은색의 큰 무늬가 있는 경우도 있다. 개양귀비에 비해 **양귀비**(*P. somniferum*)는 전체에 털이 거의 없으며 잎이 깊게 갈라지지 않고 밑부분이 줄기를 완전히 감싸는 것이 특징이다. **나도양귀비**(*P. setigerum*)는 지중해 원산의 2년초이며 최근 제주 및 전남의 저지대 길가에 귀화되었다. 양귀비와 매우 유사하지만 줄기의 상부와 잎 뒷면, 잎가장자리 톱니의 끝부분, 꽃받침에 가시 같은 털이 있다는 특징으로 구분한다. 학명의 'setigerum'도 가시 같은 털이 있다는 의미이다. 나도양귀비는 소량의 마약(모르핀 등) 성분을 함유하고 있어 양귀비와 함께 재배가 금지되어 있다.

❶2013. 5. 18. 대구시 낙동강 ❷꽃. 꽃잎은 4장이다. 수술은 다수이며 꽃밥은 자주색이다. 수술대의 색은 꽃잎(또는 꽃잎의 무늬)의 샐에 따라 달라진다 ❸열매 두라상 구형이며 숙존하는 암술머리는 8~16개이다. ❹잎. 깃털모양으로 깊게 갈라지며 밑부분은 줄기를 감싸지 않는다. ❺~❼나도양귀비(2014. 5. 5. 전남 광주시) ❻꽃. 꽃색은 흔히 자색 계열이며 밑부분에 짙은 자색의 무늬가 있다. 암술머리는 4~9개이다. ❼줄기와 잎. 줄기의 윗부분과 잎의 뒷면, 가장자리에 가시 같은 털이 있다. 잎의 밑부분은 줄기를 감싼다. ❽양귀비(겹꽃). 전체에 털이 거의 없고 잎의 밑부분이 줄기를 완전히 감싼다.

좀양귀비

Papaver dubium L.

양귀비과

국내분포/자생지 유럽 원산. 제주의 길가 또는 바닷가 모래땅에 귀화

형태 1년초. 뿌리 부근의 잎은 길이 15~20cm이고 1~2회 깃털모양으로 깊게 갈라지며 잎자루는 길다. 열편은 피침형이며 가장자리에 뾰족한 톱니와 긴 털이 있다. 꽃은 4~5(~8)월에 밝은 적색으로 피며 지름 3~6cm이다. 수술은 여러 개이고 검은빛이 도는 적자색이다. 열매는 길이 2~3cm의 긴 원통형이고 길이가 너비보다 2배 정도 길며 털이 없다.

참고 개양귀비에 비해 전체적으로 소형이며 꽃이 연한 적색(또는 주황색)이고 암술머리가 5~7개라는 특징으로 쉽게 구분할 수 있다. 줄기를 자르면 백색(→황색)의 유액이 흘러나온다.

❶2015. 5. 8. 제주 서귀포시 ❷꽃. 꽃은 연한 주황색이고 암술머리가 5~7개이다. ❸열매. 타원상 원통형이다. ❹줄기 아래쪽의 잎. 깊게 갈라지며 긴 털이 있다.

좀현호색

Corydalis decumbens (Thunb.) Pers.

현호색과

국내분포/자생지 제주의 습한 풀밭이나 숲속

형태 다년초. 덩이줄기는 지름 4~15mm 의 구형이다. 잎은 2~3회 3출겹잎이고 줄기에 보통 2개씩 달리며 작은잎은 2~3개로 깊게 갈라진다. 꽃은 3~5월에 적자색-청자색으로 피며 총상꽃차례에서 모여 달린다. 꽃은 길이 1.2~2.2cm이며 거는 길고 끝부분은 아래로 굽는다. 바깥꽃잎 중 아래쪽꽃잎은 넓은 주걱형이다. 열매(삭과)는 길이 1.3~1.8cm의 가늘고 긴 타원형이다.

참고 줄기의 밑부분에 비늘모양의 잎이 없으며 묵은 덩이줄기가 새로운 덩이줄기의 아래에 붙어 있는 것이 특징이다.

❶2006. 3. 22. 제주 서귀포시 ❷꽃. 안쪽꽃잎의 끝부분 가장자리는 둥글고 약간 부푼다. ❸덩이줄기. 묵은 덩이줄기가 아래에 붙어 있다. ❹잎. 작은잎의 가장자리는 밋밋하다.

들현호색
Corydalis ternata (Nakai) Nakai

현호색과

국내분포/자생지 제주를 제외한 전국의 습한 풀밭이나 농경지, 숲가장자리, 냇가 등

형태 다년초. 줄기의 아래쪽 지하부에 2개의 인편엽이 있고 지상부에는 3~4개의 잎이 달린다. 잎은 3출겹잎이고 흔히 표면에 적자색 무늬가 있다. 꽃은 4~5월에 적자색으로 핀다. 바깥꽃잎의 끝이 편평하거나 오목하게 파인다. 열매(삭과)는 길이 1.5cm 정도의 선형이다.

참고 진펄현호색(*C. buschii*)은 줄기가 높이 10~20cm이고 가지가 갈라진다. 같은 절(sect. *duplotuber*)의 좀현호색이나 들현호색에 비해 잎의 열편 가장자리가 밋밋하고 줄기 아래쪽에 비늘모양의 잎이 있는 것이 특징이다.

❶2004. 4. 19. 경기 포천시. 작은잎의 가장자리에 톱니가 있다. ❷꽃 ❸땅속줄기. 길게 벋으며 덩이줄기를 형성한다. ❹진펄현호색 (2013. 5. 21. 러시아 프리모르스키주)

자주괴불주머니
Corydalis incisa (Thunb.) Pers.

현호색과

국내분포/자생지 중부지방에도 분포하지만 주로 남부지방에 분포

형태 2년초. 줄기는 굵고 낮은 능각이 있다. 줄기잎은 어긋나며 2(~3)회 3출겹잎으로 가늘게 갈라진다. 잎은 길이 3~9cm 삼각상 난형이며 작은잎 가장자리에 뾰족한 톱니가 있다. 꽃은 3~5월에 적자색으로 피며 길이 1.2~1.8cm이다. 바깥꽃잎 중 아래쪽 것은 끝이 편평하거나 오목하게 파이고 끝에 짧은 돌기가 있다. 열매(삭과)는 길이 1.2~1.8cm의 긴 타원형이다.

참고 산괴불주머니에 비해 꽃이 적자색이며 열매가 긴 타원형인 점과 열매가 익으면 터지면서 씨가 산포되는 것이 특징이다.

❶2014. 4. 19. 강원 속초시 영랑호 ❷꽃. 바깥꽃잎의 끝부분은 흔히 짙은 자색-적자색이다. ❸열매. 선상 긴 타원형이며 씨의 부속체(elaiosome)가 다른 괴불주머니류에 비해 작은 편이다. ❹잎. 가장자리에 뾰족한 톱니가 있다.

산괴불주머니

Corydalis speciosa Maxim.

현호색과

국내분포/자생지 전국의 산과 들에 흔히 자람

형태 2년초. 줄기는 높이 20~50cm 이며 둥글고 털이 없다. 뿌리잎은 로제트모양으로 겨울을 나고 꽃이 필 무렵 시들어 없어진다. 줄기잎은 어긋나며 2(~3)회 깃털모양으로 가늘게 갈라진다. 잎은 길이 5~15cm이고 양면에 털이 없다. 작은잎은 난형이고 깃털모양으로 갈라지며 열편은 긴 타원형이고 끝은 뾰족하다. 꽃은 4~5월에 황색으로 피며 줄기 끝의 총상꽃차례에서 15~20(~30)개씩 모여 달린다. 포는 길이 5~10mm의 피침형~마름모상 피침형이고 가장자리에 깊게 갈라진 톱니가 있으며 끝은 길게 뾰족하다. 꽃은 길이 2~2.7cm이고 꽃자루는 길이 5~7mm이다. 바깥꽃잎은 앞쪽으로 넓어지고 끝은 뾰족하거나 급하게 뾰족하며 바깥꽃잎 중 위쪽의 꽃잎은 길이 1.7~2.2cm이다. 안쪽꽃잎은 길이 1.1~1.3cm이며 끝부분의 가장자리는 둥글다. 열매(삭과)는 길이 2.5~3cm 염주모양의 선형이며 10개 정도의 씨가 1열로 들어 있다.

참고 산괴불주머니에 비해 씨의 표면에 원뿔모양의 돌기가 밀생하는 것을 괴불주머니(*C. pallida*)라 하며, 국내 분포는 불명확하다. 경기·충북 이북에 자생하는 연노랑색 꽃을 피우는 산괴불주머니류(*Corydalis* sp.)와 함께 백두산 일대에 분포하는 **백두산괴불주머니**(*Corydalis changbaishanensis* M. L. Zhang & Y. W. Wang, **국명 신칭**)와 면밀한 비교·검토가 필요하다.

❶2014. 4. 18. 강원 강릉시 ❷꽃 비교. 꽃이 연노랑색인 산괴불주머니류(상)/산괴불주머니(하). 꽃이 연노랑색인 산괴불주머니류는 산괴불주머니에 비해 꽃이 약간 작은 편이다. ❸암술머리. 편평한 V자형이고 8개의 돌기가 있다. ❹~❺열매. 선형이고 씨는 1열로 배열된다. ❻잎. 회록색~연한 청록색이며 2~3회 깃털모양으로 갈라진다. ❼꽃이 연노랑색인 산괴불주머리류(2016. 4. 14. 경기 양주시). 꽃의 형태는 산괴불주머니와 유사하지만 크기가 약간 작고 연한 황색(~연한 황록색)이다. ❽백두산괴불주머니(2018. 6. 15. 중국 지린성 두만강 유역). 산괴불주머니에 비해 꽃이 약간 작고 백색 바탕에 앞부분이 연한 황색인 것이 특징이다.

염주괴불주머니

Corydalis heterocarpa Siebold & Zucc.

현호색과

국내분포/자생지 중부지방 이남의 길가, 풀밭, 해안가 또는 산지의 숲가 장자리

형태 2년초. 전체에 털이 없고 분백색을 약간 띤다. 줄기는 높이 25~60cm이며 굵고 둥글다. 줄기잎은 어긋나며 길이 10~20cm의 좁은 삼각형-난형이고 2(~3)회 깃털모양으로 갈라진다. 작은잎은 결각이 있거나 깊게 갈라지며 열편의 가장자리는 큰 톱니가 있거나 밋밋하다. 꽃은 4~6월에 황색으로 피며 줄기와 가지 끝의 총상꽃차례에서 10~40개씩 모여 달린다. 포는 길이 5~7(~10)mm의 좁은 피침형-도피침형이다. 꽃은 길이 1.7~2.5cm이고 꽃자루는 길이 4~6(~10)mm이다. 바깥꽃잎의 끝은 좁고 뾰족하며 위쪽의 꽃잎은 길이 1.8~2cm이고 아래쪽의 꽃잎은 길이 1.2~1.4cm이다. 안쪽꽃잎은 길이 1.1~1.3cm이며 끝부분 가장자리는 둥글다. 열매(삭과)는 길이 2~2.6cm의 가늘고 긴 타원형 또는 염주모양의 선형이며 10~21개의 씨가 주로 1열로 들어 있다.

참고 염주괴불주머니는 주로 내륙에 분포하며 열매가 염주모양의 선형이고 씨가 주로 1열로 배열된다. **갯괴불주머니**(*C. platycarpa*)는 주로 해안(제주, 울릉도 등)에 분포하며 열매가 가늘고 긴 타원형이며 씨가 주로 2열로 배열된다는 특징으로 염주괴불주머니와 구분되는 독립 종으로 취급하기도 한다. 학자에 따라 염주괴불주머니의 변종(*C. heterocarpa* var. *japonica*) 또는 동일 종(생태형)으로 처리하고 있어 분류학적 계급에 대한 재검토가 필요하다.

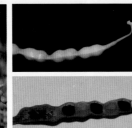

❶2013. 5. 4. 부산시 금정산 ❷꽃. 바깥꽃잎의 끝부분 가장자리가 넓게 확장되지 않는다. ❸열매. 염주모양의 선상 원통형이다. ❹씨방 및 암술머리. 암술머리는 V자형이고 6개의 돌기가 있다. ❺씨. 1열로 배열된다. ❻~❾갯괴불주머니 ❻2005. 6. 5. 경기 안산시 풍도 ❼꽃. 염주괴불주머니와 동일한 형태이다. ❽열매. 불규칙하게 굽은 선상 원통형이다. ❾씨. 2열로 배열된다.

둥근빗살현호색
(둥근빗살괴불주머니)
Fumaria officinalis L.

현호색과

국내분포/자생지 유럽 원산. 제주 제
주시 한경면 저지리 일대의 농경지 및
길가에 귀화

형태 1년초. 잎은 어긋나며 2~3회
깃털모양으로 갈라진다. 열편은 너
비 2.5mm 이하의 선형-긴 타원형이
다. 꽃은 4~5월에 분홍색-홍자색으
로 핀다. 바깥꽃잎 중 위쪽꽃잎은 길
이 7~9mm이고 거는 길이 2~2.5cm
이다. 안쪽꽃잎은 끝부분이 짙은 적
자색이다. 꽃받침잎은 2개이며 길이
2~3.5mm이고 가장자리에 톱니가 있
다. 열매(견과)는 지름 2~2.5mm의 거
의 구형이며 1개의 씨가 들어 있다.

참고 현호색속(*Corydalis*)에 비해 열매
가 구형의 견과이며 열매의 자루가
곧고 굵은 것이 다른 점이다.

❶2013. 3. 27. 제주 제주시 한경면 ❷꽃. 꽃
받침은 타원상 난형이고 가장자리에 톱니가
있다. ❸열매. 거의 원형이다. ❹잎. 깃털모
양으로 깊게 갈라진다.

뽕모시풀
Fatoua villosa (Thunb.) Nakai

뽕나무과

국내분포/자생지 중부지방 이남의
민가, 농경지 또는 숲가장자리

형태 1년초. 잎은 어긋나며 길이 5~
10cm의 난형-넓은 난형이고 양면에
압착된 털이 있다. 끝은 뾰족하고 밑
부분은 편평하거나 심장형이며 가장
자리에 둔한 톱니가 있다. 암수한그
루이다. 꽃은 8~10월에 피며 잎겨드
랑이에서 나온 머리모양(두상)의 취산
꽃차례에서 암꽃과 수꽃이 혼생하여
모여 달린다. 화피편과 수술은 4개씩
이다. 암술대는 길이 1~1.5mm의 선
형이다. 열매(수과)는 길이 1mm 정도
의 난형이고 약간 세모진다.

참고 건조한 곳보다는 약간 적습한
경작지나 민가 주변에서 더 흔히 자
란다.

❶2015. 10. 16. 인천시 서구 국립생물자원
관 ❷꽃차례. 암꽃과 수꽃이 혼생한다. 암술
대에 털이 많다. ❸열매. 표면이 약간 울퉁불
퉁하다. ❹잎. 양면과 가장자리에 털이 있다.

환삼덩굴

Humulus scandens (Lour.) Merr.
Humulus japonicus Siebold & Zucc.

삼과

국내분포/자생지 전국의 들판, 농경지, 빈터 등에 흔히 자람

형태 1년초. 줄기와 잎자루에 밑을 향한 거친 가시가 있다. 잎은 마주나며 길이 5~12cm의 손바닥모양이고 밑부분은 심장형이다. 가장자리에 불규칙한 톱니가 있고 양면(특히 뒷면 맥위)에는 거친 털이 있다. 열편은 5~7개이며 피침형-난형이고 끝이 뾰족하다. 암수딴그루이다. 꽃은 6~9월에 잎겨드랑이에서 나온 꽃차례에 달린다. 수꽃은 황록색이고 원뿔꽃차례에서 모여 달리며 화피편과 수술은 5개씩이다. 수술대는 가늘고 짧으며 꽃밥은 연한 황록색이고 꽃의 크기에 비해 매우 큰 편이다. 암꽃차례는 길이 1~2cm이고 포가 밀착되어 겹쳐진 구과상(솔방울모양)이며 아래를 향해 달린다. 포는 길이 7~10mm의 긴 삼각형-삼각상 난형이고 적자색 무늬가 있으며 가장자리에 긴 털이 밀생한다. 개화 시에 포 사이로 암술대가 나온다. 열매(수과)는 편구형이며 포는 거의 전체가 자갈색을 띠고 끝은 뒤로 약간 젖혀진다.

참고 세계적으로 동북아시아(한국, 중국, 일본)와 베트남에 분포하며 최근에 유럽과 북아메리카에 귀화되었다. 중국에서는 환삼덩굴의 잎과 줄기를 약용으로 쓰고 씨에서 추출한 기름으로 비누를 만들기도 한다. **삼**(*Cannabis sativa*)은 높이 1~3m까지 자라는 1년초이다. 환삼덩굴과의 식물들과 달리 줄기가 직립하며 잎이 5개의 작은 잎으로 구성된 손모양의 겹잎인 것이 특징이다. 중앙아시아 원산으로 추정하고 있으나 정확한 자생지는 불명확하다. 줄기 속 섬유질이 길고 질겨 오래전부터 종이나 천을 만드는 재료로 이용해왔다.

❶ 2002. 8. 25. 강원 횡성군 ❷ 수꽃차례. 수꽃은 원뿔모양의 꽃차례에서 모여 달린다. 꽃밥은 대형이며 수술대는 짧고 가늘다. ❸ 암꽃차례. 암꽃은 머리모양의 짧은 꽃차례에 모여 달린다. 암술대는 2개로 갈라진다. ❹ 열매. 암꽃차례와 형태가 거의 같지만 익으면 자갈색으로 변한다. ❺ 줄기와 잎자루. 아래를 향한 가시가 많다. ❻ 삼(2001. 8. 21. 경북 울진군)

왜모시풀

Boehmeria japonica (L. f.) Miq.
Boehmeria longispica Steud.;
B. maximowiczii Nakai & Satake;
B. platanifolia Franch. & Sav.

쐐기풀과

국내분포/자생지 중부지방 이남의 길가, 농경지 또는 숲가장자리

형태 아관목상 다년초. 잎은 마주나 며 길이 7~20(~15)cm의 난형-난상 원형이고 약간 두터운 종이질이다. 양면(특히 맥위)에 털이 있다. 끝은 꼬리처럼 뾰족하거나 거북꼬리와 같은 결각상이며 밑부분은 쐐기형-넓은 쐐기형-원형이고 드물게 편평하거나 얕은 심장형이다. 가장자리의 톱니는 잎끝 쪽으로 갈수록 커진다. 암수한 그루(내륙에서는 주로 암그루만 관찰됨)이 다. 꽃은 7~9월에 피며 잎겨드랑이 에서 나온 수상꽃차례에서 모여 달린 다. 줄기 상부에 암꽃차례가 달리고 줄기 중간부에 수꽃차례가 달린다. 수꽃의 화피편과 수술은 4개이다. 암 꽃은 여러 개씩 모여 달리고 암술머 리는 화피 밖으로 나출된다. 화피편 에 긴 털이 밀생한다. 열매(수과)는 길 이 1.7~2.2mm의 마름모형-도란형이 고 화피에 압착되어 싸여 있다.

참고 거북꼬리(*B. tricuspis*)는 왜모시 풀에 비해 잎의 밑부분이 흔히 얕은 심장형(또는 둥글거나 편평함)이고 꽃차 례(특히 수꽃차례)의 가지가 많이 갈라 지는 것이 특징이다. 중국, 일본 등에 서도 문헌상으로는 독립 종으로 처리 하고 있으나 거북꼬리의 기준표본(왜 모시풀로 추정)에 대한 분류학적 추가 연구가 필요한 것으로 판단된다.

❶ 2014. 7. 23. 전남 화순군 ❷ 암꽃차례. 줄 기의 상반부에 달리며 줄기의 중간부에 달리 는 암꽃차례는 가지가 갈라진다. ❸ 열매. 풀 거북꼬리에 비해 단산꽃차례가 촘촘히 달린 다. ❹ 줄기. 풀거북꼬리류에 비해 붉은빛이 적거나 없고 표면에 거친 털(강모)이 밀생한 다. ❺~❻ 개모시풀 타입 ❺ 잎(2018. 8. 29. 제주 한라산). 왜모시풀에 비해 잎이 대형이 고 밑부분이 흔히 (넓은 쐐기형-)편평하거나 얕은 심장형이다. ❻ 기준표본(일본 가나가와 현에서 채집). 일본에서는 왜모시풀과 숲거 북꼬리의 교잡타입으로 추정한다. ❼ 거북꼬 리(2016. 8. 12. 제주 제주시). 줄기 중간부의 수꽃차례는 가지가 많이 갈라진다.

왕모시풀

Boehmeria holosericea Blume
Boehmeria gigantea Satake;
B. pannosa Nakai & Satake ex Oka

쐐기풀과

국내분포/자생지 경남, 부산시, 전남, 제주 해안가 또는 인근 산지

형태 아관목상 다년초. 줄기는 높이 1m 정도까지 자라며 굵고 짧은 털이 밀생한다. 잎은 마주나며 길이 10~25cm의 넓은 난형-원형이고 매우 두텁다. 끝은 흔히 뾰족하거나 길게 뾰족하고 밑부분은 둥글거나 얕은 심장형이며 가장자리에 크기가 비슷한 톱니가 있다. 뒷면에는 짧은 털이 밀생한다. 암수한그루이다. 꽃은 7~8월에 피며 잎겨드랑이에서 나온 수상 꽃차례에서 모여 달린다. 암꽃차례는 줄기의 윗부분에 달리며 흔히 가지를 치지 않지만 줄기의 중간부에서는 가지가 약간 갈라지기도 한다. 수꽃차례는 줄기의 중간부 또는 그 아래쪽에 달리고 가지가 많이 갈라져 원뿔모양이 된다. 수술과 화피편은 각 4개씩이다. 열매(수과)는 도란형이며 백색의 털이 밀생한 화피에 싸여 있다.

참고 왜모시풀에 비해 잎이 두텁고 가장자리에 크기가 비슷한 톱니가 있으며 잎 뒷면에 부드러운 털이 밀생하는 것이 특징이다. **제주모시풀**(*B. quelpaertensis*)은 잎과 꽃차례 등에서 왜모시풀과 왕모시풀의 중간 형태를 보이는 분류군으로서 제주의 숲가장자리에서 자란다. 학자들에 따라 제주모시풀을 왕모시풀 또는 왜모시풀에 통합처리하기도 한다. 형태적으로 연속적 변이를 보이는 거북꼬리, 왜모시풀, 제주모시풀, 왕모시풀에 대한 보다 면밀한 분류학적 연구가 필요한 것으로 판단된다.

❶2016. 8. 13. 제주 제주시 조천읍 ❷수꽃화서. 주로 가지의 중간부 이하에 달리며 가지가 많이 갈라진다. ❸암꽃화서. 줄기의 윗부분에 달리며 가지가 흔히 갈라지지 않는다. ❹열매. 열매집단이 굵고 단산꽃차례가 조밀하게 달리며 수과는 도란형이다. ❺잎. 두텁고 가장자리의 톱니는 크기가 비슷하다. ❻제주모시풀(2016. 8. 12. 제주 제주시). 왕모시풀에 비해 잎이 작고 얇은 편이며 왜모시풀에 비해 가장자리의 톱니는 크기가 균일한 편이고 밑부분은 둥글거나 얕은 심장모양이다. 이런 타입의 개체들이 왜모시풀 또는 왕모시풀의 연속 변이(생태형)에 해당하는지 아니면 교잡에 의해 형성된 개체인지 밝히기 위한 실험적 연구가 필요하다.

풀거북꼬리

Boehmeria gracilis C. H. Wright
Boehmeria tricuspis var. *unicuspis*
Makino

쐐기풀과

국내분포/자생지 전국의 계곡가, 하천가 및 숲가장자리

형태 아관목상 다년초. 줄기는 높이 60~120cm까지 자라며 흔히 적색이고 누운 짧은 털이 있다. 잎은 얇은 초질이고 표면은 광택이 나며 양면의 맥 위에 털이 있다. 길이 5~8(~15)cm의 난상 긴 타원형-난형이며 끝은 길게 뾰족하거나 얕은 결각상이다. 가장자리의 톱니는 잎끝으로 갈수록 점점 커진다. 암수한그루이다. 꽃은 7~9월에 핀다. 흔히 줄기의 상부에는 암꽃차례가 달리고 중간부 아래에는 수꽃차례가 달린다. 수꽃은 수술과 화피편이 각 4개씩이다. 화피편의 뒷면에 털이 있다. **열매**(수과)는 길이 1.5mm 정도의 마름모형-도란형의 화피에 싸여 있다.

참고 최근까지 거북꼬리의 변종(*B. tricuspis* var. *unicuspis*)으로 취급되어왔으나, 형태적으로 거북꼬리보다는 오히려 좀깨잎나무와의 구분이 어려운 경우가 종종 있다. 좀깨잎나무에 비해 지상부 줄기가 목질화되지 않으며 잎이 보다 크고 가장자리에 톱니가 많은 편이다. 일본에서는 독립된 종으로 분류하지만 중국에서는 좀깨잎나무와 동일 종으로 처리한다. 풀거북꼬리에 비해 잎끝이 거북꼬리처럼 3개로 깊게 갈라지는 것을 **숲거북꼬리[*B. silvestrii* (Pamp.) W. T. Wang, 국명 신칭]**로 구분하기도 한다. 흔히 거북꼬리로 동정(同定)해왔던 종으로서 울릉도 및 중남부지방 이북의 숲가장자리 또는 숲속에서 자란다. 형태적으로 연속적 변이를 보이는 풀거북꼬리와 면밀한 비교·검토가 요구된다.

❶ 2013. 7. 16. 충북 보은군 속리산 ❷ 수꽃차례. 갈라지지 않는다. 수술은 4개이다. ❸ 암꽃차례. 줄기의 잎겨드랑이 또는 가지의 끝부분에서 나온다. ❹ 열매. 화피에 완전히 싸여 있으며 화피의 바깥 면에는 털이 밀생한다. ❺ 잎. 끝은 길게 뾰족하거나 약간 꼬리처럼 갈라진다. ❻ 줄기. 흔히 줄기와 잎자루는 적색이다. ❼ 숲거북꼬리(2003. 6. 28. 경기 가평군 명지산)

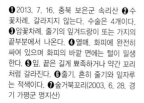

모시풀

Boehmeria nivea (L.) Gaudich.
var. *nivea*

쐐기풀과

국내분포/자생지 주로 도서 및 해안
가의 민가에서 야생

형태 아관목상 다년초. 잎은 어긋나
며 길이 7~17cm의 넓은 난형-거의
구형이다. 끝은 길게 뾰족하거나 꼬
리처럼 길게 뾰족하고 가장자리에 크
기가 비슷한 톱니가 있다. 뒷면에는
백색-회백색의 털이 많다. 잎자루는
잎보다 약간 짧으며 털이 많다. 턱잎
은 피침형이며 2개이고 합생하지 않
는다. 암수한그루이다. 꽃은 7~9월에
피며 잎겨드랑이에서 나온 원뿔모양
의 취산꽃차례에서 모여 달린다. 줄
기의 상부에 암꽃차례가 달리고 수꽃
차례는 그 아래의 줄기 중간부 이하
에 달린다. 수꽃차례는 가지가 많이
갈라지며 잎자루보다 약간 길거나 짧
다. 수술과 화피편은 4개씩이다. 암꽃
은 길이 0.6~0.8mm의 마름모상 타
원형이며 암술머리는 길이 1mm 정도
의 선형이다. 열매가 익을 무렵의 화
피는 길이 1mm 정도의 마름모상 도
란형이고 압착되어 있으며 그 안에
열매가 들어 있다. 열매(수과)는 길이
0.6mm 정도의 난형상이고 아래에 자
루가 있다.

참고 모시풀속의 다른 종들에 비해
잎이 어긋나며 꽃이 원뿔모양의 취산
꽃차례에 달리고 열매에 짧은 자루
가 있는 것이 특징이다. **섬모시풀**(var.
tenacissima)은 모시풀에 비해 줄기
와 잎자루에 퍼진 털이 없고 누운 털
만 있으며 잎자루의 기부에 있는 2개
의 턱잎이 중간부 이하에서 서로 합
생하는 것이 특징이다. 또한 잎 뒷면
에 백색의 털이 모시풀에 비해 다소
적거나 거의 없는 편이다. 이러한 형
질로도 두 분류군을 구분하기에 모호
한 경우가 있다. 최근에는 섬모시풀
을 모시풀에 통합처리하는 추세이다.

❶2017. 8. 30. 전남 장흥군 ❷수꽃차례. 줄
기 윗부분에 달린다. ❸턱잎. 합생하지 않는
다. ❹잎 뒷면. 백색의 털이 밀생한다. 섬모
시풀에 비해 가장자리 톱니가 큰 편이다. ❺
~❻섬모시풀 ❺암꽃차례 ❻턱잎. 중간 아
랫부분이 합생한다. ❼잎 뒷면. 모시풀보다
백색 털이 적다. ❽2016. 6. 17. 제주 제주시

나도물통이

Nanocnide japonica Blume

쐐기풀과

국내분포/자생지 제주, 전남, 전북의 길가, 풀밭 및 숲가장자리

형태 다년초. 잎은 어긋나며 길이 1~3cm의 삼각상 난형~넓은 난형이다. 끝은 둔하고 가장자리에 깊게 갈라진 톱니가 있다. 암수한그루이다. 꽃은 4~5월에 핀다. 수꽃차례는 줄기 위로 길게 올라온다. 수꽃의 화피편과 수술은 5개씩이며 화피편은 적자색이고 뒷면에 긴 털이 있다. 암꽃은 녹색이며 화피편은 4개이고 길이가 다르다. 열매(수과)는 길이 1mm 정도의 넓은 난형이다.

참고 개화 시 수술이 스프링처럼 튀어나오며 동시에 꽃밥이 터져 꽃가루가 날린다. 모시물통이에 비해 수꽃의 화피편과 수술이 5개인 것이 특징이다.

❶ 2005. 4. 30. 전남 순창군 회문산 ❷ 꽃. 수꽃의 화피편과 수술은 5개이다. ❸ 열매. 화피에 덮여 있다. 암꽃의 화피편은 4개이다. ❹ 잎. 어긋나며 양면과 가장자리에 털이 있다.

모시물통이

Pilea pumila (L.) A. Gray var. **pumila**
Pilea mongolica Wedd.

쐐기풀과

국내분포/자생지 전국의 계곡가, 농경지, 민가 및 숲가장자리

형태 1년초. 잎은 마주나며 길이 2~10cm의 난상 마름모형~넓은 난형이고 표면은 흔히 광택이 난다. 암수한그루이다. 꽃은 7~9월에 핀다. 수꽃의 화피편과 수술은 2(4)개씩이며 화피편은 보트모양이고 기부가 합생한다. 암꽃의 화피편은 3개이고 동일한 크기의 선형이다. 열매(수과)는 길이 1.2~1.8mm의 압착된 삼각상 난형이다.

참고 큰물통이(var. hamaoi)는 모시물통이에 비해 암꽃의 화피편이 도란상 긴 타원형~난형이고 3개 중 1개의 길이가 2분의 1 정도 짧은 것이 특징이다. 모시물통이에 통합처리하기도 한다.

❶ 2016. 9. 27. 경기 가평군 화야산 ❷ 꽃차례. 잎겨드랑이에 원반상으로 달린다. ❸ 수꽃. 수술은 2개 또는 4개이다. ❹ 열매. 삼각상 난형이다. 암꽃의 화피편은 3개이고 길이가 서로 같다.

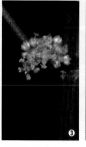

피자
식물문

MAGNOLIOPHYTA

목련강
MAGNOLIOPSIDA

석죽아강
CARYOPHYLLIDAE

자리공과 PHYTOLACCACEAE
번행초과 AIZOACEAE
선인장과 CACTACEAE
명아주과 CHENOPODIACEAE
비름과 AMARANTHACEAE
쇠비름과 PORTULACACEAE
석류풀과 MOLLUGINACEAE
석죽과 CARYOPHYLLACEAE
마디풀과 POLYGONACEAE
갯길경과 PLUMBAGINACEAE

자리공(섬자리공)

Phytolacca acinosa Roxb.
Phytolacca insularis Nakai.

자리공과

국내분포/자생지 주로 해안가 및 도서지역의 길가 또는 풀밭

형태 다년초. 줄기는 높이 50~150cm이며 전체에 털이 거의 없다. 뿌리는 다육질로 점차 비대해진다. 잎은 어긋나며 길이 10~30cm의 피침상 타원형-난상 타원형이다. 끝은 뾰족하고 밑부분은 쐐기형이며 가장자리는 밋밋하다. 잎자루는 길이 1.5~3cm이고 털이 없다. 꽃은 5~6월에 백색, 황록색 또는 연한 적자색으로 피며 잎과 마주나온 총상꽃차례에서 모여 달린다. 꽃차례는 잎보다 짧으며 곧추서거나 약간 비스듬히 위를 향해 달린다. 꽃은 지름 8~10mm이고 꽃자루는 길이 6~13mm이다. 화피편은 5개이고 길이 3~4mm의 긴 타원형-난형이며 꽃이 시들면 뒤로 젖혀진다. 수술은 8~10개이고 화피편과 길이가 거의 같다. 수술대는 백색이고 기부가 넓은 송곳모양이며 꽃밥은 백색-연한 적색이다. 심피는 보통 8~10개이고 합생하지 않는다. 암술대는 곧추서고 끝은 구부러진다. 열매(장과)는 지름 7mm 정도의 편구형이며 흑자색으로 익는다. 씨는 길이 3mm 정도의 신장형이고 광택이 나는 흑색이며 다소 세모지고 표면은 평활하다.

참고 울릉도에 분포하며 자리공에 비해 꽃차례에 유두상 잔돌기가 있고 꽃밥이 백색인 것을 섬자리공(*P. insularis*)으로 구분했으나, 최근에는 자리공과 동일 종으로 보는 견해가 많다.

❶2011. 5. 21. 전남 신안군 ❷꽃. 꽃밥이 연한 적색이다. ❸울릉도 개체(섬자리공)의 꽃(ⓒ이강협). 꽃밥이 적색인 개체도 흔히 관찰된다. ❹열매. 심피는 8~10개이다. 광택이 나는 흑색으로 익는다. ❺2016. 6. 20. 경북 울릉도(ⓒ김상희)

미국자리공

Phytolacca americana L.

자리공과

국내분포/자생지 북아메리카 원산, 주로 농경지 및 민가 주변의 빈터

형태 다년초. 잎은 어긋나며 길이 9~18cm의 난상 피침형-타원상 난형이다. 꽃은 6~9월에 백색 또는 붉은빛이 도는 백색으로 피며 길이 5~20cm의 총상꽃차례에서 모여 달린다. 꽃은 지름 5~6mm이고 화피편은 5개이다. 수술과 심피는 10개씩이며 심피는 합생한다. 열매(장과)는 지름 8mm 정도의 편구형이며 흑자색으로 익는다.

참고 자리공에 비해 열매가 익으면서 꽃차례가 아래로 처지고 심피가 합생하는 것이 특징이다. 열매를 이용해 잉크를 만들어 쓰기 때문에 Ink berry 라고 부르기도 한다.

❶ 2014. 7. 24. 경남 양산시 ❷ 꽃. 꽃밥은 거의 백색이며 심피는 10개이고 합생한다. ❸ 꽃차례. 흔히 옆으로 퍼지거나 아래로 처진다. ❹ 열매. 표면은 평활하거나 얕은 10개의 골이 있다.

번행초

Tetragonia tetragonoides (Pall.) Kuntze

번행초과

국내분포/자생지 중부지방 이남의 해안가

형태 다육질의 다년초. 전체에 사마귀모양의 작은 돌기가 있다. 잎은 어긋나며 길이 4~6(~10)cm의 난상 삼각형이고 두텁다. 꽃은 6~9월에 황색으로 피며 잎겨드랑이에 1~2개씩 달린다. 꽃받침은 길이 2~3cm이고 가시 같은 돌기가 4~5개 있다. 수술은 10~16개이고 황색이며 암술대는 끝이 4~6개로 갈라진다. 열매(견과)는 길이 5~7mm이고 겉에 4~5개의 돌기가 있으며 벌어지지 않는다.

참고 중국명도 번행(蕃杏)이며 항산화·항암 효과가 있는 약용 및 식용 작물로 재배하기도 한다.

❶ 2003. 8. 9. 제주 서귀포시 ❷ 꽃. 꽃잎은 없고 꽃잎모양의 꽃받침열편은 4(~5)개이다. ❸ 열매. 딱딱하며 벌어지지 않는다.

선인장

Opuntia dillenii (Ker Gawl.) Haw.

선인장과

국내분포/자생지 제주 및 남부지방의 해안가에서 야생

형태 관목상 다년초. 두껍고 편평한 다육질의 줄기조각은 길이 25~40cm의 타원형-넓은 도란형이며 표면에 길이 1~3cm의 가시가 1~5개씩 모여 달린다. 꽃은 6~8월에 황색으로 피며 지름 5~8cm이다. 화피편은 길이 2cm 정도의 넓은 난형-도란형이다. 열매는 길이 5~10cm의 무화과 또는 서양배모양이며 흔히 적자색으로 익는다.

참고 중앙-북아메리카(카리브해 일대) 원산이며, 제주 한림읍에서 야생하거나 재배하는 선인장은 형태적으로 *O. ficus-indica*보다는 *O. dillenii*(또는 *O. stricta*)에 더 가깝다. 국내에 야생하는 선인장류에 대한 분류학적 재검토가 요구된다.

❶2006. 6. 17. 제주 제주시 한림읍 ❷꽃. 밝은 황색이며 수술은 다수이다. ❸열매. 무화과모양이다.

가는갯능쟁이

Atriplex laevis Ledeb.
Atriplex patens (Litv.) Iljin

명아주과

국내분포/자생지 중부지방 이남의 해안가

형태 1년초. 잎은 어긋나며 길이 5~10cm의 선형-피침형-긴 타원형이고 잎질은 두텁다. 끝은 뾰족하고 가장자리는 밋밋하다. 암수한그루이다. 꽃은 7~8월에 연한 녹색으로 피고 수상꽃차례에서 모여 달린다. 암꽃은 2개의 포가 있고 화피는 없다. 포는 자라서 길이 3~4mm의 난상 삼각형의 형태를 띠게 되며 그 안에 열매(포과)가 있다. 씨는 길이 2.3~3mm의 난형상이고 광택이 난다.

참고 창갯능쟁이에 비해 줄기가 직립하고 잎이 피침상으로 좁은 것이 특징이다.

❶2001. 8. 30. 경북 울릉도 ❷꽃. 수술은 4~5개이다. ❸열매. 삼각상의 포에 싸여 있으며 별모양으로 모여 달린다. ❹잎. 줄기잎은 선상 피침형이다.

창갯능쟁이
(창명아주)
Atriplex prostrata Boucher ex DC.

명아주과

국내분포/자생지 유럽 원산. 경기, 경남, 전남, 전북, 충남의 해안가

형태 1년초. 잎은 어긋나거나 거의 마주나며 길이 5~10cm의 삼각상 창모양이다. 밑부분은 편평하거나 심장형이며 가장자리에 불규칙한 얕은 톱니가 있다. 암수한그루이다. 꽃은 7~9월에 피고 수상꽃차례에서 모여 달린다. 수꽃의 화피편과 수술은 5개씩이다. 암꽃은 2개의 포가 있고 화피는 없다. 결실기의 포는 난상 삼각형이며 그 안에 열매(포과)가 있다. 씨는 지름 1.8~2.2mm의 거의 구형이고 흑색 또는 갈색이다.

참고 가는갯능쟁이에 비해 줄기의 밑부분이 흔히 땅위로 기며 잎이 삼각상 창모양인 것이 특징이다.

❶2011. 9. 3. 전남 영광군 ❷꽃. 수술은 5개이다. ❸열매. 삼각상의 포에 싸여 있다. ❹잎. 삼각형이고 밑부분의 양끝이 창모양으로 발달한다.

버들명아주
Chenopodium acuminatum var.
vachellii (Hook. & Arn.) Moq.
Chenopodium virgatum Thunb.

명아주과

국내분포/자생지 경남과 경북에 드물게 분포. 주로 바닷가 또는 하천가의 사력지에 자람

형태 1년초. 줄기는 높이 30~60cm로 자라며 흔히 붉은빛이 돈다. 잎은 어긋나며 길이 2.5~6cm의 넓은 선형-난상 긴 타원형이다. 꽃은 6~8월에 피며 수상꽃차례에서 모여 달린다. 꽃차례의 축에 관상(管狀)의 털이 있다. 화피편과 수술은 5개씩이고 암술머리는 2개이다. 열매(포과)는 편평하고 화피편에 완전히 싸여 있다.

참고 줄기 아래부터 가지가 많이 갈라지며 잎이 피침형으로 좁은 것이 특징이다. **동근잎명아주(var. *acuminatum*)**는 버들명아주에 비해 줄기잎이 난형상이다.

❶2014. 8. 5. 경북 예천군 내성천 ❷꽃. 수술과 화피편은 5개이다. ❸줄기잎. 피침형-좁은 난형이다. ❹둥근잎명아주(2007. 7. 23. 부산시 기장군)

명아주(흰명아주)

Chenopodium album L. var. *album*

명아주과

국내분포/자생지 전국의 농경지, 민가 및 하천가에 흔히 자람

형태 1년초. 줄기는 높이 15~200cm까지 자란다. 어린 잎에는 백색 또는 적색의 가루 같은 털이 있다. 잎은 길이 3~6cm의 넓은 피침형-마름모상 난형이다. 밑부분은 편평하거나 넓은 쐐기형이며 가장자리에 불규칙한 톱니가 있다. 가지나 상부 줄기의 잎은 작고 가장자리에 톱니가 거의 없다. 꽃은 6~10월에 피며 줄기와 가지의 끝부분 또는 잎겨드랑이에서 나온 꽃차례에서 수상으로 모여 달린다. 꽃은 양성화이며 화피편과 수술은 5개씩이고 암술머리는 2개이다. 화피편은 타원형-넓은 난형이고 뒷면에 가루모양의 털이 밀생한다. 열매(포과)는 편구형이며 화피편에 싸여 있다. 씨는 지름 1~1.5mm이고 흑색이며 광택이 난다.

참고 흰명아주는 전 세계의 민가 주변에서 흔히 보이는 잡초이지만 형태적 변이가 심해 종에 대해 정확히 이해하고 동정하기가 가장 어려운 식물 중 하나이다. 최근 국내에 분포하는 명아주 복합체의 분류학적 연구에서는 명아주와 흰명아주를 동일 종으로 처리하고 유전적으로 차이를 보이는 가는명아주는 변종으로 정리한 바 있다. **가는명아주**(var. *stenophyllum*)는 명아주에 비해 잎이 피침형 또는 긴 타원형으로 좁고 잎가장자리가 밋밋하거나 빈약한 톱니가 있는 것이 특징이다. 중국에 분포하는 *C. giganteum*(재배 명아주)과 국내에 분포하는 것으로 알려진 *C. strictum*과도 비교·검토가 요구된다.

❶2015. 6. 24. 전남 광양시 ❷꽃. 수술과 화피편은 5개이다. ❸열매. 화피편에 싸여 있으며 별모양의 편구형이다. ❹~❺어린 개체의 잎. 가루모양의 털은 백색 또는 적자색이다. ❻~❾가는명아주 ❷2016. 10. 1. 인천시 영종도 ❼꽃. 명아주와 동일하다. ❽열매. 명아주와 동일하다. ❾줄기잎. 피침상이고 가장자리는 밋밋하거나 불규칙한 톱니가 드물게 있다.

참명아주

Chenopodium gracilispicum
H. W. Kung

명아주과

국내분포/자생지 거의 전국에 분포하며 하천가 또는 길가에서도 간혹 관찰되지만 주로 숲가장자리의 바위지대에서 드물게 자람

형태 1년초. 잎은 어긋나며 길이 3~4cm의 삼각상 난형-마름모상 난형이다. 꽃은 7~9월에 녹색으로 피며 줄기 상부와 가지 끝부분의 잎겨드랑이에서 나온 수상꽃차례에서 모여 달린다. 화피편과 수술은 5개씩이다. 결실기의 화피편은 난형이고 중앙부에 능각이 뚜렷하다. 화피편은 열매(포과)의 일부만 감싸며 열매의 표면에 잔돌기가 많다. 씨는 지름 1.3~1.5mm이고 광택이 약간 난다.

참고 명아주에 비해 줄기가 가늘며 잎이 삼각상이고 가장자리에 톱니가 거의 없는 것이 특징이다.

❶ 2003. 10. 10. 강원 삼척시 덕항산 ❷ 열매. 화피편에 거의 싸여 있지 않으며 표면에 잔돌기가 많다. ❸ 잎. 가장자리가 거의 밋밋하다. ❹ 어린 개체

좀명아주

Chenopodium ficifolium Sm.

명아주과

국내분포/자생지 유럽 원산, 전국의 농경지, 민가 및 하천가에 흔히 자람

형태 1년초. 잎은 어긋나며 길이 2.5~5cm의 난상 긴 타원형이다. 끝은 둔하고 밑부분에 창모양으로 갈라진 열편이 있다. 열편의 가장자리에 물결모양의 톱니가 불규칙하게 있다. 꽃은 5~6월에 녹색으로 피며 원뿔모양의 꽃차례에서 모여 달린다. 화피편과 수술은 5개씩이다. 결실기의 화피편은 긴 타원상 난형이고 열매(포과)는 전체를 감싼다. 씨는 지름 1mm 정도이며 흑색이고 광택이 약간 난다.

참고 명아주에 비해 소형이고 개화기(봄~여름)가 빠르며 잎이 난상 긴 타원형으로 끝고 밑부분에 칭모양의 열편이 발달한다.

❶ 2012. 6. 20. 인천시 서구 국립생물자원관 ❷ 꽃. 수술과 화피편은 5개이다. ❸ 열매. 화피에 완전히 싸여 있다. ❹ 잎. 3개의 열편으로 갈라진 창모양이다.

취명아주
Chenopodium glaucum L.

명아주과

국내분포/자생지 유럽 원산. 전국의 하천가, 해안가 또는 드물게 농경지 및 민가

형태 1년초. 잎은 어긋나며 길이 2~4cm의 피침형–난상 긴 타원형이다. 끝은 뾰족하거나 둔하고 밑부분은 쐐기모양으로 좁아지며 가장자리에 물결모양의 톱니가 있다. 꽃은 5~9월에 녹색으로 피며 원뿔모양의 꽃차례에서 모여 달린다. 수술은 5개이며 암술머리는 2개이고 매우 짧다. 결실기의 화피편은 열매(포과)의 일부만 감싸며, 열매의 표면은 평활하다.

참고 좀명아주에 비해 작은 편이지만 줄기와 잎이 다육질로 다소 두터우며 화피편이 3~4개이고 열매의 일부만 감싸는 것이 특징이다.

❶2001. 10. 26. 제주 서귀포시 중문해수욕장 ❷꽃. 수술은 5개이다. ❸열매. 일부만 화피에 싸여 있다. ❹잎. 가장자리에 물결모양의 큰 톱니가 있다.

바늘명아주
Dysphania aristata (L.) Mosyakin & Clemants
Chenopodium aristatum L.

명아주과

국내분포/자생지 강원(영월군, 정선군, 평창군) 이북의 농경지, 하천가 또는 산지의 바위지대

형태 1년초. 줄기는 높이 10~40cm로 자라며 줄기의 아래부터 가지가 많이 갈라진다. 잎은 어긋나며 길이 2~7cm의 선형–좁은 피침형이다. 꽃은 7~8월에 연한 녹색으로 피며 잎겨드랑이에서 나온 꽃차례에서 모여 달린다. 꽃차례는 2~3회 갈라지고 갈라지는 분기점에서 꽃이 1개씩 달리며, 꽃차례의 가지 끝은 결실기에 가시모양이 된다. 화피편과 수술은 5개씩이다. 열매(포과)는 편구형이며 화피편에 싸여 있다.

참고 결실기에 꽃차례의 가지 끝이 바늘 같은 가시모양이 되는 것이 특징이다.

❶2005. 9. 25. 강원 정선군 ❷꽃차례. 가지의 끝부분은 가시가 된다. ❸열매. 화피편은 열매를 거의 감싼다.

양명아주

Dysphania ambrosioides (L.)
Mosyakin & Clemants

명아주과

국내분포/자생지 남아메리카 원산. 중부지방 이남의 길가, 민가, 빈터, 하천가 등

형태 1년초. 줄기는 높이 50~100cm로 자란다. 잎은 어긋나며 길이 3~12cm의 피침형-긴 타원상 피침형이며 가장자리에 불규칙한 물결모양의 뾰족한 톱니가 있다. 뒷면에는 연한 황색의 샘점이 많다. 꽃은 6~10월에 피며 잎겨드랑이에서 나온 수상꽃차례에서 양성화와 암꽃이 섞여 달린다. 화피편과 수술은 5개씩이고 암술머리는 3(~4)개이다. 열매(포과)는 편구형이며 화피편에 거의 완전히 싸여 있다.

참고 명아주속의 종에 비해 줄기와 잎에 샘점이 많아 특유의 냄새가 나는 것이 특징이다.

❶ 2011. 11. 22. 전남 순천시 ❷ 꽃. 양성화는 수술이 5개이다. ❸ 열매. 화피편에 대부분 싸여 있다. ❹ 잎. 가장자리에 불규칙한 톱니가 있다.

냄새명아주

Dysphania pumilio (R. Br.) Mosyakin & Clemants

Chenopodium pumilio R. Br.

명아주과

국내분포/자생지 호주 원산. 중부지방 이남의 민가 또는 빈터

형태 1년초. 전체에서 특유의 냄새가 난다. 잎은 어긋나며 길이 1~3cm의 긴 타원형-삼각형상 난형이고 뒷면에 샘털과 다세포의 긴 털이 밀생한다. 끝은 둔하고 가장자리에 결각상 물결모양의 톱니가 있다. 꽃은 7~8월에 피며 잎겨드랑이에서 나온 꽃차례에서 모여 달린다. 화피편은 긴 타원상이고 5개이며 뒷면에 샘털과 다세포 털이 많다. 열매(포과)는 적갈색이고 표면은 평활하다.

참고 서울시 이남과 경기(인천시), 강원(강릉시) 등지의 바다 가까운 도심지에서 드물지 않게 관찰된다.

❶ 2005. 5. 15. 대구시 서구 ❷ 꽃차례. 암꽃과 양성화가 혼생한다. 양성화의 수술은 1(~3)개이다. ❸ 열매. 화피편에 대부분 싸여 있다. ❹ 잎 앞면 ❺ 잎 뒷면. 샘점이 흩어져 있다.

호모초

Corispermum stauntonii Moq.

명아주과

국내분포/자생지 강원, 경기, 전남, 전북, 충남의 해안가 모래땅

형태 1년초. 줄기는 높이 15~50cm로 자라고 흔히 별모양의 털이 약간 있다. 가지는 줄기의 아랫부분부터 많이 갈라진다. 잎은 어긋나며 길이 2~4cm의 선형이고 흔히 털이 없지만 드물게 털이 있기도 하다. 끝은 길게 뾰족하고 가장자리는 밋밋하며 잎맥은 1(~3)개이다. 꽃은 8~9월에 피며 줄기와 가지의 끝부분에서 나온 짧은 수상꽃차례에서 모여 달린다. 꽃차례는 길이 1.5~4cm, 너비 0.8~1cm의 원통형 또는 곤봉형이며 꽃은 포 사이에서 1개씩 핀다. 포는 길이 5~10mm의 선형-난형이며 끝은 뾰족하다. 화피편은 보통 3개이며 수술은 3~5개이고 화피 밖으로 나출된다. 열매(포과)는 길이 3.5~4mm의 넓은 타원형이고 털이 없다. 끝은 뾰족하거나 둥글고 밑부분은 흔히 심장형이다. 가장자리에는 좁은 날개가 있으며 날개의 가장자리는 밋밋하거나 불규칙한 물결모양이다.

참고 꼬리호모초(*C. platypterum*)는 열매의 끝이 (둥글거나) 오목하게 파이며, 꽃이 꽃차례의 아래쪽에는 엉성하게 달리고 위쪽에는 빽빽하게 달리는 것이 특징이다. 국내에서는 동해안 및 서해안의 일부 도서지역에 분포하는 것으로 알려져 있다. 호모초와 꼬리호모초는 잎, 꽃, 열매 등 외부 형태도 매우 유사하며 두 종이 동일한 장소에서 혼생하는 경우가 흔하다. 두 종을 포함해 국내에 분포하는 호모초속에 대해 보다 면밀한 분류학적 검토가 요구된다.

❶2006. 10. 14. 강원 양양군 ❷꽃차례. 곤봉상이고 꽃이 빽빽이 모여 달린다. ❸열매. 끝이 둥글거나 뾰족하다. 가장자리에 막질의 날개가 있다. ❹잎. 선상 피침형이며 끝부분에 까락 같은 돌기가 있다. ❺~❽꼬리호모초 ❺꽃차례. 아랫부분은 꽃이 엉성하게 달린다. 포의 가장자리는 뚜렷한 막질이다. ❻열매. 끝부분이 오목하다. 가장자리에 막질의 날개가 있다. ❼잎. 선형-선상 피침형이며 1~3맥이 있다. ❽2005. 9. 2. 인천시 무의도

댑싸리(갯댑싸리)

Kochia scoparia (L.) Schrad.

명아주과

국내분포/자생지 주로 서남해안의 해안가

형태 1년초. 줄기는 높이 50~100cm 이다. 잎은 어긋나며 길이 2~6cm의 선상 피침형–피침형이고 뒷면에는 (1~)3맥이 뚜렷하다. 꽃은 7~9월에 피며 양성화와 암꽃이 혼생한다. 잎 모양의 포는 피침형–긴 타원형이며 가장자리에 긴 털이 있다. 수술은 5개이며 암술대는 매우 짧고 암술머리는 2개이다. 열매(포과)는 편구형 또는 원반형이며 흔히 끝부분에 막질의 날개가 발달한다.

참고 흔히 원예용으로 식재하는 **둥근 댑싸리**(f. *trichophylla*)는 댑싸리에 비해 가늘고 연약하며 가지가 많이 갈라져 전체가 둥근 모양이 된다.

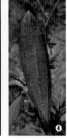

❶2011. 10. 11. 전북 부안군 새만금 간척지 ❷꽃. 수술은 5개이다. ❸ 열매. 가장자리에 막질의 날개가 발달한다. ❹잎 뒷면. 3맥이 뚜렷하다. ❺둥근댑싸리(2001. 8. 30. 경북 울릉도)

통통마디

Salicornia europaea L.

명아주과

국내분포/자생지 주로 서남해안의 갯벌 또는 하구역

형태 1년초. 줄기는 높이 10~35cm 이고 다육질이며 가지가 많이 갈라진다. 잎은 길이 1.5mm 정도의 인편상 이며 끝은 뾰족하고 가장자리는 막질이다. 꽃은 8~9월에 녹색으로 피며 가지의 윗부분 마디사이의 오목한 곳에서 3개씩 모여 달린다. 화피는 다육질이고 가장자리가 합쳐져 통모양이 된다. 수술은 1~2개이며 암술머리는 실모양이고 2개이다. 열매(포과)는 화피편에 싸여 있다.

참고 잎이 인편상으로 매우 작으며 마주 달리는 것이 특징이다. 전체가 녹색이고 털이 없으며 가을이 되면 (주황색→)적자색으로 변한다.

❶2005. 9. 2. 인천시 영종도 ❷~❸. 마디 부근의 포에서 3개씩 모여 피며 중앙의 꽃이 가장 크다. 수술은 1~2개이며 암술대는 2개이다. ❹줄기와 가지. 가지는 마주나며 잎은 막질이다.

솔장다리

Salsola collina Pall.

명아주과

국내분포/자생지 중남부지방 이북의 빈터 및 하천 둔치에 드물게 분포

형태 1년초. 줄기는 높이 20~100cm 이고 아랫부분에서 가지가 많이 갈라진다. 잎은 길이 2~5cm의 선형이며 곧바르거나 약간 휜다. 끝은 가시 모양의 돌기가 있고 아랫부분의 가장자리는 막질이다. 꽃은 8~9월에 피며 가지 끝부분의 잎겨드랑이에서 1개씩 달리고 밑부분에 2개의 포가 있다. 화피편과 수술은 5개씩이다. 열매(포과)는 난형이고 화피의 밑부분에 싸여 있다.

참고 수송나물에 비해 곧추 자라며 잎이 선형이고 가장자리에 가시 같은 미세한 톱니가 있는 것이 특징이다. 주로 내륙의 하천가에 분포한다.

❶2016. 9. 4. 경기 남양주시 한강 ❷꽃. 수술은 5개씩이다. ❸~❹잎. 선형이고 흔히 휘어지며 밑부분 가장자리에 뾰족한 잔톱니가 있다.

수송나물

Salsola komarovii Iljin

명아주과

국내분포/자생지 전국의 해안가 모래땅

형태 1년초. 줄기는 높이 20~50cm 이며 다육질이고 털이 없다. 잎은 길이 2~5cm, 너비 2~3mm의 원통형이고 끝에는 흔히 가시 같은 돌기가 있다. 꽃은 6~9월에 잎겨드랑이에서 1개씩 피며 밑부분에 2개의 포가 있다. 포는 난상이고 기부는 막질이며 결실기에는 두꺼워지고 화피에 단단히 압착한다. 화피편과 수술은 (4~)5개씩이다. 열매(포과)는 너비 2~2.5mm의 도란형이며 화피의 끝은 흔히 돌기모양으로 길게 뾰족해진다.

참고 솔장다리에 비해 줄기가 비스듬히 또는 땅위를 누워 자라며 잎은 선상 원통형인 것이 특징이다.

❶2015. 8. 7. 강원 양양군 ❷꽃. 수술과 화피편은 5개씩이다. ❸열매. 가장자리에 날개가 없다. ❹잎. 선상 원통형이고 끝에 가시 같은 돌기가 있다.

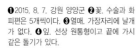

나래수송나물
Salsola tragus L.

명아주과

국내분포/자생지 서남해안의 바닷가 모래땅

형태 1년초. 줄기는 높이 30~100cm 이고 가지가 많이 갈라지며 줄기의 아래쪽은 땅위에 눕거나 비스듬히 자란다. 잎은 길이 1.5~4cm의 원통형이며 끝은 가시같이 뾰족하다. 꽃은 8~9월에 핀다. 결실기 때의 화피는 지름 7~10mm이며 화피편은 좁은 난형이고 뒷면에 막질의 날개가 발달한다. 화피편의 날개는 보통 5개인데, 3개는 신장형 또는 도란형이고 크며 2개는 폭이 좁고 작다.

참고 전체적인 모양은 수송나물과 비슷하지만 결실기에 화피편의 뒷면에 막질의 날개가 크게 발달하는 것이 특징이다.

❶2003. 10. 4. 전남 완도군 보길도 ❷꽃. 수술과 화피편은 5개씩이다. ❸열매. 가장자리에 막질의 날개가 넓게 발달한다. ❹잎. 선상 원통형이고 끝부분에 가시 같은 돌기가 있다.

나문재
Suaeda glauca (Bunge) Bunge

명아주과

국내분포/자생지 주로 서남해안의 갯벌 또는 하구역

형태 1년초. 줄기는 높이 40~80cm 이고 윗부분에서 가지가 많이 갈라진다. 잎은 길이 1~5cm의 굽은 선형이고 회록색이다. 꽃은 7~10월에 잎겨드랑이 또는 잎자루의 위쪽에서 1~5개씩 모여 달린다. 꽃은 대부분 양성화이지만 간혹 암꽃이 혼생한다. 화피는 길이 1~1.5mm이고 깊게 갈라지며 열편은 난상 삼각형이다. 수술은 5개이고 암술머리는 2개이다. 열매는 별 모양이고 화피편에 완전히 싸여 있다.

참고 자생 나문재속의 다른 종들에 비해 짧은 꽃자루가 있어 꽃이 잎겨드랑이의 약긴 기쯔에서 모여 달리는 것이 특징이다.

❶2008. 9. 19. 전북 군산시 ❷꽃. 수술과 화피편은 5개씩이고 꽃밥은 황색이다. ❸열매. 별모양이고 비교적 대형이다. ❹잎. 선상 원통형이고 가지와 줄기에서 촘촘히 달린다.

해홍나물

Suaeda maritima (L.) Dumort.
subsp. *maritima*

명아주과

국내분포/자생지 주로 서남해안의 갯벌 또는 하구역

형태 1년초. 생육환경에 따라 곧추 자라기도 하고 비스듬히 눕거나 완전히 포복하기도 한다. 줄기는 높이 20~60cm이고 윗부분에서 가지가 많이 갈라진다. 잎은 어긋나며 줄기의 잎은 가지의 잎보다 길고 가늘다. 흔히 줄기의 잎은 개화기에 떨어져 없어지고 가지의 잎은 빽빽이 달린다. 잎은 길이 1~5cm, 너비 0.8~1.7mm의 선상 원통형-편평한 선상 피침형이며 끝이 뾰족하거나 둔하다. 꽃은 7~9월에 피며 가지의 잎겨드랑이에서 1~5개씩 모여 달린다. 꽃자루는 없으며 화피편과 수술은 5개씩이고 암술머리는 2~3(~5)개이다. 화피편의 뒷면에는 둥근 능각이 뚜렷하다. 열매(포과)는 지름 1~2.2mm의 원반형-편구형이다. 씨는 적갈색-흑갈색이며 열매에 1개씩 들어 있다.

참고 해홍나물은 생육환경에 따라 줄기와 잎에서 매우 다양한 변이를 보이기 때문에 전 세계적으로도 식별이 어려운 분류군으로 평가된다. 해홍나물에 비해 잎이 길고 좁은 원통형인 것을 **좁은잎해홍나물(subsp. *salsa*)**이라고 구분하기도 하지만 형태적으로 명확히 식별되지는 않는다. 해홍나물, 칠면초(*S. japonica*)와 함께 최근에 기록된 방석나물(*S. australis*)은 형태적으로 구분이 매우 애매할 뿐만 아니라 국가(한국, 중국, 일본, 호주 등)마다 분류학적 처리 및 기재 등이 상이하므로 면밀한 분류학적 연구가 필요한 것으로 판단된다.

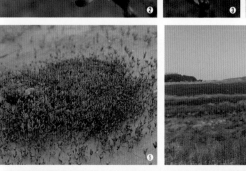
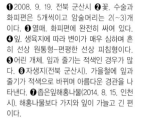

❶ 2008. 9. 19. 전북 군산시 ❷꽃. 수술과 화피편은 5개씩이고 암술머리는 2(~3)개이다. ❸열매. 화피편에 완전히 싸여 있다. ❹잎. 생육지에 따라 변이가 매우 심하며 흔히 선상 원통형-편평한 선상 피침형이다. ❺어린 개체. 잎과 줄기는 적색인 경우가 많다. ❻자생지(전북 군산시). 가을철에 잎과 줄기가 적색으로 바뀌며 아름다운 경관을 나타낸다. ❼좁은잎해홍나물(2014. 8. 15. 인천시). 해홍나물보다 가지와 잎이 가늘고 긴 편이다.

털쇠무릎

Achyranthes bidentata var.
tomentosa (Honda) H. Hara
Achyranthes fauriei H. Lév. & Vaniot

비름과

국내분포/자생지 전국의 민가, 농경지, 하천가 등 개활지

형태 다년초. 줄기는 높이 50~100cm이고 가지가 많이 갈라진다. 잎은 길이 4.5~12cm의 도피침형-피침상 타원형-타원형이고 양면에 털이 있다. 끝은 뾰족하고 밑부분은 쐐기형-넓은 쐐기형이며 가장자리는 밋밋하다. 꽃은 7~10월에 녹색으로 핀다. 꽃차례의 축에는 백색의 굽은 털이 밀생한다. 꽃은 지름 5mm 정도이다. 작은포는 3개이고 길이 2.5~3mm의 바늘모양이며 밑부분은 막질의 부속체가 있다. 화피편은 길이 3~5mm의 피침형이며 끝은 뾰족하고 1~3개의 맥이 있다. 수술은 5개이고 길이 2~2.5mm이며 수술대의 밑부분은 합생한다. 열매(포과)는 길이 2~2.5mm의 긴 타원형이며 황갈색이고 광택이 난다.

참고 꽃이 꽃차례에 비교적 빽빽하게 모여 달리고 꽃차례의 축에 털이 밀생하며 작은포 기부의 막질 부속체가 작은(길이 0.3~0.5mm) 것이 특징이다. **쇠무릎(var. japonica)**은 식물체에 털이 적고 꽃이 긴 수상꽃차례에 성기게 달리며 작은포 기부의 막질 부속체가 큰(길이 0.5~0.7mm) 것이 특징이다. 주로 숲속 및 숲가장자리에서 자란다. 기본 종인 **섬쇠무릎(var. bidentata, 국명 신칭)**은 털쇠무릎에 비해 잎이 긴 타원상이고 잎끝이 다소 길게 뾰족하며 작은포 기부의 막질 부속체가 쇠무릎과 비슷한 크기(길이 0.6mm 정도)인 것이 특징이다. 서남해 도서지역에 주로 분포하는 것으로 추정된다. 학자에 따라 쇠무릎과 털쇠무릎을 모두 기본 종에 통합처리하기도 한다.

❶2016. 9. 16. 대구시 ❷쇠무릎의 열매. 꽃(특히 열매)이 성기게 달리며 막질 부속체가 큰 편이다. 꽃차례의 축에 털이 적다. ❸털쇠무릎의 열매. 막질 부속체가 작은 편이다. ❹섬쇠무릎 열매(ⓒ이강협). 털쇠무릎보다 더 촘촘히 달린다. 막질 부속체는 쇠무릎과 비슷한 크기이다. ❺~❼털쇠무릎. ❺꽃. 수술은 5개이고 화피편보다 짧다. 꽃잎은 없다. ❻잎(ⓒ이강협). 타원상이며 잎끝이 뾰족하거나 약간 길게 뾰족하다. ❼줄기. 마디는 소의 무릎처럼 부푼다. ❽섬쇠무릎(2014. 10. 1. 전남 신안군 홍도, ⓒ이강협). 잎이 긴 타원상이고 끝이 길게 뾰족한 편이다.

개비름

Amaranthus blitum L.
Amaranthus lividus L.

비름과

국내분포/자생지 전국의 민가와 농경지 및 하천가 등에서 비교적 드물게 자람. 식용으로 재배

형태 1년초. 줄기는 높이 10~40cm이고 비스듬히 자라다가 윗부분은 곧추서며 아래쪽부터 가지가 많이 갈라진다. 줄기에는 털이 거의 없다. 잎은 어긋나며 길이 2~8cm의 마름모상 난형-난형이고 양면에 털이 거의 없다. 끝은 오목하게 파이고 밑부분은 쐐기형이다. 암수한그루이다. 꽃은 7~9월에 줄기와 가지의 끝 또는 잎겨드랑이에서 나온 수상꽃차례에서 모여 달린다. 포는 긴 타원형이고 1mm 이하로 작다. 화피편은 (2~)3(~4)개이며 길이 1.2~1.5mm의 피침형 또는 긴 타원형이다. 수술은 흔히 3개이다. 암술대는 2~3개이고 열매가 익으면 떨어진다. 열매(포과)는 길이 3mm 정도의 압착된 난형-거의 구형이고 익어도 열개되지 않는다. 표면은 약간 주름지거나 밋밋하다. 씨는 지름 1.2mm 정도의 원형이고 흑갈색-흑색이다.

참고 눈비름(*A. deflexus*)은 개비름에 비해 땅위를 기면서 자라며 잎끝이 개비름에 비해 덜 오목하게 파이거나 둥근 편이다. 또한 열매는 타원형-타원상 난형이며 완전히 압착되지 않는 것이 특징이다. 개비름과 눈비름의 식별형질(자라는 모습, 잎끝, 열매 형질 등)이 다소 모호한 편이어서 두 종에 대한 추가적 관찰이 필요한 것으로 판단된다. 비름(*A. mangostanus*)은 과거 어린 순을 나물로 이용하기 위해 재배했으나, 최근에는 재배를 하지 않아 야생화된 개체를 관찰하기가 어렵다. 비름과 색비름(*A. tricolor*)을 동일 종으로 보기도 한다.

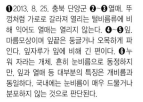

❶2013. 8. 25. 충북 단양군 ❷~❸열매. 뚜껑처럼 가로로 갈라져 열리는 털비름류에 비해 익어도 열매는 열리지 않는다. ❹~❺잎. 마름모상이며 잎끝은 둥글거나 오목하게 파인다. 잎자루가 잎에 비해 긴 편이다. ❻누워 자라는 개체. 흔히 눈비름으로 동정하지만, 잎과 열매 등 대부분의 특징은 개비름과 동일하다. 국내에는 눈비름이 매우 드물거나 분포하지 않는 것으로 판단된다.

긴털비름
Amaranthus hybridus L.

비름과

국내분포/자생지 북아메리카 원산. 중부지방 이남의 길가, 농경지, 빈터 등

형태 1년초. 잎은 길이 4~15cm의 마름모상 난형-난형이며 끝은 뾰족하거나 오목하게 파인다. 암수한그루이다. 꽃은 9~10월에 핀다. 포는 길이 3.4~5mm의 피침형으로 큰 편이다. 화피편은 길이 2mm 정도이고 피침형-긴 타원형이며 끝은 뾰족하다. 수술은 3개이다. 열매(포과)는 익으면 가로로 갈라져 뚜껑처럼 열린다.

참고 털비름에 비해 꽃차례의 가지가 가늘고 길며 열매가 화피편보다 긴 것이 특징이다. 전국에 매우 흔히 분포하며 가는털비름(*A. patulus*)으로 잘못 동정하는 경우가 흔하다.

❶ 2014. 8. 12. 인천시 ❷ 꽃. 암꽃과 수꽃이 혼생한다. 암꽃의 화피편 끝부분이 길게 뾰족한 것이 특징이다. ❸ 열매. 화피편보다 길다. ❹ 잎

긴이삭비름
Amaranthus palmeri S. Watson

비름과

국내분포/자생지 북아메리카 원산. 경남, 경기, 서울시의 길가, 빈터 등

형태 1년초. 줄기는 높이 50~150cm이다. 잎은 길이 2~7cm의 마름모상 난형이다. 암수딴그루이다. 꽃은 8~10월에 피며 길이 20~50cm의 꽃차례에 빽빽이 모여 달린다. 포는 길이 4~6mm이고 끝이 가시로 변한다. 수꽃의 화피편과 수술은 5개씩이다. 암꽃의 암술머리는 2(~3)개이다. 열매(포과)는 길이 1.5~2mm의 도란형-거의 구형이고 화피편보다 짧으며 가로로 갈라져 뚜껑처럼 열린다.

참고 꽃차례가 가늘고 매우 길게 자라며 포의 끝이 침상으로 딱딱하고 화피편보다 2~3배 정도 긴 깃이 특징이다.

❶ 2017. 9. 24. 경기 김포시 ❷ 꽃차례. 수꽃에 비해 암꽃의 포가 좀 더 길다. ❸ 잎. 마름모상이며 개체의 크기에 비해 작은 편이다. ❹ 줄기. 털이 거의 없거나 적다.

민털비름

Amaranthus powellii S. Watson

비름과

국내분포/자생지 중앙 및 북아메리카(남부) 원산. 강원(철원군), 경기(의정부시)의 길가, 농경지 등

형태 1년초. 잎은 길이 4~8cm의 피침형-마름모상 도란형이다. 암수한그루이다. 꽃은 6~10월에 핀다. 화피편은 길이 1.5~3.5mm의 타원형-난상 타원형이며 흔히 3~5개이다. 수술은 3~5개이다. 열매(포과)는 길이 2~3mm의 난형-거의 구형이다. 익으면 가로로 갈라져 뚜껑처럼 열린다.

참고 긴털비름이나 털비름과 형태적으로 유사하지만 줄기와 잎에 털이 현저히 적다. 긴털비름에 비해 화피편의 길이가 서로 다르고 뚜렷한 녹색의 중앙맥이 없으며 열매는 끝부분이 서서히 좁아지는 것이 특징이다.

❶2011. 9. 15. 강원 철원군 ❷꽃. 화피편에 중앙맥이 없다. ❸~❹잎과 줄기. 긴털비름이나 털비름에 비해 털이 현저히 적다.

털비름

Amaranthus retroflexus L.

비름과

국내분포/자생지 중앙 및 남아메리카 원산. 중부지방의 농경지, 하천가에서 드물게 분포

형태 1년초. 줄기는 높이 20~100cm이고 곧추 자라며 윗부분에 털이 많다. 잎은 길이 2~15cm의 타원형-마름모상 난형이며 끝은 둔하거나 뾰족하다. 암수한그루이다. 꽃은 7~10월에 핀다. 암꽃의 화피편은 길이 2.5~3.5mm의 쐐기형-피침상 주걱형-난상 주걱형이고 막질이다. 열매(포과)는 길이 1.5~2.5mm의 넓은 타원형-넓은 도란형이다.

참고 긴털비름에 비해 꽃차례의 가지가 짧고 굵은 편이며 화피편(암꽃)의 끝이 둔하거나 짧게 뾰족하고 열매보다 긴 것이 특징이다.

❶2017. 9. 12. 강원 영월군 ❷꽃차례. 수술은 (3~)4~5개이고 화피편보다 약간 더 길다. ❸열매. 화피편과 길이가 비슷하거나 짧다. 익으면 가로로 갈라져 뚜껑처럼 열린다. ❹잎. 흔히 마름모상 난형이다.

가시비름
Amaranthus spinosus L.

비름과

국내분포/자생지 중앙 및 남아메리카 원산. 제주의 길가, 목장, 빈터 등

형태 1년초. 줄기는 높이 30~100cm 이고 가지가 많이 갈라지며 털이 없거나 약간 있다. 잎은 길이 3~12cm 의 피침상 난형–마름모상 난형이며 끝이 둔하거나 오목하게 파인다. 암수한그루이다. 꽃은 6~10월에 핀다. 암꽃의 화피편은 길이 1.2~2mm의 주걱상 피침형이며 끝은 침모양이다. 수술은 5개이다. 열매(포과)는 길이 1.5~2.5mm로 화피편과 비슷하다.

참고 잎자루의 아랫부분에 단단한 가시가 2개 있는 것이 가장 큰 특징이며 열매는 익으면 중앙부 아랫부분에서 가로로 갈라져 열리거나 불규칙하게 갈라져 열린다.

❶ 2016. 8. 13. 제주 제주시 한경면 ❷ 꽃. 수술은 5개이고 화피편보다 길다. ❸ 열매. 표면에 주름이 있다. ❹ 잎자루. 줄기와 만나는 부분에 가시가 2개 있다.

청비름
Amaranthus viridis L.

비름과

국내분포/자생지 중앙 및 남아메리카 원산. 주로 제주 및 남부지방에 귀화되었지만 중부지방에서도 드물게 분포

형태 1년초. 전체에 털이 거의 없다. 잎은 길이 3~9cm의 타원상 난형–난형이며 끝은 둥글거나 오목하게 파인다. 암수한그루이다. 꽃은 6~8월에 핀다. 포는 1mm 정도의 피침형–난형으로 작다. 암꽃의 화피편은 3개이며 길이 1.2~1.7mm의 좁은 타원형–타원상 도란형이고 끝은 둥글거나 약간 뾰족하다. 수술은 3개이다. 열매(포과)는 표면에 주름이 많고 익어도 열개되지 않는다.

참고 줄기가 많이 길리지지 않고 잎이 난상이며 열매의 표면에 주름이 많은 것이 특징이다.

❶ 2014. 10. 16. 경남 합천군 ❷ 꽃차례. 가는 편이다. 암꽃의 화피편은 3개이다. ❸ 열매. 표면에 주름이 많으며 익어도 열개되지 않는다. ❹ 잎. 타원상 난형이다.

개맨드라미

Celosia argentea L.

비름과

국내분포/자생지 원산지는 인도 또는 아프리카로 추정. 전국의 길가, 하천가 등에 드물게 귀화

형태 1년초. 전체에 털이 거의 없다. 잎은 길이 4~15cm의 선상 피침형−긴 타원상 난형이며 끝은 뾰족하고 가장자리는 밋밋하다. 꽃은 7~9월에 연한 적색 또는 회백색으로 피고 좁은 원통형−원뿔형의 수상꽃차례에서 빽빽이 모여 달린다. 화피편은 길이 6~8mm의 좁은 피침형이고 1~3맥이 있다. 수술은 5개이며 암술대는 1개이고 길이 3~4mm이다. 열매(포과)는 길이 4mm 정도의 난형이고 익으면 가로로 열려 3~8개의 씨가 나온다.

참고 꽃차례가 길이 4~10cm의 원통형이고 흔히 연한 분홍색인 것이 특징이다.

❶ 2011. 10. 11. 전북 임실군 ❷ 꽃차례. 짧은 원통상이다. ❸ 꽃. 화피편은 5개이고 중앙맥을 따라 붉은빛이 돈다.

쇠비름

Portulaca oleracea L.

쇠비름과

국내분포/자생지 전국의 길가, 농경지, 빈터 등

형태 1년초. 줄기는 비스듬히 또는 땅에 붙어 자라며 흔히 연한 적색 또는 적자색이다. 잎은 어긋나며(간혹 마주남) 길이 1~3cm의 도란상이다. 꽃은 황색이고 5~9월에 가지의 끝에서 핀다. 꽃잎은 5개이고 끝은 오목히 깊게 파여 있다. 수술은 7~12개이며 암술대는 4~6개이다. 열매(삭과)는 길이 5mm 정도의 난형이고 익으면 가로로 열린다.

참고 예부터 식용이나 약용으로 썼다. 전초(全草)에 오메가3계 지방산과 폴리페놀 화합물이 많이 함유되어 항산화 활성이 높은 것으로 알려져 있다.

❶ 2016. 8. 23. 인천시 서구 국립생물자원관 ❷ 꽃. 꽃잎은 5개이고 끝이 오목하게 파인다. ❸ 열매. 익으면 중간부의 아래에서 뚜껑처럼 가로로 열린다.

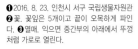

석류풀

Mollugo stricta L.

석류풀과

국내분포/자생지 전국의 길가, 농경지, 빈터 등

형태 1년초. 줄기는 높이 10~30cm이고 털이 없다. 잎은 줄기의 아랫부분에서는 3~5개씩 돌려나고 줄기의 윗부분에서는 마주난다. 길이 1.5~4mm의 좁은 피침형-피침형이고 끝은 뾰족하다. 꽃은 6~10월에 피고 줄기의 끝이나 잎겨드랑이에서 나온 취산꽃차례에 성기게 달린다. 화피편은 5개이고 백색-연한 녹색이다. 수술과 암술대는 3개이다. 열매(삭과)는 지름 2mm 정도의 넓은 난형-구형이다.

참고 큰석류풀에 비해 비스듬히 서서 자라고 잎이 피침상이며 꽃차례가 줄기의 끝이나 잎겨드랑이에서 길게 나오는 것이 특징이다.

❶2016. 9. 16. 경북 영천시 ❷~❸꽃. 화피편은 5개이고 희미한 3맥이 있으며 중앙부에 녹색빛이 돈다. ❹열매. 난형상이고 화피편보다 약간 더 길다. ❺잎. 3~5개씩 돌려난다.

큰석류풀

Mollugo verticillata L.

석류풀과

국내분포/자생지 북아메리카 원산. 전국의 길가, 농경지, 빈터, 하천가 등

형태 1년초. 줄기는 높이 10~40cm이고 가지가 많이 갈라진다. 잎은 돌려나며 길이 1~3cm의 도피침상이고 끝은 둔하거나 뾰족하다. 꽃은 6~9월에 잎겨드랑이에서 나온 짧은 꽃차례에서 산형상으로 모여 달린다. 화피편은 5개이고 길이 2.5~3mm의 긴 타원형이며 백색-연한 황록색이다. 수술은 3~5개이고 암술대는 3개이다. 열매(삭과)는 지름 3~4mm이고 난상 타원형이다.

참고 석류풀에 비해 흔히 땅위에 누워 자라며 잎이 도피침상이고 꽃차례가 잎거드랑이에 짧게 눌리는 것이 특징이다.

❶2001. 6. 26. 경북 구미시 ❷꽃. 암술머리는 3개이고 수술은 3~5개이다. ❸열매와 잎. 열매는 타원상이며 화피편보다 약간 더 길다.

벼룩이자리

Arenaria serpyllifolia L.

석죽과

국내분포/자생지 전국의 길가, 농경지, 민가, 빈터 등

형태 1~2년초. 줄기는 높이 10~30cm이고 가지가 많이 갈라지며 전체에 밑으로 향한 짧은 털이 있다. 잎은 마주나며 길이 3~7mm의 난형-넓은 난형이고 끝은 뾰족하다. 꽃은 4~5월에 줄기와 가지 끝부분의 잎겨드랑이에서 나온 취산꽃차례에 달린다. 꽃자루는 길이 1cm 정도이고 털(또는 샘털)이 많다. 꽃잎은 5개이고 백색이며 꽃받침잎보다 짧다. 열매(삭과)는 길이 3mm 정도의 난형이고 6개로 갈라진다.

참고 전체에 짧은 털이 밀생하며 잎이 난형상이고 꽃잎이 꽃받침잎보다 짧은 것이 특징이다.

❶ 2001. 4. 3. 대구시 경북대학교 ❷ 꽃. 꽃잎은 꽃받침잎과 길이가 비슷하거나 약간 짧으며 끝이 갈라지지 않는다. ❸ 열매. 꽃받침잎보다 약간 더 길다. ❹ 줄기와 잎. 짧은 털이 많다.

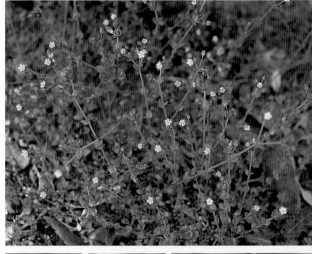

큰점나도나물

Cerastium fischerianum Ser.

석죽과

국내분포/자생지 북부지방의 해안가 바위지대

형태 다년초. 줄기는 뿌리에서 모여나고 가지가 아랫부분부터 많이 갈라져 전체가 다복한 모습이 된다. 줄기에는 선털과 샘털이 많다. 잎은 길이 2~5cm의 피침형-피침상 긴 타원형이다. 꽃은 5~7월에 피며 취산꽃차례에서 2~10개씩 성기게 모여 달린다. 꽃자루는 길이 1~3(~5)cm이다. 꽃잎은 길이 1~1.4cm의 도란상 쐐기모양이고 끝이 2개로 깊게 갈라진다. 수술은 10개이고 암술대는 5개이다. 열매(삭과)는 길이 1.2~1.5cm의 좁은 원통형이다.

참고 점나도나물에 비해 전체(특히 잎)가 큰 편이고 꽃잎이 꽃받침잎보다 1.5~2배 정도 긴 것이 특징이다.

❶ 2017. 7. 4. 러시아 프리모르스키주 ❷~❸ 꽃. 꽃잎이 꽃받침잎보다 2배 정도 길다. 꽃자루와 꽃받침잎에 샘털이 많다. ❹ 열매. 꽃받침잎보다 2배 정도 길다. ❺ 잎. 피침상이고 양면에 털이 있다.

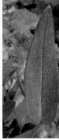

점나도나물
Cerastium fontanum subsp.
vulgare (Hartm.) Greuter & Burdet

석죽과

국내분포/자생지 전국의 공원, 농경지, 민가, 빈터 등

형태 1~2년초. 줄기는 높이 15~25cm이며 전체에 털이 많고 윗부분에는 샘털이 있다. 줄기잎은 마주나며 길이 1~4cm의 긴 타원형~난형이고 양면에 털이 많다. 꽃은 4~7월에 백색으로 피며 취산꽃차례에서 성기게 모여 달린다. 꽃자루에는 샘털이 있으며 꽃이 지면 끝부분이 차츰 구부러진다. 꽃잎은 5개이고 끝이 2개로 깊게 갈라지며 꽃받침잎과 길이가 비슷하다. 열매(삭과)는 좁은 원통형이고 꽃받침잎보다 길다.

참고 유럽점나도나물에 비해 샘털이 적은 편이며 꽃이 꽃차례에서 성기게 모여 달리는 것이 특징이다.

❶2016. 4. 20. 경북 의성군 ❷~❸꽃. 꽃잎의 길이는 꽃받침잎의 1~1.2배 정도이다. ❹잎과 줄기에 털이 밀생한다.

섬점나도나물
Cerastium fontanum subsp.
hallaisanense (Nakai) J. S. Kim,
comb. et stat. nov.
Basionym: *Cerastium vulgatum* var.
hallaisanense Nakai, Repert. Spec.
Nov. Regni Veg. 13: 268. 1914. Type.
Korea, Jeju Isl. Jun. 1913, *T. Nakai
321* (holotype: TI)

석죽과

국내분포/자생지 제주의 길가, 계곡가 및 풀밭

형태 2년초. 줄기는 길이 15~30cm이다. 잎은 길이 1~4cm의 난상 피침형~난형이고 양면에 털이 많다. 꽃은 4~7월에 피며 취산꽃차례에서 성기게 모여 달린다. 꽃자루와 꽃받침잎에 샘털이 많다. 꽃잎은 5개이고 끝이 2개로 깊게 갈라진다. 수술은 10개이고 암술대는 5개이다. 열매(삭과)는 좁은 원통형이고 꽃받침잎보다 길다.

참고 점나도나물에 비해 전체가 큰 편이고 꽃잎이 꽃받침잎보다 1.2~2배 정도 긴 것이 특징이다.

❶2016. 5. 23. 제주 제주시(ⓒ이강협) ❷~❸꽃. 꽃잎이 꽃받침잎보다 1.2~2배 정도 길다. ❹잎과 줄기. 털이 밀생한다.

유럽점나도나물
(양점나도나물)
Cerastium glomeratum Thuill.

석죽과

국내분포/자생지 유럽 원산. 전국의 공원, 농경지, 민가, 빈터, 하천가 등
형태 1~2년초. 줄기는 높이 10~40cm이며 윗부분에는 샘털이 많다. 잎은 마주나며 길이 1~2.5cm의 도란상 타원형이고 털이 많다. 꽃은 4~6월에 피며 취산꽃차례에 둥글게 모여 달린다. 꽃줄기, 꽃자루, 꽃받침잎에 선털(개출모)과 샘털이 밀생한다. 꽃받침잎과 꽃잎은 5개씩이다. 꽃잎은 끝이 2개로 깊게 갈라지며 꽃받침잎보다 길다. 열매(삭과)는 좁은 원통형이고 꽃받침잎보다 길다.
참고 점나도나물에 비해 전체에 선털과 샘털이 많으며 개화 시 꽃이 꽃차례에서 빽빽하게 모여 달리는 것이 특징이다.

❶2014. 4. 13. 제주 제주시 ❷꽃. 머리모양으로 모여 달린다. ❸잎과 줄기. 샘털이 많다. ❹씨. 표면에 사마귀 같은 작은 돌기가 많다.

다북개미자리
Scleranthus annuus L.

석죽과

국내분포/자생지 유럽 원산. 경남, 경북의 길가, 바닷가, 빈터에 드물게 귀화
형태 1~2년초. 줄기는 높이 3~20cm이고 가지가 많이 갈라진다. 잎은 마주나며 길이 3~10mm의 선형이고 중앙맥이 있다. 밑부분은 막질이고 가장자리에 털이 있으며 반대편 잎과 밑부분이 서로 연결되어 줄기를 감싼다. 꽃은 5~9월에 연한 녹색으로 핀다. 꽃잎은 없으며 꽃받침열편은 5개이고 길이 1.5cm 정도의 좁은 삼각형이다. 수술은 5개이고 암술대는 2개이다. 열매(포과상)는 난형이고 딱딱한 껍질(꽃받침)에 싸여 있다.
참고 잎은 선형이고 밑부분이 합생하며 꽃이 줄기와 가지의 윗부분에 다복하게 모여 달리는 것이 특징이다.

❶2013. 6. 23. 경북 경주시 ❷꽃 ❸열매. 꽃모양과 비슷하며 딱딱한 껍질에 싸여 있다. ❹잎. 밑부분의 가장자리에 털이 있다.

개미자리
Sagina japonica (Sw.) Ohwi

석죽과

국내분포/자생지 전국의 길가, 공원, 민가, 빈터 등

형태 1~2년초. 줄기는 높이 5~20cm 이며 비스듬히 자라기도 하지만 흔히 땅위에 누워 자란다. 잎은 마주나며 길이 5~20mm의 선형이고 끝이 뾰족하다. 꽃은 4~8월에 백색으로 피며 줄기의 끝부분이나 잎겨드랑이에서 1개~수 개씩 모여난다. 꽃자루는 길이 1~2cm이고 꽃받침과 함께 샘털이 있다. 꽃잎은 5개이고 끝이 둥글며 꽃받침잎보다 약간 짧다. 열매(삭과)는 꽃받침잎보다 약간 더 길며 털이 없다.

참고 큰개미자리에 비해 씨의 표면에 뚜렷한 원통형의 미세 돌기가 많은 것이 특징이다. 씨의 형태적 특징 외에는 큰개미자리와 구분되는 뚜렷한 식별형질이 없다.

❶2013. 5. 8. 강원 태백시 **❷**꽃. 수술은 5~10개이며 암술대는 5개이다. **❸**열매. 난형상이며 꽃받침잎보다 약간 더 길다. **❹**씨. 표면에 미세한 돌기가 빽빽이 있다.

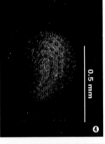

큰개미자리
Sagina maxima A. Gray

석죽과

국내분포/자생지 전국의 길가, 공원, 민가 및 바닷가 등

형태 1년초~다년초. 줄기는 아래쪽에서 갈라져 모여나며 높이 4~15cm이고 흔히 비스듬히 자란다. 잎은 마주나며 길이 1~3cm의 선형이고 흔히 개미자리보다 두텁다. 꽃은 5~8월에 백색으로 피며 잎겨드랑이에서 수 개씩 모여난다. 꽃자루는 길이 6~20mm이고 꽃받침과 함께 샘털이 있다. 꽃잎은 5개이고 끝이 둥글며 꽃받침잎보다 약간 짧다. 열매(삭과)는 꽃받침보다 약간 길며 털이 없다.

참고 개미자리에 비해 씨의 표면이 평활하거나 미세한 돌기가 있는 것이 특징이다. 전국에 분포하지만 드문 편이고 울릉도에서만 개미자리보다 더 흔히 관찰된다.

❶2016. 5. 11. 경북 울릉도 **❷**꽃. 개미자리와 유사하다. **❸**열매. 난형상이다. **❹**씨. 신장상 난형이며 표면은 흔히 광택이 나고 돌기가 없이 평활하다.

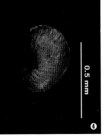

갯패랭이꽃

Dianthus japonicus Thunb.

석죽과

국내분포/자생지 경남, 제주의 바닷가에 드물게 분포

형태 다년초. 줄기는 높이 20~50cm이며 뿌리 부근에서 모여난다. 줄기잎은 마주나며 길이 5~9cm의 긴 타원상 피침형 또는 난상 피침형이고 표면은 광택이 난다. 양면에는 털이 없으나 가장자리에 털이 많다. 꽃은 7~8월에 적자색으로 피며 줄기의 끝부분에서 빽빽이 모여난다. 포는 3쌍이고 끝이 꼬리모양으로 길다. 꽃잎은 5개이며 끝부분에 불규칙하고 뾰족한 톱니가 많다. 열매(삭과)는 꽃받침보다 약간 길다.

참고 뿌리잎이 방석처럼 퍼지며 줄기잎이 피침상이고 광택이 나는 것이 특징이다.

❶2007. 7. 23. 부산시 기장군 ❷~❸꽃. 줄기와 가지의 끝부분에서 빽빽이 모여 달린다. ❹잎. 두텁고 광택이 난다.

가는동자꽃

Lychnis kiusiana Makino

석죽과

국내분포/자생지 강원(회양군), 부산시의 습지

형태 다년초. 줄기는 높이 40~100cm이며 구부러진 털이 많다. 잎은 마주나며 길이 5~10cm의 선상 피침형이다. 가장자리에 짧은 털이 있다. 꽃은 7~8월에 연한 적색으로 피며 줄기의 끝부분에서 모여난다. 꽃받침은 표면에 긴 털이 드물게 나며 끝부분은 5개로 갈라진다. 꽃잎은 5개이며 끝부분이 불규칙적으로 깊게 갈라진다. 꽃줄기와 꽃자루에 털이 많다.

참고 남한의 경우, 부산시의 습지에서만 소수 개체군이 자생하는 희귀식물이다. 잎이 선상 피침형이고 꽃이 연한 적색인 것이 특징이다.

❶2014. 7. 20. 부산시 ❷꽃. 적색이고 꽃잎의 끝부분은 불규칙적으로 깊게 갈라진다. ❸열매. 긴 타원상 원통형이며 꽃받침에 2분의 1 정도가 싸여 있다. ❹잎. 선상 피침형으로 좁다.

달맞이장구채
Silene alba (Mill.) E. H. L. Krause

석죽과

국내분포/자생지 유럽 원산. 울릉도 및 내륙의 길가, 빈터에 귀화

형태 1년초. 줄기는 높이 30~70cm 이고 전체에 털이 많고 줄기의 윗부분에는 짧은 샘털이 많다. 잎은 마주나며 길이 4~14mm의 피침형-타원형이고 털이 많다. 암수딴그루이다. 꽃은 5~9월에 백색으로 피며 지름 2~2.5cm이다. 꽃잎은 5개이고 끝이 2개로 깊게 갈라진다. 수꽃은 꽃받침에 10개의 맥이 있고 수술은 10개이다. 암꽃은 꽃받침에 15~20개의 맥이 있고 암술대는 5개이다. 열매(삭과)는 길이 1~1.5cm의 난형이다.

참고 암수딴그루이며 식물체와 꽃이 큰 편이고 털이 많은 것이 특징이다.

❶2003. 5. 2. 전남 장흥군 ❷~❸꽃. 꽃받침은 부풀어지고 10개의 맥이 있으며 긴 털과 샘털이 밀생한다. ❹잎. 줄기와 잎에 털이 많다.

가는끈끈이장구채
Silene antirrhina L.

석죽과

국내분포/자생지 아메리카 원산. 경남·경북(금호강 및 낙동강)의 하천가

형태 1년초. 줄기는 길이 20~80cm 이다. 잎은 길이 2.5~7cm의 선형-좁은 도피침형이다. 꽃은 5~6월에 백색-연한 분홍색으로 핀다. 꽃받침통은 길이 5~9mm의 긴 타원형-종모양이고 10개의 뚜렷한 맥이 있으며 털이 없다. 암술대는 3개이고 수술은 10개이며, 암술대와 수술은 꽃받침통 밖으로 나오지 않는다. 열매(삭과)는 익으면 끝부분이 6개로 갈라진다.

참고 줄기와 꽃줄기에 점액질이 분비되는 부분이 있으며 잎이 가늘고 꽃이 백색으로 피는 것이 특징이다.

❶2013. 6. 11. 대구시 낙동강 ❷~❸꽃. 해질 무렵 개화해 해가 뜨기 전에 시든다. 꽃잎은 5개이고 끝부분이 중앙부까지 깊게 갈라진다. ❹열매. 꽃받침에 완전히 싸여 있다. ❺줄기. 줄기의 윗부분과 꽃줄기에 점액질을 분비하는 부분이 있다. ❻잎. 중앙맥이 뚜렷하다.

갯장구채

Silene aprica var. *oldhamiana* (Miq.)
C. Y. Wu

석죽과

국내분포/자생지 중부지방 이남의 바닷가 바위지대

형태 1~2년초. 줄기는 높이 20~70 cm이고 전체에 털이 많다. 줄기잎은 마주나며 피침형 또는 도피침형이고 잎자루는 매우 짧거나 없다. 꽃은 6~8월에 백색–연한 적색으로 핀다. 꽃잎은 5개이고 끝이 2개로 깊게 갈라지며 꽃받침열편보다 길다. 꽃받침은 좁은 원통형–난상 종형이고 털이 많다. 뚜렷한 녹색 줄무늬가 있다. 열매(삭과)는 난형이고 꽃받침에 싸여 있다.

참고 전체에 털이 많고 수술과 암술이 꽃잎 밖으로 나출되지 않는 것이 특징이다. 최근에는 갯장구채를 애기장구채(var. *aprica*)에 통합처리하는 추세이다.

❶2014. 4. 15. 제주 서귀포시 ❷~❸꽃. 꽃잎은 흔히 연한 적색이다. 꽃받침에 잔털이 많다. ❹잎. 피침상이며 가장자리와 맥위에 짧은 털이 밀생한다.

끈끈이대나물

Silene armeria L.

석죽과

국내분포/자생지 유럽 원산. 전국의 길가, 빈터 및 하천가 등에 귀화 또는 식재

형태 1년초. 줄기는 높이 20~50cm이고 전체에 털이 없다. 줄기와 가지 윗부분의 마디 아래에 점액질을 분비하는 부분이 있다. 줄기잎은 길이 1~6cm의 피침형–난형이며 밑부분이 줄기를 다소 감싼다. 꽃은 6~9월에 분홍색–적색으로 핀다. 꽃받침은 길이 1.3~1.7cm이고 꽃잎과 유사한 색깔이다. 암술은 꽃잎 밖으로 약간 길게 나온다. 열매(삭과)는 길이 7~10mm의 긴 타원형이고 털이 없다.

참고 전체에 털이 없고 꽃이 연한 적색이며 줄기와 가지에 점액질을 분비하는 부분이 있는 것이 특징이다.

❶2005. 6. 5. 경기 안산시 풍도 ❷꽃. 지름 1~1.5cm 정도이다. ❸열매. 긴 타원상 원통형이고 2분의 1 이상이 꽃받침에 싸여 있다. ❹줄기. 점액질을 분비하는 부분이 있다. ❺잎. 밑부분은 줄기를 약간 감싼다.

덩굴별꽃

Silene baccifera (L.) Roth
Cucubalus baccifer L.

석죽과

국내분포/자생지 전국의 길가, 하천가 및 숲가장자리

형태 덩굴성 다년초. 줄기는 길이 50~150cm이고 가지가 많이 갈라진다. 잎은 길이 1.5~5cm의 좁은 타원형-타원형이며 가장자리와 양면의 맥위에 털이 있다. 꽃은 7~9월에 백색으로 핀다. 꽃잎은 길이 1.5cm 정도의 도피침상이고 끝은 깊게 갈라진다. 꽃받침은 길이 9~11mm의 넓은 종형이며 꽃받침열편은 삼각형이고 꽃잎보다 약간 짧다. 열매(장과상)는 지름 6~8mm의 구형이고 흑색이다.

참고 덩굴성이며 꽃받침은 넓은 종형이고 열매가 흑색의 장과상(漿果狀)인 것이 특징이다.

❶2001. 8. 17. 경북 김천시 ❷꽃. 옆으로 또는 아래를 향해 달린다. ❸열매. 흑색으로 익으며 광택이 난다. ❹잎. 가장자리와 맥위에 털이 있다.

장구채

Silene firma Siebold & Zucc.

석죽과

국내분포/자생지 전국의 길가, 농경지, 하천가 및 산지의 길가, 바위지대

형태 1~2년초. 줄기는 높이 30~80cm이고 곧추 자란다. 잎은 마주나며 길이 4~10cm의 도란상 도피침형-난상 도피침형이다. 꽃은 6~10월에 백색으로 피며 취산꽃차례에 모여 달린다. 꽃받침은 길이 7~9mm의 난상 종형이고 녹색의 맥이 있다. 꽃잎은 백색이고 끝이 오목하게 갈라진다. 수술은 10개이고 암술대는 2~3개이다. 열매(삭과)는 길이 8~11mm의 난형이다.

참고 전체에 부드러운 털이 많은 것을 털장구채(f. pubescens)로 구분하기도 하지만 최근에는 장구채에 통합처리하는 추세이다.

❶2012. 9. 1. 강원 평창군 ❷꽃. 암술대는 2~3개이며 개화 초기에는 꽃잎 밖으로 노출되지 않지만 차츰 신장하여 꽃잎 밖으로 길게 나온다. ❸열매. 타원상 원통형이며 꽃받침에 2분의 1 정도가 싸여 있다. ❹잎. 도피침상이다.

양장구채

Silene gallica L.

석죽과

국내분포/자생지 유라시아 원산. 제주 및 남해안의 길가, 바닷가, 빈터 등

형태 1~2년초. 줄기는 높이 15~45cm이며 전체에 긴 털이 많고 윗부분의 줄기에는 샘털이 섞여난다. 줄기잎은 길이 1~6cm의 도피침형−주걱상 도피침형이며 양면에 털이 많다. 꽃은 4~7월에 백색−연한 분홍색으로 핀다. 꽃받침은 길이 7~10mm의 난상 원통형이고 표면에는 긴 털과 샘털이 많다. 꽃잎은 꽃받침보다 길고 끝이 오목하게 들어간다. 열매(삭과)는 꽃받침에 싸여 있으며 끝부분이 6개로 갈라진다.

참고 줄기(가지) 상부와 꽃받침에 긴 털과 샘털이 많고 잎이 도피침상인 것이 특징이다.

❶ 2013. 5. 22. 제주 서귀포시 ❷ 꽃. 꽃잎은 끝부분이 오목하게 불규칙하게 얕게 갈라진다. ❸ 열매. 타원상 원통형이며 꽃받침에 완전히 싸여 있다. ❹ 잎. 가장자리에 샘털과 뻣뻣한 털이 많다.

  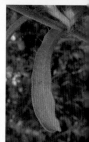

울릉장구채

Silene takeshimensis Uyeki & Sakata

석죽과

국내분포/자생지 울릉도의 해안가 바위지대

형태 다년초. 줄기는 높이 20~50cm이고 뿌리 부근에서 많은 줄기가 나온다. 줄기잎은 마주나고 길이 6~10cm의 선상 피침형−피침형이며 가장자리에는 돌기 같은 미세한 털이 있다. 꽃은 5~9월에 백색으로 핀다. 꽃받침은 길이 7~10mm의 원통형−난상 종형이다. 꽃잎은 도피침형이고 끝이 2개로 깊게 갈라진다. 열매(삭과)는 길이 5~7mm의 넓은 타원형−거의 구형이다.

참고 중국, 일본과 러시아에 분포하는 호산장구채(*S. foliosa*)와 비교·검토가 요구된다.

❶ 2001. 8. 20. 경북 울릉도 ❷ 꽃. 꽃잎은 뒤로 젖혀지며 수술과 암술이 꽃받침 밖으로 길게 나온다. 수술은 10개이고 암술대는 3개이다. 수술은 5개씩 시간차를 두고 성숙한다. ❸ 열매. 꽃받침에 2분의 1 이상 싸여 있다. ❹ 잎

들개미자리
Spergula arvensis L.

석죽과

국내분포/자생지 유럽 원산. 제주 및 남부지방의 길가, 농경지, 빈터 등

형태 1년초. 줄기는 높이 10~50cm 이며 흔히 전체에 긴 샘털이 있다. 잎은 마디에서 돌려나며 길이 1.5~4cm 의 선형이다. 꽃은 3~8월에 백색으로 피며 취산꽃차례에 엉성하게 달린다. 꽃자루는 곧추서거나 비스듬하다가 꽃이 지면 아래를 향해 굽는다. 꽃받침잎은 길이 3.5~5mm의 타원형이며 꽃잎은 타원상 난형이고 꽃받침잎과 길이가 비슷하다. 열매(삭과)는 길이 4.5mm 정도의 넓은 난형이다.

참고 선형의 잎이 돌려나며 줄기, 잎, 꽃받침잎에 샘털이 많은 것이 특징이다.

❶2013. 5. 22. 제주 제주시 ❷꽃. 암술대는 5개이다. ❸잎. 선상 원통형이며 마디에서 돌려난다. ❹씨. 길이 1mm 정도의 렌즈모양이고 표면에 유두상 돌기가 있다.

유럽개미자리
Spergularia rubra J. Presl & C. Presl

석죽과

국내분포/자생지 유라시아 원산. 전국(특히 동해안)의 길가, 빈터 등

형태 1년초. 줄기는 높이 10~25cm이며 흔히 땅위에 누워 자란다. 잎은 마주나거나 모여나며 길이 5~20mm의 선형이다. 턱잎은 피침형-삼각형이고 끝이 길게 뾰족하다. 꽃은 5~8월에 분홍색으로 핀다. 꽃자루와 꽃받침잎의 뒷면에는 흔히 샘털이 있다. 꽃받침잎은 길이 3~4.5mm의 피침형이고 꽃잎과 길이가 비슷하거나 길다. 수술은 6~10개이다. 열매(삭과)는 길이 4~5mm이고 꽃받침잎과 길이가 비슷하다.

참고 갯개미자리에 비해 전체가 가늘며 턱잎의 끝이 실게 뾰족아고 수술이 6~10개로 많은 것이 특징이다.

❶2013. 5. 30. 강원 강릉시 ❷꽃. 분홍색-연한 적자색이고 수술은 6~10개이다. ❸열매. 꽃받침잎과 길이가 비슷하다. ❹턱잎. 끝부분이 길게 뾰족하다.

갯개미자리

Spergularia marina (L.) Griseb

석죽과

국내분포/자생지 제주 및 서남해 도 서지역의 바닷가

형태 1년초. 줄기는 높이 8~25cm 이며 흔히 털이 없으나 줄기의 윗부 분 또는 꽃차례에 자루가 있는 샘털 이 많이 나기도 한다. 잎은 길이 1.5~ 4cm의 선상 원통형이다. 꽃은 4~8 월에 피며 잎겨드랑이에서 1~3개씩 모여 달린다. 꽃받침잎은 길이 3~ 3.5mm의 긴 타원상 난형이며 꽃잎과 길이가 비슷하다. 수술은 3~5개이며 암술대는 3개이다. 열매(삭과)는 길이 5~6mm의 삼각상 난형이다.

참고 유럽개미자리에 비해 잎과 줄기 가 굵고 턱잎 끝이 짧게 뾰족하며 수 술이 4~5개로 적은 것이 특징이다.

❶2013. 5. 30. 인천시 ❷꽃. 흔히 백색이 지만 상반부가 연한 적자색을 띠기도 한다. ❸열매. 꽃받침잎보다 약간 더 길다. ❹씨. 표면에 돌기가 많은 편이며 가장자리에 막질 의 넓은 날개가 발달하기도 한다. ❺턱잎. 끝 부분은 짧게 뾰족하다.

갯별꽃

Honckenya peploides subsp. *major* (Hook.) Hultén

석죽과

국내분포/자생지 북부지방의 해안가 모래밭이나 자갈밭

형태 다년초. 줄기는 높이 20~30cm 이고 가지가 많이 갈라진다. 잎은 길 이 1.5~4cm의 긴 타원형이고 가장자 리는 밋밋하다. 수꽃양성화딴그루이 다. 꽃은 6~8월에 백색으로 피며 잎 겨드랑이에 1개씩 달린다. 꽃잎은 주 걱형-도란형이고 꽃받침잎과 길이가 같거나 약간 짧다. 수술은 10개이며 암술대는 3개이다. 열매(삭과)는 지름 7~10mm의 울퉁불퉁한 난상 구형- 거의 구형이다.

참고 전체가 다육질이고 털이 없으며 줄기가 뿌리에서 다복하게 나와 땅위 에 퍼진 모습으로 자라는 것이 특징이 다.

❶2017. 7. 4. 러시아 프리모르스키주 ❷꽃. 꽃자루는 길이 1.5cm 이하이며 꽃받침잎은 삼각상이고 녹색이다. ❸열매. 액과상(다육 질) 삭과이다. ❹잎. 잎자루가 없으며 밑부분 은 마주나는 다른 잎과 맞닿는다.

산형나도별꽃
Holosteum umbellatum L.

석죽과

국내분포/자생지 유럽 및 서남아시아 원산. 전남, 충남의 길가, 민가
형태 1년초. 줄기는 높이 8~25cm이며 뿌리 부근에서 여러 개가 모여난다. 줄기잎은 마주나며 길이 1~2.5cm의 도피침형–긴 타원형이고 가장자리에 샘털이 약간 있다. 꽃은 3~5월에 백색(–분홍색)으로 피며 산형꽃차례에 3~10개씩 모여 달린다. 꽃받침잎은 길이 3~5mm의 좁은 난형–난형이며 꽃잎의 끝부분은 불규칙하게 갈라진다. 수술은 3~5개이며 암술대는 5개이다. 열매(삭과)는 길이 4~5mm의 타원형–넓은 원통형이다.
참고 줄기와 잎가장자리에 샘털이 있으며 꽃이 산형꽃차례에 달리는 것이 특징이다.

❶ 2016. 3. 19. 전북 군산시 ❷꽃. 수술은 3~5개이고 암술대는 5개이다. ❸열매. 산형(우산대모양)으로 달린다. ❹잎. 하반부 가장자리에 샘털이 있다.

벼룩나물
Stellaria alsine Grimm

석죽과

국내분포/자생지 전국의 공원, 농경지, 민가, 빈터, 하천가 등
형태 1~2년초. 줄기는 높이가 15~25cm이고 전체에 털이 없다. 밑부분에서 가지가 많이 갈라진다. 잎은 마주나며 길이 5~18mm의 피침형–난상 피침형이다. 꽃은 4~5월에 백색으로 피며 취산꽃차례에서 1~5개씩 모여 달린다. 꽃잎은 5개이며 꽃받침잎과 길이가 비슷하고 2개로 깊게 갈라진다. 수술은 5(~10)개이며 암술대는 (2~)3개이다. 열매(삭과)는 난형–거의 원형이고 꽃받침잎과 길이가 비슷하거나 약간 길다.
참고 전체에 털이 없으며 꽃잎이 중앙부 이하까지 깊게 갈라지는 것이 특징이다.

❶ 2001. 5. 1. 대구시 ❷꽃. 꽃잎이 깊게 갈라지며 수술과 암술이 짧다. ❸잎. 전체에 털이 없다.

큰별꽃

Stellaria bungeana Fenzl

석죽과

국내분포/자생지 북부지방의 길가, 풀밭 및 숲가장자리

형태 다년초. 줄기는 높이 30~80cm 이며 곧추 자라거나 비스듬히 자란 다. 잎은 길이 4~8cm의 긴 타원상 난형–난형이며 끝은 뾰족하고 밑부분은 둥글거나 약간 심장형이다. 꽃은 5~8월에 백색으로 피며 줄기의 끝부분에서 취산상으로 모여 달린다. 꽃자루는 길이 1~3cm이고 털이 많다. 꽃받침잎은 길이 4~6mm의 피침형–난상 피침형이다. 꽃잎은 5개이고 밑부분까지 깊게 갈라진다. 수술은 10개이고 암술대는 3개이다. 열매(삭과)는 길이 8~10mm의 난형–난상 구형이다.

참고 잎이 크고 가장자리에 부드러운 다세포성 털이 있는 것이 특징이다.

❶ 2018. 6. 15. 중국 지린성 두만강 유역 ❷ 꽃. 꽃잎은 꽃받침보다 1.2~1.5배 정도 길다. ❸ 열매. 난형–난상 구형이다. ❹ 잎. 가장자리에 다세포성 털이 많다. 줄기 윗부분의 잎은 자루가 없다.

긴잎별꽃

Stellaria longifolia Muhl. ex Willd.
Stellaria diffusa Willd. ex Schltdl.

석죽과

국내분포/자생지 북부지방의 습지

형태 다년초. 줄기는 높이 15~35cm 이고 네모지며 가지가 많이 갈라진다. 잎은 마주나며 길이 1.5~3.5cm의 선형이다. 꽃은 6~8월에 백색으로 피며 줄기의 끝부분이나 잎겨드랑이에서 나온 취산꽃차례에서 모여 달린다. 꽃줄기는 길이 3~6cm이고 꽃자루는 길이 3~30cm이다. 꽃잎은 5개이고 밑부분까지 깊게 갈라진다. 수술은 10개이고 암술대는 3개이다. 열매(삭과)는 길이 4~5mm의 타원형–난상 구형이다.

참고 실별꽃(*S. filicaulis*, 일본 고유종으로 추정)에 비해 줄기의 끝이나 잎겨드랑이에서 꽃이 2개 이상씩 모여피며 꽃자루가 짧은 것이 특징이다.

❶ 2018. 6. 15. 중국 지린성 두만강 유역 ❷ 꽃. 꽃잎은 꽃받침잎 길이의 (1~)1.5배 정도이다. ❸ 열매. 타원형–난상 구형이며 진한 갈색으로 익고 꽃받침에 비해 1.5~2배 길다. ❹ 잎. 선형이고 뒷면 중앙맥은 도드라진다.

별꽃
Stellaria media (L.) Vill.

석죽과

국내분포/자생지 전국의 경작지, 공원, 농경지, 민가, 하천가 등

형태 1~2년초 또는 다년초. 줄기는 높이 10~30cm이며 1줄의 털이 있다. 흔히 밑부분에서 가지가 많이 갈라지며 땅위로 퍼지거나 비스듬히 자란다. 줄기잎은 길이 8~20mm의 난형-넓은 난형이며 끝은 뾰족하고 가장자리는 밋밋하다. 잎자루는 줄기 아래쪽에 난 것은 길고 위쪽으로 갈수록 짧아진다. 꽃은 3~7(~11)월에 피며 가지의 끝이나 잎겨드랑이에서 나온 취산꽃차례에서 모여 달린다. 꽃자루는 길이 7~14mm이고 1줄의 털이 있으며 꽃이 지면 길이가 길어지면서 아래로 구부러진다. 꽃받침잎은 5개이고 길이 2~4mm의 난상 피침형-난상 긴 타원형이고 뒷면에 샘털이 있다. 꽃잎은 긴 타원형이고 꽃받침잎과 길이가 비슷하며 밑부분까지 2개로 깊게 갈라진다. 수술은 3~6개이고 암술대는 3개이다. 열매(삭과)는 난형이고 꽃받침잎보다 약간 길다. 씨는 길이 1~1.2mm의 편구형-난형이고 적갈색이며 표면에 유두상 돌기가 있다.

참고 쇠별꽃에 비해 전체적으로 작고 암술대가 3개인 것이 특징이다. 최근 국내에 자생하는 것으로 알려진 **초록별꽃**(*S. neglecta*)은 별꽃에 비해 대형이고 줄기가 뻣뻣하며 수술이 (6~)8~10개로 많다. 또한 씨가 약간 더 크고(길이 약 1.5mm) 표면에 원뿔형 돌기가 있는 것이 특징이다. 남부지방(해남군, 완도, 홍도 등)에서 자생한다.

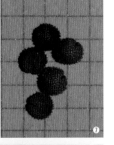

❶ 2012. 1. 12. 경북 울릉도 ❷ 꽃. 수술을 3~6개이고 암술대가 3개이다. ❸ 열매. 꽃받침잎보다 약간 더 길다. ❹ 씨. 납작한 편구형이며 표면(특히 가장자리)에 유두상 돌기가 많다. ❺~❼ 초록별꽃 ❺ 꽃. 수술은 8~10개이고 암술대는 3개이다. ❻ 잎 ❼ 씨. 납작한 편구형이며 표면(특히 가장자리)에 원뿔형의 돌기가 많은 것이 특징이다. 별꽃에 비해 돌기가 더욱 돌출하는 편이다. ❽ 2013. 3. 15. 전북 군산시

왕별꽃
Stellaria radians L.

석죽과

국내분포/자생지 북부지방의 길가,
하천가 및 숲가장자리

형태 다년초. 줄기는 높이 30~80cm
이고 가지가 많이 갈라지며 전체에
누운 털이 많다. 잎은 마주나며 길이
6~12cm의 피침형-난상 피침형이다.
꽃은 6~9월에 백색으로 피며 대형이
다. 꽃자루는 길이 1~3cm이고 꽃받
침잎과 함께 누운 털이 많다. 꽃잎은
5개이고 길이 8~10mm의 넓은 도란
상이며 끝은 5~7개로 깊게 갈라진다.
수술은 10개이고 암술대는 3개이다.
열매(삭과)는 난형이고 꽃받침잎보다
약간 길다.

참고 전체가 대형이고 꽃잎이 5~7개
로 중앙 또는 그 이하까지 깊게 갈라
지는 것이 특징이다.

❶ 2007. 6. 30. 중국 지린성 ❷ 꽃. 대형이고
꽃잎의 끝부분이 5~7개로 길게 갈라진다.
❸ 잎. 피침상이다.

쇠별꽃
Myosoton aquaticum (L.) Moench
Stellaria aquatica (L.) Scop.

석죽과

국내분포/자생지 전국의 농경지, 민
가, 빈터, 하천가, 숲가장자리 등

형태 2년초 또는 다년초. 줄기는 높
이 20~80cm이며 흔히 아랫부분은
옆으로 비스듬히 자란다. 줄기잎은
길이 2.5~5.5cm의 난상 피침형-타
원상 난형이며 잎자루 없이 아랫부분
은 줄기를 둘러싼다. 꽃은 5~8(~10)
월에 백색으로 핀다. 꽃잎은 5개이고
꽃받침잎과 길이가 비슷하며 끝부분
은 밑부분까지 깊게 갈라진다. 수술
은 10개이고 암술대는 5개이다. 열매
(삭과)는 난형이고 꽃받침잎보다 길다.

참고 별꽃과 유사하지만 더 대형이고
윗부분의 줄기와 가지에 샘털이 많으
며 암술대가 5개인 것이 특징이다.

❶ 2012. 5. 27. 경기 연천군 ❷ 꽃. 수술은 10
개이고 암술대는 5개이다. ❸ 열매. 꽃받침잎
보다 약간 더 길다. ❹ 씨. 납작한 편원형이며
표면에 유두상 돌기가 많다.

큰닭의덩굴

Fallopia dentatoalata (F. Schmidt) Holub

마디풀과

국내분포/자생지 전국의 길가, 하천가 및 숲가장자리

형태 덩굴성 1년초. 줄기는 길이 1~2m이다. 잎은 길이 3~6cm의 난상이며 끝은 길게 뾰족하고 밑부분은 심장형이다. 꽃은 8~10월에 연한 녹색으로 피며 잎겨드랑이에서 나온 총상꽃차례에서 모여 달린다. 꽃차례는 길이 4~12cm이고 흔히 잎보다 길다. 화피열편은 5개이고 결실기에는 바깥쪽 3개의 화피열편 등쪽에 날개가 발달한다. 수술은 8개이다. 열매(수과)는 길이 4~4.5mm의 타원상 삼릉형이고 화피에 싸여 있다.

참고 닭의덩굴에 비해 결실기의 화피열편 날개 가장자리에 둔한 톱니가 있으며 전체적으로 약간 더 크다.

❶ 2005. 9. 25. 강원 정선군 ❷~❸ 꽃. 화피열편은 활짝 벌어지지 않는다. ❹ 열매. 숙존하는 화피열편에 싸여 있다. 화피열편 날개의 가장자리에 불규칙하게 갈라지는 톱니가 있다 ❺ 잎

나도닭의덩굴

Fallopia convolvulus (L.) Á. Löve

마디풀과

국내분포/자생지 북아메리카 원산. 전국의 길가, 민가, 빈터에 드물게 야생

형태 덩굴성 1년초. 줄기는 길이 1~1.5m이고 밑부분에서 가지가 많이 갈라진다. 잎은 길이 3~6cm의 화살형-삼각상 난형이며 밑부분은 심장형이다. 잎자루는 길이 1.5~5cm이다. 꽃은 5~9월에 백록색으로 피며 잎겨드랑이 또는 가지의 끝부분에서 나온 짧은 수상꽃차례에서 모여 달린다. 화피열편은 5개이며 길이 2mm 정도의 좁은 타원형이고 뒷면에 짧은 돌기모양의 털이 있다. 수술은 8개이고 암술대는 3개이다. 열매(수과)는 길이 3~4mm의 삼릉형이며 숙존하는 화피에 싸여 있다.

참고 닭의덩굴에 비해 열매를 둘러싼 화피에 날개가 발달하지 않는 것이 특징이다.

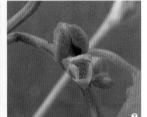

❶ 2016. 6. 23. 경기 부천시 ❷ 꽃. 활짝 벌어지지 않는다. ❸ 열매. 날개가 발달하지 않는 화피열편에 싸여 있다. ❹ 잎

닭의덩굴

Fallopia dumetorum (L.) Holub

마디풀과

국내분포/자생지 전국의 길가, 농경지, 민가

형태 덩굴성 1년초. 줄기는 길이 70~150cm이고 가지가 많이 갈라진다. 잎은 어긋나며 길이 3~6cm의 심장상 난형이다. 양면에 털이 없고 맥위에 약간의 돌기가 있다. 끝은 길게 뾰족하고 밑부분은 심장형이며 가장자리는 밋밋하다. 턱잎은 길이 2~3mm로 짧으며 막질이다. 잎자루는 길이 1~3cm이고 미세한 돌기가 있다. 꽃은 6~9월에 연한 녹색-연한 분홍색으로 피며 잎겨드랑이에서 모여 달린다. 포는 길이 1.5~2mm이고 막질이다. 꽃자루는 길이 3~4mm이고 결실기에는 길어진다. 화피는 연한 녹색이며 크기가 서로 다르다. 화피열편은 5개이고 그중 바깥쪽의 3개 열편은 등쪽에 날개가 발달한다. 날개의 가장자리는 톱니가 없이 밋밋하다. 수술은 8개이고 암술대는 매우 짧다. 열매(수과)는 길이 3~3.5mm의 타원상 삼릉형이고 숙존성 화피에 싸여 있으며 흑색이고 약간 광택이 난다.

참고 큰닭의덩굴에 비해 화피열편의 날개 가장자리가 밋밋하다. **하수오**(*F. multiflora* var. *multiflora*)는 약용으로 드물게 재배하며, 자생하는 나도하수오(*F. multiflora* var. *ciliinervis*)와 유사하지만 잎 뒷면의 맥위에 털이 없는 것이 다르다. **메밀**(*Fagopyrum esculentum*)은 자생하는 닭의덩굴속 식물에 비해 덩굴성이 아니며 꽃이 백색이고 대형(지름 6~8mm)이라는 특징이 있다.

❶2005. 9. 2. 인천시 무의도 ❷열매. 화피열편의 날개 가장자리는 밋밋하다. ❸잎. 화살모양의 난형상 심장형이다. ❹~❺메밀 ❺꽃. 대형이고 화피열편은 백색이다. ❻하수오(2016. 10. 20. 경북 울릉도). 재배하던 것이 야생화되어 전국의 농경지, 도로변, 숲 가장자리에서 드물게 관찰된다.

호장근

Fallopia japonica (Houtt.) Ronse Decr.

마디풀과

국내분포/자생지 전국의 길가, 하천가 및 산지 풀밭

형태 다년초. 줄기는 높이 30~300cm이며 속이 비어 있고 가지를 많이 친다. 땅속줄기는 목질이며 땅 옆으로 길게 뻗는다. 어린 줄기는 표면에 적자색 반점이 흩어져 있으며 마디에 줄기를 감싼 턱잎이 있다. 잎은 어긋나며 길이 6~16cm의 난상 타원형~넓은 난형이다. 끝은 짧게 뾰족하고 밑부분은 편평하거나 약간 심장형이다. 잎자루는 길이 1~3.5cm이다. 암수딴그루이다. 꽃은 6~8월에 백색으로 피며 잎겨드랑이와 가지의 끝부분에서 나온 총상꽃차례에서 모여 달린다. 화피열편은 5개이며 길이 2.5~3mm이고 바깥쪽 3개는 뒷면에 날개가 발달한다. 결실기에 암꽃의 화피열편은 길이가 6~10mm로 커진다. 수술은 8개이며 암술대는 3개이다. 열매(수과)는 길이 2.3~2.6mm의 세모진 난상 타원형이며 흑갈색이고 광택이 난다.

참고 감절대(*F. forbesii*)는 호장근에 비해 잎이 넓은 타원형~원형이고 열매가 비교적 대형(길이 3.9~4.8mm)인 것이 특징이다. 일부 학자들은 호장근과 동일 종으로 보기도 한다. 호장근은 북아메리카 및 유럽에 넓게 귀화했는데, 미국의 일부 주(캘리포니아, 오리건, 워싱턴 등)에서는 유해잡초로 지정해 방제작업을 하기도 한다.

❶2011. 6. 24. 제주 서귀포시 ❷수꽃. 수술은 8개이며 가운데에 퇴화된 짧은 님술이 있다. ❸암꽃(ⓒ이강협). 암술머리는 3개이며 불임성의 수술은 8개이고 수꽃에 있는 것보다 짧다. ❹열매. 화피열편에 싸여 있으며 화피열편은 녹백색 또는 연한 적색이다. ❺잎. 타원상 난형이며 밑부분은 흔히 편평하거나 얕은 심장형이다. ❻~❼감절대 ❻꽃차례와 잎. 잎은 타원상 원형이며 밑부분이 넓은 쐐기형이거나 둥근 것이 특징이다. ❼2017. 9. 20. 인천시 교동도

왕호장근

Fallopia sachalinensis (F. Schmidt)
Ronse Decr.

마디풀과

국내분포/자생지 경북 울릉도의 바
닷가, 풀밭 및 인근 숲가장자리
형태 다년초. 잎은 어긋나며 길이 15
~30cm의 긴 타원상 난형–난형이다.
끝은 뾰족하고 밑부분은 흔히 심장형
이다. 암수딴그루이다. 꽃은 8~10월
에 연한 녹색빛이 도는 백색으로 피
고 가지 윗부분에서 원뿔모양의 꽃차
례를 형성한다. 화피열편은 5개이며
결실기에는 열매를 감싸고 바깥쪽 3
개의 열편 뒷면에서 날개가 발달한
다. 수술은 8개이며 암술대는 3개이
다. 열매(수과)는 길이 2.5~3.5mm의
세모진 난형이며 흑갈색이고 광택이
난다.
참고 호장근에 비해 대형(높이 1~3.5m)
이고 잎의 밑부분이 흔히 심장형인
것이 특징이다.

❶2001. 8. 20. 경북 울릉도 ❷수꽃. 수술은
8개이고 화피편보다 길다. ❸암꽃. 씨방은
녹색이고 암술대는 3개이며 불임성의 수술
은 수꽃의 수술보다 짧다. ❹열매

물여뀌

Polygonum amphibium L.
Persicaria amphibia (L.) Delarbre

마디풀과

국내분포/자생지 경남(창녕군, 함안군
등) 이북의 습지에 드물게 분포
형태 다년초. 생육환경에 따라 전체
모습이 크게 다르다. 물속에서 자라
는 개체는 줄기와 가지 끝부분의 잎
이 물위에 뜬다. 잎은 길이 5~12cm
의 긴 타원상이고 끝은 둥글며 전체
에 털이 없다. 꽃은 7~9월에 녹백
색-연한 홍색으로 피며 수상꽃차례
는 길이 2~4cm이다. 열매(수과)는 길
이 2.5mm 정도의 둥근 렌즈모양이고
흑갈색이다.
참고 다년생 수생식물로 수생 개체의
잎 밑부분은 흔히 심장형인 것이 특
징이다.

❶2004. 8. 17. 경남 창녕군 ❷꽃. 수술은 5
개이고 화피와 길이가 비슷하거나 약간 짧
다. 암술대는 2개이고 화피 밖으로 길게 나
온다. ❸~❹땅위에서 자라는 개체. 줄기는
곧추 자라며 잎과 줄기에 털이 많은 편이다.
잎은 피침상이며 앞면에 적갈색 큰 무늬가
있는 경우도 흔하다.

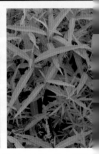

덩굴모밀

Polygonum chinense L.
Persicaria chinensis (L.) H. Gross

마디풀과

국내분포/자생지 제주 서귀포시 해안가에 드물게 분포

형태 다년초. 줄기는 높이 70~100 (~150)cm이고 비스듬히 자라며 가지가 많이 갈라진다. 잎은 길이 4~16cm의 피침형-난형이며 끝은 짧게 뾰족하고 밑부분은 편평하거나 약간 심장형이다. 꽃은 7~12월에 피고 머리모양 또는 원뿔모양의 꽃차례에서 모여 달린다. 화피는 백색 또는 분홍색이고 화피열편은 난형상이다. 수술은 8개이며 암술대는 3개이다. 수과는 길이 3~4mm의 세모진 넓은 난형이고 흑색이며 다육질의 화피(청색-흑색)에 싸여 있다.

참고 줄기가 길게 자라는 다년초이며 화피가 결실기에는 다육질화되는 것이 특징이다.

❶ 2012. 10. 10. 제주 서귀포시 ❷ 꽃. 머리모양으로 모여 달린다. ❸ 열매. 화피열편은 다육질화된다. ❹ 잎. 양면에 털이 거의 없다.

시베리아여뀌

Polygonum sibiricum Laxm.
Knorringia sibirica (Laxm.) Tzvelev

마디풀과

국내분포/자생지 인천시 백령도의 해안가 모래땅

형태 다년초. 줄기는 높이 5~30 (~40)cm이다. 잎은 길이 3~10cm의 선형-좁은 타원형이다. 턱잎은 막질이고 끝은 비스듬하며 털은 없다. 꽃은 6~9월에 백색-연한 황록색으로 핀다. 화피열편은 길이 3mm 정도의 긴 타원형이다. 수술은 7~8개이며 암술대는 3개이다. 열매(수과)는 삼릉형 난형이고 화피보다 약간 길며 광택이 나는 흑색이다.

참고 넓은 의미에서 마디풀속(*Polygonum*)에 포함된다. 다년초이고 땅속줄기가 있으며 턱잎 끝에 털이 없고 잎이 좁은 피침상인 것이 특징이다.

❶ 2012. 7. 9. 인천시 백령도 ❷ 꽃. 수술은 7~8개이고 암술대는 3개이다. 씨방은 광택이 나는 녹색-적갈색이다. ❸ 열매. 화피에 거의 덮여 있다. ❹ 잎. 선상 피침형-좁은 타원형이고 털이 없다.

꽃여뀌

Polygonum conspicuum (Nakai) Nakai

Persicaria conspicua (Nakai) Nakai ex T. Mori; *P. macrantha* subsp. *conspicua* (Nakai) Yonek.; *Polygonum japonicum* var. *conspicuum* Nakai

마디풀과

국내분포/자생지 경남(우포늪, 주남저수지 등), 전북(부안군)의 습지

형태 다년초. 땅속줄기는 길게 벋는다. 줄기는 높이 50~100cm이고 흔히 털이 없지만 드물게 털이 있다. 잎은 어긋나며 길이 5~15cm의 좁은 피침형-피침형이고 끝은 길게 뾰족하다. 양면에 누운 털이 약간 있으며 특히 잎가장자리와 뒷면의 맥위에 많다. 턱잎은 길이 9~20mm의 원통형이고 막질이며 표면에 털이 있고 끝부분에는 길이 5~12mm의 긴 털이 있다. 꽃은 9~10월에 백색-연한 분홍색으로 피며 줄기의 끝에서 나온 길이 6~12cm의 수상꽃차례에서 모여 달린다. 포는 깔때기모양이고 끝에 털이 있으며 포마다 3~6개의 꽃이 달린다. 꽃자루는 길이 2.5~4mm이다. 화피열편은 5개이며 길이는 2.5~4mm이며 타원형이고 표면에 샘점이 흩어져 있다. 수술은 8개이고 암술대는 흔히 (2~)3개이다. 열매(수과)는 길이 2.5~3mm의 세모진 난형이고 숙존하는 화피에 싸여 있으며 흑색이고 광택이 약간 난다.

참고 흰꽃여뀌와 전체적으로 유사하지만 열매에 광택이 더 적고 꽃이 분홍색이며 대형(지름 6~9mm)인 점이 다르다. 중국에서는 흰꽃여뀌의 변종(*Polygonum japonicum* var. *conspicuum*)으로 처리하고, 일본에서는 동남아시아에 분포하는 종의 아종(*Persicaria macrantha* subsp. *conspicua*)으로 처리한다.

❶2006. 9. 30. 경남 창녕군 우포늪 ❷꽃. 자생 여뀌류 중 꽃이 가장 대형이다. ❸잎. 양면의 맥위와 가장자리에 거친 털이 있다. ❹턱잎. 막질이며 위쪽 끝부분에 긴 털이 있다. ❺열매. 세모진 난형이며 흑색이고 광택이 없거나 약간 있다. ❻흰꽃여뀌(좌)와 비교. 잎모양과 턱잎 등은 비슷하지만 꽃이 훨씬 대형이다. 흰여뀌에 비해 결실률이 현저히 낮다.

흰꽃여뀌

Polygonum japonicum Meisn.
Persicaria japonica (Meisn.) H. Gross
ex Nakai

마디풀과

국내분포/자생지 중부지방 이남의 습지 및 습한 풀밭

형태 다년초. 땅속줄기는 길게 벋는다. 줄기는 높이 50~100cm이다. 잎은 어긋나며 길이 5~15cm의 긴 피침형-피침형이고 끝은 길게 뾰족하다. 턱잎은 길이 1.5~2cm의 원통형이고 막질이며 끝부분에는 길이 5~12mm의 긴 털이 있다. 꽃은 8~10월에 백색으로 핀다. 화피열편은 길이 2~3mm의 타원형이고 5개이다. 수술은 8개이며 암술대는 3개이다. 열매(수과)는 길이 2.5~3mm의 세모진 난형이며 흑색이고 광택이 난다.

참고 꽃여뀌에 비해 꽃이 백색이고 소형이며 열매가 광택이 나는 것이 특징이다.

❶2003. 10. 5. 전남 완도군 보길도 ❷꽃. 백색이다. ❸잎. 양면의 맥위와 가장자리에 거친 털이 있다. 큰 무늬가 생기기도 한다. ❹턱잎. 끝부분에 긴 털이 있다. ❺열매. 삼릉상 난형이고 광택이 난다.

만주겨이삭여뀌

Polygonum foliosum H. Lindb.
Persicaria foliosa (H. Lindb.) Kitag.

마디풀과

국내분포/자생지 주남저수지 및 경남, 울산시, 전남(장성군) 이북의 습지에 드물게 분포

형태 1년초. 줄기는 가늘고 높이 30~60cm이다. 잎은 어긋나며 길이 3~6cm의 좁은 피침형이고 가장자리와 표면에 털이 있다. 턱잎은 길이 8~10mm의 짧은 원통형이고 막질이며 끝부분에 길이 1~3mm의 털이 있다. 꽃은 9~10월에 녹백색-연한 분홍색으로 피며 가는 꽃차례에서 모여 달린다. 열매(수과)는 길이 1.2~2mm의 약간 세모진 난형이며 광택이 나는 흑색이다.

참고 꽃차례가 가늘고 꽃이 성기게 달리며 축에 털이 없다. 열매는 세모진 난형이고 광택이 나는 흑색인 것이 특징이다.

❶2011. 9. 15. 전남 장성군 ❷꽃. 꽃차례가 가늘고 꽃도 소형이다. ❸잎. 좁은 피침형으로 가늘다. ❹턱잎. 끝부분에 털이 있다. ❺열매

 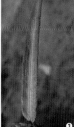  

여뀌

Polygonum hydropiper L.
Persicaria hydropiper (L.) Spach

마디풀과

국내분포/자생지 전국의 농경지 및 습지

형태 1년초. 줄기는 높이 40~70cm 이고 가지가 많이 갈라지며 털이 없다. 잎과 줄기는 매운 맛이 난다. 잎은 마주나며 길이 4~8cm의 피침형-타원상 피침형이다. 끝은 길게 뾰족하고 밑부분은 쐐기형이며 가장자리는 밋밋하고 털이 있거나 없다. 턱잎은 길이 1~1.5cm의 원통형이고 막질이며 표면에 털이 있고 끝부분에는 길이 2~3mm의 짧은 털이 있다. 잎자루는 길이 4~8mm이고 잎겨드랑이에는 폐쇄화가 많이 달린다. 꽃은 8~10월에 백색-연한 적색으로 피며 줄기와 가지 끝부분에서 수상꽃차례에 모여 달린다. 꽃차례는 길이 5~10cm이고 아래를 향해 굽는다. 포는 길이 2~3mm의 깔때기모양이고 가장자리는 막질이며 끝부분에 짧은 털이 있다. 꽃자루는 포보다 길다. 화피는 녹색빛이 도는 백색 또는 분홍색이고 표면에 샘점이 흩어져 있으며 화피열편은 길이 3~3.5mm의 타원형이다. 수술은 6(~8)개이며 암술대는 2~3개이다. 열매(수과)는 숙존하는 화피에 싸여 있으며 길이 2~3mm의 약간 각진 난형-편난형이고 광택이 없는 흑갈색이다.

참고 줄기와 잎(가장자리 제외)에 털이 없고 잎겨드랑이에 폐쇄화가 나는 것과 열매가 광택이 없고 표면에 반구형의 돌기로 이루어진 그물눈모양 무늬가 있는 것이 특징이다. 쪽(*P. tinctorium*)은 중국 원산의 1년초이며 예부터 남색(쪽빛)을 내는 염료식물로 재배해왔다.

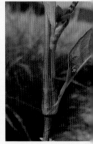

❶ 2001. 8. 30. 경북 울릉도 ❷ 꽃. 분홍빛이 도는 백색이며 화피에 샘점이 흩어져 있다. ❸ 잎. 양면에 털은 거의 없다. 잎을 씹으면 독특한 매운 맛이 난다. ❹ 턱잎. 위쪽 가장자리에 짧은 털이 있다. ❺ 열매. 위쪽이 약간 각진 편평한 난형이며 광택이 없는 흑갈색이다. ❻-❼ 쪽 ❽ 잎. 넓은 편이다. ❼ 2003. 11. 1. 서울시 한강공원

흰여뀌

Polygonum lapathifolium L.
Persicaria lapathifolia (L.) Gray;
P. nodosa (Pers.) Opiz

마디풀과

국내분포/자생지 전국의 길가, 계곡, 빈터 및 하천가 등

형태 1년초. 줄기는 높이 40~80 (~120)cm이고 가지가 갈라지며 흔히 털이 없다. 잎은 길이 5~15cm의 피침형~넓은 피침형이며 중앙부에 흑색의 큰 무늬가 있기도 하다. 끝은 뾰족하거나 길게 뾰족하고 밑부분은 둥글거나 쐐기형이다. 가장자리는 밋밋하고 짧은 털이 있다. 잎자루는 길이 2~8mm이고 누운 털이 있다. 턱잎은 길이 1.5~3cm의 원통형이며 갈색의 막질이고 끝부분에는 흔히 털이 없으나 간혹 짧은 털이 있다. 꽃은 6~10월에 백색 또는 분홍색으로 피며 줄기의 끝이나 잎겨드랑이에서 나온 수상의 꽃차례에서 모여 달린다. 포는 깔때기모양이고 가장자리에 짧은 털이 약간 있다. 화피열편은 4~5개이며 수술은 보통 6개이고 암술대는 2개이다. 열매(수과)는 화피에 싸여 있으며 길이 2~3mm의 넓은 난형~편원형이고 광택이 나는 흑갈색이다.

참고 전체에 털이 적고 턱잎의 끝부분에 흔히 털이 없으며 열매가 편원형이고 광택이 나는 흑갈색인 것이 특징이다. 형태 변이가 심한 편이어서 대동여뀌와 혼동되는 경우도 있다. 큰개여뀌(명아주여뀌)와 동일 종으로 취급하며, 잎과 줄기에 백색의 길고 부드러운 털이 많은 것을 솜흰여뀌(var. *salicifolium*)로 구분하기도 한다.

❶2003. 9. 1. 경북 울릉도. ❷꽃차례. 꽃이 촘촘히 달리는 편이다. ❸꽃. 백색 또는 분홍색(~연한 적자색)으로 핀다. ❹턱잎. 막질이며 흔히 끝부분에 털이 없다. ❺잎. 양면의 맥위와 가장자리에 거친 털이 많다. ❻열매. 렌즈모양의 납작한 편원형이며 광택이 나는 흑갈색이다. ❼솜흰여뀌 타입. 어릴 때는 줄기와 잎 양면에 백색 털이 밀생한다. ❽큰개여뀌 타입. 줄기가 굵고 잎이 대형이다.

대동여뀌

Polygonum koreense Nakai
Persicaria erecto-minor var.
koreensis (Nakai) I. Ito

마디풀과

국내분포/자생지 주로 강원, 경기, 서울시 이북의 습지(특히 동해안 석호) 등에 드물게 분포

형태 1년초. 줄기는 높이 20~80 (~110)cm이다. 잎은 길이 4~10cm의 넓은 선형-좁은 피침형이며 표면 전체와 뒷면의 맥위에 털이 있다. 턱잎은 길이 5~12mm이고 끝에 길이 2~8mm의 털이 있다. 꽃은 7~10월에 백색-분홍색으로 피며 수상의 꽃차례에서 모여 달린다. 화피열편은 5개이며 수술은 7~8개이고 암술대는 3개이다. 열매(수과)는 길이 1.5~1.8mm이고 세모진 난형이다.

참고 흰여뀌에 비해 흔히 턱잎의 끝부분에 긴 털이 있고 열매가 세모진 난형인 것이 특징이다.

❶ 2011. 9. 10. 강원 양양군 ❷꽃차례. 곧추선다. ❸턱잎. 끝부분에 긴 털이 있다. ❹잎. 앞면 전체(특히, 가장자리)에 털이 있다. ❺열매. 작은 편이며 세모진 난형이고 광택이 난다. 좀여뀌보다는 대형이다.

개여뀌

Polygonum longisetum Bruijn
Persicaria longiseta (Bruijn) Kitag.

마디풀과

국내분포/자생지 전국의 길가, 농경지, 빈터 및 하천가 등

형태 1년초. 줄기는 높이 20~50cm이고 흔히 아랫부분은 땅위에 눕거나 비스듬히 자란다. 잎은 어긋나며 길이 4~10cm의 피침형-넓은 피침형이다. 꽃은 6~10월에 피고 수상꽃차례에서 빽빽이 모여 달린다. 포의 끝에는 길이 1~2.3mm의 털이 있다. 화피는 연한 분홍색-진한 분홍색이며 화피열편은 5개이다. 수술은 8개이며 암술대는 3개이다. 열매(수과)는 길이 1.6~2mm의 세모진 난형이며 광택이 나는 흑색이다.

참고 턱잎의 끝부분에 길이 6~10mm의 긴 털이 있으며 열매가 삼릉상 난형인 것이 특징이다.

❶ 2005. 9. 24. 강원 홍천군 ❷꽃차례. 분홍색-연한 적자색이다. ❸턱잎. 끝부분에 긴 털이 있다. ❹잎. 피침상이며 양면에 거의 털이 없거나 적다. ❺열매. 삼릉상 난형이며 광택이 난다.

털여뀌

Polygonum orientale L.
Persicaria orientalis (L.) Spach

마디풀과

국내분포/자생지 동남아시아(인도, 말레이시아 등), 중국 원산. 전국의 길가, 빈터, 하천가 또는 관상용으로 식재

형태 1년초. 줄기는 높이 60~200cm이고 곧추 자란다. 잎은 어긋나며 길이 10~20cm의 타원상 난형-난형이고 끝은 길게 뾰족하다. 턱잎은 막질이고 표면에 털이 많으며 끝부분에 긴 털이 없다. 꽃은 7~10월에 피고 수상의 꽃차례에서 빽빽이 모여 달린다. 화피는 분홍색-적자색(간혹 백색)이며 수술은 7개이고 암술대는 2개이다. 열매(수과)는 길이 2.5~3.5mm의 렌즈상 편원형이며 광택이 나는 흑갈색이다.

참고 전체가 대형이며 긴 털이 많다. 턱잎의 끝부분에 긴 털이 없으며 열매가 렌즈상 편원형인 것이 특징이다.

❶2002. 9. 8. 경북 경산시 ❷꽃차례. 꽃이 빽빽이 모여 달린다. ❸턱잎. 줄기와 턱잎 표면에 긴 털이 많고 턱잎 끝부분에는 털이 없다. ❹열매. 렌즈상 또는 거의 원형이다.

봄여뀌

Polygonum persicaria L.
Persicaria vulgaris Webb. & Moq.

마디풀과

국내분포/자생지 전국의 길가, 민가, 빈터 및 하천가

형태 1년초. 줄기는 높이 20~80cm이다. 잎은 어긋나며 길이 5~12cm의 피침형-좁은 타원형이고 흔히 잎몸의 중앙부에 큰 무늬가 있다. 턱잎의 끝부분에 길이 0.4~3mm의 털이 있다. 꽃은 5~7(~10)월에 피며 길이 2~6cm의 꽃차례에서 빽빽이 모여 달린다. 화피는 백색-분홍색이다. 수술은 6~7개이며 암술대는 2~3개이다. 열매(수과)는 흔히 렌즈모양의 넓은 난형이고 광택이 있는(간혹 없기도 함) 흑갈색이다.

참고 흰여뀌에 비해 봄~초여름부터 꽃이 피며 꽃줄기에 샘털이 있는 것이 특징이다.

❶2013. 5. 30. 인천시 소래습지생태공원 ❷꽃차례. 흔히 백색이다. ❸턱잎. 끝부분에 긴 털이 있다. ❹잎. 표면에 적갈색의 큰 무늬가 있다. ❺열매. 약간 세모진 렌즈모양의 난형이고 흔히 광택이 있다.

바보여뀌

Polygonum pubescens Blume
Persicaria pubescens (Blume)
H. Hara

마디풀과

국내분포/자생지 전국의 농경지, 하천가 등 습지에 드물게 분포

형태 1년초. 줄기는 높이 40~80cm이다. 잎은 길이 6~10cm의 긴 타원상 피침형이다. 양면에 털이 많으며 흔히 앞면 중앙부에 흑색의 무늬가 있다. 턱잎 끝부분에 길이 6~7mm의 긴 털이 있다. 꽃은 8~10월에 피며 화피는 녹백색-적색이고 표면에 샘점이 있다. 수술은 7~8개이고 암술대는 3개이다. 열매(수과)는 길이 2~3mm의 삼릉상 난형이다.

참고 여뀌에 비해 전체에 털이 많으며 수술이 7~8개이고 열매가 삼릉상 난형인 것이 특징이다. 또한 잎은 매운 맛이 나지 않는다.

❶ 2011. 10. 7. 강원 고성군 송지호 ❷꽃차례. 꽃이 엉성하게 달리며 윗부분은 아래를 향해 굽는다. ❸턱잎. 끝부분에 긴 털이 있다. ❹잎. 흔히 표면에 큰 무늬가 있다. ❺열매. 뚜렷하게 세모진 삼릉상 난형이고 광택이 없다.

겨이삭여뀌

Polygonum taquetii H. Lév.
Persicaria taquetii (H. Lév.) Koidz.

마디풀과

국내분포/자생지 제주의 해발고도 1,000m 이하 습지

형태 1년초. 줄기는 높이 20~40cm이다. 잎은 길이 4~7cm의 넓은 선형-피침형이며 양면의 맥위와 잎가장자리에 털이 있거나 없다. 턱잎의 끝부분에 길이 3~6mm의 긴 털이 있다. 꽃은 9~10월에 연한 녹백색-분홍색으로 핀다. 수술은 5~7개이며 암술대는 2~3개이다. 열매(수과)는 길이 1.5~1.7mm의 세모진 난형이고 광택이 있는 흑갈색이다.

참고 좀여뀌에 비해 꽃차례에 꽃이 엉성하게 달리며 꽃차례는 아래로 처지고 아래쪽에서 가지가 갈라지기도 한다. 또한 잎의 표면과 화피에 샘점이 없는 것이 다른 점이다.

❶ 2014. 9. 25. 제주 제주시 동백동산 ❷꽃. 꽃차례에 엉성하게 달린다. ❸잎. 흔히 잎가장자리에 긴 털이 있다. ❹열매. 작은 편이며 세모진 난형이고 광택이 있다.

좀여뀌(국명 신칭)

Polygonum erecto-minus Makino
Persicaria erecto-minor (Makino)
Nakai

마디풀과

국내분포/자생지 경남(우포늪, 함안천, 화포천 등), 전남의 습지

형태 1년초. 잎은 길이 3~8cm, 너비 2.5~10mm의 넓은 선형-좁은 피침형이다. 턱잎의 끝부분에 길이 2~6mm의 긴 털이 있다. 꽃은 6~10월에 피며 수상꽃차례는 길이가 1.2~2cm이다. 화피는 백색-연한 적색이다. 수술은 5~8개이고 암술대는 3개이다. 열매(수과)는 길이 1.2~1.5mm의 난형-넓은 난형이다.

참고 대동여뀌에 비해 소형이며 줄기의 밑부분이 땅에 눕고 가지가 줄기의 아래쪽에서 많이 갈라지는 편이다. 또한 화피에 있는 원반모양의 샘점이 매우 작다(대동여뀌는 화피에 큰 원반모양의 샘점이 흩어져 있음).

❶2006. 9. 30. 경남 창녕군 우포늪 ❷꽃차례. 작은꽃이 촘촘히 달린다. ❸턱잎. 끝부분에 긴 털이 있다. ❹잎. 양면에 털이 적은 편이다. ❺열매. 뚜렷이 세모지고 광택이 있다.

기생여뀌

Polygonum viscosum Buch.-Ham. ex
D. Don
Persicaria viscosa (Buch.-Ham. ex
D. Don) H. Gross ex Nakai

마디풀과

국내분포/자생지 전국의 길가, 빈터 및 습지 등

형태 1년초. 줄기는 높이 40~100cm이다. 잎은 길이 5~15cm의 타원상 피침형-난상 피침형이며 양면에 짧은 털과 샘털이 많다. 턱잎은 길이 7~15mm이고 끝에 길이 4~6mm의 긴 털이 있다. 꽃은 7~9월에 분홍색-적자색으로 피며 수상꽃차례에서 빽빽이 모여 달린다. 수술은 8개이며 암술대는 3개이다. 열매(수과)는 길이 2.5mm 정도의 삼릉상 난형이며 광택이 있는 흑색이다.

참고 식물체에서 특유의 냄새가 나며 전체에 샘털과 긴 털이 많다. 또한 열매의 표면에 반구형의 돌기가 밀생하는 것이 특징이다.

❶2016. 9. 16. 경북 영천시 ❷꽃차례. ❸줄기와 턱잎. 표면에 긴 털과 짧은 샘털이 밀생한다. ❹잎. 양면 맥위에 샘털이 많다. ❺열매. 뚜렷하게 세모진다.

끈끈이여뀌

Polygonum viscoferum Makino var. *viscoferum*
Persicaria viscofera (Makino)
H. Gross ex Nakai

마디풀과

국내분포/자생지 전국의 길가, 경작지, 습지 및 숲가장자리 등

형태 1년초. 줄기는 높이 30~70(~120)cm이며 곧추 자라고 가지가 갈라진다. 줄기와 잎 전체에 긴 털이 밀생한다. 잎은 어긋나며 길이 4~12cm의 피침형-넓은 피침형이며 끝은 길게 뾰족하다. 잎자루는 없다. 턱잎은 길이 5~12mm이고 막질이며 끝부분에는 길이 4~8mm의 긴 털이 있다. 꽃은 7~10월에 녹백색-분홍색으로 피며 길이 4~7cm의 수상꽃차례에서 성기게 모여 달린다. 꽃줄기에는 털이 없거나 샘털이 있으며 표면에 점액을 분비하는 부분이 있다. 포는 깔때기모양이며 표면에는 털이 없고 끝부분에 털이 있다. 화피는 (4~)5개로 갈라지며 열편은 길이 1~1.5mm의 타원형이다. 수술은 7~8개이며 암술대는 3개이다. 열매(수과)는 길이 1.5mm 정도의 세모진 난형이며 광택이 있는 흑색이다.

참고 전체에 긴 털이 많고 꽃줄기에 점액질을 분비하는 부분이 있으며 열매가 비교적 작은 것이 특징이다. 끈끈이여뀌에 비해 식물체가 크고 전체에 털이 적으며 잎이 길고 가는 것을 **큰끈끈이여뀌**(var. *robustum*)라고 구분하기도 하지만 넓은 의미에서는 동일종으로 본다.

❶2017. 8. 12. 부산시 금정산 ❷꽃차례. 가는 편이고 작은꽃이 성기게 모여 달린다. ❸턱잎. 줄기와 턱잎의 표면에 긴 털이 많으며 턱잎의 끝부분에도 긴 털이 있다. ❹잎. 긴 털이 많은 편이다. ❺~❽큰끈끈이여뀌 ❺꽃차례. 끈끈이여뀌에 비해 꽃이 주로 백색이다. 꽃줄기 아래쪽에 점액질을 분비하는 부분(화살표)이 있다. ❻잎. 가늘고 긴 편이다. ❼열매. 작은 편이며 세모진 난형이고 광택이 난다. ❽2002. 8. 24. 울산시 울주군 정족산

긴미꾸리낚시

Polygonum hastatosagittatum Makino
Persicaria hastatosagittata (Makino) Nakai ex T. Mori

마디풀과

국내분포/자생지 강원, 경기, 경남의 습지에 드물게 분포

형태 1년초. 줄기의 능각을 따라 갈고리 같은 가시가 있다. 잎은 길이 6~11cm의 화살촉모양의 피침형이고 밑부분 양끝 쪽에 귀모양의 열편이 발달한다. 턱잎은 막질이며 끝은 편평하고 흔히 찢어진다. 잎자루는 길이 1~2.5cm이고 가시가 있다. 꽃은 9~10월에 분홍색–적자색으로 핀다. 수술은 7~8개이며 암술대는 3개이다. 열매(수과)는 길이 3~4mm의 세모진 난형이고 흑갈색이다.

참고 잎이 화살촉모양이며 꽃이 머리모양의 꽃차례에서 모여 달리고 꽃줄기와 꽃자루에 샘털이 많은 것이 특징이다.

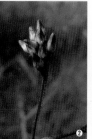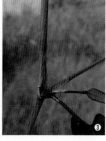

❶2006. 9. 30. 경남 창녕군 우포늪 ❷꽃. 꽃줄기에 샘털이 밀생한다. ❸턱잎. 끝부분은 편평하다. ❹잎. 좁은 화살촉모양이다.

나도미꾸리낚시

Polygonum maackianum Regel
Persicaria maackiana (Regel) Nakai ex T. Mori

마디풀과

국내분포/자생지 전국의 낮은 지대 습지

형태 1년초. 줄기는 네모지고 갈고리 같은 가시가 많다. 잎은 길이 4~7cm의 좁은 창끝모양이며 뒷면의 맥위에 갈고리 같은 가시가 많다. 턱잎은 초질이며 윗부분이 넓게 벌어지고 끝에는 톱니가 있다. 꽃은 7~9월에 백색–연한 적색으로 피며 머리모양의 꽃차례에서 모여 달린다. 꽃줄기에 가시와 함께 자루가 있는 샘털이 있다. 수술은 8개, 암술대는 3개이다. 열매(수과)는 길이 3.5mm 정도의 세모진 난형이고 흑갈색이다.

참고 고마리에 비해 잎이 좁은 창모양이고 턱잎 끝부분의 톱니가 뚜렷한 것이 특징이다.

❶2006. 9. 30. 경남 창녕군 우포늪 ❷꽃. 꽃줄기에 긴 털과 함께 자루가 있는 샘털이 밀생한다. ❸턱잎. 잎모양의 초질이고 끝부분이 넓게 벌어진다. ❹잎. 좁은 창모양이다.

넓은잎미꾸리낚시

Polygonum muricatum Meisn.
Persicaria muricata (Meisn.) Nemoto

마디풀과

국내분포/자생지 전국의 저지대 또
는 산지습지
형태 1년초. 줄기는 네모지고 갈고
리 같은 작은 가시가 있다. 잎은 길
이 4~8cm의 긴 타원상 난형–난형이
며 밑부분은 흔히 심장형이다. 뒷면
의 맥위에 작은 가시가 있다. 턱잎은
막질이고 끝부분은 편평하다. 꽃은
7~10월에 연한 적색으로 피며 머리
모양의 꽃차례에서 모여 달린다. 꽃
줄기에는 샘털이 많다. 수술은 6~8
개이며 암술대는 3개이다. 열매(수과)
는 길이 2~2.5mm의 세모진 난형이
고 갈색이다.
참고 미꾸리낚시에 비해 잎이 난형
상으로 넓고 턱잎 끝부분이 편평하며
긴 털이 있는 것이 특징이다.

❶2002. 9. 28. 경남 양산시 무제치늪 ❷꽃.
꽃줄기에 붉은빛이 도는 샘털이 밀생한다.
❸턱잎. 막질이고 끝부분은 편평하다. ❹잎.
밑부분은 심장형이고 열편 발달이 미약하다.

좁은잎미꾸리낚시

Polygonum praetermissum Hook. f.
Persicaria praetermissa (Hook. f.) H.
Hara

마디풀과

국내분포/자생지 전남 및 제주의 습지
형태 1년초. 줄기는 네모지고 갈고리
같은 긴 가시가 있다. 잎은 길이 4~
8cm의 좁은 피침상이며 밑부분이 화
살촉모양이고 줄기를 감싼다. 턱잎은
막질이며 끝부분은 편평하고 짧은 털
이 있다. 꽃은 6~10월에 연한 적색으
로 피고 3~5개씩 엉성하게 달린다.
수술은 4~5개이며 암술대는 3개이
다. 열매(수과)는 길이 3mm 정도의 앞
쪽이 약간 각진 구형이고 흑갈색이다.
참고 잎이 좁은 피침상이며 턱잎 끝
이 편평하고 끝부분에 짧은 털이 있
다는 점과 가는 꽃차례에서 꽃이 엉
성하게 달리는 것이 특징이다.

❶2018. 8. 28. 제주 제주시 ❷꽃. 엉성하
게 달린다. 꽃줄기에 자루가 긴 샘털이 있다.
❸줄기와 턱잎. 줄기와 마디에는 아래를 향
한 갈고리 같은 가시가 많다. ❹잎. 밑부분에
서 귀모양의 열편이 줄기를 감싼다.

며느리배꼽

Polygonum perfoliatum L.
Persicaria perfoliata (L.) H. Gross

마디풀과

국내분포/자생지 전국의 길가, 빈터, 하천 및 해안가

형태 1년초. 줄기와 잎자루에 밑으로 향한 가시가 있다. 잎은 어긋나며 길이 4~6cm의 삼각상 방패모양이다. 뒷면은 흰빛이 돌고 맥위에 잔가시가 있다. 턱잎은 녹색이고 막질이며 끝부분은 나팔처럼 펼쳐진다. 꽃은 7~9월에 피고 짧은 수상꽃차례에서 모여 달린다. 꽃차례 바로 밑부분에는 잎모양의 큰 포가 있다. 수술은 8개이고 암술대는 1개이다. 열매(수과)는 길이 3~4mm의 구형이고 흑색이다.

참고 잎자루가 방패(또는 연잎)처럼 잎몸의 아랫부분에 붙고 화피가 결실기에 다육질이며 남청색으로 변하는 것이 특징이다.

❶ 2001. 10. 7. 경남 창녕군 우포늪 ❷ 열매. 남청색의 다육질화된 화피에 싸여 있다. ❸ 턱잎. 끝부분은 사선상으로 비스듬하다. ❹ 잎. 삼각상이고 아랫부분의 잎몸에 잎자루가 붙는다.

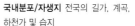

미꾸리낚시

Polygonum sagittatum L.
Persicaria sagittata (L.) H. Gross

마디풀과

국내분포/자생지 전국의 길가, 계곡, 하천가 및 습지

형태 1년초. 줄기와 잎자루에 갈고리 같은 가시가 있다. 잎은 길이 2~8.5cm의 넓은 피침형-긴 타원형이며 밑부분은 심장형이다. 턱잎의 끝부분은 비스듬하며 끝에 털이 없으나 간혹 짧은 털이 있다. 꽃은 5~10월에 피고 머리모양의 꽃차례에서 모여 달린다. 꽃줄기는 가지가 갈라지며 흔히 털이 없고 아래쪽에 가시가 있다. 수술은 8개이고 암술대는 1개이다. 열매(수과)는 길이 3~4mm의 세모진 난형이고 흑색-흑갈색이다.

참고 꽃줄기는 가지가 갈라지고 털이 없으며 턱잎이 막질이고 끝부분이 사선상으로 비스듬한 것이 특징이다.

❶ 2003. 9. 14. 충북 제천시 ❷ 꽃. 흔히 꽃줄기에 샘털이 없다. ❸ 턱잎. 막질이고 끝부분은 사선상으로 비스듬하다. ❹ 잎. 밑부분은 깊은 심장형이다.

며느리밑씻개

Polygonum senticosum (Meisn.)
Franch. & Sav.
Persicaria senticosa (Meisn.)
H. Gross ex Nakai

마디풀과

국내분포/자생지 전국의 길가, 빈터,
습지, 하천 및 해안가
형태 1년초. 줄기와 잎자루에 밑으로
향한 가시가 있다. 잎은 길이 4~8cm
의 삼각형이며 양면에 털이 있고 뒷
면의 맥위에 잔가시가 있다. 턱잎은
길이 5~10mm이며 녹색의 초질이고
끝에 털이 있다. 꽃은 6~10월에 피
고 머리모양의 꽃차례에서 모여 달
린다. 꽃줄기는 가지가 갈라지며 짧
은 털과 샘털이 있다. 수술은 8개이
고 암술대는 3개이다. 열매(수과)는 길
이 2.5~3mm로 거의 구형이고 흑색
이다.
참고 며느리배꼽에 비해 꽃줄기는 가
지가 갈라지며 결실기의 화피가 다육
질이 아닌 것이 특징이다.

❶2004. 6. 24. 경남 거제도 ❷꽃. 꽃줄기에
자루가 있는 샘털이 밀생한다. ❸턱잎. 잎모
양의 초질이다. ❹잎. 삼각상이고 밑부분의
가장자리에 잎자루가 붙는다.

고마리

Polygonum thunbergii Siebold &
Zucc.
Persicaria thunbergii (Siebold &
Zucc.) H. Gross

마디풀과

국내분포/자생지 전국의 계곡, 농경
지, 하천 등 습지
형태 1년초. 줄기와 잎자루에 밑으로
향한 가시가 있다. 잎은 어긋나며 길
이 4~7cm의 창끝모양이고 밑부분은
편평하거나 약간 심장형이다. 턱잎은
전체가 막질이거나 윗부분이 녹색의
초질이고 끝에는 긴 털이 있다. 꽃은
7~10월에 피고 머리모양의 꽃차례에
서 모여 달린다. 꽃줄기는 가지가 갈
라지며 샘털이 있다. 수술은 8개이고
암술대는 3개이다. 열매(수과)는 길이
3~4mm의 세모진 넓은 난형이고 광
택이 없는 회갈색~황갈색이다.
참고 나도미꾸리낚시에 비해 잎이 넓
은 편이며 턱잎 끝부분의 톱니가 미
약한 것이 특징이다.

❶2016. 9. 30. 경기 가평군 화야산 ❷꽃.
머리모양으로 빽빽이 모여 달린다. ❸턱잎.
잎모양의 초질이고 가장자리에 털이 있다.
❹잎. 창끝모양 또는 넓은 화살촉모양이다.

마디풀

Polygonum aviculare L.

국내분포/자생지 전국의 길가, 빈터 및 하천가 등

형태 1년초. 줄기는 높이 10~40cm이고 흔히 옆으로 비스듬히 자란다. 잎은 어긋나며 길이 1.5~4cm의 선상 타원형-긴 타원형이고 끝은 둔하다. 턱잎의 아래쪽은 갈색이고 위쪽은 백색이다. 꽃은 5~7월에 피고 잎겨드랑이에서 1~5개씩 모여 달린다. 화피는 녹색이고 가장자리는 백색 또는 분홍색이다. 수술은 6~8개이고 암술대는 3개이다. 열매(수과)는 삼릉상 난형이며 표면에 미세한 돌기가 약간 줄지어 난다.

참고 턱잎의 윗부분이 백색이고 수술이 6~8개이며 열매(수과)의 길이가 화피열편과 비슷하거나 약간 길며 열매의 표면에 광택이 약간 나는 것이 특징이다.

❶2002. 6. 17. 강원 양양군 ❷꽃. 수술은 6~8개이다. ❸~❹ 열매. 삼릉상 난형이고 광택이 나며 화피열편과 길이가 거의 같다.

애기마디풀

Polygonum plebeium R. Br.

마디풀과

국내분포/자생지 경기, 충청의 길가, 농경지, 하천가에 드물게 분포

형태 1년초. 줄기는 높이 5~15(~30)cm이며 흔히 누워 자란다. 잎은 어긋나며 길이 5~15mm의 도피침형-좁은 타원형이다. 중앙맥은 뚜렷하고 측맥은 희미하다. 꽃은 5~8월에 피며 잎겨드랑이에서 3~6개씩 모여 달린다. 화피는 녹색(-연한 적색)이며 가장자리는 백색 또는 분홍색이다. 수술은 5개이고 암술대는 3개이다. 열매(수과)는 삼릉상 난형이고 광택이 나는 흑갈색이다.

참고 마디풀에 비해 꽃자루의 중간에 관절이 있으며 수과가 매끄럽고 광택이 나는 것이 특징이다. 전체적으로 마디풀보다 작다.

❶2013. 5. 26. 충북 제천시 남한강 ❷~❸꽃. 꽃은 흔히 붉은빛이 돌며 꽃자루의 중간부에 관절이 있다.

이삭마디풀

Polygonum polyneuron Franch. & Sav.

마디풀과

국내분포/자생지 주로 서남해안의 바닷가 모래땅 또는 염습지 주변

형태 1년초. 줄기는 높이 30~100cm 이고 가지가 많이 갈라진다. 줄기와 가지에 능각이 많으며 털이 없다. 줄기 중간부의 마디 간격은 1.5~2.5cm 이고 잎보다 짧다. 잎은 어긋나며 길이 1~5cm의 피침형-긴 타원형-긴 타원상 도피침형이고 끝은 약간 뾰족하다. 가장자리는 밋밋하며 뒷면의 중앙맥은 도드라진다. 잎자루는 길이가 1~5mm이거나 아예 없는 경우도 있다. 잎은 마르면 흑갈색(또는 분백색)이 돈다. 꽃차례 부분의 잎은 작고 일찍 떨어져서 꽃이 총상꽃차례에서 모여핀 것처럼 보인다. 턱잎은 길이 7~12mm이고 막질이며 5~18개의 맥이 있다. 꽃은 8~10월에 피며 잎겨드랑이에서 모여 달린다. 꽃자루는 길이 1~4mm이고 윗부분에 마디가 있다. 화피는 녹색이고 흔히 가장자리는 흰빛 또는 붉은빛이 돌며 화피열편은 5개이고 길이 1.5~2.4mm의 긴 타원형이다. 수술은 보통 8개이고 암술대는 3개이다. 열매(수과)는 삼릉상 난형이며 화피보다 1.2~1.5배 정도 길고 윗부분이 화피 밖으로 나온다. 열매는 황록색-연한 갈색-흑갈색이고 평활하며 광택이 있다.

참고 가을에 꽃차례 부분의 잎이 떨어지면 꽃이나 열매가 이삭처럼 보이기 때문에 이삭마디풀이라고 부른다. 마디풀에 비해 대형이고 가지가 많이 갈라지며 열매가 화피보다 1.2~1.5배 정도 더 긴 것이 특징이다. 미국갯마디풀에 비해 꽃이 (여름~)가을에 피며 수술이 흔히 8개로 많은 것이 특징이다.

❶ 2003. 10. 4. 전남 완도군 보길도 ❷ 꽃. 화피열편의 중앙부는 연한 녹색이다. 수술은 흔히 8개이다. ❸~❹ 열매. 화피열편보다 약간 또는 1.5배 정도 길다. 표면은 평활하고 광택이 난다. ❺ 잎과 턱잎 ❻ 2013. 9. 15. 전남 진도군

미국갯마디풀
Polygonum ramosissimum Michx.

마디풀과

국내분포/자생지 북아메리카 원산. 경기, 인천시의 바닷가 갯벌 또는 매립지

형태 1년초. 줄기는 높이가 15~40(~100)cm이고 곧추 자라며 흔히 아래쪽에서 가지가 갈라지지만 환경에 따라서는 가지가 갈라지지 않기도 한다. 전체는 황록색-회록색 또는 밝은 청록색을 띠며 털이 없다. 잎이 말라도 검게 변하지 않는다. 길이 8~70mm의 피침형(또는 도피침형)-난형이고 줄기와 같은 황록색-밝은 청록색이다. 끝은 뾰족하거나 길게 뾰족하며 가장자리는 뒤로 약간 말린다. 양면에 털이 없고 뒷면의 중앙맥은 도드라지며 잎자루는 길이 2~4mm이다. 턱잎은 길이 6~12(~15)mm의 원통형이고 막질이며 끝부분은 흔히 깊게 갈라져 연한 갈색으로 섬유질화된다. 꽃은 6~10월에 피고 가지 끝이나 줄기 윗부분의 잎겨드랑이에서 1~4개씩 모여 달린다. 꽃자루는 길이 2.5~6mm이다. 화피는 길이 2.2~3.6mm이며 연한 황록색이고 간혹 가장자리는 백색, 황색 또는 분홍색이다. 수술은 3~6(~8)개이고 암술대는 3개이다. 열매(수과)는 길이 2~3.5mm의 삼릉상 난형이고 흑갈색이며 화피보다 짧거나 약간 길다.

참고 전체가 밝은 회록색-황록색이고 잎이 피침상이며 마르더라도 검게 변하지 않는 것이 특징이다. 이삭마디풀에 비해 개화기가 6~8월로 빠르며 수술이 3~6개로 적은 것이 특징이다. 미국의 일부 주(메릴랜드, 뉴햄프셔 등)에서는 멸종위기종으로 지정하여 보호조치를 취하고 있다.

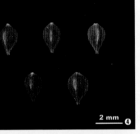

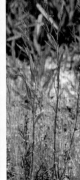

❶ 2013. 5. 30. 인천시 소래습지생태공원 ❷꽃. 수술은 보통 3~6개이다. ❸-❹열매. 화피열판과 길이가 비슷하다. 삼릉상 난형이고 광택이 없거나 약간 있다. ❺잎 앞면. 밝은 청록색-회록색이다. ❻잎 뒷면. 중앙맥이 뚜렷하게 도드라진다. ❼턱잎. 막질이고 끝부분은 깊게 갈라진다. ❽결실기 모습(2016. 6. 14 인천시 소래습지생태공원). 곧추 자라며 가지가 갈라지지 않거나 약간 갈라진다.

수영

Rumex acetosa L.

마디풀과

국내분포/자생지 전국의 길가, 빈터, 습지, 하천가 및 숲가장자리

형태 다년초. 줄기는 뿌리에서 모여나며 높이 30~100cm이고 전체에 털이 없다. 줄기잎은 길이 3~14cm의 피침형–긴 타원형이며 밑부분은 줄기를 감싼다. 암수딴그루이다. 꽃은 5~6월에 연한 녹색–붉은빛 도는 녹색으로 핀다. 수꽃의 수술은 8개이다. 암꽃은 암술대가 3개이고 암술머리는 적자색이다. 결실기의 내화피열편은 지름 3.4~5mm의 거의 원형이며 열매(수과)를 완전히 덮고 있다.

참고 소리쟁이류에 비해 암수딴그루이며 결실기에 내화피열편의 가장자리가 밋밋하고 중앙부 아랫부분에 사마귀모양의 돌기가 발달하지 않는다.

❶ 2001. 6. 6. 경북 청송군 ❷ 수꽃. 수술은 8개이고 꽃밥은 흔히 황색이다. ❸ 암꽃. 암술머리는 3개이고 술모양으로 갈라진다. ❹ 열매. 내화피열편에 사마귀모양의 돌기가 없다.

애기수영

Rumex acetosella L.

마디풀과

국내분포/자생지 유라시아 원산. 전국의 길가, 민가, 빈터 및 하천가 등

형태 다년초. 줄기는 높이 15~30cm이고 전체에 털이 없다. 잎은 길이 3~6cm의 창모양이고 밑부분의 양쪽 열편은 귀처럼 발달한다. 암수딴그루이다. 꽃은 5~6월에 붉은빛이 도는 녹색으로 핀다. 수꽃의 수술은 6개이다. 암꽃은 암술대가 3개이다. 화피열편은 길이 1.2~1.8mm의 삼각상 난형이다. 열매(수과)는 화피열편에 완전히 싸여 있으며 길이 1~1.6mm의 세모진 난형이고 황갈색이다.

참고 수영에 비해 소형이고 땅속줄기가 길게 벋으며 잎이 창모양인 점과 결실기에도 화피열편이 날개모양으로 발달하지 않는 것이 특징이다.

❶ 2016. 4. 26. 대구시 ❷ 수꽃. 수술은 8개이고 꽃밥은 흔히 연한 적자색이다. ❸ 암꽃. 암술머리는 술모양으로 갈라진다. ❹ 열매. 내화피열편 가장자리에 날개가 발달하지 않는다.

가는잎소리쟁이
Rumex stenophyllus Ledeb.

마디풀과

국내분포/자생지 전국의 길가, 민가, 빈터, 하천가 등

형태 다년초. 줄기는 높이 50~120 cm이며 털이 없다. 뿌리잎은 길이 10~18cm, 너비 1.5~4cm의 좁은 피침형이며 가장자리는 거의 편평하거나 물결모양으로 주름진다. 꽃은 5~6월에 황록색으로 피며 원뿔꽃차례에서 모여 달린다. 꽃자루는 중간 아랫부분에 마디가 있다. 화피열편과 수술은 6개이며 암술대는 3개이다. 결실기의 내화피열편은 너비 3mm 정도의 삼각상 난형이며 가장자리에 4~10쌍의 작은 톱니가 있다.

참고 참소리쟁이에 비해 잎이 좁고 내화피열편의 가장자리에 톱니가 적은 것이 특징이다.

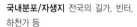

❶2016. 5. 25. 경기 남양주시 ❷꽃. 양성화이다. ❸열매. 내화피열편은 삼각상 난형이고 가장자리에 톱니가 흔히 4~6쌍으로 적은 편이다. ❹잎. 뿌리 부근의 잎은 너비 4cm 이하로 좁다.

소리쟁이
Rumex crispus L.

마디풀과

국내분포/자생지 전국의 길가, 빈터, 하천가 등

형태 다년초. 줄기는 높이 40~120cm이고 전체에 털이 없다. 뿌리잎은 길이 10~30cm의 좁은 피침형-피침형이며 밑부분은 쐐기형이거나 편평하다. 줄기잎은 뿌리잎보다 작고 가장자리는 물결모양이다. 꽃은 양성화이며 5~7월에 원뿔꽃차례에서 모여핀다. 꽃자루의 아랫부분에 마디가 있다. 화피열편과 수술은 6개이며 암술대는 3개이다. 결실기의 내화피열편은 너비 3.6~6mm의 넓은 난형이며 중앙부 아래쪽에 사마귀 같은 돌기가 발달한다.

참고 침소리쟁이나 돌소리쟁이에 비해 내화피열편의 가장자리에 톱니가 발달하지 않는 것이 특징이다.

❶2013. 6. 24. 경기 안산시 대부도 ❷꽃 ❸열매. 내화피열편의 가장자리에 톱니가 없다. ❹잎. 폭이 좁고 가장자리는 흔히 물결모양이다.

참소리쟁이

Rumex japonicus Houtt.

마디풀과

국내분포/자생지 전국의 길가, 빈터, 하천가 등

형태 다년초. 줄기는 높이 50~120cm 이고 전체에 털이 거의 없다. 뿌리잎은 길이 10~25cm의 긴 타원상 피침형이며 밑부분은 둥글거나 심장형이다. 줄기잎의 가장자리는 물결모양이다. 꽃은 양성화이며 5~7월에 핀다. 결실기의 내화피열편은 너비 4~5mm의 넓은 심장형이고 가장자리에 불규칙한 톱니가 많으며 중앙부 아래쪽에 돌기가 발달한다.

참고 가는잎소리쟁이에 비해 뿌리잎의 너비가 4cm 이상이고 밑부분이 둥글거나 심장형이며 결실기의 내화피열편은 넓은 심장형이고 가장자리에 톱니가 많은 것이 특징이다.

❶2001. 8. 20. 경북 울릉도 ❷꽃 ❸열매. 내화피열편은 심장상 넓은 난형이고 가장자리에 잔톱니가 많다. ❹잎. 넓고 큰 편이다.

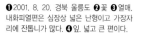

금소리쟁이

Rumex maritimus L.

마디풀과

국내분포/자생지 전국의 길가, 빈터, 하천가, 바닷가 등에 드물게 분포

형태 1~2년초. 줄기는 높이 20~60cm 이고 윗부분에서 가지가 많이 갈라진다. 뿌리잎은 길이 5~15(~20)cm의 피침형-긴 타원상 피침형이며 밑부분은 좁은 쐐기형이다. 꽃은 양성화이며 5~8월에 원뿔꽃차례에서 모여핀다. 결실기의 내화피열편은 너비 2.5~3.5mm의 좁은 삼각상 난형이고 중앙부 아래쪽에 돌기가 있으며 가장자리에 2~4쌍의 가시 같은 톱니가 있다.

참고 좀소리쟁이에 비해 줄기잎의 잎자루가 짧고 내화피열편(결실기) 가장자리에 내화피열편 너비보다 2~3배 더 긴 가시 같은 톱니가 있는 것이 특징이다.

❶2004. 8. 7. 강원 화천군 ❷꽃 ❸열매. 내화피열편 가장자리에 2~4쌍의 가시 같은 톱니가 있다. ❹잎

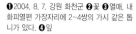

좀소리쟁이

Rumex dentatus L.
Rumex nipponicus Franch. & Sav.

마디풀과

국내분포/자생지 북아프리카–유라시아 원산. 전국의 길가, 빈터, 하천가 등
형태 1~2년초. 줄기는 높이 30~50cm이고 가지가 많이 갈라진다. 뿌리잎은 길이 6~11cm의 피침형–긴 타원상 피침형이며 밑부분은 둥글다. 꽃은 양성화이며 5~6월에 원뿔꽃차례에서 모여핀다. 화피열편과 수술은 6개이며 암술대는 3개이다. 결실기의 내화피열편은 너비 4~5mm의 삼각상 난형이고 중앙부 아래쪽에 돌기가 발달하며 가장자리에 3~4쌍의 가시 같은 톱니가 있다.
참고 금소리쟁이에 비해 줄기잎의 잎자루가 길고 내화피열편(결실기) 가장자리의 톱니가 내화피열편의 너비와 비슷하거나 짧은 것이 특징이다.

❶2012. 5. 28. 경남 함안군. 줄기 아랫부분에서 가지가 많이 갈라진다. ❷꽃. ❸열매. 내화피열편의 가장자리에 길이 1~2mm의 가시 같은 톱니가 3~4쌍 있다. ❹잎. 잎몸에 비해 잎자루가 긴 편이다.

돌소리쟁이

Rumex obtusifolius L.

마디풀과

국내분포/자생지 북아프리카–유라시아 원산. 전국의 길가, 빈터, 하천가 등
형태 다년초. 줄기는 뿌리 부근에서 모여나며 높이 60~120cm이다. 뿌리잎은 길이 12~30cm의 긴 타원상 피침형–난상 피침형이며 밑부분은 심장형이다. 꽃은 양성화이며 6~8월에 원뿔꽃차례에서 모여핀다. 결실기의 내화피열편은 너비 3.5~5mm의 삼각형–좁은 난형이고 중앙부 아래쪽에 돌기가 발달하며 가장자리에 가시 같은 톱니가 있다.
참고 좀소리쟁이나 금소리쟁이에 비해 대형이며 잎 뒷면의 맥위에 원통 모양의 미세한 돌기가 현저히 많다. 또한 내화피열편(결실기)의 가장자리에 크고 작은 불규칙한 톱니가 있는 것이 특징이다.

❶2014. 6. 6. 인천시 ❷열매. 내화피열편의 가장자리에 크기가 다른 톱니가 3~6쌍 있다. ❸잎 뒷면. 맥위에 돌기가 발달한다. 잎의 밑부분은 심장형이다. ❹뿌리잎

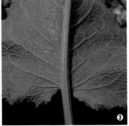

부령소리쟁이
Rumex patientia L.

마디풀과

국내분포/자생지 유라시아 원산. 전
국의 길가, 빈터, 하천가 등에 드물게
귀화

형태 다년초. 줄기는 높이 80~150
(~200)cm이다. 뿌리잎은 길이 15~
30cm의 긴 타원상 피침형−긴 타원
형이며 밑부분은 둥글거나 심장형이
다. 꽃은 양성화이며 5~6월에 원뿔
꽃차례에서 모여핀다. 결실기의 내화
피열편은 너비 6~7mm의 심장형−넓
은 난형이고 밑부분이 뚜렷한 심장형
이며 가장자리는 밋밋하고 중앙부 아
래쪽에 돌기가 크게 발달한다.

참고 참소리쟁이에 비해 내화피열편
(결실기)의 가장자리가 밋밋하고 밑부
분이 뚜렷한 심장형인 것이 특징이다.

❶2004. 6. 2. 충북 제천시 ❷꽃 ❸열매. 외
화피열편은 심장상 넓은 난형이고 가장자리
가 밋밋하다. ❹잎. 심한 물결모양이 아니다.

갯길경(갯질경)
Limonium tetragonum (Thunb.)
Bullock

갯길경과

국내분포/자생지 주로 서남해의 바
닷가

형태 2년초. 잎은 뿌리에서 모여나며
길이 8~15cm의 긴 타원상 주걱형이
다. 끝은 둥글고 밑부분은 좁아져 잎
자루모양이 되며 가장자리는 밋밋하
다. 꽃은 8~10월에 피며 꽃줄기의 가
지 끝부분에서 나온 길이 2~4cm의
수상꽃차례에서 빽빽이 모여 달린다.
녹색의 포 사이에 몇 개의 꽃이 달리
며 꽃받침은 통형이고 끝이 5개로 갈
라진다. 꽃부리(화관)는 황색이고 꽃받
침보다 길다. 수술은 5개이다. 열매는
길이 2.5mm 정도의 방추형이다.

참고 국명은 '갯벌에 사는 길경(도라
지)'이라는 의미이며 굵은 뿌리가 도
라지를 닮았다.

❶2016. 8. 12. 제주 제주시 ❷꽃. 꽃부리는
황색이고 수술은 5개이다. ❸열매 ❹뿌리잎.
로제트모양이며 두터운 가죽질이다. 흔히 꽃
이 필 무렵 시든다.

피자식물문

MAGNOLIOPHYTA

목련강
MAGNOLIOPSIDA

딜레니아아강
DILLENIIDAE

물별과 ELATINACEAE
물레나물과 CLUSIACEAE
피나무과 TILIACEAE
벽오동과 STERCULIACEAE
아욱과 MALVACEAE
끈끈이귀개과 DROSERACEAE
제비꽃과 VIOLACEAE
박과 CUCURBITACEAE
십자화과 BRASSICACEAE
앵초과 PRIMULACEAE

물별

Elatine triandra Schkuhr

물별과

국내분포/자생지 전국의 농경지, 하천가, 습지 등

형태 1년초. 줄기는 길이 2~10cm이고 가지가 많이 갈라진다. 잎은 길이 3~10mm의 선상 피침형–긴 타원상 난형이며 끝이 둔하다. 꽃은 5~8월에 연한 적자색으로 핀다. 꽃잎은 타원형–넓은 난형이고 꽃받침잎보다 길다. 암술대는 3개이다. 열매(삭과)는 길이 1~1.5mm의 편구형이다.

참고 학자에 따라 꽃자루가 긴(길이 1.5~2.5mm) 것을 물별(var. *pedicellata*)로, 꽃자루가 짧은 것을 물벼룩이자리(var. *triandra*)로 구분하기도 한다. 두 분류군에 대한 면밀한 분류학적 비교·검토가 요구된다.

❶2012. 7. 8. 전남 담양군 ❷~❸꽃. 꽃자루가 꽃잎의 길이와 비슷하거나 2배 정도 길다. ❹~❺물벼룩이자리 타입 ❹열매. 윗부분이 편평한 편구형이다. ❺전체(2012. 5. 31. 경남 함안군). 꽃잎은 3장이고 꽃자루는 매우 짧다. 수술은 3개이고 꽃잎보다 짧다.

진주고추나물

Hypericum oliganthum Franch. & Sav.

물레나물과

국내분포/자생지 경남, 전남, 전북의 농경지, 하천가 등에 매우 드물게 분포

형태 다년초. 줄기는 길이 10~25cm이며 가지가 많이 갈라진다. 잎은 길이 2~2.5cm의 난형이며 가장자리는 밋밋하다. 꽃은 7~10월에 황색으로 피며 줄기의 끝부분과 잎겨드랑이에서 나온 취산꽃차례에서 모여 달린다. 꽃잎은 길이 5.9~7.3mm의 타원형이고 가장자리에 샘점이 있다. 수술은 20~30개이며 암술대는 3개로 갈라진다. 열매(삭과)는 길이 6~8mm의 넓은 난형이다.

참고 고추나물에 비해 줄기가 뿌리에서 모여나고 흔히 땅위에 누워 자라는 것이 특징이다. 전 세계적으로 우리나라와 일본(멸종위기종으로 분류)에만 분포하는 희귀식물이다.

❶2019. 8. 25. 경남 의령군 ❷꽃. 지름 1.2~1.5cm이다. ❸열매 ❹잎. 줄기를 감싸고 가장자리와 뒷면에 흑색의 샘점이 발달한다.

애기고추나물
Hypericum japonicum Thunb.

물레나물과

국내분포/자생지 중부지방 이남(주로 남부)의 습지나 습한 풀밭

형태 1년초. 줄기는 높이 30~80cm 이고 네모진다. 잎은 마주나며 길이 5~15mm의 삼각상 난형–넓은 난형 이고 끝은 둔하다. 꽃은 6~9월에 황색으로 피며 지름 7~9mm이다. 꽃잎은 길이 3.5~4.5mm의 타원형–넓은 타원형이다. 수술은 10~30개이며 암술대는 3개로 갈라진다. **열매**(삭과)는 길이 3.5~4.3mm의 삼각상 난형이다.

참고 좀고추나물에 비해 키가 크고 흔히 곧추 자라며 잎가장자리가 물결 모양이다. 또한 꽃잎이 넓은 타원형 이고 꽃받침잎과 길이가 비슷하거나 약간 긴 것이 특징이다

❶ 2005. 10. 8. 전남 광주시 삼각산 ❷ 꽃. 꽃잎은 넓은 타원형이며 꽃받침과 길이가 비슷하거나 약간 길다. ❸ 열매. 좁은 난형상이다. ❹ 잎. 흔히 가장자리는 물결모양으로 주름진다.

좀고추나물
Hypericum laxum (Blume) Koidz.

물레나물과

국내분포/자생지 전국의 농경지, 하천가 등 습지

형태 1년초. 줄기는 높이 5~30cm이고 네모진다. 잎은 마주나며 길이 4~10mm의 삼각상 난형–넓은 난형이고 끝은 둔하다. 꽃은 6~9월에 황색으로 피며 지름 5~6mm이다. 꽃잎은 길이 2.4~2.7mm의 긴 타원형–타원형이다. 수술은 8~20개이며 암술대는 3개로 갈라진다. **열매**(삭과)는 길이 3~4mm의 난형이다.

참고 애기고추나물에 비해 소형이고 곧추서거나 땅위에 누워 자라며 잎가장자리는 물결모양이 아니다. 또한 꽃잎이 긴 타원형이고 흔히 꽃받침잎보다 짧은 것이 특징이다. 학자에 따라 애기고추나물에 통합처리하기도 한다.

❶ 2002. 8. 4. 울산시 울주군 정족산 ❷ 꽃. 꽃잎은 긴 타원형이며 꽃받침보다 짧다. ❸ 열매. 붉게 익는다. ❹ 잎. 작고 가장자리가 흔히 주름지지 않는다.

물고추나물

Triadenum japonicum (Blume) Makino

물레나물과

국내분포/자생지 강원, 경남, 경북 등의 습지에 드물게 자람

형태 다년초. 땅속줄기는 가늘고 길게 벋는다. 줄기는 높이 30~70cm이고 네모지며 곧추 자라고 밑부분은 흔히 적색이다. 잎은 마주나며 잎자루는 없다. 잎은 길이 4~8cm의 긴 타원형−타원상 피침형이며 양끝은 둔하거나 둥글고 가장자리는 밋밋하다. 양면에 털이 없으며 뒷면은 밝은 녹색이고 샘점이 흩어져 있다. 꽃은 7~9월에 (백색−)분홍색으로 피며 줄기 윗부분의 잎겨드랑이에서 1~3개씩 모여 달린다. 꽃줄기는 길이 5~10mm이고 꽃자루는 길이 1~3mm이다. 꽃잎은 5개이고 길이 6~7mm의 긴 타원형−좁은 도란형이다. 꽃받침잎은 길이 3~5mm의 좁은 난상 피침형이다. 수술은 9개이며 수술대가 3개씩 합착되어 있다. 씨방은 난형이며 암술대는 길이 1.5~1.8mm이고 3개로 갈라진다. **열매**(삭과)는 길이 7~10mm의 좁은 타원형−좁은 도원뿔형이다. 씨는 길이 1mm 정도이고 흑갈색이다.

참고 최근 제주에서 자생하는 것이 확인된 **흰꽃물고추나물**(*T. breviflorum*)은 물고추나물에 비해 꽃이 백색이며 잎은 좁은 타원형−난상 피침형이고 밑부분이 점차 좁아지는 것이 특징이다. 제주의 저지대 습지에 드물게 분포한다.

❶2004. 7. 15. 강원 고성군 ❷꽃. 오후 2~3시쯤 피고 야간에 시든다. 흔히 분홍색−연한 적자색이지만 간혹 백색으로 피기도 한다. 수술은 9개이고 3개씩 밑부분이 합착되어 있다. ❸열매. 고추처럼 붉게 익는다. ❹−❼흰꽃물고추나물 ❹꽃. 백색이며 물고추나물(주로 줄기 상반부의 잎겨드랑이에서 핌)에 비해 줄기의 중간부 또는 그 아래쪽 잎겨드랑이에도 꽃이 달린다. ❺열매 ❻잎. 물고추나물에 비해 가늘고 밑부분이 좁아지는 특징이 있다. ❼2016. 8. 12. 제주 제주시 구좌읍

까치깨

Corchoropsis psilocarpa Harms & Loes.

피나무과

국내분포/자생지 전국의 길가, 풀밭 및 숲가장자리에 드물게 자람

형태 1년초. 줄기는 길이 30~60cm 이고 퍼진 긴 털과 구부러진 잔털이 많다. 잎은 어긋나며 길이 3.5~6cm 의 좁은 난형상이고 양면에 별모양의 털이 많다. 꽃은 8~10월에 황색으로 피며 잎겨드랑이에서 나온 긴 꽃자루에 1개씩 달린다. 꽃받침잎은 피침형 이고 뒷면에 털이 많다. 꽃잎은 5개 이고 긴 타원상 도란형이다. 수술은 10개이고 헛수술은 5개이다. **열매**(삭 과)는 길이 2cm 정도의 좁은 원통형 이고 털이 거의 없다.

참고 수까치깨에 비해 소형이고 꽃받 침잎이 뒤로 젖혀지지 않으며 열매에 털이 거의 없는 것이 특징이다.

❶2016. 9. 15. 대구시 경북대학교 ❷꽃. 작 으며 꽃잎은 긴 타원상 주걱형이고 꽃받침잎 은 뒤로 젖혀지지 않는다. ❸열매. 표면에 털 이 거의 없다. ❹잎. 뒷면에 털이 많다.

수까치깨

Corchoropsis tomentosa (Thunb.) Makino
Corchoropsis crenata Siebold & Zucc.; *C. intermedia* Nakai

피나무과

국내분포/자생지 전국의 길가, 풀밭 및 숲가장자리

형태 1년초. 줄기는 높이 30~90cm 이고 별모양의 털이 많다. 잎은 어긋 나며 길이 3.5~8cm의 좁은 난형–난 형이고 양면에 별모양의 털이 많다. 꽃은 8~9월에 황색으로 피며 잎겨드 랑이에서 나온 긴 꽃자루에 1개씩 달 린다. 꽃잎은 길이 7~10mm의 도란 형이며 수술은 10개이고 헛수술은 5 개이다. **열매**(삭과)는 길이 2~4cm의 좁은 원통형이고 별모양의 털이 많다.

참고 까치깨에 비해 대형이고 줄기에 퍼진 긴 털이 없다 또한 꽃이 크고 꽃받침잎이 흔히 뒤로 젖혀지며 열매 에 털이 많은 것이 특징이다.

❶2004. 9. 5. 경북 안동시 ❷꽃. 까치깨에 비해 크며 꽃잎은 도란상이고 꽃받침잎은 뒤 로 완전히 젖혀진다는 특징이 있다. ❸열매. 표면에 털이 많다. ❹잎. 앞면에 털이 많다.

115

고슴도치풀

Triumfetta japonica Makino

피나무과

국내분포/자생지 전국의 길가, 농경지, 빈터에 드물게 자람

형태 1년초. 줄기는 높이 60~130cm이고 털이 있다. 잎은 어긋나며 길이 2~10cm의 타원형–난형이고 밑부분은 둥글거나 심장형이다. 꽃은 지름 5mm 정도이고 8~9월에 황색으로 피며 잎겨드랑이에서 나온 취산꽃차례에서 모여 달린다. 수술은 10개이다. 꽃받침잎은 5개이고 넓은 선형이며 끝부분에 긴 털이 난 돌기가 있다. **열매**(삭과)는 지름 6~7mm의 구형이고 갈고리 같은 가시로 덮여 있다.

참고 열매에 끝이 갈고리처럼 굽은 가시가 많은 것이 특징이다. 열매의 표면과 가시에 긴 털이 있다.

❶ 2011. 9. 1. 전북 임실군 ❷꽃. 꽃받침잎의 끝부분에 긴 털이 난 돌기가 있다. ❸열매. 갈고리모양의 가시에 긴 털이 많다. ❹잎. 끝은 길게 뾰족하고 가장자리에 털이 있다.

불암초

Melochia corchorifolia L.

벽오동과

국내분포/자생지 중부지방 이남의 길가, 농경지 등에 매우 드물게 자람

형태 1년초. 줄기는 높이 7~60cm이고 별모양의 털이 있다. 잎은 어긋나며 길이 2.5~7cm이고 긴 타원형–난형이다. 밑부분은 둥글거나 심장형이다. 꽃은 8~9월에 분홍색으로 피며 줄기와 가지의 끝에서 머리모양으로 모여 달린다. 꽃받침은 짧은 통형이며 꽃잎은 5개이고 길이 7mm 정도의 도란형이다. 수술은 5개이다. **열매**(삭과)는 지름 5~6mm의 편구형이고 털이 있다.

참고 열대지역에서는 높이 1m 정도의 아관목상으로 자라기도 한다. 온대지역인 한반도에 불암초가 분포하는 것은 식물지리학적으로 매우 흥미로운 사례이다.

❶ 2013. 8. 22. 경기 연천군 ❷꽃. 지름 8~12mm이며 연한 분홍색이다. 암술대는 5개이다. ❸열매. 표면에 털이 많으며 5개로 갈라진다. ❹잎. 가장자리에 약간의 털이 있다.

어저귀

Abutilon theophrasti Medik.

아욱과

국내분포/자생지 인도 원산. 전국의 길가, 농경지, 빈터, 하천가 등

형태 1년초. 줄기는 높이 60~150cm 이고 짧은 털이 많다. **잎은** 어긋나 며 길이 5~10cm의 심장형-원형이 고 양면에 별모양의 털이 많다. 꽃은 6~9월에 황색으로 핀다. 꽃받침열 편과 꽃잎은 5개씩이다. 꽃잎은 길이 6~15mm의 넓은 도란형이다. 열매는 지름 1.5~2cm의 반구형이고 12~20 개의 분과로 이루어져 있다. 분과는 끝부분에 뿔모양의 긴 돌기가 2개 있 으며 표면에는 털이 많다.

참고 잎은 심장형이고 양면에 털이 많으며 열매가 다수의 분과로 이루어 져 있는 것이 특징이다.

❶2013. 8. 22. 인천시 서구 국립생물자원 관 ❷꽃. 꽃잎은 5개이며 끝부분은 둥글다. ❸열매. 분과의 끝부분에 뿔모양의 긴 돌기 가 있다.

수박풀

Hibiscus trionum L.

아욱과

국내분포/자생지 유럽 남부 원산. 전 국의 길가, 빈터, 하천가 등

형태 1년초. **줄기는** 높이 25~50 (~80)cm이고 줄기와 잎자루에 긴 털 이 많다. **잎은** 어긋나며 3~5개로 깊 게 갈라져 손모양이 되고 중앙의 열 편이 가장 크다. 열편은 깃털모양 으로 다시 갈라진다. **꽃은** 6~9월에 백색(-연한 황색)으로 피며 지름은 3cm 정도이다. 꽃받침모양 총포의 열편은 12개이며 길이 8mm 정도의 선형이고 가장자리에 가시 같은 긴 털이 있다. 꽃받침잎은 5개이고 투명 한 막질이며 맥위에 긴 털이 많다. **열 매**(삭과)는 길이 1cm 정도의 타원상 구형이다.

참고 국명은 '잎이 수박의 잎과 닮은 풀'이라는 의미로 지어졌다.

❶2005. 7. 30. 강원 평창군 ❷꽃. 백색-담 황색이고 중심부에 짙은 자색의 무늬가 있 다. ❸열매. 막질의 꽃받침잎에 싸여 있다.

국화잎아욱

Modiola caroliniana (L.) G. Don

아욱과

국내분포/자생지 남아메리카 원산. 제주의 길가, 민가 등

형태 1~2년초. **줄기**는 높이 15~60cm 이고 땅위를 기며 자라고 윗부분은 비스듬히 선다. **잎**은 어긋나며 길이 3~5cm의 넓은 난형-원형이고 5~7 개로 갈라진 손모양이다. **꽃**은 5~6 월에 황적색-적색으로 피며 지름 7~10mm이다. 꽃받침은 5개로 갈라 지며 꽃잎은 길이 3~5mm의 도란형 이다. **열매**는 14~22개의 분과로 이 루어지며 윗부분은 편평하다. 분과는 길이 4mm 정도이고 등쪽에 털이 많 으며 끝부분에 2~3개의 돌기가 있다. **참고** 꽃이 황적색-적색이고 열매가 14~22개의 분과로 이루어진 것이 특 징이다.

❶ 2013. 5. 22. 제주 제주시 한경면 ❷꽃. 주 황색이고 잎겨드랑이에 1개씩 달린다. ❸ 열 매. 분과의 끝부분에 뿔모양의 긴 돌기가 있다.

나도어저귀

Anoda cristata (L.) Schltdl.

아욱과

국내분포/자생지 남-북아메리카 원 산. 경기, 경북의 길가, 농경지, 목장

형태 1년초. **줄기**는 높이 40~80 (~100)cm이다. **잎**은 길이 3~9cm 의 삼각상-화살촉모양-손바닥모양 이고 밑부분이 심장모양(-둥글거나 쐐기형)이다. **꽃**은 7~9월에 연한 자 색-자색으로 피며 잎겨드랑이에 1개 씩 달린다. 꽃자루는 길이 4~12cm이 다. 꽃받침잎은 길이 5~10mm이고 5 개로 갈라지며 열편은 긴 삼각상이고 끝이 뾰족하다. **열매**는 길이 1~2cm 이고 10~19개의 분과로 이루어진다. **참고** 꽃이 연한 자색이고 분과의 끝 부분에 1개의 굵은 돌기가 있는 것이 특징이다.

❶ 2017. 10. 24. 경북 안동시 ❷꽃. 지름 2~3cm이며 꽃잎의 끝부분은 물결모양이다. ❸ 열매. 분과의 등쪽에 긴 털이 많으며 끝부 분에 길이 1.5~4mm의 돌기가 있다. ❹잎. 표면(특히 가장자리)에 털이 약간 있으며 잎 자루는 길다.

난쟁이아욱
Malva neglecta Wallr.

아욱과

국내분포/자생지 유럽-중앙아시아 원산. 제주, 울릉도 및 남부지방의 길가, 빈터, 하천가 등

형태 1~2년초. 줄기는 높이 30~60cm 이고 땅위를 기며 자란다. 잎은 어긋 나며 너비 3~5cm의 넓은 난형-원 형이고 5~7개로 얕게 갈라진다. 꽃 은 4~9월에 백색-연한 분홍색으로 피며 지름 1.5cm 정도이다. 작은포는 선형이고 3개이다. 꽃잎은 좁은 도란 상이며 끝부분은 얕게 오목하다. 열 매는 지름 6mm 정도이고 편평하며 12~15개의 분과로 이루어져 있다.

참고 둥근잎아욱(*M. pusilla*)에 비해 잎 이 작고 꽃잎이 꽃받침보다 2~3배 길며 분과의 표면에 그물눈모양의 무 늬가 뚜렷하지 않다는 것이 특징이다.

❶2013. 5. 18. 경북 성주군 낙동강 ❷꽃. 꽃 잎이 꽃받침보다 2~3배 길다. ❸열매. 꽃받 침열편이 분과 주위에 날개처럼 달려 있다. ❹잎. 가장자리의 결각이 거의 없거나 얕은 편이다.

애기아욱
Malva parviflora L.

아욱과

국내분포/자생지 북아프리카, 유라 시아 원산. 제주 및 남부지방의 길가, 빈터 등

형태 1~2년초. 줄기는 높이 20~50cm 이고 비스듬히 또는 곧추 자란다. 잎 은 어긋나며 너비 4~6(~10)cm의 신 장상 원형이고 5~7개로 얕게 갈라진 다. 잎자루는 길이 2~12cm이다. 꽃은 6~9월에 백색-연한 분홍색으로 피 며 지름 6~8mm이다. 작은포는 피침 형이고 3개이다. 꽃잎은 좁은 도란상 이며 끝부분이 오목하다. 열매는 지름 6~8mm이고 편평하며 (8~)10(~12)개 의 분과로 이루어져 있다.

참고 둥근잎아욱에 비해 분과의 가장 자리에 날개가 발달하며 잎끝이 다소 뾰족한 것이 특징이다.

❶2013. 5. 22. 제주 제주시 한경면 ❷꽃. 작 고 꽃받침열편보다 약간 더 길다. ❸열매. 분 과의 표면에 그물눈무늬가 뚜렷하다. ❹잎. 가장자리에 5~7개의 결각이 있다.

당아욱

Malva sylvestris L.
Malva mauritiana L.

아욱과

국내분포/자생지 유라시아 원산. 원예용으로 재배

형태 1~2년초. **줄기**는 높이 60~120cm이고 곧추 자란다. **잎**은 어긋나며 너비 4~10cm의 심장형–원형이고 5~9개로 얕게 갈라진다. 양면에 털이 없다. **꽃**은 7~10월에 핀다. 꽃잎은 길이 15~25cm의 넓은 도란형이고 끝부분이 오목하며 연한 자주색 바탕에 적자색의 줄이 있다. **열매**는 지름 5~7mm이고 편평하며 표면에 털이 없다. 분과는 10~12개이고 등쪽에 뚜렷한 그물눈모양의 무늬가 있다. **참고** 중국에서 재배하는 *M. cathayensis*(錦葵, 비단접시꽃)와의 면밀한 비교·검토가 요구된다.

❶ 2011. 6. 12. 경북 울릉도 ❷ 꽃. 지름 3~4cm로 큰 편이며 연한 적자색–적자색이다. ❸ 열매. 분과의 표면에 털이 약간 있다. ❹ 잎. 가장자리는 5~9개로 얕게 갈라진다.

나도공단풀

Sida rhombifolia L.

아욱과

국내분포/자생지 중국 남부 및 동남아시아 원산. 제주 및 남부지방의 길가, 빈터 등

형태 아관목상 다년초. **줄기**는 높이 30~80cm이다. **잎**은 어긋나며 길이 2.5~4.5cm의 타원상 피침형–마름모형–도란형이고 밑부분은 쐐기형이다. 잎자루는 길이 2~6mm이다. **꽃**은 8~11월에 황색으로 피며 지름 1.5cm 정도이고 꽃자루는 길이 1~2.5cm이다. 꽃받침은 길이 4~5mm의 컵모양이고 털이 많으며 열편은 삼각형이다. **열매**는 7~10개의 분과로 이루어진다.

참고 일본과 중국에서는 자생종으로 분류한다. 공단풀에 비해 잎자루가 짧고 꽃자루는 길다. 또한 분과가 7~10개인 것이 특징이다.

❶ 2016. 8. 13. 제주 제주시 한경면 ❷ 꽃. 꽃자루가 길고 잎겨드랑이에 1개씩 달린다. ❸ 열매. 분과는 7~10개이다. ❹ 잎. 마름모상이며 잎자루는 짧다.

공단풀

Sida spinosa L.

아욱과

국내분포/자생지 열대 아메리카 원산. 전남, 서울시, 제주의 길가, 빈터 등
형태 1년초. **줄기**는 높이 30~60cm이다. **잎**은 길이 2.5~6cm의 난상 피침형이고 밑부분은 편평하거나 얕은 심장형이다. 잎자루는 길이 5~20mm이며 밑부분에 돌기모양의 가시가 있다. **꽃**은 8~10월에 황색으로 피며 지름 1.2cm 정도이고 꽃자루는 길이 2~4mm이다. 꽃받침은 컵모양이고 털이 많으며 열편은 넓은 난형이다. **열매**는 5~6개의 분과로 이뤄지며 분과의 끝에 2개의 뾰족한 돌기가 있다. **참고** 나도공단풀에 비해 잎자루가 길며 꽃이 1~6개씩 모여 달리고 꽃자루는 짧은 것이 특징이다.

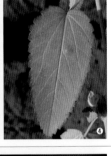

❶2010. 9. 9. 전북 익산시 ❷꽃. 꽃자루는 짧으며 잎겨드랑이에서 1~3개씩 모여 달린다. ❸열매. 분과는 5~6개이다. ❹잎. 난상 피침형이고 밑부분은 얕은 심장형이며 잎자루는 길다.

끈끈이귀개

Drosera peltata Thunb.
Drosera peltata var. *nipponica* (Masam.) Ohwi ex E. Walker

끈끈이귀개과

국내분포/자생지 전남(진도, 보길도, 완도, 해남군)의 풀밭
형태 다년생 식충식물. **줄기**는 높이 10~30cm이며 땅속에 지름 6~10mm의 덩이줄기가 있다. 줄기잎은 길이 2~3mm의 초승달모양이며 표면에 긴 샘털이 많다. **꽃**은 6~8월에 백색으로 피며 총상꽃차례에서 모여 달린다. 꽃받침잎은 길이 2~4mm의 피침형-난형이고 끝부분은 잘게 갈라진다. 꽃잎은 길이 4~6mm의 넓은 도란형이다. 수술은 5개이고 암술대는 3개이다. **열매**(삭과)는 길이 2~4mm의 거의 원형이고 흔히 3개로 갈라진다. **참고** 줄기가 밑딜하고 잎이 이긋나며 초승달모양인 것이 특징이다.

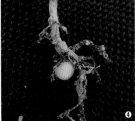

❶2006. 6. 11. 전남 진도 ❷꽃. 지름은 1cm 정도이며 오전에 피고 오후 3~5시에 시든다. ❸잎. 초승달-반달모양이다. ❹덩이줄기

끈끈이주걱

Drosera rotundifolia L.

끈끈이귀개과

국내분포/자생지 주로 전국의 계곡 및 산지습지에 드물게 분포

형태 다년생 식충식물. 지상 줄기는 없으며 잎은 뿌리에서 모여나고 땅위로 퍼진다. 잎은 길이 5~10mm의 도란형-도란상 편원형이고 밑부분이 갑자기 좁아져 잎자루처럼 된다. 앞면에는 적색의 긴 샘털이 있으며 뒷면은 털이 없고 연한 녹색이다. 잎자루는 길이 3~13cm이다. 꽃은 6~8월에 백색으로 피며 뿌리 부근에서 나온 긴 꽃줄기의 끝부분에서 총상꽃차례를 형성한다. 꽃차례는 주먹 쥔 손모양처럼 말려 있으며 꽃은 아래쪽부터 차례로 핀다. 포는 송곳모양-선형이며 꽃자루는 길이 1~3mm이다. 꽃받침잎은 길이 2.5~3.5mm의 긴 타원형-난형이며 5개이고 밑부분이 서로 붙어 있다. 꽃잎은 길이 3~4mm의 도란형이다. 수술은 5개이며 암술대는 3(~4)개이고 밑부분까지 깊게 갈라진다. 열매(삭과)는 길이 4~5mm의 넓은 타원형이며 꽃받침잎보다 길고 익으면 3(~4)개로 갈라진다. 씨는 선형이고 끝부분에 꼬리모양의 돌기가 있다.

참고 줄기가 없으며 잎이 도란형-도란상 편원형인 것이 특징이다. 최근 국내 자생이 확인된 좀끈끈이주걱(*D. spathulata*)은 끈끈이주걱에 비해 잎이 작고(잎자루를 포함해 길이 1~2cm, 너비 2.5~4.5mm) 꽃차례에 선모가 있으며 꽃이 분홍색인 것이 특징이다.

❶2014. 7. 2. 강원 고성군 ❷꽃. 지름 6~10mm 정도이다. 암술대는 흔히 3개이고 밑부분까지 깊게 갈라진다. ❸열매. 타원형이다. ❹잎 앞면. 자루가 긴 샘털이 밀생한다. 곤충이 붙으면 천천히 안쪽으로 말아 감싼다. ❺잎 뒷면. 털이 없고 평활하다. ❻2014. 5. 27. 강원 고성군

흰젖제비꽃
Viola lactiflora Nakai

제비꽃과

국내분포/자생지 전국의 길가, 공원, 농경지, 습지 등

형태 다년초. 개화기의 **잎**은 길이 4~7cm의 긴 타원형–좁은 삼각형–삼각형이며 양면에 털이 없다. 밑부분은 편평하거나 심장형(간혹 창검모양)이며 가장자리에는 둔한 톱니가 있다. 잎자루는 길이 1~6cm이고 윗부분에 미약한 날개가 있다. **꽃**은 3~4월에 백색 또는 분홍빛 도는 백색으로 피며 지름 1.5~2cm이다. 아래쪽꽃잎과 옆쪽꽃잎에는 자색 줄무늬가 있으며 옆쪽꽃잎 안쪽에는 털이 많다. 거는 길이 3~4mm의 원통형이다. 수술은 5개이며 암술대의 윗부분은 편평하고 뚜렷한 돌출부가 있다. **열매**(삭과)는 길이 1.2~1.4cm의 긴 타원형이고 털이 없다. 씨는 갈색–진한 갈색이며 지름 1.5mm 정도의 난상 구형이다.

참고 흰제비꽃에 비해 뿌리가 백색이며 잎은 흔히 좁은 삼각상이고 잎자루에 날개가 미약한 것이 특징이다. 최근 국내 자생이 보고된 **흰들제비꽃** (*V. betonicifolia* var. *albescens*)은 흰젖제비꽃과 유사하지만 잎이 흔히 긴 타원상이며 위쪽꽃잎에 줄무늬가 있고 밑부분에 털이 있는 것이 특징이다. 흰들제비꽃은 열대–아열대지역에 분포하는 *V. betonicifolia*보다는 흰젖제비꽃과 형태적으로 더 유사하다. *V. betonicifolia*의 변종으로 처리하기보다는 흰젖제비꽃의 종내 분류군 또는 변이 개체(동일 종)로 보는 편이 타당한 것으로 판단된다.

❶2002. 4. 2 대구시 경북대학교 ❷~❸꽃. 옆쪽꽃잎의 안쪽 면에 털이 있다. 거는 굵고 짧은 편이다. ❹곁실기의 잎. 개화기의 잎보다 크며 밑부분이 보다 깊은 심장형이다. ❺~❻흰들제비꽃 ❺~❻꽃. 옆쪽꽃잎의 안쪽 면에 털이 있다. 거는 짧고 굵은 편이다. 흰젖제비꽃에 비해 꽃받침 부속체가 짧고 윗부분에 톱니가 없는 것이 특징이다. ❼곁실기(5월)의 잎. 긴 피침형–화살모양 피침형이며 흰젖제비꽃에 비해 폭이 좁은 편이다. 흰젖제비꽃에 비해 잎자루 상부에 날개의 발달이 미약하다. ❽2013. 4. 5. 경남 양산시

왜제비꽃

Viola japonica Langsd. ex Ging.

제비꽃과

국내분포/자생지 전국(주로 남부지방)의 공원, 농경지 및 숲가장자리

형태 다년초. 개화기의 **잎**은 길이 2~8cm의 타원형-긴 난형-난형이며 양면에 털은 거의 없다. 밑부분은 심장형이며 가장자리에는 둔한 톱니가 있다. **꽃**은 3~4월에 옅은 적자색-자색-짙은 자색으로 피며 지름 1.5~2cm이다. 옆쪽꽃잎의 안쪽 면에 털이 거의 없다. 거는 길이 6~8mm의 가는 원통형이다. 암술대의 윗부분은 편평하고 끝부분은 양쪽으로 돌출된다. **열매**(삭과)는 길이 6~9mm의 긴 타원형이며 털이 없다.

참고 잎이 심장상 긴 난형이며 꽃이 연한 자색-적자색이고 옆쪽꽃잎에 털이 없으며 거가 좁고 긴 것이 특징이다.

❶2007. 3. 25. 전남 광주시 ❷~❸꽃. 옆쪽꽃잎의 안쪽 면에 털이 거의 없고 거는 길다. 꽃자루 윗부분에 흔히 잔털이 있으나 없기도 하다. ❹결실기의 잎. 개화기의 잎보다 크며 긴 타원상 난형이다.

종지나물

Viola sororia Wild.
Viola papilionacea Pursh

제비꽃과

국내분포/자생지 북아메리카 원산. 전국의 공원, 농경지, 하천가 등

형태 다년초. 개화기의 **잎**은 길이 3~8cm의 난형-심장상 넓은 난형이다. 밑부분은 심장형이며 가장자리에 둔한 톱니가 있다. **꽃**은 4~6월에 백색-청자색으로 피며 길이 1.5~2.2cm(거를 포함)이다. 옆쪽꽃잎의 안쪽 면에 털이 많다. 거는 길이 1.5~2.5mm로 짧고 굵다. 암술대는 끝부분이 양쪽으로 돌출된다. **열매**(삭과)는 길이 1~1.5cm의 긴 타원형이며 털이 없다.

참고 잎이 심장상 넓은 난형이며 털이 거의 없고 꽃은 백색 바탕에 청자색 줄무늬가 있으며 거는 짧고 굵은 것이 특징이다.

❶2016. 4. 23. 인천시 서구 국립생물자원관 ❷~❸꽃. 옆쪽꽃잎의 안쪽 면에 털이 밀생한다. 거는 굵고 매우 짧다. ❹결실기의 잎. 심장상 넓은 난형으로 커진다.

제비꽃

Viola mandshurica W. Becker

제비꽃과

국내분포/자생지 전국의 계곡, 풀밭, 하천가 및 산지의 길가 등

형태 다년초. 잎은 뿌리에서 모여난다. 개화기의 잎은 길이 3~9cm의 긴 타원상 피침형–삼각상 피침형이며 양면에 털이 없고 뒷면은 보랏빛이 돈다. 끝은 둔하고 밑부분은 편평하거나 심장형(간혹 창검모양)이며 가장자리에 둔한 톱니가 있다. 잎자루는 길이 3~15cm이며 윗부분에 좁은 날개가 있다. **꽃은** 4~5월에 (백색–)연한 자색–짙은 자색으로 피며 지름이 1.2~2.5cm이다. 꽃자루는 흔히 잎의 길이와 비슷하거나 더 길며 중간 부근에 2개의 작은포가 있다. 위쪽꽃잎은 뒤로 젖혀지며 옆쪽꽃잎의 안쪽 면에 흔히 털이 많지만 적거나 없기도 하다. 거는 길이 5~8mm의 원통형이다. 암술대의 윗부분이 편평하고 뚜렷한 돌출부가 있다. **열매**(삭과)는 길이 1~1.5cm의 긴 타원형이며 털이 없다. 씨는 연한 갈색(–적갈색)이며 지름 1.5mm 정도의 난상 구형이다.

참고 호제비꽃에 비해 뿌리가 갈색이며 잎과 꽃자루에 털이 없고 흔히 개화기의 꽃자루는 잎보다 길며 옆쪽꽃잎에 털이 많은 것이 특징이다. 호제비꽃은 길가, 농경지, 민가, 하천가 등 주로 저지대에 분포하고, 제비꽃은 산지의 풀밭, 길가, 농경지 또는 하천의 중·상류 지역 등 생육지가 다양하다.

❶ 2002. 4. 18. 경북 포항시 내연산 ❷~❸꽃. 옆쪽꽃잎의 안쪽 면에 털이 많은 편이지만 거의 없는 경우도 있다. ❹꽃 내부. 암술머리의 가장자리는 약간 두꺼워진다. ❺열매. 긴 타원형이며 표면에 털이 없다. ❻산포 직전의 씨. 열매는 익으면 3개로 갈라져 수평으로 펼쳐지며, 열매 껍질이 건조되는 과정에서 생긴 압력에 의해 씨는 멀리 튕겨 나간다. ❼결실기의 잎. 개화기의 잎보다 크고 넓으며 잎자루 윗부분에 날개가 뚜렷이 발달한다. ❽뿌리. 연한 갈색–갈색이다. ❾꽃에 흰빛이 도는 개체(2001. 4. 23. 강원도 정선군)

흰제비꽃

Viola patrinii DC. ex Ging.

제비꽃과

국내분포/자생지 북부지방 또는 높은 산지의 풀밭, 습지 등

형태 다년초. 개화기의 **잎**은 길이 1.5~6cm의 긴 타원상 피침형−긴 타원형−좁은 난형이며 끝은 둔하고 밑부분은 편평하거나 얕은 심장형이다. 잎자루는 잎보다 길며 윗부분에 뚜렷한 날개가 있다. **꽃**은 4~5월에 백색으로 피며 지름이 1.8~2.2cm이다. 아래쪽꽃잎과 옆쪽꽃잎에 자색 줄무늬가 있고 옆쪽꽃잎의 안쪽 면에 털이 많다. 거는 길이 2~3mm의 원통형이다. **열매**(삭과)는 길이 1~1.5cm의 긴 타원형이며 털이 없다.

참고 제비꽃에 비해 꽃이 백색이며 거가 길이 3mm 이하로 짧고 굵은 것이 특징이다.

❶2018. 6. 13. 중국 지린성 두만강 상류 ❷~❸꽃. 옆쪽꽃잎의 안쪽 면에 털이 많다. 거는 짧다. ❹잎. 잎자루 윗부분에 뚜렷한 날개가 있다.

서울제비꽃

Viola seoulensis Nakai

제비꽃과

국내분포/자생지 전국의 길가, 공원, 농경지, 하천가 등 저지대

형태 다년초. 개화기의 **잎**은 길이 4~5cm의 난상 긴 타원형−긴 난형이며 양면에 털이 많다. **꽃**은 4~5월에 연한 자색(−자색)으로 피며 지름 1.5~2cm이다. 아래쪽꽃잎과 옆쪽꽃잎에 진한 자색 줄무늬가 있고 옆쪽꽃잎의 안쪽 면은 털이 있는 편이지만 드물게 없다. 거는 길이 6~7mm의 가는 원통형이다. **열매**(삭과)는 길이 1~1.5cm의 긴 타원형이며 털이 없다.

참고 털제비꽃에 비해 잎 양면, 잎자루와 꽃자루에 긴 털이 많으며 꽃이 연한 자색으로 피고 씨방과 열매에 털이 없는 것이 특징이다.

❶2016. 4. 10. 인천시 서구 국립생물자원관 ❷~❸꽃. 옆쪽꽃잎의 안쪽 면에 털이 많다. 거는 긴 편이고 꽃자루에 털이 많다. ❹열매. 털이 없다.

호제비꽃
Viola yedoensis Makino

제비꽃과

국내분포/자생지 전국의 공원, 길가, 농경지, 민가 등 저지대

형태 다년초. 전체에 짧은 털이 많이 퍼져 있다. 개화기의 **잎**은 길이 3~6cm의 긴 타원상 피침형–삼각상 피침형이며 밑부분은 편평하거나 얕은 심장형이다. 꽃은 4~5월에 (백색–)연한 자색–짙은 자색으로 피며 지름은 1.5~2cm이다. 옆쪽꽃잎의 안쪽 면에 털이 거의 없다. 거는 길이 5~7mm의 가는 원통형이다. **열매**(삭과)는 길이 8~10mm의 긴 타원형이며 털이 없다.

참고 제비꽃에 비해 뿌리가 거의 백색이며 전체에 미세한 짧은 털이 많고 흔히 꽃자루가 잎보다 짧으며 옆쪽꽃잎의 안쪽 면에 털이 없는 것이 특징이다.

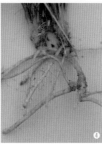

❶2014. 4. 18. 인천시 ❷~❸꽃. 흔히 옆쪽꽃잎의 안쪽 면에 털이 없으나 약간 있는 경우도 간혹 있다. 거는 긴 편이다. ❹뿌리. 백색–황백색이다.

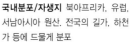

야생팬지
Viola arvensis Murray

제비꽃과

국내분포/자생지 북아프리카, 유럽, 서남아시아 원산. 전국의 길가, 하천가 등에 드물게 분포

형태 1~2년초. **줄기**는 높이 10~30cm이고 **잎**은 길이 1~6.5cm이다. 줄기 아래쪽의 잎은 난형–원형이며 잎자루가 길지만, 줄기 위쪽으로 올라갈수록 잎이 좁아지고 잎자루가 짧아진다. 턱잎은 깃털모양으로 갈라지고 측열편은 선형이다. 꽃은 4~5월에 연한 황색으로 피며 지름은 1cm 정도이다. 아래쪽꽃잎에는 황색의 큰 무늬가 있고 옆쪽꽃잎에는 털이 있다. **열매**(삭과)는 길이 6~10mm의 구형이다.

참고 삼색제비꽃(*V. tricolor*)에 비해 꽃이 연한 황색이고 작으며 꽃잎은 꽃받침잎과 길이가 비슷하거나 짧은 것이 특징이다.

❶2012. 5. 28. 경남 함안군 ❷꽃. 꽃잎이 꽃받침잎과 길이가 비슷하거나 짧다. 암술머리는 머리모양이다. ❸턱잎. 깃털모양으로 깊게 갈라진다. ❹삼색제비꽃(2012. 5. 12. 경남 거제도)

선제비꽃

Viola raddeana Regel

제비꽃과

국내분포/자생지 경남(양산시), 경기 (수원시) 이북의 습지

형태 다년초. 줄기는 높이 30~40cm 이고 전체에 털이 없다. 잎은 어긋나 며 길이 4~10cm의 삼각상 피침형이 고 밑부분은 편평하거나 얕은 심장형 이다. 턱잎은 길이 3~5cm의 선상 피 침형이고 가장자리에 큰 톱니가 있 다. 꽃은 5~6월에 백색-연한 자색으 로 피며 지름 1cm 정도이다. 아래쪽 꽃잎과 옆쪽꽃잎에는 짙은 자색의 줄 무늬가 있다. 옆쪽꽃잎의 안쪽에는 털이 있으며 거는 길이 1.5~2mm 정 도이다. **열매**(삭과)는 길이 1cm 정도 의 긴 타원형이다.

참고 수원시에서는 절멸한 것으로 추 정되므로 남한에서는 자생지가 1곳에 불과한 매우 희귀한 식물이다.

❶2013. 6. 7. 경남 양산시 ❷~❸꽃. 옆쪽꽃 잎의 안쪽 면에 털이 있다. 거는 짧다. ❹열 매. 털이 없다. ❺잎. 좁은 피침형-삼각상 피 침형이다.

콩제비꽃

Viola arcuata Blume
Viola verecunda A. Gray

제비꽃과

국내분포/자생지 전국의 습한 풀밭, 농경지, 하천가, 숲가장자리 등

형태 다년초. 줄기는 높이 10~20cm 이고 옆으로 비스듬히 또는 땅을 기 면서 자라며 전체에 털이 없다. 줄 기잎은 길이 2~4cm의 삼각상 심 장형-넓은 심장형이다. 턱잎은 길 이 7~20mm의 선형-피침형-난형이 고 가장자리는 흔히 밋밋하다. 꽃은 5~6월에 백색으로 피며 아래쪽꽃잎 과 옆쪽꽃잎에는 짙은 자색의 줄무늬 가 있다. 옆쪽꽃잎에는 털이 있고 거 는 길이 2mm 정도이다. **열매**(삭과)는 길이 6~8cm의 긴 타원형이다.

참고 선제비꽃에 비해 잎이 삼각상 심장형-넓은 심장형이며 턱잎에 1~2 개의 톱니가 있거나 밋밋하다.

❶2001. 4. 28. 대구시 ❷~❸꽃. 옆쪽꽃잎 의 안쪽에 털이 있다. 거는 길이 2mm 정도 로 매우 짧다.

뚜껑덩굴

Actinostemma tenerum Griffith
Actinostemma lobatum (Maxim.)
Franch. & Sav.

박과

국내분포/자생지 전국 저지대 습지
형태 덩굴성 1년초. 잎은 어긋나며 길
이 3~12cm의 삼각상 피침형–난형
이며 밑부분은 심장형이다. 암수한
그루이다. 꽃은 7~9월에 황록색으
로 핀다. 수꽃은 총상 또는 원뿔상 꽃
차례에 모여 달리며 꽃잎과 꽃받침
잎은 5개이고 모양이 비슷하다. 암꽃
은 1~3개씩 모여 달리며 꽃자루는 길
이 1cm 정도이다. **열매**(삭과)는 길이
1.5~2.5cm의 긴 타원상 난형–난형이
다. 씨는 길이 1.1~1.3cm의 넓은 난형
이며 흑색이다.
참고 익으면 열매가 옆으로 갈라져
뚜껑처럼 열리고 그 안에 흑색의 납
작한 씨가 2개씩 들어 있다.

❶2010. 9. 9. 전북 익산시 ❷수꽃. 수술은
5개이다. 암술은 뚜렷하지만 불임성이다. ❸
~❹암꽃. 정면에서 보는 형태는 수꽃과 비
슷하다. 꽃받침잎의 밑부분에 씨방이 뚜렷하
다. ❺열매

돌외

Gynostemma pentaphyllum (Thunb.)
Makino

박과

국내분포/자생지 울릉도 및 남부지
방의 길가, 민가 및 숲가장자리 등
형태 덩굴성 다년초. 잎은 어긋나며
5~7(~9)개의 갈라진 손바닥모양이
다. 표면에는 긴 다세포의 털이 많으
나 차츰 떨어진다. 암수딴그루이다.
꽃은 7~10월에 황록색으로 핀다. 수
꽃의 꽃받침통은 매우 짧고 꽃부리(화
관)열편은 길이 2.5~3mm의 피침형
이고 끝이 길게 뾰족하다. 암꽃의 암
술대는 3개이고 암술머리는 2개로 갈
라진다. **열매**(장과)는 지름 5~7mm의
구형이고 흑색으로 익는다.
참고 거지덩굴(포도과)에 비해 잎의 열
편자루가 짧으며 열편의 끝이 길게
뾰족하고 가장자리 톱니의 끝이 흔히
가시모양으로 뾰족한 것이 특징이다.

❶2001. 10. 22. 경북 울릉도 ❷수꽃. 원뿔
꽃차례에 달린다. 수술은 5개이다. ❸암꽃.
총상꽃차례 또는 좁은 원뿔꽃차례에 달린다.
2개로 갈라진 암술머리는 거의 수평으로 벌
어진다. ❹열매. 흑색으로 익는다.

새박

Zehneria japonica (Thunb.) H. Y. Liu
Melothria japonica (Thunb.) Maxim.
ex Cogn.

박과

국내분포/자생지 경남–전북 이남의 저지대 습지 또는 숲가장자리

형태 덩굴성 1년초. **줄기**는 길이가 1~3m까지 자라며 가늘고 네모진다. 어릴 때는 털이 있으나 차츰 없어지고, 마디 부근의 털은 결실기까지 남아 있다. **잎**은 어긋나며 길이 3~6cm의 삼각상 심장형–넓은 삼각형이고 양면(특히 맥위)에 털이 있다. 끝은 뾰족하고 밑부분은 심장형이며 가장자리에는 둔하고 얕은 톱니가 드물게 있다. 덩굴손은 잎과 마주나며 끝은 갈라지지 않는다. 암수한그루이다. **꽃**은 8~9월에 백색으로 핀다. 암꽃은 잎겨드랑이에 1(~3)개씩 달리고 수꽃은 1개 또는 여러 개가 총상꽃차례에서 모여 달린다. 수꽃의 꽃받침은 종형 또는 원통형이며 열편은 선형이고 5개이다. 수술은 3개이며 수술대는 타원상 도란형이고 끝부분에 2개의 꽃밥이 있다. 암꽃의 씨방은 꽃받침의 밑부분에 달리며 표면에 짧은 털이 많다. 암술대는 짧고 암술머리는 3개로 갈라진다. **열매**(장과)는 지름 1cm 정도의 구형이고 회백색이며 길이 1.5~5cm의 긴 열매자루에 달린다. 씨는 납작한 타원상이다.

참고 꽃은 백색이고 꽃부리의 표면에 짧은 털이 많으며 열매가 둥글고 회백색으로 익는 것이 특징이다. 또한 덩굴손이 거의 갈라지지 않는다.

❶2004. 9. 13. 전북 군산시 ❷~❸수꽃. 수술대는 타원상 도란형이고 양쪽 가장자리의 중간부에 2개의 꽃밥이 붙어 있다. ❹~❺암꽃. 암술머리는 3개로 갈라진다. 꽃받침의 밑부분에 난상 타원형의 씨방이 있다. ❻열매. 오(汚)백색–회백색으로 익는다. ❼잎 뒷면. 맥위에 짧고 굽은 털이 있다.

왕과
Thladiantha dubia Bunge

박과

국내분포/자생지 중부지방 이북의 민가, 하천가에 드물게 자람

형태 덩굴성 다년초. 줄기는 잎과 더불어 털이 많다. 잎은 어긋나며 길이 5~10cm의 넓은 난상 심장형이며 가장자리에는 크기가 비슷한 둔한 톱니가 많다. 암수딴그루이다. 꽃은 5~8월에 황색으로 핀다. 꽃부리는 지름 3~4cm의 종모양이다. 수꽃의 수술은 5개이다. 열매는 길이 4~5cm의 난상 긴 타원형이며 황색-오렌지색으로 익는다.

참고 참외(*Cucumis melo*)에 비해 잎끝이 뾰족하고 잎가장자리에 크기가 비슷한 둔한 톱니가 많으며 수술이 5개인 것이 특징이다.

❶2007. 6. 29. 중국 지린성 ❷꽃. 참외와 비슷하지만 참외가 수술이 3개인 것과 달리 수술이 5개이다. ❸뿌리. 윗부분이 비대하다.

가시박
Sicyos angulatus L.

박과

국내분포/자생지 북아메리카 원산. 전국의 하천(특히 한강, 낙동강 유역)이나 습지에 주로 분포

형태 덩굴성 1년초. 줄기는 다른 식물을 감으면서 수 미터까지 자란다. 잎은 어긋나고 지름 8~20cm의 거의 원형이며 3~7개로 얕게 갈라진다. 밑부분은 심장형이다. 암수한그루이다. 꽃은 6~10월에 연한 황록색으로 피며 잎겨드랑이에서 나온 꽃차례에서 모여 달린다. 꽃잎은 앞면에 녹색 줄무늬가 있다. 수꽃은 긴 꽃줄기 끝부분의 총상꽃차례에서 모여 달리고 암꽃은 짧은 꽃줄기에 빽빽한 머리모양의 꽃차례에서 모여 달린다.

참고 암꽃이 머리모양으로 모여 달리며 열매에 긴 가시가 있는 것이 특징이다.

❶2016. 9. 15. 경남 창녕군 우포늪 ❷수꽃. 수술대는 합착되어 끝부분이 암술머리처럼 보이며 꽃밥은 황색이다. ❸암꽃. 암술머리는 머리모양이고 얕게 갈라진다. ❹열매. 표면에 짧은 털과 긴 가시가 많다.

하늘타리

Trichosanthes kirilowii Maxim.
var. *kirilowii*

박과

국내분포/자생지 중부지방 이남의 길가, 하천가 및 숲가장자리

형태 덩굴성 다년초. 줄기는 다른 물체를 감으면서 수 미터까지 자란다. 잎은 어긋나고 길이 5~20cm의 심장형-거의 원형이며 3~5(~7)개로 얕게 또는 깊게 갈라진다. 밑부분은 심장형이고 열편의 끝은 둔하며 불규칙한 톱니 또는 결각이 있고 드물게 밋밋하다. 잎자루는 길이 2~6cm이고 털이 있다. 암수딴그루이다. 꽃은 6~8월에 백색으로 피며 꽃부리는 5개로 갈라지고 열편의 끝부분은 실모양으로 다시 갈라진다. 수꽃은 길이 10~20cm의 긴 꽃줄기에서 2~8개가 모여 달리며 암꽃은 길이 7.5cm 정도의 꽃자루에 1개씩 달린다. 포는 길이 1.5~2.5mm의 도란형-넓은 난형이다. 꽃받침은 원통형이고 열편은 길이 1~1.5cm의 피침형이다. 수술은 3개이고 수술대는 짧다. 암꽃의 씨방은 길이 1.2~2cm의 긴 타원형이며 암술대는 1개이고 짧다. **열매**(장과)는 길이 7~10cm의 타원형-구형이며 주황색-황갈색으로 익는다. 씨는 길이 1.1~1.6cm의 긴 타원상 난형이며 밝은 녹갈색-담갈색이다.

참고 하늘타리에 비해 잎의 가장자리가 얕게 갈라지며 열매가 황색으로 익고 씨가 암갈색인 것을 **노랑하늘타리**(var. *japonica*)로 구분하기도 하지만, 이러한 형질로도 두 변종을 식별하기 어려운 경우가 있다. 학자에 따라서는 동일 종으로 처리하기도 한다.

❶2001. 7. 21. 대구시 용지봉 ❷수꽃. 길이 10~20cm의 긴 꽃줄기 끝에서 2~8개씩 모여 달린다. 수술은 3개이고 꽃밥은 황색이다. ❸잎. 3~5개로 깊게 갈라지고 열편도 흔히 결각상으로 갈라진다. ❹열매. 주황색-황갈색으로 익는다. ❺-❽노랑하늘타리 ❺암꽃. 짧은 꽃자루 끝에 1개씩 달린다. ❻잎. 가장자리는 3~5개로 얕게 갈라진다. ❼열매. 밝은 황색-황색으로 익는다. ❽수그루 (2016. 6. 16. 제주 서귀포시)

마늘냉이

Alliaria petiolata (M. Bieb.) Cavara & Grande

십자화과

국내분포/자생지 유럽과 북아프리카, 서남아시아 원산. 강원(삼척시)의 도로변 및 인근 숲가장자리

형태 2년초. 줄기는 높이 20~100cm이고 곧추 자란다. 줄기잎은 길이 6~15cm의 심장형-넓은 난형이며 가장자리에 물결모양이거나 뾰족한 톱니가 불규칙하게 있다. 꽃은 4~6월에 백색으로 피며 줄기와 가지의 끝에서 나온 총상꽃차례에서 모여 달린다. 꽃잎은 길이 4~8mm의 도피침형이며 수술은 6개이다. 열매(장각과)는 길이 4~6cm의 선형이고 네모지거나 둥글다.

참고 잎이 심장형-넓은 난형이며 씨가 긴 타원상이고 표면에 세로줄이 있는 것이 특징이다. 식물체를 으깨면 마늘 냄새가 난다.

❶2013. 5. 23. 강원 삼척시 ❷꽃. 수술은 6개이다. ❸열매. 길이 4~6cm의 선형이다. ❹잎. 밑부분의 가장자리와 잎자루에 털이 있다.

애기장대

Arabidopsis thaliana (L.) Heynh.

십자화과

국내분포/자생지 전국의 공원, 길가, 민가, 빈터 등에 드물게 자람

형태 1년초. 줄기는 높이 5~35cm이고 털이 없거나 긴 털이 있다. 뿌리잎은 길이 8~35mm의 타원형-주걱형-도란형이며 줄기잎은 길이 6~18mm의 선형-타원형이다. 잎은 양면에 2~3개로 갈라진 긴 털이 많다. 꽃은 3~5월에 백색으로 핀다. 꽃받침잎은 길이 1~2mm의 타원형이고 꽃잎은 길이 2~3.5mm의 도피침형이다. 열매(장각과)는 길이 1~1.5cm의 선형이며 털이 없다.

참고 개화기에도 뿌리잎이 남아 있으며 잎이 줄기를 감싸지 않고 양면에 2~3개로 갈라신 털이 낳는 것이 특징이다.

❶2014. 4. 10. 전남 영광군 ❷꽃. 수술은 6개이다. ❸줄기. 흔히 아래쪽에는 긴 털이 많다. ❹잎. 2~3개로 갈라진 긴 털이 많다. ❺뿌리잎. 로제트모양으로 퍼지며 꽃이 필 때까지 남아 있다.

장대나물

Arabis glabra (L.) Bernh.
Turritis glabra L.

십자화과

국내분포/자생지 전국의 농경지, 풀
밭, 하천가 및 산지의 길가

형태 2년초. 줄기는 높이 40~100cm
이고 밑부분은 뿌리잎과 더불어 털이
있으나 윗부분은 털이 없다. 줄기잎
은 길이 2~10cm의 피침형–긴 타원
형이고 밑부분은 줄기를 감싼다. 꽃
은 4~6월에 백색으로 핀다. 꽃받침
잎은 길이 3~5mm의 긴 타원형이고
꽃잎은 길이 5~8.5mm의 좁은 주걱
상이다. **열매**(장각과)는 길이 4~9cm
의 선형이고 흔히 네모지며 줄기와
평행하게 곧추선다.

참고 *Arabis*속의 식물들에 비해 줄기
와 잎이 회청색을 띠고 털이 없으며
열매가 네모지는 특징이 있어 *Turritis*
속으로 분류하기도 한다.

❶ 2013. 5. 30. 충북 단양군 ❷ 꽃. 꽃잎은
주걱형이며 수술은 6개이다. ❸ 열매. 약간
네모지며 꽃차례 축에 밀착하여 곧추선다.
❹ 잎. 밑부분은 줄기를 감싼다.

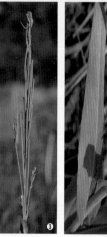
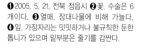

털장대

Arabis hirsuta (L.) Scop.

십자화과

국내분포/자생지 전국의 풀밭, 산지
의 길가 및 숲가장자리

형태 다년초 또는 2년초. **줄기**는 높이
10~80cm이고 전체에 털이 많다. 줄
기잎은 길이 1.5~5cm의 피침형–긴
타원형–난형이고 밑부분은 줄기를 감
싸며 가장자리는 흔히 물결모양이지
만 둔한 톱니가 있거나 밋밋하기도 하
다. 꽃은 4~6월에 백색으로 핀다. 꽃
잎은 길이 4~5mm의 좁은 주걱상이
다. **열매**(장각과)는 길이 2~5.5cm의
선형이고 흔히 곧추선다.

참고 생육환경에 따라 꽃과 잎의 형
태 변이가 매우 심한 것으로 알려져
있다. 실체가 불분명한 참장대나물(*A.
columnaris*)과 비교·검토가 필요하다.

❶ 2005. 5. 21. 전북 정읍시 ❷ 꽃. 수술은 6
개이다. ❸ 열매. 장대나물에 비해 가늘다.
❹ 잎. 가장자리는 밋밋하거나 불규칙한 둔한
톱니가 있으며 밑부분은 줄기를 감싼다.

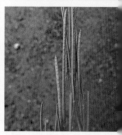

갯장대
Arabis stelleri DC.

십자화과

국내분포/자생지 강원, 경남, 경북(울릉도), 전남, 제주의 해안가 모래땅 및 바위지대

형태 다년초 또는 2년초. 줄기는 높이 20~50cm이고 곧추서거나 비스듬히 자라며 1~3개로 갈라진 털이 있다. 뿌리잎은 로제트모양이고 잎자루는 길이 1~2cm이다. 줄기잎은 길이 2~6cm의 긴 타원형-난상 타원형-난형이고 밑부분은 심장형 또는 귀모양으로 줄기를 감싼다. 가장자리는 밋밋하거나 톱니가 약간 있다. 꽃은 4~5월에 백색으로 피며 줄기나 가지 끝의 총상꽃차례에서 모여 달린다. 꽃받침잎은 길이 4~5mm의 긴 타원형이고 털이 없다. 꽃잎은 길이 6~10mm의 주걱형-좁은 도란형이며 끝은 흔히 편평하거나 오목하지만 둥근 모양인 경우도 있다. 수술은 6개이며 수술대는 길이 3.5~6mm이고 꽃밥은 길이 1~1.5mm의 긴 타원형이다. **열매**(장각과)는 길이 3~6cm, 너비 1.5~2mm의 선형이고 줄기와 평행하게 곧추서거나 비스듬히 아래로 처진다. 씨는 갈색이며 난상 긴 타원형-거의 원형이고 윗부분에 너비 0.1mm 정도의 좁은 날개가 있다.

참고 털장대에 비해 꽃이 대형이고 열매의 폭이 넓은(너비 1.5~2mm) 것이 특징이다. 울릉도 고유종인 **섬장대**(*A. takesimana*)는 갯장대에 비해 소형이고 털이 적거나 없으며 열매가 옆으로 퍼지거나 아래로 처지는 특징이 있으나, 이는 생육환경(숲속의 바위지대 또는 길가)에 따른 개체 변이로 판단된다.

❶2014. 4. 17. 강원 강릉시 ❷꽃. 꽃잎은 긴 타원상 주걱형이다. 수술은 6개이며 암술대는 녹색이고 털이 없다. ❸열매. 꽃차례의 축과 평행하거나 거의 평행하게 곧추선다. ❹줄기잎. 흔히 잎과 줄기에 털이 많으나 적은 경우도 종종 있다. 밑부분은 줄기를 완전히 감싼다. ❺뿌리잎. 로제트모양이다. ❻~❼섬장대❻결실기 모습. 열매는 옆으로 퍼지거나 아래로 처진다. ❼2015. 4. 22. 경북 울릉도

나도냉이

Barbarea orthoceras Ledeb.

십자화과

국내분포/자생지 전국의 산지 계곡, 풀밭, 하천가 및 습지

형태 다년초 또는 2년초. 줄기는 높이 30~80cm이고 전체에 털이 없다. 뿌리잎은 깃털모양으로 갈라지고 열편은 2~4(~5)쌍이다. 줄기잎은 길이 2~5cm의 긴 타원형이다. 가장자리는 깃털모양으로 깊게 갈라지며 밑부분은 귀모양이고 줄기를 감싼다. 꽃은 4~6월에 황색으로 핀다. 꽃잎은 길이 4~5mm의 도피침상이다. 열매(장각과)는 길이 2~5cm의 선형이고 둥글거나 약간 네모진다.

참고 유럽나도냉이에 비해 열매가 줄기와 거의 평행하게 곧추서며 열매 끝부분의 암술대가 굵고 짧은(길이 0.5~1.5mm) 것이 특징이다.

❶2013. 5. 13. 강원 고성군 ❷꽃. 황색이고 수술은 6개이다. ❸열매. 꽃차례의 축에 바짝 붙어 곧추선다. 끝부분의 암술대는 짧고 굵은 편이다. ❹줄기잎. 깊게 갈라진다.

유럽나도냉이

Barbarea vulgaris R. Br.

십자화과

국내분포/자생지 유럽 원산. 주로 강원의 길가, 빈터 및 하천가

형태 다년초 또는 2년초. 줄기는 높이 30~80cm이고 전체에 털이 없다. 줄기잎은 길이 2~10cm의 긴 타원형이다. 가장자리는 깃털모양으로 갈라지며 밑부분은 귀모양이고 줄기를 감싼다. 꽃은 4~6월에 황색으로 핀다. 꽃잎은 길이 5~6mm의 주걱상이다. 열매(장각과)는 길이 2~3cm의 선형이고 둥글거나 약간 네모진다.

참고 나도냉이에 비해 줄기 윗부분의 잎이 덜 갈라지고 열매가 줄기의 바깥쪽 방향으로 비스듬히 달리며 열매 끝부분의 숙존하는 암술대가 가늘고 긴(길이 1.5~3mm) 것이 특징이다.

❶2014. 4. 30. 강원 정선군 ❷꽃. 황색이고 수술은 6개이다. ❸열매. 꽃차례의 축에 붙지 않고 비스듬히 서서 달린다. 끝부분의 암술대가 가늘고 긴 편이다. ❹줄기잎. 밑부분은 줄기를 감싼다.

봄나도냉이
Barbarea verna (Mill.) Asch.

십자화과

국내분포/자생지 유럽 원산. 남부지방 (경남, 부산시, 전남)의 길가 및 하천가

형태 다년초 또는 2년초. 줄기는 높이 25~80cm이고 전체에 털이 거의 없다. 줄기잎은 길이 2~10cm의 도피침형~긴 타원형이다. 가장자리는 깃털모양으로 갈라지며 밑부분은 귀모양으로 줄기를 감싼다. 꽃은 4~5월에 황색으로 핀다. 꽃잎은 길이 6~7mm의 주걱상 도피침형이다. **열매**(장각과)는 길이 5.3~7cm의 선형이며 꽃차례의 축에 압착되어 붙지 않고 비스듬히 또는 곧추선다.

참고 나도냉이에 비해 열매가 길며 씨는 길이 1~2mm(나도냉이는 0.8~ 1mm)이고 뿌리잎의 측열편이 4~10쌍인 것이 특징이다.

❶~❸ ⓒ이봉식 ❶2016. 4. 8. 부산시 수영강 ❷꽃. 수술은 6개이다. ❸잎. 깃털모양으로 깊게 갈라진다. 뿌리잎의 측열편이 4~10쌍으로 나도냉이보다 많은 편이다.

갓(겨자)
Brassica juncea (L.) Czern.

십자화과

국내분포/자생지 중국 원산. 전국의 길가, 농경지, 민가, 하천가 등

형태 1년초. 줄기는 높이 30~100cm이고 뿌리는 굵고 다육질이다. 뿌리잎은 주걱형이고 약간 깃털모양이다. 줄기 윗부분의 잎은 길이 3~10cm의 선형~긴 타원형이며 가장자리에 밋밋하거나 불규칙한 톱니가 있다. **꽃**은 4~5월에 황색으로 핀다. 꽃받침잎은 길이 5~6mm의 긴 타원형이고 표면에 3맥이 있다. 꽃잎은 길이 8~10mm의 주걱상이다. **열매**(장각과)는 길이 2~5cm, 너비 3~4mm의 선형이고 둥글거나 약간 네모진다.

참고 유채에 비해 줄기잎은 흔히 잎자루가 있고 줄기를 감싸지 않으며 꽃이 약간 더 작다.

❶2013. 5. 7. 충남 보령시 녹도 ❷꽃. 꽃잎은 주걱형~도란형이고 수술은 6개이다. ❸열매. 둥글거나 불분명하게 네모진다. 열매의 자루가 유채보다 짧은 편이다. ❹줄기잎. 잎자루가 짧거나 거의 없다.

유채

Brassica napus L.

십자화과

국내분포/자생지 유라시아 원산. 전국의 길가, 농경지, 민가, 하천가 등
형태 1~2년초. 줄기는 높이 30~120cm이고 전체에 털이 거의 없다. 뿌리잎은 피침형–난형이고 아랫부분은 깃털모양으로 갈라지며 잎자루는 길다. 줄기 윗부분의 잎은 길이 3~8cm의 선형–긴 타원형이며 밑부분은 귀모양으로 줄기를 감싼다. 꽃은 3~5월에 황색으로 핀다. 꽃받침잎은 길이 6~10mm의 긴 타원형이고 꽃잎은 길이 1~1.6cm의 넓은 도란형이다. **열매**(장각과)는 길이 5~10cm, 너비 3.5~5mm의 선형이고 둥글거나 약간 네모진다.
참고 갓에 비해 줄기잎이 잎자루 없이 줄기를 감싸며 꽃이 큰 것이 특징이다.

❶2013. 5. 7. 충남 보령시 녹도 ❷꽃. 갓보다 약간 더 크다. ❸열매. 흔히 약간 네모지지만 둥근 경우도 있다. ❹줄기잎. 잎자루 없이 밑부분이 줄기를 감싼다.

서양갯냉이

Cakile edentula (Bigelow) Hook.

십자화과

국내분포/자생지 북아메리카 원산. 강원, 경기, 인천시의 해안가 모래땅
형태 1년초. 줄기는 높이 15~50cm이다. 줄기잎은 길이 2~7cm의 도피침형–주걱형이며 가장자리는 결각상 또는 물결모양의 톱니가 있다. 꽃은 6~8월에 (백색–)연한 자색으로 핀다. 꽃잎은 길이 6~9mm의 좁은 도란형이다. **열매**(장각과)는 길이 1.2~2.5cm의 원통형이고 중간부에서 관절에 의해 2개로 구분되며 윗부분의 조각은 난형–구형이다. 씨는 큰 편이고 열매 윗부분의 조각에 1개씩 들어 있다(아랫부분 조각에 1개씩 들어 있기도 하다).
참고 전체가 다육질이며 열매는 원통형이고 관절에 의해 2개로 구분되는 것이 특징이다.

❶2012. 7. 9. 인천시 백령도 ❷~❸꽃. 꽃잎은 연한 자색이다. 꽃받침잎 끝부분에 꼬부라진 털이 약간 있다. ❹열매. 관절에 의해 2개로 구분된다. ❺잎. 두껍고 가장자리는 결각상으로 갈라진다.

좀아마냉이

Camelina microcarpa Andrz. ex DC.

십자화과

국내분포/자생지 북아메리카 원산. 경기, 경남, 경북 등의 길가, 하천가

형태 1년초. 줄기는 높이 20~80cm 이고 전체에 털이 많다. 뿌리잎은 개화기에 시든다. 줄기잎은 길이 2~6cm의 선상 피침형~좁은 긴 타원형이며 밑부분은 화살촉 또는 귀모양이다. 양면에 갈라진 털이 많다. 꽃은 4~6월에 연한 황색으로 핀다. 꽃받침잎은 길이 2~3.5mm이고 바깥 면에 긴 털이 많으며 꽃잎은 길이 3~4mm의 좁은 도란형이다. **열매**(장각과)는 길이 4~6mm의 도란형~구형이고 끝부분에 길이 1~3.5mm의 암술대가 남아 있다.

참고 잎이 좁은 피침상이고 밑부분이 화살촉모양이며 열매가 구형인 것이 특징이다.

❶2013. 5. 17. 경북 성주군 낙동강 ❷꽃. 꽃받침의 뒷면에 꼬부라진 긴 털이 있다. ❸열매. 도란상 구형이다. ❹잎. 밑부분은 화살촉모양이고 줄기를 약간 감싼다.

냉이

Capsella bursa-pastoris (L.) Medik.

십자화과

국내분포/자생지 전국의 길가, 농경지, 민가, 하천가 등

형태 2년초. 줄기는 높이 5~50cm 이고 전체에 털이 있다. 로제트모양의 뿌리잎은 땅위에 퍼지며 가장자리는 깃털모양으로 갈라진다. 줄기잎은 길이 1~6cm의 선상 피침형~좁은 긴 타원형이며 밑부분은 화살촉 또는 귀모양으로 줄기를 감싼다. 꽃은 3~5월에 백색으로 핀다. 꽃받침잎은 길이 1.5~2mm의 긴 타원형이며 꽃잎은 길이 2~4mm의 도란형이다. **열매**(장각과)는 길이 5~7mm의 편평한 도삼각형이고 끝부분은 오목하다.

참고 줄기의 잎이 화살촉모양으로 줄기를 감싸며 열매가 납작한 도삼각형~도심장형인 것이 특징이다.

❶2016. 4. 6. 경기 김포시 ❷꽃. 백색이고 수술은 6개이다. ❸열매. 하트모양과 닮은 납작한 도삼각형이다. ❹뿌리잎. 로제트모양이며 가장자리는 깃털모양으로 깊게 갈라진다.

좁쌀냉이

Cardamine fallax (O. E. Schulz) Nakai

십자화과

국내분포/자생지 전국의 길가, 농경지, 민가, 하천가 등

형태 1~2년초. **줄기**는 높이 5~30cm 이고 전체에 털이 없거나 많다. 1년초일 경우 흔히 전체가 소형이고 가지가 갈라지지 않거나 소수로 갈라지며 2년초로 자라는 경우에는 높이 20~30cm로 크게 자라고 흔히 가지도 갈라진다. 뿌리**잎**은 로제트모양으로 땅위에 퍼지며 꽃이 필 무렵에는 시들어 없어진다. 줄기잎은 길이 1.5~6cm(잎자루 포함)이고 깃털 또는 빗살모양이나. 측열편은 4~7쌍이고 길이 3~10mm의 선형~좁은 긴 타원형이며 끝부분의 중앙열편은 측열편과 모양이 비슷하거나 약간 더 크다. **꽃**은 4~6(~11)월에 백색으로 핀다. 꽃받침잎은 길이 1~2mm의 긴 타원형이고 가장자리는 막질이다. 꽃잎은 길이 1.8~2.5(~3)mm의 도피침형이다. 수술은 6개이다. **열매**(장각과)는 길이 1~2cm, 너비 0.6~0.9mm의 선형이며 털은 없다. 씨는 길이 0.6~1mm의 긴 타원상 난형이고 가장자리에 백색의 좁은 날개가 있거나 없다.

참고 생육환경에 따라 형태적 변이가 매우 심하다. 황새냉이에 비해 줄기잎의 중앙열편이 선형~긴 타원형이고 자루가 없거나 뚜렷하지 않으며 꽃잎은 길이 1.5~2.5mm이고 열매가 너비 0.6~0.9mm로서 비교적 작은 것이 특징이다. 학자에 따라서는 좁쌀냉이를 한반도 북부지방을 포함해 유라시아에 넓게 분포하는 좁냉이(*C. parviflora*)에 통합처리하기도 한다. 두 종에 대한 보다 면밀한 분류학적 연구가 필요할 것으로 판단된다.

❶2014. 4. 18. 강원 강릉시 ❷~❸꽃. 백색이고 꽃받침잎이 약간 있다. ❹열매. 길이 1~2cm의 실모양의 원통형이다. ❺~❻줄기잎. 측열편은 선형~좁은 긴 타원형이며 자루가 없거나 뚜렷하지 않다. ❼꽃과 줄기잎. 흔히 잎과 줄기에 털이 많다.

황새냉이

Cardamine occulta Hornem.

십자화과

국내분포/자생지 전국의 농경지, 민가, 하천가, 습지 등

형태 1~2년초. 높이 10~40cm이고 전체에 털이 없거나 드물게 있다. **줄기**는 비스듬하거나 곧추서며 간혹 지면에 눕기도 한다. 가지가 갈라지지 않거나 줄기의 밑부분부터 가지가 많이 갈라지기도 한다. 뿌리 부근의 **잎**은 길이 4~10cm이고 깃털모양으로 갈라지며 개화기에는 시든다. 줄기잎은 길이 3.5~7cm(잎자루 포함)이며 중앙열편은 신장형 또는 도란형이고 3~5개로 갈라진다. 측열편은 2~7쌍이며 선형-도피침형-긴 타원형-난형-거의 원형이고 열편의 자루는 길이 1~2mm이다. **꽃**은 주로 4~6(~11)월에 백색으로 핀다. 꽃받침잎은 길이 1.5~2.5mm의 긴 타원형이고 꽃잎은 길이 2.5~4mm의 주걱형이다. 수술은 6개(간혹 4개)이다. **열매**(장각과)는 길이 1.2~2.8cm, 너비 1~1.5mm이고 털이 없다. 씨는 길이 0.9~1.5mm의 긴 타원형 또는 약간 네모진 타원형이고 가장자리에 좁은 날개가 있거나 없다.

참고 생육환경에 따라 잎의 모양, 털의 유무 등 형태 변이가 매우 심하다. 좁쌀냉이에 비해 대체로 대형이며 흔히 털이 적은 편이다. 또한 잎의 측열편 수가 많고 자루가 있는 것이 특징이다. **큰황새냉이**(*C. scutata*)는 황새냉이에 비해 꽃차례의 축과 줄기가 곧추서며 줄기 중앙부 위쪽으로 달리는 잎의 중앙열편이 측열편보다 확연히 대형인 것이 특징이다. 학자에 따라서는 큰황새냉이를 황새냉이에 통합처리하기도 한다. 저자들도 국내에 분포하는 큰황새냉이 타입이 황새냉이의 변이 개체일 가능성이 높은 것으로 추정한다.

❶2014. 4. 18. 강원 강릉시 ❷~❸꽃. 좁쌀냉이보다 약간 더 큰 편이다. ❹열매. 선상원통형이며 좁쌀냉이보다 폭이 약간 더 넓다. ❺잎. 줄기잎의 측열편은 변이가 심하지만 좁쌀냉이보다 넓은 편이다. 줄기잎은 흔히 깃털모양의 겹잎상이고 측열편에 뚜렷한 자루가 있는 것이 특징이다. ❻물가에 자라는 개체. 전체에 털이 거의 없으며 측열편에 자루가 뚜렷하다. ❼큰황새냉이(2001. 10. 26. 제주 한라산)

큰잎다닥냉이

Cardaria draba (L.) Desv.

십자화과

국내분포/자생지 유라시아 원산. 전국의 길가, 민가, 하천가 등에 드물게 분포

형태 다년초. **잎**은 길이 3~10cm의 주걱형-긴 타원형 또는 난형이며 밑부분이 줄기를 감싼다. **꽃**은 4~6월에 백색으로 핀다. 꽃잎은 길이 3~4mm의 도란형이다. **열매**(단각과)는 길이 3.5~6mm의 난형-거의 구형이며 끝부분에 길이 1~1.8mm의 암술대가 남아 있다.

참고 잎이 대형이며 꽃이 큰 산방상 꽃차례에서 모여 달리고 열매는 난상 구형인 것이 특징이다. **논냉이**(C. *lyrata*)는 흔히 홑잎(단엽)이 달리는 옆으로 벋는 줄기가 있다. 국내(남한) 자생은 불명확하다.

❶ 2002. 4. 2. 대구시 경북대학교 ❷~❸ 논냉이[2003. 4. 24. 경기 포천시 국립수목원(식재)] ❷꽃. 백색이며 꽃잎은 길이 7~10mm의 도란형이다. ❸기는 줄기. 홑잎이 달린다.

뿔냉이

Chorispora tenella (Pall.) DC.

십자화과

국내분포/자생지 유라시아 원산. 남부지방의 길가, 민가, 하천가 등에 드물게 분포

형태 1년초. **줄기**는 높이 10~40cm이고 윗부분에 돌기모양의 샘털이 있다. 줄기 중앙부의 **잎**은 피침형-긴 타원형이며 가장자리에 물결모양의 톱니가 불규칙하게 있다. 잎자루는 짧다. **꽃**은 4~5월에 연한 자색-적자색으로 피며 지름 9~12mm이다. 꽃받침잎은 길이 4~5mm의 선형이며 꽃잎은 길이 8~12mm의 도란형이고 끝은 둥글다. **열매**(장각과)는 길이 3~5cm의 선상 원통형이며 뿔모양으로 휘어진다.

참고 꽃이 연한 자색으로 피며 열매가 위쪽으로 강하게 휘어진 뿔모양인 것이 특징이다.

❶2001. 5. 1. 대구시 ❷꽃. 꽃받침잎의 뒷면에 긴 털과 자루가 있는 샘털이 있다. ❸열매. 표면에 자루가 있는 샘털이 흩어져 있다. ❹잎

재쑥
Descurainia sophia (L.) Webb ex Prantl

십자화과

국내분포/자생지 전국의 길가, 농경지, 하천가, 습지 등

형태 1년초. 줄기는 높이 30~70cm이고 곧추서며 전체에 털이 있다. 잎은 어긋나며 길이 3~5cm이고 2~3회 깃털모양으로 갈라진다. 꽃은 5~6월에 황색으로 피며 가지 또는 줄기의 끝부분에서 나온 총상꽃차례에서 모여 달린다. 꽃받침잎은 길이 1.8~2.8mm의 긴 타원형이고 꽃잎은 길이 2~3mm의 좁은 도피침형이다. 수술은 6개이다. 열매(장각과)는 길이 1.5~2.7cm의 좁은 선형이며 털이 없다.

참고 잎이 2~3회 깃털모양으로 갈라지고 열편은 선형이며 꽃이 황색이고 열매가 좁고 긴 선형이라는 특징이 있다.

❶2013. 5. 18. 경북 성주군 낙동강 ❷꽃. 꽃잎은 꽃받침잎과 길이가 비슷하다. 꽃받침잎의 뒷면에 털이 있다. ❸열매. 선상 원통형이다. ❹잎. 2~3회 갈라진 깃털모양의 겹잎이며 열편은 선형이다.

모래냉이
Diplotaxis muralis (L.) DC.

십자화과

국내분포/자생지 유럽 원산. 제주(김녕 부근)의 모래땅

형태 1년초. 줄기는 높이 10~50cm이고 줄기의 밑부분에서 가지가 많이 갈라진다. 잎은 길이 5~15cm의 도피침형이며 가장자리에 결각상 톱니가 있고 밑부분이 점점 좁아져 잎자루처럼 된다. 꽃은 4~6(~10)월에 황색으로 피며 총상꽃차례에서 성기게 모여 달린다. 꽃받침잎은 길이 3.5~5.5mm의 긴 타원형이고 꽃잎은 길이 6~8mm의 도란형이다. 수술은 6개이다. 열매(장각과)는 길이 2~4.5cm이고 끝부분에 길이 1~2.5mm의 암술대가 남아 있다.

참고 꽃이 황색으로 피며 잎은 대부분 줄기의 아래쪽에서 모여 달리는 것이 특징이다.

❶2016. 6. 16. 제주 제주시 구좌읍 ❷꽃. 황색(~주황색)이고 꽃잎은 도란상이다. 꽃받침잎의 뒷면에 소수의 긴 털이 있다. ❸열매 ❹잎. 두터운 편이고 털이 약간 있다.

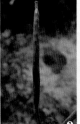

꽃다지

Draba nemorosa L.

십자화과

국내분포/자생지 전국의 길가, 농경지, 민가, 빈터, 하천가 등

형태 1~2년초. **줄기**는 높이 5~40cm이고 전체에 갈라진 털이 많다. 줄기 **잎**은 어긋나며 길이 1~3cm의 긴 타원형–좁은 난형이고 가장자리에는 톱니가 약간 있다. **꽃**은 3~5월에 황색으로 핀다. 꽃받침잎은 길이 0.8~1.5mm의 긴 타원형–난형이며 바깥쪽에 긴 털이 많다. 꽃잎은 길이 1.5~2.2mm의 좁은 주걱형이다. **열매**(단각과)는 길이 5~8mm의 긴 타원형–타원형이고 표면에 털이 많다.

참고 전체가 작고 갈라진 털이 많으며 꽃이 황색으로 피고 열매가 납작한 긴 타원형–타원형인 것이 특징이다.

❶2003. 4. 4. 대구시 ❷꽃. 꽃잎은 황색이며 꽃받침잎 뒷면에 긴 털이 많다. ❸열매. 타원 상이고 짧은 털이 많다. ❹뿌리잎. 로제트모양으로 모여나며 전체에 갈라진 털이 많다.

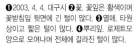

쑥부지깽이

Erysimum macilentum Bunge

십자화과

국내분포/자생지 경북(대구시, 안동시, 영천시 등) 이북에 드물게 분포

형태 1~2년초. **줄기**는 높이 20~70cm이고 누운 털이 많다. 줄기잎은 길이 2~8cm의 좁은 선형–긴 타원상 피침형이며 가장자리는 밋밋하거나 얕은 톱니가 있다. **꽃**은 5~6월에 연한 황색–황색으로 핀다. 꽃잎은 길이 3~5mm의 좁은 주걱형이고 수술은 6개이다. **열매**(장각과)는 길이 2~4cm의 선형이며 씨는 길이 0.6~0.9mm이다.

참고 넓은쑥부지깽이에 비해 꽃잎이 좁은 주걱형이고 소형이며 열매가 가늘고 자루가 짧은 것이 특징이다.

❶2002. 4. 9. 대구시 ❷꽃. 꽃잎은 좁은 주걱형–도피침형이다. ❸열매. 선상 원통형이고 표면에 누운 털이 있다. ❹잎. 줄기와 함께 양면에 누운 털이 많으며 넓은쑥부지깽이에 비해 폭이 좁다.

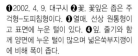

넓은쑥부지깽이
(국명 신칭)

Erysimum cheiranthoides L.

십자화과

국내분포/자생지 북아프리카–유라시아 원산. 최근 중부지방의 농경지, 하천가 등에 귀화

형태 1~2년초. 줄기는 높이 30~100cm이고 뚜렷한 능각이 있으며 별모양의 털이 있다. 줄기잎은 길이 2~8cm의 선형–피침형–긴 타원형이다. 꽃은 5~6월에 황색으로 피며 꽃잎은 길이 3~5cm의 주걱형이고 수술은 6개이다. 열매(장각과)는 길이 2~3(~4)cm의 네모진 선상 원통형이다.

참고 쑥부지깽이에 비해 전체적으로 대형이며 꽃잎이 크고 뚜렷한 주걱형이며 열매가 뚜렷하게 네모지고 폭이 넓으며 씨가 비교적 큰 것이 특징이다.

❶~❷, ❹ⓒ이호영 ❶2016. 5. 18. 충북 단양군 ❷꽃. 꽃잎은 윗부분이 넓고 둥근 주걱형이다. ❸열매. 폭이 넓은 편이다. ❹잎. 이빨모양의 불규칙한 톱니가 있거나 밋밋하다.

대청

Isatis tinctoria L.
Isatis yezoensis Ohwi

십자화과

국내분포/자생지 북부지방의 해안가 모래땅 및 바위지대

형태 1~2년초. 줄기는 높이 30~80(~120)cm이며 전체에 털이 거의 없고 분백색을 띤다. 줄기잎은 길이 3~12cm의 피침형–긴 타원형–삼각상 난형이며 가장자리가 밋밋하다. 꽃은 3~7월에 황색으로 피며 줄기와 가지의 끝부분에서 나온 총상꽃차례에서 빽빽이 모여 달린다. 수술은 6개이다. 열매는 길이 1~2cm의 긴 타원상 도피침형–타원상 도란형이고 가장자리에 날개가 있다.

참고 줄기의 잎이 화살촉모양으로 줄기를 감싸며 열매가 납작한 도심직형–도심장형인 것이 특징이다.

❶2017. 7. 3. 러시아 프리모르스키주 ❷꽃. 지름 3~4mm이다. 꽃자루는 결실기에 아래로 굽는다. ❸열매. 길이 1~2cm의 대형이고 가장자리에 날개가 있다. ❹줄기잎. 밑부분은 화살촉 또는 귀모양으로 줄기를 감싼다.

냄새냉이

Lepidium didymum L.
Coronopus didymus (L.) Sm.

십자화과

국내분포/자생지 남해안 및 제주의 길가, 농경지, 민가 및 해안가

형태 1~2년초. 줄기는 높이 10~20cm 이고 흔히 바닥으로 눕거나 비스듬 히 자란다. 줄기잎은 어긋나며 길이 1.5~4cm의 피침형-타원형이고 가장 자리는 깃털모양으로 갈라진다. 꽃은 5~10월에 백색으로 피며 흔히 뿌리 부근에서 나온 꽃차례에서 모여 달 린다. 꽃잎은 길이 0.4~0.5mm의 선 형-타원형이다. **열매**(단각과)는 길이 1.3~1.7mm의 넓은 난형-편구형이며 2개로 분리된 것처럼 보인다.

참고 전체에서 특유의 강한 냄새가 나며 열매가 부풀어진 편구형상이고 표면에 그물눈모양의 **주름**이 있는 것 이 특징이다.

❶ 2013. 3. 26. 제주 제주시 ❷꽃. 꽃잎은 매우 작고 꽃받침잎은 난형이며 뒷면에 긴 털이 줄지거나 없다. 수술은 2개이다. ❸ 열매. 부풀어진 편구형이며 표면에 그물눈 모양의 주름이 있다.

들다닥냉이

Lepidium campestre (L.) R. Br.

십자화과

국내분포/자생지 유럽 원산. 전국의 길가, 빈터, 하천가 등에 드물게 분포

형태 1~2년초. 줄기는 높이 10~50cm 이고 전체에 짧은 털이 많다. 뿌리잎 은 주걱형이며 가장자리는 거의 밋 밋하거나 하반부에 작은 톱니가 있 다. 줄기잎은 어긋나며 길이 1~4cm 의 피침형-좁은 삼각상 피침형이다. 밑부분은 화살촉 또는 귀모양이고 줄 기를 약간 감싼다. 꽃은 5~6월에 백 색-연한 황백색으로 핀다. 꽃잎은 길 이 1.8~2.5mm의 주걱형이며 수술은 6개이다. **열매**(단각과)는 넓은 긴 타원 형-난형이고 윗부분에 날개가 있다.

참고 줄기잎이 화살촉모양이며 열매 가 길이 5~6mm이고 등쪽이 부풀어 진 주걱형인 것이 특징이다.

❶ 2001. 5. 20. 대구시 경북대학교 ❷꽃. 꽃 잎은 주걱형이고 백색이며 수술은 6개이다. ❸ 열매. 등 쪽이 부풀고 가장자리에 날개가 있다. ❹ 줄기잎. 잎자루 없이 밑부분이 줄기 를 감싼다.

길다닥냉이
(나도콩냉이)

Lepidium densiflorum Schrad.

십자화과

국내분포/자생지 유라시아 원산. 전국의 길가, 빈터, 하천가 등에 드물게 분포

형태 1~2년초. 줄기는 높이 20~50 cm이다. 뿌리잎은 로제트모양으로 땅위에 퍼져 자라고 흔히 꽃이 필 무렵에 시든다. 길이 2.5~8cm의 도피침형-주걱형-긴 타원형이고 가장자리는 물결모양의 톱니가 있거나 깃털모양으로 갈라진다. 줄기잎은 길이 1.3~6cm의 선형-도피침형이며 가장자리는 흔히 밋밋하거나 불규칙한 톱니가 드물게 있다. 꽃은 5~6월에 백색으로 피며 총상꽃차례에서 빽빽이 모여 달린다. 꽃받침잎은 길이 0.5~1mm의 긴 타원형이고 털이 없거나 끝부분에 약간 있다. 꽃잎은 길이 0.3~1.5mm의 선형-주걱형이며 간혹 퇴화되어 없는 경우도 있다. 수술은 2개이다. **열매**(단각과)는 길이 2.5~3(~3.5)mm의 납작한 도란형-도란상 원형이며 중앙부의 윗부분이 가장 넓다. 끝은 둥글거나 오목하다. 씨는 길이 1.1~1.3mm의 난형이고 갈색이며 끝부분에 날개가 없거나 미약하게 있다.

참고 콩다닥냉이보다 개체수가 많지는 않지만, 전국에 비교적 흔히 분포한다. 길다닥냉이는 콩다닥냉이에 비해 잎가장자리의 톱니가 다소 미약하며 열매가 도란형-도란상 원형으로서 중간부의 약간 윗부분이 가장 넓다. 또한 꽃잎은 퇴화되거나 매우 미약(1.5mm 이하)한 것이 특징이다. 다닥냉이(*L. apetalum*)는 길다닥냉이에 비해 열매가 타원형으로 중간부가 가장 넓고 꽃차례의 축에 방망이 또는 머리모양의 돌기가 있는 것이 특징이다. 국내 분포는 불명확하며 학자에 따라서는 길다닥냉이와 동일 종으로 보기도 한다.

❶2014. 5. 19. 인천시 월미도 ❷꽃. 수술은 2개이다. ❸열매. 기의 원형이며 중간부의 약간 위쪽이 가장 넓다. ❹줄기잎. 선형상이며 가장자리는 밋밋하거나 약간의 톱니가 있다. ❺뿌리잎. 깃털모양으로 깊게 갈라진다. 흔히 꽃이 필 무렵에 시든다. ❻길다닥냉이/콩다닥냉이 비교. 전체적으로 콩다닥냉이(우)에 비해 작다.

큰키다닥냉이

Lepidium latifolium L.

십자화과

국내분포/자생지 유라시아 원산. 인천시(월미도), 서울시(월드컵공원)의 공원, 빈터

형태 다년초. 줄기는 높이 50~150cm 이고 가지가 많이 갈라진다. 잎은 어긋나며 길이 3.5~15cm의 긴 타원형-타원상 난형이며 약간 딱딱한 가죽질이다. 끝은 뾰족하고 가장자리에 톱니가 있다. 꽃은 5~7월에 백색으로 핀다. 꽃잎은 길이 1.8~2.5mm의 도란형이고 수술은 6개이다. **열매**(단각과)는 길이 1.8~2.4mm의 타원상 난형-거의 원형이고 날개는 없다.

참고 키가 큰 다년초이며 전체에 털이 없고 잎은 가죽질이다. 또한 꽃받침잎이 개화 직후 일찍 떨어지며 열매가 난형상이고 밑이 둥근 것이 특징이다.

❶ 2013. 6. 24. 인천시 월미도 ❷ 꽃. 수술은 6개이다. 4개는 길고 2개는 좀 더 짧다. ❸ 열매. 난형상이다. ❹ 잎. 가장자리에 뚜렷한 톱니가 있다.

대부도냉이
(도렁이냉이)

Lepidium perfoliatum L.

십자화과

국내분포/자생지 유럽-서아시아 원산. 서해안(경기)의 바닷가 갯벌, 매립지

형태 1~2년초. 줄기는 높이 20~40cm이고 윗부분에서 갈라진다. 뿌리잎과 줄기 아래쪽의 잎은 2~3회 깃털모양으로 갈라지며 열편은 가늘다. 줄기 윗부분의 잎은 길이 1~3cm의 넓은 난형-심장형이며 줄기를 완전히 감싼다. 꽃은 5~6월에 황색으로 핀다. 꽃잎은 길이 1~1.5mm의 주걱형이다. **열매**(단각과)는 마름모형-원형이며 끝부분에 좁은 날개가 있다.

참고 꽃이 황색이며 잎이 2가지 형태(아래쪽 잎이 깃털모양)인 것이 특징이다.

❶ 2013. 5. 30. 경기 시흥시 ❷ 꽃. 꽃잎은 피침상 주걱형이고 황색이다. 수술은 6개이다. ❸ 줄기 윗부분의 잎. 밑부분이 줄기를 완전히 감싼다. ❹ 줄기 밑부분의 잎. 2~3회 깃털모양으로 갈라진다.

털다닥냉이
Lepidium pinnatifidum Ledeb.

십자화과

국내분포/자생지 유럽-서아시아 원산. 인천시(월미도) 바닷가 빈터

형태 1년초. 줄기는 높이 15~40cm이고 가지가 많이 갈라지며 전체에 털이 있다. 뿌리잎은 가장자리에 불규칙한 톱니가 있거나 깃털모양으로 깊게 갈라진다. 줄기잎은 길이 1~3.3cm의 선형-좁은 긴 타원형이며 밑부분은 점차 좁아지고 가장자리는 흔히 밋밋하다. 꽃은 5~6월에 백색-연한 적자색으로 피며 가지의 끝에서 나온 총상꽃차례에서 모여 달린다. 꽃차례의 축에는 털이 있거나 없다. 꽃자루는 길이 2~3.5mm이고 털이 있다. 꽃받침잎은 길이 0.7~0.8mm의 보트모양의 긴 타원형이고 연한 적자색이며 바깥 면에는 구부러진 긴 털이 있다. 꽃잎은 길이 0.4~0.6mm의 선형이며 간혹 퇴화되어 없는 경우도 있다. 수술은 2~4개이다. **열매**(단각과)는 길이 1.8~2mm의 약간 부풀어진 넓은 타원형-원형이며 끝부분에는 날개가 없다. 끝은 약간 오목하며 표면에 털이 흩어져 있다. 씨는 길이 1~1.2mm의 긴 타원형이다.

참고 수술이 흔히 4개이며 열매의 끝부분이 오목하고 표면에는 털이 있는 것이 특징이다. 이에 비해 좀다닥냉이(*L. ruderale*)는 뿌리 부근의 잎이 2~3회 깃털모양으로 갈라지고 흔히 수술이 2개이며 열매가 타원형이고 표면에 털이 없는 것이 특징이다. 국내 분포는 불명확하다.

❶2014. 5. 19. 인천시 월미도 ❷꽃. 약간 붉은빛이 돈다. 수술은 (2~)4개이다. ❸열매. 넓은 타원형이며 표면에 미세한 털이 있다. ❹~❺줄기잎. 양면과 가장자리에 잔털이 약간 있다. ❻뿌리잎. 가장자리가 불규칙하게 깃털모양으로 갈라진다. ❼털다닥냉이/길다닥냉이/콩다닥냉이 비교. 전체적으로 길다닥냉이(중앙)나 콩다닥냉이(우)에 비해 작다. 열매는 난형상으로 중앙 아래쪽이 가장 넓다.

큰다닥냉이

Lepidium sativum L.

십자화과

국내분포/자생지 유럽 원산. 중부지방 이북의 길가, 농경지, 빈터

형태 1~2년초. 줄기는 높이 20~50cm이며 전체에 털이 없고 회청색빛이 돈다. 줄기잎은 길이 3~4cm의 선형-긴 타원형이며 가장자리가 밋밋하거나 깃털모양으로 갈라진다. 꽃은 4~5(~11)월에 백색으로 피며 가지와 줄기 끝부분의 총상꽃차례에서 모여 달린다. 꽃잎은 길이 2.5~3.5mm의 주걱형-도란형이며 꽃받침잎은 길이 1~1.8mm의 긴 타원상이다. 수술은 6개이다. **열매**(단각과)는 길이 5~7mm의 타원형-긴 타원상 난형이고 끝이 오목하게 파이며 가장자리에 넓은 날개가 있다.

참고 전체에 털이 없고 회청색빛이 돌며 수술이 6개인 것이 특징이다.

❶ 2013. 11. 1. 인천시 교동도 ❷ 꽃. 백색이고 수술은 6개이다. ❸ 열매. 지름 5~7mm로 큰 편이고 가장자리에 뚜렷한 날개가 발달한다. ❹ 줄기잎. 밋밋하거나 1~4쌍의 열편이 있다.

콩다닥냉이

Lepidium virginicum L.

십자화과

국내분포/자생지 북아메리카 원산. 전국의 길가, 민가, 빈터, 하천가 등

형태 1~2년초. 줄기는 높이 20~50cm이다. 줄기잎은 길이 1~6cm의 선형-피침형 또는 도피침형이다. 꽃은 5~7월에 백색으로 핀다. 꽃받침잎은 길이 0.7~11mm의 긴 타원형-난형이고 바깥 면에 털이 약간 있다. 꽃잎은 길이 1~2.5mm의 도피침형-주걱형이다. **열매**(단각과)는 길이 2.5~3.5(~4)mm의 거의 원형이며 끝부분에 좁은 날개가 있다.

참고 길다닥냉이에 비해 길이 1mm 이상의 뚜렷한 꽃잎이 있고 열매가 원형으로 중간부가 가장 넓은 것이 특징이다.

❶ 2013. 5. 18. 경북 성주군 낙동강 ❷ 꽃. 길다닥냉이에 비해 큰 편이다. 수술은 2(~3)개이다. ❸ 열매. 거의 원형이며 중앙부 또는 중앙부의 약간 아래쪽 폭이 가장 넓다. 끝은 오목하고 표면에는 털이 없다. ❹ 줄기잎. 뒷면에 털이 약간 있으며 가장자리에 큰 톱니가 있다.

물냉이

Nasturtium officinale W. T. Aiton

십자화과

국내분포/자생지 유럽-서남아시아 원산. 강원, 경기, 전북, 제주, 충북 등의 하천

형태 다년초. 줄기는 높이 20~70cm 이고 땅속줄기가 길게 벋으면서 자란다. **잎**은 어긋나며 작은잎 3~9개로 이루어진 깃털모양의 겹잎이다. 작은 잎은 타원형-난형-원형이며 가장자리는 밋밋하다. **꽃**은 5~7월에 백색으로 피며 지름 5mm 정도이다. 꽃받침 잎은 길이 2~3.5mm의 긴 타원형이며 꽃잎은 길이 2.8~5mm의 주걱형이다. **열매**(장각과)는 길이 1~2cm의 좁은 원통형이고 약간 굽는다.

참고 식물체 대부분 또는 일부가 물에 잠겨 자라는 다년초로, 땅속줄기가 옆으로 길게 벋는 것이 특징이다.

❶ 2003. 5. 17. 충북 제천시 ❷ 꽃. 수술은 6개이다. ❸ 열매. 약간 굽은 선상 원통형이다. ❹ 자생지. 흔히 물이 느리게 흐르는 계곡 및 하천에서 큰 집단을 형성하며 자란다.

소래풀(보라유채)

Orychophragmus violaceus (L.) O. E. Schulz

십자화과

국내분포/자생지 중국 원산. 전국에 드물게 식재 또는 야생

형태 1~2년초. 줄기는 높이 20~90cm 이고 곧추 자란다. 뿌리 부근 및 줄기 아래쪽의 **잎**은 깃털모양으로 갈라진다. 줄기잎은 어긋나며 길이 2~10cm의 피침형-긴 타원상 난형-난형이고 밑부분은 귀모양으로 줄기를 감싼다. 가장자리에 톱니가 불규칙하게 있거나 밋밋하고 잎자루는 거의 없다. **꽃**은 4~6월에 연한 자색-자색으로 피며 지름 3cm 정도이다. **열매**(장각과)는 길이 4.5~11cm이고 표면에 털이 있거나 없다.

참고 줄기잎의 가장자리에 톱니가 있고 밑부분이 줄기를 감싸며 꽃은 자색이고 대형인 것이 특징이다.

❶ 2011. 5. 5. 전남 함평군 ❷ 꽃. 지름 2~3cm 정도로 대형이다. 수술은 6개이다. ❸ 줄기잎. 밑부분이 줄기를 감싼다.

무우(갯무)

Raphanus sativus L.

십자화과

국내분포/자생지 지중해 지역 원산. 전국에 재배 또는 야생(특히 바닷가)

형태 1~2년초. **줄기**는 높이 20~100cm 이며 뿌리 부근 및 줄기 아래쪽 **잎** 은 흔히 깃털모양으로 갈라진다. 줄 기 윗부분 잎은 결각이 적거나 없 으며 가장자리에 톱니가 있다. **꽃** 은 4~5(~11)월에 연한 자색으로 핀 다. 꽃받침잎은 길이 5.5~10mm 의 좁은 긴 타원형이며 꽃잎은 길이 1.2~2.2cm의 주걱형이다. **열매**(장각 과)는 길이 4~10cm의 방추형-피침 형이며 끝은 길게 뾰족하고 밑부분은 둥글다.

참고 잎의 밑부분이 줄기를 감싸지 않으며 꽃은 연한 자색이고 열매의 가장자리가 약간 굴곡이 있거나 밋밋 한 것이 특징이다.

❶ 2011. 4. 29. 제주 제주시 ❷ 꽃. 연한 자색 (~백색)이며 수술은 6개이다. ❸ 열매. 끝이 뾰족한 피침상 원통형이다.

좀개갓냉이

Rorippa cantoniensis (Lour.) Ohwi

십자화과

국내분포/자생지 전국의 하천가, 습 지에 비교적 드물게 분포

형태 1년초. **줄기**는 높이 10~40cm 이고 털이 없으며 가지가 많이 갈라 진다. 줄기잎은 길이 2~6cm이고 가 장자리는 깃털모양으로 깊게 갈라지 며 밑부분은 귀모양으로 줄기를 약 간 감싼다. 꽃은 4~6월에 황색으로 핀다. 꽃받침잎은 길이 1.5~2mm의 긴 타원형이고 꽃잎은 길이 2~3mm 의 도란형이다. **열매**(장각과)는 길이 4~10mm의 좁은 원통형이며 열매자 루는 길이 2mm 이하로 짧고 굵은 편 이다.

참고 꽃(열매)은 잎모양의 포 사이에 1 개씩 달리며 열매가 길이 4~10mm 원 통형이고 자루가 짧은 것이 특징이다.

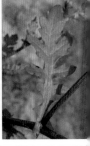

❶ 2013. 5. 18. 경북 성주군 낙동강 ❷ 꽃. 작 은 편이며 활짝 벌어지지 않는다. ❸ 열매. 긴 타원상 원통형이며 자루는 굵고 매우 짧다. ❹ 줄기잎. 밑부분은 줄기를 감싼다.

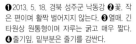

섬강개갓냉이

Rorippa apetala Y. Y. Kim & B. U. Oh

십자화과

국내분포/자생지 경기의 하천가(여주시 섬강)

형태 다년초. **줄기**는 높이 30~120cm이고 흔히 가지가 많이 갈라진다. 뿌리 부근의 **잎**은 깃털모양으로 깊게 갈라지며 잎자루는 길이 4cm 이하이다. 뿌리잎은 가을에 로제트모양으로 퍼지다가 겨울이 지나면서 시든다. 줄기 중상부의 잎은 어긋나며 길이 4~15cm의 피침형-도피침형이고 가장자리는 깃털모양으로 깊게 갈라진다. 잎자루가 없고 잎의 밑부분이 귀모양으로 줄기를 약간 감싼다. **꽃**은 5~6월에 황색-황록색으로 피며 줄기와 가지의 끝부분에서 나온 총상꽃차례에서 빽빽이 모여 달린다. 꽃받침잎은 길이 1~1.8mm의 긴 타원형-타원형이고 황색-황록색이며 바깥 면에 털이 약간 있거나 없다. 꽃잎은 길이 1.6mm 정도의 주걱형이며 1~4개이거나 아예 없는 경우도 있다. 수술은 5~7개이다. **열매**(장각과)는 길이 2~10mm의 도피침상 긴 타원형-원통형이고 털은 없다. 씨는 길이 0.7mm 정도의 난형이며 갈색이다.

참고 전체에 털이 적고 꽃잎이 없거나 1~4개이며 열매가 길이 2~10mm 도피침상 긴 타원형-원통형인 것이 특징이다. 속속이풀과 구슬갓냉이와 혼생하며 잎, 꽃, 열매 등에서 두 종의 중간적 형태를 보인다. 형태적 특징과 결실률이 매우 낮다는 점에서 속속이풀과 구슬갓냉이의 교잡에 의해 형성된 종으로 판단된다.

❶2015. 5. 18. 경기 여주시 섬강 ❷꽃. 속속이풀에 비해 꽃차례에서 꽃이 더 많이 모여 달리는 편이다. ❸열매. 긴 타원상 원통형이다. ❹잎. 가장자리는 깃털모양으로 깊게 갈라지며 잎끝과 열편의 끝이 속속이풀에 비해 더 뾰족하다. 가장자리에 털이 약간 있다(털은 속속이풀에 비해 많고 구슬갓냉이에 비해 적다). ❺속속이풀/섬강개갓냉이/구슬갓냉이 비교. 섬강개갓냉이(중앙)는 꽃, 열매, 잎 등에서 속속이풀(좌)과 구슬갓냉이(우)의 중간적 특징을 보인다.

153

구슬갓냉이

Rorippa globosa (Turcz. ex Fisch. & C. A. Mey.) Hayek

십자화과

국내분포/자생지 주로 중남부지방 이북의 하천가

형태 다년초. **줄기**는 높이 30~80cm 이며 잎과 더불어 긴 털이 많다. 줄기 중간부의 **잎**은 길이 5~12cm의 피침형-긴 타원형이며 아랫부분은 줄기를 약간 감싼다. 중간부 이하의 잎은 흔히 깃털모양으로 깊게 갈라진다. **꽃**은 5~6월에 황색으로 핀다. 꽃받침잎은 길이 0.7~1.3mm의 긴 타원형이며 꽃잎은 길이 0.7~1.3mm의 도란형이다. **열매**(단각과)는 지름 2~3mm의 넓은 타원형-구형이고 끝부분에 길이 0.4~0.6mm의 암술대가 남아있다.

참고 줄기의 잎이 줄기를 감싸며 꽃이 황색이고 열매가 둥근 것이 특징이다.

  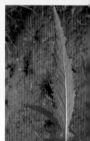

❶2003. 6. 4. 충북 단양군 ❷꽃. 꽃잎은 꽃받침잎과 길이가 비슷하거나 약간 짧다. 수술은 6(~7)개이다. ❸열매. 둥글며 자루는 길다. ❹잎 뒷면. 가장자리와 맥위에 털이 많다.

개갓냉이

Rorippa indica (L.) Hiern

십자화과

국내분포/자생지 전국의 길가, 농경지, 하천가, 습지 등 다소 습한 곳

형태 1년초 또는 다년초. **줄기**는 높이 20~50cm이며 전체에 털이 거의 없다. 뿌리 부근의 **잎**은 아래쪽이 깃털모양으로 갈라지기도 한다. 줄기잎은 길이 2.5~10cm의 피침형이며 가장자리에는 불규칙한 톱니가 있고 밑부분은 줄기를 약간 감싸거나 감싸지 않는다. **꽃**은 5~6(~10)월에 황색으로 피며 꽃잎은 길이 3~4mm의 주걱형이다. **열매**(장각과)는 길이 1.5~2.5cm의 선형이다.

참고 속속이풀에 비해 줄기 중상부의 잎이 깃털모양으로 갈라지지 않으며 열매가 길이 1.5~2.5cm로 긴 것이 특징이다.

❶2014. 5. 21. 대구시 경북대학교 ❷꽃. 수술은 4~6개이다. ❸열매. 선상 원통형이며 열매자루보다 훨씬 길다. ❹줄기잎. 깊게 갈라지지 않는다.

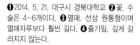

속속이풀

Rorippa palustris (L.) Besser

십자화과

국내분포/자생지 전국의 길가, 농경지, 하천가, 습지 등 다소 습한 곳

형태 1~2년초. **줄기**는 높이 20~60cm이며 전체에 털이 없다. 뿌리 부근의 **잎**은 깃털모양으로 깊게 갈라진다. 줄기잎은 길이 2.5~8cm의 피침형이고 가장자리가 흔히 깊게 갈라진다. 꽃은 5~6(~10)월에 황색으로 피며 꽃잎은 길이 1.8~2.6mm의 주걱형이다. **열매**(장각과)는 길이 4~10mm의 좁은 원통형이며 열매자루는 길이 3~8mm이다.

참고 좀개갓냉이에 비해 열매자루가 열매와 길이가 비슷한 것이 특징이며 개갓냉이에 비해 열매의 길이가 짧고 줄기잎이 깊게 갈라지는 것이 특징이다.

❶2013. 5. 18. 경북 성주군 낙동강 ❷꽃. 수술은 4~6개이다. ❸열매. 긴 타원상 원통형이며 열매자루와 길이가 비슷하다. ❹줄기잎. 가장자리가 깃털모양으로 깊게 갈라진다.

가새잎개갓냉이

Rorippa sylvestris (L.) Besser

십자화과

국내분포/자생지 남·북아메리카 원산. 강원, 경기, 서울시, 인천시 등의 길가, 빈터

형태 다년초. **줄기**는 높이 10~60cm이며 전체에 털이 없거나 약간 있다. 줄기잎은 깃털모양으로 깊게 갈라지며 열편은 3~6쌍이고 선형-긴 타원형이다. 잎의 아랫부분은 줄기를 감싸지 않는다. 꽃은 5~6월에 황색으로 피며 지름 4~5mm이다. 꽃받침잎은 길이 1.8~3mm의 긴 타원형이며 꽃잎은 길이 3~5.5mm의 주걱형이다. **열매**(장각과)는 길이 1~1.5cm의 선상 원통형이며 끝부분에 길이 1~2mm의 암술대가 남아 있다.

참고 잎이 깃털모양으로 갈라지며 열매와 열매자루의 길이(1~1.5cm)가 비슷한 것이 특징이다.

❶2016. 5. 31. 경기 김포시 ❷꽃. 수술은 6개이다. ❸열매. 선상 원통형이고 열매자루와 길이가 비슷하다. ❹줄기잎. 깃털모양으로 깊게 갈라지며 열편은 선형-긴 타원형이다.

들갓

Sinapis arvensis L.

십자화과

국내분포/자생지 지중해 연안 원산. 전국(경남, 인천시 등)에 드물게 분포

형태 1년초. **줄기**는 높이 20~80cm 이며 흔히 전체에 털이 있다. 줄기 아랫부분의 **잎**은 깃털모양으로 갈라지며 잎자루가 길다. 줄기 윗부분의 잎은 길이 3~12cm의 피침형–난형이고 가장자리에 톱니가 있다. **꽃**은 4~6월에 밝은 황색으로 피며 꽃잎은 길이 0.9~1.2cm의 도란형이다. **열매**(장각과)는 길이 2~4.5cm의 선상 원통형이고 3~5개의 맥이 있으며 털이 없거나 많다.

참고 갓에 비해 전체에 털이 많으며 열매에 3~5개의 뚜렷한 맥이 있다. 열매의 끝부분에 남아 있는 암술대는 납작하고 3개의 맥이 있는 것이 특징이다.

❶2013. 4. 20. 경남 하동군 ❷꽃. 황색이고 꽃잎은 주걱상 도란형이다. ❸열매. 3~5맥이 있으며 숙존하는 암술대는 길이 1~1.5cm이다. ❹줄기 아래쪽의 잎. 하반부는 깊게 갈라진다.

가는잎털냉이

Sisymbrium altissimum L.

십자화과

국내분포/자생지 지중해 연안 원산. 강원, 경기, 전북, 충남 등에 드물게 분포

형태 1년초. **줄기**는 높이 20~100cm 이며 털이 없거나 줄기의 아랫부분에 긴 털이 있다. 아래쪽의 **잎**은 깃털모양으로 깊게 갈라지며 윗부분의 잎은 선상으로 갈라진다. **꽃**은 4~5월에 연한 황색으로 핀다. 꽃받침잎은 길이 4~6mm의 긴 타원형이며 꽃잎은 길이 6~8mm의 주걱형이다. **열매**(장각과)는 길이 6~10cm의 선형이며 표면에 털이 없다.

참고 긴갓냉이와 비슷하지만 꽃자루가 길고(길이 6~10mm) 꽃받침잎에 털이 없으며 줄기 상부의 잎이 선형으로 갈라지는 것이 특징이다.

❶2019. 6. 7. 강원 평창군 ❷꽃. 꽃받침잎은 긴 타원형의 두건모양(또는 보트모양)이고 비스듬히 또는 옆으로 퍼진다. ❸열매. 자루는 열매보다 약간 더 넓다. ❹뿌리잎. 로제트모양으로 퍼지며 깃털모양으로 깊게 갈라진다.

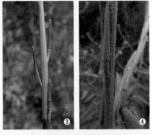

유럽장대
Sisymbrium officinale (L.) Scop.

십자화과

국내분포/자생지 지중해 연안 원산. 울릉도, 제주 및 남부지방의 길가, 빈터, 하천가, 해안가 등

형태 1년초. **줄기**는 높이 30~100cm 이며 전체에 털이 많거나 적다. 줄기 아래쪽의 **잎**은 길이 5~15cm이고 흔히 깃털모양으로 깊게 갈라진다. 줄기 윗부분의 잎은 작고 창끝모양이다. **꽃**은 4~5월에 황색으로 핀다. 꽃받침잎은 길이 2~2.5mm의 긴 타원상 난형이며 꽃잎은 길이 2.5~4mm의 주걱형이다. **열매**(장각과)는 길이 1~1.5cm의 선상 원통형이며 표면에 털이 많거나 없다.

참고 열매는 길이가 짧고 꽃자루의 축에 밀착해 붙는 것이 특징이다. 열매 표면에 털이 없는 것을 민유럽장대로 구분하기도 한다.

❶털이 많은 개체(2013. 5. 18. 대구시 낙동강) ❷꽃. 수술은 6개이다. ❸~❹열매. 꽃차례의 축에 밀착해 붙는다. ❺줄기 윗부분의 잎. 밑부분은 창끝모양으로 열편이 발달한다.

긴갓냉이
Sisymbrium orientale L.

십자화과

국내분포/자생지 지중해 연안 원산. 거의 전국에 드물게 분포

형태 1년초. **줄기**는 높이 20~80cm 이며 가지가 많이 갈라지고 전체에 털이 있다. 줄기 아래쪽의 **잎**은 길이 3~10cm이고 흔히 깃털모양으로 깊게 갈라진다. 줄기 윗부분의 잎은 선형-피침형이며 밑부분은 흔히 창끝모양이다. **꽃**은 4~6월에 연한 황색으로 핀다. 꽃받침잎은 길이 3.5~5mm의 긴 타원형이며 바깥 면에 긴 털이 있다. **열매**(장각과)는 길이 6~10cm의 좁은 선상 원통형이다.

참고 가는잎털냉이에 비해 윗부분의 줄기잎이 피침상이고 밑부분이 창끝 모양이며 꽃받침잎에 털이 있는 것이 특징이다.

❶2013. 4. 26. 경남 남해도 ❷꽃. 꽃받침의 바깥 면에 털이 많다. ❸열매. 길이 6~10cm 의 긴 선상 원통형이며 표면(특히 아랫부분)에 긴 털이 많다. ❹줄기 윗부분의 잎. 양쪽의 밑부분에 창모양의 열편이 발달한다.

말냉이

Thlaspi arvense L.

십자화과

국내분포/자생지 전국의 길가, 농경지, 빈터, 하천가 등

형태 1~2년초. 줄기는 높이 10~60cm이며 전체에 털이 없다. 줄기잎은 길이 1.5~4(~8)cm의 긴 타원형이며 가장자리는 밋밋하거나 물결모양의 톱니가 불규칙하게 있다. 꽃은 4~5월에 백색으로 핀다. 꽃받침잎은 길이 2~3mm의 긴 타원형–난형이고 꽃잎은 길이 3~4.5cm의 주걱형이다. **열매**(단각과)는 길이 1~2cm의 도란형–거의 원형이며 가장자리의 날개는 너비 2~3mm이고 끝부분은 깊게 오목하다.

참고 줄기잎이 깃털모양으로 갈라지지 않으며 열매가 대형이고 끝부분이 깊게 오목하게 파이는 것이 특징이다.

❶2014. 4. 12. 경기 가평군 ❷꽃. 꽃받침잎에 털이 없다. 수술은 6개이며 그중 2개는 약간 짧다. ❸열매. 도란상 원형이고 가장자리에 넓은 날개가 발달한다. ❹줄기잎. 잎자루 없이 줄기에 붙는다.

뚜껑별꽃

Anagallis arvensis L.

앵초과

국내분포/자생지 제주의 해안가 또는 농경지, 빈터 등

형태 1~2년초. 줄기는 높이 10~30cm이며 네모지고 좁은 날개가 있다. 잎은 마주나며 길이 7~18mm의 좁은 난형–난형이다. 꽃은 3~4(~8)월에 청색–청자색(–적자색)으로 피며 잎겨드랑이에 1개씩 달린다. 꽃자루는 길이 2~3cm이고 꽃이 지면 아래로 심하게 굽는다. 꽃부리는 지름 1~1.3cm이고 5개로 깊게 갈라지며 열편은 타원형–도란형이고 가장자리에 잔털이 있다. 수술은 5개이다. **열매**(삭과)는 지름 3.5~4mm의 구형이다.

참고 수술대에 긴 털이 많으며 열매가 익으면 가로 방향으로 뚜껑처럼 열리는 것이 특징이다.

❶2017. 4. 7. 제주 서귀포시 ❷꽃. 꽃부리열편의 가장자리는 불규칙한 잔톱니와 함께 털이 있다. ❸열매. 꽃자루가 아래를 향해 굽는다. ❹잎. 밑부분이 줄기를 약간 감싼다.

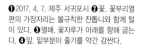

애기봄맞이
Androsace filiformis Retz

앵초과

국내분포/자생지 전국의 농경지, 하천가, 습지에 비교적 드물게 분포

형태 1~2년초. 뿌리잎은 로제트모양으로 땅에 퍼지고 줄기잎은 없다. 잎은 길이 5~25mm의 좁은 타원형-난상 긴 타원형-넓은 난형이다. 꽃은 4~5(~9)월에 백색으로 피며 산형꽃차례에서 모여 달린다. 총포는 선형-피침형이며 꽃자루는 길이 1~6cm이다. 꽃받침은 길이 2mm 정도의 컵모양이며 끝이 5개로 갈라진다. **열매**(삭과)는 길이 2~4mm이다.

참고 명천봄맞이(*A. septentrionalis*)에 비해 꽃받침이 컵모양이고 맥이 없으며 꽃줄기에 털이 없거나 샘털이 있고 뿌리가 수염뿌리인 것이 특징이다.

❶2013. 5. 15. 경북 성주군 낙동강 ❷꽃. 꽃부리는 지름이 3mm 정도이다. ❸열매. 거의 구형이다. ❹총포. 길이 2mm 정도의 선상 피침형이다. ❺뿌리잎. 가장자리에 물결모양의 톱니가 있다.

봄맞이꽃
Androsace umbellata (Lour.) Merr.

앵초과

국내분포/자생지 전국의 공원, 농경지, 민가, 풀밭 등

형태 1~2년초. 뿌리잎은 로제트모양으로 땅에 퍼지고 줄기잎은 없다. 잎은 길이 4~15mm의 삼각상 난형-거의 원형이고 밑부분은 둥글거나 심장형이다. 꽃은 4~5월에 백색으로 피며 산형꽃차례에서 모여 달린다. 총포는 피침형-난형이다. 꽃부리는 지름 4~6mm이고 중앙부가 밝은 황색이다. 꽃받침은 길이 3~4mm이며 열편은 난형이고 거의 밑부분까지 갈라진다. **열매**(삭과)는 길이 4mm 정도이고 둥근 모양이다.

참고 잎이 반원형상이고 가장자리 전체에 톱니가 있으며 꽃받침이 거의 밑부분까지 갈라지는 것이 특징이다.

❶2014. 4. 10. 충북 음성군 ❷꽃. 꽃받침잎에 3(~5)맥이 있으며 털이 많다. 꽃줄기와 꽃자루에도 털이 밀생한다. ❸열매. 거의 구형이고 아래를 향해 달린다. ❹뿌리잎. 가장자리의 톱니가 뚜렷하다.

갯봄맞이

Glaux maritima L.

앵초과

국내분포/자생지 동해안의 해안가 습지(주로 석호)

형태 다년초. **줄기**는 높이 5~20cm 이고 털이 없다. **잎**은 길이 4~20mm 의 좁은 피침형–타원형–난형 또는 도란상 타원형이다. 잎맥은 불명확하 며 양면에 얕게 파인 점이 흩어져 있 다. **꽃**은 5~6월에 (거의 백색–)연한 적색으로 피며 줄기 윗부분의 잎겨드 랑이에 1개씩 달린다. 꽃자루는 거의 없다. 꽃받침은 5개로 갈라지며 열편 은 너비 1.5~2mm의 긴 타원형–도란 형이고 끝은 둥글다. 수술은 5개이고 꽃받침열편보다 약간 짧다. 암술대는 수술과 길이가 비슷하다. **열매**(삭과)는 지름 2.5~3.5mm의 거의 구형이고 털이 없다.

참고 땅속줄기가 길게 벋으면서 자 라고 꽃부리(꽃잎)가 없으며 꽃받침이 연한 적색인 것이 특징이다.

❶2013. 5. 25. 강원 고성군 ❷꽃. 꽃부리가 없고 꽃받침열편이 분홍색–연한 적색의 꽃잎 모양이다. ❸열매. 구형이며 5개로 갈라진다.

버들까치수염

Lysimachia thyrsiflora L.

앵초과

국내분포/자생지 강원(인제군) 이북의 습지

형태 다년초. **줄기**는 높이 30~80cm 이고 땅속줄기가 길게 벋는다. **잎** 은 길이 5~15cm의 피침형–타원 상 피침형이며 가장자리가 밋밋하 다. **꽃**은 6~7월에 황색으로 피며 줄 기 중간부의 잎겨드랑이에서 나온 길이 2~3cm의 원통모양 총상꽃차 례에서 모여 달린다. 꽃받침은 길이 2~3.5mm이고 6(~7)개로 갈라지며 열편은 길이 5~6mm의 선상 피침형 이다. 수술은 6개이고 꽃잎보다 길다. **열매**(삭과)는 지름 2.5mm의 거의 구 형이다.

참고 꽃차례가 줄기 중간부의 잎겨드 랑이에서 나오며 황색의 꽃이 원통모 양으로 빽빽이 모여 달리고 꽃잎이 6 개인 것이 특징이다.

❶2018. 6. 12. 중국 지린성 ❷꽃차례. 수술 과 암술대는 꽃잎보다 길다. ❸열매. 끝부분 에 암술대가 남아 있다. ❹잎. 마주나며(교호 대생) 잎자루는 없다.

까치수염
Lysimachia barystachys Bunge

앵초과

국내분포/자생지 전국의 길가, 풀밭, 하천가 및 숲가장자리 등

형태 다년초. 땅속줄기가 옆으로 벋는다. **줄기**는 높이 30~100cm이며 전체에 잔털이 많다. **잎**은 어긋나거나 거의 마주나며 길이 5~10cm의 선상 피침형-긴 타원상 피침형이다. 잎자루는 거의 없다. **꽃**은 6~8월에 백색으로 피며 줄기의 끝부분에서 나온 꼬리처럼 긴 총상꽃차례에서 빽빽이 모여 달린다. 꽃부리는 지름 7~12mm이고 꽃받침열편은 길이 3~4mm의 긴 타원형이다. 수술은 5개이고 수술대에 샘털이 많다. **열매**(삭과)는 지름 2.5~4mm의 거의 구형이다.

참고 큰까치수염에 비해 전체에 털이 많으며 잎이 피침상으로 좁은 것이 특징이다.

❶2002. 6. 23. 경북 청송군 ❷꽃. 수술은 5개이고 수술대에 샘털이 많다. ❸잎. 선형-긴 타원상 피침형으로 좁은 편이다. ❹줄기. 백색의 털이 밀생한다.

진퍼리까치수염
Lysimachia fortunei Maxim.

앵초과

국내분포/자생지 남부지방(경남, 전남)의 습지

형태 다년초. 땅속줄기가 있다. **줄기**는 높이 30~70cm이고 밑부분은 붉은빛이 돈다. **잎**은 어긋나며 길이 4~10cm의 도피침형-긴 타원상 도피침형이다. **꽃**은 7~8월에 백색으로 피고 길이 10~20cm의 긴 총상꽃차례에서 모여 달린다. 꽃부리는 지름 5~7mm이고 열편은 타원형이다. 꽃받침열편은 길이 1.5mm 정도의 난상 타원형이다. **열매**(삭과)는 지름 2~2.5mm의 구형이다.

참고 전체(꽃차례 제외)에 털이 없고 잎이 도피침상이며 꽃부리통부가 길이 3~5mm로 짧고 수술의 길이노 1.5mm 이하인 것이 특징이다.

❶2013. 8. 12. 전남 구례군 ❷꽃. 작은 편이며 꽃부리열편의 안쪽 면에 샘털이 많다. ❸미숙 열매 ❹잎. 도피침형이며 털이 없다.

물까치수염

Lysimachia leucantha Miq.

앵초과

국내분포/자생지 제주 및 남부지방의 저지대 습지에 드물게 자람

형태 다년초. 땅속줄기가 있다. 줄기는 높이 30~50cm이고 털이 없으며 능각이 있다. 잎은 어긋나며 길이 2~4.5cm의 넓은 선형-선상 도피침형이고 양면에 샘점이 흩어져 있다. 끝은 둔하거나 뾰족하고 가장자리는 밋밋하거나 약간 물결진다. 뒷면의 중앙맥은 뚜렷하지만 측맥은 희미하다. 잎자루는 없다. 꽃은 5~6월에 백색으로 피며 줄기의 끝에서 나온 총상꽃차례에서 빽빽이 모여 달린다. 포는 선형이며 꽃자루는 길이 1.2~2cm(결실기에는 2~4cm)로 포보다 2~3배 정도 길다. 꽃받침은 5개로 깊게 갈라지며 얼편은 좁은 피침형이고 가장자리는 밋밋하다. 꽃부리는 지름 5~7mm이며 열편은 타원형-넓은 타원형이고 끝이 둥글다. 수술은 5개이고 꽃부리열편과 길이가 비슷하다. 암술대는 수술과 길이가 비슷하거나 약간 짧다. **열매**(삭과)는 둥글고 꽃받침보다 짧으며 끝부분에 암술대가 남아 있다.

참고 진퍼리까치수염에 비해 잎이 작고 측맥이 희미하며 꽃자루가 매우 길고 꽃받침열편이 좁은 피침형이라는 특징이 있다. 또한 꽃차례가 길이는 짧지만 너비는 넓다.

❶ 2013. 5. 20. 제주 제주시 한경면 ❷~❸ 꽃. 수술은 꽃부리 밖으로 길게 나온다. 꽃밥은 연한 자색이다. 꽃받침은 밑부분까지 깊게 갈라지며 열편은 선상 피침형-좁은 피침형이다. ❹ 열매 ❺ 잎 앞면. 가장자리는 밋밋하거나 물결모양이다. 잎 표면에는 중앙맥만 뚜렷하고 측맥은 희미하다. ❻ 잎 뒷면. 연한 녹색이다. ❼ 줄기. 털이 없고 둥근 능각이 있다.

갯까치수염
Lysimachia mauritiana Lam.

앵초과

국내분포/자생지 중부지방 이남의 해안가

형태 2년초. 줄기는 높이 10~40cm 이며 가지가 많이 갈라지고 전체에 털이 없다. 잎은 어긋나며 길이 6~12cm의 주걱상 도피침형-타원상 도란형이다. 약간 다육질이고 광택이 난다. 꽃은 4~6월에 백색으로 피며 총상꽃차례에서 모여 달린다. 꽃부리는 지름이 1~1.2cm이고 열편은 혀모양의 타원형이다. 꽃받침열편은 길이 4~7mm의 넓은 피침형이다. 수술은 5개이고 꽃부리열편의 아랫부분에 붙어 있다. **열매**(삭과)는 지름이 4~6mm이고 난상 구형이다.

참고 2년초로서 잎이 약간 다육질이고 광택이 나며 꽃차례의 포가 잎모양인 것이 특징이다.

❶2002. 6. 7. 전남 신안군 홍도 ❷꽃. 꽃차례의 포는 잎모양이다. ❸열매. 익으면 끝부분에서 5개로 갈라져 씨가 나온다. ❹잎. 두껍고 광택이 난다.

좀가지풀
Lysimachia japonica Thunb.

앵초과

국내분포/자생지 중부지방 이남의 공원, 길가, 농경지, 풀밭 등

형태 다년초. 줄기는 높이 7~20cm 이고 회백색의 다세포 털이 있다. 잎은 마주나며 길이 1~2.5cm의 넓은 난형-거의 원형이고 밑부분은 편평하거나 둥글다. 꽃은 5~7월에 황색으로 피며 잎겨드랑이에 1개씩 달린다. 꽃자루는 길이 3~12mm이고 꽃이 지고 나면 밑으로 처진다. 꽃부리는 지름 7~9mm이고 열편은 도란상 타원형-삼각상 난형이며 거의 밑부분까지 깊게 갈라진다. **열매**(삭과)는 지름 3~4mm이고 둥글며 윗부분에 긴 털이 있다.

참고 땅위에 누워 자라며 꽃이 황색이고 잎겨드랑이에 1개씩 달리는 것이 특징이다.

❶2015. 6. 24. 경남 남해도 금산 ❷꽃. 황색이며 꽃받침잎의 뒷면에 털이 밀생한다. ❸열매. 익으면 열매자루는 땅을 향해 굽는다. ❹잎. 난형상이며 가장자리에 털이 많다.

피자
식물문

MAGNOLIOPHYTA

목련강
MAGNOLIOPSIDA

장미아강
ROSIDAE

돌나물과 CRASSULACEAE
장미과 ROSACEAE
콩과 FABACEAE
개미탑과 HALORAGACEAE
부처꽃과 LYTHRACEAE
마름과 TRAPACEAE
바늘꽃과 ONAGRACEAE
단향과 SANTALACEAE
대극과 EUPHORBIACEAE
포도과 VITACEAE
원지과 POLYGALACEAE
괭이밥과 OXALIDACEAE
아마과 LINACEAE
남가새과 ZYGOPHYLLACEAE
쥐손이풀과 GERANIACEAE
미나리과 APIACEAE

연화바위솔

Orostachys iwarenge (Makino)
H. Hara

돌나물과

국내분포/자생지 제주 및 울릉도의 해안가 바위지대

형태 다년초. 개화기의 줄기는 높이가 8~15cm이다. 로제트모양의 뿌리잎은 연한 회록색–회청색이며 지름 6~12cm이다. 줄기잎은 넓은 도피침형–타원형이고 끝이 둥글거나 급하게 뾰족해진다. 꽃은 10~11월에 백색으로 핀다. 포는 타원형–긴타원상 난형이다. 꽃받침잎은 길이 4~5.5mm의 좁은 난형이고 끝이 둔하다. 꽃잎은 길이 6~8mm이며 좁은 긴 타원형이고 끝은 뾰족하거나 둥글다. 꽃밥은 길이 0.5mm 정도이고 흔히 황색–연한 적자색이다. 열매(골돌과)는 길이 1~1.2cm이다.

참고 연화바위솔과 둥근바위솔은 잎 끝에 가시 같은 돌기가 없는 것이 특징이다. 학자에 따라서는 연화바위솔을 둥근바위솔에 포함하거나 종내 분류군(O. malacophylla var. iwarenge)으로 처리하기도 한다. **둥근바위솔** (*O. malacophylla*)은 로제트의 지름이 10cm 이하이며, 뿌리잎은 길이 1.5~7cm의 피침상 긴 타원형–도란형이다. 줄기잎은 길이 2~7cm이며 끝이 둔하다. 꽃잎은 길이 4~6mm의 난상 긴 타원형이고 백색–연한 녹백색이며 꽃밥은 황색–주황색이다. 해안가나 내륙산지 바위지대에서 자란다. 국내에 분포하는 바위솔속(*Orostachys*)은 분류학적 재검토가 요구되는 분류군 중 하나이다. 특히 국내 해안가에 분포하는 둥근바위솔류(연화바위솔, 둥근바위솔)는 중국, 러시아에 분포하는 둥근바위솔류(*O. malacophylla, O. maximowiczii*) 및 일본에 분포하는 둥근바위솔류(*O. malacophylla* var. *aggregeata* 등)와 면밀한 비교·검토가 요구된다.

❶ 2016. 10. 19. 경북 울릉도 ❷ 꽃과 잎. 잎의 끝부분에 가시 같은 돌기가 없으며 꽃밥은 황색이다. ❸~❺ 둥근바위솔 ❸ 둥근바위솔(산지형, 2003. 6. 6. 소백산). 북한지역에 자생하는 것으로 기록되어 있는 애기바위솔(*O. filifera*) 및 해안가에 분포하는 둥근바위솔와의 비교·검토가 요구된다. ❹ 둥근바위솔(해안형)의 꽃. 꽃밥은 연한 적자색 또는 황색–주황색이다. ❺ 2005. 10. 20. 강원 양양군

바위솔

Orostachys japonica (Maxim.) A. Berger

돌나물과

국내분포/자생지 전국의 산지 바위 지대 및 민가의 지붕 등
형태 다년초. 전체가 다육질이고 꽃이 핀 줄기는 말라 죽는다. 뿌리잎은 길이 1.5~3cm의 좁은 주걱형이다. 줄기잎은 길이 2~6cm의 선형-선상 피침형이며 끝은 길게 뾰족하다. 꽃은 9~10월에 백색으로 피며 가장자리에 붉은빛이 돌기도 한다. 포는 피침상이다. 꽃잎은 5개이고 길이 6~8mm의 좁은 피침형이다. 꽃받침잎은 길이 2mm 정도의 좁은 피침형이며 끝은 뾰족하다. 수술은 10개로 꽃잎보다 길고 꽃밥은 적자색이다.
참고 둥근바위솔에 비해 잎과 포가 피침상이며 잎끝에 가시모양의 돌기가 있는 것이 특징이다.

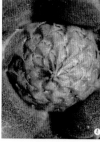

❶ 2001. 10. 11. 경북 영천시 ❷ 꽃. 꽃밥은 흔히 붉은빛이 돈다. ❸ 잎. 끝부분에 가시 같은 돌기가 있다. ❹ 월동 뿌리잎(겨울눈). 가장자리에 뚜렷한 톱니가 있다.

대구돌나물

Tillaea aquatica L.

돌나물과

국내분포/자생지 강원(양양군), 경기(한강), 경남(양산시, 창녕군, 함안군 등), 경북, 제주의 하천 및 습지
형태 1년초. 줄기는 높이 2~6cm이며 곧추서거나 비스듬히 자라고 아랫부분에서 가지가 갈라진다. 잎은 마주나며 길이 4~8mm의 선상 피침형이고 밑부분은 잎자루가 없이 줄기에 붙는다. 꽃은 5~6월에 백색으로 핀다. 꽃잎과 꽃받침잎은 4(~5)개씩이다. 꽃받침잎은 길이 0.5mm 정도의 난형이며 꽃잎은 길이 1mm 정도의 난상 긴 타원형이다. 수술은 꽃잎보다 짧으며 암술대는 1개이고 짧다. 열매(골돌과)는 난상 긴 타원형이다.
참고 꽃자루 없는 꽃이 잎겨드랑이에 좌우 교대로 1개씩 달리는 것이 특징이다.

❶ 2012. 5. 28. 경남 함안군 ❷ 꽃. 꽃잎은 백색이고 막질이다. 꽃잎, 꽃받침잎, 수술은 각 4개씩이다. ❸ 열매. 씨방은 4개이고 익으면 측면의 세로줄을 따라 열린다.

말똥비름

Sedum bulbiferum Makino

돌나물과

국내분포/자생지 전국의 길가, 농경지, 풀밭, 하천가

형태 다년초. 줄기는 높이 7~30cm이다. 줄기 아래쪽의 잎은 마주나고 위쪽의 잎은 어긋난다. 잎은 길이 1~1.5cm의 주걱상 도피침형이며 끝은 둔하거나 둥글다. 꽃은 5~6월에 황색으로 피며 줄기나 가지의 끝 또는 잎겨드랑이에 1(~2)개씩 달린다. 꽃잎과 꽃받침잎은 5개씩이다. 꽃받침잎은 길이 2~4mm의 선상 피침형–긴 타원형이며 꽃잎은 길이 4~5.5mm의 좁은 피침형이다. 수술은 10개이며 암술대는 길이 1mm 정도이다.

참고 열매는 흔히 씨를 맺지 못하며 잎겨드랑이에 생기는 잎모양 주아(珠芽)에 의해 번식한다.

❶2005. 6. 2. 경기 포천시 ❷꽃. 수술은 10개이고 씨방은 (4~)5개이다. ❸열매. 성숙해도 씨를 맺지 않는 경우가 대부분이다. ❹~❺주아. 꽃차례와 잎겨드랑이에 생긴다. 땅에 떨어지면 뿌리를 내린다.

멕시코돌나물

Sedum mexicanum Britton.

돌나물과

국내분포/자생지 원산지 불명확. 인천시, 제주시, 충남(안면도)에서 야생

형태 다년초. 줄기는 높이 10~20cm이다. 잎은 3~5개씩 돌려나지만 꽃이 달리는 줄기의 잎은 어긋난다. 잎은 길이 8~20mm의 원통상 선형–선상 피침형–긴 타원형이며 끝이 둔하다. 꽃은 4~5월에 황색으로 피며 가지의 끝부분에서 취산상으로 모여 달린다. 꽃은 지름 1.2cm 정도이고 꽃잎과 꽃받침잎은 5개씩이다. 수술은 10개이고 꽃잎과 길이가 비슷하거나 짧다. 열매(골돌과)는 5(~6)개이고 길이 5mm 정도이다.

참고 돌나물에 비해 잎이 원통상 선형–긴 타원형이며 꽃이 달리는 줄기의 잎은 흔히 어긋나는 것이 특징이다.

❶2014. 5. 5. 대구시 ❷꽃. 줄기의 끝부분에서 취산상으로 모여 달린다. ❸잎. 원통상 선형이며 꽃이 달리는 줄기의 잎은 어긋난다.

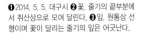

땅채송화

Sedum uniflorum subsp. *oryzifolium*
(Makino) H. Ohba
Sedum oryzifolium Makino

돌나물과

국내분포/자생지 전국의 해안가 바위지대

형태 다년초. 높이 5~12cm이며 전체에 털이 없다. 줄기는 옆으로 길게 벋고 가지가 많이 갈라지며 가지는 곧추선다. 잎은 어긋나며 길이 3~7mm, 너비 1.7~3.5mm의 원통상 좁은 긴 타원형이고 잎자루 없이 가지에 촘촘히 달린다. 다육질이며 끝은 둥글거나 둔하다. 꽃은 5~6월에 황색으로 피며 가지의 끝부분에서 3~10개씩 취산상으로 모여 달리고 꽃차례는 흔히 3개로 갈라진다. 꽃받침잎과 꽃잎은 5개씩이며 꽃자루는 없다. 꽃받침잎은 길이 2~3mm의 선상 긴 타원형~주걱형이며 끝이 둥글다. 꽃잎은 길이 4~6mm의 피침형~주걱형이며 끝이 뾰족하거나 둔하다. 수술은 10개이고 길이 3.5~5mm로 꽃잎과 길이가 비슷하거나 짧다. 꽃밥은 황색이다. 열매(골돌과)는 5개가 별모양으로 모여 달린다.

참고 돌채송화(*S. japonicum*)는 땅채송화에 비해 잎이 길고(1.2~1.8cm) 비교적 성기게 달리는 것이 특징이며 *S. uniflorum*의 아종으로 처리하기도 한다. 서남해 도서지역에 분포하는 갯돌나물(*S. lepidopodum*)은 바위채송화(*S. polytrichoides*)에 비해 잎이 짧고 넓은(피침형~긴 타원형~도란상 타원형) 편이며 꽃차례의 길이가 짧다. 바위채송화에 통합처리하기도 한다. 국내에 자생하는 돌채송화과 갯돌나물에 대한 분류학적 연구가 요구된다.

❶2013. 5. 22. 제주 제주시 한경면 ❷꽃. 꽃받침잎은 다육질이며 끝이 둥글다. 수술은 10개이다. ❸잎. 가지와 줄기에 촘촘히 달리며 끝이 둥글다. ❹~❺갯돌나물 ❹결실기가 지난 개체의 잎. 다육질이며 편평하다. 잎끝은 둥글기도 하지만 주로 둔하거나 뾰족하다. ❺개화기의 갯돌나물(2002. 7. 11. 전남 신안군 홍도). 해안가 환경에서 적응한 바위채송화의 왜소형으로 추정된다. 바위채송화에 비해 꽃이 적게 달리고 잎이 짧고 넓은 편이다.

돌나물

Sedum sarmentosum Bunge

돌나물과

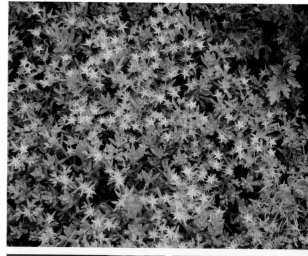

국내분포/자생지 전국의 길가, 농경지, 풀밭 등

형태 다년초. 줄기는 높이 5~15cm이며 땅위로 길게 벋는다. 잎은 길이 1.3~2.5cm의 피침상 마름모형−타원상 마름모형이며 다육질이다. 꽃은 5~6월에 황색으로 피며 가지의 끝부분에서 취산상으로 모여 달린다. 꽃잎과 꽃받침잎은 5개씩이다. 꽃받침잎은 길이 3.5~5mm의 선상 피침형이며 꽃잎은 길이 5~8mm의 선상 피침형−긴 타원형이다. 수술은 10개이고 꽃잎보다 짧으며 꽃밥은 황적색이다. 열매(골돌과)는 난상 긴 타원형이며 5개씩 모여 달린다.

참고 잎이 피침상 마름모형−타원상 마름모형이며 3개씩 돌려나는 것이 특징이다.

❶2014. 6. 6. 서울시 한강공원 ❷꽃. 꽃받침잎은 다육질이고 끝이 뾰족하다. ❸줄기잎. 다육질이고 3개씩 돌려난다.

낙지다리

Penthorum chinense Pursh

돌나물과

국내분포/자생지 전국의 습지에 드물게 자람

형태 다년초. 줄기는 높이 30~70cm이며 땅속줄기가 길게 벋으면서 자란다. 잎은 어긋나며 길이 4~10cm의 선상 피침형−피침형이다. 꽃은 지름 4~5mm이고 7~8월에 백색−황백색으로 피며 줄기 끝부분의 꽃차례에서 취산상으로 모여 달린다. 꽃받침잎은 길이 1.5~2mm의 삼각형이고 연한 녹색−녹색이며 5개이다. 꽃잎은 흔히 없으며 수술은 10개이고 꽃받침잎보다 길다. 열매(삭과)는 지름 4~5mm의 별모양이다.

참고 꽃차례가 낙지다리모양으로 갈라지며 5개의 심피가 중앙부까지 합생하는 것이 특징이다.

❶2016. 9. 6. 인천시 서구 국립생물자원관(식재) ❷꽃. 꽃잎은 없거나 5(~8)개이고 꽃받침잎은 5~8개이다. 꽃줄기와 꽃자루에 샘털이 많다. ❸열매. 5~8개로 갈라진다. ❹잎. 가장자리에 톱니가 많다.

뱀딸기(민뱀딸기)

Duchesnea indica (Andr.) Focke

장미과

국내분포/자생지 전국의 길가, 농경지, 민가, 풀밭, 하천가 및 숲가장자리 등
형태 다년초. 줄기는 길이 30~100cm 이며 땅위를 벋으며 자라고 털이 많다. 잎은 어긋나며 3출엽이다. 작은잎은 길이 2~4cm의 도란형-마름모상 긴 타원형이고 가장자리에 둔한 톱니가 있다. 꽃은 4~6월에 황색으로 피며 지름 1.5~2.5cm이다. 꽃받침잎은 난형이며 덧꽃받침잎은 도란형이고 끝부분에 3~5개의 톱니가 있다. 열매(집합과)는 지름 1~2cm이고 적색이다.
참고 산뱀딸기에 비해 전체적으로 대형이며 집합과의 표면(꽃턱)은 광택이 나고 수과의 표면이 밋밋하거나 뚜렷하지 않은 유두상 돌기가 있는 것이 다르다.

❶2001. 4. 26. 대구시 경북대학교 ❷꽃. 덧꽃받침잎(부악편)은 꽃받침잎보다 크고 잎모양이다. ❸잎. 가장자리에 둔한 톱니가 있다. ❹열매. 집합과의 표면(꽃턱)은 광택이 난다.

산뱀딸기

Duchesnea chrysantha (Zoll. & Moritzi) Miq.

장미과

국내분포/자생지 주로 남부지방의 길가, 농경지, 민가 및 숲가장자리 등
형태 다년초. 줄기는 길이 30~50cm 이며 땅위를 벋으면서 자란다. 잎은 어긋나며 3출엽이다. 작은잎은 길이 1.5~2.5cm의 도란형-마름모형-난형이고 가장자리에 톱니가 있다. 꽃은 4~6월에 황색으로 피며 지름은 1.5~2.5cm이다. 꽃받침잎은 좁은 난형-난형이며 덧꽃받침잎은 삼각상 도란형이고 끝부분에 3~5개의 톱니가 있다. 열매(집합과)는 지름 0.8~1.2cm이고 연한 적색-적색이다.
참고 뱀딸기에 비해 소형이며 집합과의 표면(꽃턱)에 광택이 없고 수과의 표면에 유두상 돌기가 있는 것이 특징이다.

❶2004. 7. 17. 경남 산청군 지리산 ❷꽃. 뱀딸기와 유사하다. ❸열매. 꽃턱은 광택이 없다. ❹뱀딸기(좌)/산뱀딸기(우) 열매 비교. 뱀딸기에 비해 훨씬 작다.

물싸리풀

Potentilla bifurca L.

장미과

국내분포/자생지 북부지방의 길가, 농경지, 풀밭, 하천가

형태 다년초. 줄기는 높이 5~20cm 이며 땅속줄기는 목질화되고 땅위로 길게 벋는 줄기가 발달한다. 턱잎은 길이 4~12mm의 피침형-난상 피침형이다. 잎은 깃털모양의 겹잎이며 잎자루를 포함해 길이 3~10cm이고 작은잎은 3~8쌍이다. 작은잎은 길이 9~27mm의 선형-타원형이며 줄기 아래쪽의 것은 흔히 끝이 2(~3)개로 갈라진다. 앞면은 털이 없거나 흩어져 있고 뒷면에는 누운 털이 많거나 적다. 꽃은 지름 0.8~1.5cm이고 5~6월에 황색으로 피며 줄기나 가지의 끝부분에서 (1~)2~6개씩 취산상으로 모여 달린다. 꽃받침잎은 길이 4~7.4mm의 난형이고 뒷면에 털이 있다. 꽃받침 모양의 덧꽃받침잎은 길이 3.5~7mm의 선상 피침형-긴 타원형이고 끝이 뾰족하다. 꽃잎은 도란형이고 끝은 둥글며 꽃받침잎보다 약간 더 길다. 열매(수과)는 표면에 주름이 없다.

참고 물싸리에 비해 초본성이며 씨방에 털이 없는 것이 특징이다. **검은낭아초**(*Comarum palustre*)는 꽃이 흑자색이고 꽃잎이 꽃받침잎보다 길이가 짧거나 비슷하다. 꽃턱은 꽃이 진 다음 육질화되고 표면에 작은 구멍이 많다. 북부지방의 습지에서 자란다.

❶2007. 6. 24. 중국 지린성 두만강변 ❷~❸꽃. 지름 8~15mm이다. 덧꽃받침잎은 꽃받침잎보다 길고 뒷면에 털이 많다. ❹열매. 수과의 표면은 평활하며 흑갈색으로 익는다. ❺잎. 깃털모양의 겹잎이며 작은잎은 흔히 2~3개로 갈라진다. ❻~❼검은낭아초 ❻꽃. 꽃잎과 꽃받침. 수술대는 흑자색이다. 덧꽃받침잎은 선형이다. 꽃줄기와 꽃자루에 샘털과 털이 많다. ❼2007. 6. 29. 중국 지린성

딱지꽃
Potentilla chinensis Ser.

장미과

국내분포/자생지 전국의 풀밭, 하천가, 해안가 등

형태 다년초. 줄기는 높이 20~70cm이며 비스듬히 서거나 땅위에 누워 자란다. 줄기는 흔히 붉은빛이 돌고 잔털이 있거나 부드러운 털이 많다. 잎은 어긋나며 길이 4~25cm 깃털모양의 겹잎이고 작은잎은 5~15쌍이다. 작은잎은 길이 1~5cm의 긴 타원형-도란형이며 가장자리는 거의 중앙맥까지 깊게 갈라지거나 얕게 갈라진다. 작은잎 사이에 부속작은잎이 있는 경우도 있다. 앞면에는 털이 많거나 거의 없고 뒷면에는 털이 많다. 꽃은 지름 8~15mm이고 6~8월에 황색으로 피며 가지와 줄기 윗부분의 산방상 취산꽃차례에서 모여 달린다. 꽃자루는 길이 5~15mm이고 털이 많으며 밑부분에 피침형의 포가 있다. 꽃받침잎은 길이 3~6mm의 삼각상 난형이며 꽃받침잎 모양의 덧꽃받침잎은 꽃받침잎과 길이가 비슷하거나 짧다. 꽃잎은 넓은 도란형이고 끝이 오목하며 꽃받침잎보다 약간 더 길다. 열매(수과)는 길이 1.5mm 정도의 난형이고 짙은 갈색이며 주름진다.

참고 넓은딱지(*P. niponica*, 원산딱지꽃)는 작은잎이 3~7쌍이고 엽축(잎줄기)에 부속작은잎이 없는 것이 특징이다. 학자에 따라서는 딱지꽃에 통합 처리하기도 한다.

❶2003. 7. 23. 강원 영월군 ❷꽃. 꽃잎의 끝부분은 오목하며 수술은 20개이다. ❸잎. 표면은 광택이 난다. 작은잎의 가장자리는 흔히 깊게 갈라진다. ❹잎 뒷면. 백색의 털이 밀생한다. ❺~❽넓은딱지(원산딱지꽃) ❺꽃. 꽃받침과 꽃자루에 백색의 털이 많다. ❻잎. 표면과 가장자리에 백색의 긴 털이 많다. 작은잎의 수가 적은 편이며 작은잎의 가장자리는 흔히 얕게 갈라진다. ❼잎 뒷면. 백색의 털이 밀생한다. ❽2002. 6. 16. 강원 양양군 낙산해수욕장

눈양지꽃

Potentilla anserina subsp.
groenlandica Tratt.
Potentilla egedei Wormsk. ex Oeder

장미과

국내분포/자생지 강원(강릉시, 양양군, 등) 이북의 해안가 습지 가장자리

형태 다년초. 뿌리잎은 작은잎 11~17개로 이루어진 깃털모양의 겹잎이다. 작은잎은 길이 1.5~3.2cm의 좁은 도란형-도란형이며 가장자리에 톱니가 있다. 꽃은 지름 2~2.7cm이고 5~6월에 황색으로 피며 벋는 줄기에서 나온 꽃자루에 1개씩 달린다. 꽃받침잎은 길이 3.6~6.5mm의 삼각상 난형이며 덧꽃받침은 넓은 피침형이다. 열매(수과)는 길이 1.8~2.4mm의 난상 타원형-난형이며 표면은 밋밋하고 광택이 난다.

참고 옆으로 벋는 줄기가 발달하며 잎은 깃털모양의 겹잎이고 암술대가 원통모양인 것이 특징이다.

❶ 2011. 5. 26. 강원 고성군 ❷ 꽃. 꽃자루가 길다. 수술은 20개이고 2~3열로 배열된다. ❸ 열매. ❹ 잎. 작은잎 가장자리의 톱니는 크고 뾰족하며 엽축에 부속작은잎이 있다.

가락지나물

Potentilla kleiniana Wight & Arn.
Potentilla anemonifolia Lehm.

장미과

국내분포/자생지 전국의 농경지, 빈터, 저지대 습지 및 습한 풀밭

형태 다년초. 높이 10~50cm이며 옆으로 벋는 줄기가 발달한다. 뿌리잎은 작은잎 5~7개로 이루어진 손모양의 겹잎이며 줄기잎은 작은잎이 3~5개이다. 작은잎은 길이 1.5~5cm의 넓은 도피침형-좁은 난형이며 가장자리에 톱니가 있다. 꽃은 지름 8~12mm이고 5~7월에 황색으로 피며 취산꽃차례에서 모여 달린다. 꽃받침잎은 길이 2.5~5.3mm의 삼각상 난형이며 꽃받침잎 모양의 덧꽃받침잎은 피침형이다. 열매(수과)는 지름 0.5mm로 거의 구형이며 약간 주름진다.

참고 잎이 흔히 5출엽이며 암술대가 원뿔모양인 것이 특징이다.

❶ 2004. 6. 7. 경기 구리시 한강 ❷ 꽃. 꽃잎의 끝부분은 오목하며 수술은 20개이다. ❸ 열매. 수과의 표면은 세로로 주름진다. ❹ 잎. 작은잎 5개로 이루어진 손바닥모양의 겹잎이다.

좀개소시랑개비

Potentilla amurensis Maxim.
Potentilla supina var. *ternata*
Peterm.

장미과

국내분포/자생지 전국의 길가, 하천가 등

형태 1~2년초. 잎은 3출겹잎이며 어긋난다. 줄기잎은 길이 1~5cm이며 잎자루는 길이 1.5~4cm이다. 꽃은 4~7월에 황색으로 핀다. 꽃받침잎은 삼각상 난형이며 덧꽃받침잎은 선상 피침형-피침형이고 꽃받침잎과 길이가 비슷하거나 약간 더 길다. 꽃잎은 길이 1~2mm의 도란형이고 끝이 둥글다. 열매(수과)는 길이 1.3~1.6mm의 타원형이고 표면에 주름이 많다.

참고 개소시랑개비에 비해 잎이 3출겹잎이며 줄기, 잎 뒷면, 잎자루, 꽃받침잎 등에 긴 털이 많고 꽃잎이 매우 작은 것이 특징이다.

❶ 2001. 4. 25. 대구시 경북대학교 **❷** 꽃. 꽃잎이 매우 작다. 꽃받침잎은 삼각상 난형이며 뒷면에 긴 털이 많다. **❸** 열매. 꽃받침잎에 덮혀 있다. 수과 표면에 세로로 주름이 있다. **❹** 줄기잎. 3출겹잎이다.

개소시랑개비

Potentilla supina L.

장미과

국내분포/자생지 북반구와 아열대지역 원산. 전국의 길가, 풀밭, 하천가 등

형태 1~2년초. 잎은 깃털모양의 겹잎이며 줄기잎은 길이가 4~15cm(잎자루 포함)이다. 작은잎은 길이 1~2.5cm의 긴 타원형-긴 타원상 도란형이고 가장자리는 깊게 갈라지거나 큰 톱니가 있다. 꽃은 5~10월에 황색으로 핀다. 꽃받침잎은 삼각상 난형이며 덧꽃받침잎은 피침상 타원형-긴 타원형이고 꽃받침잎보다 더 길다. 꽃잎은 길이 3~4mm의 도란형이고 끝이 오목하며 꽃받침잎보다 약간 더 길다. 열매(수과)는 타원형이고 표면에 주름이 있다.

참고 좀개소시랑개비에 비해 깃털모양의 겹잎이며 꽃잎이 큰 것이 특징이다.

❶ 2014. 6. 6. 서울시 한강공원 **❷** 꽃. 꽃잎은 꽃받침잎과 길이가 비슷하거나 약간 더 길다. **❸** 열매. 수과의 표면은 세로로 주름진다. **❹** 줄기잎. 깃털모양의 겹잎이다.

함경딸기
Rubus arcticus L.

장미과

국내분포/자생지 북부지방의 습지

형태 다년초. 줄기는 높이 10~30cm
이며 짧은 털이 있다. 턱잎은 길이
5~7mm의 긴 타원형-난형이고 가장
자리는 밋밋하다. 잎은 3출겹잎이며
중간의 작은잎은 길이 3~5cm의 도
란상 마름모형-마름모형이다. 꽃은
5~7월에 연한 적색으로 피며 지름
1~2cm이고 줄기의 끝에서 1개씩 달
린다. 꽃잎은 도란형이며 꽃받침잎과
길이가 비슷하다. 수술은 꽃잎보다
짧다. 열매(집합과)는 지름 1cm 정도
의 거의 구형이며 진한 적색으로 익
는다.

참고 자생 산딸기속의 다른 종들에
비해 초본성이며 가시가 없고 잎이 3
출겹잎인 것이 특징이다.

❶2018. 6. 12. 중국 지린성 ❷꽃봉오리. 꽃
받침과 꽃자루에 백색의 털이 많다. ❸잎. 가
장자리와 뒷면의 맥위에 긴 털이 있다. ❹땅
속줄기와 뿌리. 땅속줄기가 길게 벋는다.

술오이풀
Sanguisorba minor Scop.

장미과

국내분포/자생지 유럽 원산. 전국(대
구시, 인천시 등)의 길가에 드물게 자람

형태 다년초. 뿌리잎은 길이 6~15cm
깃털모양의 겹잎이며 작은잎은 7~25
개이다. 작은잎은 길이 1~1.5cm의 난
형-거의 원형이고 가장자리에 큰 톱
니가 있다. 꽃은 5월에 녹색-적자색
으로 피며 머리모양의 꽃차례에서 빽
빽이 모여 달린다. 꽃잎은 없다. 수술
은 12개 정도이고 꽃받침잎 밖으로
길게 나온다. 꽃밥은 황색이다. 암술
대는 2개이며 암술머리는 적자색이고
실(술)모양이다. 열매(수과)는 꽃받침에
싸여 있다.

참고 암꽃수꽃양성화한그루(잡성동주)
이다. 흔히 꽃차례의 아랫부분에는
수꽃, 중간부분에는 양성화, 윗부분에
는 암꽃이 달린다.

❶2001. 5. 10. 대구시 ❷꽃. 꽃잎은 없다.
수술은 꽃받침잎 밖으로 길게 나출된다.
❸뿌리잎. 깃털모양의 겹잎이다. 작은잎의
가장자리에 뾰족한 큰 톱니가 있다.

가는오이풀

Sanguisorba tenuifolia Fisch. ex Link

장미과

국내분포/자생지 전국의 산지습지, 하천가 등

형태 다년초. 줄기는 높이 60~120cm이고 다소 각지며 뿌리 부근에서 가지가 많이 갈라진다. 뿌리잎은 작은잎 7~9쌍으로 이루어진 깃털모양 겹잎이며 양면에 털이 없다. 작은잎은 길이 4~7cm의 선상 피침형-긴 타원형이며 짧은 자루가 있다. 끝은 둥글거나 뾰족하고 밑부분은 심장형이거나 원형이고 또는 편평하며 가장자리에는 뾰족한 톱니가 있다. 줄기잎은 뿌리잎과 유사하지만 줄기 위쪽으로 갈수록 작은잎의 수가 적어지고 크기도 작아진다. 꽃은 7~10월에 백색-적자색으로 피며 긴 타원상 총상꽃차례에서 빽빽이 모여 달린다. 꽃차례는 길이 3~7cm, 너비 6~10mm이며 흔히 끝이 아래로 처진다. 꽃잎은 없으며 꽃받침잎은 긴 타원형-삼각상 난형이고 4개이다. 수술은 4개이며 수술대는 다소 납작하고 꽃받침잎보다 1~2배 정도 길다. 꽃밥은 흑자색-흑색이다. 암술대는 1개이며 암술머리는 머리모양 또는 원반모양이다. 열매(수과)는 도란형이며 날개가 있다.

참고 오이풀에 비해 작은잎이 선상 피침형이며 꽃차례가 긴 타원상이고 흔히 아래로 처진다. 또한 수술대가 꽃받침잎보다 1~2배 정도 긴 것이 특징이다. 긴오이풀(*S. officinalis* var. *longifolia*)은 오이풀에 비해 줄기잎의 작은잎이 피침형-긴 타원형이고 밑부분이 원형 또는 약간 심장형이거나 편평한 것이 특징이다.

❶ 2007. 9. 23. 경북 울진군 왕피천 ❷~❸ 꽃. 꽃받침잎은 백색-연한 적자색이다. 꽃받침잎이 백색이고 수술이 꽃받침잎보다 1.5~2배 정도 긴 것을 변종(var. *alba*)으로 구분하기도 한다. 꽃받침잎이 연한 적자색인 것은 흔히 수술이 짧다. ❹ 잎. 깃털모양의 겹잎이며 작은잎은 긴 타원상이고 짧은 자루가 있다.

차풀

Senna nomame (Makino) T. C. Chen
Chamaecrista nomame (Siebold)
H. Ohashi

콩과

국내분포/자생지 전국의 길가, 풀밭,
하천가 등
형태 1년초. 잎은 길이 4~8cm의 깃
털모양의 겹잎이다. 작은잎은 길이
5~9mm의 선상 피침형이며 끝이 뾰
족하다. 꽃은 7~8월에 황색으로 피며
잎겨드랑이에 1(~2)개씩 달린다. 수
술은 4(~5)개이며 씨방에는 긴 털이
많고 암술대는 안쪽으로 구부러진다.
열매(협과)는 길이 3~4cm의 편평한
타원형이며 흑갈색으로 익는다.
참고 꽃잎들은 서로 길이가 비슷하
며, 열매가 기계적 압력에 의해 터지
듯 열리는 것이 아니라 봉합선이 열
리면서 씨가 산포되는 특징 때문에
*Senna*속으로 처리한다.

❶ 2014. 8. 14. 인천시 ❷~❸ 꽃. 꽃잎은 5개
이고 길이가 비슷하다. 꽃받침잎은 피침상이
고 있다. ❹ 열매. 납작하며 (특히 가장자리에)
털이 있다. ❺ 잎. 작은잎의 끝은 뾰족하다.

자귀풀

Aeschynomene indica L.

콩과

국내분포/자생지 전국의 농경지, 하
천가, 저지대 습지
형태 1년초. 줄기는 높이 50~80cm
이며 털은 거의 없다. 잎은 20~60개
의 작은잎으로 이루어진 깃털모양의
겹잎이며 뒷면은 분백색을 띤다. 작은
잎은 길이 5~13mm의 선상 긴 타원형
이며 끝은 둥글다. 꽃은 7~8월에 연
한 황색으로 피며 잎겨드랑이에서 나
온 총상꽃차례에서 2~5개씩 모여 달
린다. 꽃받침잎은 길이 3~5mm이며
가장자리는 막질이고 털이 없다. 열매
(협과)는 길이 2~3.5cm의 편평한 선
형이고 4~8개의 뚜렷한 마디가 있다.
참고 차풀에 비해 꽃이 연한 황색이
며 열매에 뚜렷한 마디가 있고 털이
없는 것이 특징이다.

❶ 2001. 8. 5. 경남 창원시 주남저수지
❷ 꽃. 위쪽꽃잎이 가장 크고 길며 중앙부에
주황색 무늬가 있다. ❸ 열매. 익으면 마디가
분리된다. ❹ 잎. 작은잎의 끝은 둥글고 짧은
자루가 있다.

활나물

Crotalaria sessiliflora L.

국내분포/자생지 전국의 건조한 풀밭

형태 1년초. 줄기는 높이 15~60cm
이다. 잎은 어긋나며 길이 3~8cm
의 선형–선상 피침형이며 가장자리
는 밋밋하다. 꽃은 길이 1.5~2cm이
며 7~9월에 줄기와 가지의 끝에서는
총상으로 모여 달리고, 잎겨드랑이에
는 흔히 1개씩 달린다. 꽃받침은 길이
1~1.5cm이고 5개로 갈라지며 표면
에 갈색의 털이 많다. 위쪽꽃잎(기판)
은 길이 1cm 정도의 도란형이다. 열
매(협과)는 길이 1~1.2cm의 긴 타원형
이다.

참고 잎이 자루가 거의 없는 홑잎이
며 꽃이 청자색이고 꽃자루가 짧은
것이 특징이다.

❶2002. 8. 28. 경남 창녕군 ❷꽃. 꽃받침의
바깥 면에 갈색의 긴 털이 밀생한다. ❸열
매. 털이 없으며 꽃받침에 싸여 있다. ❹잎
앞면. 흔히 털이 없으나 간혹 맥위에 긴 털이
드물게 있다. ❺잎 뒷면. 누운 털이 밀생한
다.

고삼

Sophora flavescens Aiton

국내분포/자생지 전국의 길가, 풀밭,
하천가 등

형태 다년초. 줄기는 높이 80~150cm
이다. 잎은 어긋나며 길이 15~25cm
깃털모양의 겹잎이고 작은잎은
15~39개이다. 작은잎은 길이 3~4cm
의 피침형–타원형–난형이고 가장자
리는 밋밋하다. 꽃은 길이 1.5~1.8cm
이며 5~8월에 연한 황백색으로 피고
줄기와 가지의 끝에서 총상으로 모여
달린다. 꽃받침은 길이 7~8mm이고
5개로 얕게 갈라지며 표면에 털이 약
간 있다. 열매(협과)는 길이 7~8cm의
선상 원통형이다.

참고 꽃이 연한 황백색이고 열매가 염
수보양으로 굴곡지는 것이 특징이다.

❶2013. 6. 25. 전남 완도 ❷꽃. 위쪽꽃잎은
뒤로 젖혀지지 않는다. 꽃받침에 누운 털이
있다. ❸~❹열매. 선상 원통형이고 염주모
양으로 굴곡진다. 씨는 적갈색–갈색이고 약
간 각진다.

새콩

Amphicarpaea bracteata subsp.
edgeworthii (Benth.) H. Ohashi
Amphicarpaea edgeworthii Benth.

콩과

국내분포/자생지 전국의 길가, 풀밭
및 숲가장자리
형태 덩굴성 1년초. 줄기에 아래 방
향으로 퍼진 털이 있다. 잎은 어긋나
며 3출겹잎이고 양면에 황갈색 털이
있다. 중앙의 작은잎은 길이 3~6cm
의 마름모상 난형이며 밑부분은 둥글
거나 넓은 쐐기모양이다. 꽃은 8~9
월에 백색-연한 적자색으로 피며
길이 1.5~2cm이다. 꽃받침은 길이
5~7mm이고 열편은 5개이다. 열매
(협과)는 길이 2~3.5cm의 편평한 타
원형이고 가장자리에 긴 털이 있다.
참고 흔히 땅속의 뿌리 부근에서 꽃
자루 없이 암술대가 구부러진 폐쇄화
가 달리며 폐쇄화의 열매는 타원형
또는 거의 원형이다.

❶2011. 9. 10. 경기 포천시 ❷꽃. 꽃받침에
긴 털이 있다. ❸열매. 표면에 짧은 털이 있
고 가장자리에 갈색의 긴 털이 많다. ❹잎.
중앙의 작은잎은 흔히 마름모상 난형이다.

돌콩

Glycine soja Siebold & Zucc.

콩과

국내분포/자생지 전국의 길가, 빈터,
풀밭 및 하천가 등
형태 덩굴성 1년초. 줄기와 잎자루
에 밑을 향해 나는 갈색의 긴 털이 많
다. 잎은 어긋나며 3출겹잎이고 양면
에 털이 있다. 중앙의 작은잎은 길이
3~6cm의 타원상 난형-넓은 난형이
고 밑부분은 둥글거나 쐐기모양이다.
꽃은 7~9월에 연한 적자색-적자색
으로 피고 길이는 5~6mm이다. 꽃받
침은 길이 4~4.5mm이며 열편은 5개
이고 삼각상 피침형이다. 열매(협과)는
길이 1.8~3cm의 긴 타원형이고 표면
에 긴 털이 많다.
참고 새콩에 비해 잎이 좁은 편이며
꽃은 작고 적자색이며 열매 전체에
긴 털이 많은 것이 특징이다.

❶2014. 8. 15. 경기 김포시 ❷~❸꽃. 꽃받
침열편은 피침상이고 긴 털이 많다. ❹열매.
전체에 황갈색의 긴 털이 많다. ❺잎. 작은잎
은 흔히 긴 타원상 난형-넓은 난형이다.

자주황기
Astragalus dahuricus (Pall.) DC.

콩과

국내분포/자생지 강원 이북의 길가, 풀밭, 하천가 등

형태 1~2년초. 줄기는 높이 20~60cm 이며 백색의 누운 털이 많다. 잎은 길이 3~8cm의 깃털모양 겹잎이며 작은잎은 4~9쌍이다. 작은잎은 길이 7~20mm의 피침형-긴 타원형이다. 꽃은 7~9월에 연한 적자색으로 핀다. 위쪽꽃잎(기판)은 길이 1~1.5cm의 도란형이고 끝은 V자로 파인다. 옆쪽꽃잎(익판)은 길이 8~9mm이고 아래쪽 꽃잎(용골판)은 길이 1~1.3cm이다. 열매(협과)는 길이 1.5~2.5cm의 선상 원통형이며 표면에 백색의 털이 많다.

참고 꽃이 적자색이며 열매가 선형이고 심하게 구부러지는 특징이 있다.

❶2004. 8. 8. 강원 화천군 북한강 ❷꽃. 위쪽꽃잎은 곧추서거나 뒤로 젖혀지며 중앙부에 백색의 무늬가 있다. 꽃받침에 백색(또는 흑색)의 긴 털이 있다. ❸열매. 선상 원통형이고 활모양으로 굽는다. ❹잎. 작은잎은 4~9쌍이다.

자주개황기
Astragalus laxmannii Jacq.
Astragalus adsurgens Pall.

콩과

국내분포/자생지 제주 및 강원, 경북, 서울시 등의 길가, 풀밭

형태 다년초. 줄기는 길이 30~90cm 이고 압착된 털이 있다. 잎은 길이 5~12cm의 깃털모양 겹잎이며 작은잎은 4~10쌍이고 길이 7~15mm 의 긴 타원형이다. 꽃은 8~9월에 적 자색(-청자색)으로 피며 총상꽃차 례에서 모여 달린다. 꽃받침은 길이 3~4mm이고 꽃부리는 길이 1~1.2cm 이다. 열매(협과)는 길이 1.5~2cm의 타원상 원통형이며 누운 털이 많다.

참고 귀화 추정 개체들이 내륙지방의 초지조성지대에서 간혹 발견되는데 제주에 지생히는 개체에 비해 줄기가 비스듬히 또는 곧추 자라며 꽃도 많이 달리는 편이다.

❶2016. 8. 31. 경북 고령군 낙동강 ❷꽃. 위쪽꽃잎은 길이 1.2~1.6cm이다. ❸열매. 좁은 타원상 원통형이고 굽지 않는다. ❹줄기잎. 작은잎의 잎맥 주변으로 누운 털이 약간 흩어져 있다.

강화황기
(갯황기, 정선황기)

Astragalus sikokianus Nakai
Astragalus koraiensis Y. N. Lee

콩과

국내분포/자생지 강원, 경북, 인천시, 전남의 길가, 하천가, 해안 및 숲가장 자리

형태 다년초. 잎은 길이 15~25cm의 깃털모양 겹잎이며 작은잎은 10~14 쌍이다. 작은잎은 길이 1.5~2.5cm 의 긴 타원형-난상 타원형이다. 꽃 은 5~6월에 연한 황색으로 피며 잎 겨드랑이에서 나온 총상꽃차례에서 10~25개씩 빽빽이 모여 달린다. 꽃줄기는 길이 2~6cm이다. 위쪽꽃잎은 길이 1.2~1.4cm이고 아래쪽꽃잎은 길이 8mm 정도이다. 열매(협과)는 길이 2~3cm의 긴 타원형이고 끝이 길 게 뾰족하나.

참고 줄기가 흔히 누워 자라며 꽃이 연한 황색이고 열매가 곧게 벋은 긴 타원형인 것이 특징이다.

❶ 2004. 5. 16. 강원 삼척시 덕항산 ❷꽃. 머리모양으로 모여 달린다. ❸열매. 긴 타원 상이고 곧게 벋는다.

자운영

Astragalus sinicus L.

콩과

국내분포/자생지 중국 원산. 주로 남 부지방의 길가, 농경지, 하천가, 습지 주변

형태 1년초 또는 다년초. 줄기는 높이 10~30cm이다. 잎은 길이 3~10cm 의 깃털모양 겹잎이며 작은잎은 3~5 쌍이다. 꽃은 4~6월에 연한 적자색 으로 피며 잎겨드랑이에서 나온 총상 꽃차례에서 5~10개씩 빽빽이 모여 달린다. 위쪽꽃잎은 길이 9~14mm 의 도란형이고 아래쪽꽃잎은 길 이 9~14mm이다. 열매(협과)는 길이 2~2.5cm의 선상 긴 타원형이고 털이 없다.

참고 적자색 꽃이 꽃줄기 끝에서 빽빽이 모여 달리며 중앙의 작은잎이 넓은 도란형이고 끝이 오목한 것이 특징이다.

❶ 2016. 4. 19. 전남 진도 ❷꽃. 위쪽꽃잎은 도란상이다. 꽃받침에 털이 많다. ❸열매. 곧추서거나 비스듬히 서서 달린다. ❹잎. 중앙 의 작은잎은 넓은 도란상이다.

애기자운(털새동부)

Gueldenstaedtia verna (Georgi) Boriss.
Amblytropis pauciflora (Pall.) Kitag.

콩과

국내분포/자생지 대구시 및 경북(경산시, 영천시), 북부지방의 풀밭

형태 다년초. 잎은 길이 4~20cm 깃털모양의 겹잎이며 작은잎은 3~9쌍이다. 작은잎은 길이 5~25mm의 타원형-난형이고 양면에 긴 털이 많다. 꽃은 4~5월에 자색-적자색으로 피며 긴 꽃줄기의 끝부분에서 3~8개씩 산형으로 모여 달린다. 위쪽꽃잎은 길이 1~1.4cm의 넓은 도란형이고 중앙부에 백색의 무늬가 있다. 열매(협과)는 길이 1.5~2cm의 좁은 원통형이고 표면에 털이 많다.

참고 전체에 긴 털이 많고 잎과 꽃줄기가 뿌리 부근에서 나오며 적자색 꽃이 산형으로 달리는 것이 특징이다.

❶2002. 4. 4. 대구시 경북대학교 ❷꽃. 꽃줄기, 꽃자루, 꽃받침에 백색의 긴 털이 밀생한다. ❸열매. 좁은 원통형이며 긴 털이 밀생한다.

해녀콩

Canavalia lineata (Thunb.) DC.

콩과

국내분포/자생지 제주의 해안가에서 드물게 자람

형태 다년초. 줄기는 땅위를 벋으며 매우 길게 자란다. 중앙의 작은잎은 길이 5~14cm의 넓은 타원형-넓은 도란형이며 끝은 둥글거나 뾰족하다. 꽃은 8~9월에 분홍색-연한 적자색으로 피며 길이 2.5~3cm이다. 꽃받침은 길이 1~1.3cm이다. 위쪽꽃잎은 길이 2.5cm 정도의 넓은 난형이고 끝이 오목하며 옆쪽꽃잎과 아래쪽꽃잎은 길이가 비슷하다. 열매(협과)는 길이 5~12cm의 긴 타원형이고 털이 없다.

참고 포복성이고 전체가 대형이며 잎이 가죽질의 3출겹잎이라는 특징이 있다.

❶2009. 9. 5. 제주 제주시 구좌읍 ❷꽃. 길이가 2.5~3cm 정도로 대형이다. 꽃받침에 털이 없다. ❸열매. 약간 납작한 긴 타원형이다. 씨는 연한 황갈색이고 길이 1.5cm 정도의 타원형이다.

매듭풀

Kummerowia striata (Thunb.) Schindl.

콩과

국내분포/자생지 전국의 길가, 농경지, 풀밭, 하천가 등

형태 1년초. 줄기는 높이 10~40cm이며 줄기와 가지에 밑을 향하는 백색의 짧은 털이 있다. 턱잎은 길이 3~4mm의 난상 긴 타원형이고 잎자루보다 길다. 잎은 어긋나며 3출겹잎이다. 작은잎은 길이 6~20mm의 긴 타원형-좁은 도란형-도란형이고 가장자리는 밋밋하다. 끝은 둥글고 흔히 침상 돌기가 있으며 밑부분은 넓은 쐐기모양이거나 둥글다. 잎가장자리와 맥위에 누운 긴 털이 약간 있다. 꽃은 7~9월에 연한 적자색으로 피고 잎겨드랑이에서 1~3(~4)개씩 모여 달린다. 꽃자루는 길이 1cm 정도이고 털이 없다. 포는 4개이며 긴 타원상 피침형이고 5~7맥이 있다. 꽃받침은 5개로 깊게 갈라지며 열편은 긴 타원형이고 가장자리에 긴 털이 있다. 꽃잎은 길이 5~6mm이며 위쪽꽃잎은 타원형이고 길이는 아래쪽꽃잎과 비슷하다. 옆쪽꽃잎은 아래쪽꽃잎보다 약간 짧고 흔히 백색이다. 수술은 10개이다. 폐쇄화는 길이 2.5~3mm이고 꽃잎이 퇴화되어 매우 작다. 열매(협과)는 길이 3.5~5mm의 도란형-원형이고 납작한 편이며 끝이 뾰족하다. 꽃받침보다 1.5~2배 정도 길고 표면에 털이 있다.

참고 둥근매듭풀(*K. stipulacea*)은 매듭풀에 비해 줄기에 위를 향한 백색 털이 있고 작은잎은 넓은 타원형-도란형이며 흔히 끝이 오목한 것이 특징이다. 또한 턱잎이 길이 3~8mm의 난형으로 크며 포는 타원상이고 1~3맥이 있으며 열매가 꽃받침보다 2.5~3배 정도 길고 끝이 둥근 것도 특징이다.

❶2012. 8. 27. 경기 연천군 ❷꽃. 꽃받침열편은 꽃잎 길이의 2분의 1 정도이고 가장자리에 긴 털이 있다. 둥근매듭풀보다 대형이다. 꽃받침의 밑부분에 포가 밀착한다. ❸열매. 끝이 뾰족하며 2분의 1 이상이 꽃받침에 싸여 있다. ❹턱잎. 피침형-난상 긴 타원형이다. ❺~❻둥근매듭풀. 꽃. 꽃받침열편은 끝이 둥글고 꽃받침통부보다 짧다. ❻열매, 끝이 둥글며 꽃받침(열편 포함)보다 2.5~3배 정도 길다. ❼턱잎. 난형상이고 매듭풀보다 큰 편이다. ❽2016. 9. 16. 대구시 경북대학교

갯완두

Lathyrus japonicus Willd.

콩과

국내분포/자생지 전국의 해안가 모래땅

형태 다년초. 땅속줄기가 길게 벋으며 자란다. 잎은 어긋나며 작은잎 3~6쌍으로 이루어진 겹잎이다. 작은잎은 길이 1.5~3.5cm의 긴 타원형–도란형이며 양면에 털이 없다. 꽃은 길이 2.5~3cm이고 4~6(~10)월에 적자색–자색으로 피며 잎보다 짧은 꽃차례에서 3~10개씩 모여 달린다. 꽃받침열편은 꽃받침통부와 길이가 비슷하거나 길며 꽃받침통부와 함께 흔히 짧은 털이 있다. 열매(협과)는 길이 4~5cm이고 약간 납작하며 털이 있거나 없다.

참고 포복성이며 잎끝에 덩굴손이 발달하고 턱잎은 길이 1~2cm의 화살촉 모양–난형인 것이 특징이다.

❶2011. 5. 26. 강원 고성군 ❷~❸꽃. 꽃받침에 털이 많고 꽃받침열편은 길이가 서로 다르다. ❹열매. 약간 납작한 선상 긴 타원형이고 흔히 잔털이 있다.

연리초

Lathyrus quinquenervius (Miq.) Litv.

콩과

국내분포/자생지 경남(양산시, 창녕군) 이북의 풀밭 또는 습지에 매우 드물게 자람

형태 다년초. 줄기는 높이 20~80cm이고 날개가 발달한다. 잎은 어긋나며 작은잎 2~3쌍으로 이루어진 겹잎이고 잎끝에는 갈라지지 않는 덩굴손이 있다. 작은잎은 길이 3.5~8cm의 선상 피침형–타원상 피침형이며 뚜렷한 5개의 나란히맥(평행맥)이 있다. 꽃은 길이 1~2cm이고 5~6월에 적자색으로 피며 긴 꽃차례에서 5~8개씩 모여 달린다. 열매(협과)는 길이 3~5cm의 선형이다.

참고 털연리초에 비해 작은잎에 뚜렷한 나란히맥이 있고 턱잎이 좁고 덩굴손이 갈라지지 않는 것이 특징이다.

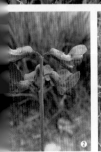

❶2013. 5. 18. 경남 창녕군 우포늪 ❷꽃. 꽃자루와 꽃받침에 잔털이 있다. ❸잎. 덩굴손은 갈라지지 않는다. ❹잎 뒷면. (3~)5개의 뚜렷한 나란히맥이 있다. ❺턱잎. 줄기에 날개가 뚜렷하고 2개로 갈라진 턱잎이 있다.

185

털연리초

Lathyrus palustris subsp. *pilosus*
(Cham.) Hultén

콩과

국내분포/자생지 주로 강원(강릉시, 고성군, 양양군) 이북의 습지

형태 다년초. 땅속줄기가 길게 벋는다. 줄기는 높이 20~80cm이고 곧추서며 다소 세모지고 날개가 발달한다. 잎은 어긋나며 작은잎 2~5쌍으로 이루어진 겹잎이고 잎끝에는 2~4개로 갈라지는 덩굴손이 있다. 작은잎은 길이 3~6cm의 선상 긴 타원형–타원형–좁은 난형이며 잎맥은 깃모양맥(우상맥)이거나 나란히맥과 유사한 깃모양맥이다. 턱잎은 길이 1.2~3cm, 너비 2~10mm의 화살촉모양이다. 꽃은 5~8월에 적자색으로 피며 잎겨드랑이에서 나온 잎보다 긴 총상꽃차례에서 2~5(~10)개씩 모여 달린다. 꽃받침은 길이 8~12mm의 종형이며 털이 약간 있다. 열편은 5개로 갈라지고 서로 길이가 다르며 가장 긴 열편의 길이는 통부와 비슷하거나 약간 길다. 꽃부리는 길이 1.3~1.5cm이며 위쪽꽃잎은 도란상 원형이고 끝부분은 V자로 갈라진다. 옆쪽꽃잎은 도란형이며 위쪽꽃잎보다는 짧고 아래쪽꽃잎보다는 길다. 열매(협과)는 길이 3~4cm의 편평한 선상 긴 타원형이며 진한 갈색으로 익는다.

참고 연리초에 비해 작은잎의 잎맥이 깃모양맥이며 턱잎의 너비가 2~10mm의 화살촉모양이고 덩굴손이 흔히 갈라진다는 특징이 있다. 국내(남한)에서는 주로 강원도의 석호(경포호, 송지호, 포매호, 화진포호 등)에 드물게 분포한다.

❶2014. 5. 27. 강원 강릉시 ❷~❸꽃. 꽃받침에 잔털이 약간 있거나 많다. ❹열매. 편평한 선상 긴 타원형이고 털은 없으며 끝부분에 뾰족한 부리가 있다. ❺잎. 끝부분의 덩굴손은 흔히 2~3개로 갈라진다. 잎맥은 깃모양맥이다. ❻줄기. 날개가 발달한다. ❼턱잎. 연리초에 비해 큰 편이다. ❽땅속줄기. 옆으로 길게 벋는다.

비수리

Lespedeza cuneata (Dum. Cours.) G. Don.

콩과

국내분포/자생지 전국의 길가, 풀밭, 하천가 및 숲가장자리

형태 다년초 또는 아관목. 줄기는 높이 40~100cm이고 곧추서거나 비스듬히 자란다. 잎은 어긋나며 3출겹잎이다. 작은잎은 길이 1~3cm의 선상 도피침형–난상 도피침형이다. 꽃은 길이 6~8mm이고 8~10월에 백색으로 피며 짧은 꽃줄기에서 2~4개씩 모여 달린다. 꽃받침은 좁은 종형이고 열편은 좁은 피침형이다. 열매(협과)는 길이 2.5~3.5mm의 넓은 도란형–넓은 난형–구형이고 털이 있다.

참고 땅비수리에 비해 작은잎이 좁고 그물맥이 뚜렷하지 않은 편이며 열매가 꽃받침보다 (1.5~)2배 정도 더 긴 것이 특징이다.

❶2004. 8. 20. 경북 안동시 ❷꽃. 꽃받침열편은 좁은 피침형이고 긴 털이 많다. 땅비수리에 비해 작고 폭이 좁은 편이다. ❸열매. 꽃받침보다 1.5~2배 정도 길다. ❹잎. 측맥 사이의 그물맥이 뚜렷하게 발달하지 않는다.

호비수리

Lespedeza davurica (Laxm.) Schindl.

콩과

국내분포/자생지 중부지방 이북의 길가, 풀밭, 하천가 및 해안가

형태 다년초 또는 아관목. 줄기는 높이 30~100cm이고 흔히 비스듬히 자란다. 잎은 어긋나며 3출겹잎이고 잎자루는 길이 3~18mm이다. 작은잎은 길이 8~30mm의 선상 긴 타원형–긴 타원형이며 측맥 사이에 그물맥이 뚜렷하다. 꽃은 8~10월에 백색으로 피며 잎과 길이가 비슷한 총상꽃차례에서 모여 달린다. 꽃받침은 길이 4~5mm의 좁은 종형이고 열편은 선상 피침형–피침형이다. 열매(협과)는 길이 3~4mm의 좁은 도란형–도란형이며 꽃받침보다 길지 않다.

참고 비수리에 비해 잎자루와 꽃줄기가 길고 잎이 넓은 편이며 열매가 꽃받침보다 짧은 것이 특징이다.

❶2005. 9. 2. 인천시 무의도 ❷꽃. 흔히 꽃줄기가 길다. 꽃받침은 열편이 통부보다 3배 이상 길다. ❸열매. 꽃받침보다 짧다. ❹잎. 자루가 긴 편이다.

청비수리

Lespedeza inschanica (Maxim.) Schindl.

콩과

국내분포/자생지 경남 및 전남 이북의 산지 길가, 풀밭, 숲가장자리

형태 다년초 또는 아관목. 줄기는 높이 30~80cm이고 비스듬히 서서 자란다. 잎은 어긋나며 3출겹잎이다. 작은잎은 길이 1~2.5cm, 너비 6~15mm의 긴 타원형-도란상 타원형이며 뒷면에 누운 털이 많다. 꽃은 8~10월에 백색으로 피며 2~6개씩 모여 달린다. 꽃자루는 길이 1~2mm이다. 열매(협과)는 길이 3~4mm의 도란상 타원형이다.

참고 땅비수리에 비해 잎이 타원상으로 넓고 줄기가 녹색(-연한 갈색)이며 열매가 도란상인 것이 특징이다.

❶ 2016. 9. 16. 경북 영천시 ❷ 꽃. 꽃받침 열편은 피침형이고 뚜렷한 3~5맥이 있다. ❸ 열매. 도란상이고 꽃받침열편보다 짧으며 표면에 누운 백색 털이 많다. ❹ 잎. 땅비수리에 비해 폭이 훨씬 넓다. 측맥 사이에 뚜렷한 그물맥이 있다.

땅비수리

Lespedeza juncea (L. f.) Pers.

콩과

국내분포/자생지 중부지방(특히 석회암지대) 이북의 길가, 풀밭, 하천가 및 숲가장자리

형태 다년초 또는 아관목. 줄기는 높이 30~100cm이고 곧추 또는 비스듬히 서서 자란다. 잎은 어긋나며 3출겹잎이다. 작은잎은 길이 1.5~3.5cm, 너비 2~6mm의 선상 긴 타원형-좁은 도피침형-긴 타원형이다. 꽃은 길이 7~8mm이고 8~10월에 백색으로 피며 3~7개씩 모여 달린다. 꽃자루는 길이 2~4mm이다. 열매(협과)는 길이 3~4mm의 넓은 타원형-넓은 난형이다.

참고 비수리에 비해 줄기가 흔히 짙은 갈색-적갈색이며 작은잎의 측맥 사이에 뚜렷한 그물맥이 있는 것이 특징이다.

❶ 2018. 8. 1. 충북 제천시 ❷ 꽃. 꽃받침열편은 피침형이고 희미한 3~5맥이 있다. ❸ 열매. 비수리에 비해 표면에 누운 백색 털이 많다. ❹ 잎. 측맥 사이에 뚜렷한 그물맥이 있다.

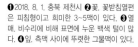

자주비수리

Lespedeza lichiyuniae T. Nemoto,
H. Ohashi & T. Itoh

콩과

국내분포/자생지 중국 원산. 내륙의 길가에 식재 또는 야생

형태 다년초 또는 아관목. 줄기는 높이 50~120cm이고 흔히 비스듬히 자란다. 잎은 어긋나고 3출겹잎이며 잎자루는 길이 2~15mm이다. 작은잎은 길이 7~28mm의 선상 도피침형-좁은 도란형이다. 꽃은 8~10월에 적자색으로 피며 잎겨드랑이에서 나온 짧은 꽃줄기에서 1~4개씩 모여 달린다. 꽃받침은 길이 3~4mm의 종형이고 열편은 피침형이다. 열매(협과)는 길이 2~3mm의 넓은 타원형이고 털이 많다.

참고 비수리에 비해 꽃이 적자색이고 꽃부리가 꽃받침보다 2배 이상 길며 잎 뒷면에 털이 많은 것이 특징이다.

❶2016. 9. 16. 경북 영천시 ❷꽃. 꽃부리가 적자색이고 꽃받침보다 2배 정도 길다. ❸열매. 꽃받침보다 3배 정도 길며 털이 많다. ❹잎 뒷면. 털이 밀생한다.

괭이싸리

Lespedeza pilosa (Thunb.)
Siebold & Zucc.

콩과

국내분포/자생지 중부지방 이남의 풀밭, 산지의 길가 등

형태 포복성 다년초. 줄기는 가늘고 잎과 더불어 퍼진 털이 많다. 잎은 어긋나며 3출겹잎이다. 작은잎은 길이 1.5~2cm의 도란형-넓은 도란형이며 끝은 둥글거나 약간 오목하고 끝부분에 바늘모양의 돌기가 있다. 꽃은 8~9월에 백색-연한 황백색으로 피며 잎겨드랑이에서 나온 짧은 꽃줄기의 끝에서 총상으로 모여 달린다. 꽃받침은 5개로 갈라지며 열편은 피침형이고 긴 털이 많다. 열매(협과)는 길이 3~4mm의 넓은 난형이며 털이 많다.

참고 포복성이며 잎이 3출엽이고 작은잎이 넓은 도란형인 점과 꽃차례가 잎보다 짧은 것이 특징이다.

❶2003. 10. 4. 전남 완도군 보길도 ❷꽃. 꽃차례가 잎보다 짧다. ❸열매. 꽃받침보다 3배 정도 길며 털이 밀생한다. ❹잎. 양면에 털이 많다.

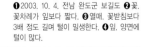

개싸리

Lespedeza tomentosa (Thunb.)
Siebold ex Maxim.

콩과

국내분포/자생지 전국의 길가, 풀밭
형태 다년초 또는 아관목. 줄기는 높
이 50~100cm이고 곧추 자란다. 잎
은 3출엽이고 잎자루는 길이 2~3cm
이다. 작은잎은 길이 3~6cm의 타
원형-긴 타원상 난형이며 끝은 둥
글거나 얕게 오목하다. 꽃은 길이
7~8mm이고 8~9월에 백색-황백색
으로 핀다. 꽃받침은 길이 6mm 정
도이고 5개로 깊게 갈라지며 열편은
선상 피침형이다. 열매(협과)는 길이
3~4mm의 도란형이고 끝은 짧게 뾰
족하며 표면에 긴 털이 많다.
참고 줄기와 잎 뒷면 등 전체에 털이
많고 꽃이 자루가 긴 총상꽃차례에서
빽빽이 모여 달리는 것이 특징이다.

❶2002. 8. 28. 경남 창녕군 ❷꽃. 자루가
긴 총상꽃차례에 모여 달린다. 꽃받침은
선상 피침형이고 (백색~)갈색의 털이 밀생한
다. ❸열매. 꽃받침보다 짧다. ❹잎 뒷면. 잎
맥이 돌출하며 짧은 털이 많다.

좀싸리

Lespedeza virgata (Thunb.) DC.

콩과

국내분포/자생지 전국의 풀밭, 산지
의 길가 등
형태 다년초 또는 아관목. 줄기는 높
이 20~50cm이고 가지가 많이 갈
라진다. 잎은 3출겹잎이고 잎자루
는 길이 1~2cm이다. 작은잎은 길이
1~3.5cm의 타원형-긴 타원형이며
끝은 둥글거나 약간 오목하고 끝부분
에 바늘모양의 돌기가 있다. 꽃은 길
이 6mm 정도이고 8~9월에 연한 분
홍색-백색으로 핀다. 꽃받침은 길이
4~7mm이다. 열매(협과)는 길이 3mm
정도의 난상 원형이고 양끝은 좁으며
털이 없고 그물맥이 있다.
참고 꽃차례에 꽃이 성기게 달리며
꽃줄기가 가늘고 털이 없으며 꽃자루
는 없거나 길이 1mm 이하로 짧은 것
이 특징이다.

❶2002. 8. 29. 경북 영천시 ❷꽃. 작고 흔
히 붉은빛이 약간 돈다. ❸열매. 꽃받침열편
보다 약간 길고 털은 없다. ❹잎. 앞면은 털
이 없고 뒷면에는 누운 털이 많다.

큰여우콩
Rhynchosia acuminatifolia Makino

콩과

국내분포/자생지 주로 남부지방의 길가, 풀밭 및 숲가장자리

형태 덩굴성 다년초. 줄기는 가늘고 털이 있다. 잎은 3출겹잎이고 양면에 털이 약간 있으며 잎자루는 길이 2.5~7cm이다. 중앙의 작은잎은 길이 4~8cm의 넓은 타원형-타원형이며 끝은 길게 뾰족하다. 꽃은 8~9월에 피며 잎겨드랑이에서 나온 총상꽃차례에서 모여 달린다. 꽃차례는 잎자루와 길이가 비슷하다. 꽃받침은 길이 3~5mm이고 열편은 삼각형이다. 열매(협과)는 길이 1.2~1.5cm의 약간 편평한 긴 타원형이며 끝부분에 짧은 부리가 있다.

참고 여우콩에 비해 잎이 얇고 털이 적은 편이며 잎끝이 길게 뾰족한 것이 특징이다.

❶2004. 8. 16. 경남 통영시 ❷열매. 적색으로 익으며 2개의 씨가 들어 있다. 여우콩에 비해 털이 없거나 적은 편이다. ❸잎. 털이 적으며 작은잎의 끝은 길게 뾰족하다.

여우콩
Rhynchosia volubilis Lour.

콩과

국내분포/자생지 주로 남부지방의 길가, 풀밭 및 숲가장자리

형태 덩굴성 다년초. 줄기에 회색-연한 황색의 털이 많다. 잎은 3출겹잎이고 양면에 털이 많으며 잎자루는 길이 2~5.5cm이다. 중앙의 작은잎은 길이 3~8cm의 마름모형-도란상 마름모형이며 끝은 둔하거나 뾰족하다. 꽃은 8~10월에 피며 잎겨드랑이에서 나온 총상꽃차례에서 모여 달린다. 꽃받침은 길이 5mm 정도이고 열편은 피침형이다. 열매(협과)는 길이 1~1.5cm의 약간 편평한 긴 타원형이며 끝부분에 짧은 부리가 있다.

참고 큰여우콩에 비해 잎이 두꺼운 편(종이질)이고 털이 많으며 잎끝은 흔히 둔한 것이 특징이다.

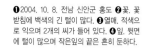

❶2004. 10. 8. 전남 신안군 홍도 ❷꽃. 꽃받침에 백색의 긴 털이 많다. ❸열매. 적색으로 익으며 2개의 씨가 들어 있다. ❹잎. 뒷면에 털이 많으며 작은잎의 끝은 흔히 둔하다.

벌노랑이

Lotus corniculatus var. *japonicus*
Regel

콩과

국내분포/자생지 전국의 길가, 농경지, 풀밭, 하천, 해안가 등

형태 다년초. 줄기는 높이 10~40cm이고 비스듬히 또는 땅위에 누워 자라며 밑부분에서 가지가 많이 갈라진다. 잎은 어긋나며 작은잎은 (3~)5개로 이루어진 겹잎이고 양면에 털이 거의 없다. 작은잎은 길이 7~20mm의 좁은 도란형-난형이고 가장자리는 밋밋하다. 꽃은 길이 1~1.5cm이고 5~7월에 황색(-황적색)으로 피며 잎겨드랑이에서 나온 긴 꽃줄기의 끝에서 2~3(~4)개씩 산형으로 모여 달린다. 꽃받침은 길이 5~8mm이고 5개로 갈라지며 털이 약간 있거나 없다. 꽃받침의 열편은 선상 피침형-피침형이고 통부와 길이가 비슷하거나 약간 더 길다. 위쪽 꽃잎은 도란형이며 꽃잎 중 가장 크고 위로 곧추선다. 옆쪽꽃잎은 도란상 긴 타원형이며 아래쪽꽃잎보다 길다. 열매(협과)는 길이 2~3cm의 선상 원통형이고 털이 없다.

참고 서양벌노랑이(var. *corniculatus*)는 벌노랑이에 비해 꽃차례에서 꽃이 3~8개씩 모여 달리며 잎과 꽃받침에 긴 털이 많은 편이다. 들벌노랑이(*L. pedunculatus*)는 서양벌노랑이에 비해 땅속으로 포복지가 길게 벋고 줄기가 비어 있으며 꽃이 5~15개로 많이 달리는 것이 특징이다. 국내 정착 여부는 불명확하다.

❶2012. 5. 16. 강원 고성군 ❷~❸꽃. 흔히 2~3(~4)개씩 모여 달린다. 꽃받침에 긴 털이 약간 있다. 꽃받침의 열편은 통부보다 흔히 약간 더 길다. ❹열매. 선상 원통형이다. ❺잎 뒷면. 잎맥은 희미하며 긴 털이 드물게 있다. ❻~❿서양벌노랑이 ❻~❼꽃. 3~8개씩 모여 달린다. 벌노랑이에 비해 꽃받침에 긴 털이 많은 편이다. 꽃받침의 열편은 통부와 길이가 흔히 비슷하지만 약간 짧거나 약간 긴 경우도 있다. ❽열매. 형태는 벌노랑이와 유사하지만 더 많이 달린다. ❾잎. 벌노랑이에 비해 긴 털이 약간 더 많은 편이다. ❿2012. 5. 29. 인천시 소래습지생태공원

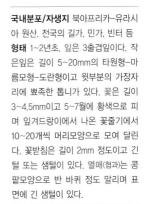

잔개자리

Medicago lupulina L.

콩과

국내분포/자생지 북아프리카~유라시아 원산. 전국의 길가, 민가, 빈터 등

형태 1~2년초. 잎은 3출겹잎이다. 작은잎은 길이 5~20mm의 타원형-마름모형-도란형이고 윗부분의 가장자리에 뾰족한 톱니가 있다. 꽃은 길이 3~4.5mm이고 5~7월에 황색으로 피며 잎겨드랑이에서 나온 꽃줄기에서 10~20개씩 머리모양으로 모여 달린다. 꽃받침은 길이 2mm 정도이고 긴 털 또는 샘털이 있다. 열매(협과)는 콩팥모양으로 반 바퀴 정도 말리며 표면에 긴 샘털이 있다.

참고 개자리에 비해 턱잎의 가장자리가 흔히 밋밋하거나 1~2개의 톱니가 있으며 꽃이 많이 달리고 열매에 갈고리 같은 가시가 발달하지 않는 것이 특징이다.

❶2013. 5. 30. 인천시 소래습지생태공원. 개자리에 비해 턱잎이 많다. ❷꽃. 작은꽃들이 머리모양으로 많이 모여 달린다. ❸열매. 흑색으로 익으며 표면에 샘털이 있다. ❹턱잎. 아랫부분에 1~2개의 톱니가 있다.

좀개자리

Medicago minima (L.) Bartal.

콩과

국내분포/자생지 북아프리카~유라시아 원산. 제주 및 서해안의 길가, 빈터 등

형태 1년초. 전체에 부드럽고 긴 털이 많다. 잎은 3출겹잎이다. 작은잎은 길이 5~8mm의 도란형이며 끝은 둥글거나 오목하고 윗부분 가장자리에 톱니가 있다. 꽃은 길이 2~3(~4)mm이고 5~8월에 황색으로 피며 잎겨드랑이에서 나온 꽃줄기에서 2~10개씩 머리모양으로 모여 달린다. 열매(협과)는 나선상으로 3~4회 말린 지름 4mm 정도의 편구형이며 가장자리에 갈고리모양의 긴 가시가 있다.

참고 개자리에 비해 전체가 소형이고 부드러운 긴 털이 많으며 턱잎외 가장자리가 밋밋하고 열매가 작은 것이 특징이다.

❶2013. 5. 22. 제주 제주시 구좌읍 ❷~❸꽃. 2~8개씩 모여 달린다. 꽃받침에 긴 털이 밀생한다. ❹열매. 갈고리 같은 가시가 많고 긴 털이 약간 있다. ❺잎 뒷면과 턱잎. 턱잎의 가장자리는 밋밋하다.

개자리

Medicago polymorpha L.

콩과

국내분포/자생지 북아프리카–유라시아 원산. 전국의 길가, 빈터 등

형태 1~2년초. 잎은 3출겹잎이다. 작은잎은 길이 7~20mm의 도란형이며 윗부분 가장자리에 뾰족한 톱니가 있다. 꽃은 길이 4~5mm이고 4~7월에 황색으로 피며 잎겨드랑이에서 나온 꽃줄기에서 2~8개씩 머리모양으로 모여 달린다. 꽃받침의 열편은 통부보다 약간 길다. 열매(협과)는 나선상으로 1.5~3회 말린 지름 5~8mm의 편구형이며 가장자리에 갈고리모양의 긴 가시가 있다.

참고 잔개자리에 비해 턱잎 가장자리에 빗살모양의 톱니가 있으며 꽃이 적게 달리고 열매에 갈고리모양의 긴 가시가 있는 것이 특징이다.

❶2013. 5. 22. 제주 제주시 ❷~❸꽃. 꽃받침에 긴 털이 약간 있다. ❹열매. 갈고리 같은 가시가 많고 털은 거의 없다. ❺턱잎

자주개자리

Medicago sativa L.

콩과

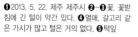

국내분포/자생지 지중해 연안 원산. 전국의 길가, 빈터, 하천가 등

형태 다년초. 잎은 3출겹잎이다. 작은잎은 길이 1~3cm의 도피침형–도란형이며 윗부분 가장자리에 뾰족한 톱니가 있다. 꽃은 길이 1~2.5cm이고 5~7(~10)월에 (백색–분홍색–)적자색–자색(–흑자색)으로 피며 잎겨드랑이에서 나온 꽃줄기에서 5~30개씩 총상으로 모여 달린다. 꽃받침의 열편은 통부와 길이가 비슷하거나 길다. 열매(협과)는 나선상으로 2~3회 말린 지름 4~8mm의 편구형이며 표면에 누운 긴 털이 있다.

참고 높이 1m까지 비스듬히 자라며 꽃이 흔히 적자색–자색인 것이 특징이다. 꽃색은 백색, 황백색, 분홍색, 청자색, 흑자색 등 다양하다.

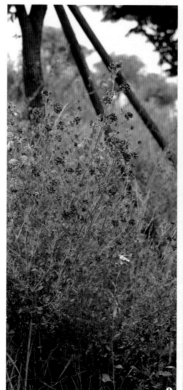

❶2004. 6. 6. 인천시 ❷꽃. 꽃받침에 털이 있다. 꽃자루가 뚜렷하다. ❸잎. 작은잎은 흔히 도피침형이다. ❹열매. 표면에 긴 털이 있다. ❺턱잎. 선상 피침형이고 아랫부분에 불규칙한 톱니가 약간 있다.

주름전동싸리

Melilotus officinalis (L.) Lam.

콩과

국내분포/자생지 유라시아 원산. 전국의 길가, 빈터, 하천가 등

형태 1~2년초. 줄기는 높이 50~100 (~150)cm이고 곧추 자라며 가지가 많이 갈라진다. 잎은 어긋나며 3출겹 잎이고 밝은 녹색이다. 작은잎은 길이 1.5~3cm의 선형-도피침형-도란 형이며 가장자리에는 물결모양의 뾰족한 톱니가 7~12개 정도 있다. 턱잎은 길이 3~5mm의 선상 낫모양이고 가장자리는 밋밋하거나 밑부분에 1개의 톱니가 있다. 꽃은 길이 4~7mm이고 5~9월에 황색으로 피며 가지의 끝이나 잎겨드랑이에서 나온 길이 6~15cm의 총상꽃차례에서 30~70개씩 빽빽이 모여 달린다. 포는 길이 1mm 정도이고 꽃자루와 길이가 비슷하거나 약간 더 길다. 꽃받침은 길이 1.5~2.5mm이고 털이 약간 있으며 열편은 5개이고 좁은 삼각형이다. 위쪽 꽃잎은 넓은 타원형-도란상 원형이며 옆쪽꽃잎은 주걱상 긴 타원형이고 아래쪽꽃잎보다 길다. 열매(협과)는 길이 3~5mm의 넓은 타원형-난상 타원형-난형이고 털이 없으며 표면에 물결모양의 주름이 있다. 익으면 흑색이 된다.

참고 전동싸리(*M. suaveolens*)는 주름 전동싸리에 비해 꽃이 작고(길이 3.5~4.5mm) 배주가 2~4개(주름전동싸리는 5~8개)이며 열매의 표면에 그물모양의 맥이 발달하는 것이 특징이다. 주름전동싸리는 전국적으로 흔히 분포하지만, 전동싸리는 강원, 경기, 인천, 서울, 경북(울릉도) 등에서 비교적 드물게 관찰이 된다. **흰전동싸리**(*M. albus*)는 주름전동싸리에 비해 꽃이 백색인 것이 특징이다.

❶2013. 0. 15. 인천시 ❷꽃. 황색이며 꽃받침에 털이 약간 있고 꽃받침의 열편은 통부보다 약간 짧다. ❸열매. 흑갈색-흑색으로 익으며 넓은 타원상이고 가로주름이 있다. 털은 없다. ❹잎. 작은잎의 가장자리에 10~15쌍의 뾰족한 톱니가 있다. ❺~❽흰전동싸리 ❺꽃. 백색이고 주름전동싸리에 비해 약간 짧다. ❻열매. 넓은 타원상이고 표면에 가로주름이 있다. ❼잎. 전동싸리와 유사하다. ❽2013. 6. 15. 인천시

갯활량나물

Thermopsis lupinoides (L.) Link

콩과

국내분포/자생지 강원(고성군. 양양군) 이북의 해안가

형태 다년초. 땅속줄기가 짧게 벋는다. 줄기는 높이 40~80cm이고 곧추자라며 세로줄이 있고 윗부분에 백색의 털이 있다. 잎은 3출겹잎이며 어긋난다. 작은잎은 길이 5~7cm의 타원형-넓은 타원형-도란형이며 끝이 둔하거나 뾰족하고 가장자리는 밋밋하다. 양면에는 털이 있으나 차츰 없어진다. 턱잎은 길이 2~4cm의 타원형 또는 난형이며 잎자루와 길이가 비슷하다. 꽃은 5~6월에 황색으로 피며 줄기와 가지의 끝부분에서 나온 길이 10~30cm의 총상꽃차례에서 모여 달린다. 꽃자루는 길이 5~10mm이고 꽃줄기와 함께 털이 많다. 포는 길이 8~15mm의 피침형-좁은 난형이고 일찍 떨어진다. 꽃받침은 길이 1cm의 종형이며 열편은 4개이고 표면에 누운 털이 많다. 꽃잎은 길이가 서로 비슷하다. 위쪽꽃잎은 길이 2~2.5cm의 넓은 난형-편원형이고 끝이 깊게 V자로 갈라지며 곧추서거나 옆으로 약간 젖혀진다. 옆쪽꽃잎은 길이 2~2.3cm의 주걱상 도란형이고 아래쪽꽃잎보다 약간 길다. 열매(협과)는 길이 8~10cm의 편평한 선형이며 처음에는 털이 많으나 차츰 없어진다. 씨는 길이 3~4mm의 약간 편평한 콩팥모양이고 흑갈색-흑색으로 익으며 열매당 12~15개씩 들어 있다.

참고 꽃이 황색이고 잎이 3출겹잎이며 턱잎이 대형이고 줄기를 감싸거나 합생하는 것이 특징이다.

❶ 2012. 5. 31. 강원 양양군 ❷ 꽃. 꽃차례. 꽃자루, 꽃받침에 잔털이 많다. ❸ 열매. 약간 휘어진 편평한 선형이며 표면과 가장자리에 털이 있다. ❹ 잎. 3출겹잎이고 가장자리는 밋밋하다. ❺ 턱잎. 작은잎과 유사한 모양이며 잎자루와 길이가 비슷하다. ❻ 자생지. 땅속줄기가 옆으로 벋으며 번식하기 때문에 흔히 개체군을 형성한다.

노랑토끼풀

Trifolium campestre Schreb.

콩과

국내분포/자생지 지중해 연안 원산. 경남(창녕군), 경북(울릉도), 부산시, 전북(군산시), 제주, 충남(서산시)의 길가, 빈터, 하천가 등

형태 1년초. 잎은 3출겹잎이며 턱잎은 길이 5~8mm의 긴 타원형-난형이다. 작은잎은 길이 7~16mm의 긴 타원형-도란형이며 윗부분 가장자리에 물결모양의 둔한 톱니가 있다. 꽃은 5~6월에 황색으로 피며 꽃줄기의 끝에서 20~30개씩 머리모양으로 모여 달린다. 꽃차례는 지름 8~13mm이다. 열매(협과)는 길이 2~3mm의 타원상 난형이다.

참고 애기노랑토끼풀에 비해 잎과 꽃이 크며 꽃차례에 꽃이 더 많이 달리고 위쪽꽃잎에 뚜렷한 맥이 있는 것이 특징이다.

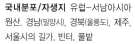

❶2013. 5. 14. 경남 창녕군 우포늪 ❷꽃. 꽃차례가 애기노랑토끼풀에 비해 크다. 위쪽꽃잎에 뚜렷한 맥이 있다. ❸잎. 작은잎의 상반부에 물결모양의 톱니가 있다.

애기노랑토끼풀

Trifolium dubium Sibth.

콩과

국내분포/자생지 유럽-서남아시아 원산. 경남(밀양시), 경북(울릉도), 제주, 서울시의 길가, 빈터, 풀밭

형태 1년초. 잎은 3출겹잎이다. 턱잎은 길이 4~8mm의 난형이고 밑부분이 줄기를 감싼다. 작은잎은 길이 5~10mm의 도란형이며 윗부분 가장자리에 물결모양의 둔한 톱니가 있다. 꽃은 4~6월에 황색으로 피며 잎겨드랑이에서 나온 꽃줄기의 끝에서 5~20개씩 머리모양으로 모여 달린다. 꽃차례는 지름이 4~8mm이다. 열매(협과)는 길이 2mm 정도의 도란형이며 시든 꽃잎에 덮여 있다.

참고 노랑토끼풀에 비해 잎과 꽃, 꽃차례 등이 전체적으로 작고 위쪽꽃잎에 뚜렷한 맥이 없다.

❶2013. 5. 22. 제주 제주시 한경면 ❷꽃. 꽃차례는 노랑토끼풀보다 작고 꽃도 더 적게 달린다. ❸잎. 작은잎의 상반부 가장자리에 물결모양의 얕은 톱니가 있다. 턱잎은 잎의 크기에 비해 큰 편이다.

선토끼풀

Trifolium hybridum L.

콩과

국내분포/자생지 유럽-서남아시아 원산. 전국의 길가, 풀밭 등

형태 다년초. 줄기는 곧추서거나 비스듬히 자란다. 잎은 3출겹잎이며 작은잎은 길이 1~2cm의 넓은 타원형-도란형이고 가장자리에 뾰족한 톱니가 있다. 턱잎은 좁은 난형이고 끝이 길게 뾰족하다. 꽃은 5~7월에 백색-연한 적색으로 피며 잎겨드랑이에서 나온 꽃줄기의 끝에서 20~40개씩 머리모양으로 모여 달린다. 꽃차례는 지름 1.5~3cm이다. 열매(협과)는 길이 3~4mm의 타원형이고 꽃받침에 싸여 있다.

참고 토끼풀에 비해 벋는 줄기가 없고 턱잎이 초질이며 꽃받침의 열편은 길이가 통부와 비슷하거나 긴 것이 특징이다.

❶2014. 8. 14. 인천시 ❷꽃. 백색 또는 연한 적자색이다. 잎겨드랑이에서 나온 긴 꽃줄기의 끝에서 머리모양으로 모여 달린다. ❸잎. 가장자리에 뾰족한 톱니가 있다. ❹턱잎. 초질이다.

진홍토끼풀

Trifolium incarnatum L.

콩과

국내분포/자생지 지중해 연안 원산. 경남(밀양시), 전남(보성군), 제주의 길가, 빈터

형태 1년초. 줄기는 높이 30~60cm 이며 흔히 곧추 자라고 전체에 털이 많은 편이다. 잎은 3출겹잎이며 작은잎은 길이 1~3cm의 도란형-도심장형이다. 꽃은 길이 1~1.5cm이고 4~7월에 (백색-)진한 적색으로 피며 줄기와 가지의 끝에서 50~100개씩 빽빽이 모여 달린다. 꽃차례는 길이 3~6cm의 원뿔형이고 꽃줄기는 길이 2.5~7cm이다. 꽃받침의 열편은 통부와 길이가 비슷하거나 길다. 열매(협과)는 길이 3~4mm의 타원형이다.

참고 잎이 도란형-도심장형이며 꽃이 진한 적색이고 꽃차례가 원뿔형-원통형인 것이 특징이다.

❶2014. 5. 6. 전남 보성군 ❷꽃. 꽃은 적색이고 꽃차례는 원뿔형-원통형이다. ❸잎. 털이 있으며 작은잎은 도란상이고 가장자리가 밋밋하다. ❹턱잎. 긴 털이 많다.

붉은토끼풀
Trifolium pratense L.

콩과

국내분포/자생지 북아프리카–유라시아 원산. 전국의 길가, 풀밭 등
형태 다년초. 잎은 3출겹잎이다. 작은잎은 길이 1.5~3.5cm의 난상 타원형–도란형이고 앞면에 흔히 백색 무늬가 있다. 턱잎은 막질이며 난상 피침형이고 끝은 길게 뾰족하다. 꽃은 5~8월에 연한 적색으로 피며 줄기와 가지의 끝부분에서 30~70개씩 머리모양으로 모여 달린다. 꽃차례는 지름 2~3cm이다. 열매(협과)는 길이 3mm 정도의 도란형이다.
참고 토끼풀에 비해 벋는 줄기가 없고 잎과 줄기에 흔히 털이 있다. 또한 꽃이 연한 적색이며 꽃차례가 큰 편이고 꽃줄기가 거의 없는 것이 특징이다.

❶2001. 5. 14. 대구시 경북대학교 ❷꽃. 꽃줄기가 짧고 꽃차례는 토끼풀이나 선토끼풀에 비해 크다. 꽃받침에 긴 털이 있다. ❸잎. 흔히 앞면에 백색의 큰 무늬가 있으며 가장자리에 긴 털이 많다.

토끼풀
Trifolium repens L.

콩과

국내분포/자생지 북아프리카–유라시아 원산. 전국의 길가, 농경지, 풀밭 등
형태 다년초. 줄기는 땅위로 길게 벋으며 마디에서 뿌리를 내린다. 잎은 3출겹잎이며 작은잎은 길이 8~30mm의 난형–도란형이고 가장자리에 뾰족한 톱니가 있다. 꽃은 4~10월에 백색(–연한 적색)으로 피며 벋는 줄기의 잎겨드랑이에서 나온 꽃줄기의 끝에서 30~80개씩 머리모양으로 모여 달린다. 꽃차례는 지름 1.5~3cm이다. 열매(협과)는 길이 3~5mm의 선상 긴 타원형이며 꽃받침에 싸여 있다.
참고 선토끼풀에 비해 땅위를 벋는 줄기가 있고 턱잎이 막질이며 꽃받침의 열편은 길이가 통부보다 짧은 것이 특징이다.

❶2013. 5. 18. 경북 성주군 낙동강 ❷꽃. 흔히 백색이다. ❸잎. 잎자루가 길며 털은 거의 없다. ❹턱잎. 약간 막질이다.

왕관갈퀴나물

Securigera varia (L.) Lassen

콩과

국내분포/자생지 북아프리카-유라시아 원산. 중부지방 이남의 길가, 하천가 등

형태 다년초. 줄기는 비스듬히 서거나 땅위에 누워 자라며 가지가 많이 갈라진다. 잎은 깃털모양의 겹잎이며 작은잎은 길이 1~2cm의 긴 타원형-타원상 난형이다. 끝은 둥글거나 편평하며 중앙맥과 연결된 짧은 돌기가 있다. 꽃은 길이 1~1.5cm이고 5~8월에 연한 분홍색-연한 자색으로 피며 20개 정도가 머리모양으로 모여 달린다. 열매(협과)는 약간 네모지며 길이 2~8cm의 선형이고 씨가 없는 부분은 잘록하다.

참고 잎에 덩굴손이 발달하지 않고 꽃이 연한 분홍색이며 열매는 가늘고 잘록한 부분이 있는 것이 특징이다.

❶2013. 6. 16. 서울시 한강공원 ❷꽃. 긴 꽃줄기의 끝에서 20개 정도가 머리모양(또는 산형상)으로 모여 달린다. ❸열매. 선형이고 곧추서며 3~12개의 마디가 있다. ❹잎. 덩굴손이 없다.

벌완두

Vicia amurensis Oett.

콩과

국내분포/자생지 전국의 길가, 풀밭, 하천가 및 숲가장자리

형태 덩굴성 다년초. 잎은 깃털모양의 겹잎이며 끝부분에 2~3개로 갈라진 덩굴손이 있다. 작은잎은 5~8쌍이며 길이 1.3~3.5cm의 긴 타원형-타원상 난형이다. 턱잎은 길이 5~15mm의 2개로 갈라진 화살촉모양이며 가장자리에 2~4개의 톱니가 있다. 꽃은 6~9월에 적자색~청자색으로 피며 총상꽃차례에서 모여 달린다. 열매(협과)는 길이 2~2.5cm의 긴 타원형이다.

참고 갈퀴나물이나 넓은잎갈퀴에 비해 잎의 측맥이 중앙맥에서 45˚ 이상으로 벌어져 붙으며 잎에 털이 거의 없고 꽃받침열편이 짧은 것이 특징이다.

❶2003. 6. 4. 충북 단양군 ❷꽃. 꽃차례에서 15~30개씩 모여 달린다. ❸열매. 길이 2~2.5cm의 긴 타원상이고 털은 없다. ❹잎. 측맥은 중앙맥에서 45˚ 이상으로 벌어져 붙는다.

갈퀴나물

Vicia amoena Fisch. ex Ser.

콩과

국내분포/자생지 전국의 길가, 풀밭 및 숲가장자리

형태 덩굴성 다년초. 땅속줄기가 길게 벋는다. 줄기는 길이 50~150cm이고 가지가 많이 갈라지며 네모지고 털이 약간 있다. 잎은 깃털모양의 겹잎이며 끝부분에 2~3개로 갈라진 덩굴손이 있다. 작은잎은 4~7쌍이며 길이 1.3~4cm, 너비 5~18mm의 좁은 긴 타원형-긴 타원형-긴 타원상 도란형이다. 턱잎은 길이 8~20mm의 2개로 갈라진 화살촉모양이며 가장자리에 3~4개의 비교적 큰 톱니가 있다. 꽃은 6~8월에 (백색-)적자색-청자색으로 피며 길이 7~10cm의 총상꽃차례에서 10~20(~30)개씩 모여 달린다. 꽃은 길이 1.2~1.5cm이다. 꽃받침은 종형이며 끝부분은 5개로 얕게 갈라지고 열편의 길이는 서로 다르다. 위쪽꽃잎은 길이 1~1.5cm이며 옆쪽꽃잎이나 아래쪽꽃잎보다 길다. 씨방은 털이 없다. 열매(협과)는 길이 1.8~2.8cm, 너비 5~7mm의 긴 타원형이고 양쪽 끝부분은 뾰족하며 표면에 털이 없다.

참고 등갈퀴나물에 비해 작은잎이 넓고(타원상) 개수가 적으며 턱잎은 큰 편이다. 벌완두에 비해 작은잎의 측맥이 중앙맥에서 45° 이하로 벌어져 벋으며 잎에 털이 약간 있는 것이 특징이다.

❶2004. 8. 17. 경남 창녕군 우포늪 ❷~❸꽃. 벌완두와 등갈퀴나물에 비해 큰 편이며 꽃받침에 털이 약간 있다. ❹열매. 약간 편평한 좁은 긴 타원형이며 털은 없다. ❺잎. 깃털모양의 겹잎이며 작은잎은 4~7쌍이다. ❻작은잎 뒷면. 털이 있다. 측맥은 중앙맥에서 45° 이하로 벌어져 벋는다. ❼턱잎. 등갈퀴나물에 비해 큰 편이며 가장자리에 2~4개의 비교적 큰 톱니가 있다.

가는살갈퀴

Vicia angustifolia L. ex Reichard
Vicia sativa subsp. *nigra* (L.) Ehrh.

콩과

국내분포/자생지 중부지방 이남의 길가, 풀밭, 하천가 등

형태 덩굴성 1년초. 잎은 깃털모양의 겹잎이며 끝부분에 2~3개로 갈라진 덩굴손이 있다. 작은잎은 2~7쌍이며 길이 1~3cm의 선형–주걱상 긴 타원형–도심장형이다. 턱잎은 2개로 갈라진 화살촉모양이며 뒷면에 큰 샘점이 있다. 꽃은 3~6월에 연한 적자색으로 피며 1~3개씩 잎겨드랑이에서 모여 달린다. 열매(협과)는 길이 3~5cm의 선상 긴 타원형이다.

참고 구주갈퀴덩굴(*V. sepium*)에 비해 1년초이고 턱잎에 큰 샘점이 있는 것이 특징이다. 또한 꽃받침열편의 길이가 서로 비슷하다(아래쪽 2개는 약간 더 길다).

❶ 2013. 5. 7. 충남 보령시 녹도 ❷ 꽃. 꽃받침에 털이 약간 있으며 꽃자루는 매우 짧다. ❸ 턱잎. 중앙부에 큰 샘점이 있다. ❹ 열매. 흑갈색으로 익으며 표면에 짧은 털이 있다. ❺ 잎. 형태에 변이가 심하다.

들완두

Vicia bungei Ohwi

콩과

국내분포/자생지 강원 이북의 길가, 농경지, 풀밭 등

형태 다년초. 잎은 깃털모양의 겹잎이며 끝부분에 2~3개로 갈라진 덩굴손이 있다. 작은잎은 2~5쌍이며 길이 8~25mm의 피침형–긴 타원형–긴 타원상 도란형이다. 턱잎은 길이 3~7mm의 화살촉모양이며 가장자리에 톱니가 있다. 꽃은 길이 2cm 정도이고 4~6월에 연한 적자색–연한 자색으로 피며 잎겨드랑이에서 나온 긴 꽃줄기에서 2~4개씩 모여 달린다. 열매(협과)는 길이 2.5~3.5cm의 긴 타원형이고 털이 없다.

참고 작은잎이 2~5쌍이고 피침형–도란형이며 큰 꽃이 잎과 길이가 비슷하거나 긴 꽃줄기에 달리는 것이 특징이다.

❶ 2005. 4. 23. 강원 삼척시 ❷ 꽃. 꽃받침에 털이 약간 있다. ❸ 잎. 잎 끝에 갈라지는 덩굴손이 있으며 작은잎의 끝은 편평하거나 오목하다. ❹ 턱잎. 화살촉모양이다.

등갈퀴나물
Vicia cracca L.

콩과

국내분포/자생지 전국의 길가, 농경지, 풀밭, 하천가 및 숲가장자리

형태 덩굴성 다년초. 땅속줄기가 길게 뻗는다. 줄기는 길이 80~150cm까지 자라며 능각이 있고 털이 거의 없거나 많다. 잎은 깃털모양의 겹잎이며 끝부분에 2~3개로 갈라진 덩굴손이 있다. 작은잎은 8~15쌍이며 길이 1~3cm의 선형-선상 피침형-긴 타원형이다. 끝은 둥글거나 뾰족하고 끝부분에 중앙맥과 연결된 짧은 돌기가 있다. 턱잎은 길이 4~5mm의 2개로 갈라진 화살촉모양이며 가장자리는 밋밋하거나 1~2개의 톱니가 있다. 꽃은 5~6(~9)월에 적자색-청자색으로 피며 잎겨드랑이에서 나온 잎과 길이가 비슷한 꽃줄기에서 10~40개씩 모여 달린다. 꽃받침은 종형이고 털이 있으며 5개로 얕게 갈라진다. 열편은 통부보다 짧다. 꽃부리는 길이 8~13(~15)mm이다. 위쪽꽃잎은 끝이 오목한 바이올린모양이고 옆쪽꽃잎보다 약간 길다. 열매(협과)는 길이 2~2.5cm, 너비 6~10mm의 긴 타원형이며 털이 없다.

참고 갈퀴나물에 비해 작은잎의 수가 많으며 작은잎이 선형-긴 타원형으로 좁은 것이 특징이다. 가는등갈퀴 (*V. tenuifolia*)는 등갈퀴나물에 비해 꽃이 길고(꽃부리의 길이는 1.2~1.8cm) 잎이 흔히 선형이다. 국내 자생은 불명확하다.

❶2001. 6. 6. 경북 청송군 ❷꽃. 잎과 길이가 비슷한 꽃차례에서 10~40개 정도가 모여 달린다. 꽃받침과 꽃자루에 털이 있다. ❸열매. 좁은 긴 타원상이며 털은 없다. ❹잎. 작은잎 8~15쌍으로 이루어진 깃털모양의 겹잎이며 끝부분에 2~3개로 갈라진 덩굴손이 있다. 작은잎은 너비 2~3mm의 선형-긴 타원형이고 측맥은 희미하거나 불명확하다. ❺~❻턱잎. 갈퀴덩굴에 비해 소형이며 가장자리는 밋밋하거나 1~2개의 톱니가 있다. ❼2010. 6. 11. 제주

새완두

Vicia hirsuta (L.) Gray

콩과

국내분포/자생지 남부지방의 길가, 농경지, 풀밭, 하천가 등

형태 덩굴성 1년초. 잎은 깃털모양의 겹잎이고 끝부분에 2~4개로 갈라진 덩굴손이 있다. 작은잎은 5~8쌍이며 길이 5~15mm의 선형-선상 긴 타원형이다. 꽃은 3~6월에 백색-연한 적자색으로 피며 잎겨드랑이에서 나온 잎보다 짧은 총상꽃차례에서 (2~)3~6개씩 모여 달린다. 열매(협과)는 길이 5~10mm의 긴 타원형이며 털이 많다. 열매 1개에 2개의 씨가 들어 있다.

참고 얼치기완두에 비해 덩굴손이 갈라지며 꽃이 3~6개씩 모여 달리며 꽃받침의 열편이 통부보다 길고 열매에 털이 많은 것이 특성이다.

❶ 2016. 4. 19. 전남 진도 ❷ 꽃. 3~6개씩 모여 달리며 꽃받침에 털이 많다. ❸ 열매. 긴 타원형이며 표면에 긴 털이 많다. ❹ 턱잎. 3~4개로 갈라진다.

넓은잎갈퀴

Vicia japonica A. Gray

콩과

국내분포/자생지 경북(울릉도)의 길가, 풀밭, 하천가 및 숲가장자리

형태 덩굴성 다년초. 잎은 깃털모양의 겹잎이며 끝부분에 1~3개로 갈라진 덩굴손이 있다. 작은잎은 5~8쌍이며 길이 1~3cm의 긴 타원형-타원상 난형이고 뒷면에 털이 많다. 턱잎은 길이 5~7mm의 선형-선상 피침형이며 가장자리는 밋밋하거나 1~2개의 톱니가 있다. 꽃은 6~10월에 적자색-청자색으로 핀다. 열매(협과)는 길이 3~4.5cm의 긴 타원형이고 털이 없다.

참고 갈퀴나물에 비해 턱잎이 가늘며 전체(특히 잎 뒷면)에 털이 많은 것이 특징이다. 식물체가 말라도 녹색-황록색이다.

❶ 2001. 8. 20. 경북 울릉도 ❷ 꽃. 꽃부리는 길이 1.2~1.5cm이고 꽃받침에 털이 많다. ❸ 작은잎 뒷면. 털이 많다. ❹ 턱잎. 작은 편이며 2개로 갈라지고 가장자리는 흔히 밋밋하다.

큰등갈퀴(큰갈퀴)

Vicia pseudo-orobus Fisch. & C. A. Mey.

콩과

국내분포/자생지 강원, 경기, 경북 및 북부지방의 길가, 풀밭 및 숲가장자리
형태 덩굴성 다년초. 잎은 깃털모양의 겹잎이고 끝부분에 (1~)2~3개로 갈라진 덩굴손이 있거나 없다. 작은잎은 2~5쌍이며 길이 3~6cm, 너비 1.5~3cm의 타원형-난형이다. 턱잎은 길이 8~15mm의 화살촉모양이며 가장자리에는 톱니가 약간 있다. 꽃은 길이 1~1.5cm이고 8~9월에 적자색-청자색으로 피며 잎겨드랑이에서 나온 잎보다 긴 총상꽃차례에서 모여 달린다. 꽃받침은 털이 없으며 열편은 물결모양으로 갈라지고 짧은 편이다. 열매(협과)는 길이 2~3.5cm의 편평한 긴 타원형이다.
참고 작은잎이 2~5쌍이며 대형인 점이 특징이다.

❶2002. 8. 29. 경북 영천시 ❷꽃. 꽃받침은 털이 거의 없으며 열편은 물결모양이다. ❸잎. 작은잎은 2~5쌍이고 대형이며 끝부분에 덩굴손이 있거나 간혹 없다. ❹턱잎. 큰 편이다.

얼치기완두

Vicia tetrasperma (L.) Schreb.

콩과

국내분포/자생지 중부지방 이남의 길가, 농경지, 풀밭, 하천가 등
형태 덩굴성 1년초. 잎은 깃털모양의 겹잎이며 끝부분에 흔히 갈라지지 않는 덩굴손이 있다. 작은잎은 3~6쌍이며 길이 8~17mm의 선형-긴 타원형이다. 꽃은 4~7월에 백색-연한 적자색으로 피며 잎겨드랑이에서 나온 길이 3cm 정도의 총상꽃차례에 1~2개씩 달린다. 열매(협과)는 길이 8~12mm의 긴 타원형이며 털이 없다. 열매 1개에 (3~)4(~6)개의 씨가 들어 있다.
참고 새완두에 비해 덩굴손이 갈라지지 않으며 꽃이 1~2개씩 달리며 꽃받침의 열편이 통부보다 짧고 열매에 털이 없는 것이 특징이다.

❶2014. 6. 6. 인천시 서구 국립생물자원관 ❷꽃. 1~2개씩 달린다. ❸열매. 표면에 털이 없다. ❹턱잎. 2개로 갈라진 화살촉모양이다.

벳지(각시갈퀴나물)

Vicia villosa Roth
Vicia dasycarpa Ten.; *V. villosa* subsp.
varia (Host) Corb.

콩과

국내분포/자생지 북아프리카–유라시아 원산. 중부지방 이남의 길가, 빈터, 하천가 등

형태 덩굴성 1~2년초. 줄기는 길이 1~2m까지 자라며 흔히 전체에 털이 밀생한다. 잎은 길이 3~6cm 깃털모양의 겹잎이고 작은잎은 5~12쌍이다. 작은잎은 길이 1~3cm의 선형–피침형–긴 타원형이다. 꽃은 4~7월에 백색–연한 적자색–연한 청자색 등으로 핀다. 열매(협과)는 길이 2~4cm의 편평한 긴 타원형이다.

참고 전체에 털이 적거나 없고 꽃받침의 열편이 모두 통부보다 짧은 각시갈퀴나물(subsp. *varia*)은 최근 벳지에 통합처리되는 추세이다.

❶2013. 5. 18. 경북 성주군 낙동강 ❷꽃. 아래쪽 꽃받침열편의 길이는 꽃받침과 비슷하거나 약간 더 길다. ❸열매. 표면에 털이 없다. ❹잎. 끝부분에 2~3개로 갈라진 덩굴손이 있다.

여우팥

Dunbaria villosa (Thunb.) Makino

콩과

국내분포/자생지 중부지방 이남의 길가, 농경지, 풀밭 등

형태 덩굴성 다년초. 줄기에 퍼지거나 꼬부라진 털이 많다. 잎은 어긋나며 3출겹잎이고 종이질이다. 중앙의 작은잎은 길이 2~5cm의 마름모상 난형이며 끝은 길게 뾰족하다. 꽃은 지름 1.5~1.8cm이고 8~9월에 황색으로 피며 2~7개씩 성기게 모여 달린다. 꽃받침은 길이 5~9mm이고 표면에 털과 함께 샘점이 많다. 열매(협과)는 길이 3~5cm의 납작한 선상 긴 타원형이며 표면에 누운 털이 있다.

참고 새팥이나 좀돌팥에 비해 잎이 두터운 편이고 열매가 납작한 긴 타원상이며, 꽃받침과 잎 뒷면에 샘점이 있는 것이 특징이다.

❶2001. 8. 5. 경남 창원시 주남저수지 ❷꽃. 꽃자루와 꽃받침에 잔털과 붉은 샘점이 있다. ❸열매. 표면에 잔털이 많다. 씨는 5~7개씩 들어 있다. ❹턱잎. 피침상 난형–삼각상 난형이고 털이 있다.

새팥

Vigna angularis var. *nipponensis*
(Ohwi) Ohwi & H. Ohashi

콩과

국내분포/자생지 전국의 길가, 농경지, 풀밭 등

형태 덩굴성 1년초. 줄기는 높이 30~90cm이고 각지며 황갈색의 긴 털이 많다. 잎은 3출겹잎이며 양면에 털이 많거나 맥위와 가장자리에 털이 약간 있다. 중앙의 작은잎은 길이 4~10cm, 너비 3~7cm의 난형-넓은 난형-난상 마름모형이며 가장자리는 밋밋하거나 1~2개의 결각이 있다. 턱잎은 길이 8~10mm의 피침형-좁은 난형이다. 꽃은 지름 1~1.5cm이고 8~9월에 황색으로 피며 잎겨드랑이에서 나온 긴 꽃자루에서 2~8(~12)개씩 모여 달린다. 꽃받침은 길이 3~4mm의 종형이며 열편은 4~5개로 얕게 갈라진다. 위쪽꽃잎은 길이 1~1.5cm, 너비 1.2~2cm의 옆으로 누운 넓은 타원형-편원형이고 끝은 오목하다. 아래쪽꽃잎은 낫모양으로 거의 반 바퀴 굽는다. 열매(협과)는 길이 5~8cm, 너비 5~6mm의 선상 원통형이며 겉에 털이 없거나 약간 있다. 씨는 광택이 없는 적갈색(~다양한 색)이며 길이 5~6mm이고 양쪽 끝이 둥글거나 편평한 타원상 원통형이다.

참고 팥(var. *angularis*)에 비해 덩굴성인 것이 특징이다. 국외(중국, 미국 등)에서는 새팥을 팥과 동일 종으로 처리하고 있다. 좀돌팥에 비해 전체가 대형이며 작은잎이 난형상이고 끝이 급히 좁아진다. 또한 줄기, 꽃차례, 열매 등에 흔히 털이 있으며 씨의 배꼽이 가늘고 긴 1자형이며 미약하게 돌출한다. 턱잎은 길이 8mm 이상이다.

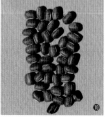

❶ 2013. 8. 22. 충북 단양군 ❷꽃. 아래쪽 꽃잎이 반 바퀴 정도 꼬인다. ❸열매. 길이 5~8cm 정도의 선상 원통형이고 표면에 털이 있거나 거의 없다. ❹잎. 털이 있다. 작은잎은 난형상이다. ❺~❼팥과 동일하다. ❻열매. 새팥과 동일하다. ❼잎. 새팥과 동일하다. ❾새팥(상)/좀돌팥(하) 비교. 새팥은 좀돌팥에 비해 전체적으로 대형이고 털이 많은 편이다. ❾~❿새팥. ❾턱잎. 길이 8~10mm로 좀돌팥에 비해 크다. ❿씨. 황갈색-적갈색이며 배꼽이 가늘다.

좀돌팥

Vigna minima (Roxb.) Ohwi & H. Ohashi

국내분포/자생지 전국의 길가, 농경지, 풀밭 등

형태 덩굴성 1년초. 줄기는 가늘고 털이 거의 없다. 잎은 3출겹잎이며 양면에 털이 거의 없다. 작은잎은 길이 2~7cm, 너비 5~30mm의 선상 피침형-긴 타원형-넓은 난형이며 가장자리는 밋밋하거나 1~2개의 결각이 있다. 꽃은 8~9월에 황색으로 피며 잎겨드랑이에서 나온 긴 꽃자루에서 3~4(~10)개씩 모여 달린다. 열매(협과)는 길이 2.5~6cm, 너비 2~3mm의 선상 원통형이며 털이 없다.

참고 새팥에 비해 소형이고 작은잎이 흔히 선상 피침형-좁은 난형상이다. 또한 씨의 배꼽이 백색이고 뚜렷하게 돌출하는 것이 특징이다.

❶2014. 8. 14. 인천시 ❷꽃. 꽃받침열편의 가장자리에 털이 약간 있다. ❸열매. 길이 2.5~6cm로 새팥보다 짧다. 털은 거의 없다. ❹턱잎. 4mm 정도의 피침형이다. ❺씨. 흑갈색이고 배꼽이 뚜렷이 돌출한다.

돌동부

Vigna vexillata var. *tsusimensis* Matsum.

콩과

국내분포/자생지 전남, 제주의 길가, 풀밭 및 숲가장자리

형태 덩굴성 다년초. 줄기와 잎자루에 아래 방향으로 퍼진 갈색의 짧은 털이 있다. 잎은 3출겹잎이며 중앙의 작은잎은 길이 6~15cm의 좁은 난형-난형이고 가장자리는 밋밋하다. 턱잎은 길이 4~13mm의 좁은 난형이다. 꽃은 8~9월에 연한 자색-적자색으로 피며 긴 꽃자루의 끝에서 2~6개씩 모여 달린다. 꽃받침의 열편은 5개이며 피침형-좁은 난형이고 길이가 통부와 비슷하거나 길다. 열매(협과)는 길이 4~10cm의 선상 원통형이며 갈색의 짧은 털이 있다.

참고 꽃이 연한 자색이고 열매에 갈색의 털이 있는 것이 특징이다.

❶2001. 9. 11. 전남 완도 ❷꽃. 꽃받침에 갈색-흑갈색의 짧은 털이 있다. ❸열매. 선상 원통형이며 표면에 뻣뻣한 털이 많다. ❹잎. 양면에 짧은 털이 있다.

개미탑

Gonocarpus micranthus Thunb.
Haloragis micrantha (Thunb.) R. Br.

개미탑과

국내분포/자생지 강원(동해안), 경기 이남(주로 도서지역)의 산지 길가, 풀밭, 습지
형태 다년초이며 흔히 땅위에 누워 자란다. 잎은 길이 6~17mm의 심장상 타원형-넓은 난형이다. 꽃은 7~9월에 연한 황적색-적자색으로 피며 가지의 윗부분에 총상 또는 원뿔상으로 달린다. 꽃받침잎은 길이 0.5mm 정도의 삼각형이고 녹색이다. 꽃잎은 길이 0.8~1.2mm이며 보트모양의 긴 타원형이다. 수술은 8개이며 암술머리는 적자색이고 술모양으로 잘게 갈라진다. 열매(견과상)는 길이 1mm 정도의 편구형이고 8개의 능각이 있다.
참고 수술이 먼저 발달하고 꽃가루가 산포된 후 암술이 성숙한다.

❶2002. 6. 27. 울산시 울주군 정족산 ❷꽃. 꽃밥은 수술대보다 길다. ❸열매. 뚜렷한 능각이 있다. ❹꽃차례. 수술과 꽃잎이 떨어지면 암술은 꽃받침 바깥으로 나온다. ❺줄기와 잎

이삭물수세미

Myriophyllum spicatum L.

개미탑과

국내분포/자생지 전국의 저지대 습지
형태 다년초. 물속의 잎은 4개씩 돌려나며 길이가 3~3.5cm이고 깃털모양으로 깊게 갈라진다. 암수한그루이다. 꽃은 5~9월에 물밖으로 나온 꽃차례에서 많은 층을 이루며 모여 달린다. 꽃차례의 위쪽에는 수꽃이, 아래쪽에는 암꽃이 달린다. 수꽃의 꽃잎은 4개이고 길이 2~2.5mm의 타원형이며 수술은 8개이다. 암꽃의 꽃받침잎은 긴 타원형이며 암술머리에 백색의 털이 많다. 열매(분열과)는 길이 1.5~2.5mm의 난상 구형이고 짙은 녹갈색이다.
참고 물밖의 줄기잎이 매우 작고(길이 1~1.5mm) 겨울눈이 없는 것이 특징이다.

❶2012. 5. 29. 인천시 소래습지생태공원 ❷수꽃. 물밖으로 나온 꽃차례의 윗부분에 달린다. ❸암꽃. 꽃차례의 아랫부분에 달린다. ❹물속의 잎. 4개씩 돌려난다.

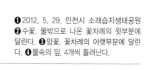

긴동아물수세미

Myriophyllum oguraense Miki

개미탑과

국내분포/자생지 전국의 오래된 연
못 또는 하천에서 드물게 자람

형태 다년초. 줄기는 길이가 10~
150cm이며 아래쪽에서 가지가 많이
갈라진다. 겨울눈은 길이 2.5~8cm
의 긴 원통상 선형이다. 잎은 4(~5)
개씩 돌려난다. 물속의 잎은 길이
2~5.7cm의 난형–거의 원형이고 가
장자리는 깃털모양으로 잘게 갈라진
다. 가장자리의 열편은 9~13쌍이며
길이 1~3cm의 선형이다. 물밖의 잎
은 길이 4.5~15mm의 도피침형–피침
상 긴 타원형이고 가장자리는 깃털모
양으로 깊게 갈라지며 앞면은 흰빛이
도는 밝은 청록색이다. 암수한그루(간
혹 암수딴그루)이며 꽃차례의 위쪽에는
수꽃이, 아래쪽에는 암꽃이 달린다.
꽃은 6~9월에 피며 물밖으로 나온
가지와 줄기의 잎겨드랑이에 1개씩
달린다. 수꽃의 꽃잎과 꽃받침은 4개
이며 꽃받침잎은 길이 0.5~0.7mm
의 삼각형이고 녹색이다. 꽃잎은 길
이 1.7~2.5mm의 긴 타원형이고 백
색–연한 녹색이며 수술은 8개이다.
암꽃의 꽃받침잎은 길이 0.4~0.6mm
의 삼각형이며 꽃잎은 백색이다. 암
술대는 4개씩이고 암술머리에는 백색
의 긴 털이 많다. 열매(분열과)는 길이
1.5~2mm의 난상 구형이고 둔한 세
로능각이 있다.

참고 물수세미(*M. verticillatum*)에 비해
물밖의 잎이 흰빛이 도는 밝은 청록
색이며 겨울눈이 길이 2~7cm의 원
통상 선형인 것이 특징이다. **앵무새깃
물수세미**(*M. aquaticum*)는 잎이 밝은
회록색–청록색이고 줄기에서 5~6개
씩 돌려나며 꽃은 5~7월에 핀다. 남
아메리카(아마존강) 원산의 다년초이며
국내에서는 최근 남부지방의 하천 및
저수지에서 개체수가 급속히 증가하
는 추세이다.

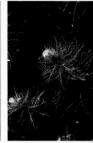
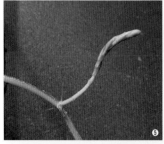

❶2016. 9. 3. 경남 창원시 ❷꽃차례. 물밖
으로 나온 줄기 윗부분의 잎겨드랑이에 1개
씩 달린다. 줄기의 윗부분에 수꽃이 피고 아
랫부분에 암꽃이 핀다. ❸물밖의 잎. 연한 녹
색–연한 청록색이다. ❹물속의 잎. 물밖의
잎보다 더 길고 열편은 더 가늘다. ❺겨울눈
(동아). 선상 긴 원통형이다. ❻~❼앵무새깃
물수세미. ❻자생지(2013. 10. 15. 전북 익산
시). 남부지방의 하천, 저수지 등의 습지에서
야생화되어 자란다. ❼잎. 줄기가 굵고(지름
5mm 정도) 잎이 큰 편이다. 잎은 5~6개씩
돌려난다.

선물수세미

Myriophyllum ussuriense (Regel) Maxim.

개미탑과

국내분포/자생지 강원(강릉시, 양양군), 전남의 습지에 드물게 자람

형태 다년초. 줄기는 길이 5~20(~60) cm이며 아래쪽에서 가지가 많이 갈라진다. 겨울눈은 길이 6~20mm이다. 잎은 3~4개씩 돌려난다. 물속의 잎은 길이 5~10cm의 넓은 피침형이고 가장자리는 깃털모양으로 잘게 갈라진다. 가장자리의 열편은 길이 1~10mm의 피침형-긴 타원상 난형이다. 물밖의 잎은 길이 5~15mm의 선형이고 가장자리는 깃털모양으로 깊게 갈라지며 앞면은 밝은 녹색이다. 암수딴그루(간혹 암수한그루)이다. 꽃은 7~10월에 피며 물밖으로 나온 가지와 줄기의 잎겨드랑이에 1개씩 달린다. 수꽃의 꽃잎과 꽃받침잎은 4개씩이다. 꽃받침잎은 삼각상 난형이고 연한 적자색이며 뒤로 젖혀진다. 꽃잎은 길이 2~2.5mm의 긴 타원형-도란형이고 투명한 백색-연한 분홍색이며 뒤로 심하게 말린다. 수술은 8개이고 꽃밥은 길이 1~2mm의 긴 원통형이고 연한 황색이다. 암꽃은 백색이고 암술대는 4개이며 암술머리에는 백색의 긴 털이 많다. 열매(분열과)는 난상 구형이고 4개의 둔한 세로능각이 있다.

참고 물수세미에 비해 암수딴그루이며 잎이 3~4개씩 돌려나는 것이 특징이다. 전체적으로 소형이고, 국내에서는 주로 강원도의 석호(군개호, 순포호, 포매호 등)에 분포하는 것으로 추정된다.

❶2012. 8. 9. 강원 강릉시 ❷수꽃. 꽃잎은 뒤로 완전히 젖혀진다. 꽃밥은 연한 황색이고 수술대보다 길다. ❸암꽃. 암술대는 4개이고 암술머리에는 긴 털이 많다. ❹물밖의 잎. 깃털모양으로 깊게 갈라진다. ❺물속의 잎. 물밖의 잎보다 길고 열편은 가늘다.

좀부처꽃

Ammannia multiflora Roxb.

부처꽃과

국내분포/자생지 경기 이남의 농경지 및 습지

형태 1년초. 줄기는 높이 10~40cm이고 네모진다. 잎은 마주나며 길이 2.5~5cm의 넓은 선형-피침상 긴 타원형이다. 꽃은 8~10월에 피며 지름 1.5~2mm이고 잎겨드랑이에서 5~20개씩 모여 달린다. 꽃잎은 좁은 주걱형-도란형이고 백색 또는 분홍색이며 4개이다. 열매(삭과)는 지름 1.5~2mm의 거의 구형이고 광택이 나는 적자색이다.

참고 미국좀부처꽃에 비해 잎겨드랑이에서 꽃이 많이 모여 달리며 꽃잎이 매우 작고 암술대가 씨방 길이의 2분의 1 이하이며 열매는 작고 꽃받침 길이의 2배 정도인 것이 특징이디.

❶2004. 9. 17. 경남 창녕군 ❷꽃. 잎겨드랑이에서 많이 모여 달리며 꽃잎은 매우 작다. ❸열매. 거의 구형이고 꽃받침보다 2배 정도 길다.

미국좀부처꽃

Ammannia coccinea Rottb.

부처꽃과

국내분포/자생지 북아메리카 원산. 내륙의 농경지, 습지, 하천가 등

형태 1년초. 줄기는 높이 30~80cm이며 네모지고 털이 없다. 잎은 마주나며 길이 3~8cm의 선상 피침형이고 밑부분이 줄기를 감싼다. 꽃은 8~10월에 피며 지름 4mm 정도이고 3~5(~8)개씩 잎겨드랑이에서 모여 달린다. 꽃잎은 도삼각형-넓은 도란형이고 적자색이며 4개이다. 수술은 4개이다. 열매(삭과)는 지름 3~4mm의 거의 구형이고 광택이 나는 적자색이다.

참고 좀부처꽃에 비해 꽃이 3~5개씩 달리며 꽃잎이 뚜렷이 크고 암술대의 길이가 씨방과 비슷하며 열매가 꽃받침에 거의 싸여 있는 것이 특징이다.

❶2012. 9. 6. 경기 연천군 ❷꽃. 잎겨드랑이에서 3~5개씩 모여 달린다. ❸열매. 꽃받침에 거의 싸여 있다. ❹잎 앞면. 짧은 털이 있다. ❺잎 뒷면. 중앙맥은 뚜렷이 돌출하고 측맥은 없다.

털부처꽃

Lythrum salicaria L. var. *salicaria*

부처꽃과

국내분포/자생지 전국의 습지, 하천
가 등
형태 다년초. 땅속줄기는 길게 벋으
며 자란다. 줄기는 높이 50~100cm
이며 네모지고 잔털이 있다. 잎은 마
주나며 길이 4~6cm의 피침형-넓은
피침형이고 가장자리는 밋밋하다. 밑
부분은 둥글거나 거의 심장형이며 줄
기를 약간 감싼다. 꽃은 7~9월에 적
자색으로 피며 줄기와 가지의 잎겨드
랑이에서 1~3개씩 모여 달린다. 꽃받
침통부는 길이 5~8mm이고 녹색이
며 12개의 세로능각이 있다. 꽃받침열
편은 6개이고 길이 0.5~1mm의 삼각
형이다. 덧꽃받침잎은 길이 1.5~2mm
의 침모양이며 곧추선다. 꽃잎은 6개
이고 길이 7~10mm의 피침형-도피
침상 타원형이다. 수술은 12개이며 그
중 6개는 꽃받침통부보다 훨씬 길다.
열매(삭과)는 난형이고 꽃받침에 싸여
있다.
참고 부처꽃(var. *anceps*)은 털부처꽃
에 비해 전체에 털이 거의 없으며 꽃
받침통부 윗부분에 있는 침상의 부속
체(덧꽃받침잎)가 길이 1.5mm 이하이
고 옆으로 퍼지는 것이 특징이다. 학
자들에 따라서는 이러한 형질들을 연
속적 변이로 보고 부처꽃을 털부처꽃
에 통합처리하기도 한다. 털부처꽃(부
처꽃 포함)에서는 암술대의 길이가 서
로 다른 3가지 유형(장주화, 단주화, 중
간형)의 꽃이 관찰되며 집단 내에서
혼생한다.

❶2001. 7. 27. 경북 울진군 왕피천 ❷꽃.
꽃받침 등 꽃차례에 털이 낳고 무저꽃에 비
해 덧꽃받침잎이 더 길며 곧추서는 편이다.
❸꽃(단주화) 단면. 암술대가 꽃받침 밖으로
나오지 않는다. ❹자생지 전경. 습한 풀밭이
나 수심이 얕은 습지에서 큰 개체군을 형성
하기도 한다. ❺~❽부처꽃 ❺꽃. 꽃받침에
털이 거의 없고 덧꽃받침잎은 옆으로 퍼지는
편이다. ❻꽃(장주화) 단면. 암술대는 수술보
다 훨씬 길다. ❼줄기와 잎. 털이 거의 없거
나 약간 있다. ❽2002. 7. 26. 강원 횡성군

마디꽃

Rotala indica (Willd.) Koehne

부처꽃과

국내분포/자생지 전국의 농경지 및 습지

형태 1년초. 줄기는 높이 8~20cm이며 밑부분은 땅으로 벋고 윗부분은 비스듬히 또는 곧추 자란다. 잎은 마주나며 길이 5~15mm의 도피침형–도란상 타원형이고 가장자리는 밋밋하다. 꽃은 8~10월에 연한 적색으로 피며 꽃자루 없이 잎겨드랑이에 1개씩 달린다. 꽃받침통부는 길이 1.5mm 정도이며 열편은 4개이고 끝이 뾰족하다. 꽃잎은 긴 타원형–도란형이며 꽃받침열편보다 짧다. 수술은 4개이다. 열매(삭과)는 타원형이고 꽃받침에 싸여 있다.

참고 가는마디풀에 비해 잎이 넓고 그며 미주니는 것이 특징이다.

❶2001. 9. 6. 경북 울진군 ❷꽃. 꽃잎과 꽃받침열편은 4개이다. 꽃잎이 가는마디꽃에 비해 뚜렷이 크다. ❸잎. 마주나며 넓고 큰 편이다.

가는마디꽃

Rotala mexicana Schltdl. & Cham.
Rotala pusilla Tul.

부처꽃과

국내분포/자생지 중부지방 이남의 농경지 및 습지

형태 1년초. 줄기는 높이 5~15cm이며 밑부분에서 가지가 많이 갈라진다. 잎은 3~5(~6)개씩 돌려나며 길이 5~10mm의 좁은 피침형–넓은 피침형이다. 꽃은 8~10월에 연한 적색–적색으로 피며 꽃자루 없이 잎겨드랑이에 1개씩 달린다. 꽃받침열편과 꽃잎은 (4~)5개이다. 꽃받침통부는 길이 0.5mm 정도의 삼각형이다. 꽃잎은 흔히 없으며 수술은 2~3(~4)개이다. 열매(삭과)는 거의 구형이고 익으면 3개로 갈라진다.

참고 피침상의 잎이 돌려나며 꽃받침열편이 5개이고 수술이 2~3개인 것이 특징이다.

❶2003. 9. 14. 충북 제천시 ❷꽃. 흔히 꽃잎은 없으며 꽃받침열편은 5개이다. 수술은 2~3개이다. ❸열매. 익으면 3개로 갈라진다. ❹잎. 피침상이고 3~5개씩 돌려난다.

물마디꽃

Rotala rosea (Poir.) C.D.K. Cook
ex H. Hara
Rotala leptopetala var. *littorea* (Miq.)
Koehne; *R. pentandra* (Roxb.) Blatt.
& Hallb.

부처꽃과

국내분포/자생지 중부지방 이남의
농경지 및 습지에 매우 드물게 자람
형태 1년초. 줄기는 높이 8~25cm이
고 전체에 털이 없으며 비스듬히 또
는 곧추 자라고 가지가 많이 갈라진
다. 잎은 마주나며 길이 6~25mm의
선상 피침형-피침상 긴 타원형이고
끝은 둔하거나 뾰족하다. 꽃은 8~9
월에 연한 분홍색(-연한 적색)으로
피며 꽃자루 없이 잎겨드랑이에 1개
씩 달린다. 작은포는 길이 0.7mm 정
도의 긴 타원상 피침형이다. 꽃받침
통부는 컵모양이며 열편은 4~5개이
다. 꽃받침열편은 길이 0.2~0.3mm
의 넓은 삼각형이고 끝이 뾰족하다.
덧꽃받침잎은 짧은 가시모양이며 꽃
받침열편과 길이가 비슷하다. 꽃잎은
없거나 1~5개이며 길이 0.3~1mm의
피침형-긴 타원상 피침형이고 연한
분홍색이다. 수술은 (3~)4~5개이다.
씨방은 둥글고 3개의 희미한 능각이
있으며 암술대는 1개이다. 열매(삭과)
는 길이 2mm 정도의 구형이고 적자
색이며 꽃받침 밖으로 나출된다. 익
으면 3개로 갈라져 씨가 나온다.
참고 줄기가 곧추 자라며 잎은 길이
6~25mm의 피침상 긴 타원형이고 끝
이 흔히 뾰족한 점과 꽃받침열편이
흔히 5개이고 열매가 꽃받침열편보
다 뚜렷이 긴 것이 특징이다. 자생 좀
부처꽃속(*Ammannia*)의 식물들에 비해
꽃이 잎겨드랑이에 1개씩 달리고 열
매가 익으면 3개로 갈라져 열리는 것
이 특징이다.

❶2012. 9. 6. 경기 연천군 ❷~❸꽃. 잎겨드
랑이에 1개씩 달린다. 꽃잎은 피침상이며 없
거나 1~5개이고 꽃받침열편은 4~5개이다.
꽃받침열편 사이에 가시모양의 덧꽃받침잎
이 있다. ❹열매. 적자색으로 익으며 꽃받침
보다 2~3배 길다. ❺줄기. 네모지며 털은 없
다. ❻전체 모습. 가지가 많이 갈라진다.

애기마름

Trapa incisa Siebold & Zucc.
Trapa maximowiczii Korsh.

마름과

국내분포/자생지 전국의 습지

형태 1년생 수생식물. 잎은 너비 2~3(~4)cm의 마름모상 삼각형이며 가장자리에 물결모양이거나 안쪽으로 굽은 뾰족한 톱니가 있다. 잎자루는 길이 5~15cm이고 윗부분은 흔히 통기조직이 발달하여 부푼다. 꽃은 지름 1cm 이하이고 7~9월에 백색(-분홍색)으로 핀다. 열매는 너비 2~3cm의 좁은 마름모형-도삼각형이며 길이 1~1.5cm의 뿔이 4개 있다.

참고 마름에 비해 소형(줄기 지름 1~2.5mm, 잎 너비 2~3cm)이며 잎의 가장자리에 안쪽으로 굽은 뾰족한 톱니가 있고 열매에 4개의 뿔이 있는 것이 특징이다.

❶2012. 8. 10. 강원 고성군 ❷꽃. 수술은 4개이고 암술머리는 머리모양이다. ❸열매. 4개의 뿔이 있다. ❹잎. 마름보다 소형이다. 가장자리의 톱니는 수가 적으며 뾰족하고 안쪽으로 약간 굽는다.

마름

Trapa japonica Flerow

마름과

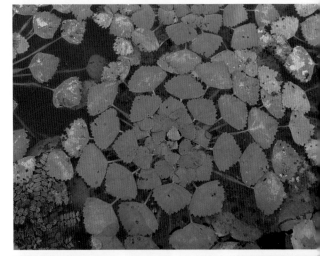

국내분포/자생지 전국의 습지

형태 1년생 수생식물. 잎은 너비 3~8cm의 삼각상 마름모형-편원상 마름모형이며 가장자리에 불규칙한 톱니가 있다. 꽃은 지름 1cm 정도이고 7~9월에 백색으로 핀다. 꽃잎과 수술은 4개이다. 열매는 너비 3~4.5cm의 도원뿔형-짧은 마름모형이며 뿔은 2(~4)개이다.

참고 애기마름에 비해 대형(줄기 지름 2.5~6mm, 잎 너비 3~8cm)이며 잎의 뒷면 맥위와 잎자루에 털이 많은 편이고 열매에 2개의 뿔이 있는 것이 특징이다. 최근에는 열매의 뿔이 4개인 네마름(*T. natans*)을 마름과 동일 종으로 처리하는 추세이다.

❶ 2011. 10. 12. 경남 창원시 주남저수지 ❷꽃. 애기마름과 비슷하지만 약간 더 크다. ❸열매. 흔히 2개의 뿔이 있으며 자루가 굵은 편이다. ❹네마름 타입. 열매에 뿔이 4개인 경우도 있다.

큰바늘꽃
Epilobium hirsutum L.

바늘꽃과

국내분포/자생지 울릉도 및 중남부 지방 이북의 하천가 등 습한 곳에 드물게 분포

형태 다년초. 줄기는 높이 30~100cm 이고 곧추 자라며 전체에 퍼진 털과 샘털이 많다. 잎은 길이 4~15cm 의 선상 피침형-선상 긴 타원형-타원형이고 가장자리에 뾰족한 얕은 톱니가 있다. 잎자루는 없다. 꽃은 7~8월에 연한 홍색으로 피며 잎겨드랑이에 1개씩 달린다. 꽃받침잎은 길이 6~12mm의 선상 피침형-피침형이고 4개이다. 꽃잎은 길이 1~2cm의 넓은 도란형이며 끝이 2개로 깊게 갈라진다. 열매(삭과)는 길이 3~8cm이고 털이 많다.

참고 전체가 대형이고 털이 많으며 암술머리가 4개로 깊게 갈라지는 것이 특징이다.

❶2012. 7. 18. 경북 청송군 ❷꽃. 암술머리는 4개로 깊게 갈라진다. ❸열매. 네모지며 털이 많다. ❹잎. 가장자리에 잔톱니가 있다.

버들바늘꽃
Epilobium palustre L.

바늘꽃과

국내분포/자생지 중남부지방 이북의 습지(염습지 포함)에 드물게 자람

형태 다년초. 줄기는 높이 15~70cm 이고 곧추 자라며 줄기 전체 또는 윗부분에 짧은 털이 있다. 잎은 길이 1.2~7cm의 선상 피침형-타원형이고 가장자리에 밋밋하거나 희미한 톱니가 있다. 꽃은 8~9월에 백색-연한 분홍색으로 피며 잎겨드랑이에 1개씩 달린다. 꽃받침잎은 길이 2.5~4.5mm의 긴 타원상 피침형이고 4개이다. 꽃잎은 길이 4~9mm의 긴 타원상 도란형이며 끝이 2개로 갈라진다. 암술머리는 타원형-굵은 방망이모양이다. 열매(삭과)는 길이 3~9cm이고 털이 있다.

참고 잎이 좁고 가장자리가 거의 밋밋하며 꽃은 작은 편이다.

❶2012. 9. 6. 강원 강릉시 ❷~❸꽃. 암술머리는 타원상 곤봉형이다. ❹열매. 자루는 길이 1~5cm로 긴 편이다. ❺잎. 밋밋하거나 희미한 톱니가 있다.

바늘꽃

Epilobium pyrricholophum Franch. & Sav.

바늘꽃과

국내분포/자생지 전국의 습지 및 산지의 다소 습한 곳

형태 다년초. 줄기는 높이 25~80cm 이고 곧추 자라며 뿌리 부근에 옆으로 벋는 가는 땅속줄기가 있다. 전체에 짧은 털과 샘털이 많은 편이다. 잎은 마주나며 길이 2~6cm의 난상 피침형-난형이고 줄기 위쪽으로 갈수록 작고 좁아진다. 가장자리에 얕은 불규칙한 톱니가 있으며 밑부분은 둥글거나 심장형이고 줄기를 약간 감싼다. 꽃은 7~8월에 연한 분홍색-분홍색으로 피며 잎겨드랑이에 1개씩 달린다. 꽃받침잎은 길이 4~7mm의 선상 피침형-피침형이고 4개이다. 꽃잎은 길이 6~9mm의 긴 타원상 도란형이며 끝이 2개로 갈라진다. 암술머리는 방망이모양-거의 구형이다. 열매(삭과)는 길이 3.5~8cm이고 짧은 털과 샘털이 많다. 씨는 길이 1.5~1.8mm의 피침상 긴 타원형이며 표면에 잔돌기가 많다.

참고 돌바늘꽃(*E. amurense* subsp. *cephalostigma*)에 비해 전체에 짧은 털과 샘털이 많은 편이며 잎이 흔히 난상이고 밑부분이 둥글거나 심장형인 것이 특징이다. 또한 씨의 크기도 큰 편(돌바늘꽃의 씨는 길이 0.8~1.2mm) 이다.

❶2002. 7. 21. 경북 김천시 ❷꽃. 암술머리는 곤봉형-거의 구형이다. ❸잎. 털이 많고 가장자리에 뚜렷한 톱니가 있다. ❹꽃 측면. 꽃받침열편은 4개이고 뒷면에 잔털이 많다. ❺열매. 네모지며 털이 많다. 자루는 길이 5~15mm이다. ❻씨. 길이 1.5~1.8mm의 피침상 긴 타원형이고 끝부분에 긴 관모가 있다. ❼~❾돌바늘꽃 ❼꽃. 암술머리는 곤봉형-머리모양이다. ❽잎. 피침상 긴 타원형이다. ❾전체에 털이 적다.

여뀌바늘

Ludwigia epilobioides Maxim.

바늘꽃과

국내분포/자생지 전국의 농경지, 하천가 및 습지

형태 1년초. 줄기는 높이 20~80cm이고 곧추 자란다. 잎은 어긋나며 길이 3~12cm의 좁은 피침형-좁은 타원형이고 가장자리는 밋밋하다. 꽃은 지름 1cm 정도이고 8~9월에 황색으로 피며 잎겨드랑이에 1개씩 달린다. 꽃받침잎은 길이 2~4mm의 삼각형-난형이고 4~5개이다. 수술은 4~5개이고 암술대와 길이가 비슷하다. 암술머리는 둥글고 씨방에는 잔털이 있다. 열매(삭과)는 길이 1.5~3cm의 선상 원통형이다.

참고 잎이 피침형이고 수술이 4~5개이며 씨의 한쪽이 해면질의 열매 껍질에 싸여 있는 것이 특징이다.

❶2017. 8. 13. 경남 함안군 ❷~❸꽃. 꽃잎, 꽃받침, 수술은 흔히 (4~)5개이다. 씨방은 꽃받침 아래에 있다(자방하위). ❹열매. 약간 네모진 선상 원통형이며 익으면 해지듯 찢어져 씨가 나출된다.

눈여뀌바늘

Ludwigia ovalis Miq.

바늘꽃과

국내분포/자생지 제주의 저지대 습지에 드물게 자람

형태 다년초. 줄기는 높이 15~30cm이며 아래쪽은 땅위를 기고 위쪽은 비스듬히 또는 곧추 자란다. 잎은 길이 1~2.5cm의 도란상 또는 타원상 난형-넓은 난형이고 가장자리는 밋밋하다. 꽃은 지름 6~7mm이고 8~9월에 황록색-황적색으로 피며 잎겨드랑이에 1개씩 달린다. 꽃받침잎은 길이 2~3mm의 삼각형이고 4개이다. 꽃잎은 없으며 수술은 4개이고 암술대는 길이 0.6~1mm이고 암술머리는 둥글다. 열매(삭과)는 길이 3~5mm의 타원상 구형이다.

참고 잎이 난상-도란상이며 꽃잎이 없는 것이 특징이다.

❶2012. 10. 9. 제주 서귀포시 ❷꽃. 꽃잎은 없고 꽃받침은 황록색-황적색이다. ❸열매. 약간 네모진 타원상 구형이며 꽃받침이 남아 있다. ❹잎. 흔히 난상-도란상이고 가장자리는 밋밋하다.

물여뀌바늘(국명 신칭)

Ludwigia peploides (Kunth) P. H. Raven.

바늘꽃과

국내분포/자생지 북아메리카 남부–남아메리카(아르헨티나) 원산. 경기, 서울시의 하천에 드물게 야생

형태 다년초. 줄기는 높이 30~100cm, 지름 3~4mm이며 짧은 털이 약간 있다. 흔히 물위로 길게(최대 3m) 벋는 줄기가 나오며 마디에서 뿌리를 내린다. 잎은 어긋나며 길이 2.5~10cm의 긴 타원형이고 측맥은 7~14쌍이다. 끝은 뾰족하거나 둔하고 밑부분은 좁은 쐐기형–쐐기형이며 가장자리는 밋밋하다. 잎자루는 길이 5~35mm이고 털이 있다. 물에 뜨는 잎은 길이 3~10cm의 타원형–넓은 타원형(–넓은 도란형)이며 끝이 둥글다. 꽃은 6~8월에 황색으로 피며 잎겨드랑이에 1개씩 달린다. 꽃자루는 길이 1.5~3cm이고 털이 있다. 꽃받침잎은 5개이며 길이 6~12mm의 피침형이고 뒷면에는 털이 있다. 꽃잎은 길이 1.2~1.7cm의 도란형이며 밑부분에 연한 황적색 무늬가 있다. 수술은 10개이며 수술대는 길이 2.5~5mm이고 황색이다. 암술대는 길이 4~5mm이고 아랫부분에 긴 털이 있으며 암술머리는 머리모양이다. 열매(삭과)는 길이 1.5~3.5cm의 약간 5각상 원통형–원통형이며 겉에 짧은 털이 있다.

참고 물위를 벋는 줄기가 나오고 마디에서 뿌리를 내리며 번식하는 것이 특징이다. 근연분류군에 비해 꽃잎이 밝은 황색이고 5장이며 꽃받침통부에 털이 있는(없는 경우도 있음) 것이 특징이다. 학자에 따라서는 4개의 아종으로 구분하기도 한다. 중국과 일본에 자생하는 *L. peploides* subsp. *stipulacea*와의 비교·검토가 요구된다. 외국 사례를 볼 때 소하천이나 하천에서 크게 번성할 것으로 예측된다.

❶2016. 7. 15. 경기 수원시 ❷꽃. 꽃잎과 꽃받침은 5개이고 수술은 10개이다. ❸열매. 짧은 털이 있다. ❹물밖의 줄기잎. 긴 타원상이며 7~14개의 측맥이 있다. 잎자루에 흔히 털이 있다. ❺땅속줄기와 뿌리. 옆으로 길게 벋으며 마디에서 뿌리를 내린다. ❻물위로 벋는 줄기. 길게 벋으며 마디에서 뿌리를 내린다. 물위에 뜨는 잎은 끝이 둥글다.

달맞이꽃

Oenothera biennis L.

바늘꽃과

국내분포/자생지 북아메리카 원산. 전국의 길가, 빈터, 하천가 등

형태 2년초. 줄기는 높이 30~150cm 이며 곧추 자란다. 줄기잎은 어긋나 며 길이 5~20cm의 긴 타원형-타 원형 또는 좁은 도피침형이며 가장 자리는 거의 밋밋하거나 얕은 톱니 가 있다. 꽃은 지름 3~5cm이고 6~9 월에 연한 황색으로 핀다. 꽃부리통 부는 길이 2.5~4cm이며 꽃받침잎 은 길이 1.2~2.5cm의 선형이다. 수술 과 암술은 길이가 비슷하며 암술머리 는 4개로 갈라진다. 열매(삭과)는 길이 2~3cm의 긴 타원상 원통형이고 털 이 많다.

참고 큰달맞이꽃에 비해 꽃이 작고 암술이 수술과 길이가 비슷한 것이 특징이다.

❶ 2012. 8. 2. 충북 제천시 ❷꽃. 암술은 수 술과 길이가 비슷하다. ❸열매. 긴 타원상 원 통형이고 표면에 털이 밀생한다. ❹뿌리잎. 로제트모양이다.

큰달맞이꽃

Oenothera glazioviana Micheli
Oenothera erythrosepala
(Borbás) Borbás

바늘꽃과

국내분포/자생지 북아메리카 원산. 전국에 비교적 드물게 분포

형태 2년초. 줄기잎은 어긋나며 길 이 10~20cm의 긴 타원상 피침형이 고 가장자리에 뚜렷하지 않은 톱니가 있다. 꽃은 지름 5~7cm이고 6~9월 에 연한 황색으로 핀다. 꽃부리통부는 길이 3.5~5cm이며 꽃받침잎은 길이 2.8~4.5cm의 선상 피침형이다. 꽃잎은 길이 3.5~5cm이며 수술은 8개이다. 암 술은 수술보다 길며 암술머리는 4개로 갈라진다. 열매(삭과)는 길이 2~3.5cm 의 좁은 피침형이고 털이 있다.

참고 달맞이꽃에 비해 꽃이 대형이고 줄기에 밑부분이 부푼 적색의 털이 있으며 암술이 수술보다 긴 것이 특 징이다.

❶ 2016. 6. 16. 제주 제주시 구좌읍 ❷꽃. 달 맞이꽃에 비해 대형이고 암술은 수술보다 길다. ❸잎. 가장자리에 불규칙한 톱니가 있 다. ❹줄기. 털의 밑부분이 부풀고 붉은빛이 돈다.

애기달맞이꽃
Oenothera laciniata Hill

바늘꽃과

국내분포/자생지 북아메리카 원산. 제주 및 서남 해안가

형태 1년초~다년초. 잎은 어긋나며 길이 2~4cm의 피침형-좁은 타원형 또는 도피침형이다. 꽃은 지름 3~5cm이고 5~10월에 연한 황색으로 피며 잎겨드랑에 1개씩 달린다. 꽃부리통부는 길이 1.2~3.5cm이며 꽃받침잎은 길이 5~15mm의 피침형이고 4개(합생하지 않음)이다. 암술머리는 4개로 갈라진다. 열매(삭과)는 길이 2~4cm의 원통형이며 털이 많다.

참고 흔히 땅위에 퍼져 자라며 잎이 작고 잎가장자리에 물결모양의 큰 톱니가 있거나 깊게 갈라지며 열매가 아랫부분보다 윗부분이 더 굵은 것이 특징이다.

❶2013. 5. 22. 제주 서귀포시 대정읍 ❷꽃. 지름은 3~5cm이다. ❸ 열매. 윗부분이 더 굵은 곤봉상이다. ❹잎. 작은 편이며 가장자리에 불규칙한 물결모양의 큰 톱니가 있다.

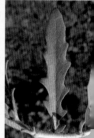

애기분홍낮달맞이꽃
Oenothera rosea L'Hér. ex Aiton

바늘꽃과

국내분포/자생지 북아메리카 원산. 남부지방의 길가, 빈터 등에 드물게 자람

형태 다년초. 줄기는 높이 7~60cm이며 짧은 털이 있다. 잎은 어긋나며 길이 1~6cm의 긴 타원형-타원상 난형이고 가장자리는 거의 밋밋하거나 얕은 이빨모양의 톱니가 있다. 꽃은 지름 2~2.5cm이고 5~9월에 연한 적색으로 핀다. 꽃부리통부는 길이 4~10mm이며 꽃받침잎은 길이 5~10mm이다. 수술은 8개이며 암술머리는 4개로 갈라진다. 열매(삭과)는 길이 4~12mm의 좁은 도란형-곤봉모양이며 짧은 털이 많다.

참고 분홍낮달맞이꽃(*O. speciosa*)에 비해 옆으로 기는 줄기나 땅속줄기가 없고 꽃이 작다.

❶2012. 5. 12. 경남 양산시 ❷~❸꽃. 꽃받침은 합생하여 보트모양이며 암술머리는 4개로 갈라진다. ❹열매. 뚜렷한 능각이 있으며 털이 많다. ❺분홍낮달맞이꽃. 꽃이 대형(지름 3~5cm)이다.

제비꿀
Thesium chinense Turcz.

단향과

국내분포/자생지 전국의 풀밭, 하천가, 해안가 등

형태 다년초. 줄기는 높이 15~40cm 이며 전체에 털이 없다. 잎은 어긋나며 길이 1.5~3.5cm의 선형이고 중앙맥은 희미하다. 끝은 뾰족하고 가장자리는 밋밋하다. 꽃은 4~8월에 백색으로 피며 잎겨드랑이에 1개씩 달린다. 꽃자루는 길이 3.5mm 이하이다. 화피열편은 길이 2.5~3mm의 삼각상 난형이고 5개이다. 열매(소견과)는 길이 2~3mm의 타원형-거의 구형이며 표면에 그물맥이 있다.

참고 긴제비꿀(*T. refractum*)은 꽃자루가 길이 5~7mm이고 결실기에는 바깥쪽으로 굽으며 열매의 표면에 세로맥만 있다.

❶ 2003. 5. 18. 대구시 용지봉 ❷ 꽃. 꽃자루는 길이 3.5mm 이하이다. 화피는 5개로 갈라지고 백색–연한 녹백색이다. ❸ 열매. 숙존하는 화피에 싸여 있으며 익으면 단단해진다. ❹ 잎 앞면. 어릴 때는 백색의 분이 많다. ❺ 잎 뒷면. 잎맥은 희미한 중앙맥만 있다.

깨풀
Acalypha australis L.

대극과

국내분포/자생지 전국의 길가, 농경지, 빈터, 하천가 등

형태 1년초. 줄기는 높이 20~60cm 까지 자란다. 잎은 어긋나며 길이 3~8cm의 넓은 피침형–난형이고 가장자리에 둔한 톱니가 있다. 꽃은 7~10월에 피며 잎겨드랑이에서 나온 꽃차례에 달린다. 수꽃의 꽃받침은 4개로 갈라지며 수술은 8개이다. 암꽃은 꽃받침이 3개이며 씨방에 털이 없다. 암술대는 3개이고 술모양으로 갈라진다. 열매(삭과)는 지름 4mm 정도이며 긴 털이 있다.

참고 암수한그루이며 꽃차례의 위쪽에서는 수꽃이 총상으로 모여 달리고 아래쪽에서 암꽃이 난형의 포 안쪽에서 1~3개씩 모여 달린다.

❶ 2016. 9. 6. 인천시 서구 국립생물자원관 ❷ 수꽃차례. 총상으로 모여 달린다. ❸ 암꽃과 미숙 열매. 암꽃은 수꽃차례의 아랫부분에 1~3개씩 달린다. ❹ 열매. 3개의 세로골(3실)이 있으며 표면에 긴 털이 많다.

톱니대극

Euphorbia dentata Michx.

대극과

국내분포/자생지 북아메리카 원산. 경북(영천시)의 길가, 농경지

형태 1년초. 줄기잎은 마주나며 잎자루는 길이 3~20mm이다. 줄기 끝부분의 잎은 길이 2~7cm의 선형-난형이며 가장자리는 밋밋하거나 톱니가 있다. 꽃은 7~10월에 피며 줄기와 가지 끝의 꽃차례에서 모여 달린다. 배상꽃차례의 총포는 길이 3mm 정도의 종형이다. 수꽃은 다수이고 총포 밖으로 나출된다. 암꽃의 암술대는 3개이고 밑부분까지 깊게 2개로 갈라진다. 열매(삭과)는 길이 4mm 정도의 약간 압착된 구형이고 털이 없다.

참고 흔히 잎이 긴 피침형이고 가장자리에 톱니가 있으며 꽃차례에 턱잎이 있고 총포에 1(~3)개이 선체가 있는 것이 특징이다.

❶ 2016. 9. 1. 경북 영천시 ❷ 꽃. 선체는 1개이고 입술모양이다. 줄기 끝부분의 잎은 총포모양이고 가장자리에 톱니가 뚜렷하며 밑부분은 녹백색이다. ❸ 열매. 털이 없다.

아메리카대극

Euphorbia heterophylla L.
Euphorbia prunifolia Jacq.

대극과

국내분포/자생지 북아메리카 원산. 부산시(수영강)의 공원

형태 1년초. 줄기잎은 어긋나며 잎자루는 길이가 5~40mm이다. 줄기 끝부분의 잎은 길이 3~12cm의 긴 타원형-타원형이며 가장자리는 밋밋하거나 미약한 톱니가 있다. 꽃은 7~10월에 피며 줄기와 가지 끝의 꽃차례에서 모여 달린다. 배상꽃차례의 총포는 길이 3~4mm의 컵모양이다. 암꽃의 암술대는 3개이고 깊게 2개로 갈라진다. 열매(삭과)는 길이 4.5~5.5mm의 삼각상 구형이고 짧은 털이 약간 있다.

참고 톱니대극에 비해 줄기의 잎이 어긋나며 총포모양의 잎(포엽)의 아랫부분이 황록색이고 선체가 둥근 깔때기모양이며 입구가 둥근 것이 특징이다.

❶ 2012. 4. 4. 필리핀 ❷ 꽃. 선체는 1개이며 입구가 둥근 깔때기모양이다. ❸ 총포모양의 잎. 가장자리는 흔히 밋밋하다.

흰대극

Euphorbia esula L.

대극과

국내분포/자생지 중부지방 이남의 풀밭, 하천가, 해안가

형태 다년초. 줄기잎은 어긋나며 길이 2~7cm의 도피침형-주걱형이다. 꽃차례 밑부분의 총포모양의 잎(포엽)은 5개씩 돌려나고 가지의 포엽은 2개씩 마주난다. 꽃은 4~6월에 핀다. 꽃차례는 산형이고 흔히 (3~)5(~7)개로 갈라지며 다시 2개씩 2회 갈라진다. 배상꽃차례의 총포는 종모양이며 선체는 4개이다. 열매(삭과)는 길이 5~6mm의 삼각상 구형이며 얕은 세로골이 3개 있다.

참고 꽃차례가 달리지 않는 줄기(또는 가지)의 윗부분에서 잎이 밀생하고 암대극에 비해 열매 표면에 돌기가 미약하며 선체가 넓은 초승달모양인 것이 특징이다.

❶2016. 4. 26. 대구시 ❷꽃. 선체는 4개이고 초승달모양이다. ❸열매. 표면 돌기는 미약하게 발달한다. ❹결실기 이후의 잎. 꽃차례가 달리지 않는 가지의 잎이나 결실기 이후에 자란 잎은 촘촘히 달린다.

등대풀

Euphorbia helioscopia L.

대극과

국내분포/자생지 중부지방 이남의 해안가 또는 인근의 길가, 빈터

형태 1~2년초. 줄기잎은 어긋나며 길이 1~3.5cm의 주걱형-도란형이다. 꽃차례의 밑부분 총포모양의 잎(포엽)은 5개씩 돌려나고 가지의 포엽은 2(~3)개씩 모여난다. 꽃은 3~5(~8)월에 핀다. 꽃차례는 산형이고 1차로 흔히 (3~)5(~8)개의 가지가 갈라지며 다시 2~3개씩 2회 갈라진다. 배상꽃차례의 총포는 종모양이며 선체는 4개이다. 열매(삭과)는 길이 2.5~3mm의 삼각상 구형이며 얕은 세로골이 3개 있다.

참고 줄기의 잎이 도란상이며 끝부분 가장자리에 잔톱니가 많고 열매 표면에 돌기나 털이 없으며 선체가 넓은 타원형-원반형인 것이 특징이다.

❶2016. 4. 19. 전남 진도 ❷꽃. 선체는 4개이고 타원이다. ❸열매. 표면이 털이나 돌기 없이 평활하다. ❹줄기잎. 어긋난다. 줄기 끝부분 총포모양의 잎은 5개가 돌려난다.

암대극

Euphorbia jolkini Boiss.

대극과

국내분포/자생지 제주 및 남해안 도서지방의 해안가 바위지대

형태 다년초. 줄기잎은 빽빽이 어긋나며 길이 3.5~8cm의 좁은 타원형 또는 도피침형이고 가장자리는 밋밋하다. 꽃차례 밑부분 총포모양의 잎(포엽)은 5~8개씩 돌려나며 가지의 첫 번째 포엽은 (2~)3개씩 돌려나고 다음 포엽은 마주난다. 꽃은 4~5월에 핀다. 꽃차례는 산형으로 갈라지며 가지가 다시 2~3개씩 2회 갈라진다. 배상꽃차례의 총포는 종모양이며 선체는 4개이다. 열매(삭과)는 길이 5~7mm의 거의 구형이며 3개의 세로골이 있다.

참고 줄기의 잎이 밀생하며 씨방과 열매 표면에 사마귀 같은 돌기가 밀생하는 것이 특징이다.

❶ 2014. 4. 15. 제주 서귀포시 ❷ 꽃. 선체는 4개이고 입술모양이다. ❸ 열매. 표면에 사마귀 같은 돌기가 발달한다. ❹ 결실기 이후의 잎. 줄기와 가지에 촘촘히 달린다.

털땅빈대

Euphorbia hirta L.

대극과

국내분포/자생지 열대-아열대지역 원산. 제주(서귀포시)의 길가, 빈터에 드물게 귀화

형태 1년초. 줄기는 높이 30~60cm이며 비스듬히 또는 곧추 자란다. 잎은 마주나며 길이 1.5~5cm의 피침상 긴 타원형-마름모상 난형이고 가장자리에 잔톱니가 있다. 중앙맥의 중간부에 적자색의 무늬가 있다. 꽃은 6~10월에 피며 잎겨드랑이에서 나온 꽃차례에서 머리모양으로 모여 달린다. 선체는 타원형이고 4개이다. 열매(삭과)는 길이 1~1.5mm이고 세모지며 짧은 털이 있다.

참고 잎이 크고 마름모상이며 꽃이 머리모양의 꽃차례에서 빽빽이 모여 달리고 꽃줄기의 길이가 3~20mm이며 열매에 털이 있는 것이 특징이다.

❶ 2012. 12. 8. 필리핀 ❷~❸ 꽃과 미숙열매. 꽃은 잎겨드랑이에서 머리모양으로 모여 달린다. 열매 표면에 털이 있다.

땅빈대

Euphorbia humifusa Willd. ex
Schltdl.

대극과

국내분포/자생지 전국의 길가, 농경지, 빈터 등에 비교적 드물게 분포

형태 1년초. 줄기는 땅위에 누워 자라며 긴 털이 약간 있다. 잎은 마주나며 길이 7~15mm의 긴 타원형이고 가장자리에 잔톱니가 있다. 표면은 녹색-청록색이고 거의 무늬가 없다. 꽃은 5~10월에 피며 배상꽃차례는 잎겨드랑이에 1개씩 달린다. 선체는 4개이며 긴 타원형이고 백색-적자색의 부속체가 있다. 열매(삭과)는 길이 1.3~1.5mm의 난상 구형이고 3개의 세로골이 있으며 털이 거의 없다.

참고 애기땅빈대에 비해 흔히 잎의 표면에 무늬가 없으며 열매에 털이 없는 것이 특징이다.

❶2005. 8. 8. 제주 제주시 ❷꽃. 선체는 4개이고 백색-적자색이다. ❸열매. 흔히 털은 없지만 간혹 몇 가닥의 긴 털이 흩어져 있다.

큰땅빈대

Euphorbia nutans Lag.

대극과

국내분포/자생지 북아메리카 원산. 중부지방 이남의 길가, 빈터, 하천가 등

형태 1년초. 줄기는 높이 20~60cm이다. 잎은 마주나며 길이 1.5~3.5cm의 긴 타원형이고 가장자리에 잔톱니가 있다. 표면에는 무늬가 없다. 꽃은 7~10월에 피며 배상꽃차례는 가지가 갈라지는 분기점과 가지의 끝부분에서 1개 또는 여러 개씩 모여 달린다. 선체는 4개이고 타원형이다. 열매(삭과)는 길이 1.5~2.3mm의 난상 구형이고 3개의 세로골이 있으며 털이 없다.

참고 비스듬히 또는 곧추 자라고 잎이 큰 편이며 열매에 털이 없으며 선체 부속체가 길이 0.2~1mm의 꽃잎 모양이고 백색인 것이 특징이다.

❶2016. 8. 31. 경북 고령군 낙동강 ❷꽃. 선체의 부속체는 백색이고 편원형상 넓은 난형이다. 비교적 큰 편이어서 꽃잎처럼 보인다. ❸열매. 표면에 털이 없다.

애기땅빈대

Euphorbia maculata L.
Euphorbia supina Raf.

대극과

국내분포/자생지 북아메리카 원산.
전국의 길가, 농경지, 빈터 등
형태 1년초. 줄기는 길이 5~25cm이
고 털이 많은 편이며 땅위에 누워 자란
다. 잎은 길이 6~20mm의 긴 타원형
또는 도란상 긴 타원형이고 가장자
리에 뾰족한 얕은 톱니가 있다. 끝은
둥글며 밑부분은 좌우 비대칭이다.
꽃은 6~11월에 핀다. 선체는 4개이
고 황록색의 타원형상이며 백색-분
홍색의 부속체가 있다. 열매(삭과)는
길이 1.3~1.8mm의 난상 구형이고 3
개의 세로골이 있으며 털이 많다.
참고 땅빈대에 비해 잎 표면에 흔히
적갈색의 큰 반점이 있으며 열매에
털이 많은 것이 특징이다.

❶2001. 10. 18. 경북 울릉도 ❷꽃과 잎. 잎
표면에 흔히 적갈색의 큰 무늬가 있다. 선체
의 부속체는 땅빈대나 큰땅빈대보다 작다.
❸열매. 표면 전체에 털이 많다.

뿌리땅빈대(국명 신칭)

Euphorbia makinoi Hayata

대극과

국내분포/자생지 중국(남부), 일본(류
큐 제도), 타이완, 필리핀 원산. 인천시
의 길가, 빈터에 귀화
형태 1년초. 줄기는 길이 8~20(~30)cm
이고 땅위를 누워 자란다. 털이 없으
며 가지가 많이 갈라진다. 잎은 길이
3~8mm의 넓은 타원형-타원상 난형
이며 밑부분은 둥글거나 심장형이고
가장자리는 밋밋하다. 꽃은 8~10월에
피며 배상꽃차례는 잎겨드랑이에 1개
씩 달린다. 선체는 타원형이고 4개이
며 백색의 부속체가 있다. 열매(삭과)
는 길이 1~1.3mm의 세모진 난상 구
형이며 3개의 세로골이 있다.
참고 땅빈대에 비해 잎이 작고 마디
에서 뿌리가 나오는 것이 특징이다.

❶2016. 9. 13. 인천시 서구 ❷꽃. 선체는 적
자색이고 부속체는 백색의 꽃잎모양이다.
❸열매. 털이 없다. ❹잎. 가장자리가 밋밋
하다. ❺줄기. 마디에서 뿌리를 내린다.

여우구슬
Phyllanthus urinaria L.

대극과

국내분포/자생지 남부지방 및 제주의 길가, 농경지, 빈터, 풀밭 등

형태 1년초. 줄기는 높이 15~50cm이며 줄기와 가지에 털이 줄지어 나기도 한다. 잎은 어긋나며 길이 7~17mm의 도란상 긴 타원형 또는 긴 타원형이고 측맥은 4~5쌍이다. 꽃은 7~10월에 피며 꽃차례가 잎겨드랑이에 달린다. 수꽃은 꽃받침잎과 선체가 각 6개이고 수술은 3개이다. 암꽃은 꽃받침잎과 선체가 각 6개씩이고 암술대는 3개이다. 열매(삭과)는 지름 2~2.5mm의 편구형이고 표면에 돌기가 많다.

참고 여우주머니에 비해 잎이 흔히 타원상이고 가장자리에 짧은 털이 있으며 열매자루가 거의 없고 열매의 표면에 돌기가 많은 것이 특징이다.

❶2005. 8. 8. 제주 서귀포시 ❷꽃. 수꽃은 꽃받침잎과 선체가 각 6개씩이고 수술은 3개이다. ❸~❹열매. 표면에 돌기가 뚜렷하게 발달한다.

여우주머니
Phyllanthus ussuriensis Rupr. & Maxim.

대극과

국내분포/자생지 전국의 길가, 농경지, 빈터, 풀밭 등

형태 1년초. 줄기는 높이 15~40cm이며 전체에 털이 없다. 잎은 어긋나며 길이 5~20mm의 피침상 긴 타원형-타원형이고 측맥은 5~6쌍이다. 꽃은 6~10월에 피며 수꽃은 꽃받침잎과 선체가 각 4~5개씩이고 수술이 2개이다. 암꽃은 꽃받침잎과 선체가 각 6개씩이며 암술대는 3개이고 깊게 2로 갈라진다. 열매(삭과)는 지름 2.5mm 정도의 편구형이고 3개의 얕은 세로골이 있으며 표면은 거의 밋밋하다.

참고 잎이 흔히 피침상이며 열매자루가 뚜렷하고 열매의 표면에 돌기가 없거나 미약한 것이 특징이다.

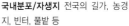

❶2016. 9. 15. 대구시 경북대학교 ❷꽃. 수꽃과 암꽃이 잎겨드랑이에서 같이 핀다. ❸열매. 표면은 평활하거나 미세한 돌기가 있다. ❹잎. 흔히 피침상이다.

거지덩굴

Cayratia japonica (Thunb.) Gagnep.

포도과

국내분포/자생지 남부지방 및 제주의 길가, 풀밭, 해안가 등

형태 덩굴성 다년초. 잎은 어긋나며 작은잎이 5개인 손모양의 겹잎이다. 중앙의 작은잎은 길이 4~10cm의 긴 타원상 난형-타원형-긴 타원상 도란형이고 가장 크며 측맥은 5~9쌍이다. 꽃은 7~9월에 황록색으로 핀다. 꽃잎은 길이 1~2mm의 삼각상 난형이고 4개이다. 열매(장과)는 지름 1cm의 구형이고 검게 익는다.

참고 돌외(*Gynostemma pentaphyllum*)에 비해 작은잎의 자루가 길고(5~25mm) 잎의 표면에 털이 거의 없으며 잎끝이 흔히 길게 뾰족하지 않은 것이 특징이다. 또한 꽃이 양성화이고 산방상꽃차례에서 모여 달린다.

❶2012. 7. 21. 제주 제주시 용두암 ❷꽃. 꽃잎과 수술은 각 4개씩이다. 밀선반(화반)은 주황색이다. ❸열매. 흑색으로 익는다. ❹잎. 작은잎은 자루가 뚜렷하다.

병아리다리

Salomonia ciliata (L.) DC.
Salomonia oblongifolia DC.

원지과

국내분포/자생지 부산시, 전남의 산지습지에 드물게 자람

형태 1년초. 줄기는 높이 10~15cm이고 곧추 자란다. 잎은 길이 4~8mm의 긴 타원형-피침상 난형이며 끝은 뾰족하고 가장자리는 밋밋하다. 꽃은 8~10월에 적자색으로 피고 줄기와 가지 상부의 수상꽃차례에 달린다. 꽃은 길이 2.5mm 정도이고 꽃자루가 거의 없다. 꽃받침잎은 길이 1.2mm 정도의 피침형-난형이고 5개이다. 열매(삭과)는 길이 2mm 정도의 신장상 타원형이다.

참고 원지속(*Polygala*)의 식물에 비해 수술이 4개이고 열매 가장자리에 가시모양의 톱니가 있는 것이 특징이다.

❶2005. 10. 9. 전남 곡성군 ❷꽃. 아래쪽 꽃잎이 옆쪽꽃잎보다 길다. ❸열매. 가장자리 능각에 2줄로 가시모양의 톱니가 있다. ❹잎. 잎맥은 밑부분에서 3개로 갈라진다.

덩이괭이밥
Oxalis articulata Sabigny

국내분포/자생지 남아메리카 원산. 제주 및 남부지방의 길가, 풀밭 등

형태 다년초. 땅속에 굵은 덩이줄기가 있다. 잎은 3출겹잎이고 잎자루는 길이 8~30cm이다. 작은잎은 길이 1.7~3.5cm의 도심장형이며 양면에 털이 있다. 꽃은 지름 1.5cm 정도이고 4~10월에 피며 산형상꽃차례에서 3~25개씩 모여 달린다. 꽃받침잎은 길이 5mm 정도의 긴 타원형이고 누운 털이 있으며 끝부분에 돌기모양의 황적색 반점이 2개 있다. 수술은 10개이며 꽃밥은 황색이다.

참고 자주괭이밥에 비해 덩이줄기가 있으며 꽃차례에 꽃이 많이 달리는 편이고 꽃밥은 황색인 것이 특징이다.

❶2013. 6. 24. 전남 완도 ❷꽃. 꽃차례는 흔히 가지가 많이 갈라진다. 꽃밥은 황색이다. ❸열매 ❹덩이줄기. 땅속에 굵은 덩이줄기가 있다.

자주괭이밥
Oxalis corymbosa DC.

국내분포/자생지 남아메리카 원산. 제주 및 남부지방의 길가, 농경지, 풀밭 등

형태 다년초. 땅속에 굵은 비늘줄기가 있다. 잎은 3출겹잎이고 잎자루는 길이 5~30cm이다. 작은잎은 길이 1.5~4cm의 도심장형이며 양면에 털이 있다. 꽃은 지름이 1.5cm 정도이고 4~10월에 피며 산형상꽃차례에서 5~15개씩 모여 달린다. 꽃받침잎은 길이 4~7mm의 긴 타원형이고 누운 털이 있으며 끝부분에 돌기모양의 황적색 반점이 2개 있다. 수술은 10개이며 꽃밥은 백색이다. 열매는 잘 맺지 않는 편이다.

참고 덩이괭이밥에 비해 비늘줄기가 있으며 꽃차례에 꽃이 적게 달리는 편이고 꽃밥은 백색인 것이 특징이다.

❶2014. 6. 5. 제주 제주시 ❷꽃. 산형상으로 달리며 꽃밥은 백색이다. ❸잎 ❹비늘줄기. 땅속에 굵은 비늘줄기가 있다.

선괭이밥

Oxalis stricta L.

괭이밥과

국내분포/자생지 전국의 산지 길가, 풀밭 등에서 드물게 자람

형태 다년초. 높이 25~50cm이며 가는 땅속줄기가 길게 벋는다. 줄기는 지름 1~1.5mm이고 곧추 자라며 표면에 단세포 또는 다세포 털이 많다. 턱잎은 없거나 불명확하다. 잎은 3출겹잎이며 흔히 어긋나지만 간혹 마주나거나 돌려난다. 작은잎은 너비 8~30mm의 도심장형이며 가장자리는 밋밋하고 부드러운 털이 있다. 잎자루는 길이 3~10cm이고 털이 많다. 꽃은 5~10월에 황색으로 피며 취산꽃차례 또는 산형꽃차례에서 2~6(~8)개씩 모여 달린다. 꽃줄기는 잎자루보다 2배 이상 길며 아랫부분에 길이 1.5·2mm로 선형의 포가 있다. 꽃받침잎은 길이 4~7mm이며 선형-긴 타원형이고 가장자리에 털이 있다. 꽃잎은 길이 5~10mm의 긴 타원상 도란형이고 4개이다. 수술은 10개이다. 열매(삭과)는 길이 8~20mm의 5개 면이 있는 원통상이며 표면에 털(단세포의 짧은 털과 다세포의 긴 털)이 많거나 간혹 거의 없다. 씨는 길이 1~1.5mm의 난상 긴 타원형이고 갈색-적갈색이며 표면에 가로로 난 주름이 뚜렷하다.

참고 들괭이밥(*O. dillenii*)은 포복성 줄기가 짧거나 거의 없이 곧추 자라며 줄기가 굵고(2mm 정도) 잎은 거의 돌려난다. 또한 결실기에 꽃자루가 옆으로 퍼지거나 아래 방향으로 심하게 굽는 것이 특징이다. 들괭이밥이 전국에 매우 흔히 분포하는 반면 선괭이밥은 비교적 드물게 관찰된다.

❶2016. 9. 16. 경북 영천시 ❷꽃. 꽃받침잎이 약간 더 좁은 편이다. ❸열매. 흔히 짧거나 긴 털이 많다. ❹턱잎. 뚜렷하지 않아 보일 정도로 작은 편이다. ❺줄기의 털. 대부분의 긴 털은 다세포이다. ❻씨. 표면에 주름이 뚜렷하다. ❼뿌리. 땅위 또는 땅속으로 벋는 줄기가 발달한다. ❽~⓮들괭이밥 ❽2014. 6. 6. 인천시 서구 국립생물자원관 ❾꽃. 꽃받침에 털이 많다. ❿열매. 자루는 흔히 아래로 심하게 구부러진다. ⓫잎. 매우 작다. ⓬줄기의 털. 줄기 표면에 단세포로 된 털이 많다. ⓭씨. 표면에 주름이 뚜렷하며 주름에 선명한 백색 무늬가 있다. ⓮뿌리. 옆으로 벋는 줄기가 없다.

괭이밥

Oxalis corniculata L.

괭이밥과

국내분포/자생지 전국의 길가, 농경지, 빈터, 풀밭 등

형태 다년초. 잎은 3출겹잎이고 어긋나며 녹색 또는 적자색이다. 작은잎은 너비 4~25mm의 도심장형이며 가장자리는 밋밋하고 부드러운 털이 있다. 꽃은 지름 6~12mm이고 4~10월에 황색으로 피며 산형꽃차례에서 1~5(~8)개씩 모여 달린다. 열매(삭과)는 길이 8~25mm이고 원통상이며 표면에 털이 많다. 씨는 길이 1~1.5mm의 난상 긴 타원형이고 갈색-적갈색이며 표면에 가로로 난 주름이 있다.

참고 줄기가 땅위나 땅속을 길게 벋으며 마디에서 뿌리를 내리고 턱잎이 직사각형-귀모양이면서 뚜렷한 것이 특징이다.

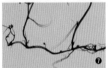

❶2011. 4. 30. 제주 제주시 ❷꽃. 크기가 다양하다. ❸열매 ❹턱잎. 뚜렷하다. ❺줄기의 털. 흔히 단세포이다. ❻씨. 주름이 뚜렷하며 백색의 무늬는 없다. ❼뿌리. 땅위를 벋는 줄기가 발달한다.

아마

Linum usitatissimum L.

아마과

국내분포/자생지 서유럽-서아시아(지중해 일대) 원산 추정. 재배 또는 길가, 풀밭에서 드물게 야생

형태 1년초. 줄기는 높이 30~100cm이고 가지는 많이 갈라진다. 잎은 길이 2~4cm의 선상 피침형-피침형이며 3(~5)맥이 있다. 꽃은 5~7월에 청자색으로 피고 지름은 1.5~2cm이다. 꽃자루는 길이 1~3cm이다. 꽃받침잎은 길이 5~8mm의 난상 피침형-난형이며 3맥이 있다. 꽃잎은 도란형이고 아랫부분에 진한 자색의 줄이 있다. 수술과 암술대는 각 5개씩이다. 열매(삭과)는 지름 6~9mm의 구형이며 10개 정도의 씨가 들어 있다.

참고 개아마(*L. stelleroides*)에 비해 꽃이 크고 꽃잎 가장자리에 샘털이 없는 것이 특징이다.

❶2016. 5. 14. 전북 군산시 ❷~❸꽃. 암술대는 5개이고 수술대보다 짧다. ❹열매(ⓒ김현식). 위로 곧추서서 달린다. ❺잎. 선상 피침형이며 3맥이 있다.

남가새

Tribulus terrestris L.

남가새과

국내분포/자생지 경남, 경북(포항시), 제주의 해안가 및 길가에 매우 드물게 분포

형태 1~2년초. 줄기는 땅위를 기면서 1~2m 정도 벋고 가지가 사방으로 갈라진다. 줄기와 엽축과 꽃자루에 털이 많다. 잎은 길이 2~7cm의 깃털모양의 겹잎이고 작은잎은 4~8쌍이다. 꽃은 7~9월에 황색으로 피며 잎겨드랑이에 1개씩 달린다. 꽃받침잎은 긴 타원상 난형이며 꽃잎보다 짧다. 수술은 10개이며 암술대는 짧고 암술머리는 5(~8)개로 갈라진다. 열매(분열과)는 5개 조각으로 갈라지며 매우 딱딱하다.

참고 열매조각의 윗부분에 길이 4~6mm의 긴 가시가 있고 중앙부에 백색의 긴 털이 있는 돌기가 넓게 줄지어 나 있다.

❶ 2012. 9. 6. 경북 포항시 ❷ 꽃. 꽃받침잎의 뒷면에 긴 털이 많다. ❸ 열매 ❹ 잎. 작은잎의 가장자리와 잎맥에 털이 있다.

세열유럽쥐손이

Erodium cicutarium L'Hér. ex Aiton
Geranium cicutarium L.

쥐손이풀과

국내분포/자생지 지중해 연안 원산. 경기, 인천시, 전남 및 제주의 길가, 빈터, 풀밭 등

형태 1~2년초. 줄기는 높이 10~60cm이고 비스듬히 또는 곧추 자라며 전체에 털이 많다. 잎은 길이 5~15cm의 2회 깃털모양 겹잎이다. 꽃은 5~7월에 적자색으로 피며 산형꽃차례에서 5~12개씩 모여 달린다. 꽃받침잎은 길이 5mm 정도의 긴 난형이며 끝부분의 돌기에는 딱딱한 긴 털이 1~2개 있다. 열매(분열과)는 길이 4~7cm의 가늘고 긴 부리모양이다.

참고 유럽쥐손이(*E. moschatum*)에 비해 2회 깃털모양 겹잎이며(많이 갈라짐) 분과 끝부분 구멍 주변에 선체가 없는 것이 특징이다.

❶ 2004. 5. 19. 전남 광양시 ❷ 꽃. 꽃자루와 꽃받침의 뒷면에 긴 털과 함께 샘털이 있다. ❸ 열매. 선상의 긴 부리모양이고 표면에 짧은 털이 많다. ❹ 잎. 유럽쥐손이보다 열편이 가늘다.

국화쥐손이
Erodium stephanianum Willd

쥐손이풀과

국내분포/자생지 북부지방의 길가, 농경지, 풀밭 등

형태 다년초. 줄기는 높이 20~60cm 이고 털이 많으며 땅위에 누워 자란다. 잎은 길이 4~7cm의 삼각상 난형-난형이며 2~3회 깃털모양으로 깊게 갈라진다. 잎자루에 굽은 털과 긴 털이 혼생한다. 꽃은 6~8월에 적자색으로 피고 지름 1.5cm 정도이며 꽃줄기에서 2~3(~5)개씩 모여 달린다. 꽃받침잎은 길이 7~10mm의 긴 타원상 난형이고 바깥 면에 긴 털이 많다. 열매(분열과)는 길이 4~6cm의 가늘고 긴 부리모양이다.

참고 세열유럽쥐손이에 비해 꽃받침잎의 끝부분에 침상 긴 돌기가 있고 꽃자루와 꽃받침에 샘털이 없는 것이 특징이다.

❶2017. 7. 4. 러시아 프리모르스키주 ❷꽃. 꽃받침잎의 끝부분에 길이 4~6mm의 침상 긴 돌기가 있다. ❸열매. 분과는 5개이다. ❹잎. 가장자리에 긴 털이 많다.

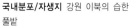

삼쥐손이
Geranium soboliferum Kom.

쥐손이풀과

국내분포/자생지 강원 이북의 습한 풀밭

형태 다년초. 줄기는 높이 50~80cm 이고 잎자루와 더불어 아래를 향해 누운 털이 많다. 잎은 길이 5~10cm의 오각상 원형이며 5~7개로 깊게 갈라진다. 꽃은 8~9월에 적자색으로 피고 지름 2.5~3.8cm이며 꽃줄기에서 2개씩 모여 달린다. 꽃받침잎은 길이 7~10mm이고 끝부분에 길이 1.2~2.5mm의 돌기가 있다. 열매(분열과)는 길이 2.8~3.5cm의 가늘고 긴 부리모양이다.

참고 잎이 깊게 갈라지며 꽃잎이 길이 1.4~2cm로 큰 점과 결실기에 꽃자루가 굽지 않는 것이 특징이다.

❶2016. 9. 13. 러시아 프리모르스키주 ❷꽃. 꽃잎의 밑부분과 맥위에 긴 털이 있다. ❸열매. 꽃자루가 굽지 않는다. ❹잎. 밑부분까지 깊게 갈라진다.

미국쥐손이

Geranium carolinianum L.

쥐손이풀과

국내분포/자생지 북아메리카 원산. 제주 및 중부지방 이남의 길가, 빈터, 습지 주변 등

형태 1년초. 줄기는 높이 20~40cm 이며 백색의 털과 샘털이 있다. 잎은 마주나며 너비 3~6cm의 신장형-원형이고 5~9개로 깊게 갈라진다. 꽃은 지름 8~13mm이고 4~6월에 백색-연한 분홍색으로 피며 꽃줄기에 2(~3)개씩 달린다. 꽃받침잎은 길이 5~6.5mm의 긴 타원상 난형이고 끝부분에 길이 1.5~2mm의 굵은 돌기가 있다. 열매(분열과)는 길이 1.7~2.5cm의 원통상이고 긴 털이 많다.

참고 쥐손이풀에 비해 1년초이고 잎이 5~9개로 깊게 갈라지며 꽃이 꽃줄기의 끝에 2개씩 달리는 것이 특징이다.

❶2013. 5. 15. 경남 창녕군 우포늪 ❷꽃. 꽃받침잎의 뒷면(특히 가장자리)에 긴 털과 그보다 약간 짧은 샘털이 혼생한다. ❸열매. 긴 털이 많다. 간혹 샘털이 혼생하기도 한다. ❹잎

세열미국쥐손이

Geranium dissectum L.

쥐손이풀과

국내분포/자생지 유럽 원산. 제주의 길가, 빈터, 풀밭 등

형태 1~2년초. 줄기는 높이 30~60cm 이고 비스듬히 또는 곧추 자라며 전체에 부드러운 긴 털이 많다. 잎은 마주나며 길이 5~7cm의 신장형-원형이고 5~7개로 깊게 갈라진다. 열편은 다시 깊게 갈라진다. 꽃은 4~5월에 적자색으로 피며 꽃줄기에 2개씩 달린다. 꽃받침잎은 길이 5~7mm의 난형이고 끝부분에 짧고 굵은 돌기가 있다. 열매(분열과)는 원통상이며 분과의 표면에 털이 많다.

참고 미국쥐손이에 비해 꽃이 자주색이며 잎과 줄기에는 샘털이 적거나 없고 열매에 샘털이 많으며 씨의 표면에 그물맥의 무늬가 있는 것이 특징이다.

❶2018. 4. 6. 제주 제주시 ❷꽃. 연한 적자색이다. 꽃자루와 꽃받침잎에 샘털이 많다. ❸열매. 샘털이 많다. ❹잎. 뒷면과 줄기에 긴 털이 많다.

쥐손이풀

Geranium sibiricum L.

쥐손이풀과

국내분포/자생지 전국의 길가, 풀밭, 하천가 및 숲가장자리 등

형태 다년초. 줄기는 비스듬히 또는 곧추 자라며 아래 방향으로 난 짧은 털이 많다. 잎은 마주나며 길이 3~7cm의 오각상 심장형-원형이고 3~5개로 깊게 갈라진다. 꽃은 6~8월에 백색-연한 자주색으로 피며 꽃줄기에 1(~2)개씩 달린다. 꽃받침잎은 길이 3.5~6.5mm의 긴 타원상 난형이고 끝부분에 길이 1~2mm의 굵은 돌기가 있다. 열매(분열과)는 길이 1.5~2cm의 원통상이고 능각부에 짧은 털이 줄지어 난다.

참고 세잎쥐손이(*G. wilfordii*)에 비해 꽃이 작고 꽃줄기에 1개씩 달리며 줄기 중앙부의 잎이 흔히 5개로 갈라지는 것이 특징이다.

❶2012. 8. 9. 강원 속초시 ❷꽃. 백색이고 1(~2)개씩 달린다. ❸열매. 능각에 털이 있다. ❹잎. 이질풀에 비해 중앙부의 열편이 좁은 마름모형이다.

이질풀

Geranium thunbergii Siebold ex Lindl. & Paxton

쥐손이풀과

국내분포/자생지 전국의 길가, 풀밭 및 숲가장자리 등

형태 다년초. 줄기는 비스듬히 자라며 퍼진 털이 많다. 잎은 마주나며 길이 3~7cm이고 3~5(~8)개로 깊게 갈라진다. 꽃은 8~10월에 (백색-분홍색-)적자색으로 피며 꽃줄기에 2개씩 달린다. 꽃받침잎은 길이 5~8mm의 긴 타원상 난형이고 끝부분에 길이 1~2mm의 굵은 돌기가 있다. 꽃자루, 꽃받침잎, 열매의 표면에 짧은 털과 긴 샘털이 있다. 열매(분열과)는 길이 2~2.7cm의 원통상이다.

참고 쥐손이풀에 비해 흔히 꽃이 적자색이고 꽃줄기에 2개씩 달리며 잎의 중앙부의 열편이 넓은 마름모형이다.

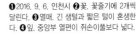

❶2016. 9. 6. 인천시 ❷꽃. 꽃줄기에 2개씩 달린다. ❸열매. 긴 샘털과 짧은 털이 혼생한다. ❹잎. 중앙부 열편이 쥐손이풀보다 넓다.

구릿대

Angelica dahurica (Fisch. ex Hoffm.)
Benth. & Hook. f. ex Franch. & Sav.

미나리과

국내분포/자생지 전국의 계곡, 길가, 하천가 및 숲가장자리

형태 2년초 또는 다년초. 줄기는 높이 1~2m이며 지름 2~5(~8)cm이고 윗부분에 잔털이 있다. 줄기 아래쪽의 잎은 길이 30~50cm의 2~3회 깃털모양의 겹잎이며 잎자루가 길다. 작은잎과 열편은 긴 타원형 또는 좁은 난상 긴 타원형이며 가장자리에 뾰족한 톱니가 있다. 뒷면은 흰빛이 돌며 때로는 맥위와 가장자리에 잔털이 있다. 잎집에는 돌기 또는 털이 없다. 꽃은 6~8월에 백색으로 피며 지름 10~30cm의 복산형꽃차례에서 모여 달린다. 작은꽃줄기(소산경)는 길이 4~6cm이고 18~40개이며 짧은 털이 있다. 총포는 없거나 1~2개이다. 작은총포편은 길이 4~10mm의 선상 피침형이고 다수이다. 꽃자루는 작은총포편과 길이가 비슷하다. 꽃잎은 크기가 각각 다르고 흔히 도란형이다. 열매(분열과)는 길이 8~9mm의 편평한 타원형이며 등쪽 능각이 뚜렷이 돌출하며 가장자리 능각은 날개모양이다.

참고 개구릿대(*A. anomala*)는 구릿대에 비해 잎집에 돌기모양의 잔털이 빽빽이 많은 것이 특징이다. 북부지방에 분포하며 학자에 따라서는 삼수구릿대(*A. jaluana*)와 동일 종으로 처리하기도 한다.

❶2016. 6. 16. 제주 제주시 구좌읍 ❷꽃차례. 총포는 없거나 1~2개이다. ❸열매. 분과의 등쪽에 뚜렷한 능각이 있고 가장자리 능각은 날개모양으로 발달한다. ❹~❼개구릿대 ❹전체 모습(2013. 9. 9. 러시아 프리모르스키주) ❺열매. 가장자리 능각은 넓은 날개모양이다. ❻잎. 2~3회 깃털모양의 겹잎(또는 3출겹잎)이다. ❼잎집. 잎자루의 아랫부분과 함께 잎집의 표면에 돌기모양의 미세한 잔털이 많다.

갯강활

Angelica japonica A. Gray

미나리과

국내분포/자생지 제주 및 서남해안 도서(거문도, 홍도 등)의 해안가

형태 다년초. 줄기 아래쪽의 잎은 1~2(~3)회 깃털모양의 겹잎이며 털이 없다. 중앙부의 작은잎은 길이 7~10cm의 긴 타원형-긴 타원상 난형이다. 꽃은 5~7월에 백색으로 핀다. 작은꽃줄기는 길이 4~7cm이고 30~40개이며 짧은 털이 있다. 작은총포편은 넓은 피침형이고 꽃자루보다 약간 길거나 짧다. 열매(분열과)는 길이 6~7mm의 편평한 타원형이고 등쪽의 능각이 뚜렷이 돌출하며 가장자리 능각은 날개모양으로 발달한다.

참고 잎이 두껍고 광택이 나며 가장자리에 작고 뾰족한 톱니가 있는 것이 특징이다.

❶2016. 6. 16. 제주 제주시 구좌읍 ❷꽃차례. 꽃잎은 크기와 모양이 서로 비슷하다. 씨방 표면에 잔털이 있다. ❸열매. 가장자리의 능각은 넓은 날개모양으로 발달한다. ❹잎. 작은잎의 가장자리에 뾰족한 톱니가 있다.

유럽전호

Anthriscus caucalis M. Bieb.
Anthriscus vulgaris Pers.

미나리과

국내분포/자생지 유라시아 원산. 중부지방 이남의 길가, 하천가 등

형태 1년초. 줄기의 잎은 3회 깃털모양의 겹잎이고 잎가장자리, 뒷면의 맥위, 잎자루, 잎집(엽초)의 가장자리에 털이 많다. 꽃은 지름 2mm 정도이고 5~6월에 백색으로 피며 잎겨드랑이에서 나온 복산형꽃차례에서 모여 달린다. 작은꽃줄기는 3~7개이고 꽃자루는 5~7개이다. 총포는 흔히 없으며 선상 피침형의 작은총포편은 4~6개이다. 꽃잎은 타원상 주걱형-도란형이고 5개이다. 열매(분열과)의 끝부분에 작은 갈고리모양의 털이 있다.

참고 전호(*A. sylvestris*)에 비해 열매가 길이 3~4mm의 난형이고 표면에 굽은 털이 많은 것이 특징이다.

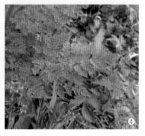

❶2013. 5. 18. 대구시 금호강 ❷꽃. 꽃잎은 크기가 조금씩 차이가 난다. 수술은 5개이다. ❸열매. 갈고리모양으로 굽은 털이 많다. ❹잎. 가장자리에 긴 털이 많이 나 있다.

전호아재비

Chaerophyllum tainturieri Hook.

미나리과

국내분포/자생지 북아메리카 남부지방 원산. 서울시 월드컵공원의 길가 및 숲가장자리에 드물게 야생

형태 1년초. 줄기는 높이가 20~70cm 이고 밑부분에서 가지가 갈라지며 털이 많다. 잎은 어긋나며 2회 깃털모양의 겹잎이다. 잎자루는 길이 10~15cm이고 털이 있으며 밑부분은 잎집상으로 원줄기를 감싼다. 작은잎은 길이 1~8cm의 피침형-난형이며 열편은 얕게 또는 깊게 갈라진다. 꽃은 4~5월에 백색으로 피며 잎겨드랑이에서 나온 복산형꽃차례에서 모여 달린다. 작은꽃줄기는 길이 2.5~7.5cm이고 3(~4)개이며 털이 약간 있다. 작은 꽃줄기의 끝에 3~8개의 꽃이 달린다. 꽃잎은 5개이며 길이 1~2mm이다. 수술은 5개이고 수술대는 길이 3mm 정도이며 백색이다. 암술대는 2개이다. 열매(분열과)는 길이 5~10mm, 너비 2.5mm 이하의 피침상 긴 타원형이며 중앙부가 가장 넓고 표면은 털이 없이 밋밋하다.

참고 전호에 비해 열매가 피침상 긴 타원형이며 표면에 털이나 가시가 없이 밋밋한 것이 특징이다. 무산상자속(*Sphallerocarpus*)에 비해 열매가 통모양(피침상 긴 타원형)이고 분과의 갈라지는 틈에 1개의 유관이 있는 것이 특징이다.

❶2016. 5. 27. 서울시 월드컵공원 ❷~❸꽃. 꽃잎은 서로 크기와 모양이 비슷하다. 씨방은 원통형이고 표면에 털이 없다. ❹열매. 표면에 털이나 가시가 없이 밋밋하다. ❺잎. 2회 깃털모양으로 갈라지는 겹잎이다. ❻잎 뒷면. 엽축과 잎 뒷면 맥위에 긴 털이 드문드문 있다. ❼잎집. 줄기, 잎자루와 함께 짧은 털이 있다. ❽줄기 속. 비어 있다.

솔잎미나리

Cyclospermum leptophyllum (Pers.)
Sprague ex Britton & P. Wilson

미나리과

국내분포/자생지 아메리카 대륙의 열대–아열대지역 원산. 제주의 길가, 민가, 빈터 등

형태 1년초. 줄기는 높이 15~60cm 이며 전체에 털이 없다. 줄기의 잎은 2~4회 깃털모양의 겹잎이고 열편은 실모양으로 가늘다. 꽃은 지름 1~2mm이고 4~9월에 백색(–연한 적자색)으로 피며 작은꽃줄기는 길이 6~20mm이고 꽃자루는 5~20개이며 길이 1~7mm이다. 총포와 작은총포는 흔히 없다. 열매(분열과)는 길이 1.5~2mm의 타원형–편구형이며 분과의 등쪽에 3개의 뚜렷한 능각이 있다.

참고 전체가 소형이며 꽃이 백색이고 잎의 열편이 실모양으로 가는 것이 특징이다.

❶2013. 5. 20. 제주 서귀포시 ❷꽃. 꽃잎은 흔히 백색이다 ❸열매. 3개의 뚜렷한 능각이 있다. ❹잎. 열편은 실모양이다.

병풀

Centella asiatica (L.) Urb.

미나리과

국내분포/자생지 남부지방의 길가, 농경지, 민가 및 숲가장자리

형태 다년초. 줄기는 옆으로 벋으며 마디에서 뿌리를 내린다. 잎은 지름 2~5cm의 심장상 원형이며 가장자리에 둔한 톱니가 있다. 잎자루는 길이 5~20cm이다. 꽃은 6~8월에 백색–녹색 또는 적자색(–적갈색)으로 피며 산형꽃차례에 2~5개씩 모여 달린다. 꽃줄기는 길이 2~8mm이며 꽃자루는 없거나 매우 짧다. 총포편은 길이 3~4mm의 난형이고 2개이다. 열매(분열과)는 길이 2~3mm의 편원형이고 어릴 때는 털이 있다.

참고 피막이속(*Hydrocotyle*)의 종들에 비해 뚜렷한 총포가 있으며 얼매의 표면이 밋밋한 것이 특징이다.

❶2016. 6. 16. 제주 서귀포시 ❷꽃. 흔히 연한 적자색(–적갈색)으로 피며 꽃자루는 없거나 매우 짧다. ❸열매. 표면에 능각이 없다. ❹잎. 심장상 원형이고 가장자리에 둔한 톱니가 있다.

독미나리

Cicuta virosa L.

미나리과

국내분포/자생지 강원, 전북 이북의 저지대 습지

형태 다년초. 줄기는 높이 70~120cm 이며 전체에 털이 없고 줄기는 속이 비어 있다. 땅속줄기는 굵고 마디가 있으며 마디사이는 속이 비어 있다. 줄기 아래쪽의 잎은 길이 12~30cm의 삼각상 난형이며 2~3회 깃털모양으로 갈라진 겹잎이고 잎자루는 길다. 가장 위쪽의 열편은 길이 1~3(~8)cm의 선상 피침형 또는 넓은 피침형이며 가장자리에 뾰족한 톱니가 있다. 줄기 윗부분의 잎은 1~2회 깃털모양의 겹잎이고 잎자루가 짧거나 없다. 꽃은 6~9월에 백색으로 피며 잎겨드랑이에서 나온 지름 5·15cm의 복산형꽃차례에서 모여 달린다. 총포는 흔히 없으며 작은총포편은 길이 3~7mm의 선상 피침형이고 다수이다. 작은꽃줄기는 길이 3~7cm이고 20개 정도이다. 작은꽃줄기에서 15~50개의 꽃이 달리며 꽃자루는 길이 4~10mm이다. 꽃받침열편은 길이 0.3~0.5mm의 삼각형이다. 꽃잎은 길이 1.2mm 정도이다. 꽃잎과 수술은 각 5개씩이다. 열매(분열과)는 길이 2~4mm의 난상 구형이며 분과의 등쪽에 굵은 능각이 있다.

참고 개발나물속(*Sium*)의 종들에 비해 잎이 2~3회 깃털모양으로 갈라지며 총포가 없고 꽃받침열편이 뚜렷한 점과 열매가 난상 구형인 것이 특징이다.

❶ 2002. 7. 26. 강원 횡성군 ❷꽃. 수술은 5개이고 꽃잎보다 길다. 꽃자루는 길이 4~10mm이고 털이 없다. ❸열매. 분열과는 약간 납작한 거의 구형이며 분과의 등쪽에 굵은 능각이 있다. ❹잎. 2~3회 깃털모양으로 갈라지는 겹잎이다. ❺줄기와 잎집. 털이 없다. ❻~❼자생지 전경 ❻2012. 6. 14. 강원 횡성군. 콘크리트 수로의 가장자리에서 큰 집단을 형성하고 있다. ❼2013. 6. 14. 전북 군산시

나도독미나리
Conium maculatum L.

미나리과

국내분포/자생지 지중해 연안 원산. 경기(시흥시), 전남 광주시의 길가, 하천가 등에 드물게 자람

형태 2년초. 줄기는 높이 80~200cm 이며 암자색의 반점이 있고 속은 비어 있다. 줄기 아래쪽의 잎은 길이 10~30cm의 삼각상이고 2~3회 깃털 모양으로 깊게 갈라진다. 꽃은 6~7월에 백색으로 핀다. 총포편은 길이 2~5mm의 난상 피침형이고 4~6개이며 작은총포편은 길이 1.5~3mm의 난형이고 5~6개이다. 열매(분열과)는 길이 2~4mm의 편구형이다.

참고 독미나리에 비해 잎의 열편이 긴 타원상이며 가장자리에 큰 톱니가 있다. 또한 다수의 총포편이 있으며 분과에 물결모양의 능각이 있는 것이 특징이다.

❶2013. 6. 1. 전남 광주시 ❷꽃. 수술은 꽃잎보다 약간 더 길다. ❸열매. 분과의 등쪽에 울퉁불퉁한 물결모양의 능각이 있다. ❹잎. 작은잎의 열편은 독미나리보다 넓다.

갯사상자
Cnidium japonicum Miq.

미나리과

국내분포/자생지 강원, 황해 이남의 해안가

형태 2년초. 줄기는 높이 15~20cm 이고 전체에 털이 없다. 잎은 길이 5~6cm의 긴 타원상 난형이고 깃털 모양으로 1~2회 깊게 갈라진다. 꽃은 8~10월에 백색으로 피며 지름 1~2cm 의 복산형꽃차례에서 모여 달린다. 총포편과 작은총포편은 길이 2~5mm의 선형이고 4~5(~8)개이다. 작은꽃줄기는 6~9개이고 8~10개씩의 꽃이 달린다. 열매(분열과)는 길이 2~3.5mm의 거의 구형이며 분과의 등쪽에는 굵은 능각이 있다.

참고 여러 개의 줄기가 뿌리에서 모여나며 잎이 두텁고 광택이 나는 것이 특징이다.

❶2003. 10. 4. 전남 완도군 보길도 ❷꽃. 꽃잎이 안쪽으로 말리며 꽃밥은 연한 자색이다. ❸열매. 분과의 등쪽에 굵은 능각이 발달한다. ❹잎. 두터운 편이며 털이 없다.

벌사상자

Cnidium monnieri (L.) Cusson

미나리과

국내분포/자생지 남부지방 이북의 농경지, 습지, 하천가 등

형태 1년초. 줄기는 높이 10~80cm 이다. 잎은 길이 3~10cm의 삼각상 난형이며 깃털모양으로 2~3회 깊게 갈라진다. 꽃은 5~8월에 백색으로 피며 지름 2~5cm의 복산형꽃차례에서 모여 달린다. 총포편은 길이 2~8mm의 선형이고 6~10개이며 가장자리는 막질이고 털이 있다. 작은 총포편은 5~9개이며 선형이고 꽃자루와 길이가 비슷하다. 열매(분과)는 길이 1.5~3mm의 난형이며 분과의 등쪽에는 능각이 발달한다.

참고 잎이 2~3회 깃털모양으로 갈라지며 열편이 선상 피침형이고 작은총포편의 가장자리에 짧은 털이 많은 것이 특징이다.

❶2004. 6. 7. 경기 구리시 한강 ❷꽃. 꽃잎은 길이가 서로 조금씩 다르다. 꽃밥은 백색 또는 연한 자색이다. ❸열매. 분과의 등쪽에는 뚜렷한 능각이 있다. ❹잎. 열편은 가늘다.

큰피막이

Hydrocotyle ramiflora Maxim.

미나리과

국내분포/자생지 강원, 경기 이남의 길가, 농경지, 민가, 풀밭 등

형태 다년초. 잎은 지름 1.5~4cm의 오각상 원형-원심형이며 가장자리는 5~7개로 얕게 갈라진다. 꽃은 5~8월에 백색-연한 녹색으로 피며 산형꽃차례에서 10~25개씩 모여 달린다. 꽃자루는 길이 2mm 정도로 짧다. 꽃잎과 수술은 각 5개씩이며 암술대는 2개이다. 열매(분열과)는 길이 2~3mm의 약간 편평한 넓은 타원형-원형이고 분과의 등쪽에는 3개의 능각이 있다.

참고 **선피막이**(*H. maritima*)는 큰피막이에 비해 잎의 밑부분이 심장형이고 겹쳐지지 않으며 꽃줄기가 잎자루와 길이가 비슷하거나 짧은 것이 특징이다. 학자에 따라서는 큰피막이에 통합 처리하기도 한다.

❶2002. 6. 27. 경남 울산시 정족산 ❷꽃. 꽃줄기의 길이는 잎자루의 1~2배 정도이다. ❸열매. 분과의 등쪽에 희미한 능각이 있다. ❹선피막이(2007. 7. 20. 울산시 고헌산)

산당근(야생당근)

Daucus carota L.

미나리과

국내분포/자생지 지중해 연안 원산. 전국의 길가, 바닷가, 빈터 등에 드물게 자람

형태 1~2년초(간혹 다년초) 줄기는 높이 50~120cm이고 곧추 자라며 퍼진 털이 있다. 뿌리는 회색–갈색이며 굵은 편이다. 잎은 긴 타원형–삼각형이고 깃털모양으로 2~3회 갈라지며 잎자루와 함께 털이 약간 있다. 중앙부 최종열편은 길이 2~15mm의 선형–피침형이고 끝부분이 가시처럼 뾰족하다. 꽃은 7~9월에 백색(–연한 적자색)으로 피며 지름 5~10cm의 복산형꽃차례에서 모여 달린다. 총포편은 깃털모양으로 깊게 갈라지며 열편은 선형이다. 작은총포편은 5~7개이며 흔히 선형이고 간혹 갈라진다. 작은꽃줄기는 길이 2~7.5cm이지만 각각 길이가 다르다. 꽃받침잎, 꽃잎, 수술은 각 5개씩이며 암술대는 1개이다. 열매(분열과)는 길이 3~4mm의 타원형이며 분과의 등쪽에 3개, 접합면에 2개의 능각이 있고 능각 위에는 가시 같은 긴 털이 많다.

참고 산당근과 형태 및 분포가 매우 유사한 갯당근(*D. littoralis*)과 면밀한 비교·검토가 필요하다. **회향(*Foeniculum vulgare*)**은 높이가 1~2m 정도로 자라는 다년초 식물로서 전체가 청록색을 띤다. 잎은 3~4회 깃털모양으로 깊게 갈라지고 열편은 실모양으로 매우 가늘다. 꽃은 6~8월에 황색으로 핀다. **고수(*Coriandrum sativum*)**는 동유럽 원산이며 향료 및 약용으로 흔히 사찰에서 재배한다. 잎과 열매 등에서 특유의 향이 난다. 높이 30~60cm이며 꽃은 6~7월에 백색으로 핀다.

❶ 2001. 8. 30. 경북 울등도 ❷~❸꽃차례. 꽃잎은 크기가 서로 다르다. 총포편은 깃털모양으로 갈라진 잎모양이다. 작은총포편도 간혹 갈라진다. ❹열매. 분과의 등쪽에 3개의 능각이 있으며 능각 위에는 가시 같은 긴 털이 많다. ❺잎. 2~3회 깃털모양으로 갈라진 겹잎이며 열편의 끝부분은 가시처럼 뾰족하다. ❻뿌리. 당근에 비해 가늘고 회색 또는 연한 갈색이다. ❼회향 ❽~❾고수 ❽꽃 ❾전체 모습

갯방풍

Glehnia littoralis F. Schmidt

미나리과

국내분포/자생지 전국의 바닷가 모래땅

형태 다년초. 줄기 아래쪽의 잎은 길이 8~20cm의 삼각형–난상 삼각형이며 3출겹잎 모양으로 1~2회 갈라진다. 잎자루는 길다. 꽃은 5~7월에 백색으로 피며 복산형꽃차례에서 모여 달린다. 작은꽃줄기는 길이 1~3cm로 8~16개이다. 작은총포편은 선상 피침형이고 꽃자루보다 짧다. 열매(분열과)는 길이 6~13mm의 넓은 타원형–거의 구형이며 분과의 등쪽에 날개모양의 능각이 있다.

참고 잎이 1~2회 3출겹잎 모양이며 두툽고 표면에 광택이 나고 줄기, 꽃차례, 열매에 백색의 털이 많은 것이 특징이다.

❶2012. 6. 8. 인천시 영종도 ❷꽃. 꽃잎의 뒷면에 털이 있다. 꽃밥은 백색–자색이다. ❸열매. 전체에 털이 많으며 분과 등쪽의 능각은 날개모양이다. ❹어린 개체의 잎. 잎은 가죽질이다.

갯기름나물

Peucedanum japonicum Thunb.

미나리과

국내분포/자생지 경북, 인천시(백령도 이남)의 해안가

형태 다년초. 줄기는 높이 30~80cm이고 줄기와 잎에는 털이 없으며 뿌리와 줄기가 연결되는 부위에 섬유질이 많다. 잎은 길이 20~35cm의 넓은 난상 삼각형이며 3출겹잎 모양으로 2~3회 갈라진다. 꽃은 6~8월에 백색으로 피며 복산형꽃차례에서 모여 달린다. 총포편은 길이 5~10mm의 난상 피침형이고 없거나 1~3개이다. 작은총포편은 피침형이고 8~10개이며 꽃자루와 길이가 비슷하다. 열매(분열과)는 길이 4~6mm의 타원상이고 잔털이 있으며 분과의 등쪽에 능각이 있다.

참고 잎의 열편이 크고 넓으며 열매에 잔털이 있는 것이 특징이다.

❶2016. 6. 16. 제주 서귀포시 한경면 ❷꽃차례. 총포편은 없거나 1~3개 있다. 꽃잎 뒷면에 털이 있다. ❸열매. 전체에 털이 많고 분과 등쪽의 능각은 희미하다. ❹잎. 털이 없다.

기름당귀

Ligusticum hultenii Fernald

미나리과

국내분포/자생지 강원(양양군) 이북의 해안가 모래땅

형태 다년초. 줄기는 높이 30~100cm 이며 줄기와 잎에는 털이 없다. 잎은 길이 10~25cm의 넓은 삼각상 원형이며 3출겹잎 모양으로 2~3회 갈라진다. 중앙부 최종열편은 길이 3~5cm의 마름모상 난형이다. 꽃은 6~7월에 백색으로 피며 복산형꽃차례에서 모여 달린다. 총포편은 길이 8~10mm의 선형이며 작은총포편은 선형이고 꽃자루보다 짧다. 열매(분열과)는 길이 8~11mm의 긴 타원형이고 털이 없으며 분과의 등쪽에 뚜렷한 능각이 있다.

참고 잎이 가죽질이고 약간 광택이 나며 열편이 마름모상 난형으로 넓은 것이 특징이다.

❶2013. 6. 25. 강원 양양군 ❷꽃차례. 총포편과 작은총포편은 선형이고 각각 수 개씩 있다. ❸열매. 분과의 등쪽에 뚜렷한 능각이 있다. ❹잎. 가죽질이며 털이 없다.

미나리

Oenanthe javanica (Blume) DC.

미나리과

국내분포/자생지 전국의 농경지, 하천 등 습지

형태 다년초. 잎은 길이 7~30cm의 난형 또는 삼각상 난형이며 깃털모양으로 1~2회 갈라진다. 중앙부 최종 열편은 길이 1~3cm의 긴 타원상 마름모-난형이고 가장자리에 뾰족한 큰 톱니가 있다. 꽃은 7~9월에 백색으로 피며 복산형꽃차례에서 모여 달린다. 총포편은 길이 3~10mm의 선형이고 없거나 1개이며 작은총포편은 선형이고 3~10개이다. 열매(분열과)는 길이 2.5mm 정도의 난형-거의 구형이며 분과의 등쪽에 있는 능각은 희미하다.

참고 줄기와 꽃줄기, 꽃자루에 능각이 발달하고 꽃받침열편이 뚜렷한 것이 특징이다.

❶2014. 7. 22. 인천시 ❷꽃차례. 꽃잎은 크기가 서로 다르다. 총포편은 없거나 1개이다. ❸열매. 분열과는 거의 구형이며 분과 등쪽의 능각은 희미하다. ❹잎. 엽축과 잎자루에 능각이 발달한다.

서울개발나물

Pterygopleurum neurophyllum
(Maxim.) Kitag.

미나리과

국내분포/자생지 서울시, 전주시, 경남의 습지에 매우 드물게 분포.

형태 다년초. 줄기는 높이 70~120cm이고 곧추 자라며 뿌리의 일부는 감자개발나물과 비슷하게 굵어진다. 줄기 아래쪽의 잎은 길이 10~20cm의 난형이며 2~3회 3출겹잎이다. 중앙부 최종열편은 길이 4~10cm의 선형이고 가장자리는 밋밋하다. 줄기 위쪽으로 갈수록 잎과 잎자루는 작고 짧아진다. 꽃은 7~9월에 백색으로 피며 지름 3~7cm의 복산형꽃차례에서 모여 달린다. 꽃줄기와 작은꽃줄기에 돌출된 능각이 있다. 총포편은 길이 7~12mm의 선형이고 5~10개이며 작은꽃줄기에 밀착해 붙는다. 작은꽃줄기는 길이 2.5~4.5cm이고 8~14(~20)개이다. 작은총포편은 길이 2~5mm의 선형이고 6~12개이며 꽃자루보다 길이가 짧다. 꽃자루는 길이 6~10mm이다. 꽃잎, 꽃받침열편, 수술은 각 5개씩이다. 꽃받침열편은 길이 1mm 정도의 삼각상 피침형이다. 열매(분열과)는 길이 3~4mm의 타원형-넓은 타원형이며 분과의 등쪽에 뚜렷한 능각이 있다.

참고 자생하는 개발나물속(*Sium*)의 종들에 비해 잎이 2~3회 3출겹잎이며 열편이 선형이고 가장자리가 밋밋한 것이 특징이다. 서울개발나물은 일본과 중국에도 매우 제한적으로 분포하는 세계적 희귀식물이다. 국내에서는 주로 한강(서울시의 구로, 태릉 등), 만경강(전주시), 낙동강의 배후습지에 분포하는 것으로 기록되어 있지만 한강과 만경강에 서식하던 집단은 배후습지가 매립되면서 절멸한 것으로 추정되며 현재는 유일하게 낙동강의 배후습지 1곳에서만 40~50개체가 생육하고 있다.

❶ 2005. 7. 23. 경남 양산시 ❷~❹ 꽃차례. 꽃잎은 안쪽으로 굽고 서로 길이가 약간 다르다. 총포편은 5~10개이며 작은꽃줄기에 밀착해 붙는다. 작은총포편은 선형이고 6~12개이다. ❺ 열매, 분열과는 타원형-난상 타원형이며 털은 없다. 분과는 등쪽에 뚜렷한 능각이 있다. ❻ 잎. 열편은 선형이고 가장자리는 밋밋하다. ❼ 뿌리, 감자개발나물처럼 비후해진 뿌리가 있다.

감자개발나물
Sium ninsi Thunb.

미나리과

국내분포/자생지 전국의 산지습지에 주로 분포

형태 다년초. 줄기는 높이 30~80cm 이며 땅속줄기는 짧고 뿌리는 굵다. 줄기 아래쪽의 잎은 작은잎 3~5(~7) 개로 이루어진 깃털모양의 겹잎이다. 작은잎은 길이 2~5cm 선형-넓은 피침형이고 가장자리에 뾰족한 톱니가 있다. 꽃은 7~8월에 백색으로 피며 복산형꽃차례에서 모여 달린다. 총포편과 작은총포편은 가장자리가 백색의 막질인 선상 피침형이고 아래로 젖혀진다. 열매(분열과)는 길이 2~3mm 정도의 난상 구형이며 분과의 등쪽에 능각이 있다.

참고 개발나물에 비해 작은잎이 가늘고 수가 적으며 정단부의 작은잎은 자루가 없거나 짧은 것이 특징이다.

❶ 2002. 8. 5. 경남 울산시 정족산 **❷** 꽃차례. 총포편은 아래로 처져서 달리며 가장자리는 막질이다. **❸** 열매. 분과의 등쪽에 굵은 능각이 있다. **❹** 잎. 작은잎의 가장자리에 가시 같은 톱니가 있다.

개발나물
Sium suave Walter

미나리과

국내분포/자생지 전국의 습지

형태 다년초. 줄기는 높이 50~100cm이며 전체에 털이 없다. 잎은 길이 6~25cm이며 작은잎 7~13개로 이루어진 깃털모양의 겹잎이다. 작은잎은 길이 1~4cm의 선형-긴 타원형이고 가장자리에 톱니가 있다. 꽃은 7~8월에 백색으로 피며 복산형꽃차례에서 모여 달린다. 총포편은 가장자리가 백색의 막질이며 선상 피침형이고 아래로 젖혀진다. 열매(분열과)는 길이 2.5~3.5mm의 도란형-넓은 타원형이며 분과의 등쪽에 뚜렷한 능각이 있다.

참고 감자개발나물에 비해 작은잎이 넓고 수가 많으며 정단부의 작은잎은 뚜렷한 자루가 있다.

❶ 2017. 8. 30. 전남 장흥군 **❷** 꽃차례. 총포편과 작은총포편은 선형이고 가장자리가 백색의 막질이며 아래로 처져서 달린다. **❸** 열매. 분과의 등쪽에 뚜렷한 능각이 있다. **❹** 잎. 정단부의 작은잎은 자루가 뚜렷하다.

사상자

Torilis japonica (Houtt.) DC.

미나리과

국내분포/자생지 전국의 길가, 빈터, 풀밭 등

형태 2년초. 줄기는 높이 30~70cm이며 전체에 짧은 누운 털이 있다. 잎은 길이 5~20cm의 난상 피침형–삼각상 난형이며 2~3회 갈라진다. 꽃은 6~7월에 백색–연한 자주색으로 핀다. 총포편은 선형–도피침형이고 가장자리는 흔히 밋밋하지만 2~3개로 갈라지기도 한다. 작은꽃줄기는 (4~)6~15개이며 꽃자루는 길이 2~4mm이고 4~12(~20)개이다.

참고 개사상자에 비해 꽃이 꽃차례에서 빽빽이 모여 달리며 총포편이 3~8개이고 작은꽃줄기가 6~15개이며 열매(분과)가 길이 2~4mm의 좁은 난형상이고 열매자루가 짧은 것이 특징이다.

❶2012. 6. 28. 제주 제주시 구좌읍 ❷꽃차례 ❸총포편. 선형이고 3~8개(개사상자는 없거나 1개) ❹열매. 분과는 난형상이며 표면에 가시 같은 털이 밀생한다. 분과의 등쪽에 능각이 있다.

큰사상자(개사상자)

Torilis scabra (Thunb.) DC.

미나리과

국내분포/자생지 중부지방 이남의 길가, 빈터, 풀밭 또는 숲가장자리

형태 2년초. 줄기는 높이 30~90cm이고 가지가 많이 갈라지며 전체에 짧은 털 또는 누운 털이 있다. 잎은 길이 5~15cm의 난상 피침형–삼각상 난형이며 2~3회 갈라진다. 꽃은 5~6월에 백색–연한 자주색으로 핀다. 총포편은 없거나 1개이다. 작은꽃줄기는 2~5개이며 꽃자루는 길이 3~8mm이고 3~6개이다. 작은총포편은 피침형이고 꽃자루와 길이가 비슷하다.

참고 사상자에 비해 꽃이 꽃차례에 성기게 달리며 총포편이 없거나 1개이고 작은꽃줄기는 2~5개이다. 또한 열매(분과)가 길이 4~7mm의 긴 타원상인 것이 특징이다.

❶2011. 5. 19. 전남 나주시 ❷꽃차례. 작은꽃줄기는 2~5개이고 성기게 달리며 작은꽃차례에도 꽃이 3~6개로 적게 달린다. ❸열매. 가시 같은 털이 사상자보다 더 길다. ❹잎

피자
식물문

MAGNOLIOPHYTA

목련강
MAGNOLIOPSIDA

국화아강
ASTERIDAE

마전과 LOGANIACEAE

용담과 GENTIANACEAE

조름나물과 MENYANTHACEAE

협죽도과 APOCYNACEAE

박주가리과 ASCLEPIADACEAE

가지과 SOLANACEAE

메꽃과 CONVOLVULACEAE

지치과 BORAGINACEAE

마편초과 VERBENACEAE

꿀풀과 LAMIACEAE

별이끼과 CALLITRICHACEAE

질경이과 PLANTAGINACEAE

쇠뜨기말풀과 HIPPURIDACEAE

현삼과 SCROPHULARIACEAE

열당과 OROBANCHACEAE

쥐꼬리망초과 ACANTHACEAE

참깨과 PEDALIACEAE

통발과 LENTIBULARIACEAE

초롱꽃과 CAMPANULACEAE

꼭두서니과 RUBIACEAE

마타리과 VALERIANACEAE

산토끼꽃과 DIPSACACEAE

국화과 ASTERACEAE

벼룩아재비

Mitrasacme indica Wight

마전과

국내분포/자생지 중부지방 이남의 습한 풀밭 및 습지에 매우 드물게 분포

형태 1년초. 줄기는 높이 5~15cm이며 네모진다. 잎은 마주나며 길이 3~8mm의 선형~피침형이고 털이 거의 없다. 꽃은 7~10월에 백색으로 피며 잎겨드랑이에 1~2개씩 달린다. 꽃받침열편은 4개이고 꽃부리의 안쪽면에 4개의 짧은 수술이 붙어 있다. 암술대는 길이 1mm 정도이고 밑부분까지 깊게 갈라진다. 열매(삭과)는 길이 1.5~2mm의 거의 구형이며 익으면 윗부분이 2개로 갈라진다.

참고 큰벼룩아재비에 비해 털이 없거나 적으며 잎이 선형–피침형이고 1맥이 있다. 또한 꽃이 잎겨드랑이에서 1~2개씩 달리는 것이 특징이다.

❶ 2003. 7. 25. 강원 양양군 ❷ 꽃. 백색이고 잎겨드랑이에 1~2개씩 달린다. ❸ 열매. 거의 구형이다. ❹ 잎. 선형이고 잎맥은 1개이며 털이 없다.

큰벼룩아재비

Mitrasacme pygmaea R. Br.

마전과

국내분포/자생지 중부지방 이남의 산지풀밭(특히 무덤가) 등

형태 1년초. 줄기는 높이 5~20cm이고 둥글며 미세한 털이 있다. 잎은 마주나거나 돌려나며 길이 2~13mm의 피침형–난상 긴 타원형이고 양면에 털이 있다. 꽃은 7~10월에 백색으로 피며 산형상 또는 원뿔상꽃차례에서 모여 달린다. 꽃받침열편과 수술은 각 4개씩이다. 열매(삭과)는 지름 3mm 정도의 약간 납작한 구형이다.

참고 벼룩아재비에 비해 줄기(특히 아래쪽)에 털이 많으며 잎에는 3맥이 있다. 또한 꽃이 줄기의 윗부분에서 산형상으로 모여 달리는 것이 특징이다.

❶ 2011. 8. 21. 전남 곡성군 ❷~❸ 꽃. 꽃받침열편의 가장자리에 잔털이 있다. ❹~❺ 열매. 약간 납작하다. 암술대는 처음에는 상반부가 융합되어 있다가 열매가 익으면 융합되었던 부위가 떨어진다. ❻ 잎. 3맥이 있으며 양면(특히 가장자리)에 털이 있다.

구슬붕이

Gentiana squarrosa Ledeb.

용담과

국내분포/자생지 전국의 풀밭

형태 1~2년초. 줄기는 높이 3~15cm 이고 뿌리 부근에서 모여나며 밑부분에서 가지가 갈라진다. 줄기의 잎은 마주나며 길이 5~10mm의 좁은 난형-난형이다. 꽃은 4~6월에 연한 청색-연한 자색으로 핀다. 꽃받침통부는 길이 4~6mm이고 열편은 난형이다. 꽃부리통부는 길이 7~12mm로 꽃받침보다 1.5배 정도 길다. 열매(삭과)는 길이 3.5~5.5mm의 좁은 도란형이며 긴 자루가 있다.

참고 큰구슬붕이(*G. zallingeri*)에 비해 뿌리 부근의 잎이 로제트모양으로 모여나며 꽃이 흔히 하늘색-보랏빛 도는 하늘색인 것이 특징이다.

❶2003. 6. 20. 경북 영양군 일월산 ❷꽃. 꽃받침열편의 끝이 옆으로 퍼지는 것이 큰구슬붕이 또는 봄구슬붕이(*G. thunbergii*)와 다른 점이다. ❸열매. 가장자리에 막질의 좁은 날개가 있다. ❹뿌리 부근의 잎. 로제트모양이다.

비로용담

Gentiana jamesii Hemsl.

용담과

국내분포/자생지 강원 이북의 높은 지대 습지 또는 습한 풀밭

형태 다년초. 줄기는 높이 10~20cm 이고 털은 없다. 잎은 길이 0.7~1.5cm 의 피침형-난상 타원형이며 끝은 뾰족하다. 꽃은 6~7월에 청색-청자색으로 핀다. 꽃받침은 길이 8.5~10mm의 도원뿔형이다. 꽃부리는 길이 2.3~3cm의 통형이고 열편은 길이 6~7mm의 긴 타원형-타원상 난형이다. 수술은 꽃부리통부의 안쪽면 중앙부에 달린다. 암술대는 길이 1.5~2mm이다. 열매(삭과)는 길이 6~9mm의 좁은 도란형이다.

참고 꽃부리의 길이가 2.3~3cm이며 꽃받침열편은 난형이고 옆으로 퍼지거나 뒤로 젖혀지는 것이 특징이다.

❶2007. 6. 24. 중국 지린성 두만강 상류 ❷꽃. 꽃부리열편 사이의 부편(副片)은 삼각상 난형이고 가장자리에 톱니가 있다. ❸개화기 직전의 개체

진퍼리용담

Gentiana scabra var. *stenophylla* H. Hara

용담과

국내분포/자생지 강원. 경기 이남의 산지습지

형태 다년초. 줄기는 높이 30~70cm 이고 흔히 비스듬히 자라며 털은 없다. 잎은 길이 2~6cm, 너비 2~8mm 의 선상 피침형이며 잎질은 다소 두툼하다. 꽃은 9~10월에 연한 청색~청자색으로 피며 줄기의 끝부분과 잎겨드랑이에 1~4개씩 달린다. 꽃받침 통부는 길이 1cm 정도이다. 꽃부리는 길이 3.5~5cm의 긴 종형이며 열편은 넓은 난형이고 끝부분은 뾰족하거나 급하게 뾰족하다. 열매(삭과)는 길이 2~2.5cm이다.

참고 용담(*G. scabra*)에 비해 잎은 좁고 꽃받침열편이 보다 긴 편인 것이 특징이다.

❶ 2017. 10. 3. 전북 남원시 ❷~❸ 꽃. 꽃받침은 열편이 통부와 길이가 비슷하거나 통부보다 더 길다. ❹ 잎 뒷면. 선상 피침형이며 1(~3)맥이다.

개쓴풀

Swertia diluta (Turcz.) Benth. & Hook. f.

용담과

국내분포/자생지 중부지방 이남의 저지대 습지에 드물게 분포

형태 1년초. 줄기는 높이 20~70cm 이며 다소 네모지고 털이 없다. 잎은 마주나며 길이 2~5cm의 긴 타원상 피침형~도피침상 주걱형이고 가장자리는 밋밋하다. 꽃은 지름 1~1.5cm이고 9~10월에 백색으로 피며 꽃잎에 자색의 줄무늬가 있다. 꽃받침열편은 길이 6~12mm의 선형~넓은 피침형이다. 꽃부리열편의 아래쪽에 2개의 꿀샘(밀선)이 있다. 열매(삭과)는 길이 1~1.2cm의 좁은 난형이다.

참고 쓴풀(*S. japonica*)에 비해 잎의 너비가 4~10mm로 넓은 편이며 꿀샘의 가장자리에 긴 털이 있는 것이 특징이다.

❶ 2005. 10. 8. 제주 제주시 조천읍. 쓴풀에 비해 습지에 주로 분포하며 키가 더 크고 가지가 보다 덜 갈라진다. ❷ 꽃. 꽃샘 가장자리의 털이 쓴풀보다 길다. ❸ 열매. 털이 없다. ❹ 잎. 쓴풀보다 큰 편이다.

애기어리연
(좀어리연꽃)
Nymphoides coreana (H. Lév.) H. Hara

조름나물과

국내분포/자생지 전국의 저지대 습지에 드물게 분포

형태 다년초. 줄기는 가지가 갈라지지 않으며 끝부분에 1~2개의 잎이 달린다. 잎은 지름 2~6cm의 난상 심장형−심장상 원형이고 가장자리는 밋밋하다. 꽃은 지름 8mm 정도이고 8~10월에 백색으로 피며 잎자루의 밑부분에서 모여 달린다. 꽃자루는 길이 1~3cm이다. 꽃부리는 4~5개로 갈라지며 열편은 긴 타원상 주걱형이다. 열매(삭과)는 길이 3~4mm의 넓은 타원형−구형이다.

참고 어리연에 비해 꽃과 잎이 작다. 또한 꽃부리열편의 가장자리에 톱니 또는 짧은 실모양으로 갈라지는 막질의 날개가 발달하는 것이 특징이다.

❶ 2012. 9. 24. 인천시 서구 국립생물자원관(식재) ❷ 꽃. 꽃잎 가장자리에 막질의 날개가 있다. ❸ 열매. 꽃받침열편보다 훨씬 길다.

어리연
Nymphoides indica (L.) Kuntze

조름나물과

국내분포/자생지 중부지방 이남의 저지대 습지에 분포

형태 다년초. 줄기의 끝부분에 1~3개의 잎이 달린다. 잎은 지름 7~20cm의 난상 심장형−심장상 원형이고 가장자리가 밋밋하다. 꽃은 지름 1~1.5cm이고 7~9월에 백색으로 피며 잎자루의 밑부분에서 모여 달린다. 꽃자루는 길이 3~5cm이다. 꽃부리는 5개로 갈라지며 열편은 피침형−넓은 피침형이다. 열매(삭과)는 길이 4~5mm의 넓은 타원형−난상 구형이다.

참고 애기어리연에 비해 꽃과 잎이 대형이며 꽃부리의 중앙부가 뚜렷한 황색이고 열편의 안쪽 면과 가장자리에 실모양의 긴 털이 많은 것이 특징이다.

❶ 2001. 8. 5. 경남 창원시 주남저수지 ❷ 꽃. 꽃잎의 안쪽 면과 가장자리에 긴 털이 밀생한다. 꽃의 중심부는 황색−주황색이다. ❸ 열매. 꽃받침열편과 길이가 비슷하거나 약간 짧다. 끝부분에 길이 2mm 정도의 암술대가 남아 있다.

노랑어리연

Nymphoides peltata (S. G. Gmel.)
Kuntze

조름나물과

국내분포/자생지 중부지방 이남의
연못, 저수지, 하천 등

형태 다년초. 잎은 지름 2~8cm의 넓
은 타원형-원형이고 가장자리에 밋
밋하거나 물결모양의 얕은 톱니가 있
다. 꽃은 지름 2.5~3cm이고 5~9
월에 밝은 황색으로 피며 잎겨드랑
이에서 모여 달린다. 꽃받침은 길이
7~9mm이고 열편은 타원상 피침형-
타원형이다. 꽃부리는 5(~6)개의 열
편으로 갈라진다. 열매(삭과)는 길이
1.7~2.5cm의 타원형이고 끝부분에
암술대가 남아 있다.

참고 어리연에 비해 꽃부리가 크고
황색이며 열편의 가장자리가 넓은 막
질상이고 줄기가 갈라지며 줄기 잇부
분의 잎이 마주나는 것이 특징이다.

❶2016. 5. 26. 경남 양산시 ❷꽃. 꽃잎의 가
장자리가 날개모양으로 확장되며 날개의 가
장자리는 짧은 실모양으로 갈라진다. ❸열
매. 납작하다. ❹잎. 가장자리는 밋밋하거나
물결모양이다.

조름나물

Menyanthes trifoliata L.

조름나물과

국내분포/자생지 경북(울진군, 봉화군),
강원 이북의 습지에 드물게 분포

형태 다년초. 잎은 3출겹잎이며 작
은잎은 길이 2.5~8cm의 타원형이
다. 꽃은 4~5월에 백색으로 피며 길
이 20~40cm의 꽃줄기에 총상으로
모여 달린다. 꽃받침열편은 긴 타원
형-삼각상 난형이다. 꽃부리는 길이
1.4~1.7cm의 깔때기모양이며 열편은
길이 7.5~10mm의 타원상 피침형이
고 꽃부리의 중앙부까지 5개로 갈라
진다. 암술대는 1개이며 짧은 것(단주
화)은 길이 6~7mm이고 긴 것(장주화)
은 길이 10~12mm이다. 열매(삭과)는
길이 6~10mm의 구형이다.

참고 잎이 3출겹잎이며 꽃이 총상꽃
차례에서 모여 달리는 것이 특징이다.

❶2014. 4. 19. 강원 고성군 ❷꽃(ⓒ김상희).
꽃잎의 안쪽 면에 긴 털이 밀생한다. ❸열
매. 약간 납작한 구형-약간 일그러진 구형이
며 털은 없다. ❹잎. 3출겹잎이며 결실기의
잎은 개화기의 잎보다 훨씬 커진다.

정향풀

Amsonia elliptica (Thunb.)
Roem. & Schult.

협죽도과

국내분포/자생지 대청도, 백령도, 완도의 숲가장자리, 풀밭 등에 드물게 분포

형태 다년초. 줄기는 높이 40~80cm이며 둥글고 전체에 털이 없다. 잎은 길이 6~10cm의 피침형-타원형이며 가장자리는 밋밋하다. 꽃은 5월에 하늘색-청자색으로 피며 줄기 끝부분의 취산꽃차례에서 모여 달린다. 꽃부리의 통부는 길이 8~10mm이며 열편은 길이 8~12mm의 선상 긴 타원형이다. 열매(골돌과)는 길이 4~6cm의 선상 원통형이며 넓은 각도(50~80°)로 (1~)2개씩 달린다.

참고 줄기의 잎이 어긋나며 꽃이 트럼펫모양이고 흔히 청자색이며 씨에 긴 털이 없는 것이 특징이다.

❶2014. 5. 20. 인천시 백령도 ❷꽃. 꽃부리열편은 길고 수평으로 퍼진다. ❸꽃 내부. 꽃부리통부의 상반부와 꽃부리열편 안쪽 면의 아래쪽에 긴 털이 있다. 꽃받침열편은 선상 피침형이다. ❹열매. 결실률이 높은 편이다.

개정향풀

Apocynum venetum L.
Apocynum lancifolium Russanov

협죽도과

국내분포/자생지 강원, 경기(안산시, 평택시), 전남(신안군) 등의 농경지, 풀밭, 하천 등에 드물게 분포

형태 다년초. 줄기는 높이 30~100cm이며 붉은빛이 돌고 털이 없다. 잎은 마주나며 길이 3~8cm의 피침형-타원형이다. 꽃은 7~8월에 연한 적자색-적자색으로 핀다. 꽃부리통부는 길이 3~5mm이며 열편은 길이 3~4mm의 긴 타원상이다. 열매(골돌과)는 길이 10~12cm의 선상 원통형이며 좁은 각도(10~20°)로 (1~)2개씩 달린다.

참고 정향풀에 비해 잎이 마주나고 꽃이 적자색이며 씨에 긴 털이 있는 것이 특징이다.

❶2012. 8. 2. 경기 안산시 대부도 ❷~❸꽃. 꽃부리통부는 짧고 열편은 뒤로 젖혀진다. 꽃받침열편은 삼각상이다. ❹열매. 좁은 각도로 (1~)2개씩 달린다. ❺잎. 정향풀에 비해 넓은 편이며 가장자리에 미세한 톱니가 있다.

수궁초

Apocynum cannabum L.
Apocynum sibiricum Jacq.

협죽도과

국내분포/자생지 북아메리카 원산.
부산시 수영강 주변에 드물게 야생

형태 다년초. 줄기는 높이 40~120cm
이고 전체에 털이 거의 없으며 아랫
부분은 흔히 붉은빛이 돈다. 땅속줄
기가 길게 벋으며 왕성하게 번식한
다. 잎은 마주나며(간혹 돌려남) 길이
4~12(~14)cm, 너비 1~5.5cm의 (피
침형-)긴 타원형-난상 긴 타원형이
고 중앙맥이 뚜렷하다. 끝부분은 뾰
족하거나 둥글고 밑부분은 쐐기형-
원형 또는 심장형이며 가장자리는 밋
밋하다. 꽃은 5~7월에 백색-연한 녹
백색으로 피며 줄기와 가지 끝부분
의 원뿔상 취산꽃차례에서 빽빽이 모
여 달린다. 꽃은 길이 3~5mm, 지
름 2~3mm의 통모양 또는 항아리모
양이고 꽃부리가 활짝 벌어지지 않
는다. 꽃받침열편은 피침형이며 꽃
부리 길이의 2분의 1이거나 1배이
다. 꽃부리열편은 삼각형-난형이며
곧추서거나 약간 옆으로 퍼진다. 수
술은 5개이다. 열매(골돌과)는 길이
(5~)8~20cm의 선상 원통형이고 끝
이 뾰족하다. 씨는 길이 4~6mm, 너
비 7~8mm이며 끝부분에 부드러운
긴 털이 많이 달려 있다.

참고 개정향풀에 비해 꽃이 녹백색이
며 꽃부리열편이 옆으로 퍼지지 않는
것이 특징이다.

❶2016. 5. 26. 부산시 수영강 ❷꽃차례. 원
뿔모양의 꽃차례에서 많은 꽃이 모여 달린
다. 꽃부리열편은 활짝 벌어지지 않는다.
❸꽃 내부. 수술은 5개이다. ❹열매. 2개가
좁은 각도로 벌어져 달린다. ❺잎 앞면. 가장
자리는 밋밋하며 잎맥(특히 중앙맥)이 뚜렷
하다. ❻잎 뒷면. 연한 녹색이고 맥이 돌출하
며 맥위에 털이 약간 있거나 없다.

솜아마존
Cynanchum amplexicaule
(Siebold & Zucc.) Hemsl.

박주가리과

국내분포/자생지 강원, 전남, 충북(단양군) 및 제주의 습지, 하천가에 드물게 분포

형태 다년초. 줄기는 높이 40~60cm이다. 잎은 마주나며 길이 4~8cm의 긴 타원형-도란상 긴 타원형이고 가장자리가 밋밋하다. 꽃은 6~9월에 황록색 또는 황갈색-적자색으로 핀다. 꽃부리열편은 좁은 삼각상이고 밑부분까지 깊게 갈라지며 수평으로 펼쳐진다. 열편 안쪽 면의 중앙부 이하에 백색의 짧은 털이 있다. 열매(골돌과)는 길이 5~8cm의 피침상이고 끝부분이 길게 뾰족하다.

참고 줄기와 잎에 털이 없고 흰빛이 돌며 잎자루가 거의 없이 잎의 밑부분이 줄기를 감싸는 것이 특징이다.

❶ 2005. 7. 15. 제주 제주시 동백동산 ❷꽃. 황록색-적갈색으로 핀다. ❸열매. 피침상 원통형으로 폭이 좁다. (1~)2개가 넓은 각도로 벌어져 달린다. ❹잎. 흰빛이 도는 청록색이다.

가는털백미꽃
Cynanchum chinense R. Br.

박주가리과

국내분포/자생지 인천시(서구, 석모도) 이북의 길가, 풀밭, 하천가

형태 덩굴성 다년초. 잎은 길이 3~9cm의 넓은 삼각상 심장형이며 가장자리가 밋밋하다. 꽃은 8~9월에 백색으로 핀다. 꽃부리의 통부는 1mm 이하이며 열편은 길이 4~6mm의 긴 타원상 피침형이고 수평으로 펼쳐진다. 덧꽃부리(부화관)는 길이 1mm 정도의 컵모양이며 가장자리에 가늘고 긴 실모양의 열편과 끝이 둥근 짧은 열편이 각 5개씩 있다. 열매(골돌과)는 길이 8~13cm의 선상 원통형이다.

참고 덩굴성이며 전체에 털이 많다. 또한 잎자루의 길이가 1~4cm이며 잎이 삼각상 심장형인 것이 특징이다.

❶ 2012. 8. 27. 인천시 수도권 매립지 ❷꽃. 덧꽃부리는 컵모양이다. ❸열매. 1개가 달리거나 2개가 넓은 각도(120° 이상)로 벌어져 달린다. ❹잎 뒷면. 잎끝은 길게 뾰족한 편이다.

덩굴민백미꽃

Cynanchum japonicum C. Morren & Decne.

박주가리과

국내분포/자생지 제주 및 서남해 도서의 해안가에 드물게 분포

형태 다년초. 줄기는 높이 40~80cm이고 뿌리 부근에서 모여나며 흔히 곧추 자라지만 윗부분은 덩굴성이 되기도 한다. 잎은 마주나고 길이 4~10cm의 타원형~넓은 타원형이고 끝은 둥글거나 짧게 뾰족하다. 밑부분은 쐐기형이거나 둥글며 가장자리는 밋밋하다. 잎자루는 길이가 3~10mm이며 줄기와 함께 잔털이 많다. 꽃은 5~6월에 황백색~황록색 또는 연한 황갈색~자갈색으로 피며 줄기의 끝부분과 잎겨드랑이에서 나온 산형상 취산꽃차례에서 모여 달린다. 꽃줄기는 있으나 줄기의 윗부분으로 갈수록 짧아지며 꽃자루와 함께 잔털이 많다. 꽃자루는 길이 5~10mm이다. 꽃받침은 지름 3mm 정도의 짧은 통모양이며 열편은 길이 2mm 정도의 피침상 삼각형이고 5개이다. 꽃부리통부는 매우 짧다. 꽃부리열편은 밑부분까지 깊게 5개로 갈라지며 길이 4~5mm의 긴 타원형이고 거의 수평으로 펼쳐진다. 덧꽃부리는 5개이고 도란상 원형이며 암술과 수술이 합쳐진 꽃술대(gynostegium)와 길이가 비슷하다. 열매(골돌과)는 길이 4~6cm의 넓은 피침상이며 끝이 뾰족하다. 씨는 길이 8~10mm의 넓은 난형이고 가장자리에 좁은 날개가 있다.

참고 줄기가 곧추서거나 윗부분이 약간 덩굴성이며 줄기와 잎자루에 짧은 털이 많다. 또한 잎이 넓은 타원상이며 다소 두텁고 표면에 광택이 나는 것이 특징이다.

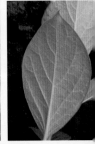

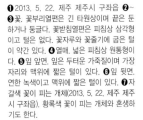
❶2013. 5. 22. 제주 제주시 구좌읍 ❷~❸꽃. 꽃부리열편은 긴 타원상이며 끝은 둔하거나 둥글다. 꽃받침열편은 피침상 삼각형이고 털은 없다. 꽃자루와 꽃줄기에 굽은 털이 약간 있다. ❹열매. 넓은 피침상 원통형이다. ❺잎 앞면. 잎은 두터운 가죽질이며 가장자리와 맥위에 짧은 털이 있다. ❻잎 뒷면. 연한 녹색이고 맥위에 짧은 털이 있다. ❼자갈색 꽃이 피는 개체(2013. 5. 22. 제주 제주시 구좌읍). 황록색 꽃이 피는 개체와 혼생하기도 한다.

세포큰조롱

Cynanchum volubile (Maxim.) Hemsl.

박주가리과

국내분포/자생지 경남, 전남, 제주 및 강원 이북의 습지에 매우 드물게 분포

형태 덩굴성 다년초. 줄기는 길이 3m 정도까지 자라며 짧은 털이 2줄로 줄지어 나며 위쪽으로 갈수록 털이 적어진다. 잎은 길이 4~15cm의 긴 타원상 피침형–긴 타원형–삼각상 난형이며 양면에 털이 거의 없으나 맥위와 잎가장자리에 짧은 털이 있다. 끝은 길게 뾰족하고 밑부분은 편평하거나 얕은 심장형이며 가장자리는 밋밋하다. 잎자루는 길이 3~12mm이고 윗부분의 측면에 털이 줄지어 난다. 꽃은 8~9월에 백색으로 피며 잎겨드랑이에서 나온 총상꽃차례 또는 산형상꽃차례에서 모여 달린다. 꽃자루는 길이 1~1.7cm이고 털이 없으며 포는 선형이고 작다. 꽃받침은 지름 2~4mm의 짧은 통형이며 열편은 길이 2~2.3mm의 피침형이고 가장자리는 막질이다. 꽃부리의 통부는 길이 2mm 정도로 짧으며 열편은 길이 4~6mm의 선상 피침형이고 안쪽면에 백색 털이 많다. 덧꽃부리는 난상 삼각형이며 끝은 둔하다. 열매(골돌과)는 길이 4~5cm의 선상 피침형이고 끝은 길게 뾰족하며 1~2개씩 달린다. 씨는 길이 5mm 정도의 난형이고 길이 1.5cm 정도의 긴 털이 있다.

참고 덩굴박주가리에 비해 잎이 흔히 긴 타원상 피침형이며 꽃이 백색이다. 또한 꽃줄기가 더 길며(길이 0.5~3.5cm) 꽃자루는 가늘고 긴 것이 특징이다. 중국 북부(헤이룽장성)와 러시아(동부)에서도 매우 제한적으로 분포하는 세계적인 희귀식물이다. 일본 고유종 *C. ambiguum*과 동일 종으로 판단된다.

❶ 2012. 9. 5. 경남 양산시 ❷~❸ 꽃. 꽃부리 열편의 안쪽 면에 짧은 털이 많다. 꽃자루는 길고 털이 없다. ❹~❺ 잎. 흔히 긴 타원상 피침형으로 좁고 길다. 털은 거의 없으며 가장자리에 짧은 털이 약간 있다. ❻ 열매. 선상 피침형이고 끝이 길게 뾰족하다. ❼ 자생 모습. 잎의 모양은 개체와 생태지에 따라 변이가 심한 편이다.

덩굴박주가리

Cynanchum nipponicum Matsum.
var. *nipponicum*

박주가리과

국내분포/자생지 전국의 습지 및 산지의 습한 사면에 드물게 분포

형태 다년초. 줄기는 전체 또는 윗부분이 덩굴성이다. 잎은 길이 5~12cm의 피침형–삼각상 난형이며 밑부분이 둥글거나 심장형이고 가장자리는 밋밋하다. 꽃은 7~9월에 연한 황록색 또는 짙은 자색으로 핀다. 꽃줄기는 없거나 길이 1mm 이하이며 꽃자루는 길이 3~4mm이다. 꽃부리열편은 길이 2mm 정도의 좁은 삼각형이다. 열매(골돌과)는 길이 4~5cm의 넓은 피침형상이다.

참고 덩굴박주가리에 비해 꽃이 자주색이고 줄기가 곧추서거나 상부만 덩굴성인 것을 **흑박주가리**(var. *glabrum*)로 구분하기도 한다.

❶2017. 8. 12. 부산시 금정산 ❷꽃. 황록색 꽃이 피는 개체와 자갈색–짙은 자색으로 피는 개체가 혼생하기도 한다. ❸열매 ❹흑박주가리. 제주에 분포하며 줄기가 직립하거나 줄기 상부만 덩굴성이다.

박주가리

Metaplexis japonica (Thunb.) Makino

박주가리과

국내분포/자생지 전국의 길가, 농경지, 빈터, 풀밭 등

형태 덩굴성 다년초. 잎은 길이 5~13cm의 난상 심장형이며 잎자루는 길이 3~7cm이다. 꽃은 7~9월에 백색–연한 자색으로 핀다. 꽃줄기는 길이 6~12cm이다. 꽃받침열편은 길이 5~7mm의 피침형이고 바깥 면에 털이 있다. 꽃부리열편은 삼각상 피침형이며 끝부분이 흔히 젖혀지고 안쪽 면에 백색의 털이 많다. 열매(골돌과)는 길이 8~9cm의 피침형이며 씨에는 길이 3cm 정도의 긴 털이 달려 있다.

참고 백미꽃속(*Cynanchum*)의 종들에 비해 덧꽃부리가 작고 암술대가 가늘며 끝부분이 실모양인 것이 특징이다.

❶2008. 8. 16. 경남 창원시 주남저수지 ❷~❸꽃. 꽃부리의 안쪽 면에 긴 털이 많다. 암술대가 가늘고 길다. ❹열매. 표면에 사마귀 같은 큰 돌기가 흩어져 있다.

왜박주가리

Tylophora floribunda Miq.

박주가리과

국내분포/자생지 전국의 풀밭, 숲가 장자리

형태 덩굴성 다년초. 잎은 길이 3~5cm의 피침상 긴 타원형–긴 타원상 난형이고 밑부분은 심장형이며 맥위 와 가장자리에 짧은 털이 있다. 꽃은 6~8월에 (녹자색–)자갈색–짙은 자색 으로 피며 잎겨드랑이에서 나온 꽃차 례에서 모여 달린다. 꽃받침잎은 길 이 2~2.5mm의 삼각상 피침형이다. 부화관은 도란형이고 암술과 수술이 합쳐진 꽃술대(gynostegium)에 밀착해 달린다. 열매(골돌과)는 길이 4~6cm 의 선상 원통형이다.

참고 백미꽃속의 종들에 비해 화분 괴(pollinia)가 소형이고 원반상인 것이 특징이다.

❶2017. 7. 27. 경남 양산시 ❷꽃. 화관은 흔 히 자색이고 지름 2~3mm로 작다. ❸꽃받침 잎. 삼각상이며 가장자리는 밋밋하다. ❹열 매. 가늘고 길다. ❺잎. 가장자리에 짧은 털 이 있다.

페루꽈리

Nicandra physalodes (L.) Gaertn.

가지과

국내분포/자생지 남아메리카 원산. 전국의 길가, 빈터, 풀밭 등에 드물게 야생화됨

형태 1년초. 줄기는 높이 40~100cm 이며 줄기에 털이 거의 없다. 잎은 어긋나며 길이 5~15cm의 난형이 고 가장자리에 큰 톱니가 불규칙하 게 있다. 꽃은 7~9월에 피며 잎겨드 랑이에 1개씩 달린다. 꽃부리는 지름 2.5~4cm이고 연한 하늘색–연한 청 자색이며 중심부는 백색이다. 열매(장 과)는 지름 1~2cm이며 갈색 또는 황 갈색으로 익는다.

참고 꽈리속(*Physalis*)의 종들에 비해 꽃이 연한 하늘색–연한 청자색이며 꽃빛침의 밑부분이 귀모양이고 끝이 뾰족한 것이 특징이다.

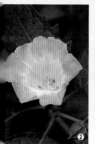

❶2010. 7. 27. 강원 영월군 ❷~❸꽃. 수술 은 5개이고 수술대에 털이 있으며 꽃밥은 황 색이다. ❹열매. 꽃받침은 벌어지지 않고 결 실기에 열매를 덮고 있다.

독말풀

Datura stramonium L.
Datura tatula L.

가지과

국내분포/자생지 아메리카 대륙의 열대–아열대지역 원산. 전국의 길가, 빈터, 풀밭, 하천가 및 해안가 등

형태 1년초. 줄기는 높이 50~150cm 이고 가지가 많이 갈라지며 전체에 털이 거의 없다. 잎은 어긋나며 길이 8~17cm의 넓은 난형이고 가장자리에 결각상 큰 톱니가 불규칙하게 난다. 측맥은 3~5쌍이다. 잎자루는 길이 3~5.5cm이다. 꽃은 6~8월에 백색 또는 연한 자색으로 피며 잎겨드랑이에서 1개씩 곧추서서 달린다. 꽃자루는 길이 7mm 정도이며 결실기에는 1cm 정도가 된다. 꽃받침은 길이 3.5~4cm의 관모양이고 5개의 능각이 있으며 열편은 길이 4mm 정도의 삼각형이고 5개이다. 꽃부리는 길이 8~9cm, 지름 3~5cm 정도의 깔때기 모양이며 끝부분은 5개로 갈라지고 열편의 끝부분은 꼬리처럼 길게 뾰족하다. 열매(삭과)는 길이 3cm 정도의 넓은 난형–구형이며 표면에 크기가 다른 가시가 많다. 씨는 길이 3mm 정도의 타원형이며 표면은 약간 주름 지고 흑색이다.

참고 꽃이 흰색이고 줄기가 담록색인 것을 흰독말풀로 구분하기도 하지만 최근에는 통합하여 취급하는 추세이다. **흰꽃독말풀(*D. wrightii*, 국명 신칭)**은 흔히 관상용으로 식재하며 일부 지역에서는 야생하기도 한다. 독말풀에 비해 줄기와 잎에 털이 많고 열매가 흔히 땅을 향해 처져서 달리는 것이 특징이다. 열매의 가시는 크기가 비슷하며 가시의 표면에는 백색의 털이 많다.

❶2014. 8. 27. 강원 양양군 ❷꽃. 흔히 연한 자색이며 꽃부리열편의 끝은 길게 뾰족하다. 꽃받침에 능각이 있다. ❸열매. 표면에 큰 가시가 많다. 익으면 4개로 갈라져 열린다. ❹잎. 가장자리에 불규칙한 결각상 톱니가 있다. ❺~❽흰꽃독말풀 ❺꽃. 백색이며 꽃부리는 깔때기모양이다. 꽃부리열편은 매우 좁고 끝이 꼬리처럼 짧게 뾰족하다. ❻열매. 표면에 가시와 잔털이 있다. 가시가 독말풀보다 짧은 편이다. ❼잎. 가장자리는 흔히 밋밋하며 전체(특히 뒷면)에 털이 있다. ❽2007. 9. 9. 대구시

땅꽈리

Physalis angulata L.

국내분포/자생지 아메리카 대륙의 열대-아열대지역 원산. 주로 중남부 지방의 길가, 농경지, 빈터, 하천가 등

형태 1년초. 줄기는 높이 20~80cm 이며 털이 적거나 없으며 곧추 자란다. 잎은 길이 2.5~6cm의 타원상 난형-난형이며 밑부분은 쐐기형-원형 또는 얕은 심장형이고 비대칭이다. 꽃은 6~9월에 황백색-연한 황색으로 피며 잎겨드랑이에 1개씩 달린다. 꽃자루는 길이 5~15mm이고 털이 없다. 꽃받침은 길이 4~5mm이고 열편은 삼각형이며 맥위와 가장자리에 털이 약간 있다. 꽃부리는 넓은 종모양이며 안쪽의 아랫부분에는 황색-연한 황갈색의 무늬가 있다. 꽃부리의 가장자리와 안쪽 면에 털이 많다. 수술은 5개이며 꽃밥은 길이 2mm 정도이고 연한 청자색이다. 열매(장과)는 지름 1~1.2cm의 구형이며 주머니모양으로 신장한 꽃받침에 싸여 있다. 결실기의 꽃받침은 길이 2.5~3.5cm의 난형이고 불분명한 5각상 또는 10각상이다.

참고 누운땅꽈리(*P. minima* L., **국명 신칭**)는 아메리카 대륙의 열대-아열대지역 원산이며 제주 및 남부지방의 길가, 농경지, 빈터에 드물게 귀화되었다. 땅꽈리에 비해 줄기가 땅위에 퍼져 자라고 전체(특히, 줄기 윗부분이나 꽃차례)에 털이 밀생하며 꽃부리 중앙부에 흑자색 무늬가 있고 결실기에 꽃받침이 뚜렷한 5각상인 것이 특징이다. 이 책에서는 누운땅꽈리를 *P. minima*로 동정했으나, *P. pubescens*와도 면밀한 비교·검토가 필요할 것으로 보인다.

❶2013. 10. 15. 강원 양양군. 잎가장자리에 흔히 크고 뾰족한 톱니가 있다. ❷꽃. 꽃부리 중앙부에 황색-연한 황갈색 무늬가 있다. ❸열매. 꽃받침에 털이 없거나 적고 맥이 흔히 적갈색이다. 결실기의 꽃자루는 길이 1.5~3cm이다. ❹·❺누운땅꽈리 ❹·❺꽃. 꽃부리의 안쪽 면에 흑자색 무늬가 있다. 꽃자루, 꽃받침, 꽃부리의 바깥 면에 털이 많다. 꽃자루는 길이 1cm 이하로 짧은 편이다. ❻잎. 가장자리는 거의 밋밋하거나 둔한 큰 톱니가 약간 있다. 앞면, 가장자리, 뒷면의 맥위에 털이 많다. ❼·❽열매. 결실기의 꽃받침은 5각상이고 표면에 짧은 털이 밀생한다. ❾전체 모습(2012. 10. 9. 제주 제주시 한경면)

노랑꽃누운땅꽈리
(국명 신칭)

Physalis lagascae Roem. & Schult.

가지과

국내분포/자생지 멕시코 원산. 제주를 포함한 남부지방의 길가, 농경지 등

형태 1년초. 줄기는 길이 20~60cm이고 능각이 발달하며 굽은 털이 약간 있다. 잎은 길이 2~7cm의 타원상 난형~난형이며 가장자리는 얕은 물결모양의 톱니가 있거나 밋밋하다. 꽃은 6~9월에 연한 황색으로 피며 꽃부리는 지름 4~8mm이고 안쪽의 아랫부분에 황록색의 무늬가 있다. 열매(장과)는 지름 5~8mm의 구형이다.

참고 누운땅꽈리에 비해 결실기의 꽃자루가 매우 짧으며(길이 1.2cm 이하) 꽃부리와 꽃밥이 황색이고 꽃받침의 맥위에 긴 털이 있는 것이 특징이다.

❶ 2005. 8. 10. 제주 서귀포시. 줄기가 지그재기로 벋으며 땅위에 퍼져서 자란다. ❷~❸ 꽃. 수술은 5개이고 꽃밥은 길이 1~1.5mm이고 황색이다. ❹~❺ 열매. 결실기의 꽃받침은 길이 1.5~2cm이고 희미한 10각상으로 열매를 감싼다.

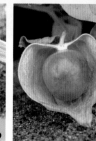

미국까마중

Solanum americanum Mill.

가지과

국내분포/자생지 북아메리카 원산. 전국의 길가, 빈터, 하천가 등

형태 1년초. 줄기는 높이 30~80cm이며 털이 없거나 약간 있다. 잎은 길이 3~10cm의 좁은 난형~넓은 난형이고 가장자리에 물결모양(또는 이빨모양)의 톱니가 약간 있거나 거의 밋밋하다. 꽃은 지름 8~10mm이고 6~10월에 백색~연한 자색으로 피며 마디 사이에서 나온 산형꽃차례에서 모여 달린다. 꽃줄기는 길이 1~2.5cm이고 꽃자루는 길이 5~10mm이다. 꽃받침 열편은 긴 타원형이고 끝은 흔히 뾰족하다. 열매(장과)는 지름 5~8mm의 구형이다.

참고 까마중에 비해 꽃이 산형꽃차례에서 2~6개씩 모여 달리며 열매가 광택이 나는 흑색으로 익는 것이 특징이다.

❶ 2011. 10. 12. 경남 양산시. ❷ 꽃. 흔히 연한 자색이다. ❸ 열매. 광택이 난다. ❹ 잎. 까마중보다 잎끝과 가장자리의 톱니가 뾰족한 편이다.

까마중
Solanum nigrum L.

가지과

국내분포/자생지 전국의 길가, 농경지, 빈터, 하천가 등에 흔히 분포

형태 1년초. 줄기는 높이 20~90cm이며 능각이 있고 털이 약간 있다. 잎은 길이 4~10cm의 좁은 난형–난형이며 가장자리에 물결모양(또는 이빨모양)의 톱니가 약간 있거나 거의 밋밋하다. 꽃은 지름 8~10mm이고 5~10월에 백색으로 피며 마디사이에서 나온 짧은 총상꽃차례–산형꽃차례에서 모여 달린다. 꽃받침열편은 삼각형–난형이고 끝은 흔히 둥글다. 열매(장과)는 지름 8~10mm의 구형이다.

참고 미국까마중에 비해 꽃이 총상꽃차례에서 3~20개씩 모여 달리며 꽃받침열편의 끝이 둥근 편이다. 또한 열매가 광택 없는 흑색인 것이 특징이다.

❶2016. 10. 27. 인천시 서구 국립생물자원관 ❷꽃. 흔히 백색이며 미국까마중보다 꽃차례에 꽃이 많이 달린다. ❸열매. 광택이 없는 흑색이다. ❹잎

털까마중
Solanum sarrachoides Sendtn.

가지과

국내분포/자생지 남아메리카 원산. 서울시, 인천시, 전남 등의 길가, 빈터, 하천가에 드물게 분포

형태 1년초. 줄기는 높이 20~50cm이며 전체에 샘털이 많다. 잎은 길이 3~6cm의 좁은 난형–난형이고 가장자리에 3~9쌍으로 물결모양의 톱니가 있다. 꽃은 지름 7~10mm이고 5~10월에 백색으로 피며 잎과 마주나는 산형상 취산꽃차례에서 3~7(~9)개씩 모여 달린다. 꽃받침열편은 긴 타원상 삼각형이고 끝은 뾰족해지며 나중에 더 자라 열매와 길이가 비슷해진다. 열매(장과)는 지름 6~9mm의 구형이며 녹색–황갈색으로 익는다.

참고 까마중에 비해 전체에 샘털이 많으며 열매가 녹색–황갈색으로 익는 것이 특징이다.

❶2013. 7. 6. 서울시 한강공원 ❷꽃. 꽃받침, 꽃자루와 꽃줄기에 샘털이 많다. ❸열매. 녹색–황갈색으로 익는다. ❹잎. 가장자리와 뒷면에 털이 많다.

배풍등

Solanum lyratum Thunb.

가지과

국내분포/자생지 전국의 길가, 민가, 풀밭 및 숲가장자리

형태 덩굴성 다년초 또는 목본. 줄기는 길이 1~3m이며 전체에 다세포의 긴 털이 많다. 잎은 길이 3~11cm의 긴 타원형-난형이고 가장자리는 밋밋하거나 아랫부분에서 1~3쌍으로 깊게 갈라지기도 한다. 밑부분은 심장형 또는 화살촉모양이다. 꽃은 6~9월에 백색으로 피며 잎과 마주나거나 마디사이에서 나온 취산상의 꽃차례에서 모여 달린다. 꽃부리는 수레바퀴모양이며 5개로 깊게 갈라지고 열편은 뒤로 젖혀진다. 열매(장과)는 지름 8mm 정도의 구형이고 적색으로 익는다.

참고 좁은잎배풍능에 비해 전체에 긴 털이 많고 꽃이 백색인 것이 특징이다.

❶ 2012. 7. 16. 전북 완주군 ❷ 꽃. 백색이고 꽃줄기와 꽃차례에 긴 털이 많다. ❸ 열매. 적색으로 익고 광택이 난다. ❹ 잎. 잎과 줄기에 털이 많다.

좁은잎배풍등

Solanum japonense Nakai

가지과

국내분포/자생지 전국의 하천가, 풀밭 및 숲가장자리

형태 덩굴성 다년초 또는 목본. 줄기는 길이 0.5~1.5m이다. 잎은 길이 4~8cm의 난상 피침형이고 가장자리는 밋밋하거나 아랫부분에서 1~2쌍으로 깊게 갈라지기도 한다. 밑부분은 둥글거나 쐐기형이다. 꽃은 6~9월에 연한 자색으로 피며 마디사이에서 나온 취산상의 꽃차례에서 모여 달린다. 꽃부리는 수레바퀴모양이며 5개로 깊게 갈라지고 열편은 뒤로 젖혀진다. 열매(장과)는 지름 8~10mm의 타원상 구형-구형이고 적색으로 익는다.

참고 배풍등에 비해 줄기와 잎에 털이 없거나 적고 꽃이 연한 자색인 것이 특징이다.

❶ 2005. 7. 31. 경기 포천시 ❷ 꽃. 연한 자색이고 꽃밥은 황색이다. 꽃줄기와 꽃차례에 털이 없다. ❸ 열매. 적색으로 익고 광택이 난다. ❹ 잎. 잎과 줄기에 짧은 털이 드문드문 있다.

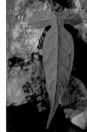

도깨비가지
Solanum carolinense L.

국내분포/자생지 북아메리카 원산. 중남부지방의 빈터, 풀밭 및 숲가장자리

형태 다년초. 흔히 땅속줄기가 발달한다. 줄기와 가지에는 긴 털, 별모양의 짧은 털과 가시가 혼생한다. 잎은 길이 6~12cm의 난상 긴 타원형-난형이고 가장자리에 결각상 큰 톱니가 있으며 잎맥에 큰 가시가 발달한다. 꽃은 지름 2.5cm 정도이고 6~10월에 백색(-연한 자색)으로 피며 총상꽃차례에서 5~15개씩 모여 달린다. 열매(장과)는 지름 1~2cm의 구형이고 밝은 황색으로 익는다.

참고 왕도깨비가지에 비해 잎과 줄기에 별모양의 털이 많으며 열매의 크기가 지름 1.5cm 정도로 작고 여러 개씩 총상으로 모여 달리는 것이 특징이다.

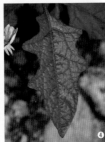

❶2006. 6. 28. 전남 완도 ❷꽃. 왕도깨비가지보다 크다. ❸열매. 줄기와 가지의 끝부분에서 주렁주렁 달린다. ❹잎. 작은 편이다.

왕도깨비가지
Solanum viarum Dunal

국내분포/자생지 브라질, 아르헨티나, 파라과이의 열대지역 원산. 제주의 길가, 목장, 빈터, 풀밭 등

형태 다년초. 줄기와 가지에 샘털이 많고 작은 가시와 함께 굽은 큰 가시가 있다. 잎은 길이 6~20cm의 난상이고 가장자리는 흔히 결각상으로 깊게 갈라지며 양면에 털이 많다. 수꽃양성화한그루이다. 꽃은 7~12월에 백색-녹백색으로 피며 1~5개씩 모여 달린다. 열매(장과)는 지름 2~3.5cm의 구형이며 밝은 황색으로 익는다.

참고 도깨비가지에 비해 대형이며 전체에 샘털이 많고 잎이 흔히 아래 방향으로 처진다. 또한 꽃부리열편이 피침형이고 뒤로 젖혀지며 열매가 큰 것이 특징이다.

❶2015. 12. 8. 제주 제주시 한경면 ❷꽃. 줄기의 마디사이에서 1~5개씩 달린다. ❸열매. 도깨비가지보다 대형이다. ❹잎. 큰 편이며 잎맥에 큰 가시가 있다.

선메꽃

Calystegia pellita (Ledeb.) G. Don
Calystegia dahurica (Herb.) Choisy

메꽃과

국내분포/자생지 강원, 경북, 전북, 인천시 및 경기 이북의 빈터, 풀밭

형태 다년초. 땅속줄기가 길게 벋는다. 줄기는 높이 40~100cm이며 약간 덩굴성이거나 비스듬히 서고 전체에 털이 많다. 잎은 길이 4~8cm의 긴 타원형이며 밑부분은 편평하거나 약간 화살촉모양이다. 잎자루는 길이 1~15mm이다. 꽃은 지름이 4~5.5cm이며 6~8월에 연한 적색으로 피며 잎겨드랑이에 1개씩 달린다. 열매(삭과)는 둥글며 꽃받침에 싸여 있다.

참고 메꽃에 비해 줄기의 덩굴성이 약한 편이며 줄기에 압착된 털이 있다. 또한 잎자루가 길이 1.5cm 이하로 짧으며 잎이 긴 타원형이고 밑부분의 열편이 작은 것이 특징이다.

❶ 2007. 6. 5. 대구시 경북대학교 ❷ 꽃. 메꽃과 비슷하거나 약간 더 큰 편이다. ❸ 줄기와 잎자루. 털이 많다. ❹ 잎. 양면(특히 뒷면)에 털이 있다.

애기메꽃

Calystegia hederacea Wall.

메꽃과

국내분포/자생지 전국의 길가, 농경지, 풀밭, 하천가 등

형태 덩굴성 다년초. 전체에 털이 없다. 잎은 길이 2~6cm의 삼각형-삼각상 난형이며 흔히 밑부분의 가장자리에 뾰족한 열편이 2~3쌍 있다. 잎자루는 길이 1~5cm이다. 꽃은 지름 3~4cm이고 6~7월에 거의 백색-연한 적색으로 피며 잎겨드랑이에 1개씩 달린다. 꽃줄기는 네모지며 윗부분에 좁은 날개가 발달한다. 열매는 흔히 잘 맺지 않는다.

참고 메꽃에 비해 꽃이 작고 꽃줄기의 윗부분에 좁은 날개가 발달한다. 또한 잎이 작으며 흔히 삼각상 난형이고 밑부분에 2~3쌍의 뾰족한 열편이 있는 것이 특징이다.

❶ 2013. 5. 30. 충북 단양군 ❷ 꽃. 작고 꽃부리통부도 짧은 편이다. ❸ 꽃줄기. 윗부분에 뚜렷한 좁은 날개가 있다. ❹ 잎. 삼각상 난형이고 밑부분에 2~3쌍의 뚜렷한 열편이 있다.

메꽃

Calystegia pubescens Lindl.
Calystegia sepium var. *japonica*
(Thunb.) Makino

국내분포/자생지 전국의 길가, 농경지, 풀밭, 하천가 등

형태 덩굴성 다년초. 전체에 털이 약간 있거나 없다. 잎은 길이 5~15cm의 좁은 삼각형-긴 타원형이며 밑부분의 열편은 작거나 매우 크게 발달하기도 한다(열편 길이는 잎 길이의 3분의 1 이하이다). 잎자루는 길이 1~6cm이다. 꽃은 6~8월에 연한 적색으로 피며 잎겨드랑이에 1개씩 달린다. 꽃줄기는 잎보다 짧으며 털이 있거나 없다. 포는 길이 1.5~2.4cm의 삼각상 난형이며 끝은 흔히 둔하다. 꽃부리는 지름 4~5(~6)cm이다. 수술은 5개이고 길이 2.4~3.2cm이며 꽃밥은 길이 4.5~6mm이다. 열매(삭과)는 지름 1cm 정도의 거의 구형이고 끝부분은 뾰족하다. 씨는 길이 5mm 정도의 타원형이고 흑색이다.

참고 메꽃류는 잎의 모양에서 넓은 폭의 변이를 보이고 있어 식별하기가 어려운 분류군의 하나이다. 특히 메꽃은 잎과 꽃줄기의 모양에서 애기메꽃과 연속적 변이를 보이며, 또한 큰메꽃과도 꽃과 잎의 크기와 모양에서 형태적 특징이 중첩된다. 큰메꽃에 비해 전체적으로 약간 작은 편이며 잎은 좁은 삼각상 타원형-긴 타원형이고 밑부분 열편의 길이가 잎 길이의 3분의 1 이하인 것이 특징이다.

❶2013. 6. 11. 경기 안산시 ❷꽃. 흔히 지름 4~5cm 정도이다. ❸꽃줄기. 흔히 윗부분에 날개가 발달하지 않지만 간혹 약간 있다. ❹~❻잎. 형태 변이가 심한 편이다. ❹긴 타원상 피침형이고 밑부분 열편이 작은 잎 ❺긴 삼각상이고 밑부분 열편이 약간 발달하는 잎 ❻삼각상이고 밑부분 열편이 크게 발달하는 잎 ❼열매. 흔히 열매를 맺지 않지만 간혹 열매를 맺기도 한다. ❽땅속줄기. 백색이며 땅속으로 길게 벋는다. ❾전체 모습

큰메꽃

Calystegia sepium subsp. *spectabilis* Brummitt

메꽃과

국내분포/자생지 중부지방 이북의 길가, 풀밭, 하천가 및 숲가장자리

형태 덩굴성 다년초. 잎은 길이 5~15cm의 긴 타원상 삼각형–삼각형이며 가장자리 열편은 길이가 잎의 3분의 1~2분의 1 정도이다. 잎자루는 길이 2~8cm이다. 꽃은 지름 5~6.5cm이고 6~9월에 연한 적색으로 피며 잎겨드랑이에 1개씩 달린다. 포는 길이 3cm 정도의 삼각상 난형이다. 수술은 길이 2.5~3cm이고 꽃밥은 길이 5.5~6.5mm이다.

참고 주로 북부지방에 분포하며 메꽃보다 꽃이 큰 편이고 잎이 삼각상인 것이 특징이다. 북아메리카 및 유럽에 분포하는 기본 종(subsp. *sepium*)과 비교·검토가 요구된다.

❶2016. 7. 13. 중국 헤이룽장성 ❷꽃. 지름이 5~6.5cm로 큰 편이다. ❸꽃줄기. 날개가 없거나 미약한 날개가 있다. ❹잎. 큰 편이며 밑부분의 열편이 옆으로 급히 돌출하지는 않는다.

갯메꽃

Calystegia soldanella (L.) Roem. & Schult.

메꽃과

국내분포/자생지 전국의 바닷가 모래땅 및 길가, 빈터

형태 덩굴성 다년초. 전체에 털이 없다. 잎은 길이 2~5cm의 신장상 원형이며 끝은 둥글거나 오목하다. 잎자루는 길이 1~4cm이다. 꽃은 지름 4~5cm이고 5~7월에 연한 적색으로 피며 잎겨드랑이에 1개씩 달린다. 꽃줄기는 둥글고 흔히 잎보다 길다. 포는 길이 1~1.3cm의 넓은 삼각형이다. 열매(삭과)는 길이 1.5cm 정도의 난상 구형이다.

참고 부채갯메꽃(*Ipomoea pescaprae*)은 열대–아열대지역 해안가에 흔히 자라는 다년초이며 제주에 귀화된 기록이 있으나 현재는 국내에 분포하지 않는다.

❶2012. 6. 8. 인천시 영종도. 잎은 신장상 원형이고 끝이 둥글거나 오목하다. ❷꽃. 꽃줄기가 잎보다 길고 윗부분에는 날개가 없다. ❸부채갯메꽃(2011. 11. 5. 캄보디아)

서양메꽃
Convolvulus arvensis L.

국내분포/자생지 유럽 원산. 중남부 지방의 길가, 빈터 등
형태 덩굴성 다년초. 줄기는 네모지고 털이 없거나 약간 있다. 잎은 어긋나며 길이 2~7cm의 난형이고 가장자리는 밋밋하다. 끝은 둔하거나 둥글고 밑부분이 넓은 화살촉모양이다. 꽃은 지름 1.8~2.6cm이고 5~8월에 백색(−연한 홍색)으로 피며 잎겨드랑이에서 나온 취산꽃차례에서 1~3(~4)개씩 모여 달린다. 꽃줄기는 길이 3~8cm이며 포는 길이 3mm 정도의 피침형이고 2개이다. 열매(삭과)는 길이 5~8mm의 난형−거의 구형이다.
참고 꽃이 작고 거의 백색이며 꽃줄기에 2개의 포가 있는 것이 특징이다.

❶2001. 6. 4. 대구시 경북대학교 ❷꽃. 작고 백색−연한 분홍색이다. ❸꽃받침과 꽃줄기. 털이 있으며 꽃받침잎은 작고 꽃줄기에는 선형의 포가 2개 있다. ❹잎. 삼각상 화살촉모양이다.

아욱메풀
Dichondra micrantha Urb.

국내분포/자생지 제주의 길가, 농경지, 민가, 빈터, 풀밭 등
형태 다년초. 줄기는 땅위를 기면서 자라고 마디에서 뿌리를 내린다. 잎은 길이 5~15mm의 신장형−심장상 원형이고 끝은 둥글거나 약간 오목하며 가장자리는 밋밋하다. 잎자루는 길이 0.6~4cm이고 털이 있다. 꽃은 3~5월에 백색−연한 황백색으로 피며 잎겨드랑이에 1개씩 달린다. 꽃부리열편은 길이 1.2mm 정도의 긴 타원상 삼각형이고 5개이다. 수술은 5개이다. 열매(삭과)는 길이 2mm 정도의 거의 구형이고 2개로 깊게 또는 얕게 갈라지며 표면에 긴 털이 있다.
참고 전체가 소형이고 줄기가 땅위를 기면서 자라 열매가 2개로 갈라지는 것이 특징이다.

❶2005. 8. 6. 제주 제주시 구좌읍 ❷꽃. 꽃받침열편의 가장자리에 긴 털이 많다. ❸~❹열매. 표면에 긴 털이 많다. ❺잎. 심장상 원형이다.

실새삼

Cuscuta australis R. Br.

메꽃과

국내분포/자생지 중부지방 이남의 경작지(특히 콩밭)

형태 1년초. 줄기는 황록색–황색이며 지름 1~1.5mm로 가늘다. 꽃은 6~10월에 백색으로 피며 다수의 꽃이 둥근 취산꽃차례를 형성하며 모여 달린다. 포는 인편상이다. 꽃자루는 길이 1~2.5mm이다. 꽃받침은 컵모양이고 꽃부리통부와 길이가 비슷하며 꽃부리통부에 밀착한다. 꽃받침열편은 길이 0.8~1.8mm의 넓은 난형–난상 원형이며 끝이 둥글다. 꽃부리는 백색 또는 연한 상아색이며 길이 2mm 정도의 컵모양이다. 꽃부리의 열편은 통부와 길이가 비슷하고 흔히 곧추서며 넓은 타원형–넓은 난형이고 끝이 둥글다. 수술은 5개이고 꽃부리통부 밖으로 나온다. 인편상 부속체는 실모양이고 2개로 깊게 갈라진다. 암술대는 2개이고 암술머리는 구형이다. 열매(삭과)는 지름 3~4mm의 편구형이며 불규칙하게 갈라져 씨가 나온다. 씨는 길이 1.5mm 정도의 난형이고 갈색이며 열매당 4개씩 들어 있다.

참고 미국실새삼에 비해 꽃과 열매가 더 크며 꽃부리열편의 끝이 둥글고 뒤로 젖혀지지 않으며 인편상 부속체가 꽃부리통부 길이의 2분의 1 이하로 작고 2개로 깊게 갈라지는 것이 특징이다. 또한 실새삼은 콩과식물(특히 콩, 팥), 국화과(쑥류), 마편초과 식물 등 특정 기주식물에만 기생하는 것으로 알려져 있다. 일부 학자는 세계적으로 넓게 분포하는 실새삼(*C. australis*)이 지역별로 다른 종(학명을 잘못 적용)일 가능성을 고려하고 있어, 한국을 포함해 동아시아에 분포하는 실새삼에 대한 분류학적 연구가 필요한 것으로 판단된다.

❶ 2017. 10. 3. 경남 합천군 ❷~❸ 꽃. 꽃부리열편이 뒤로 젖혀지지 않으며 끝이 둥글다. 인편상 부속체는 2개로 깊게 갈라지며 매우 작은 편이다. 암술머리는 구형이다. ❹미국실새삼(좌)과 실새삼(우) 꽃 비교. 미국실새삼보다 꽃이 크다. 인편상 부속체는 육안으로 잘 보이지 않을 정도로 작은 편이다. ❺~❻열매. 편구형이고 끝부분에 암술대가 남아 있다. 밑부분만 꽃부리와 꽃받침에 싸여 있다. ❼자생 모습. 주로 콩에 기생한다.

갯실새삼
Cuscuta chinensis Lam.

메꽃과

국내분포/자생지 강원 이남의 바닷가 또는 드물게 내륙(경주시, 영천시 등)의 풀밭

형태 1년초. 줄기는 황색이며 지름 1mm 정도로 가늘다. 꽃은 6~10월에 백색으로 피며 다수의 꽃이 둥근 취산꽃차례를 형성하며 모여 달린다. 포와 작은포는 인편상이다. 꽃자루는 길이 1mm 정도이다. 꽃받침은 백색이고 컵모양이다. 꽃받침열편은 길이 1.5mm의 삼각형이고 끝이 둔하며 중앙부가 능각처럼 두껍다. 꽃부리는 길이 3mm 정도의 단지모양이며 열편은 삼각상 난형이고 끝이 뾰족하거나 둔하다. 수술은 꽃부리통부 밖으로 나오지 않으며 인편상 부속체는 수술까지 도달하고 가장자리는 빗살모양으로 깊게 갈라진다. 씨방은 구형이며 암술대는 2개이고 암술머리는 구형이다. 열매(삭과)는 지름 3mm 정도의 구형이며 시든 꽃부리에 싸여 있다. 씨는 길이 1mm 정도의 난형이고 연한 갈색이며 열매당 2~4개씩 들어 있다.

참고 열대-난온대지역에 분포하는 것으로 알려진 남방계 식물이지만 근연종과의 분류학적 연구가 필요한 종으로 판단된다. 중국, 일본 등에서도 다른 종(미국실새삼 등)을 갯실새삼으로 잘못 동정하는 경우가 많은 것으로 알려져 있다. 일본과 중국에 귀화된 유럽실새삼(*C. europaea*)과 유사하지만 꽃받침열편의 일부분이 두터워지고 암술머리가 구형(또는 머리모양)인 것이 특징이다.

❶2017. 8. 2. 경북 영천시 ❷~❸꽃. 순백색이며 꽃받침열편의 뒷면 일부분이 능각처럼 두텁다. 꽃부리열편은 흔히 곧추서고 뒤로 젖혀지지 않는다. 암술머리는 구형이다. ❹~❺열매. 시든 꽃부리에 완전히 싸여 있다. 익으면 옆으로 갈라져 씨가 나온다. ❻2017. 9. 4. 강원 양양군

새삼

Cuscuta japonica Choisy.

메꽃과

국내분포/자생지 전국의 농경지, 풀밭, 하천가 및 숲가장자리 등
형태 1년초. 기주식물에서 물과 양분을 흡수한다. 잎은 퇴화되어 비늘모양이다. 꽃은 7~9월에 백색(−분홍색)으로 피며 길이 3~4cm의 꽃차례에서 모여 달린다. 꽃받침은 길이 2mm 정도의 컵모양이고 깊게 갈라진다. 꽃부리는 길이 3~7mm의 종형−통형이고 5개로 얕게 갈라지며 열편은 삼각상 난형이다. 수술은 6개이고 꽃부리통부 밖으로 약간 나온다. 열매(삭과)는 길이 5mm 정도의 난형이다.
참고 실새삼에 비해 줄기가 굵으며(지름 1~2mm) 꽃이 수상꽃차례에 달리고 암술대가 1개인 것이 특징이다.

❶ 2001. 8. 20. 경북 울릉도 ❷~❸ 꽃. 수상꽃차례에 달린다. 암술대는 1개이며 꽃부리통부 밖으로 약간 나온다. ❹ 열매. 난상 구형이다. 익으면 밑부분에서 뚜껑처럼 가로로 갈라져 씨가 나온다.

미국실새삼

Cuscuta campestris Yunck.

메꽃과

국내분포/자생지 북아메리카 원산. 전국의 길가, 농경지, 풀밭, 해안가 등
형태 1년초. 줄기는 지름 0.5~0.8mm이며 담황색−담황적색이다. 꽃은 7~10월에 백색으로 피며 4~18개씩 둥글게 모여 달린다. 꽃부리는 길이 2.5mm 정도의 짧은 종형이다. 열편은 넓은 삼각형이며 끝이 뾰족하고(간혹 둔함) 흔히 뒤로 젖혀진다. 암술대는 2개이고 암술머리는 구형이다.
참고 실새삼에 비해 꽃부리 안쪽의 인편상 부속체의 길이가 꽃부리통부와 비슷하고 끝이 빗살모양으로 깊게 갈라지는 것이 특징이다. 국내외 많은 문헌에서 미국실새삼의 학명을 *C. pentagona*로 잘못 적용하고 있다.

❶ 2005. 7. 31. 경기 포천시 ❷~❸ 꽃. 꽃부리통부는 짧고 열편은 수평이거나 뒤로 젖혀진다. 비늘모양의 부속체는 빗살모양으로 갈라진다. ❹ 열매. 편구형이며 끝부분의 암술대가 오랫동안 붙어 있다.

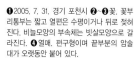

둥근잎유홍초

Ipomoea rubriflora O'Donell
Ipomoea coccinea L.
Quamoclit coccinea (L.) Moench

메꽃과

국내분포/자생지 아메리카 대륙의 열대-아열대지역 원산. 전국의 길가, 농경지, 풀밭 등

형태 덩굴성 1년초. 잎과 줄기에 털이 없다. 잎은 길이 5~6cm의 난형이며 가장자리가 밋밋하다. 꽃은 7~10월에 주황색으로 피며 꽃차례에서 3~6개씩 모여 달린다. 꽃받침잎은 길이 6~8mm의 긴 타원형이고 끝은 돌기모양으로 길게 뾰족하다. 꽃부리는 길이 2cm 정도의 깔때기모양이다. 수술과 암술은 꽃부리통부 밖으로 길게 돌출한다. 열매(삭과)는 지름 8mm 정도의 구형이며 털이 없다.

참고 유홍초(*I. quamoclit*)에 비해 잎이 난형이고 가장자리가 깃털모양으로 갈라지지 않는 것이 특징이다.

❶2002. 9. 7. 대구시 경북대학교 ❷꽃. 꽃부리통부가 좁은 깔때기모양이다. 꽃받침잎은 털이 없고 끝부분이 긴 돌기모양이다. ❸열매. 털은 없다. ❹유홍초(2012. 8. 12. 인천시)

애기나팔꽃

Ipomoea lacunosa L.

메꽃과

국내분포/자생지 아메리카 대륙의 열대-아열대지역 원산. 전국의 길가, 농경지, 풀밭 등

형태 덩굴성 1년초. 줄기에 털이 약간 있다. 잎은 길이 6~9cm의 난형이며 가장자리는 밋밋하지만 간혹 결각이 있다. 꽃은 6~10월에 백색(~연한 적자색)으로 피며 잎겨드랑이에서 나온 꽃차례에서 1~3개씩 모여 달린다. 꽃받침잎은 길이 8~10mm의 긴 타원형이고 끝이 뾰족하며 가장자리에 긴 털이 있다. 꽃부리는 지름 2cm 정도의 깔때기모양이다. 열매(삭과)는 길이 8~10mm의 다소 편평한 편구형이며 긴 털이 약간 있다.

참고 꽃이 식고 백색이며 열매가 편구형이고 긴 털이 있는 것이 특징이다.

❶2016. 8. 24. 경기 김포시 ❷꽃. 백색이며 꽃받침잎에 긴 털이 약간 있다. ❸열매. 약간 납작한 편구형이고 긴 털이 있다. ❹잎. 털이 없는 둥근잎유홍초와 달리 잎가장자리와 잎 뒷면의 맥위에 털이 약간 있다.

나팔꽃

Ipomoea nil (L.) Roth

메꽃과

국내분포/자생지 북아메리카 원산. 전국의 길가, 농경지, 풀밭 등

형태 덩굴성 1년초. 잎은 길이 4~15cm의 넓은 난형-원형이며 흔히 3개로 갈라진다. 꽃은 7~10월에 밝은 청색-청색(-적자색) 등으로 핀다. 꽃받침잎은 선상 피침형-피침형이며 끝부분은 선상으로 가늘고 뒤로 젖혀진다. 꽃부리는 지름 4~6(~8)cm의 깔때기모양이다. 열매(삭과)는 지름 8~10mm의 난상 구형이다.

참고 꽃받침잎이 선상 피침형이고 중앙 이상의 윗부분이 선상으로 가늘고 길다. 또한 결실기에 숙존하는 꽃받침잎이 뒤로 젖혀지지 않는 것이 특징이다.

❶2017. 8. 31. 전남 장성군 ❷꽃. 꽃받침잎은 선상 피침형이며 끝부분으로 갈수록 점차 좁아져 실모양이 된다. 밑부분에 옆으로 퍼진 긴 털이 많다. ❸열매. 결실기에도 꽃받침잎은 뒤로 젖혀지지 않는다. ❹잎. 밋밋하기도 하지만 흔히 3(~5)개로 갈라진다.

미국나팔꽃

Ipomoea hederacea Jacq.

메꽃과

국내분포/자생지 북아메리카 원산. 전국의 길가, 농경지, 풀밭 등

형태 덩굴성 1년초. 줄기에 밑으로 향한 털이 많다. 잎은 길이 5~8cm의 난형이며 흔히 3개로 깊게 갈라진다. 꽃은 7~10월에 청자색-적자색 등으로 피며 잎겨드랑이에서 나온 꽃차례에서 1~3개씩 모여 달린다. 꽃받침잎은 피침형이고 가장자리가 안쪽으로 말리며 끝부분은 뒤로 젖혀진다. 꽃받침잎의 밑부분과 가장자리에 퍼진 긴 털이 많다. 꽃부리는 지름 2.5~3.5cm의 깔때기모양이다.

참고 나팔꽃에 비해 꽃이 작으며 꽃받침잎의 끝부분이 뒤로 젖혀지는 것이 특징이다. 미국과 중국에서는 나팔꽃과 동일 종으로 처리한다.

❶2002. 10. 18. 대구시 경북대학교 ❷꽃 측면. 꽃받침잎의 끝부분이 뒤로 젖혀진다. ❸열매. 편구형이며 털은 없다. ❹잎. 양면(특히 뒷면)에 털이 많다.

둥근잎나팔꽃
Ipomoea purpurea (L.) Roth

메꽃과

국내분포/자생지 아메리카 대륙의 열대–아열대지역 원산. 전국의 길가, 농경지, 풀밭 등

형태 덩굴성 1년초. 줄기에 아래 방향으로 난 긴 털이 있다. 잎은 길이 4~18cm의 넓은 난형–원상 난형이며 가장자리는 밋밋하거나 간혹 3개로 깊게 갈라진다. 꽃은 7~10월에 적색–적자색–자색으로 피며 1~5개씩 모여 달린다. 꽃받침잎은 길이 1~1.5cm의 피침형–긴 타원형이다. 꽃부리는 지름 4~6cm의 깔때기모양이다. 열매(삭과)는 지름 9~10mm의 거의 구형이며 익으면 3개로 갈라진다.

참고 나팔꽃에 비해 꽃이 흔히 적자색–자색이며 꽃받침잎이 피침상이고 끝이 길게 선상으로 가늘어지지 않는 것이 특징이다.

❶2002. 10. 23. 대구시 경북대학교 ❷꽃받침잎. 피침형이며 끝이 뾰족하지만 선상은 아니다. 밑받침부에 긴 털이 있다. ❸열매. 결실기의 꽃받침잎은 뒤로 젖혀진다. ❹잎. 가장자리가 밋밋하다.

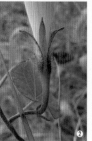

별나팔꽃
Ipomoea triloba L.

메꽃과

국내분포/자생지 아메리카 대륙의 열대–아열대지역 원산. 경남, 전남 및 제주의 길가, 풀밭, 해안가 등

형태 덩굴성 1년초. 잎은 길이 2.5~7cm의 넓은 난형–난상 원형이다. 꽃은 7~10월에 연한 자색–연한 적자색으로 피며 잎겨드랑이에서 나온 산형상 취산꽃차례에서 1~8개씩 모여 달린다. 꽃받침잎은 길이 5~8mm의 긴 타원형–타원형이고 끝이 갑자기 뾰족해지며 겉에 긴 털이 성기게 있다. 꽃부리는 지름 1.5~2cm의 깔때기모양이다. 열매(삭과)는 길이 5~7mm의 구형이며 상반부에 털이 많다.

참고 잎과 줄기에 털이 거의 없으며 꽃이 연한 자색이고 중심부가 짙은 적자색인 것이 특징이다. 또한 꽃줄기가 잎자루보다 길고 꽃은 산형상으로 모여 달린다.

❶2012. 10. 9. 제주 제주시 조천읍 ❷꽃. 꽃받침잎에 긴 털이 약간 있다. ❸열매. 상반부에 털이 많다. ❹잎. 끝은 길게 뾰족하다.

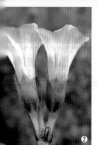

개지치

Lithospermum arvense L.

지치과

국내분포/자생지 전국의 길가, 빈터, 풀밭 등에 비교적 드물게 분포

형태 1~2년초. 줄기는 높이 15~40cm이며 짧은 털이 많다. 잎은 어긋나며 길이 1~4cm의 도피침형–넓은 선형이고 끝은 뾰족하다. 꽃은 4~5월에 백색–연한 청색으로 피며 줄기와 가지 윗부분의 잎겨드랑이에 1개씩 달린다. 꽃받침열편은 길이 4~5.5mm(결실기에는 1cm 정도)이며 곧추선다. 꽃부리는 트럼펫모양이며 통부가 길이 4mm 정도이고 열편은 5개이다. 열매(소견과)는 길이 3mm 정도의 삼각상 난형이고 표면에 주름이 있으며 익으면 회갈색이 된다.

참고 1~2년초이며 꽃이 백색이고 열매의 표면이 주름지는 것이 특징이다.

❶2006. 3. 26. 경북 의성군 ❷~❸꽃. 소형이며 꽃받침열편은 선형이고 곧추서며 뒷면에 긴 거친 털이 많다. ❹열매. 소견과는 4개이다. ❺잎. 거친 털이 많다. 잎자루는 없거나 매우 짧다.

모래지치

Tournefortia sibirica L.
Argusia sibirica (L.) Dandy

지치과

국내분포/자생지 전국의 해안가 모래땅

형태 다년초이며 땅속줄기가 길게 벋는다. 줄기는 높이 20~40cm이고 가지가 많이 갈라지며 누운 털이 많다. 잎은 어긋나며 길이 4~10cm의 주걱형이고 양면에 누운 털이 많거나 적다. 꽃은 5~7월에 백색으로 핀다. 꽃받침열편은 길이 3~4mm의 피침형이다. 꽃부리는 종형이고 통부는 길이 1~1.3cm이다. 통부의 안쪽 면은 황록색이며 바깥 면은 흰색이고 누운 털이 많다. 열매(핵과상)는 지름 7~9mm의 타원형–거의 구형이고 끝부분은 약간 오목하며 겉에 짧은 털이 있다.

참고 열매가 핵과상이고 익으면 중과피가 딱딱해지는 것이 특징이다.

❶2012. 6. 8. 인천시 영종도 ❷꽃. 꽃부리 통부의 바깥 면과 꽃받침에 긴 털이 많다. ❸열매. 둥글며 표면에 짧은 털이 밀생한다. ❹잎. 주걱형이다.

꽃받이

Bothriospermum zeylanicum
(J. Jacq.) Druce

지치과

국내분포/자생지 전국의 길가, 농경지, 풀밭, 하천가 등

형태 1~2년초. 잎은 길이 0.8~4cm의 긴 타원형-타원형이며 밑부분은 점차 좁아져 잎자루와 연결된다. 꽃은 지름 2~3mm이고 4~7월에 연한 청색-연한 청자색으로 피며 긴 총상꽃차례에서 모여 달린다. 포는 길이 5~20mm의 잎모양이며 가장자리에 긴 털이 있다. 꽃자루는 길이 0.5~1mm이다. 꽃부리통부는 짧으며 열편은 5개이고 끝은 둥글다. 수술은 5개이다. 열매(소견과)는 길이 1~1.5mm의 타원형-넓은 타원형이다.

참고 참꽃받이(*B. secundum*)에 비해 잎과 꽃이 작고 줄기에 압착된 누운 털이 있는 것이 특징이다.

❶2013. 5. 3. 전남 완도 ❷꽃. 꽃받침은 5개로 깊게 갈라지며 결실기에는 길이 3mm 정도의 난형상으로 커진다. ❸열매. 소견과는 4개이며 표면에 혹 같은 돌기가 많다. ❹잎. 잎과 줄기에 누운 털이 있다.

들지치

Lappula myosotis V. Wolf
Lappula echinata Gilib.; *L. squarrosa*
(Retz.) Dumort.

지치과

국내분포/자생지 북부지방의 길가, 풀밭

형태 1~2년초. 줄기는 높이 30~60cm이고 백색의 털이 많다. 잎은 길이 3~5cm의 도피침형 또는 넓은 선형이고 양면(특히 뒷면)에 긴 털이 많다. 꽃은 지름 2.5~3.5mm이고 7~8월에 연한 청색으로 핀다. 포는 곧추서고 꽃자루보다 길다. 꽃받침열편은 길이 2~3mm(결실기 5~7mm)의 선상 피침형이다. 열매(소견과)는 길이 3~4mm의 난형이며 갈고리 같은 가시가 2줄로 난다.

참고 뚝지치에 비해 포가 길고 암술꽃턱(gynobase)이 소견과보다 긴 것이 특징이다.

❶2016. 7. 14. 중국 헤이룽장성 ❷꽃. 포겨드랑이에 1개씩 달린다. ❸열매. 갈고리 같은 가시가 2줄로 난다. ❹~❺잎. 양면에 긴 털이 많다.

갯지치

Mertensia simplicissima G. Don
Mertensia asiatica (Takeda) J. F.
Macbr.

지치과

국내분포/자생지 북부지방 해안가
형태 2년초. 줄기는 40~100cm이고
가지가 많이 갈라지며 땅위에 누워
자란다. 잎은 길이 3~8cm의 긴 타원
형-타원형-넓은 난형 또는 도란형이
며 털이 없고 표면에 샘점이 흩어져
있다. 꽃은 7~8월에 청자색으로 피
며 가지의 윗부분에서 모여 달린다.
꽃받침은 5개로 완전히 갈라지며 열
편은 피침상 긴 타원형이고 끝이 뾰
족하다. 꽃부리는 종형이고 5개로 갈
라지며 열편은 반원형이고 끝이 둥
글다. 수술은 5개이다. 열매(소견과)는
난상 타원형이며 표면은 밋밋하다.
참고 땅위에 누워 자라며 전체가 약
간 나육질이고 분백색을 띠는 것이
특징이다.

❶2017. 7. 3. 러시아 프리모르스키주 ❷꽃.
땅을 향해 처져서 달린다. ❸열매. 소견과는
4개씩 달린다. ❹잎. 분백색이고 가장자리는
밋밋하다.

꽃마리

Trigonotis peduncularis (Trevis.)
Benth. ex Baker & S. Moore

지치과

국내분포/자생지 전국의 길가, 농경
지, 풀밭, 하천가 등
형태 1~2년초. 줄기와 잎에 짧고 거
친 털이 많다. 뿌리 부근의 잎은 길이
2~5cm의 주걱형이며 로제트모양으
로 모여난다. 꽃은 4~7월에 연한 청
색-분홍색으로 피며 주먹 쥔 손처럼
말린 총상꽃차례에서 모여 달린다.
꽃받침열편은 길이 1~3mm의 긴 타
원형-삼각상 난형이며 거친 털이 많
다. 꽃부리의 목부분(꽃목)에 있는 부
속체는 백색 또는 연한 황색이다. 열
매(소견과)는 길이 0.8~1mm이고 윗면
이 비스듬한 삼각상 사면체이며 털이
없거나 짧은 털이 있다.
참고 꽃차례에 포가 없으며 꽃이 소
형이고 꽃자루가 꽃받침보다 긴 것이
특징이다.

❶2016. 4. 8. 경기 김포시 ❷꽃. 주먹 쥔 손
모양의 권산꽃차례에 모여 달린다. ❸열매.
소견과는 4개이고 윗부분이 비스듬한 사면
체이다. ❹잎. 양면에 털이 밀생한다.

버들마편초
Verbena bonariensis L.

마편초과

국내분포/자생지 남아메리카 원산. 남부지방의 민가, 길가에 식재 또는 야생

형태 1년초~다년초. 줄기는 높이 1~1.5m이며 네모지고 털이 많다. 잎은 마주나며 길이 4~10cm의 넓은 선형~좁은 타원형이고 가장자리에 불규칙하고 뾰족한 톱니가 있다. 꽃은 6~9월에 적자색으로 피며 줄기와 가지의 끝에서 나온 산방상 수상꽃차례에서 빽빽이 모여 달린다. 꽃부리는 꽃받침보다 2.5~3배 정도 길며 통부의 바깥 면에는 백색의 털이 많다.

참고 브라질마편초(*V. brasiliensis*)에 비해 꽃부리통부의 길이가 꽃받침보다 2.5~3배 정도 길다. 또한 줄기에 털이 많고 잎의 밑부분이 줄기를 약간 감싸는 것이 특징이다.

❶ 2013. 6. 24. 전남 함평군 ❷ 꽃. 머리모양으로 빽빽이 모여 달린다. 꽃부리는 꽃받침보다 2.5~3배 정도 길다. ❸ 잎 뒷면. 좁고 광택이 약간 난다. ❹ 줄기. 네모지고 털이 많다.

마편초
Verbena officinalis L.

마편초과

국내분포/자생지 주로 남부지방의 농경지, 풀밭

형태 다년초. 줄기는 높이 30~60cm이며 네모지고 잔털이 있다. 잎은 마주나며 길이 2~8cm의 긴 타원형~난형 또는 도란형이고 가장자리는 흔히 깃털모양으로 깊게 갈라진다. 꽃은 6~10월에 연한 적자색~연한 자색으로 피며 줄기와 가지의 끝에서 나온 길이 4~15cm의 수상꽃차례에서 모여 달린다. 꽃차례와 꽃받침에 짧은 샘털이 있다. 꽃부리통부는 길이 4~6mm이고 바깥 면에 짧은 털이 많다. 수술은 4개이다. 열매(소견과)는 길이 1.5~2mm의 긴 타원형이고 광택이 난다.

참고 잎이 깃털모양으로 깊게 갈라지며 꽃자루가 없는 것이 특징이다.

❶ 2013. 6. 25. 전남 완도 ❷ 꽃. 꽃자루가 없으며 꽃차례와 꽃받침에 샘털이 있다. ❸ 열매. 꽃받침(열편 포함)과 길이가 비슷하다. ❹ 잎. 깃털모양으로 깊게 갈라진다.

누린내풀

Tripora divaricata (Maxim.) P. D. Cantino

마편초과

국내분포/자생지 중부지방 이남의 길가, 풀밭 숲가장자리

형태 다년초. 줄기는 높이 60~100cm 이며 네모진다. 잎은 마주나며 길이 8~14cm의 난상 긴 타원형~난형이고 끝은 길게 뾰족하며 가장자리에 뾰족한 톱니가 있다. 꽃은 7~9월에 적자색~자색으로 피며 잎겨드랑이에서 나온 취산꽃차례에서 모여 달린다. 꽃부리열편은 5개이며 아래쪽 열편은 타원상 난형이고 백색의 무늬가 있다. 열매(소견과)는 길이 3mm 정도의 좁은 도란형이다.

참고 전체에서 특유의 강한 냄새가 난다. 수술과 암술대는 길이 3~3.5cm 이고 반원형으로 휘어지며 꽃부리 밖으로 길게 돌출하는 것이 특징이다.

❶2001. 8. 16. 경북 경주시 단석산 ❷꽃. 수술은 4개이고 휘어져 꽃부리 밖으로 길게 돌출한다. ❸잎. 양면에 미세한 털이 있다. ❹줄기. 짧은 털이 약간 있으며 마디에 긴 털이 모여난다.

금창초

Ajuga decumbens Thunb.

꿀풀과

국내분포/자생지 주로 남부지방의 길가, 농경지, 풀밭 등

형태 2년초 또는 다년초. 줄기는 높이 5~10cm이며 백색의 긴 털이 많다. 줄기잎은 길이 1.5~3cm의 긴 타원형~난형이며 가장자리에 물결모양의 톱니가 있다. 꽃은 3~6월에 짙은 자색 또는 분홍색으로 피며 잎겨드랑이에서 2~4개씩 모여 달린다. 꽃받침은 길이 3~4mm이고 긴 털이 많으며 열편은 피침형이고 5개이다. 아랫입술꽃잎은 3개로 갈라지며 중앙의 열편은 주걱형~도란형이고 끝부분은 얕게 오목하다. 열매(소견과)는 길이 1.5mm 정도의 좁은 타원형이다.

참고 조개나물에 비해 땅위에 퍼지면서 자라고 뿌리 부근의 잎이 로제트 모양인 것이 특징이다.

❶2013. 5. 2. 부산시 금정산 ❷꽃. 꽃이 달리는 줄기가 길이가 짧다. ❸분홍 꽃이 피는 개체. 내장금창초(var. *rosa*)로 구분하기도 한다. ❹뿌리잎

조개나물
Ajuga multiflora Bunge

꿀풀과

국내분포/자생지 전국의 풀밭(특히 무덤가)

형태 다년초. 줄기는 높이 5~20cm 이다. 잎은 마주나며 길이 1.5~4cm 의 긴 타원형-난형이고 가장자리는 밋밋하거나 물결모양의 톱니가 있다. 꽃은 4~5월에 자색 또는 연한 적자색으로 피며 잎겨드랑이에서 여러 개가 모여 달린다. 꽃받침은 길이 5~7mm의 통형이며 5개로 깊게 갈라진다. 아랫입술꽃잎은 3개로 갈라지며 중앙의 열편은 도란형이고 끝부분은 V자형으로 오목하다. 열매(소견과)는 지름 1.5mm 정도의 도란형이며 뒷면에 그물맥이 있다.

참고 가지가 갈라지지 않고 곧추 자라며 줄기, 잎, 꽃받침 등에 백색의 털이 많은 것이 특징이다.

❶ 2002. 5. 8. 대구시 용지봉 ❷꽃. 꽃받침과 꽃부리의 바깥 면에 백색의 긴 털이 많다. ❸분홍색-적자색 꽃이 피는 개체 ❹뿌리잎

분홍꽃조개나물
Ajuga nipponensis Makino

꿀풀과

국내분포/자생지 서해(충남 보령시) 도서의 민가, 길가, 소나무숲 아래

형태 다년초. 줄기는 높이 10~30cm 이며 네모지고 긴 털이 많다. 줄기잎은 길이 3~6cm의 긴 타원형-긴 타원상 난형이며 가장자리에 물결모양의 톱니가 있다. 꽃은 4~5월에 연한 분홍색으로 피며 잎겨드랑이에서 여러 개가 모여 달린다. 꽃받침은 길이 4mm 정도의 통형이며 5개로 갈라진다. 아랫입술꽃잎은 3개로 갈라지며 중앙의 열편은 길이 5~6mm의 도란형이고 끝부분은 얕게 오목하다. 열매(소견과)는 지름 1.5mm 정도의 좁은 타원형이다.

참고 조개나물에 비해 대형이며 줄기 아랫부분에서 가지가 갈라진다. 또한 꽃이 연한 분홍색인 것이 특징이다.

❶ 2013. 5. 3. 충남 보령시 녹도 ❷꽃. 연한 분홍색이다. 꽃부리통부는 길이 1~1.2cm이다. ❸잎. 불규칙한 큰 톱니가 있다. ❹줄기. 백색의 긴 털이 많다.

개차즈기

Amethystea caerulea L.

꿀풀과

국내분포/자생지 전국의 길가, 풀밭, 하천가

형태 1년초. 줄기는 높이 30~80cm이며 네모지고 마디에 털이 약간 있다. 잎은 3~5개로 깊게 갈라지며 열편은 길이 2~6cm의 피침형이고 가장자리에 뾰족한 큰 톱니가 있다. 꽃은 8~10월에 연한 청색-연한 청자색으로 피며 취산꽃차례에서 모여 달린다. 꽃자루와 꽃받침에는 짧은 샘털이 있다. 꽃부리열편은 5개이고 중앙의 열편이 도란형이며 가장 크다. 2개의 수술과 1개의 암술대는 꽃부리 밖으로 길게 나온다. 열매(소견과)는 지름 1.5mm 정도의 도란형이고 그물 같은 무늬가 있다.

참고 잎이 마주나며 깃털모양으로 3~5개로 갈라지는 것이 특징이다.

❶2013. 9. 15. 전북 완주군 ❷꽃. 수술과 암술대는 휘어져 꽃부리 밖으로 길게 나온다. ❸결실기의 꽃받침. 꽃자루와 꽃받침에 샘털이 있다. ❹잎. 깃털모양으로 갈라진다.

애기탑꽃

Clinopodium gracile (Benth.) Matsum.

꿀풀과

국내분포/자생지 울릉도 및 남부지방의 길가, 농경지 등

형태 다년초. 줄기는 높이 15~30cm이며 아랫부분은 옆으로 눕고 윗부분은 곧추서거나 비스듬히 선다. 잎은 길이 1~3cm의 난형-넓은 난형이며 끝은 둥글거나 둔하고 밑부분은 넓은 쐐기형이다. 꽃은 5~10월에 연한 홍색으로 피며 줄기 윗부분의 잎겨드랑이에서 모여 달린다. 꽃받침은 길이 3~4mm이고 맥위에 털이 있으며 열편은 길이 1mm 정도의 삼각형이다. 꽃부리는 길이 5mm 정도이다. 열매(소견과)는 길이 0.7mm 정도의 넓은 타원형이다.

참고 전체적으로 소형(특히, 꽃과 꽃받침)이며 잎이 넓은 난형상이고 잎자루(길이 8~15mm)가 긴 편이다.

❶2003. 5. 20. 경북 울릉도 ❷꽃. 소형이다. ❸꽃받침. 내부와 외부. 가장자리에 털이 있다. ❹잎. 난형상이고 잎자루가 긴 편이다.

층층이꽃

Clinopodium coreanum H. Hara
Clinopodium chinense subsp.
grandiflorum (Maxim.) H. Hara;
C. chinense var. *parviflorum* (Kudô)
H. Hara; *C. urticifolium* (Hance)
C. Y. Wu & S. J. Hsuan ex H. W. Li

꿀풀과

국내분포/자생지 전국의 농경지, 습지, 풀밭, 하천가 및 숲가장자리

형태 다년초. 줄기는 높이 50~100cm이며 가지가 약간 또는 많이 갈라진다. 잎은 길이 2~5cm의 난상 긴 타원형-난형이고 양면에 털이 있으며 가장자리에 둔한 톱니가 있다. 꽃은 7~10월에 연한 홍색으로 피며 줄기와 가지 윗부분의 잎겨드랑이에서 둥근 모양으로 빽빽이 모여 달린다. 포는 길이 3~5mm의 침형이다. 꽃받침은 길이 6~7mm이고 긴 털과 샘털이 있다. 꽃받침열편은 크게 2개로 갈라지며 열편의 가장자리에 긴 털이 있다. 위쪽 열편은 다시 3개로 갈라지고 삼각형이며 아래쪽 열편은 2개로 갈라지고 끝이 길게 뾰족한 피침형이다. 꽃부리는 길이 8~9mm이며 통부 바깥쪽 면에 짧은 털이 있다. 윗입술꽃잎은 반원형이고 끝부분이 오목하다. 아랫입술꽃잎의 안쪽 면에는 털이 약간 있다. 열매(소견과)는 길이 1mm 정도의 난형이고 평활하다.

참고 산층층이(*C. chinense* var. *shibetchense*)는 층층이꽃에 비해 전체에 털이 적고 줄기가 흔히 녹색이며 잎이 보다 짧은 난형상이다. 또한 꽃이 백색-연한 분홍색이고 작으며 꽃차례의 포가 짧은 것이 특징이다.

❶2001. 8. 11. 경북 경주시 ❷꽃. 산층층이에 비해 꽃부리는 길이 1~1.3cm로 크며 꽃색은 더 진하다. ❸꽃받침과 포. 꽃받침의 위쪽 열편은 좁은 삼각형-삼각형이다. 꽃받침의 바깥 면에 샘털이 있으며 맥위에는 긴 털이 있다. 포는 선형이고 확연히 실맥(8mm 정도) 중륵이 뚜렷하다. ❹잎. 난상 긴 타원형-난형이다. ❺~❽산층층이 ❺꽃. 꽃부리는 길이 1cm 미만으로 작고 연한 분홍색-연한 적자색(-적자색)이다. ❻꽃받침과 포. 꽃받침은 길이 5mm 정도이고 바깥 면에 샘털이 있으며 맥위에는 긴 털이 있다. 포는 선형이고 짧은 편(3~5mm)이며 중륵은 희미하거나 없다. ❼잎. 흔히 난형상이다. ❽2013. 9. 22. 인천시

287

긴병꽃풀

Glechoma longituba (Nakai) Kuprian.

꿀풀과

국내분포/자생지 주로 중부지방 이남의 길가, 농경지, 습지

형태 다년초. 줄기는 높이 10~20cm이며 옆으로 벋는 줄기가 발달한다. 잎은 길이 1.5~2.5cm의 신장상 원형이며 끝이 둥글고 밑부분은 심장형이다. 꽃은 4~5월에 연한 자색으로 피며 잎겨드랑이에서 1~3개씩 모여 달린다. 꽃받침은 길이 7~9mm이며 열편의 끝은 바늘처럼 뾰족하다. 아랫입술꽃잎은 3개로 갈라지며 안쪽에 짙은 자주색 반점이 있다. 열매(소견과)는 길이 1.8mm 정도의 타원형이다.

참고 *G. grandis*(국내 분포 추정) 및 유라시아에 넓게 분포하는 *G. hederacea*와의 분류학적 연구가 필요한 것으로 판단된다.

❶2004. 4. 10. 경기 포천시 국립수목원 ❷~❸꽃. 꽃부리는 꽃받침보다 2~2.5배 정도 길다. 꽃받침열편은 피침상 삼각형–삼각형이고 털이 많다. ❹잎. 심장상 원형이고 털이 있다.

향유

Elsholtzia ciliata (Thunb.) H. Hyl.

꿀풀과

국내분포/자생지 거의 전국의 농경지, 습지, 풀밭, 하천가 및 숲가장자리

형태 1년초. 잎은 마주나며 길이 3~9cm의 타원상 피침형–난형이다. 꽃은 9~10월에 연한 적자색으로 피며 길이 2~7cm의 수상꽃차례에서 한쪽 방향으로 빽빽이 모여 달린다. 포는 길이 4mm 정도의 넓은 난형이며 끝부분은 돌기처럼 뾰족하다. 꽃부리는 길이 4~5mm이며 바깥쪽 면에 긴 털이 많다. 꽃밥은 흑자색이다. 열매(소견과)는 길이 1mm 정도의 긴 타원형–좁은 도란형이다.

참고 꽃향유(*E. splendens*)에 비해 꽃받침열편의 길이가 똑같지 않으며 꽃차례가 보다 가늘고 꽃부리가 길이 4.5mm 정도로 작은 것이 특징이다.

❶2001. 9. 20. 경북 봉화군 ❷꽃. 꽃차례는 가늘다(너비 1cm 이하). 꽃부리열편의 바깥 면에 긴 털이 많다. ❸열매. 꽃받침열편이 오므라져 꽃받침의 앞쪽(입구)을 닫고 있다. ❹줄기. 부드러운 털이 많다. ❺잎. 꽃향유에 비해 좁은 편이다.

털향유

Galeopsis bifida Boenn.

꿀풀과

국내분포/자생지 경기, 경남(황매산) 및 북부지방의 길가, 민가, 황폐지, 숲 가장자리

형태 1년초. 줄기는 높이 20~60cm 이며 네모지고 퍼진 털이 많다. 잎은 길이 4~8cm의 피침형-난상 피침형이며 가장자리에 톱니가 있다. 꽃은 7~10월에 연한 적자색으로 핀다. 꽃받침은 길이 7~8mm이고 열편은 통부와 길이가 비슷하다. 꽃부리는 길이가 1.5mm 정도이며 아랫입술 꽃잎의 중앙열편은 길이 2~3mm의 긴 타원형이다. 열매(소견과)는 길이 2~3mm의 도란상 원형이다.

참고 꽃받침열편은 피침형이고 끝이 가시처럼 뾰족하며 딱딱한 털이 많다. 또한 아랫입술꽃잎의 중앙열편과 측면열편이 연결되는 부위에 돌기가 나 있는 것이 특징이다.

❶ 2012. 9. 16. 중국 지린성 두만강 상류 ❷꽃. 꽃부리(특히 윗입술꽃잎)의 바깥 면에 털이 많다. ❸잎. 양면에 털이 있다. ❹열매

흰꽃광대나물

Lagopsis supina (Stephan ex Willd.) Ikonn.-Gal.

꿀풀과

국내분포/자생지 경북(영천시, 안동시 등) 이북의 길가, 농경지, 풀밭 등

형태 1년초 또는 다년초. 줄기는 높이 20~50cm이며 전체에 털이 많다. 잎은 마주나며 길이 2~4cm의 도피침형-도란형-마름모상 사각형이고 흔히 3~5개로 깊게 갈라진다. 꽃은 5~6월에 백색으로 핀다. 꽃받침열편은 길이 1~1.5mm이고 피침상 삼각형이며 끝이 가시처럼 뾰족하다. 꽃부리는 길이 7mm 정도이며 바깥 면에 털이 많다. 윗입술꽃잎의 중앙부에 자주색 선모양의 무늬가 있다. 열매(소견과)는 길이 1.5mm 정도의 긴 타원상 난형이다.

참고 꽃이 백색이고 꽃부리의 안쪽 면에 털이 있으며 잎이 손모양으로 깊게 갈라지는 것이 특징이다.

❶2016. 5. 7. 경북 영천시 ❷꽃. 꽃받침열편의 끝부분이 가시처럼 뾰족하고 결실기에는 단단해져 찔리면 아프다. ❸잎. 깊게 갈라지며 털이 많다.

자주광대나물

Lamium purpureum L. var. *purpureum*

꿀풀과

국내분포/자생지 유라시아 원산. 중부지방 이남(주로 남부지방)의 길가, 농경지, 풀밭 등

형태 1~2년초. 줄기는 높이 10~20cm이며 네모지고 짧은 털이 있다. 아랫부분은 땅위에 눕고 윗부분은 곧추선다. 줄기의 아랫부분에서 가지가 많이 갈라진다. 잎은 마주나며 길이 0.7~3cm의 삼각형-난형-원형이고 줄기 윗부분의 잎은 흔히 자주색을 띤다. 꽃은 4~5월에 연한 적자색-적자색으로 피며 줄기와 가지 끝부분의 잎겨드랑이 또는 포엽 사이에서 모여 달린다. 꽃받침은 길이 5~6mm의 피침형이며 열편은 크기가 같고 가장자리에 털이 있다. 꽃부리는 길이 1~1.5cm이며 바깥쪽 면에 털이 많다. 윗입술꽃잎은 길이 4~5mm의 사각상 보트모양의 넓은 타원형이며 끝이 둥글거나 거의 편평하다. 아랫입술꽃잎은 3개로 갈라지며 측면열편의 끝은 돌기모양으로 길게 뾰족하다. 중앙열편은 도심장형 또는 넓은 도란형이고 끝부분은 V자로 깊게 갈라지며 아랫부분에 자색의 불규칙한 무늬가 있다. 수술은 4개이다. 열매(소견과)는 길이 1.5~2.5mm의 삼릉상 도원뿔형이며 2개의 면은 편평하고 1개의 면은 둥글다.

참고 유럽광대나물(var. *hybridum*)은 자주광대나물에 비해 잎과 포엽의 가장자리에 이빨모양의 톱니가 있거나 불규칙하게 갈라지며 윗입술꽃잎의 길이가 3~4mm인 것이 특징이다. 유럽 원산이며 국내에서는 남부지방의 길가, 농경지, 하천가에서 드물게 관찰된다.

❶ 2014. 3. 30. 경남 진주시 ❷~❸꽃. 연한 적자색이고 꽃부리의 바깥 면에 잔털이 많다. ❹잎. 털이 많으며 큰 톱니는 있지만 결각상으로 갈라지지 않는다. ❺~❼유럽광대나물 ❺꽃. 자주광대나물과 거의 유사하다. ❻잎. 잎과 포의 가장자리는 결각상으로 깊게 갈라진다. ❼2016. 4. 16. 전남 광주시

광대나물

Lamium amplexicaule L.

꿀풀과

국내분포/자생지 전국의 길가, 농경지, 풀밭, 하천가 등

형태 2년초. 줄기는 높이 10~30cm이며 네모지고 아랫부분에서 가지가 많이 갈라진다. 잎은 마주나며 줄기 밑부분의 잎은 지름 1~2cm의 원형이고 잎자루가 길다. 꽃은 4~5월에 적자색으로 피며 잎겨드랑이에서 모여 달린다. 꽃부리는 길이 1.5~1.7cm이며 아랫입술꽃잎의 중앙열편은 도란형-도심장형이고 끝부분이 V자로 깊게 오목하다. 열매(소견과)는 길이 2mm 정도의 세모진 도란형이다.

참고 2년초이며 꽃이 적자색이고 꽃부리가 가늘고 길며 줄기 상부의 잎이 반원형이고 잎자루 없이 줄기를 감싸는 것이 특징이다.

❶2013. 4. 5. 대구시 ❷꽃. 꽃부리는 약간 비스듬히 곧추서며 통부는 가늘다. 바깥 면에 짧은 털이 많다. ❸잎. 줄기와 가지 윗부분의 잎은 자루가 없이 밑부분이 줄기를 감싼다.

익모초

Leonurus japonicus Houtt.

꿀풀과

국내분포/자생지 전국의 농경지, 민가, 빈터, 풀밭 등

형태 1~2년초. 줄기는 높이 30~120cm이며 네모지고 백색 털이 있다. 잎은 마주나며 줄기 중앙부의 잎은 길이 4~8cm의 마름모형이고 3개로 깊게 갈라진다. 꽃은 7~10월에 연한 적자색-적자색으로 핀다. 꽃부리는 길이 1~1.2cm이고 바깥쪽 면에 털이 많다. 아랫입술꽃잎은 3개로 갈라지며 중앙열편은 도심장형이고 끝이 V자로 깊게 오목하다. 열매(소견과)는 길이 2.5mm 정도의 세모진 긴 타원형이다.

참고 꽃이 적자색이며 줄기의 잎이 기턱무양 또는 손모양으로 깊게 갈라지는 것이 특징이다.

❶ 2001. 8. 5. 경남 창원시 주남저수지 ❷꽃. 수술은 4개이다. ❸열매. 꽃받침침열편은 선상 피침형이고 끝부분은 딱딱한 가시모양이다. ❹뿌리잎. 심장상 원형-넓은 난형이고 가장자리가 3~7개로 깊게 갈라진다.

쉽싸리

Lycopus lucidus Turcz. ex Benth.

꿀풀과

국내분포/자생지 전국의 습지

형태 다년초. 옆으로 길게 벋는 땅속줄기가 발달한다. 줄기는 높이 40~100cm이고 가지는 흔히 갈라지지 않으며 네모지고 털은 거의 없다. 잎은 마주나며 길이 5~17cm의 선형–긴 타원상 피침형이고 가장자리에 뾰족한 톱니가 있다. 꽃은 7~9월에 백색으로 피며 잎겨드랑이에서 모여 달린다. 꽃받침은 길이 3~5mm이고 전체 길이의 2분의 1 정도까지 갈라진다. 꽃받침열편은 길이 2mm 정도의 피침상 삼각형–삼각상 난형이고 끝이 바늘처럼 뾰족하다. 꽃부리는 길이 5mm 정도이고 통부 안쪽 면에 백색의 긴 털이 있다. 아랫입술꽃잎은 3개로 갈라지며 중앙열편은 넓은 난형–사각상 타원형이며 끝이 얕게 오목하거나 물결모양이고 가장자리는 밋밋하다. 수술은 2개이며 암술대는 1개이고 끝부분이 2개로 갈라진다. 열매(소견과)는 길이 1.5~2mm의 세모진 도란형이고 표면에 샘점이 있으며 끝부분은 둥글거나 편평하다.

참고 쉽싸리에 비해 잎과 줄기(특히 마디)에 털이 많은 것을 큰쉽싸리(var. *hirtus*)로 구분하기도 하지만, 동일 종 또는 품종으로 처리하는 경우가 많다. **산쉽싸리**(*L. charkeviczii*)는 쉽싸리에 비해 꽃받침이 전체 길이의 3분의 2 정도까지 갈라지고 열편은 피침형이며 소견과의 끝부분이 불규칙한 물결모양이고 표면에 샘점이 없거나 드물게 있는 것이 특징이다. 제주를 제외한 내륙의 습지와 산지의 습한 풀밭에 흔히 자란다.

❶2012. 8. 9. 강원 강릉시 ❷~❹큰쉽싸리 타입 ❷꽃. 꽃받침의 열편은 삼각상 난형이고 통부와 길이가 비슷하다. 윗입술꽃잎의 바깥 면에 샘털이 있다. ❸열매. 소견과의 끝부분은 둥글고 등쪽에 돌기모양의 샘털이 있다. ❹잎. 밑부분은 좁은 쐐기형이다. ❺~❽산쉽싸리 ❺꽃. 꽃받침의 열편은 피침형이고 통부보다 짧다. 윗입술꽃잎의 바깥 면에 털과 샘털이 혼생한다. ❻줄기. 털은 거의 없으며 마디부분에 약간 있다. ❼잎. 밑부분이 점차 좁아진다(좁은 쐐기형). ❽2015. 8. 2. 강원 양구군 대암산(ⓒ이강협) ❾~❿산쉽싸리(좌)와 쉽싸리(우) 비교(ⓒ이강협) ❾꽃. 산쉽싸리는 쉽싸리보다 꽃이 작다. ❿열매. 산쉽싸리는 소견과의 끝부분이 물결모양으로 불규칙하고 등쪽에 샘털이 없거나 드물다.

애기쉽싸리

Lycopus maackianus Makino

꿀풀과

국내분포/자생지 전국의 습지에서
드물게 자람

형태 다년초. 잎은 길이 3~9cm의 선
형-긴 타원상 피침형이다. 꽃은 5~9
월에 백색으로 핀다. 꽃받침은 길이
2~2.5mm이며 열편은 길이 1.5mm
정도의 삼각상 난형이고 끝은 뾰족하
다. 꽃부리는 길이 4mm 정도이며 아
랫입술꽃잎은 3개로 갈라지고 중앙
열편은 거의 원형이다. 열매(소견과)는
길이 1.5mm 정도의 세모진 도란형이
며 끝부분은 편평하다.

참고 쉽싸리에 비해 줄기 윗부분에서
가지가 많이 갈라지는 편이며 줄기잎
은 밑부분이 둥글고 가장자리에 안쪽
으로 약간 구부러진 톱니가 있는 것
이 특징이다.

❶2004. 7. 25. 강원 고성군 ❷꽃. 꽃받침통
부는 짧다. ❸열매. 소견과의 끝부분은 편평
하거나 둔하며 등쪽에 돌기모양의 샘털이 있
다. ❹잎. 밑부분은 둔하거나 둥글다.

개쉽싸리

Lycopus cavaleriei H. Lév.

꿀풀과

국내분포/자생지 전국의 습지에서
드물게 자람

형태 다년초. 줄기는 높이 20~50cm
이다. 잎은 길이 2~8cm의 주걱형-
마름모상 타원형이다. 꽃은 7~10월에
백색으로 핀다. 꽃받침은 길이 2mm
정도이며 열편은 길이 1mm 정도의
삼각상 난형이고 끝은 뾰족하다. 꽃
부리는 길이가 3mm 정도이다. 아랫
입술꽃잎은 3개로 갈라지며 열편은
거의 원형이고 윗입술꽃잎과 크기와
모양이 비슷하다. 열매(소견과)는 길이
1.2mm 정도의 세모진 도란형이며 끝
부분은 둥글거나 약간 비스듬하다.

참고 쉽싸리에 비해 잎이 소형이며
마름모상 타원형이고 가장자리에 끝
이 둔하거나 물결모양의 톱니가 있는
것이 특징이다.

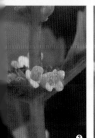

❶2012. 8. 9. 강원 강릉시 ❷꽃. 꽃받침열
편은 난상 삼각형이고 끝이 뾰족하다. ❸열
매. 소견과의 끝부분은 편평하거나 둔하다.
❹잎. 작고 가장자리에 큰 톱니가 약간 있다.

293

털쉽싸리

Lycopus uniflorus Michx.
Lycopus parviflorus Maxim.

꿀풀과

국내분포/자생지 전국(주로 강원 이북)의 습지에 드물게 분포

형태 다년초. 줄기는 높이 20~40cm이며 땅속줄기는 옆으로 벋는다. 잎은 길이 2~5.5cm의 긴 타원형~타원형이고 가장자리에 뾰족한 톱니가 있다. 꽃은 7~9월에 백색으로 핀다. 꽃부리는 길이 2mm 정도의 통형~종형이며 아랫입술열편은 3개로 갈라지고 중앙열편이 가장 넓다. 열매(소견과)는 길이 1.5mm 정도의 세모진 도란형이며 끝부분은 편평하거나 울퉁불퉁하다.

참고 개쉽싸리에 비해 잎이 타원상이고 꽃받침열편의 끝이 바늘모양으로 뾰족하지 않으며 소견과가 꽃받침보다 긴 것이 특징이다.

❶2008. 7. 1. 강원 고성군 ❷꽃. 꽃받침열편은 삼각상이고 끝은 약간 뾰족하다. ❸열매. 소견과는 꽃받침열편보다 길고 끝부분은 흔히 울퉁불퉁하다. ❹잎. 길이에 비해 너비가 넓은 편이다.

섬쥐깨풀

Mosla japonica var. *thymolifera* (Makino) Kitam.

꿀풀과

국내분포/자생지 제주, 부산시의 바닷가 풀밭

형태 1년초. 줄기는 높이 5~20cm이다. 잎은 길이 1~3.5cm의 긴 타원상 난형~난형이고 양면에 샘점과 백색의 털이 있다. 꽃은 8~10월에 백색으로 핀다. 포는 길이 3~6mm의 난형~넓은 난형이다. 꽃받침은 길이 2mm 정도(결실기에는 3~4mm)이고 열편의 톱니는 삼각형~난형이다. 꽃부리는 길이가 4mm 정도이다. 열매(소견과)는 지름 1~1.5mm의 거의 구형이다.

참고 산들깨(var. *japonica*)에 비해 꽃이 백색이고 짧은 총상꽃차례에서 빽빽하게 모여 달리며 잎과 포가 더 크다. 또한 줄기가 녹색이고 퍼진 털이 많은 것이 특징이다.

❶2007. 9. 30. 부산시 기장군 ❷꽃. 백색이고 빽빽하게 모여 달린다. 포는 난형상이고 큰 편이다. ❸열매. 결실기의 꽃받침은 길이 3~4mm이고 열편은 삼각상이다. ❹잎. 흔히 넓은 타원형~난형이다.

쥐깨풀

Mosla dianthera (Buch.-Ham. ex Roxb.) Maxim.

꿀풀과

국내분포/자생지 전국의 농경지, 습지, 하천가, 습한 풀밭 등

형태 1년초. 줄기는 높이 30~70cm 이다. 잎은 길이 2~5cm의 난형-넓은 난형이며 잎자루는 길이 1~2cm이다. 꽃은 8~10월에 연한 적자색으로 피며 줄기와 가지 끝부분의 총상꽃차례에서 모여 달린다. 꽃받침은 길이 4~5mm(결실기)이고 열편은 크게 2개로 갈라진다. 위쪽 열편의 톱니는 3개이며 난상 삼각형이고 끝이 둔한 편이다. 열매(소견과)는 지름 1~1.5mm의 구형이다.

참고 들깨풀에 비해 잎이 흔히 난상이며 가장자리의 톱니가 크고 수는 적은 편(4~7쌍)이며 위쪽 꽃받침열편의 톱니 끝이 둔한 것이 특징이다.

❶ 2005. 9. 13. 경기 포천시 국립수목원 ❷~❸ 꽃. 들깨풀보다 입술꽃잎이 짧은 편이다. ❹ 꽃받침. 위쪽 꽃받침열편의 톱니는 얕게 갈라지고 끝이 둔하다. ❺ 잎. 가장자리의 톱니는 크고 수는 적다.

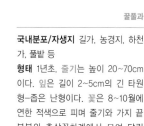

들깨풀

Mosla scabra (Thunb.) C. Y. Wu & H. W. Li
Mosla punctulata (J. F. Gmel.) Nakai

꿀풀과

국내분포/자생지 길가, 농경지, 하천가, 풀밭 등

형태 1년초. 줄기는 높이 20~70cm 이다. 잎은 길이 2~5cm의 긴 타원형-좁은 난형이다. 꽃은 8~10월에 연한 적색으로 피며 줄기와 가지 끝부분의 총상꽃차례에서 모여 달린다. 꽃받침은 길이 3~5mm(결실기)이고 열편은 크게 2개로 갈라진다. 위쪽 열편은 톱니가 3개이며 삼각상이고 끝이 뾰족하다. 열매(소견과)는 지름 1~1.2mm의 구형이다.

참고 쥐깨풀에 비해 잎이 흔히 피침상 타원형-좁은 난형이고 가장자리의 톱니가 작고 수는 많은 편(5~10쌍)이다. 또한 위쪽 꽃받침열편의 톱니 끝이 뾰족한 것이 특징이다.

❶ 2002. 9. 11. 전남 여수시 ❷~❸ 꽃. 쥐깨풀보다 입술꽃잎(특히 아랫입술꽃잎)이 약간 더 길다. ❹ 꽃받침. 위쪽 꽃받침열편의 톱니는 피침상 삼각형이고 끝이 뾰족하다. ❺ 잎. 가장자리의 톱니는 작고 수는 많다.

박하

Mentha canadensis L.

꿀풀과

국내분포/자생지 전국의 습지, 하천가, 습한 풀밭 등

형태 다년초. 줄기는 높이 20~60cm이며 네모지고 구부러진 털이 있다. 잎은 길이 2~8cm의 긴 타원형-좁은 난형이고 가장자리에 뾰족한 톱니가 있다. 꽃은 7~10월에 거의 백색-연한 홍색으로 피며 잎겨드랑이에서 빽빽이 모여 달린다. 꽃부리는 길이 4mm 정도의 종형이며 아랫입술꽃잎은 3개로 갈라지고 열편은 크기와 모양이 비슷하다. 수술은 4개이고 암술대보다 약간 짧다. 열매(소견과)는 길이 1mm 정도의 좁은 타원상이며 끝이 둥글다.

참고 꽃부리열편의 모양이 서로 비슷하며 수술이 4개인 것이 특징이다.

❶2012. 10. 1. 전남 담양군 ❷꽃. 수술과 암술대는 꽃부리 밖으로 길게 나온다. ❸꽃받침. 희미한 맥이 있으며 표면에 긴 털과 샘털이 있다. ❹잎. 양면에 샘점이 흩어져 있다.

개박하

Nepeta cataria L.

꿀풀과

국내분포/자생지 중부지방 이북의 길가, 풀밭, 하천가

형태 2년초 또는 다년초. 줄기는 높이 40~120cm이며 네모지고 전체에 백색의 짧은 털이 많다. 잎은 길이 2.5~7cm의 삼각상 난형-난형이며 밑부분은 편평하거나 심장형이다. 꽃은 6~9월에 거의 백색-연한 적자색으로 핀다. 꽃부리는 길이 7.5mm 정도이며 아랫입술꽃잎의 중앙열편은 부채모양 또는 반원형이고 아랫부분에 긴 털이 있다. 열매(소견과)는 길이 1.3~1.5mm의 좁은 타원형이다.

참고 꽃받침에 13~15개의 맥이 있고 열편의 크기가 비슷한 것이 특징이다.

❶2002. 6. 18. 강원 정선군 ❷꽃. 아랫입술꽃잎의 아랫부분에 긴 털이 많다. ❸결실기의 꽃받침. 맥이 뚜렷하며 긴 털과 샘털이 혼생한다. ❹잎. 양면(특히 뒷면의 맥위)에 털이 있다.

새들깨

Perilla frutescens var. *citriodora* (Makino) Ohwi

꿀풀과

국내분포/자생지 제주 제주시의 산지 길가 또는 숲가장자리

형태 1년초. 줄기는 높이 30~90cm이다. 잎은 길이 7~12cm의 타원형-타원상 난형-넓은 난형이며 밑부분은 쐐기형-넓은 쐐기형-원형이거나 편평하고 흔히 톱니가 없다. 꽃은 9~10월에 백색 또는 연한 적자색으로 핀다. 꽃부리는 길이 4~5mm이며 수술은 꽃부리 밖으로 약간 나온다. 열매(소견과)는 지름 1~1.3mm의 약간 일그러진 구형이다.

참고 들깨(*P. frutescens*)에 비해 전체적으로 소형이며 줄기에 아래 방향으로 굽은 짧은 털만 있는 것이 특징이다.

❶2017. 11. 5. 제주 제주시 ❷열매. 포는 길이 4~5mm의 난상 원형-편원형이고 가장자리에 짧은 털이 약간 있으며 조락성(개화 직후 떨어짐)이다. ❸잎. 표면과 가장자리에 짧은 털이 있다. ❹들깨(2001. 9. 15. 대구시). 염색체는 2n=40(4배체)으로, 새들깨(2n=20)에서 진화 또는 개량된 것으로 추정된다.

털들깨(국명 신칭)

Perilla hirtella Nakai

꿀풀과

국내분포/자생지 제주 및 경기(철원군), 경북(안동시), 전남(완도군) 등 산지의 길가, 바위지대, 풀밭 등

형태 1년초. 줄기는 높이 20~60cm이며 줄기와 잎자루에 털이 밀생한다. 잎은 길이 4~15cm의 긴 타원상 난형(-난형)이며 밑부분은 약간 심장상 원형이거나 편평하다. 꽃은 9~10월에 연한 적자색으로 핀다. 꽃부리는 길이 3~5mm이다. 꽃받침은 길이 3mm 정도(결실기 5~6mm)이며 긴 털이 밀생한다. 열매(소견과)는 지름 1~1.4mm의 약간 일그러진 구형이다.

참고 새들깨에 비해 잎 표면에 흔히 긴 털이 밀생하며 밑부분은 약간 심장형이다. 또한 포가 결실기까지 남아 있고 가장자리에 긴 털이 있는 것이 특징이다.

❶2005. 10. 30. 제주 제주시 ❷꽃. 수술은 4개이다. ❸열매. 포의 가장자리에 긴 털이 밀생한다. ❹잎. 흔히 표면에 긴 털이 밀생하거나 성기게 있다. 향기는 진하지 않은 편이다.

물꼬리풀

Pogostemon stellatus (Lour.) Kuntze

꿀풀과

국내분포/자생지 남부지방 및 제주의 습지에서 드물게 자람

형태 1년초. 줄기는 높이 20~60cm이다. 잎은 길이 2~7cm의 선형-피침형이고 가장자리에 뾰족한 톱니가 성기게 있다. 꽃은 9~10월에 백색-연한 적색으로 피며 길이 2~7cm의 수상꽃차례에서 빽빽이 모여 달린다. 꽃받침은 길이 1.5mm 정도의 종형이고 끝이 5개로 갈라진다. 꽃부리는 길이 1.8~2mm이며 바깥쪽 면에 털이 많다. 수술은 4개이고 꽃부리통부 밖으로 길게 나온다. 열매(소견과)는 길이 0.6mm 정도의 난형-도란형이다.

참고 전주물꼬리풀에 비해 1년초이며 꽃차례가 지름 4~8mm로 가늘고 길며 꽃은 흔히 연한 적색이고 수술대 중간부에 짧은 털이 있는 것이 특징이다.

❶2012. 10. 9. 제주 제주시 동백동산 ❷꽃. 전주물꼬리풀에 비해 작고 수술대 중간부에 짧은 털이 있다. ❸잎. 4~5(~8)개씩 돌려난다.

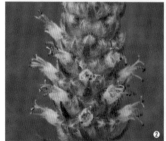

전주물꼬리풀

Pogostemon yatabeanus
(Makino) Press

꿀풀과

국내분포/자생지 전북(절멸 추정) 및 제주의 습지에 매우 드물게 자람

형태 다년초. 줄기는 높이 30~50cm이고 땅속줄기가 발달한다. 잎은 3~5개씩 돌려나며 길이 3.5~4.5cm의 좁은 선형이고 가장자리에 작은 톱니가 있다. 꽃은 8~10월에 적자색으로 피며 수상꽃차례에서 빽빽이 모여 달린다. 꽃받침은 길이 2.5mm 정도이고 포와 더불어 부드러운 털이 많다. 꽃부리는 길이 3~4mm이며 수술은 4개이고 꽃부리 밖으로 길게 나온다. 열매(소견과)는 길이 0.7mm 정도의 난형이며 둔한 능각이 있다.

참고 물꼬리풀에 비해 다년초이며 꽃이 적자색이고 수술대 중간부에 긴 털이 빽빽한 것이 특징이다.

❶2003. 9. 15. 경기 포천시 국립수목원(식재) ❷꽃차례. 꽃이 적자색이고 빽빽이 모여 달린다. ❸꽃. 수술대에 긴 털이 밀생한다. ❹잎. 4~5개씩 돌려난다.

꿀풀

Prunella vulgaris subsp. *asiatica* H. Hara
Prunella asiatica Nakai

꿀풀과

국내분포/자생지 전국의 풀밭에 흔히 자람

형태 다년초. 줄기는 높이 20~40cm 이며 전체에 백색의 털이 많다. 잎은 길이 3~5cm의 긴 타원상 난형-난형이며 가장자리에 밋밋하거나 둔한 톱니가 있다. 꽃은 5~7월에 자색으로 핀다. 꽃받침은 길이 1cm 정도이며 크게 2개의 열편으로 갈라진다. 꽃받침통부는 길이 4mm 정도이고 백색의 긴 털이 많다. 열매(소견과)는 길이 1.5mm 정도의 난형이다.

참고 자색의 꽃이 수상의 꽃차례에서 빽빽이 모여 달리는 것이 특징이다. 또한 꽃받침의 위쪽 열편은 3개로 얕게 갈라지며 아래쪽 열편은 깊게 갈라지고 끝이 뾰족한 피침형이다.

❶2004. 6. 20. 경기 구리시 ❷꽃. 입술꽃잎의 바깥 면과 꽃받침에 긴 털이 있다. ❸흰꽃풀. 간혹 관찰된다. ❹잎. 가장자리는 밋밋하거나 둔한 톱니가 있다.

배암차즈기

Salvia plebeia R. Br.

꿀풀과

국내분포/자생지 전국의 농경지, 습지, 하천가 등

형태 1~2년초. 줄기는 높이 20~80cm 이며 짧은 털이 많다. 잎은 길이 2~6cm의 타원상 피침형-타원상 난형이며 가장자리는 둔하거나 뾰족한 톱니가 있다. 꽃은 5~7월에 연한 자색-연한 적자색으로 피며 긴 총상꽃차례에서 모여 달린다. 꽃받침은 길이 2.5~3mm이며 겉에는 샘털과 잔털이 많다. 아랫입술꽃잎은 길이 1.7mm 정도이고 중앙열편은 넓은 도란형이다. 열매(소견과)는 지름 0.4mm 정도의 도란형이다.

참고 자생 배암차즈기속의 다른 종에 비해 1~2년초이며 줄기에서 가지가 많이 갈라지고 꽃이 소형인 것이 특징이다.

❶2004. 6. 7. 경기 구리시 ❷꽃. 꽃받침에는 짧은 털과 샘털이 있다. ❸잎. 특히 뒷면의 맥위에 털이 많다. ❹줄기. 네모지며 털이 많다.

창골무꽃

Scutellaria barbata D. Don

꿀풀과

국내분포/자생지 경남(우포늪, 원동습지, 함안천, 화포천), 경북(의성군), 대구시 등의 저지대 습지

형태 다년초. 땅속줄기가 가늘고 길게 벋는다. 줄기는 높이 25~50cm이고 네모지며 줄기의 윗부분과 꽃차례에 짧은 털이 약간 있다. 잎은 마주나며 길이 1.3~3.2cm의 난상 피침형-삼각상 난형이고 잎맥과 가장자리에 짧은 털이 약간 있다. 밑부분은 넓은 쐐기형이거나 거의 편평하며 가장자리는 얕고 둔한 톱니가 불규칙하게 있다. 꽃은 5~7월에 연한 자색-연한 청자색으로 피며 포와 유사한 잎의 겨드랑이에 1개씩 달린다. 꽃이 달리는 부분의 잎 중 가장 아래쪽의 잎은 길이 8~15mm의 난상 피침형-타원형이며 위쪽으로 갈수록 좁은 타원형-타원형의 포모양으로 작아진다. 꽃받침은 길이 2mm 정도(결실기에는 길이 4.5mm 정도)이고 가장자리에 털이 있다. 부속체는 길이 1mm 정도(결실기에는 길이 2mm 정도)이다. 꽃부리는 길이 1~1.5cm이고 겉에 털이 많다. 아랫입술꽃잎은 반원형-거의 원형이고 중앙부는 백색이며 중앙열편은 길이 2.5mm 정도이고 가장자리가 밋밋하다. 열매(소견과)는 길이 1mm 정도의 편원형이며 갈색으로 익는다.

참고 유럽에 분포하는 *S. hastifolia*에 비해 꽃이 약간 더 크고 잎이 줄기의 위쪽(특히 꽃이 달리는 부분)으로 갈수록 확연히 작아지는 것이 특징이다. 또한 잎의 밑부분 가장자리에 창모양의 귀가 발달하지 않는다.

❶ 2016. 5. 26. 경남 양산시 ❷~❸ 꽃. 줄기 윗부분의 포처럼 생긴 잎의 겨드랑이에서 핀다. 꽃은 길이 2~3cm이다. ❹ 잎. 피침상 삼각형-난상 삼각형이며 밑부분에 창모양 또는 귀모양의 열편이 없다. ❺ 잎 뒷면. 맥위와 잎가장자리에 털이 약간 있다. ❻ 열매. 꽃받침의 바깥 면에는 털이 약간 있으며 소견과는 닫힌 꽃받침 속에 4개씩 들어 있다. ❼ 땅속줄기. 가늘고 길게 벋는다.

애기골무꽃

Scutellaria dependens Maxim.

꿀풀과

국내분포/자생지 전국의 습지

형태 다년초. 땅속줄기가 길게 벋는다. 줄기는 높이 10~40cm이며 털은 거의 없다. 잎은 길이 6~25mm의 삼각상 난형이다. 꽃은 7~10월에 백색~연한 자색으로 피며 잎겨드랑이에 1개씩 달린다. 꽃받침은 길이 1.5~2mm(결실기에는 길이 2.5~3mm)이며 꽃부리는 길이 6mm 정도이다. 열매(소견과)는 길이 0.7mm 정도의 거의 구형이며 잔돌기가 많다.

참고 창골무꽃에 비해 꽃이 작고 거의 백색이며 꽃차례의 잎과 줄기의 잎은 크기와 모양이 유사하다. 또한 잎의 가장자리가 밋밋하거나 1~3개의 둔한 톱니가 있으며 밑부분이 흔히 심장형인 것이 특징이다.

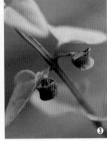

❶ 2002. 8. 24. 울산시 울주군 정족산 ❷꽃. 잎겨드랑이에 달리며 꽃자루가 뚜렷하다. ❸열매 ❹잎. 가장자리는 밋밋하거나 1~3개의 둔한 톱니가 있다.

참골무꽃

Scutellaria strigillosa Hemsl.

꿀풀과

국내분포/자생지 전국의 해안가 및 인근 풀밭

형태 다년초. 땅속줄기가 길게 벋는다. 줄기는 높이 10~40cm이며 네모지고 위를 향한 털이 있다. 잎은 길이 1.5~3.5cm의 긴 타원형~타원형이며 가장자리에 얕고 둔한 톱니가 있다. 꽃은 6~8월에 자색으로 피며 잎겨드랑이에 1개씩 달린다. 꽃받침은 길이 3~4mm(결실기에는 길이 5mm 정도)이며 구부러진 털이 많다. 꽃부리는 길이 2~2.2cm이고 비스듬히 또는 곧추 달린다. 열매(소견과)는 길이 1.3~1.8mm의 타원형~반원형이며 둥근 돌기가 많다.

참고 꽃이 자색이고 잎이 타원상이며 줄기, 잎, 꽃받침 등에 털이 많은 것이 특징이다.

❶ 2013. 6. 13. 경남 하동군 ❷꽃. 꽃부리의 바깥 면과 꽃받침에 털이 많다. ❸열매 ❹잎. 가장자리에 톱니가 뚜렷하다.

가는골무꽃
Scutellaria regeliana Nakai

꿀풀과

국내분포/자생지 북부지방의 습지, 풀밭

형태 다년초. 땅속줄기가 길게 벋는다. 줄기는 높이 25~40cm이며 아랫부분에서 가지가 갈라진다. 잎은 길이 1.7~3.8cm의 선형~삼각상 피침형이며 끝이 둔하다. 꽃은 6~7월에 연한 청색~청자색으로 피며 줄기 윗부분의 잎겨드랑이에 1개씩 달린다. 꽃받침은 길이 4mm 정도이고 털이 많다. 꽃부리는 길이 2~2.5cm로 통상 입술모양이며 아랫입술꽃잎은 너비 8~10mm의 편원형이다. 열매(소견과)는 길이 1~1.5mm의 난형이다.

참고 참골무꽃에 비해 잎이 선상 피침형으로 좁으며 가장자리의 톱니가 미약한 것이 특징이다.

❶2016. 7. 11. 중국 헤이룽장성 ❷~❸꽃. 꽃부리의 바깥 면과 꽃받침에 털이 많다. 꽃받침 윗부분의 돌기는 높이 1~2mm(결실기에는 2~4mm)로 작은 편이다. ❹잎. 피침상이며 털이 있다.

석잠풀
Stachys aspera subsp. *japonica* (Miq.) Krestovsk.

꿀풀과

국내분포/자생지 전국의 농경지, 습지, 하천가 또는 습한 풀밭

형태 다년초. 줄기는 높이 30~70cm이고 네모지며 땅속줄기가 길게 벋는다. 잎은 길이 5~10cm의 긴 타원형상 피침형이다. 꽃은 5~9월에 연한 자색~연한 적자색으로 핀다. 꽃부리는 길이 1.2cm 정도이며 통부는 길이 6mm 정도이고 겉에 털이 있다. 아랫입술꽃잎은 길이 7mm이고 중앙부에 넓게 백색의 무늬가 있으며 중앙열편은 거의 원형이고 끝부분은 오목하다. 열매(소견과)는 길이 2mm 정도의 타원형~난형이고 표면은 밋밋하다.

참고 털석잠풀이나 개석잠풀에 비해 줄기와 잎에 긴 털이 없으며 꽃받침에 샘털이 많은 것이 특징이다.

❶2002. 7. 2. 강원 강릉시 ❷꽃. 꽃받침에 샘털이 많다. ❸줄기. 마디부분을 제외하고는 털이 거의 없다. ❹잎. 털이 거의 없거나 가장자리에 짧은 털이 약간 있다.

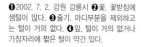

털석잠풀

Stachys baicalensis Fisch. ex Benth.
var. *baicalensis*
Stachys baicalensis var. *hispida*
(Ledeb.) Nakai; *S. riederi* var. *hispida*
(Ledeb.) H. Hara.

꿀풀과

국내분포/자생지 북부지방의 농경지, 습지

형태 다년초. 땅속줄기가 길게 벋는다. 줄기는 높이 40~80cm이며 네모지고 능각에 긴 털이 많다. 잎은 길이 3~11cm, 너비 4~15mm의 긴 타원상 피침형이며 끝부분이 둥글고 가장자리에 둔한 톱니가 있다. 흔히 양면에 털이 있다. 꽃은 6~7월에 연한 적자색~적자색으로 피며 줄기와 가지 윗부분의 마디에서 모여 달린다. 꽃자루는 길이 1mm 정도이고 털이 있다. 꽃받침은 길이 8~10mm의 종형이며 전체에 긴 털이 많다. 꽃받침열편은 길이 3mm 정도의 삼각상 피침형이고 끝은 바늘처럼 뾰족하며 5개의 열편은 크기가 비슷하다. 꽃부리는 길이 1.5cm 정도이고 통부는 길이 9mm 정도이며 겉에 털이 있다. 윗입술꽃잎은 길이 7mm 정도의 도란형이다. 아랫입술꽃잎은 길이 8~10mm이고 중앙부에 넓게 백색과 자색의 무늬가 있다. 중앙열편은 거의 원형이고 끝부분은 오목하며 측열편은 난형상이다. 수술은 4개이며 2개는 길고 2개는 짧다. 열매(소견과)는 길이 2mm 정도의 타원형~난형이고 표면은 밋밋하다.

참고 석잠풀이나 우단석잠풀에 비해 줄기의 능각부와 잎에 긴 털이 있으며 꽃받침에 샘털이 아닌 긴 털이 많은 것이 특징이다. **개석잠풀**(var. *hispidula*)은 털석잠풀에 비해 줄기, 잎, 꽃받침에 털이 적은 것이 특징이다. 넓은 의미에서는 석잠풀, 개석잠풀, 털석잠풀을 동일 종(*S. aspera*)으로 처리하기도 한다. 참고로 북부지방에 분포하는 우단석잠풀(*S. oblongifolia*)은 중국의 중남부지방 및 인도에 분포하는 종으로 한반도 내의 분포는 불명확하다.

❶ 2007. 6. 23. 중국 지린성 두만강 인근 ❷ 열매. 소견과의 표면은 밋밋하다. ❸ 줄기. 네모지며 능각에 옆으로 퍼진 긴 털이 밀생한다. ❹ 꽃. 꽃받침에 긴 털이 많다. ❺~ ❻ 개석잠풀 ❺ 꽃. 꽃받침에 긴 털과 샘털이 혼생한다. ❻ 2004. 7. 6. 강원 태백시 금대봉

개곽향

Teucrium japonicum Houtt.

꿀풀과

국내분포/자생지 전국의 농경지, 풀
밭 및 숲가장자리

형태 다년초. 땅속줄기가 길게 뻗는
다. 줄기는 높이 30~80cm이고 네
모지며 밑으로 굽은 짧은 털이 많다.
잎은 길이 5~10cm의 긴 타원상 난
형-난상 피침형이며 가장자리에 뾰
족한 겹톱니가 있다. 꽃은 7~8월에
연한 홍색으로 피며 총상꽃차례에서
빽빽이 모여 달린다. 꽃받침은 길이
4~5mm이고 털이 거의 없다. 열매(소
견과)는 길이 1~1.5mm의 타원형-도
란형이며 표면은 밋밋하다.

참고 곽향(*T. veronicoides*)에 비해 대
형이며 줄기에 굽은 털이 많고 포가
선상 피침형이다.

❶2014. 7. 15. 경북 문경시 ❷~❸꽃. 윗입
술꽃잎이 매우 작다. 아랫입술꽃잎은 3개로
갈라지며 중앙의 열편은 타원상 도란형이고
매우 크다. 열편의 가장자리를 제외하면 꽃
받침에 털이 거의 없다. ❹잎. 뒷면의 맥위에
짧은 털이 있다.

물별이끼

Callitriche palustris L.

별이끼과

국내분포/자생지 전국의 농경지 및
습지에서 흔히 자람

형태 1년초. 잎은 길이 5~12mm의 선
형(수중잎)-타원상 주걱형이며 끝은
둥글거나 오목하다. 암수한그루이다.
꽃은 5~10월에 백색으로 피며 잎겨
드랑이에 1~3개씩 달리고 2개의 포
가 있다. 수꽃은 1개의 수술이 있으며
수술의 길이는 2~3mm이다. 암꽃의
암술대는 2개이다. 열매는 1~1.4mm
의 타원형이며 끝이 약간 파이고 가
장자리에 좁은 날개가 있다.

참고 별이끼(*C. japonica*)는 습한 땅위
를 기면서 자라며 잎은 거의 동일한
모양이고 3맥이 있는 것이 특징이다.
한반도 내 분포 여부는 불명확하다.

❶2005. 5. 15. 경남 양산시 ❷꽃. 포는 난
형이고 큰 편이다. ❸열매. 도란상 타원형
으로 윗부분이 가장 넓다. ❹잎. 별이끼에 비
해 잎의 모양에 변이가 많다.

긴포꽃질경이

Plantago aristata Michx.

질경이과

국내분포/자생지 북아메리카 원산. 경기, 경북(경주시), 서울시의 길가, 하천가

형태 1년초. 흔히 전체에 가늘고 긴 털이 많다. 잎은 길이 4~20cm의 선형이고 뚜렷한 1~3맥이 있다. 꽃은 6~8월에 피며 길이 2~12cm의 수상꽃차례에서 빽빽이 모여 달린다. 포는 길이 8~40mm의 선형이고 끝이 뾰족하다. 꽃받침열편은 길이 2~3mm의 좁은 도란형 또는 난형이다. 꽃부리는 4개로 깊게 갈라지며 열편은 길이 2~2.5mm의 난형이고 막질이다. 열매(삭과)는 길이 2.5~3mm의 타원형-난형이며 2개의 씨가 들어 있다.

참고 포가 꽃보다 훨씬 길고 수술은 꽃부리 밖으로 길게 돌출하지 않는 것이 특징이다.

❶ 2013. 6. 16. 서울시 한강공원 ❷ 꽃차례. 포가 매우 길고 긴 털이 많다. ❸ 잎. 선형이며 긴 털이 많다. ❹ 뿌리. 곧은 뿌리가 발달한다.

질경이

Plantago asiatica L.

질경이과

국내분포/자생지 전국의 길가, 빈터, 하천가 등

형태 다년초. 뿌리는 수염모양이다. 잎은 길이 4~15(~25)cm의 타원형-넓은 난형이며 3~7맥이 있다. 꽃은 4~10월에 피며 길이 3~40cm의 수상꽃차례에서 모여 달린다. 포는 길이 2~3mm의 삼각상 피침형-난상 삼각형이다. 꽃부리는 4개로 깊게 갈라지며 열편은 길이 1~1.5mm의 좁은 삼각형이고 막질이다. 열매(삭과)는 길이 2.5~3.5mm의 넓은 타원형-난형이며 씨는 길이 1.2~2mm의 타원형이다.

참고 왕질경이에 비해 꽃에 짧은 꽃자루가 있으며 씨가 크고 열매당 적게(흔히 4~8개) 들어 있는 것이 특징이나.

❶ 2013. 5. 18. 경북 성주군 낙동강 ❷ 꽃. 수술은 4개이며 꽃부리 밖으로 길게 돌출한다. ❸ 열매. 흔히 난상 타원형이다. ❹ 씨. 열매 1개당 적게(4~6개) 들어 있다. ❺ 잎. 털질경이에 비해 넓은 편이다.

왕질경이

Plantago major L.

질경이과

국내분포/자생지 전국의 해안가 및 인근의 길가, 빈터

형태 다년초. 뿌리는 수염모양이다. 잎은 길이 10~20(~30)cm의 타원형-넓은 난형이며 5~7맥이 있다. 꽃은 5~9월에 피며 길이 8~50cm의 수상꽃차례에서 모여 달린다. 포는 길이 1.2~2mm의 난상 삼각형이다. 꽃부리는 4개로 깊게 갈라지며 열편은 길이 1~1.5mm의 좁은 난형이고 막질이다. 열매(삭과)는 길이 2.5~3mm의 넓은 타원형-난형이며 씨는 길이 0.8~1.2mm의 각진 타원형-난형이다.

참고 질경이에 비해 꽃자루가 없으며 씨가 보다 작고 열매당 많이(흔히 12~20개) 들어 있는 것이 특징이다.

❶2001. 7. 6. 인천시 강화도 ❷꽃. 수술은 4개이고 꽃부리 밖으로 길게 돌출한다. ❸열매. 질경이와 유사하다. ❹씨. 열매 1개당 많이(12~20개) 들어 있다. ❺잎. 질경이와 유사하지만 흔히 크고 넓은 편이다.

개질경이

Plantago camtschatica Cham. ex Link

질경이과

국내분포/자생지 전국의 해안가 모래땅 또는 길가

형태 다년초. 뿌리는 굵고 곧게 벋는다. 잎은 길이 4~25cm의 긴 타원형-타원형이며 5~7맥이 있고 털이 많다. 꽃은 4~6월에 피며 길이 3~15cm의 수상꽃차례에서 모여 달린다. 포는 길이 2mm 정도의 난상 타원형-넓은 난형이다. 꽃받침침열편은 길이 2~2.5mm이다. 꽃부리는 4개로 깊게 갈라지며 열편은 길이 1~1.5mm의 타원상 난형-난형이고 백색이다. 열매(삭과)는 길이 2.5~3mm의 타원상 난형-난형이며 4개의 씨가 들어 있다.

참고 털질경이에 비해 잎과 꽃줄기에 백색의 퍼진 털이 밀생하며 꽃밥에 자줏빛이 도는 것이 특징이다.

❶2013. 5. 22. 제주 제주시 구좌읍 ❷꽃. 꽃밥은 흔히 자줏빛이 약간 돈다. ❸열매 ❹잎. 긴 털이 밀생한다.

털질경이
Plantago depressa Willd.

국내분포/자생지 전국의 길가, 빈터, 하천가, 해안가 등

형태 2년초 또는 다년초. 잎은 길이 3~15cm의 타원상 피침형-넓은 타원형이며 5(~7)맥이 있고 털이 많거나 거의 없다. 꽃은 4~9월에 피며 길이 6~12(~20)cm의 수상꽃차례에서 모여 달린다. 포는 길이 2~3.5mm의 삼각상 난형이다. 꽃부리는 4개로 깊게 갈라지며 열편은 길이 0.5~1mm의 타원형-난형이고 백색이다. 꽃밥은 백색이다. 열매(삭과)는 길이 4~5mm의 타원상 난형-난형이며 4개의 씨가 들어 있다.

참고 질경이에 비해 곧은 뿌리가 발달하며 잎이 흔히 좁은 타원상이고 표면에 털이 많은 것이 특징이다.

❶2014. 5. 28. 강원 강릉시 ❷꽃. 꽃밥은 흔히 백색이다. ❸열매 ❹잎. 흔히 좁은 타원상이다. ❺털질경이(좌)와 질경이(우)의 뿌리 비교. 질경이에 비해 곧은 뿌리가 발달한다.

창질경이
Plantago lanceolata L.

국내분포/자생지 유럽 원산. 중남부 지방의 길가, 빈터, 하천가 등

형태 2년초 또는 다년초. 뿌리는 굵고 곧게 벋는다. 잎은 길이 6~20cm의 선상 피침형-타원상 피침형이며 (3~)5맥이 있고 가장자리는 거의 밋밋하다. 꽃은 4~10월에 피며 길이 1~5(~8)cm의 수상꽃차례에서 모여 달린다. 포는 길이 3.5~5mm의 타원형-난형이다. 꽃부리는 4개로 깊게 갈라지며 열편은 길이 1.5~3mm의 난상 피침형이고 백색이다. 열매(삭과)는 길이 3~4mm의 좁은 난형이며 (1~)2개의 씨가 들어 있다.

참고 잎이 피침형이며 꽃차례는 짧은 원통상이고 씨가 열매당 2개씩 들어 있는 것이 특징이다.

❶2013. 6. 16. 서울시 한강공원 ❷꽃. 짧은 수상꽃차례에서 모여 달린다. ❸미숙 열매. 열매당 2개의 씨가 들어 있다. ❹잎. 피침형이다.

미국질경이

Plantago virginica L.

질경이과

국내분포/자생지 유럽 원산. 제주 및 남부지방의 길가, 풀밭, 하천가 등

형태 2년초 또는 다년초. 전체에 퍼진 털이 많으며 뿌리는 굵고 곧게 벋는다. 잎은 길이 5~20cm의 도피침상 주걱형~주걱형이며 3~5맥이 있고 가장자리는 거의 밋밋하다. 꽃은 4~5월에 피며 길이 2~15cm의 수상꽃차례에서 모여 달린다. 꽃부리는 4개로 깊게 갈라지며 열편은 길이 1.5~2.5mm의 삼각상 난형이고 연한 황갈색이다. 열매(삭과)는 길이 1.4~2mm의 긴 타원상 난형이며 2개의 씨가 들어 있다.

참고 잎이 주걱형이고 수술이 꽃부리 밖으로 길게 돌출하지 않으며 꽃부리 열편이 결실기까지 남아 있는 것이 특징이다.

❶ 2013. 5. 22. 제주 제주시 ❷꽃(개화 직후). 꽃이 지면 꽃부리열편은 곧추서며 결실기까지 남는다. ❸ 잎. 주걱상이며 털이 밀생한다. ❹ 뿌리. 곧은 뿌리가 발달한다.

쇠뜨기말풀(쇠뜨기말)

Hippuris vulgaris L.

쇠뜨기말풀과

국내분포/자생지 북부지방의 연못, 웅덩이, 하천 등

형태 다년초. 줄기는 길이 20~150cm이며 물속에서 길게 자란다. 잎은 (4~)8~12개가 돌려나며 길이 1.5~6cm의 선형-피침형이고 가장자리는 밋밋하거나 희미한 톱니가 있다. 물속 잎이 지상 줄기의 잎보다 더 길다. 꽃은 6~9월에 자색으로 핀다. 수술은 길이 1.5mm 정도이며 씨방은 길이 1mm 정도이다 열매(수과)는 길이 1.5~2.5mm의 타원상 난형이며 평활하다.

참고 잎이 흔히 8~12개씩 돌려나며 길이 1.5~6cm의 선형-피침형인 것이 특징이다.

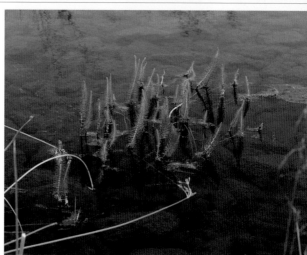

❶ 2016. 7. 11. 중국 헤이룽장성 ❷물밖의 잎. 길이 1~1.5cm, 너비 1~2mm이고 1맥이 있다. ❸물속의 잎. 물밖의 잎보다 약간 더 큰(길이 2~6cm, 너비 2~3mm) 편이다.

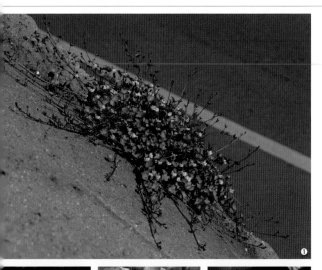

덩굴해란초

Cymbalaria muralis G. Gaertn.,
B. Mey. & Scherb.

현삼과

국내분포/자생지 유럽 원산. 서울,
인천시의 길가, 민가의 돌담 또는 바
위지대

형태 1년초. 줄기는 길이 10~40cm
이며 땅위로 벋는다. 잎은 길이 1~
3cm의 넓은 삼각형-거의 원형이며
흔히 손바닥모양으로 5~9개로 얕게
갈라지고 밑부분은 심장모양이다. 꽃
은 4~9월에 연한 자색으로 피며 꽃
부리는 길이 9~15mm이고 거는 길이
1~3mm이다. 아랫입술꽃잎은 3개로
갈라지고 중앙부에 황색의 큰 무늬가
있다. 윗입술꽃잎은 2개로 깊게 갈라
진다. 열매(삭과)는 지름 4mm 정도의
거의 구형이고 털은 없다.

참고 줄기가 길게 벋고 마디에서 뿌
리를 내리며 꽃이 작고 연한 자색인
것이 특징이다.

❶2016. 4. 17. 인천시 ❷~❸꽃. 아랫입술꽃
잎의 중앙부에 황색의 무늬가 있다. ❹열매.
난상 구형-거의 구형이다. ❺잎

솔잎해란초

Nuttallanthus canadensis (L.)
D. A. Sutton

현삼과

국내분포/자생지 북아메리카(동부) 원
산. 제주 서귀포시의 도로변

형태 1년초. 줄기는 높이 10~40cm
이고 뿌리 부근에서 나온 땅위를 기
는 줄기가 있다. 줄기잎은 어긋나거
나 마주나며 길이 1~3cm의 선형이
다. 꽃은 4~6월에 핀다. 꽃받침열편
은 5개이고 샘털이 있다. 꽃부리는
길이 9~13mm이며 아랫입술꽃잎의
중앙부에 백색의 큰 무늬가 있다. 윗
입술꽃잎은 2개로 깊게 갈라진다. 열
매(삭과)는 길이 2~3mm의 거의 구형
이다.

참고 잎이 선형이고 작으며 꽃이 연
한 청색-연한 자색이고 거가 길이
3~4mm로 짧은 것이 특징이다. 최근
에는 해란초속(*Linaria*)과 함께 질경이
과에 포함시키기도 한다.

❶2016. 4. 28. 제주 서귀포시 ❷꽃. 꽃받침
열편은 길이가 서로 비슷하다. ❸열매 ❹잎.
곧추서는 줄기에서는 마주나거나 어긋나며
기는 줄기에서는 3~4개씩 돌려난다.

해란초

Linaria japonica Miq.

현삼과

국내분포/자생지 중남부지방 이북의 해안가 모래땅

형태 다년초. 줄기는 높이 15~40cm 이고 비스듬히 자라며 전체에 털이 없다. 잎은 길이 1.4~3cm의 긴 타원형-타원형 또는 도란형이며 희미한 3맥이 있다. 꽃은 6~9월에 연한 황색으로 피며 꽃부리는 길이 1.2~1.7cm 이고 융기된 중앙부(구개부)는 오렌지색이다. 거는 길이가 3~8mm이다. 윗입술꽃잎은 2개로 깊게 갈라지고 곧추서며 아랫입술꽃잎보다 길다. 열매(삭과)는 지름 6mm 정도의 거의 구형이다.

참고 좁은잎해란초에 비해 잎이 흔히 마주나거나 3~4개씩 돌려나며 잎이 타원상이고 끝이 길게 뾰족하지 않은 것이 특징이다.

❶ 2001. 7. 27. 경북 울진군 ❷ 꽃. 거는 좁은잎해란초에 비해 짧은 편이다. ❸ 열매. 거의 구형이고 털은 없다. ❹ 잎. 마주나거나 3~4개씩 돌려난다.

좁은잎해란초

Linaria vulgaris Hill

현삼과

국내분포/자생지 강원 이북의 길가, 풀밭, 하천가

형태 다년초. 줄기는 높이 20~80cm 이고 곧추 자라며 털이 없다. 잎은 길이 2~8cm의 선형이며 (1~)3맥이 있다. 꽃은 6~9월에 연한 황색으로 피며 꽃부리는 길이 1.2~1.5cm이고 융기된 중앙부(구개부)는 오렌지색이다. 거는 길이 10~15mm이다. 윗입술꽃잎은 2개로 깊게 갈라지고 곧추서며 아랫입술꽃잎보다 길다. 열매(삭과)는 길이 7~9mm의 난상 구형이다.

참고 해란초에 비해 잎이 선형이고 흔히 어긋나며 꽃부리의 거가 긴 것이 특징이다.

❶ 2013. 9. 9. 러시아 프리모르스키주 ❷ 꽃. 꽃부리의 구개부는 연한 오렌지색이며 거는 길다. ❸ 잎. 흔히 어긋나며 잎끝은 뾰족하거나 길게 뾰족하다.

성주풀

Centranthera cochinchinensis
(Lour.) Merr.

현삼과

국내분포/자생지 남부지방의 습한 풀밭에 드물게 자람

형태 1년초. 줄기는 높이 30~60cm 이고 곧추 자라며 중앙 윗부분에서 가지가 약간 갈라진다. 잎은 마주나 며 길이 2~3cm의 선상 피침형이고 가장자리가 밋밋하다. 꽃은 8~10월 에 연한 황색으로 피며 꽃부리는 길 이 1.5~2.5cm이다. 꽃받침은 길이 6~10mm이고 털이 있다. 아랫입술꽃 잎은 3개로 갈라지며 열편은 거의 원 형이다. 윗입술꽃잎은 2개로 갈라지 며 아랫입술꽃잎보다 약간 짧다. 열 매(삭과)는 길이 7~8mm의 난상 타원 형이고 꽃받침에 싸여 있다.

참고 반기생성 식물이며 꽃부리가 통 형이고 연한 황색인 것이 특징이다.

❶ 2012. 9. 15. 전남 신안군 **❷** 꽃. 꽃받침은 불염포모양이며 한쪽 면이 찢어져 꽃이 나 온다. **❸** 열매. 꽃받침에 싸여 있다. 꽃받침의 끝은 뾰족하다.

진땅고추풀

Deinostema violacea (Maxim.)
T. Yamaz.

현삼과

국내분포/자생지 전국의 농경지, 습 지 및 습한 풀밭

형태 1년초. 줄기는 높이 5~25cm 이다. 잎은 마주나며 길이 5~10mm 의 선상 피침형이다. 꽃은 7~9월 에 연한 자색으로 핀다. 꽃부리는 길 이 5mm 정도이며 꽃받침열편은 길 이 3~5mm의 선상 피침형이고 흔 히 샘털이 있다. 아랫입술꽃잎은 길 이 3mm 정도이고 3개로 갈라지며 중앙부의 열편이 가장 크고 2개로 깊게 갈라진다. 윗입술꽃잎은 길이 2~2.5mm의 넓은 주걱형이다. 열매 (삭과)는 길이 2~3mm의 난상 긴 타 원형이다.

참고 둥근잎고추풀(*D. adenocaula*)에 비해 잎이 선상 피침형이고 끝이 뾰 족하며 꽃이 보다 큰 편이다.

❶ 2005. 7. 12. 제주 제주시 동백동산 **❷**~ **❸** 꽃. 연한 자색으로 피며 꽃받침에 긴 샘털 이 약간 있다. **❹** 열매. 폐쇄화의 열매는 자루 가 없다. **❺** 잎. 마주난다.

등에풀

Dopatrium junceum (Roxb.)
Buch.-Ham. ex Benth.

현삼과

국내분포/자생지 중부지방 이남의
농경지 또는 얕은 웅덩이

형태 1년초. 줄기는 높이 10~30cm
이며 곧추 자란다. 잎은 마주나며 길
이 3~20mm의 피침형-주걱상 피침
형이고 줄기의 윗부분으로 갈수록
작아져 인편상이 된다. 꽃은 8~9월
에 백색-연한 자색으로 피며 잎겨드
랑이에 1개씩 달린다. 꽃부리는 길이
5~6mm이며 꽃받침은 길이 1~2mm
이다. 아랫입술꽃잎은 3개로 갈라지
며 윗입술꽃잎은 사각형-원형이다.
열매(삭과)는 길이 2~2.5mm의 구형
이고 꽃받침보다 길다.

참고 줄기가 굵고 곧추 자라며 줄기
위쪽의 잎은 작고 다육질이며 열매는
구형인 것이 특징이다.

❶2012. 9. 6. 경기 연천군 ❷~❸꽃 ❹열매.
거의 구형이고 매끈하다. ❺잎. 다육질로 두
툼한 편이다.

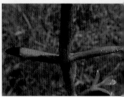

등포풀

Limosella aquatica L.

현삼과

국내분포/자생지 중부지방 이남의
농경지, 하천가 또는 습지 주변에서
드물게 분포

형태 1년초. 줄기는 높이 3~5(~10)
cm이며 옆으로 벋는 줄기의 마디
에서 뿌리와 잎이 나온다. 잎은 길
이 1~4cm의 피침형-주걱상 피침형
이고 털은 없다. 꽃은 5~10월에 백
색-연한 분홍색으로 피며 잎겨드랑
이에 1개씩 달린다. 꽃자루는 길이
7~13mm이고 가늘다. 꽃부리는 길이
2mm 정도의 종형이며 열편은 길이
1~1.5mm의 삼각상 난형이다. 열매(삭
과)는 길이 2~3mm의 넓은 타원형-
난상 타원형이다.

참고 짧게 벋는 줄기가 있으며 줄기
의 끝과 뿌리 부근에서 잎이 모여나
고 꽃이 방사대칭을 이루며 수술이 4
개인 것이 특징이다.

❶2012. 5. 31. 경남 함안군 ❷꽃. 백색이며
꽃부리열편은 5개이고 안쪽 면에 털이 있다.
수술은 4개이다. ❸열매. 타원상이다.

큰고추풀

Gratiola japonica Miq.

현삼과

국내분포/자생지 전국의 농경지, 하천 또는 습지 주변

형태 1년초. 줄기는 높이 10~30cm 이며 약간 다육질이고 털이 없다. 잎은 길이 1~3cm의 피침형~좁은 타원형이고 3맥이 있다. 꽃은 5~7월에 백색으로 피며 잎겨드랑이에 1개씩 달린다. 꽃자루는 거의 없다. 꽃부리는 길이 5mm 정도의 통형이며 통부의 안쪽에 긴 털이 있다. 윗입술꽃잎은 길이 1.5mm 정도의 넓은 도란형-원형이며 아랫입술꽃잎은 3개로 갈라지고 열편은 길이가 2mm 정도이다. 열매(삭과)는 길이 4~5mm의 구형이다.

참고 전체에 털이 거의 없고 잎가장자리가 밋밋하며 수술이 2개(가수술도 2개)인 것이 특징이다.

❶2005. 5. 15. 경남 양산시 ❷~❸꽃. 윗입술꽃잎의 안쪽 면에 긴 털이 있다. 꽃받침은 녹색이며 털은 없다. ❹열매. 거의 구형이다.

미국큰고추풀
(국명 신칭)

Gratiola neglecta Torr.

현삼과

국내분포/자생지 북아메리카 원산. 한강변의 습지

형태 1년초. 줄기는 높이 5~40cm 이다. 잎은 길이 2~5cm의 선상 피침형-좁은 타원형 또는 약간 낫모양이다. 꽃은 5~7월에 피며 잎겨드랑이에서 1개씩 달린다. 꽃부리는 길이 1.2~2.5cm의 트럼펫모양이며 백색또는 연한 황색 바탕에 자주색의 줄무늬가 있다. 수술은 2개이고 꽃부리통부의 안쪽 면에 붙어 있다. 열매(삭과)는 길이 3.5~5.5mm의 난형이다.

참고 유럽큰고추풀(*G. officinalis*)로 잘못 동정되어 알려진 종으로서 원산지(미국)를 고려해 국명을 신칭했다. 유럽큰고추풀은 땅속줄기가 길게 벋으며 자라는 다년초이며 전체에 털이 없는 것이 특징이다.

❶2004. 6. 29. 강원 화천군 ❷꽃. 꽃부리의 바깥 면과 꽃받침에 샘털이 많다. ❸열매. 난형이다. ❹줄기. 샘털이 많다.

소엽풀

Limnophila aromatica (Lam.) Merr.

현삼과

국내분포/자생지 전남(보길도) 및 제주의 저지대 습지

형태 1년초. 줄기는 높이 20~60cm이며 비스듬히 또는 곧추 자라고 털이 거의 없다. 잎은 마주나거나 3개씩 돌려나며 길이 1~5cm의 타원상 피침형–난상 피침형이고 가장자리에 톱니가 있다. 꽃은 8~10월에 백색–연한 분홍색으로 피며 잎겨드랑이에 1개씩 달린다. 꽃자루는 길이 5~20mm이다. 꽃부리는 길이 1~1.3cm의 통형이며 바깥 면에 샘털이 있고 안쪽 면에는 백색 털이 있다. 열매(삭과)는 길이 5~6mm의 약간 납작한 타원상 난형이다.

참고 물속 잎이 없으며 꽃이 백색이고 꽃자루가 뚜렷한 것이 특징이다.

❶ 2001. 9. 13. 전남 완도군 보길도 ❷~❸ 꽃. 백색–연한 분홍색이고 꽃자루가 뚜렷하다. ❹ 열매. 타원상 난형이고 꽃받침(열편 포함)과 길이가 비슷하다. ❺ 잎. 양면에 샘점이 밀생한다.

구와말

Limnophila sessiliflora (Vahl) Blume

현삼과

국내분포/자생지 전국의 농경지 및 저지대 습지

형태 다년초. 줄기에 샘털이 있거나 털이 거의 없다. 물속 잎은 길이 5~35mm이고 깃털모양으로 갈라지며 열편은 실모양이다. 줄기잎은 길이 5~18mm의 타원상 피침형–난형이며 가장자리가 깊게 갈라진다. 꽃은 8~10월에 연한 적은색으로 핀다. 꽃자루는 거의 없으며 작은포는 흔히 없다. 꽃부리는 길이 6~10mm이다. 열매(삭과)는 길이 4~6mm의 난상 구형이다.

참고 민구와말(*L. indica*)은 꽃자루가 뚜렷하고(길이 2~10mm) 작은포가 길이 1.5~3.5mm이며 꽃부리가 길이 1~1.4cm로 구와말보다 큰 것이 특징이다.

❶ 2004. 9. 13. 전북 군산시 ❷ 꽃. 연한 적자색이고 꽃부리통부의 안쪽 면에 털이 있다. ❸ 열매. 자루는 거의 없다. ❹ 물속 잎. 물밖의 잎보다 열편이 가늘고 긴 편이다.

섬개현삼(섬현삼)

Scrophularia takesimensis Nakai

현삼과

국내분포/자생지 울릉도의 해안가 또는 인근 길가, 숲가장자리

형태 다년초. 줄기는 높이 70~150cm 이고 곧추 자라며 네모지고 털이 없다. 잎은 마주나며 길이 14~20cm의 타원상 난형–난형이고 가장자리에 뾰족한 톱니가 있다. 꽃은 6~10월에 진한 적자색으로 피며 줄기와 가지 끝부분의 원뿔꽃차례에서 모여 달린다. 꽃받침열편은 5개이고 길이 3~4.5mm이며 끝은 둥글다. 꽃부리통부는 길이 4~4.5mm이고 꽃부리열편은 5개이다. 열매(삭과)는 길이 8~11mm의 난형이다.

참고 개현삼에 비해 줄기에 날개가 발달하지 않으며 잎자루의 너비가 2.5~4.5mm로 좁은 것이 특징이다.

❶2016. 10. 19. 경북 울릉도 ❷꽃. 헛수술은 주걱형이며 수술은 4개이고 수술대에 샘털이 있다. 꽃자루에 샘털이 많다. ❸열매. 난형상이다. ❹잎. 가장자리에 뾰족한 톱니가 있다.

개현삼

Scrophularia alata A. Gray
Scrophularia grayana Maxim. ex Kom.

현삼과

국내분포/자생지 강원 이북의 해안가 및 인근 숲가장자리

형태 다년초. 줄기는 높이 60~150cm 이며 네모지고 능각에 잎모양의 날개가 발달한다. 잎은 마주나며 길이 7.5~22cm의 난형이고 가장자리에 뾰족한 톱니가 있다. 꽃은 6~8월에 적자색으로 피며 줄기와 가지 끝부분의 원뿔꽃차례에서 모여 달린다. 꽃받침열편은 5개이고 길이 1.6~3.7mm이며 끝은 둥글다. 꽃부리통부는 길이 3.3~3.9mm이고 꽃부리열편은 5개이다. 열매(삭과)는 길이 5~11mm의 난형이다.

참고 섬개현삼에 비해 줄기에 날개가 발달하는 것이 특징이다.

❶2014. 7. 2. 강원 속초시 ❷꽃. 헛수술은 주걱형~주걱상 도심장형이다. 아랫입술꽃잎은 큰개현삼이나 섬개현삼에 비해 작은 편이다. ❸열매. 난상이다. ❹줄기. 능각에 날개가 발달한다.

미국외풀

Lindernia dubia (L.) Pennell
Lindernia anagallidea (Michx.)
Pennell

현삼과

국내분포/자생지 북아메리카 원산. 중부지방 이남의 농경지, 하천가 및 습지 가장자리

형태 1년초. 줄기는 높이 10~40cm 이고 네모지며 털이 없다. 잎은 길이 1~3.5cm의 긴 타원형-타원형이고 3~5맥이 있으며 가장자리에 2~3쌍의 톱니가 있다. 꽃은 7~9월에 백색-연한 자색으로 핀다. 꽃부리는 길이 7mm 정도이며 아랫입술꽃잎은 길이 2.5mm 정도이고 3개로 갈라진다. 열매(삭과)는 길이 3~5mm의 긴 타원형이다.

참고 미국외풀에 비해 꽃자루가 잎보다 1.5~3배 정도 긴 것을 가는미국외풀로 구분하기도 하지만, 최근 미국외풀에 통합하는 추세이다.

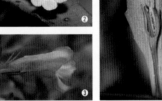

❶2012. 7. 10. 전북 고창군 ❷~❸꽃. 꽃자루는 잎보다 짧거나 약간 더 길다. ❹열매. 꽃받침열편과 길이가 비슷하거나 약간 짧다. ❺잎. 가장자리에 톱니가 있다.

외풀

Lindernia crustacea (L.) F. Muell.

현삼과

국내분포/자생지 전남 및 제주의 농경지, 습지, 빈터 등

형태 1년초. 줄기는 높이 5~20cm 이다. 털이 없고 네모지며 흔히 붉은 빛이 돈다. 잎은 길이 6~16mm의 삼각상 난형-넓은 난형이고 가장자리는 밋밋하거나 얕은 톱니가 있다. 꽃은 7~11월에 연한 자색-자색으로 핀다. 꽃자루는 길이 4~10mm(결실기에는 13~30mm)이다. 꽃받침은 길이 3mm 정도이고 열편은 길이 1mm 정도의 삼각형이다. 열매(삭과)는 길이 4~5mm의 넓은 타원형-거의 구형이다.

참고 뚜렷한 중앙맥이 있으며 측맥은 2~3쌍이고 매우 희미한 점과 꽃받침열편이 얕게(3분의 1 정도) 갈라지고 열매가 둥근 것이 특징이다.

❶2012. 10. 9. 제주 제주시 ❷~❸꽃. 꽃받침의 열편은 통부보다 짧다. 꽃자루는 길다. ❹열매. 거의 구형이고 광택이 난다. ❺잎. 흔히 난형상이며 2~3쌍의 희미한 측맥이 있다.

밭둑외풀

Lindernia procumbens (Krock.) Borbás

현삼과

국내분포/자생지 전국의 농경지, 하천가 및 습지 가장자리

형태 1년초. 줄기는 높이 5~20cm이고 가지가 많이 갈라지며 네모지고 털이 없다. 잎은 길이 1~2.5cm의 타원형-마름모형-난형이고 잎의 밑부분에서 갈라지는 뚜렷한 3~5맥이 있으며 가장자리는 밋밋하거나 희미한 톱니가 있다. 잎자루는 없다. 꽃은 7~9월에 연한 분홍색-연한 자색으로 피며 잎겨드랑이에 1개씩 달린다. 꽃자루는 길이 1.2~3cm이고 가늘다. 꽃받침은 거의 밑부분까지 깊게 갈라지며 꽃받침열편은 길이 3~4mm의 선상 피침형이고 열매와 길이가 비슷하다. 꽃부리는 길이 5~7mm이며 통부는 길이가 3.5mm 정도이다. 아랫입술꽃잎은 길이 3mm 정도이고 3개로 갈라지며 중앙부의 열편이 가장 크다. 윗입술꽃잎은 길이 1mm 정도이고 2개로 갈라진다. 수술은 4개이고 모두 임성(稔性)이다. 암술머리는 2개로 갈라진다. 열매(삭과)는 길이 3~4mm의 타원형-넓은 타원형-거의 구형이고 꽃받침열편과 길이가 비슷하거나 약간 더 길다.

참고 미국외풀에 비해 잎의 가장자리가 거의 밋밋하며 4개의 수술이 모두 임성이고 열매가 타원형인 것이 다르다. 잎의 가장자리와 꽃자루의 길이 등에서 심한 변이를 보이고 있어 미국외풀과 혼동하는 경우가 많다.

❶2012. 7. 10. 전북 고창군 ❷~❹꽃. 꽃자루는 잎과 길이가 비슷하거나 짧을 것으로 알려졌으나 잎보다 2배 정도 긴 경우도 흔히 관찰된다. ❺열매. 흔히 타원형-넓은 타원형이다. ❻잎. 가장자리에 톱니가 없거나 미약한 톱니가 있으나 간혹 2~3개의 결각상 톱니가 있기도 하다. ❼잎 뒷면. 밑부분에서 갈라진 뚜렷한 3~5맥이 있다. ❽꽃자루가 긴 개체(2017. 8. 13. 경남 의령군). 꽃자루 길이의 다양한 변이는 미국외풀에서도 나타나는 것으로 알려져 있다.

논둑외풀(논뚝외풀)

Bonnaya micrantha Blatt. & Hallb.
Lindernia micrantha D. Don

현삼과

국내분포/자생지 전국의 농경지 및 습지

형태 1년초. 줄기는 높이 10~30cm 이다. 잎은 길이 1~4cm의 선상 피침 형이며 가장자리는 밋밋하거나 불규 칙하고 희미한 톱니가 있다. 잎맥은 3~5맥이고 중앙맥만 뚜렷하다. 꽃은 7~10월에 백색~연한 자색으로 피며 아랫입술꽃잎의 중앙부 열편 밑부분 에 황색 무늬가 있다. 꽃자루의 길이 는 5~20mm이다. 꽃받침은 밑부분까 지 갈라지며 열편은 길이 3~5mm의 선상 피침형이다. 열매(삭과)는 길이 1~1.4cm의 선상 원형이다.

참고 밭둑외풀에 비해 잎이 선형이며 열매가 꽃받침 길이의 3배 정도인 선 상 원통형인 것이 특징이다.

❶2003. 9. 14. 충북 제천시 ❷~❸꽃. 아랫 입술꽃잎의 중앙부에 밝은 황색의 무늬가 있 다. 꽃부리의 바깥 면에 짧은 샘털이 있다. ❹열매. 가늘고 길다. ❺잎. 양면에 샘점이 흩어져 있다.

참새외풀

Bonnaya antipoda (L.) Druce
Lindernia antipoda (L.) Alston

현삼과

국내분포/자생지 전남, 전북 및 제주 의 농경지 및 습지에서 드물게 자람

형태 1년초. 줄기는 높이 8~20cm이 며 비스듬히 자라고 밑부분에서 가지 가 갈라진다. 잎은 길이 1~4cm의 도 피침형~긴 타원상 도피침형이며 가 장자리에 뾰족한 톱니가 있다. 뚜렷 한 중앙맥과 희미한 2~3쌍의 측맥이 있다. 꽃은 7~9월에 연한 자색~자색 으로 피며 꽃자루는 길이 2~5mm이 다. 꽃받침은 밑부분까지 갈라지며 열편은 길이 3~5mm의 선상 피침형 이다. 열매(삭과)는 길이 1~1.6cm의 선상 원통형이다.

참고 논둑외풀에 비해 측맥이 깃털모 양으로 갈라지며 잎가장자리의 톱니 가 뚜렷하고 꽃자루가 짧은 것이 특 징이다.

❶2011. 8. 14. 전남 담양군 ❷꽃. 꽃자루가 짧다. ❸열매. 꽃받침보다 2~3배 정도 길다. ❹잎. 가장자리의 톱니가 뚜렷하다. 양면에 샘점이 많다.

누운주름잎
Mazus miquelii Makino

현삼과

국내분포/자생지 제주 및 경기(수원시, 인천시, 화성시)의 농경지, 민가, 풀밭 등에서 드물게 자람

형태 다년초. 전체에 털이 거의 없다. 잎은 길이 2~3cm의 도란상 긴 타원형-주걱형이며 가장자리에 물결모양의 톱니가 있다. 꽃은 4~6월에 연한 자색으로 피며 아랫입술꽃잎은 넓은 도란형이고 중앙부에 주황색의 점무늬와 곤봉상의 백색 털이 있다. 꽃받침은 길이 7~10mm의 종형이며 열편은 피침형-피침상 삼각형이고 5개이다. 열매(삭과)는 지름 3mm 정도의 난상 구형이며 꽃받침열편보다 짧다.

참고 주름잎에 비해 땅위를 길게 벋는 줄기가 발달하고 꽃이 보다 큰(길이 1.5~2cm) 것이 특징이다.

❶2016. 4. 26. 경기 화성시(식재) ❷~❸꽃. 주름잎에 비해 꽃받침열편이 피침상이다. 윗입술꽃잎은 길고 끝이 뾰족하며 깊게 갈라진다. ❹줄기와 잎. 땅위를 길게 벋는 줄기가 있다.

주름잎
Mazus pumilus (Burm. f.) Steenis

현삼과

국내분포/자생지 전국의 농경지, 길가, 민가, 빈터, 하천가 등

형태 1~2년초. 줄기는 높이 5~25cm이며 아랫부분에 털이 많다. 잎은 길이 1~3cm의 도란형-주걱형이며 가장자리에 물결모양의 톱니가 있다. 꽃은 3~10월에 연한 자색으로 피며 아랫입술꽃잎의 중앙부에 주황색 점무늬와 곤봉상의 백색 털이 있다. 꽃받침은 길이 4~6mm의 종형이며 열편은 길이 3~4mm의 삼각형-난형이고 5개이다. 열매(삭과)는 지름 3~4mm의 난상 구형이며 꽃받침열편보다 짧다.

참고 누운주름잎에 비해 땅위를 길게 벋는 줄기가 없고 전체에 털이 많은 편이며 꽃이 보다 작은(길이 0.7~1.5cm) 것이 특징이다.

❶2001. 4. 25. 대구시 경북대학교 ❷~❸꽃. 꽃받침열편은 삼각상이다. 윗입술꽃잎은 짧으며 끝이 2개로 갈라진다. ❹열매. 난상 구형이고 익으면 2개로 갈라진다. ❺잎

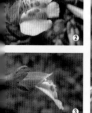

물꽈리아재비

Mimulus tenellus var. *nepalensis*
(Benth.) P. C. Tsoong

현삼과

국내분포/자생지 남부지방 이북의 산지 계곡가 및 하천가의 습한 곳

형태 다년초. 줄기는 높이 10~30cm이며 네모진다. 잎은 길이 7~40mm의 긴 타원형-난형이며 가장자리에 뾰족한 톱니가 불규칙하게 있다. 꽃은 6~9월에 연한 황색으로 피며 꽃자루는 길이 1.5~2.2cm이다. 꽃받침은 길이 8~12mm의 통형이며 능각에 좁은 날개가 있다. 꽃부리는 길이 1~1.5cm이며 윗입술꽃잎은 2개로 깊게 갈라지고 아랫입술꽃잎은 3개로 깊게 갈라진다. 열매(삭과)는 길이 8mm 정도의 좁은 타원형이며 꽃받침에 싸여 있다.

참고 애기물꽈리아재비에 비해 꽃(꽃자루 포함)이 잎보다 길며 꽃받침이 길이 8mm 이상인 것이 특징이다.

❶2014. 5. 30. 충북 영동군 ❷꽃. 잎보다 길다. 꽃받침은 길이 8mm 이상이다. ❸열매. 꽃받침에 싸여 있다. ❹잎. 가장자리에 뾰족한 톱니가 있다.

애기물꽈리아재비

Mimulus tenellus Bunge var.
tenellus

현삼과

국내분포/자생지 중부지방 이북의 계곡가 및 하천가의 습한 곳

형태 다년초. 줄기는 높이 10~25cm이며 지면에 닿으면 마디에서 뿌리가 나온다. 잎은 길이 6~12mm의 타원형-난형이며 가장자리에 뾰족한 톱니가 불규칙하게 있다. 잎자루는 길이 2~6mm이다. 꽃은 8~10월에 연한 황색으로 피며 꽃자루는 길이 4~7mm이다. 꽃받침은 길이 5~7mm의 통형이며 능각에 좁은 날개가 있다. 꽃부리의 길이는 7~8mm이다. 열매(삭과)는 길이 5~7mm의 타원상 난형이며 꽃받침에 싸여 있다.

참고 물꽈리아재비에 비해 줄기가 흔히 땅위에 누워 자라며 꽃(꽃자루 포함)이 잎보다 짧고 꽃받침의 길이가 7mm 이하인 것이 특징이다.

❶2015. 7. 4. 강원 화천군 ❷꽃. 잎겨드랑이에 1개씩 달리며 잎보다 짧다. 꽃받침은 길이 7mm 이하이다. ❸열매. 꽃받침에 싸여 있다. ❹잎 뒷면. 미세한 털이 약간 있다.

진흙풀

Microcarpaea minima (Retz.) Merr.

현삼과

국내분포/자생지 전남, 제주의 농경지 및 저지대 습지

형태 1년초. 줄기는 높이 5~20cm이고 털이 없다. 잎은 길이 2~5mm의 선상 피침형-좁은 긴 타원형이며 끝은 둥글고 가장자리는 밋밋하다. 꽃은 7~10월에 분홍색으로 피며 꽃자루가 거의 없다. 꽃받침은 길이 1.5~2mm이며 열편은 삼각형이고 가장자리에 긴 털이 있다. 아랫입술꽃잎은 길이 0.8mm 정도이며 중앙열편이 길이 0.6mm 정도로 가장 길다. 열매(삭과)는 길이 1.2mm 정도의 넓은 타원형이고 꽃받침보다 짧다.

참고 줄기가 땅위에 누워 자라고 가지가 많이 갈라지며 잎이 매우 작고 꽃부리는 길이 2mm 이하인 것이 특징이다.

❶2012. 10. 15. 전남 구례군 ❷꽃. 꽃부리는 꽃받침(열편 포함)과 길이가 비슷하다. 꽃받침열편의 가장자리에 긴 털이 있다. ❸열매. 난형상이며 꽃받침보다 짧다.

나도송이풀

Phtheirospermum japonicum (Thunb.) Kanitz

현삼과

국내분포/자생지 전국의 길가, 풀밭, 하천가

형태 1년초. 줄기는 높이 10~60cm이며 전체에 샘털이 많다. 잎은 마주나며 길이 2~3.5cm의 긴 타원상 난형-삼각상 난형이고 1~2회 깃털모양으로 깊게 갈라진다. 꽃은 8~10월에 연한 적자색으로 피며 줄기와 가지 윗부분의 잎겨드랑이에 1개씩 달린다. 꽃받침열편은 5개이고 샘털이 있다. 꽃부리는 길이 1.5~2.2cm이며 아랫입술꽃잎의 중앙부에 흰색의 큰 무늬가 있다. 윗입술꽃잎은 2개로 깊게 갈라진다. 열매(삭과)는 길이 2mm 정도의 거의 삼각상 난형이다.

참고 잎이 깃털모양으로 갈라지며 열매에 샘털이 많은 것이 특징이다.

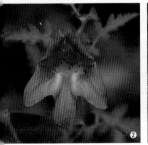

❶2016. 9. 22. 경기 가평군 ❷꽃. 꽃부리는 길이 2cm 정도이다. 윗입술꽃잎은 뒤로 젖혀진다. ❸열매. 끝이 뾰족한 난형상이며 샘털이 밀생한다.

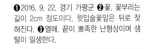

부산꼬리풀

Pseudolysimachion pusanensis
(Y. N. Lee) Y. N. Lee

현삼과

국내분포/자생지 부산시(기장군)의 해안가 풀밭

형태 다년초. 줄기는 높이 15~25cm이며 땅위에 눕거나 비스듬히 서고 털이 많다. 잎은 길이 1.5~2cm의 난형-원형이며 가장자리에 둔한 톱니가 있다. 잎자루는 길이 5~10mm이다. 꽃은 7~10월에 연한 청자색-청자색으로 피며 길이 3~5cm의 총상꽃차례에서 모여 달린다. 꽃부리는 4개로 깊게 갈라지며 수술은 2개이고 꽃부리 밖으로 길게 나온다. 열매(삭과)는 길이 3mm 정도의 약간 납작한 도심장형-거의 구형이다.

참고 가새잎꼬리풀(*P. pyrethrina*)에 비해 전체적으로 소형이고 털이 많으며 잎이 두터운 것이 특징이다.

❶ 2007. 7. 23. 부산시 기장군 ❷ 꽃. 수술은 2개이고 꽃부리 밖으로 길게 나온다. 암술대는 수술보다 길다. ❸ 열매. 끝이 흔히 약간 오목하다. ❹ 잎. 가장자리는 얕게 갈라지며 둔한 톱니가 있다.

  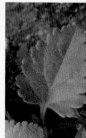

우단담배풀

Verbascum thapsus L.

현삼과

국내분포/자생지 유라시아 원산. 전국의 길가, 빈터, 황폐지 등

형태 2년초. 줄기는 높이 1~2m이며 잎과 연결되는 날개가 있다. 잎은 길이 12~40cm의 도피침상 긴 타원형-긴 타원형이며 가장자리에 둔한 톱니가 희미하게 있다. 꽃은 6~9월에 황색으로 피며 줄기 끝부분의 수상꽃차례에서 모여 달린다. 꽃부리는 지름 1.5~2.5cm이며 꽃받침은 길이 7mm 정도이고 열편은 피침형이다. 수술은 5개이다. 열매(삭과)는 길이 7mm 정도의 난상 구형이고 꽃받침과 길이가 비슷하다.

참고 잎이 대형이고 전체에 별모양의 털이 밀생하며 줄기에 잎모양의 날개가 발달하는 것이 특징이다.

❶ 2014. 6. 10. 인천시 ❷ 꽃. 수술은 5개이고 위쪽 3개의 수술대에는 긴 털이 밀생한다. ❸ 열매. 별모양의 털이 밀생한다. ❹ 줄기. 날개가 발달한다.

선개불알풀
Veronica arvensis L.

현삼과

국내분포/자생지 아프리카, 유럽~서아시아 원산. 전국의 길가, 민가, 빈터, 풀밭, 하천가 등

형태 1년초. 줄기는 높이 5~30cm이고 비스듬히 또는 곧게 자라고 전체에 백색 털이 많다. 잎은 양면에 털이 많다. 줄기 아래쪽의 잎은 마주나고 길이 6~15mm의 난형이며 3~5개의 맥이 있다. 위쪽의 잎은 크기가 보다 작고 어긋난다. 꽃은 3~9월에 청자색으로 피며 포엽의 겨드랑이에 1개씩 달린다. 꽃부리는 지름 3~4mm이며 수술은 2개이고 암술대는 1개이다. 열매(삭과)는 길이 2.5~3.5mm의 납작한 도심장형이고 가장자리에 샘털이 있다.

참고 큰개불알풀에 비해 줄기가 흔히 곧추서며 꽃이 작고 꽃자루가 매우 짧은 것이 특징이다.

❶2016. 5. 9. 인천시 서구 국립생물자원관 ❷꽃. 꽃자루가 매우 짧다. ❸열매. 가장자리에 긴 샘털이 있다. ❹잎. 짧은 털과 샘털이 혼생한다.

눈개불알풀
Veronica hederaefolia L.

현삼과

국내분포/자생지 유럽 원산. 남부지방의 길가, 민가, 빈터 등

형태 1~2년초. 줄기는 높이 10~20cm이며 땅위에 눕거나 비스듬히 자라고 긴 털이 많다. 잎은 길이 6~20mm의 난상 원형~원형이며 가장자리는 결각상에 큰 톱니가 있고 양면(특히 앞면)에 털이 많다. 줄기 아래쪽의 잎은 마주나며 위쪽의 잎은 크기가 보다 작고 어긋난다. 꽃은 3~10월에 연한 자색~연한 청자색으로 핀다. 꽃부리는 지름 4mm 정도이다. 열매(삭과)는 길이 5~6mm의 약간 네모진 구형이다.

참고 잎자루(길이 2~15mm)가 뚜렷하며 꽃받침열편의 가장자리에 긴 털이 많고 열매가 구형이며 털이 없는 것이 특징이다.

❶ 2013. 3. 14. 전남 목포시 유달산 ❷~❸꽃. 꽃받침열편의 가장자리에 긴 털이 있다. ❹열매. 약간 납작한 네모진 구형이며 털은 없다. ❺잎. 잎자루와 양면에 긴 털이 많다.

문모초

Veronica peregrina L.

현삼과

국내분포/자생지 전국의 농경지, 하천가, 습지 등

형태 1년초. 줄기는 높이 5~30cm이며 곧추 자란다. 잎은 마주나며 길이 1~2.5cm의 선상 피침형-긴 타원형 또는 도피침형이고 가장자리는 밋밋하거나 둔한 톱니가 있다. 꽃은 5~6월에 백색-연한 청색으로 핀다. 꽃받침열편은 4개이고 길이 3~4mm의 선상 피침형-좁은 타원형이다. 꽃부리는 지름 2~3mm이고 열편은 난형이다. 열매(삭과)는 길이 3~4mm의 납작한 도심장형-난상 원형이고 끝부분은 오목하며 털이 없다.

참고 흔히 전체에 털이 없고 잎이 선상 피침형이며 꽃이 백색이고 꽃자루가 없는 것이 특징이다.

❶ 2004. 6. 21. 경기 여주시 남한강 ❷꽃. 거의 백색이다. ❸-❹열매. 바구미류(weevil)의 애벌레가 들어 있는 열매(충영)는 둥글게 부푼다. ❺잎. 흔히 피침상이다.

큰개불알풀

Veronica persica Poir.

현삼과

국내분포/자생지 유럽 원산. 전국의 길가, 농경지, 민가, 빈터 등

형태 2년초. 줄기는 높이 10~20cm이며 땅위에 누워 자라고 털이 많다. 잎은 마주나며 길이 1~2.5cm의 난상 피침형-거의 원형이고 가장자리에 3~4쌍의 톱니가 있다. 꽃은 3~9월에 연한 청자색-밝은 남청색으로 핀다. 꽃받침열편은 길이 5~8mm의 긴 타원형이고 가장자리에 털이 많다. 꽃부리는 지름 8~15mm이고 열편은 난형-원형이다. 열매(삭과)는 길이 4~6mm의 약간 납작한 도심장형이며 샘털이 많다.

참고 개불알풀에 비해 대형이며 꽃자루가 길고(길이 1~3cm) 꽃이 크고 밝은 남청색인 것이 특징이다.

❶ 2016. 3. 19. 충남 서천군 ❷꽃. 꽃부리열편은 4개이며 아래쪽의 열편이 가장 작다. ❸열매. 가장자리에 긴 샘털이 많다. ❹잎. 잎자루와 잎의 양면에 털이 있다.

개불알풀

Veronica polita subsp. *lilacina*
(H. Hara ex T. Yamaz.) T. Yamaz.

현삼과

국내분포/자생지 전국의 길가, 농경지, 민가, 빈터 등

형태 2년초. 줄기는 길이 10~25cm 이며 땅위에 누워 자라고 굽은 털이 많다. 잎은 마주나며 길이 4~12mm 의 난상 원형이고 가장자리에 2~4쌍의 큰 톱니가 있다. 꽃은 3~5월에 분홍색-연한 자색으로 핀다. 꽃받침열편은 길이 2mm(결실기에는 4mm) 정도의 난형이고 짧은 털이 많다. 꽃부리는 지름 3mm 정도이고 열편은 난형-난상 원형이다. 열매(삭과)는 길이 4~6mm의 약간 납작한 도심장상 구형이며 샘털과 잔털이 많다.

참고 큰개불알풀에 비해 소형이고 꽃자루가 짧으며(길이 4~10mm) 꽃이 작고 연한 자색인 것이 특징이다.

❶2002. 3. 4. 대구시 경북대학교 ❷꽃. 작고 연한 적자색이다. ❸열매. 전체에 샘털과 짧은 털이 밀생한다. ❹잎. 소형이고 잎자루는 짧은 편이다.

좀개불알풀

Veronica serpyllifolia L.

현삼과

국내분포/자생지 유럽 원산. 제주(한라산)의 등산로 주변

형태 다년초. 줄기는 길이 8~20cm 이며 땅위에 누워 자란다. 잎은 마주나며 길이 4~15mm의 타원형-넓은 타원형이고 가장자리에 희미한 톱니가 있다. 꽃은 4~10월에 연한 청자색으로 피며 꽃자루는 길이 2~3mm이다. 꽃부리는 지름 3mm 정도이고 자색 줄무늬가 있다. 열매(삭과)는 너비 3~4mm의 편평한 도심장형이고 가장자리에 샘털이 있다.

참고 방패꽃(subsp. *humifusa*)에 비해 줄기, 꽃차례, 꽃자루에 잔털이 있고 전체가 소형(방패꽃은 꽃부리의 지름 4~5mm)이라는 특징이 있지만 방패꽃과 동일 종으로 처리하기도 한다.

❶2012. 10. 10. 제주 한라산 ❷꽃. 백색 바탕에 연한 자색의 무늬가 있다. ❸열매. 납작한 도심장형이고 가장자리에 긴 샘털이 약간 있다. ❹잎. 잔털이 약간 있다.

큰물칭개나물

Veronica anagallis-aquatica L.

현삼과

국내분포/자생지 유럽 원산. 전국의 하천가 및 습지

형태 1~2년초. 줄기는 높이 10~80cm 이며 곧추 자라고 털이 거의 없다. 잎은 길이 2~10cm의 타원형-난형 또는 피침형이며 가장자리는 밋밋하거나 잔톱니가 있다. 꽃은 4~9월에 연한 자색-연한 청자색으로 핀다. 꽃받침열편은 길이 3mm 정도의 난상 피침형이다. 꽃부리는 지름 4~5mm이며 4개로 깊게 갈라지고 열편은 넓은 난형이다. 수술은 2개이고 꽃부리열편보다 길다. 열매(삭과)는 길이 3~3.5mm의 약간 납작한 거의 구형이다.

참고 물칭개나물에 비해 열매자루가 길고 구부러지며 암술대가 길이 1.5~3mm로 긴 것이 특징이다.

❶ 2013. 5. 18. 경북 성주군 낙동강 ❷ 꽃. 물칭개나물에 비해 크고 연한 자색-연한 청자색이다. ❸ 열매. 물칭개나물에 비해 자루가 긴 편이다. ❹ 잎

물칭개나물

Veronica undulata Wall.

현삼과

국내분포/자생지 전국의 농경지, 하천가 및 습지 주변

형태 1년초. 줄기는 높이 10~60cm 이며 곧추 자라고 털이 거의 없다. 잎은 길이 2~10cm의 피침형-긴 타원상 피침형이며 가장자리에 소수의 잔톱니가 있다. 꽃은 5~10월에 거의 백색-연한 자색으로 핀다. 꽃부리는 지름 2.5~3mm이며 4개로 깊게 갈라지고 열편은 넓은 난형이다. 수술은 2개이며 꽃부리열편과 길이가 비슷하거나 약간 짧다. 열매(삭과)는 길이 2.5~3mm의 약간 납작한 거의 구형이다.

참고 큰물칭개나물에 비해 전체가 소형이며 꽃이 거의 백색으로 피고 암술대가 길이 1~1.5mm로 짧은 것이 특징이다.

❶ 2014. 5. 26. 경기 여주시 섬강 ❷ 꽃. 작고 거의 백색-연한 자색이다. ❸ 열매. 털은 거의 없다. ❹ 잎. 가장자리가 약간 물결모양으로 주름진다.

초종용

Orobanche coerulescens Stephan

열당과

국내분포/자생지 전국의 해안가 모래땅 또는 황폐지

형태 기생성 다년초. 줄기는 높이 10~30cm이고 곧추 자라며 흔히 긴 털이 많다. 줄기잎은 인편상이며 땅속줄기의 잎은 기와처럼 빽빽이 포개져 있다. 꽃은 5~7월에 자주색-자색으로 피며 꽃자루는 없거나 매우 짧다. 꽃부리는 길이 1.5~2cm의 입술모양이며 겉에 털이 많다. 아랫입술꽃잎은 3개로 갈라지고 윗입술꽃잎은 2개로 갈라진다. 수술은 4개이고 길이는 1cm 정도이다. 열매(삭과)는 길이 7~8mm의 타원상 난형-난형이고 끝이 뾰족하다.

참고 황종용(*O. pycnostachya*)에 비해 전체에 털이 많으나 수술대에는 털이 없는 것이 특징이다.

❶2012. 6. 8. 인천시 영종도 ❷꽃. 꽃부리의 바깥 면에 긴 털이 많다. ❸꽃 내부. 수술은 4개이고 수술대에는 털이 없다. ❹열매. 타원상 난형이며 끝이 뾰족하다.

백양더부살이

Orobanche filicicola Nakai ex J. O. Hyun, Y. Im & H. Shin

열당과

국내분포/자생지 전남, 전북 및 제주의 풀밭에 드물게 자람

형태 기생성 다년초. 줄기는 높이 10~30cm이다. 줄기잎은 인편상이며 땅속줄기의 잎은 기와처럼 빽빽이 포개져 있다. 꽃은 5~7월에 자색-청자색으로 피며 꽃자루는 없거나 매우 짧다. 꽃부리는 길이 1.5~2cm의 입술모양이며 겉에 털이 많다. 아랫입술꽃잎은 3개로 갈라지고 2줄의 백색 무늬가 있다. 수술은 4개이며 길이 1cm 정도이다. 열매(삭과)는 길이 7~8mm의 난형이고 끝이 뾰족하다.

참고 초종용에 비해 수술대 밑부분에 털이 많은 것이 특징이다. 초종용과 동일 종으로 처리하기도 한다.

❶2015. 5. 8. 제주 서귀포시 대정읍 ❷~❸꽃. 흔히 연한 자색-자색이며 꽃부리통부 안쪽의 아래쪽 면은 백색이다. 흔히 수술대의 밑부분과 꽃밥에 긴 털이 있고 암술대에는 샘털이 약간 있다.

327

야고

Aeginetia indica L.

열당과

국내분포/자생지 제주 및 남해 도서의 풀밭

형태 기생성 1년초. 줄기는 높이 5~30cm이며 전체에 털이 없다. 잎은 삼각상 난형이고 인편모양이며 1~6개이다. 꽃은 9~10월에 연한 자색-자색으로 핀다. 꽃부리는 길이 2.5~4cm, 너비 8~15mm의 통형이다. 아랫입술꽃잎은 3개로 갈라지며 윗입술꽃잎은 2개로 갈라지고 열편은 길이 4~5mm의 일그러진 원형이다. 수술은 4개이며 길이 1cm 정도이고 털이 없다. 열매(삭과)는 길이 1.5~2cm의 난형이고 꽃받침에 싸여있다.

참고 벼과식물(흔히 억새)에 기생하며 꽃받침이 육수꽃차례의 불염포와 닮은 것이 특징이다.

❶ 2005. 10. 31. 제주 서귀포시 ❷꽃. 꽃받침은 열편이 합생하여 불염포모양이다. ❸열매. 꽃받침에 싸여 있으며 익으면 측면이 찢어져 씨가 나온다.

수염마름

Trapella sinensis Oliv.

참깨과

국내분포/자생지 중부지방 이남의 연못, 저수지, 하천 등

형태 다년초. 물위에 뜨는 잎은 길이 2.5~3cm의 난형-난상 원형이며 3~5맥이 있다. 끝이 둥글고 밑부분은 편평하며 가장자리에 얕은 톱니가 있다. 꽃은 7~8월에 연한 분홍색으로 피며 꽃자루는 길이 3~5cm이다. 꽃부리는 입술모양이며 통부는 길이 1.5cm 정도이고 연한 황색을 띤다. 열매(견과)는 길이 1.5cm 정도의 긴 타원상 도피침형이며 윗부분에 길이 2~4(~6)cm의 갈고리 같은 부속체가 3~5개 있다.

참고 열매에 갈고리모양의 부속체가 3개인 것을 세수염마름으로 구분하기도 하지만 최근에는 통합하는 추세이다.

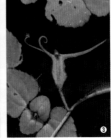
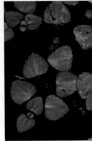

❶ 2008. 7. 23. 경남 창녕군 우포늪 ❷꽃. 꽃부리는 지름 1.5~2cm이다. ❸열매. 끝부분에 있는 갈고리모양의 부속체는 3개 또는 5개이다. ❹잎. 마주나며 3맥이 뚜렷하다.

물잎풀

Hygrophila ringens (L.) R. Br. ex
Spreng.
Hygrophila salicifolia (Vahl) Nees

쥐꼬리망초과

국내분포/자생지 제주의 습지에 드
물게 자람

형태 다년초. 줄기는 높이 50~80cm
이고 네모지며 짧은 털이 약간 있다.
잎은 길이 4~11cm의 선형-피침형이
며 가장자리는 희미한 물결모양이다.
꽃은 9~10월에 연한 자색으로 피며
잎겨드랑이에서 2~10개씩 모여 달
린다. 꽃받침은 길이 6mm 정도의 좁
은 종형이며 열편은 5개이고 거의 밑
부분까지 갈라진다. 꽃부리의 겉에는
짧은 털이 많으며 아랫입술꽃잎은 3
개로 깊게 갈라진다. 열매(삭과)는 길
이 8~10mm의 좁은 긴 타원형이고
끝이 뾰족하다.
참고 꽃이 잎겨드랑이에서 모여 달리
고 수술이 4개인 것이 특징이다.

❶ 2012. 10. 9. 제주 제주시 한경면 ❷ 꽃. 꽃
받침열편의 가장자리에 긴 털이 있다. ❸ 열
매. 꽃받침(열편 포함)보다 1.5~2배 정도 길
다. ❹ 잎. 짧은 털이 약간 있다.

쥐꼬리망초

Justicia procumbens L.

쥐꼬리망초과

국내분포/자생지 중부지방 이남의
길가, 농경지, 풀밭 및 숲가장자리

형태 1~2년초. 줄기는 높이 15~50cm
이고 네모지며 마디와 능각에 짧은
털이 있다. 잎은 길이 1.5~5cm의 좁
은 타원형-타원상 난형이며 가장자리
는 거의 밋밋하다. 꽃은 8~10월에 연
한 자색-연한 적자색으로 피며 길이
1~3.5cm의 수상꽃차례에서 빽빽이
모여 달린다. 꽃부리는 입술모양으로
2개로 갈라지며 아랫입술꽃잎은 끝부
분에서 얕게 3개로 갈라진다. 수술은
2개이다. 열매(삭과)는 길이 8~10mm
의 좁은 긴 타원형이고 끝이 뾰족하다.
참고 포가 꽃부리보다 짧으며 윗입술
꽃잎이 아랫입술꽃잎보다 훨씬 짧은
것이 특징이다.

❶ 2016. 9. 1. 경남 창녕군 ❷ 꽃. 꽃받침열편
은 선형이고 긴 털이 밀생한다. ❸ 열매. 꽃받
침열편보다 약간 짧으며 끝부분에 털이 약간
있다. ❹ 잎. 가장자리에 털이 있다.

땅귀개

Utricularia bifida L.

통발과

국내분포/자생지 중부지방 이남의 습지(주로 고층습지, 계곡가, 물이 스며 나오는 바위틈 등)

형태 1년생 식충식물. 줄기는 가늘고 길게 벋는다. 잎은 길이 7~25mm의 선형 또는 도피침형이다. 꽃은 7~10월에 황색으로 피며 2~15개씩 모여 달린다. 꽃받침은 2개로 깊게 갈라지며 열편은 길이 3.5~4mm(결실기에는 5~6mm)의 난형이다. 꽃부리는 입술모양이며 아랫입술꽃잎은 도란형–거의 원형이고 끝이 둥글거나 얕게 갈라진다. 거는 길이 3~5mm이고 아래쪽으로 곧게 벋는다. 열매(삭과)는 길이 2.5~3mm의 넓은 난형–구형이다.

참고 꽃이 황색이며 포와 작은포의 측면이 중앙부까지 꽃줄기와 꽃자루에 붙는 것이 특징이다.

❶ 2002. 8. 24. 울산시 울주군 무제치늪
❷ 꽃. 황색이고 거는 아래로 곧게 벋는다.
❸ 열매. 약간 납작한 넓은 난형–원형이다.
❹ 잎. 선형 또는 도피침형으로 긴 편이다.

이삭귀개

Utricularia caerulea L.
Utricularia racemosa Wall. ex Walp.

통발과

국내분포/자생지 중부지방 이남의 습지(주로 고층습지)

형태 1년생 식충식물. 줄기는 가늘고 길게 옆으로 벋는다. 잎은 길이 1cm 정도의 도피침형–주걱형이다. 꽃은 7~10월에 (분홍색–)연한 자색으로 피며 1~15개씩 모여 달린다. 꽃받침은 2개로 깊게 갈라지며 위쪽 열편이 아래쪽 열편보다 길다. 꽃부리는 입술모양이며 아랫입술꽃잎은 끝이 둥글거나 2개로 얕게 갈라진다. 거는 좁은 원뿔형이며 옆으로 벋고 아랫입술꽃잎보다 길다. 열매(삭과)는 길이 1.5~2mm의 약간 납작한 구형이다.

참고 꽃이 연한 자색이고 거가 옆으로(꽃줄기와 거의 직각) 벋는 것이 특징이다.

❶ 2002. 8. 4. 울산시 울주군 무제치늪
❷ 꽃. 연한 자색이고 거는 옆으로 벋는다.
❸ 열매. 난상 구형이며 꽃받침에 싸여 있다.
❹ 잎. 땅귀개에 비해 짧다.

자주땅귀개

Utricularia uliginosa Vahl
Utricularia yakusimensis Masam.

통발과

국내분포/자생지 중부지방 이남의 습지(주로 고층습지, 물이 스며 나오는 바위틈 등)

형태 1년생 식충식물. 줄기는 가늘고 길게 옆으로 벋는다. 잎은 길이 5~30mm의 선형-주걱형이다. 꽃은 8~10월에 연한 자색-연한 청자색 또는 청자색으로 피며 1~4(~8)개씩 모여 달린다. 꽃받침은 2개로 깊게 갈라지며 열편은 길이 2~3.5mm의 넓은 난형이다. 꽃부리는 입술모양이며 아랫입술꽃잎은 끝이 둥글거나 편평하다. 거는 길이 2~4mm의 원뿔형이고 아래쪽으로 곧게 벋는다. 열매(삭과)는 길이 2~4mm의 넓은 타원형-구형이다.

참고 꽃이 작고 연한 자색-청자색인 것이 특징이다.

❶ 2002. 8. 4. 울산시 울주군 무제치늪 ❷꽃. 연한 자색-연한 청자색이고 거는 아래로 곧게 벋는다. ❸잎. 선상 주걱형이다.

개통발

Utricularia intermedia Hayne

통발과

국내분포/자생지 강원 이북의 습지 (주로 고층습지)

형태 다년생 식충식물. 줄기는 길이 20~40cm이며 둥글다. 잎은 길이 5~15mm의 반원형-거의 원형이고 열편은 좁은 선형이다. 꽃은 6~9월에 황색으로 핀다. 꽃받침은 2개로 깊게 갈라지며 열편은 길이 3~4mm의 난형이다. 꽃부리는 길이 8~15mm이며 아랫입술꽃잎은 거의 원형이고 끝은 둥글거나 짧게 뾰족하다. 거는 길이 5~7mm이고 옆으로 벋는다. 열매(삭과)는 길이 2.5~3mm의 구형이다.

참고 벌레잡이주머니(포충대)가 잎이 퇴화된 땅속줄기에 달리며 잎이 흔히 반인형이고 열편이 좁은 선형으로 넓은 것이 특징이다.

❶ 2008. 8. 12. 강원 인제군 대암산 용늪 ❷꽃. 아래입술꽃잎은 거의 원형이다. ❸잎. 반원형-거의 원형이며 깊게 갈라진다. ❹겨울눈. 거의 구형이며 줄기와 가지의 끝부분에 형성된다.

통발(참통발)

Utricularia australis R. Br.
Utricularia japonica Makino;
U. tenuicaulis Miki

통발과

국내분포/자생지 전국의 농경지, 연못, 웅덩이, 저수지, 하천 등

형태 부유성 다년생 식충식물. 잎은 길이 2~6cm의 타원형–난형이고 깃털모양으로 갈라지며 열편과 소열편은 실모양이다. 꽃은 (6~)7~9월에 황색으로 피며 길이 10~30cm의 꽃차례에서 3~8개씩 모여 달린다. 꽃줄기는 지름 1~2mm이며 털이 없다. 꽃자루는 길이 1~2.5cm이며 개화기에는 곧추서지만 결실기에는 아래로 구부러진다. 꽃받침은 2개로 깊게 갈라지며 열편은 길이 3~4mm의 난형이다. 꽃부리는 길이 1.2~1.8cm이며 아랫입술꽃잎은 넓은 도란형–거의 원형이고 주름진 부채모양으로 퍼진다. 윗입술꽃잎은 넓은 난형이고 끝이 둥글거나 약간 오목하다. 거는 옆으로 벋으며 길이가 아랫입술꽃잎보다 짧거나 비슷하다. 열매(삭과)는 지름 3~4mm이고 거의 구형이다.

참고 학자에 따라 *U. vulgaris*를 독립종으로 처리하기도 하지만 넓은 의미에서 *U. australis*에 통합처리하기도 한다. 국내에서는 통발(*U. australis*)을 참통발(*U. tenuicaulis*)과 통발(*U. japonica*)로 구분하기도 하는데, 이 경우 통발은 참통발에 비해 꽃줄기가 줄기보다 가늘고 잎이 타원상이며 겨울눈(식아)이 둥글고 녹색인 점이 특징이다. 또한 열매가 잘 맺지 않으며 개화 시기(6~7월)가 참통발에 비해 빠른 편이다. 일본, 중국을 포함해 국내외 다수의 문헌에서 두 종을 동일 종 또는 품종 관계로 처리하고 있다. 이 책에서는 동일 종(*U. australis*)으로 처리하는 견해를 따라 정리했다.

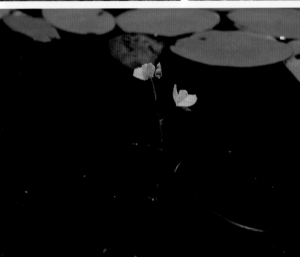

❶~❹참통발(*U. tenuicaulis*) 타입 ❶2012. 8. 9. 강원 양양군 ❷꽃. 꽃부리와 거에 털이 없다. 아랫입술꽃잎의 가장자리는 흔히 부채모양으로 넓게 퍼진다. 거는 아랫입술꽃잎에 비해 짧다. ❸열매. 통발에 비해 확연히 작은 편이다. ❹잎. 2~3회 깃털모양으로 갈라지며 열편은 실모양이다. ❺~❽통발(*U. japonica*) 타입 ❺2014. 7. 2. 강원 고성군 ❻~❼꽃. 아랫입술꽃잎의 가장자리가 부채모양으로 넓게 퍼지지 않는 편이다. 거가 아랫입술꽃잎과 길이가 비슷하거나 약간 짧다. 통발에 비해 꽃줄기가 줄기에 비해 가늘고 속에 빈 공간이 있다. ❽잎. 타원상이다.

들통발

Utricularia aurea Lour.
Utricularia pilosa (Makino) Makino

통발과

국내분포/자생지 경남 이북(주로 경남, 강원)의 연못이나 석호에 드물게 자람
형태 1년생 또는 다년생 식충식물. 잎은 길이 3~8cm의 타원형–거의 원형이고 깃털모양으로 갈라지며 열편과 작은열편은 실모양이다. 꽃은 8~9월에 황색으로 핀다. 꽃받침열편은 길이 2~3.5mm의 난형이다. 꽃부리는 길이 1~1.5cm이며 아랫입술꽃잎은 사각형–거의 원형이다. 거는 아랫입술꽃잎보다 약간 짧고 옆으로 벋는다. 열매(삭과)는 지름 4~5mm의 구형이다.
참고 꽃줄기에 인편이 없으며 열매의 끝부분에 열매와 길이가 비슷하게 비대해진 암술대가 있는 것이 특징이다. 꽃이 필 무렵 꽃자루, 꽃부리(특히 거)에 털이 있다.

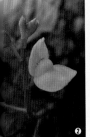

❶2012. 9. 6. 강원 고성군 ❷꽃. 꽃부리의 바깥 면과 거에 털이 많거나 적다. ❸열매. 끝부분에 굵은 암술대가 있다. ❹잎

진퍼리잔대

Adenophora palustris Kom.

초롱꽃과

국내분포/자생지 부산시, 강원의 습지에 매우 드물게 분포
형태 다년초. 줄기는 높이 30~90cm이며 줄기에 털이 없다. 잎은 길이 5~7cm의 긴 타원형–난상 원형이며 가장자리에 얕은 톱니가 있다. 양면에 짧은 털이 약간 있다. 꽃은 7~9월에 연한 자색–청자색으로 피며 아래를 향해 달린다. 작은포는 2~3개이고 길이 4~5mm의 피침형–난형이다. 꽃받침열편은 타원형(–난형)이다. 꽃부리는 지름 2~3cm의 넓은 종형이다. 열매(삭과)는 길이 6~8mm의 도란상 구형이다.
참고 잎자루와 꽃자루가 없거나 매우 짧으며 꽃받침에 털이 없고 꽃받침열편과 작은포의 가장자리에 얕은 톱니가 있는 것이 특징이다.

❶2012. 8. 2. 강원 영월군 ❷꽃. 꽃자루는 매우 짧다. 꽃받침열편과 작은포의 가장자리에 얕은 톱니가 있다. ❸열매. 도란상이며 털은 없다. ❹잎. 잎자루가 거의 없다.

수염가래꽃

Lobelia chinensis Lour.

초롱꽃과

국내분포/자생지 중부지방 이남의 농경지, 습한 풀밭 및 습지 주변

형태 다년초. 줄기는 높이 5~10cm이며 털이 없다. 잎은 길이 6~25mm의 좁은 타원형–타원형이며 가장자리는 밋밋하거나 불규칙한 둔한 톱니가 있다. 꽃은 5~9월에 백색–연한 자색(통부는 적자색)으로 핀다. 윗입술꽃잎은 2개로 갈라지고 열편은 선상 피침형–도피침형이며 아랫입술꽃잎의 열편보다 길다. 아랫입술꽃잎은 3개로 깊게 갈라지며 밑부분에 황색 테두리가 있는 녹색의 무늬가 있다. 열매(삭과)는 길이 7~10mm의 원통형–도원뿔형이다.

참고 전체가 소형이고 흔히 땅위를 기면서 자라며 꽃이 잎겨드랑이에 1개씩 달리는 것이 특징이다.

❶ 2001. 8. 19. 경북 울진군 ❷ 꽃. 윗입술꽃잎은 깊게 찢어져 측면으로 퍼져 달린다. 수술은 5개이고 상반부가 융합되어 있다. ❸ 열매. 도원뿔상이며 끝이 뾰족하다. ❹ 잎. 타원형이다.

숫잔대

Lobelia sessilifolia Lamb.

초롱꽃과

국내분포/자생지 전국의 습한 풀밭 및 습지(산지)에 드물게 분포

형태 다년초. 줄기는 높이 50~100cm이며 털이 없다. 땅속줄기는 굵고 짧게 옆으로 벋는다. 잎은 길이 3~8cm의 피침형–좁은 타원형이며 가장자리에 뾰족한 작은 톱니가 있다. 꽃은 8~9월에 연한 적자색–청자색으로 피며 줄기 끝부분의 총상꽃차례에서 모여 달린다. 꽃부리는 길이 2.5~3cm의 홑입술모양이며 가장자리에 긴 털이 있다. 윗입술꽃잎의 열편은 2개이며 선형이고 아랫입술꽃잎과 길이가 비슷하다. 열매(삭과)는 길이 1.2~1.5cm의 도란형–거의 구형이다.

참고 잎자루가 없으며 꽃이 대형이고 흔히 청자색인 것이 특징이다.

❶ 2002. 8. 28. 경북 김천시 ❷ 꽃. 꽃부리 열편의 가장자리에 털이 있다. 수술은 5개이고 융합되어 있다. 암술대는 수술보다 약간 길고 끝이 아래로 구부러진다. ❸ 열매 ❹ 잎. 잎자루가 거의 없다.

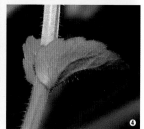

비너스도라지

Triodanis perfoliata (L.) Nieuwl

국내분포/자생지 북아메리카 원산. 전남, 제주의 길가, 하천가.
형태 1년초. 줄기는 높이 10~100cm 이고 곧추 자라며 능각에 털이 있다. 잎은 길이 1~3cm의 난형-원형이고 가장자리에 둔한 톱니가 있다. 꽃은 5~6월에 적자색-청자색으로 피며 잎겨드랑이에서 1~2개씩 모여 달린다. 꽃부리는 지름 9~10mm의 깔때기모양이고 5개로 깊게 갈라지며 열편은 피침상 삼각형이다. 열매(삭과)는 길이 5~7mm의 긴 타원형이다.
참고 1년초이고 뿌리가 수염모양이며 잎이 난형상이고 줄기를 감싸며 열매가 익으면 옆에서 터져 씨앗이 나오는 것이 특징이다.

❶2013. 6. 1. 전남 곡성군 ❷꽃. 꽃자루가 없다. 수술은 5개이며 암술머리는 3개로 갈라진다. ❸열매. 익으면 측면이 찢어져 씨가 나온다. ❹잎. 줄기를 감싸며 가장자리와 뒷면 맥위에 털이 있다.

애기도라지

Wahlenbergia marginata (Thunb.) A. DC.

국내분포/자생지 전남, 제주의 길가, 풀밭.
형태 다년초. 줄기는 높이 10~50cm 이고 능각이 있으며 털이 있다. 잎은 길이 1.5~4.5cm의 선형-도피침형이며 가장자리에 밋밋하거나 불규칙한 둔한 톱니가 있다. 꽃은 4~10월에 연한 자색-청자색으로 피며 줄기와 가지 끝부분에 1개씩 달린다. 꽃부리는 지름 8~12mm의 깔때기모양이고 5개로 깊게 갈라지며 열편은 타원상 난형-난형이다. 열매(삭과)는 길이 6~8mm의 도원뿔형이다.
참고 다년초이며 뿌리가 굵고 곧으며 잎이 도피침형이고 열매가 익으면 끝부분에서 터져 씨앗이 나오는 것이 특징이다.

❶2001. 10. 25. 제주 서귀포시 ❷~❸꽃. 1개씩 달리고 꽃자루는 길다. 수술은 5개이며 암술머리는 4개로 갈라진다. ❹열매. 도원뿔 상이다. ❺뿌리. 곧은 뿌리이다.

백령풀
Diodia teres Walter

꼭두서니과

국내분포/자생지 아메리카 대륙 원산. 중부지방 이남의 바닷가 모래땅
형태 1년초. 줄기는 높이 10~40cm이고 비스듬히 서며 짧은 털이 많다. 잎은 길이 2~4cm의 선상 피침형이며 가장자리는 약간 뒤로 젖혀진다. 양면에 털이 많다. 꽃은 7~9월에 분홍색-연한 자색으로 피며 잎겨드랑이에 1(~3)개씩 달린다. 꽃받침열편은 길이 1~2mm의 피침형이다. 꽃부리는 길이 4~6mm이고 열편은 길이 0.5~2mm의 긴 타원형이다. 열매는 길이 4mm 정도의 도란형이고 털이 많으며 2개의 분과로 갈라진다.
참고 큰백령풀에 비해 전체적으로 소형이며 잎이 선상 피침형이고 꽃받침열편이 4개인 것이 특징이다.

❶2001. 8. 19. 경북 울진군 ❷꽃. 분홍색-연한 자색이다. 수술은 4개이고 암술머리는 2개로 갈라진 머리모양이다. ❸열매. 끝부분에 4개의 꽃받침열편이 달려 있다.

큰백령풀
Diodia virgiana L.

꼭두서니과

국내분포/자생지 북아메리카 원산. 남부지방의 농경지, 저수지 등
형태 1년초. 줄기는 높이 10~60cm이며 땅위에 눕거나 비스듬히 자란다. 잎은 길이 2~5cm의 타원상 피침형-도피침형이며 가장자리가 밋밋하다. 꽃은 6~9월에 백색으로 피며 잎겨드랑이에 1(~3)개씩 달린다. 꽃받침열편은 길이 4~6mm의 좁은 삼각상 피침형이다. 꽃부리는 길이 8~11mm이다. 열매는 길이 6~9mm의 타원형이고 8개의 능각이 있으며 분과로 갈라지지 않는다.
참고 백령풀에 비해 줄기, 꽃부리, 열매 등에 긴 털이 많은 편이며 꽃이 백색이고 수술이 길게 밖으로 나오며 꽃받침열편이 2개인 것이 특징이다.

❶2011. 9. 2. 전남 장성군 ❷꽃. 백색이다. 꽃부리열편의 안쪽 면에 긴 털이 밀생한다. 수술은 4개이며 암술대는 2개로 깊게 갈라진다. ❸열매. 끝부분에 2개의 꽃받침열편이 달려 있다. ❹잎

네잎갈퀴(좀네잎갈퀴)

Galium bungei var. *trachyspermum* (A. Gray) Cufod.
Galium gracilens (A. Gray) Makino;
G. trachyspermum A. Gray

꼭두서니과

국내분포/자생지 전국의 풀밭(잔디밭), 숲가장자리, 숲속 등

형태 다년초. 높이 5~40cm이며 곧추서거나 비스듬히 자란다. 줄기는 네모지고 흔히 털이 없으나 간혹 유두상 돌기가 있거나 마디에 털이 약간 있는 경우도 있다. 잎은 4개씩 돌려나며 2개는 길고 2개는 보다 짧다. 길이 5~18mm의 넓은 선형-긴 타원상 난형이며 1(~희미한 3)맥이 있다. 흔히 잎에 털이 없거나 적지만 앞면의 맥위, 뒷면 전체, 가장자리에는 털이 많은 경우도 있다. 끝은 흔히 뾰족하지만 둔하거나 급히 뾰족하기도 한다. 잎자루는 없다. 꽃은 4~9월에 (백색-)연한 녹색-황록색으로 피며 줄기나 가지 끝부분의 원뿔꽃차례 또는 취산꽃차례에서 모여 달린다. 꽃줄기는 털이 없거나 유두상 돌기가 있으며 결실기에는 보다 길어진다. 꽃자루는 길이 (1~)2~4(~7)mm이고 털이 없다. 꽃부리는 지름 1.5~2.5mm의 바퀴모양[輪狀]이며 털이 없다. 꽃부리열편은 4개이며 긴 타원형-난형이고 끝이 뾰족하다. 열매(분열과)는 1~2개의 분과로 이루어져 있다. 분과는 길이 1~2mm의 넓은 타원형-거의 구형이며 끝이 굽은 돌기형 가시 또는 유두상 돌기가 있다.

참고 좀네잎갈퀴는 식물체가 작고 잎이 선형-피침형으로 좁으며 열매(분과) 표면에 돌기모양의 가시가 있다는 특징 때문에 독립된 종으로 인정되어 왔으나 최근 연구에 따르면 이러한 형질들은 네잎갈퀴의 연속적 변이에 해당하는 것이라고 한다.

❶ 2016. 5. 15. 경기 김포시 ❷~❸ 꽃. 꽃차례에 약간 밀집하여 달리는 편이다. 꽃부리열편은 4개이고 황록색이다. 수술은 4개이며 암술대는 2개이다. ❹ 열매. 표면에 유두상 돌기가 밀생한다. ❺ 잎 앞면. 1맥이 있으며 양면(특히 잎가장자리와 뒷면 맥위)에 털이 있다. ❻~❼ 잎 뒷면. 털의 밀도는 변이가 심하다. ❽ 2016. 5. 20. 대구시 용지봉

둥근네잎갈퀴

Galium bungei var. *miltorrhizum*
(Hance) G. S. Jeong & J. H. Pak

꼭두서니과

국내분포/자생지 경기, 경남, 경북 및 지리산 일대의 풀밭, 습지 주변

형태 다년초. 줄기는 높이 10~16cm 이고 곧추서거나 비스듬히 자라며 네 모진다. 잎은 4개씩 돌려나며 길이 8~17mm의 넓은 타원형–긴 타원상 난형이고 1맥이 있다. 꽃은 4~9월에 황록색으로 핀다. 꽃부리는 지름 1~2.2mm의 바퀴모양이며 털이 없다. 꽃부리 열편은 4개이며 긴 타원형–난형이고 끝이 뾰족하다. 열매(분과)는 길이 1.5~2.3mm의 넓은 타원형이며 털이 없으나 간혹 유두상 돌기가 있다.

참고 네잎갈퀴에 비해 전체에 털이 없으며 잎이 타원형–넓은 타원형이고 분과의 표면에 털이 없는 것이 특징이다.

❶2016. 9. 15. 경남 창녕군 우포늪 ❷꽃. 짧은 꽃차례에 엉성하게 달리는 편이다. ❸열매. 표면에 털이 없으나 간혹 유두상 돌기가 산재한다. ❹잎. 털은 거의 없거나 가장자리에 약간 있다.

갈퀴덩굴

Galium spurium L.

꼭두서니과

국내분포/자생지 전국의 길가, 농경지, 빈터, 풀밭, 하천가 등

형태 1~2년초. 줄기는 높이 30~80cm 이며 네모지고 흔히 능각에 짧은 털이 많다. 잎은 6~10개씩 돌려나며 길이 1~4cm의 선형–도피침형이고 1맥이 있다. 끝은 뾰족하거나 가시 같은 돌기가 있다. 꽃은 5~7월에 황록색으로 핀다. 꽃부리는 지름 2~3mm의 바퀴모양이며 열편은 4개이고 길이 1~1.5mm의 삼각상 난형–난형이다. 열매(분과)는 지름 1~3mm의 넓은 타원형–구형이며 흔히 갈고리 같은 긴 털이 많다.

참고 줄기에 짧은 털이 많고 잎이 6~10개씩 돌려나며 분과의 표면에 갈고리 같은 털이 많은 것이 특징이다.

❶2016. 4. 8. 인천시 서구 국립생물자원관 ❷꽃. 황록색이고 지름 2~3mm이다. ❸열매. 표면에 갈고리모양의 긴 털이 밀생한다. ❹잎. 6~10개씩 돌려난다.

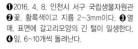

가는네잎갈퀴
Galium trifidum L.

꼭두서니과

국내분포/자생지 강원, 경기, 경남, 전남, 전북 등의 습지(고층습지, 석호 등)

형태 다년초. 줄기는 높이 20~60cm 이고 네모지며 흔히 가시 같은 짧은 털이 약간 있다. 잎은 4~6개씩 돌려나며 길이 1.5~4cm의 도피침형–긴 타원상 도란형이고 1맥이 있다. 끝은 둔하거나 둥글고 가장자리와 뒷면 맥 위에 가시 같은 털이 있다. 꽃은 6~8월에 백색으로 핀다. 꽃부리는 지름 2~3mm의 바퀴모양이며 열편은 3개이고 길이 1~1.2mm의 난형이다. 열매(분과)는 지름 2~2.5mm의 넓은 타원형–구형이며 털이 없고 밋밋하다.

참고 꽃부리가 백색이고 열편이 3개이며 분과에 털이 없는 것이 특징이다.

❶2014. 7. 2. 강원 강릉시 ❷~❸꽃. 백색이고 꽃부리열편은 3(~4)개이다. 수술은 3개이다. ❹열매. 털이 없다. ❺잎. 흔히 도피침상이고 1맥이 있다.

흰갈퀴
Galium tokyoense Makino

꼭두서니과

국내분포/자생지 주로 남부지방의 습지

형태 다년초. 줄기는 높이 30~70cm 이며 네모지고 갈고리 같은 털이 있다. 잎은 4~6개씩 돌려나며 길이 1~3.5cm의 도피침형–긴 타원상 도란형이고 1맥이 있다. 끝은 둥글거나 돌기모양으로 뾰족하며 가장자리와 양면 맥위에 가시 같은 털이 있다. 꽃은 5~7월에 백색으로 핀다. 꽃부리는 지름 2~3mm의 바퀴모양이며 열편은 길이 1~1.3mm의 난형이다. 열매(분과)는 길이 1.5~2mm의 타원형–도란형이며 밋밋하다.

참고 큰잎갈퀴(*G. dahuricum*)에 비해 잎이 크며 꽃이 백색이고 분과에 털이 없는 것이 특징이다.

❶2016. 5. 26. 경남 양산시 ❷꽃. 백색이고 꽃부리열편은 4개이다. ❸열매. 분과의 표면에 털이 없다. ❹잎. 4~6개씩 돌려난다. 줄기의 능각, 잎가장자리, 잎 뒷면의 맥위에 갈고리모양의 털이 있다.

꽃갈퀴덩굴

Sherardia arvensis L.

꼭두서니과

국내분포/자생지 유럽 원산. 서울시 (월드컵공원) 및 제주의 농경지 및 풀밭

형태 1년초. 줄기는 길이 20~60cm 이고 네모지며 비스듬히 또는 땅위에 누워 자라고 가지가 많이 갈라진다. 잎은 4~6개씩 돌려나며 길이 6~13mm의 넓은 선형–긴 타원형이고 끝은 뾰족하다. 가장자리는 밋밋하고 가시 같은 털이 있다. 꽃은 4~7월에 연한 적자색으로 핀다. 꽃부리는 지름 2.5~3.5mm의 바퀴모양이며 열편은 길이 1.2~1.5mm의 좁은 난형이다. 열매(소견과)는 길이 2.5~4mm의 도란형이며 털이 약간 있다.

참고 꽃이 연한 적자색이고 줄기와 가지 끝부분의 잎겨드랑이에서 모여나는 것이 특징이다.

❶2007. 5. 21. 제주 서귀포시 ❷꽃. 연한 적자색이다. 수술은 4개이고 암술대는 1개이다. ❸잎. 4~6개씩 돌려나며 양면과 가장자리에 털이 있다.

탐라풀

Neanotis hirsuta (L. f.) W. H. Lewis

꼭두서니과

국내분포/자생지 제주의 길가, 농경지 및 숲가장자리

형태 1년초 또는 다년초. 줄기는 길이 10~25cm이고 네모지며 비스듬히 또는 땅위에 누워 자란다. 잎은 길이 1.5~3.5cm의 타원형–난형이며 가장자리가 밋밋하고 짧은 털이 있다. 꽃은 7~8월에 백색으로 피며 잎겨드랑이에서 (1~)2~4개씩 모여 달린다. 꽃자루는 매우 짧고 털이 있다. 꽃받침 열편은 길이 1.5~2mm이고 긴 타원상 난형이며 4개이다. 꽃부리는 길이 2mm 정도의 깔때기모양이다. 열매(삭과)는 길이 2~2.5mm의 약간 납작한 구형이며 꽃받침에 싸여 있다.

참고 잎이 초질이고 털이 있으며 꽃자루가 매우 짧은 것이 특징이다.

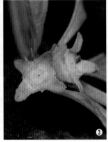
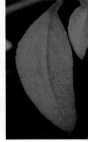

❶2005. 8. 8. 제주 서귀포시 ❷꽃. 꽃받침열편은 옆으로 퍼진다. 수술은 4개이다. ❸열매. 꽃받침에 싸여 있다. ❹잎. 양면에 털이 있다.

백운풀(두잎갈퀴)

Hedyotis diffusa Willd.
Hedyotis diffusa var. *longipes* Nakai

꼭두서니과

국내분포/자생지 강원, 경남, 전남, 제주의 길가, 농경지 및 습지

형태 1년초. 줄기는 높이 10~50cm 이고 비스듬히 또는 땅위에 누워 자라며 털이 있거나 거의 없기도 하다. 잎은 길이 1.5~6.4cm의 선형-좁은 타원형 또는 좁은 도피침형이고 가장자리가 밋밋하다. 잎자루는 거의 없다. 꽃은 6~10월에 백색으로 피며 잎겨드랑이에서 1~2개 또는 여러 개씩 모여 달린다. 꽃자루는 길이 4~20mm이고 털이 없다. 꽃받침은 길이 1~1.2mm의 거의 구형이고 털이 없으며 열편은 길이 1~2mm의 좁은 삼각형이다. 꽃부리는 길이 2~3mm의 깔때기모양의 통형이며 열편은 긴 타원상 난형이다. 수술과 암술대는 꽃부리 밖으로 약간 돌출된다. 열매(삭과)는 길이 2~3mm의 거의 구형이며 숙존하는 꽃받침에 완전히 싸여 있다.

참고 산방백운풀(*H. corymbosa*)은 줄기가 뚜렷하게 네모지고 꽃이 산방상으로 모여 달리며 암술대와 수술이 꽃부리 밖으로 돌출되지 않는다. 제주백운풀(*H. brachypoda*)은 백운풀에 비해 줄기에 털이 없으며 꽃줄기와 꽃자루가 개화기에 길이 3mm 이하, 결실기에 길이 8mm 이하로 짧다. 또한 꽃받침열편이 삼각형이고 열매의 상부가 부풀지 않는 것이 특징이다. 학자에 따라서는 백운풀과 제주백운풀을 동일 종으로 보기도 한다.

❶2010. 10. 7. 경남 양산시 ❷꽃. 꽃자루의 길이는 개체에 따라 변이가 매우 심하다. ❸열매. 꽃받침에 완전히 싸여 있다. ❹긴두잎갈퀴 타입. 열매의 자루가 열매보다 2~4배 긴 것을 긴두잎갈퀴로 구분하기도 하지만 최근 백운풀에 통합하는 추세이다. ❺산방백운풀. 꽃이 산방상으로 모여 달린다. ❻~❼제주백운풀 ❻꽃과 열매. 꽃은 백색이고 꽃자루가 매우 짧다. ❼2013. 9. 15. 전북 정읍시

낚시돌풀

Hedyotis strigulosa (Bartl. ex DC.) Fosberg
Hedyotis biflora var. *parvifolia* Hook. & Arn.

꼭두서니과

국내분포/자생지 전남, 경남 및 제주도의 바닷가 바위지대

형태 다년초. 줄기는 높이 5~20cm이다. 잎은 길이 1~2.5cm의 긴 타원형–난형 또는 주걱형–도란상 긴 타원형이다. 꽃은 7~8월에 백색으로 피며 줄기와 가지의 끝부분에서 2~10개씩 모여 달린다. 꽃자루는 길이 1~12mm이다. 꽃받침열편은 길이 0.8~2mm이고 피침형–삼각형이며 4개이다. 꽃부리는 길이 2.5~3.5mm의 통부가 짧은 깔때기모양이다. 열매(삭과)는 길이 3.5~5mm의 넓은 난형–거의 구형이며 꽃받침에 싸여 있다.

참고 다년초이며 잎이 광택이 나는 다육성의 가죽질인 것이 특징이다.

❶ 2005. 8. 7. 제주 서귀포시 ❷ 꽃. 꽃부리 통부의 안쪽 면 꽃목 부분에 긴 털이 밀생한다. ❸ 열매. 꽃받침에 싸여 있다. ❹ 잎. 가죽질이다.

너도꼭두서니

Rubia jesoensis (Miq.) Miyabe & Miyake.

꼭두서니과

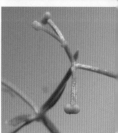

국내분포/자생지 함북의 숲가장자리, 습지 또는 해안가 풀밭

형태 나년초. 줄기는 높이 20~60cm이고 곧추 자라며 네모지고 능각에 밑으로 향한 작은 가시가 있다. 잎은 4개씩 돌려나며 길이 4~8cm의 피침형이고 밑부분은 좁은 쐐기형이다. 뒷면의 중앙맥에 작은 가시가 있다. 꽃은 7~8월에 백색으로 피며 잎겨드랑이에서 나온 잎보다 짧은 취산상의 꽃차례에서 모여 달린다. 꽃부리는 지름 3mm 정도이고 열편은 긴 타원상 난형이다. 수술은 5개이고 암술대는 2개로 갈라진다. 열매(장과상)는 흑색으로 익으며 분과는 지름 3mm 정도의 구형이고 밋밋하다.

참고 줄기가 곧추 자라며 잎이 피침상이고 잎자루가 거의 없는 것이 특징이다.

❶ 2017. 7. 6. 러시아 프리모르스키주 ❷ 꽃. 잎겨드랑이에서 취산상으로 모여 달린다. ❸ 미숙 열매. 표면에 털이 없이 평활하다. ❹ 잎. 4개씩 모여 달린다.

꼭두서니(꼭두선이)

Rubia argyi (H. Lév. & Vaniot)
H. Hara ex Lauener & D. K. Ferguson

꼭두서니과

국내분포/자생지 전국의 길가, 풀밭 및 숲가장자리

형태 덩굴성 다년초. 줄기는 길이 1m 정도까지 자라며 네모지고 밑으로 향한 작은 가시가 있다. 잎은 길이 2~7cm의 긴 난형-심장형이며 5(~7)의 뚜렷한 맥이 있다. 꽃은 7~9월에 연한 황록색으로 피며 줄기 끝이나 잎 겨드랑이에서 나온 원뿔꽃차례에서 모여 달린다. 꽃부리는 지름 3~4mm이고 깊게 (4~)5개로 갈라진다. 수술은 5개이며 씨방에는 털이 없다. 열매(장과상)는 흑색으로 익으며 분과는 1~2개이고 지름 4~7mm의 거의 구형이다.

참고 갈퀴꼭두서니에 비해 잎이 흔히 난상 심장형이며 4(~6)개씩 돌려나는 것이 특징이다.

❶2012. 9. 3. 경북 안동시 ❷꽃. 꽃부리열편은 뒤로 완전히 젖혀진다. ❸열매. 흑색으로 익는다. ❹잎 뒷면. 밑부분은 뚜렷한 심장형이다. 맥위에 잔가시가 있으며 털은 없다.

갈퀴꼭두서니

Rubia cordifolia L.

꼭두서니과

국내분포/자생지 전국의 길가, 풀밭 및 숲가장자리

형태 덩굴성 다년초. 줄기는 네모지고 밑으로 향한 작은 가시가 있다. 잎은 (6~)8~10개씩 돌려나며 길이 2~4(~6)cm의 삼각상 피침형~삼각상 난형이고 5개의 뚜렷한 맥이 있다. 꽃은 7~10월에 연한 황록색으로 핀다. 꽃부리는 지름 4~5mm이고 깊게 (4~)5개로 갈라지며 열편은 길이 1.2~1.5mm의 피침형이다. 수술은 5개이다. 열매(장과상)는 흑색으로 익고 분과는 1~2개이며 지름은 4~6mm이다.

참고 꼭두서니에 비해 잎이 흔히 긴 타원상 심장형이며 (6~)8개씩 돌려나는 것이 특징이다.

❶2016. 10. 1. 인천시 영종도 ❷꽃. 꽃부리열편은 옆으로 퍼지거나 뒤로 젖혀진다. 끝이 뾰족하다. ❸열매 ❹잎 뒷면. 밑부분은 흔히 편평하거나 얕은 심장형이다. 맥위에 잔가시와 함께 털이 많다.

상치아재비

Valerianella locusta (L.) Betcke

마타리과

국내분포/자생지 지중해 연안 원산. 제주 및 전남의 길가, 풀밭

형태 1~2년초. 줄기는 높이 10~40cm이고 2개씩 차상(叉狀)으로 수 회 갈라진다. 줄기 위쪽의 잎은 길이 1~3cm의 긴 타원형이고 가장자리에 3~4쌍의 불규칙한 톱니가 있으며 잎자루는 없다. 꽃은 4~5월에 연한 청자색으로 피며 가지의 끝부분에서 10~20개씩 모여 달린다. 꽃부리는 지름 1.5mm 정도이고 열편은 5개이다. 수술은 3개이다. 열매(수과)는 길이 1.5~2.5mm의 거의 구형이며 약간 납작하다.

참고 잎이 홑잎이고 가장자리가 흔히 밋밋하며 열매가 구형이고 끝부분에 털이 없는 것이 특징이다.

❶2013. 5. 6. 전북 고창군 ❷~❸꽃. 꽃부리열편은 서로 크기가 조금씩 다르지만 흔히 타원상이다. 꽃밥은 백색이고 암술머리는 3개로 갈라진다. ❹줄기 위쪽의 잎. 자루가 없다.

산토끼꽃

Dipsacus japonicus Miq.

산토끼꽃과

국내분포/자생지 강원, 경북 이북의 길가, 하천가 및 숲가장자리

형태 2년초. 줄기는 4~6개의 능각이 있으며 딱딱한 털이 흩어져 있다. 잎은 마주나며 길이 8~25cm의 타원형-타원상 난형이고 깃털모양으로 갈라진다. 꽃은 8~9월에 연한 적자색으로 피며 줄기와 가지 끝부분의 머리모양의 꽃차례에서 모여 달린다. 꽃부리는 길이 6~7mm의 통형이며 끝부분은 입술모양으로 갈라진다. 열매(수과)는 길이 5~6mm의 네모진 도피침상 긴 타원형이고 윗부분에 털이 약간 있다.

참고 꽃턱(화탁)의 인편이 주걱형-도삼각형이며 끝부분에 딱딱한 긴 가시가 있는 것이 특징이다.

❶2002. 9. 4. 경북 경주시 ❷꽃. 머리모양(두상)으로 모여 달린다. ❸열매. 꽃턱의 인편은 끝부분이 가시처럼 뾰족하다. ❹뿌리잎. 줄기잎과는 달리 흔히 갈라지지 않는다.

금혼초

Hypochaeris ciliata (Thunb.) Makino

국화과

국내분포/자생지 북부지방의 풀밭, 숲가장자리

형태 다년초. 줄기는 높이 20~70cm 이고 곧추서며 갈색의 퍼진 털이 있다. 줄기잎은 길이 5~15cm의 긴 타원형이고 표면에는 거친 털이 있으며 밑부분은 줄기를 감싸고 가장자리에는 불규칙한 톱니가 있다. 꽃은 6~8월에 황색으로 핀다. 총포편은 4열로 배열되며 외총포편은 긴 타원상 피침형-난형이고 끝이 둔하다. 열매(수과)는 길이 8mm 정도의 원통형이고 15개 정도의 능각이 있으며 연한 갈색이다.

참고 줄기잎이 있으며 지름 4~6cm의 머리모양꽃차례가 줄기 끝에 1개씩 달리고 총포가 넓은 종형인 것이 특징이다.

❶2007. 6. 23. 중국 지린성 ❷꽃. 총포는 넓은 종형이며 총포편의 가장자리에 긴 털이 있다. ❸열매. 부리는 없으며 관모는 길이 1.5cm 정도이고 긴 털이 있다. ❹줄기잎. 밑부분은 줄기를 감싼다.

서양금혼초

Hypochaeris radicata L.

국화과

국내분포/자생지 유럽 원산. 중부지방 이남의 길가, 빈터, 풀밭 등

형태 다년초. 줄기는 높이 30~50cm 이고 뿌리 부근에서 모여난다. 뿌리잎은 길이 (4~)8~15cm의 도피침형이고 가장자리는 흔히 깃털모양으로 갈라지며 양면에 긴 털이 많다. 꽃은 5~10월에 황색으로 피며 지름 3cm 정도의 머리모양꽃차례에는 혀꽃만 있다. 총포는 길이 1~2.5cm의 원통형-종형이며 총포편은 길이 3~20mm의 피침형이고 3열로 배열된다. 열매(수과)는 표면에 가시모양의 돌기가 밀생하며 관모는 백색이다.

참고 민들레속(*Taraxacum*) 식물들에 비해 혀꽃의 통부 상단에 긴 털이 있으며 관모에 짧은 털이 많은 것이 특징이다.

❶2013. 5. 22. 제주 제주시 구좌읍 ❷꽃. 총포편에 가시 같은 털이 있다. ❸열매. 관모에는 털이 많다. ❹잎. 가장자리가 민들레잎처럼 갈라진다.

쇠채아재비

Tragopogon dubius Scop.

국화과

국내분포/자생지 유럽 원산. 주로 중남부지방의 길가(특히 도로변), 빈터

형태 1~2년초. 줄기는 높이 30~80cm이고 속이 비어 있다. 잎은 어긋나며 길이 20~30cm의 선상 피침형이고 가장자리는 밋밋하다. 꽃은 5~6월에 연한 황색으로 피며 줄기와 가지 끝의 머리모양꽃차례에서 모여 달린다. 혀꽃은 길이 2.5~3cm이다. 총포는 길이 4cm 정도의 종모양이고 8~13개의 총포편이 1열로 배열된다. 열매(수과)는 부리를 포함하여 길이 2cm 정도이고 방추형이며 능각 위에 작은 돌기가 있다. 관모는 오백색~백색이며 표면에 긴 털이 많다.

참고 쇠채(*Scorzonera albicaulis*)에 비해 꽃줄기가 약간 편평하며 크기와 모양이 비슷한 총포편이 1열로 배열되는 것이 특징이다.

❶2013. 5. 18. 경북 성주군 낙동강 ❷꽃. 지름 4~6cm이다. ❸총포. 1열로 배열된다. ❹열매. 부리가 길다.

갯고들빼기

Crepidiastrum lanceolatum (Houtt.) Nakai

국화과

국내분포/자생지 제주 및 남해안의 해안가 바위지대

형태 다년초. 뿌리잎은 모여나며 길이 5~15cm의 주걱형~긴 타원형이다. 줄기잎은 피침형~난형이고 밑부분이 줄기를 감싼다. 꽃은 10~12월에 황색으로 피며 머리모양꽃차례는 줄기와 가지의 끝에서 산방상으로 달리고 밑부분에는 포모양의 잎(포엽)이 있다. 꽃줄기는 길이 3~10mm이다. 총포는 길이 7~9mm의 통형이며 총포편에는 털이 없다. 열매(수과)는 10~15개의 능각이 있으며 관모는 길이 3~4mm이고 백색이다.

참고 흔히 가지가 많이 갈라지고 수과의 끝부분에 부리가 거의 발달하지 않는 것이 특징이다.

❶2012. 10. 19. 부산시 ❷~❸꽃. 허꽃은 10~18개이고 내총포편은 8개이다. ❹열매. 부리는 없다. ❺뿌리잎. 흔히 깃털모양으로 갈라진다.

고들빼기

Crepidiastrum sonchifolium (Bunge)
J. H. Pak & Kawano

국화과

국내분포/자생지 전국의 길가, 농경지, 민가, 하천가 및 숲가장자리 등

형태 1~2년초. 줄기는 높이 15~80cm 이고 전체에 털이 없다. 뿌리잎은 길이 2~5cm의 긴 타원형이고 가장자리는 빗살처럼 갈라진다. 줄기잎은 어긋나며 길이 2~6cm의 난형-난상 긴 타원형이다. 꽃은 5~9월에 황색으로 피며 머리모양꽃차례는 산방상으로 모여 달린다. 꽃자루의 길이는 5~10mm이며 포엽은 2~3개이고 총포는 길이 5~6mm이다. 열매(수과)는 편평한 방추형이고 흑색이며 관모는 백색이다.

참고 이고들빼기에 비해 잎의 가장자리가 빗살모양으로 깊게 갈라지고 밑부분이 줄기를 감싸며 머리모양꽃차례가 처지지 않는 것이 특징이다.

❶2005. 5. 2. 인천시 ❷꽃. 혀꽃은 15~25개이다. ❸총포. 내총포편은 (7~)8개이다. ❹열매. 부리가 있다. ❺줄기잎. 밑부분은 줄기를 완전히 감싼다.

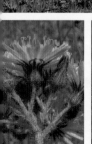

유럽조밥나물

Hieracium caespitosum Dumor.

국화과

국내분포/자생지 유럽 원산. 강원(양구군. 인제군)의 도로변

형태 다년초. 줄기는 높이 20~70cm 이며 뻣뻣한 긴 털과 별모양의 짧은 털이 많다. 잎의 대부분은 뿌리 부근에서 모여난다. 줄기잎은 1~2개이고 선형-타원상 피침형이다. 가장자리는 밋밋하거나 불규칙한 물결모양의 톱니가 있고 밑부분은 줄기를 약간 감싼다. 꽃은 6~7월에 황색으로 피며 허꽃만 있는 머리모양꽃차례는 줄기의 끝부분에서 산방상으로 모여 달린다. 총포는 길이 5~9mm이다. 열매(수과)는 진한 적자색이며 길이 1.5mm 정도이고 10개의 능각이 있다.

참고 옆으로 벋는 땅속줄기가 있으며 줄기가 잎이 적어(1~2개) 꽃자루처럼 보이는 것이 특징이다.

❶2017. 5. 28. 강원 인제군 ❷총포. 총포편에 흑색의 긴 털(또는 긴 샘털)과 백색의 짧은 샘털이 혼생한다. ❸열매. 윗부분에 백색의 긴 관모가 있다. ❹뿌리 부근의 잎. 긴 털이 있다.

흰민들레

Taraxacum coreanum Nakai

국화과

국내분포/자생지 전국의 길가, 농경지, 민가, 하천가 등

형태 다년초. 줄기는 없고 뿌리에서 나온 꽃줄기는 높이 20~30cm이다. 잎은 뿌리에서 나와 로제트모양으로 퍼지며 잎의 중앙맥과 밑부분에 거미줄 같은 털이 약간 있다. 잎은 길이 13~20cm의 선상 도피침형이며 가장자리는 깃털모양으로 불규칙하게 갈라진다. 꽃은 4~5월에 백색 또는 연한 황색으로 피며 머리모양꽃차례는 지름 3~3.5cm이다. 총포의 밑부분과 꽃줄기의 윗부분에 거미줄 같은 털이 있으나 차츰 없어진다. 총포는 지름 1~1.2cm의 밑이 둥근 종모양이고 밝은 녹색이다. 외총포편은 피침형 좁은 난형이고 길이는 내총포편 길이의 2분의 1~5분의 3이다. 가장자리에 부드러운 털이 있으며 끝부분에 뿔모양의 돌기가 뚜렷하게 발달한다. 내총포편은 길이 1.3~1.6cm의 선형이며 끝부분에 뿔모양의 돌기가 있다. 열매(수과)는 길이 3~4mm의 방추형 또는 도란상 긴 타원형이며 밝은 갈색-갈색이다. 표면에 다수의 결절이 있으며 윗부분 3분의 1~2분의 1 지점에는 뚜렷한 가시모양의 돌기가 많다. 부리는 길이 8~10mm이며 관모는 길이 7~8mm이고 백색-오백색이다.

참고 혀꽃이 백색 뜨는 연한 황색이며 총포편 끝부분의 돌기가 뚜렷한 것이 특징이다. 꽃이 연한 황색으로 피는 것을 흰노랑민들레(var. *flavenscens*)로 부르기도 한다.

❶2001. 4. 1. 대구시 동화천 ❷총포. 총포편의 끝부분에 돌기가 뚜렷하게 발달한다. ❸열매. 상반부에 가시모양의 돌기가 있다. ❹~❼흰노랑민들레 타입 ❹꽃. 연한 황색이다. ❺총포. 흰민들레와 동일하다. ❻잎. 가장자리가 흔히 깃털모양으로 깊게 갈라지지만 거의 갈라지지 않는 것도 있다. ❼2013. 4. 5. 경남 창녕군

털민들레

Taraxacum mongolicum Hand.-Mazz.

국화과

국내분포/자생지 전국의 길가, 농경지, 민가, 풀밭 및 숲가장자리

형태 다년초. 잎은 도피침상이며 가장자리는 흔히 깃털모양으로 갈라지지만 갈라지지 않는 것도 있다. 꽃은 3~5월에 황색으로 피며 머리모양꽃차례는 지름 3~4cm이다. 외총포편은 선상 피침형~좁은 피침형이다. 외총포편은 길이가 내총포편의 2분의 1~3분의 2 정도이다. 열매(수과)는 길이 3~4.5mm의 방추형이고 회갈색~갈색이며 상반부에 뾰족한 돌기가 있다. 부리는 길이가 7~10mm이며 관모는 연한 오백색이다.

참고 민들레(*T. platycarpum*)에 비해 외총포편이 좁은 피침형이며 내총포편에 느슨히 압착되는 것이 특징이다.

❶ 2016. 4. 20. 경북 경산시 ❷ 총포. 외총포편은 끝부분에 뚜렷한 돌기가 있으며 내총포편에 느슨하게 붙는다. ❸ 열매 ❹ 잎. 깃털모양으로 깊게 갈라진다.

좀민들레

Taraxacum hallaisanense Nakai

국화과

국내분포/자생지 제주 산지의 풀밭

형태 다년초. 잎은 길이 5~15cm의 긴 타원형~선상 도피침형이며 가장자리는 흔히 깃털모양으로 깊게 갈라진다. 꽃은 4~6월에 황색으로 피며 머리모양꽃차례는 지름 2~3cm이다. 총포편의 끝부분에 미약한 돌기가 있다. 외총포편은 녹색(~검붉은 녹색)이고 선상 피침형~긴 타원상 피침형이며 내총포편 길이의 2분의 1 정도이다. 내총포편은 선상 피침형이고 털이 없다. 열매(수과)는 길이 3mm 정도의 방추형이며 갈색이고 상반부에 뾰족한 돌기가 발달한다.

참고 산민들레와 유사하지만 외총포편이 선상 피침형~긴 타원상 피침형이고 내총포편 길이의 2분의 1 이하인 것이 특징이다.

❶ 2015. 5. 7. 제주 한라산 ❷ 총포. 외총포편은 길이가 내총포편의 2분의 1 이하이다. ❸ 열매. 부리는 길이 8~10mm이며 관모는 길이 4~5mm이고 백색이다. ❹ 잎. 털이 적은 편이다.

산민들레

Taraxacum ohwianum Kitam.

국화과

국내분포/자생지 주로 중부지방 이북의 길가, 계곡가, 하천가 등

형태 다년초. 잎은 길이 9~20cm의 도피침형 또는 긴 타원상 도피침형이며 흔히 깃털모양으로 깊게 갈라진다. 꽃은 4~5월에 황색으로 피며 머리모양꽃차례는 지름 2.5~4cm이다. 외총포편은 청록색이고 난형-넓은 난형이다. 열매(수과)는 길이 2.5~3.5mm의 방추형이고 연한 회갈색이며 상반부에 뾰족한 돌기가 발달한다.

참고 외총포편이 난상이고 끝부분에 돌기가 없거나 미약하며 내총포편 길이의 (3분의 1~)2분의 1 정도인 것이 특징이다. 북한 및 중국에 분포하는 *T. albomarginatum* 및 *T. junpeianum*와 비교·검토가 필요한 것으로 판단된다.

❶ 2014. 4. 20. 경기 포천시 국립수목원 ❷총포편. 끝부분의 돌기는 미약하다. ❸열매. 상반부에 뾰족한 돌기가 있다. ❹잎. 흔히 갈라지지만 사진의 왼쪽처럼 거의 갈라지지 않기도 한다.

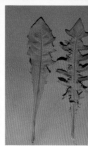

흰털민들레
(흰변두리민들레)

Taraxacum platypecidum Diels

국화과

국내분포/자생지 강원(정선군) 이북의 길가, 하천가

형태 다년초. 잎은 길이 10~20cm의 넓은 도피침형이며 깃털모양으로 갈라진다. 꽃은 4~5월에 황색으로 피며 머리모양꽃차례는 지름 2.5~3.5cm이다. 외총포편은 넓은 피침형-난형이고 끝부분에 미약한 돌기가 있으며 비늘모양으로 약간 겹쳐진다. 열매(수과)는 길이 3~4mm의 방추형이고 연한 회갈색이며 상반부에 뾰족한 돌기가 있다. 부리는 길이 1~1.5cm이며 관모는 길이 7~9mm이고 오백색이다.

참고 외총포편이 좁은 피침상이고 내총포편 길이의 2분의 1 이상이며 중앙부는 짙은 녹색이고 가장자리는 (백색-)연한 녹색인 것이 특징이다.

❶2001. 4. 23. 강원 정선군 ❷~❸총포편. 가장자리는 연한 녹색이다. ❹열매. 수과의 너비가 산민들레에 비해 좁은 편이다.

붉은씨서양민들레

Taraxacum laevigatum (Willd.) DC.
Taraxacum erythrospermum Andrz.

국내분포/자생지 유럽 원산. 전국의 길가, 농경지, 민가, 하천가 등

형태 다년초. 잎은 로제트모양으로 퍼지며 가장자리가 깃털모양으로 가늘고 깊게 갈라진다. 열편 사이에 뾰족한 톱니가 있어 가장자리는 불규칙하다. 꽃은 4~5월에 황색으로 피며 머리모양꽃차례는 지름 2.5~3cm이고 혀꽃은 70~120개이다. 외총포편은 선상 피침형이고 꽃이 필 무렵 뒤로 젖혀진다. 열매(수과)는 길이 3~4mm의 방추형이고 적색-적갈색이며 상반부에 가시 같은 돌기가 발달한다. 관모는 백색-오백색이다.

참고 서양민들레에 비해 잎의 가장자리가 더 가늘고 불규칙하게 갈라지며 열매가 적갈색을 띠는 것이 특징이다.

❶ 2016. 4. 13. 인천시 ❷ 총포. 서양민들레처럼 외총포편이 뒤로 완전히 젖혀진다. ❸ 열매. 적색-적갈색이다. ❹ 잎. 불규칙하게 갈라진다.

서양민들레

Taraxacum officinale F. H. Wigg.

국내분포/자생지 유럽 원산. 전국의 길가, 농경지, 민가, 풀밭 등

형태 다년초. 잎은 뿌리에서 나와 로제트모양으로 퍼지며 가장자리가 깃털모양으로 깊게 갈라진다. 꽃은 3~5(~11)월에 황색으로 피며 머리모양꽃차례는 지름 3.5~4.5cm이고 혀꽃은 150~200개이다. 총포편은 선형이고 끝부분에 돌기가 미약하며 외총포편은 꽃이 필 무렵 뒤로 완전히 젖혀진다. 열매(수과)는 길이 3~4mm의 방추형이고 회갈색이며 상반부에 가시 같은 돌기가 발달한다. 부리의 길이는 수과의 2~3배 정도이며 관모는 백색-오백색이다.

참고 총포편 끝부분의 돌기가 없거나 미약하고 외총포편이 젖혀지는 것이 특징이다.

❶ 2002. 4. 2. 대구시 경북대학교 ❷ 총포. 외총포편은 뒤로 완전히 젖혀진다. ❸ 열매. 회갈색-연한 갈색이다. ❹ 잎. 붉은씨서양민들레에 비해 규칙적으로 갈라진다.

나도민들레

Crepis tectorum L.

국화과

국내분포/자생지 유라시아 원산. 주로 중부지방의 길가, 도로변 등

형태 1년초. 줄기에 백색 털이 있다. 뿌리잎은 길이 10~15cm의 피침형–도피침형이고 가장자리에 불규칙한 톱니가 있다. 줄기잎은 어긋나며 가장자리가 깊게 갈라진다. 꽃은 5~7월에 황색으로 피며 지름 2cm 정도의 머리모양꽃차례는 혀꽃만 있고 2~10개가 산방상으로 달린다. 총포는 길이 6~9mm의 종모양이고 총포편은 2열로 배열된다. 외총포편은 내총포편보다 짧고 털이 많다. 열매(수과)는 적갈색–자갈색이며 작은 돌기가 있어 깔끄럽다.

참고 평창군 진부리의 도로변을 따라 퍼지고 있으며 최근 경인아라뱃길의 길가에서도 확인되었다.

❶ 2014. 6. 24. 강원 평창군 ❷꽃. 혀꽃만 있다. ❸총포. 백색의 짧은 털과 검은빛이 도는 긴 샘털이 밀생한다. ❹열매. 적갈색이며 부리는 없다.

씀바귀

Ixeridium dentatum (Thunb.) Tzvelev

국화과

국내분포/자생지 전국의 길가, 농경지, 민가, 풀밭, 하천가 등

형태 나년초. 줄기는 높이 10~50cm이다. 줄기잎은 도피침형–좁은 타원형이고 중간부 이하의 가장자리에 침모양–치아모양의 톱니가 있거나 결각이 있기도 하며 밑부분은 귀모양으로 줄기를 약간 감싼다. 꽃은 5~7월에 (백색–)황색으로 피며 머리모양꽃차례는 지름 1.5~2cm이고 혀꽃만 있다. 총포는 길이 7~9mm의 좁은 원통형이다. 열매(수과)는 길이 3~3.5mm이고 능각이 10개 있으며 관모는 연한 황색–오백색이다.

참고 선씀바귀속(*Ixeris*)에 비해 머리모양꽃차례의 혀꽃이 5~12개로 적은 편이며 관모가 순백색이 아닌 것이 특징이다.

❶ 2016. 6. 20. 대구시 용지봉 ❷꽃. 혀꽃의 수가 적다. ❸열매. 연한 갈색이고 긴 부리가 있다. ❹뿌리 부근의 잎. 잎자루가 있다. ❺줄기잎. 밑부분이 줄기를 감싼다.

노랑선씀바귀

Ixeris chinensis (Thunb.) Kitag.
subsp. *chinensis*

국내분포/자생지 전국의 길가, 농경
지, 민가, 풀밭, 하천가 등
형태 다년초. 줄기는 높이 10~35cm이
고 비스듬히 또는 곧추 자라며 전체
에 털이 없다. 뿌리잎은 로제트모양
으로 모여나며 길이 8~25cm의 도피
침형-긴 타원형-타원형이고 가장자
리는 밋밋하거나 깃털모양으로 갈라
진다. 줄기잎은 길이 5~15cm의 선상
피침형-좁은 피침형이며 가장자리
는 주로 밋밋하지만 간혹 깃털모양으
로 갈라지기도 한다. 흔히 줄기에 2~
4개씩 달린다. 꽃은 4~6월에 황색으
로 피며 머리모양꽃차례는 지름 2~
2.5cm이고 혀꽃은 20~25개 정도이
다. 총포는 길이 6~8mm의 원통형이
고 털이 없으며 총포편은 2열로 배열
된다. 외총포편은 길이 0.5~1.5mm의
난형이며 내총포편은 길이 6~8mm
의 선상 피침형이고 8개이다. 열매(수
과)는 길이 4~6mm의 방추형이며 끝
이 차츰 뾰족해지고 10개의 맥이 있
다. 부리는 길이 2.5~3mm이며 관모
는 길이 5mm 정도이고 백색이다.
참고 선씀바귀(subsp. *strigosa*)는 노
랑선씀바귀에 비해 보다 크게 자라며
줄기가 소수(1~2개)인 점과, 꽃이 (백
색-)연한 황백색, 연한 자색-연한 적
자색이고 총포의 길이가 9~11mm로
긴 것이 특징이다.

❶2003. 5. 17. 충북 단양군 ❷꽃. 밝은 황색
이고 총포는 길이 6~8mm이다. ❸열매. 갈
색이며 부리는 길다. ❹뿌리 부근의 잎. 깃
털모양으로 깊게 갈라진다. ❺~❼선씀바귀
❺꽃. 흔히 연한 황백색, 연한 자색 또는 연
한 적자색이다. ❻총포. 길이 9~11mm이다.
❼뿌리 부근의 잎 ❻꽃이 백색인 노랑선씀
바귀(2016. 4. 25. 인천시 서구 국립생물자원
관). 간혹 노랑선씀바귀와 함께 자란다.

벋음씀바귀

Ixeris japonica (Burm.f.) Nakai
Ixeris debilis (Thunb.) A. Gray

국화과

국내분포/자생지 전국의 농경지, 바닷가, 풀밭, 하천가 등 다소 습한 곳
형태 다년초. 뿌리잎은 길이 4~20cm의 도피침형–주걱상 타원형이고 로제트모양으로 퍼지며 가장자리는 밋밋하거나 얕은 톱니가 약간 있다. 꽃은 4~7월에 황색으로 피며 머리모양꽃차례는 지름 2.5~3cm이고 혀꽃은 20~40개이다. 총포는 길이 1.2~1.4cm이다. 열매(수과)는 길이 4mm 정도의 좁은 방추형이고 10개의 맥이 있으며 관모는 백색이다.
참고 땅위로 길게 벋는 줄기가 있으며 잎이 도피침형–주걱상 타원형이고 가장자리에 흔히 결각이 지지 않는 것이 특징이다. 내륙보다는 해안가 지역에서 더 흔히 자란다.

❶ 2007. 5. 3. 경북 포항시 ❷꽃. 혀꽃은 20~40개이다. ❸총포. 내총포편은 9~10개이다. ❹열매. 능각은 좁은 날개모양이고 부리는 길다. ❺뿌리 부근의 잎

벌씀바귀

Ixeris polycephala Cass.

국화과

국내분포/자생지 전국의 길가, 농경지, 민가, 풀밭, 하천가 등
형태 1~2년초. 줄기는 높이 15~50cm이고 곧추선다. 뿌리잎은 길이 10~25cm의 선상 피침형이고 가장자리는 밋밋하거나 톱니가 약간 있다. 줄기잎은 어긋나며 피침형이고 밑부분이 화살촉모양으로 줄기를 감싼다. 꽃은 4~6월에 황색으로 피며 머리모양꽃차례는 지름 7~12mm이며 혀꽃은 20~40개이다. 총포는 길이 5~6mm의 원통형이다. 열매(수과)는 길이 3~3.5mm의 방추형이고 10개의 뚜렷한 맥이 있으며 관모는 백색이다.
참고 줄기잎의 밑부분이 화살촉모양이며 꽃이 필 때 총포의 길이가 5~6mm로 짧은 것이 특징이다.

❶ 2016. 5. 9. 인천시 서구 국립생물자원관 ❷꽃. 혀꽃은 20~40개이다. ❸총포. 내총포편은 8개이다. ❹열매. 능각은 날개모양이다. ❺잎. 밑부분은 화살촉모양이고 줄기를 감싼다.

갯씀바귀
Ixeris repens (L.) A. Gray

국화과

국내분포/자생지 전국의 해안가 모래땅

형태 다년초. 잎은 어긋나며 길이 3~5cm이고 3~5개로 깊게 갈라진다. 열편은 다시 2~3개로 얕게 갈라지기도 하며 가장자리에 불명확한 톱니가 있다. 꽃은 4~10월에 황색으로 피며 머리모양꽃차례는 지름 2.5~3cm이고 꽃줄기의 끝에서 흔히 2~3개씩 모여 달린다. 혀꽃은 15~25개이다. 총포는 길이 10~15mm의 원통형이고 내총포편은 6~8개이다. 열매(수과)는 길이 5mm 정도이고 10개의 맥이 있으며 관모는 백색이다.

참고 길게 벋는 땅속줄기가 있으며 잎이 손바닥모양으로 3~5개로 갈라지는 것이 특징이다.

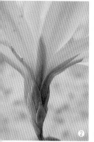

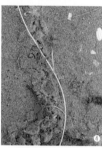

❶2016. 10. 14. 강원 양양군 ❷총포. 내총포편은 8개이며 가장 안쪽의 외총포편은 긴 편이다. ❸열매. 능각이 뚜렷하고 부리는 짧은 편이다. ❹땅속줄기. 가늘고 길게 벋는다.

좀씀바귀
Ixeris stolonifera A. Gray

국화과

국내분포/자생지 전국의 길가, 농경지, 풀밭, 하천가 등

형태 다년초. 줄기는 가늘고 가지가 갈라져 땅위로 벋는다. 잎은 어긋나며 길이 5~20mm이고 넓은 난형-난상 원형이며 양끝은 둥글고 가장자리는 밋밋하거나 톱니가 약간 있다. 꽃은 5~6월에 황색으로 피며 머리모양꽃차례는 지름 2~2.5cm이고 혀꽃은 18~30개이다. 총포는 길이 8~10mm의 원통형이고 내총포편은 8~10개이다. 열매(수과)는 길이 4mm 정도의 좁은 방추형이며 10개의 맥이 있다. 부리는 길이 1.5~3mm이고 관모는 길이 4~5mm이다.

참고 땅위를 벋는 줄기가 있으며 잎이 작고 난형-원형인 것이 특징이다.

❶2016. 5. 9. 인천시 서구 국립생물자원관 ❷총포. 내총포편은 8~10개이며 외총포편은 비늘모양이다. ❸열매. 부리는 길다. ❹잎. (도)난형 또는 넓은 타원형-원형이다.

왕고들빼기

Lactuca indica L.

국화과

국내분포/자생지 전국의 길가, 농경지, 민가, 풀밭, 하천가 등

형태 1~2년초. 줄기는 높이 60~150cm이고 곧추 자란다. 줄기잎은 길이 10~30cm의 피침형-긴 타원상 피침형이며 가장자리가 깃털모양으로 갈라진다. 꽃은 7~10월에 연한 황색으로 피며 머리모양꽃차례는 지름 2cm 정도이고 줄기와 가지의 끝부분에서 원뿔상으로 모여 달린다. 총포는 길이 10~15mm의 원통형이고 총포편은 3~4열로 배열된다. 열매(수과)는 길이 5mm 정도의 편평한 타원형이고 부리는 짧다. 관모는 길이 7~8mm이고 백색이다.

참고 줄기잎이 피침상이고 줄기를 감싸지 않으며 열매가 편평한 타원형인 것이 특징이다.

❶2001. 8. 20. 경북 울릉도 ❷꽃. 혀꽃은 20~30개이며 내총포편은 8개이다. ❸열매. 가장자리에 넓은 날개가 있다. ❹뿌리 부근의 잎. 깃털모양으로 깊게 갈라진다.

가시상추

Lactuca serriola L.

국화과

국내분포/자생지 유럽-서아시아 원산. 전국의 길가, 민가, 빈터 등

형태 1~2년초. 줄기는 높이 20~150cm이고 곧추 자란다. 잎은 길이 10~20cm의 긴 타원형이고 깃털모양으로 갈라지기도 하며 밑부분은 줄기를 감싼다. 꽃은 7~9월에 연한 황색으로 피며 머리모양꽃차례는 지름 8~12mm이다. 총포는 길이 8~10mm의 원통형이고 총포편은 3열로 배열된다. 열매(수과)는 길이 3~4mm의 편평한 좁은 도란형이며 황갈색이고 끝부분에 뻣뻣한 털이 있다. 부리는 길이 4~6mm이며 관모는 길이 4~5mm이고 백색이다.

참고 꽃이 작은 편이며 잎가장자리와 뒷면의 중앙맥 위에 가시가 있는 것이 특징이다.

❶2016. 7. 28. 경기 김포시 ❷꽃. 혀꽃은 15~25개이다. ❸총포. 내총포편은 8개이다. ❹열매. 5~9개의 능각이 있으며 부리는 길다. ❺잎 뒷면. 맥위와 가장자리에 가시가 많다.

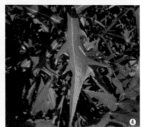

자주방가지똥

Lactuca sibirica (L.) Benth. ex Maxim.

국화과

국내분포/자생지 함남, 함북의 길가, 풀밭 및 숲가장자리

형태 다년초. 줄기는 높이 60~100cm 이고 털이 없다. 줄기 중간부의 잎은 길이 10~20cm의 피침형-긴 타원상 피침형이며 밑부분은 줄기를 감싸거나 귀모양으로 약간 감싼다. 꽃은 7~8월에 연한 청자색으로 피며 머리모양꽃차례는 지름 2.5~3.5cm이다. 총포편은 3열로 배열되며 외총포편은 길이 2.5~3.5mm의 난상 피침형이다. 열매(수과)는 길이 4~5mm의 편평한 좁은 방추형이고 관모는 길이 5~7mm이다.

참고 왕고들빼기에 비해 꽃이 청자색이며 열매가 좁은 긴 타원형이고 가장자리에 날개가 없는 것이 특징이다.

❶2017. 7. 4. 러시아 프리모르스키주 ❷꽃. 청자색이며 허꽃은 20~30개이다. ❸총포. 총포편에 자주색 반점이 많다. 내총포편이 15개 정도이고 가장 길다. ❹줄기잎. 가장자리에 흔히 결각이 있다.

서양개보리뺑이

Lapsana communis L.

국화과

국내분포/자생지 유럽-서남아시아 원산. 울릉도 및 중부지방 이남의 길가, 빈터 등

형태 1년초. 줄기는 높이 20~120cm 이고 곧추선다. 줄기 아래쪽의 잎은 길이 10~30cm의 피침형-긴 타원상 피침형이며 아랫부분이 흔히 깃털모양으로 갈라지고 가장자리에 물결모양의 톱니가 있다. 꽃은 6~9월에 황색으로 피며 머리모양꽃차례는 지름 8~15mm이다. 총포는 길이 5~6mm의 원통형이며 내총포편은 6~8개이다. 열매(수과)는 길이 3~4mm의 방추형이고 회갈색이며 세로로 18~20개의 맥이 있다. 관모는 없다.

참고 식물체가 대형이고 곧추서며 내총포편이 6~8개인 것이 특징이다.

❶2016. 5. 26. 부산시 수영강 ❷꽃. 허꽃은 8~15개이다. ❸총포. 내총포편은 6~8개이다. ❹줄기잎 ❺결실기의 총포. 열매를 싸고 있다. ❻열매. 관모가 없다.

개보리뺑이

Lapsanastrum apogonoides
(Maxim.) J. H. Pak & K. Bremer

국화과

국내분포/자생지 제주 및 남부지방의 농경지, 습지, 하천가

형태 2년초. 줄기는 높이 5~25cm이고 비스듬히 서거나 땅위에 퍼져 자란다. 꽃은 4~6월에 황색으로 피며 머리모양꽃차례는 지름 5~10mm이다. 총포는 개화기에는 길이 3~4mm이고 결실기에는 길이 4~6mm이다. 총포편은 2열로 배열된다. 외총포편은 길이 1mm 정도의 난형이며 내총포편은 좁은 피침형이고 5(~6)개이다. 열매(수과)는 길이 3.5~5mm의 긴 타원상 피침형이고 황갈색~갈색이며 세로로 3개의 맥이 있다.

참고 그늘보리뺑이에 비해 내총포편이 5개이며 열매의 끝부분에 뿔모양의 돌기가 있는 것이 특징이다.

❶ 2011. 4. 13. 전남 나주시 ❷꽃. 혀꽃은 6~10개이다. ❸총포. 내총포편은 5개이다. ❹열매. 끝부분에 뿔모양의 돌기가 (1~)2개 있다. ❺뿌리 부근의 잎.

그늘보리뺑이

Lapsanastrum humile (Thunb.)
J. H. Pak & K. Bremer

국화과

국내분포/자생지 제주 및 남부지방의 숲속 및 풀밭

형태 2년초. 줄기는 높이 10~50cm이다. 뿌리잎은 로제트모양으로 모여나며 길이 5~25cm의 도피침상 긴 타원형이고 가장자리는 깃털모양으로 갈라진다. 줄기잎은 작고 1~3개 정도 달린다. 꽃은 4~6월에 황색으로 피며 머리모양꽃차례는 지름 5~10mm이고 혀꽃은 18~20개이다. 총포는 길이 3.5~4mm의 통형이다. 열매(수과)는 길이 2~3mm의 긴 타원형이고 갈색이며 세로로 4개의 맥이 있다. 관모는 없다.

참고 개보리뺑이에 비해 내총포편이 8개이며 열매의 길이가 짧고 끝부분에 뿔 같은 돌기가 없는 것이 특징이다.

❶ 2004. 5. 5. 부산시 금정산 ❷꽃. 혀꽃은 18~20개이다. ❸총포. 내총포편은 8개이다. ❹열매. 길이 2~2.8mm의 타원상이고 끝부분에 뿔모양의 돌기가 없다. ❺잎. 깃털모양으로 깊게 갈라진다.

큰방가지똥

Sonchus asper (L.) Hill.

국화과

국내분포/자생지 유럽 원산. 전국의 길가, 민가 빈터, 등

형태 1년초. 줄기는 높이 50~100cm 이고 곧추 자란다. 잎은 길이 6~30cm 의 피침형-도란형이고 가장자리는 깃털모양으로 불규칙하게 갈라진다. 꽃은 5~10월에 황색으로 피며 머리 모양꽃차례는 지름 2cm 정도이다. 총포는 길이 1~1.5cm의 난형이고 샘털이 있다. 총포편은 피침형이고 2~3 열로 배열된다. 열매(수과)는 길이 2.5mm 정도의 난상 타원형이고 세로로 3개의 맥이 있다.

참고 방가지똥에 비해 줄기잎의 가장자리 톱니가 날카로운 가시모양이며 밑부분이 줄기를 압착하듯 강하게 감싸는 것이 특징이다. 또한 열매 표면에 가로줄이 없다.

❶2013. 5. 18. 경북 성주군 낙동강 ❷총포. 총포편은 2~3열로 배열된다. 총포, 꽃자루, 꽃줄기에 샘털이 있다. ❸ 열매. 세로맥이 있으나 가로주름은 없다. ❹줄기잎. 밑부분은 줄기에 강하게 압착해서 붙는다.

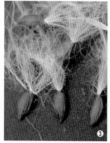

방가지똥

Sonchus oleraceus L.

국화과

국내분포/자생지 유럽 원산으로 추정. 전국의 길가, 빈터, 민가 등

형태 1~2년초. 줄기는 높이 50~100 cm이다. 잎은 길이 5~25cm의 긴 타원형-도란상 피침형이고 가장자리가 깃털모양으로 갈라진다. 꽃은 5~9월에 황색으로 피며 지름 2cm의 머리모양꽃차례는 혀꽃만 있고 줄기와 가지 끝에서 산방상으로 모여 달린다. 총포는 길이 1~1.5cm의 난형이고 샘털이 약간 있다. 총포편은 피침형이고 2~3(~4)열로 배열된다. 열매(수과)는 길이 3mm 정도의 난상 타원형이고 세로로 3개의 맥이 있으며 관모는 백색이다.

참고 큰방가지똥에 비해 잎가장자리에 가시 같은 톱니가 없고 열매 표면에 주름 같은 뚜렷한 가로줄이 있는 것이 특징이다.

❶2014. 4. 17. 경북 울릉도 ❷총포 ❸열매. 세로맥과 함께 뚜렷한 가로주름이 있다. ❹줄기잎. 밑부분이 줄기를 약간 느슨히 감싼다.

사데풀

Sonchus brachyotus DC.

국화과

국내분포/자생지 전국의 길가, 바닷가, 빈터, 하천가 등

형태 다년초. 줄기는 높이 30~100cm이고 곧추 자란다. 줄기잎은 어긋나며 길이 12~18cm의 긴 타원형이고 가장자리에 톱니가 있거나 밋밋하다. 꽃은 8~10월에 황색으로 피며 머리모양꽃차례는 지름 3~4(~5)cm이고 혀꽃만 있다. 총포는 길이 1.6~2cm의 넓은 통형이며 총포편은 4~5열로 배열된다. 열매(수과)는 길이 3.5mm 정도의 긴 타원형이고 5개의 능각이 있으며 관모는 백색이다.

참고 방가지똥에 비해 다년초이며 길게 벋는 땅속줄기가 있고 잎이 결각상으로 깊게 갈라지지 않으며 머리모양꽃차례가 큰 편이라는 것이 특징이다.

❶ 2014. 8. 15. 경기 김포시 ❷ 꽃. 꽃자루와 꽃줄기에는 샘털이 없다. ❸ 총포. 샘털이 없다. 외총포편은 피침형–삼각상 난형이다. ❹ 열매. 약간 각진 좁은 타원상이다.

께묵

Hololeion maximowiczii Kitam.

국화과

국내분포/자생지 전국의 산지습지

형태 다년초. 옆으로 벋는 땅속줄기가 있다. 줄기는 높이 50~100cm이고 곧추 자란다. 줄기잎은 어긋나며 길이 7~14cm의 선형이고 가장자리가 밋밋하다. 꽃은 8~10월에 황색으로 피며 머리모양꽃차례는 지름 2~3cm이고 혀꽃이 10~25개씩 모여핀다. 총포편은 4~5열로 배열된다. 외총포편은 길이 2~4mm의 난형이고 내총포편은 길이 4~6mm의 좁은 피침형이다. 열매(수과)는 길이 5~6mm의 약간 네모진 선상 원통형이며 관모는 길이 7mm 정도이다.

참고 잎이 선상 피침형이고 가장자리가 밋밋하며 관모가 황백색인 것이 특징이다.

❶ 2002. 9. 28. 울산시 울주군 정족산 ❷ 총포. 총포편은 4~5열로 배열된다. 내총포편은 좁은 피침형이고 가장 길다. ❸ 열매. 부리가 없으며 관모는 황백색이다. ❹ 잎. 선상 피침형이다.

뽀리뱅이

Youngia japonica subsp. *elstonii*
(Hochr.) Babc. & Stebbins

국화과

국내분포/자생지 전국의 길가, 농경지, 민가, 하천가, 숲가장자리 등

형태 (1~)2년초. 줄기는 높이 15~100 cm이고 곧추서며 전체에 털이 많다. 줄기잎은 1~4개이고 위로 올라갈수록 작아져 포모양이 된다. 꽃은 4~7(~10)월에 황색으로 핀다. 머리모양꽃차례는 지름 5~10mm이고 혀꽃은 10~25개이다. 총포는 길이 4~5.5mm의 좁은 원통형이고 총포편은 2열로 배열한다. 외총포는 길이 0.5~1.5mm의 삼각형–난형이고 끝이 뾰족하다. 내총포편은 피침형이며 8개이다. 열매(수과)는 길이 1.5~2.5mm의 좁은 방추형이고 세로로 맥이 있으며 관모는 길이 3mm 정도이고 백색이다.

참고 중국과 일본의 문헌을 참고해 국내에 분포하는 뽀리뱅이류를 동정하면 2개의 아종으로 구분된다. 뽀리뱅이(subsp. *elstonii*)는 줄기가 흔히 1개이거나 적으며 줄기잎이 1~4개이고 뚜렷하다. 또한 머리모양꽃차례가 지름 5~10mm로 작은 편이고 개화 초기에는 빽빽하게 모여 달리는 것이 특징이다. 이에 비해 **큰꽃뽀리뱅이**[*Y. japonica* (L.) DC. subsp. *japonica*, **국명 신칭**]는 다년초로서 뿌리에서 다수의 줄기가 나오며 뚜렷한 줄기잎은 없거나 1(~2)개이다. 또한 머리모양꽃차례가 지름 8~13mm로 큰 편인 것이 특징이다. 국내에서는 제주 및 남부 지방에 분포한다. 이러한 두 분류군의 식별형질이 유전적으로 고정된 유효 식별형질인지 아니면 계절이나 환경에 따라 변화하는 생태형질인지를 판단하기 위한 보다 면밀한 관찰이 필요하다.

❶2001. 4. 28. 대구시 ❷꽃. 머리모양꽃차례는 지름 5~10mm이며 개화 초기에는 머리모양꽃차례가 빽빽이 모여 달린다. 큰뽀리뱅이 ❸열매. 뚜렷한 능각이 있으며 관모는 백색이고 부리는 없다. ❹뿌리잎. 적갈색(→녹색)이다. ❺~❽큰꽃뽀리뱅이 ❺꽃. 머리모양꽃차례는 흔히 지름 1cm 이상으로 큰 편이다. 뽀리뱅이에 비해 꽃차례의 가지와 꽃줄기, 꽃자루가 길다. ❻열매. 뽀리뱅이와 동일하다. ❼뿌리잎. 녹색이다. ❽2003. 5. 21. 제주 제주시 한경면. 뿌리에서 다수의 줄기가 나온다. 줄기잎은 없거나 1(~2)개이고 줄기 위쪽의 잎은 포모양이다.

수레국화

Centaurea cyanus L.

국화과

국내분포/자생지 유럽 동남부 원산. 원예용, 사방용으로 식재

형태 1~2년초. 줄기는 높이 30~100 cm이고 전체에 백색 솜털이 많다. 줄기잎은 선형이고 가장자리가 밋밋하다. 꽃은 5~9월에 핀다. 머리모양꽃차례는 지름 4~5cm이며 가장자리에 길이 2~2.5cm의 허꽃을 닮은 불임성 대롱꽃이 있고 안쪽으로는 길이 1~1.5cm의 대롱꽃이 모여 달린다. 총포는 길이 1.2~1.6cm의 종형이다. 총포편은 6~7열로 배열되고 윗부분의 가장자리에는 막질의 큰 톱니가 있다. 열매(수과)는 길이 4~5mm이고 담황색-담청색이다. 관모에는 짧은 털이 있다.

참고 독일의 나라꽃이며 꽃색이 청자색, 분홍색, 적색, 백색 등 다양하다.

❶2016. 4. 26. 대구시 동구 ❷꽃. 작은 대롱꽃의 꽃부리열편은 가늘고 긴 선상 피침형이다. ❸총포. 큰 톱니가 있는 막질의 날개가 있다. ❹줄기잎. 거미줄 같은 털이 많다.

우엉

Arctium lappa L.

국화과

국내분포/자생지 전국에서 재배하며 일부기 야생회됨

형태 다년초. 줄기는 높이 60~200cm이고 곧추서며 윗부분에서 가지가 많이 갈라진다. 뿌리잎은 길이 30~60cm의 타원상 심장형-난상 심장형이며 가장자리에 이빨모양의 톱니가 있고 뒷면에 백색 털이 밀생한다. 꽃은 6~8월에 연한 홍자색으로 피며 머리모양꽃차례는 지름 3.5~4cm이고 대롱꽃만 있다. 꽃부리의 끝은 5개로 갈라진다. 총포는 길이 2~3cm의 구형이다. 총포편은 침형이고 끝부분이 갈고리모양이다. 열매(수과)는 길이 6.5~7mm이고 밝은 갈색이다.

참고 총포가 구형이며 총포편이 침형이고 끝부분이 갈고리모양인 것이 특징이다.

❶2016. 7. 30. 강원 태백시 ❷꽃. 허꽃은 없고 대롱꽃만 있다. 총포편의 끝부분은 갈고리모양이다. ❸뿌리잎. 타원상 심장형-난상 심장형이며 뒷면에 백색의 털이 밀생한다.

지칭개

Hemistepta lyrata Bunge

국화과

국내분포/자생지 전국의 길가, 농경지, 민가, 하천가, 풀밭

형태 2년초. 줄기는 높이 60~120cm이고 곧추 자란다. 뿌리잎은 로제트모양으로 퍼지며 길이 5~20cm의 긴 타원형이고 깃털모양으로 깊게 갈라진다. 줄기잎은 도피침형이고 위로 갈수록 작아진다. 꽃은 5~7월에 홍자색으로 피며 머리모양꽃차례는 지름 2~3cm이고 대롱꽃만 있다. 꽃부리는 1.3~1.4cm이고 5개로 갈라진다. 총포는 길이 1.2~1.4cm의 구형이며 총포편은 7~8열로 배열된다. 열매(수과)는 길이 2.5mm 정도의 긴 타원형이고 갈색이며 세로로 15개 정도의 맥이 있다. 관모는 백색이다.

참고 외총포편에 닭볏모양의 부속체가 있는 것이 특징이다.

❶2016. 5. 7. 경북 영천시 ❷꽃. 간혹 백색으로 핀다. ❸총포. 외총포에 닭볏모양의 돌기가 있다. ❹열매. 뚜렷한 능각이 있다. ❺뿌리잎. 뒷면에 백색의 털이 밀생한다.

조뱅이

Breea segeta (Bunge) Kitam.

국화과

국내분포/자생지 전국의 길가, 농경지, 민가, 하천가, 풀밭

형태 2년초. 줄기는 높이 25~50cm이고 곧추 자라며 땅속줄기는 옆으로 길게 벋는다. 줄기잎은 어긋나며 길이 5~10cm의 긴 타원형-피침형이고 가장자리에 가시 같은 털이 있다. 암수딴그루이다. 꽃은 5~8월에 연한 홍자색으로 피며 머리모양꽃차례는 지름 3cm 정도이고 대롱꽃만 핀다. 총포는 길이 1~1.5cm의 좁은 통형이며 총포편은 8열로 배열된다. 외총포편이 매우 짧다. 열매(수과)는 길이 2.5~3mm의 긴 타원형이며 관모는 백색이다.

참고 큰조뱅이에 비해 키가 작고 잎의 가장자리가 결각상이 아닌 것이 특징이다.

❶2016. 5. 20. 경북 영천시 ❷수꽃차례. 암꽃차례에 비해 총포가 난상 구형이고 약간 짧다. ❸열매. 관모에 긴 털이 있다. ❹잎 앞면. 잎가장자리는 깊게 갈라지지 않는다. ❺잎 뒷면. 거미줄 같은 털이 많다.

큰조뱅이

Breea setosa (Willd.) Kitam.

국화과

국내분포/자생지 중부지방 이북의 길가, 매립지, 빈터, 풀밭에 드물게 분포

형태 다년초. 땅속줄기는 굵고 옆으로 길게 벋는다. 줄기는 높이 50~180cm이고 곧추 자라며 윗부분에서 가지가 갈라지기도 한다. 뿌리잎은 꽃이 필 무렵 시들어 없어진다. 줄기잎은 어긋나며 길이 10~20cm의 긴 타원형-피침형이고 끝이 뾰족하거나 둔하다. 암수딴그루이다. 꽃은 8~10월에 홍자색으로 피며 머리모양꽃차례는 지름 1.5~2cm이고 대롱꽃만 있다. 총포는 좁은 통형(암꽃은 길이 1.6~2cm 정도, 수꽃은 길이 1.3cm 정도)이며 총포편은 7~8열로 배열된다. 외총포편은 매우 짧고 중간의 총포편은 피침형이며 내총포편은 선형이다. 열매(수과)는 길이 2~3mm의 네모진 긴 타원형이며 표면에 털이 없다. 관모는 길이 2~2.3cm이고 백색이다.

참고 조뱅이에 비해 잎가장자리가 깃털모양으로 결각지며 불규칙한 톱니와 가시가 있는 것이 특징이다. 큰조뱅이는 일본, 중국(동북부·북부), 러시아(극동), 유럽에 분포하며 우리나라에서는 주로 서해안(김포시, 시흥시, 안산시, 인천시, 화성시 등)의 갯벌 매립지나 황폐지에서 관찰된다. 땅속줄기가 벋으면서 번식을 하기 때문에 흔히 큰집단을 이룬다.

❶2016. 8. 3. 인천시 서구 ❷수꽃차례. 총포는 길이 1.3cm 정도의 난상 구형이다. ❸암꽃차례. 총포는 길이 1.6~2cm의 타원상 난형이다. ❹줄기잎. 가장자리는 깃털모양으로 얕게 또는 깊게 갈라진다. ❺열매. 약간 네모지고 부리는 없다. 관모에 긴 털이 있다. ❻자생지 전경. 갯벌 매립지에서는 큰 개체군을 형성하며 자라기도 한다.

지느러미엉겅퀴

Carduus crispus L.

국화과

국내분포/자생지 유라시아 원산. 전국의 길가, 민가, 빈터, 하천가 등

형태 2년초. 줄기는 높이 70~120cm이고 곧추서며 윗부분에서 가지가 갈라지기도 한다. 줄기잎은 어긋나며 길이 5~30cm의 긴 타원형-피침형이고 가장자리에 불규칙한 톱니와 딱딱한 가시가 있다. 꽃은 5~9월에 홍자색으로 피며 머리모양꽃차례는 지름 1.5~3cm이고 대롱꽃만 있다. 총포는 길이 1.5~2cm의 난형이며 총포편은 7~8열로 배열되고 끝은 가시가 된다. 열매(수과)는 길이 3mm 정도의 약간 편평한 긴 타원형이며 끝부분이 좁아진다. 관모는 길이 1.1~1.3cm이다.

참고 엉겅퀴에 비해 줄기에 지느러미 같은 날개가 있는 것이 특징이다.

❶2003. 5. 13. 충북 단양군 ❷꽃. 총포편의 끝이 가시처럼 뾰족하다. ❸열매. 부리가 없으며 관모는 오백색이다. ❹줄기. 잎모양의 날개가장자리에 긴 가시가 있다.

큰엉겅퀴

Cirsium pendulum Fisch. ex DC.

국화과

국내분포/자생지 주로 중부지방 이북의 길가, 풀밭, 하천가 등

형태 2년초. 줄기는 높이 1~2m이고 곧추 자란다. 뿌리잎은 타원형이며 깃털모양으로 갈라진다. 줄기잎은 길이 10~30cm의 좁은 타원형이고 깃털모양으로 깊게 갈라진다. 꽃은 7~10월에 홍자색으로 피며 머리모양꽃차례는 지름 2.5~3.5cm이고 대롱꽃만 있다. 총포는 길이 2cm 정도의 난형이다. 총포편은 8열로 배열되며 끝부분은 가시모양이다. 열매(수과)는 길이 3.5~4mm의 긴 타원형이고 3~4개의 능각이 있다. 관모는 길이 1.3~2.3cm이디.

참고 2년초이며 머리모양꽃차례가 줄기와 가지의 끝부분에서 아래를 향해 굽어서 달리는 것이 특징이다.

❶2018. 9. 8. 인천시 ❷꽃. 꽃줄기의 끝부분은 아래로 굽는다. ❸열매. 관모는 오백색이고 긴 털이 있다. ❹뿌리잎. 깃털모양으로 깊게 갈라진다.

엉겅퀴

Cirsium maackii Maxim.
Cirsium japonicum var. *maackii*
(Maxim.) Matsum.; *C. japonicum* var.
ussuriense (Regel) Kitam.

국화과

국내분포/자생지 전국의 길가, 농경
지, 하천가 및 산지 풀밭

형태 다년초. 줄기는 높이 50~100cm
이고 곧추 자라며 윗부분에서 가지
가 갈라지고 백색 털과 함께 거미줄
같은 털이 있다. 잎은 줄기 윗부분으
로 갈수록 작아지고 가장자리가 덜
갈라진다. 뿌리잎은 길이 15~30cm
의 긴 타원형이고 깃털모양으로 갈
라지며 꽃이 필 무렵까지 남아 있거
나 시들어 없어진다. 줄기잎은 길이
5~20cm의 피침형–긴 타원형이고
가장자리는 깃털모양으로 깊게 갈라
지며 톱니 또는 열편 끝부분에는 길
이 1~6mm의 가시가 있다. 잎의 밑부
분은 줄기를 감싼다. 꽃은 5~8월에
홍자색으로 핀다. 머리모양꽃차례는
지름 2.5~3.5cm이고 줄기와 가지의
끝부분에서 1~4개씩 모여 달린다. 총
포는 지름 2cm 정도의 종형이며 털
이 없거나 거미줄 같은 털이 약간 있
다. 총포편은 6~7열로 배열되며 점
액질이 있어 끈끈하다. 외총포편은 길
이 5~10mm의 선형–선상 피침형이고
내총포편보다 짧다. 열매(수과)는 길이
3~4mm이고 회갈색–황갈색이며 관
모는 길이 1~2cm이고 백색이다.

참고 개엉겅퀴[*C. japonicum* (Thunb.)
Fisch. ex DC.]는 엉겅퀴에 비해 전체
적(특히 뒷면)으로 거미줄 같은 백색의
털이 적은 편이며 잎가장자리 톱니
끝부분의 가시가 길이 2~10mm로 긴
것이 특징이다. 제주의 길가, 풀밭 및
해안가에서 흔히 자란다.

❶2010. 6. 17. 전북 남원시 ❷꽃. 흔히 꽃
차례에 암꽃과 수꽃이 함께 모여 달린다.
수꽃은 중앙부에 모여핀다. ❸총포. 지름
2cm 정도의 종형–난상 구형이며 총포편
의 끝은 가시처럼 길게 뾰족하다. 개엉겅퀴
보다 가늘고 긴 편이다. ❹줄기잎. 잎 뒷면
은 흰빛이 돌고 흔히 거미줄 같은 털이 많
다. ❺-❻개엉겅퀴 ❺꽃. 총포는 난상 구
형–구형이며 총포편의 끝은 짧게 뾰족하
다. ❻열매. 관모에 긴 털이 있다. ❼줄기
잎. 흔히 깃털모양으로 깊게 갈라지고 열편
은 4~5쌍이며 열편과 톱니의 끝부분에는
긴 가시가 있다. 양면에 다세포성 털이 있
으며 뒷면은 엉겅퀴와 달리 거미줄 같은 백
색 털이 거의 없다. ❽2016. 8. 13. 제주 제
주시 조천읍

금불초

Inula britannica var. *japonica* (Thunb.)
Franch. & Sav.
Inula japonica Thunb.

국화과

국내분포/자생지 전국의 길가, 농경지, 풀밭, 하천가 등 다소 습한 곳

형태 다년초. 줄기는 높이 20~60cm이고 곧추 자라며 가지가 약간 갈라지고 흔히 털이 있으나 간혹 없다. 뿌리잎은 꽃이 필 무렵 시들어 없어진다. 줄기잎은 길이 5~10cm의 피침형-긴 타원형이며 가장자리는 밋밋하고 밑부분은 잎자루 없이 줄기에 붙거나 줄기를 약간 감싼다. 양면에 털이 있다. 꽃은 7~10월에 황색으로 피며 머리모양꽃차례는 지름 2.5~4cm이고 줄기와 가지의 끝에 산방상으로 달린다. 가장자리에 혀꽃이 달리고 중간부에 대롱꽃이 달린다. 혀꽃은 길이 1.6~1.9cm이고 암꽃이며 대롱꽃은 길이 3mm 정도이고 양성화이다. 총포는 길이 6~8mm의 반구형이며 총포편은 5열로 배열되고 가장자리에 털이 있다. 열매(수과)는 길이 1mm 정도의 원통형이고 10개의 능각과 털이 있다. 관모는 길이 5mm 정도이다.

참고 가는금불초(var. *lineariifolia*)는 금불초에 비해 잎의 너비가 1cm 미만의 선상 피침형-선형이고 가장자리가 뒤로 약간 말리며 머리모양꽃차례의 지름이 길이 2~2.5cm이고 총포편이 4열로 배열되는 것이 특징이다.

❶2016. 8. 12. 제주 제주시 조천읍 ❷꽃. 지름 2.5~4cm이다. ❸총포. 총포편은 5~6열로 배열되며 뒷면(특히 외총포편)에 털이 많다. ❹잎. 가장자리는 밋밋하거나 희미한 톱니가 약간 있다. 밑부분은 흔히 줄기를 약간 감싼다. ❺~❽가는금불초 ❺꽃. 지름 2~2.5cm이다. ❻총포. 총포편은 흔히 4열로 배열되며 뒷면에 털과 샘털이 혼생한다. ❼잎. 밑부분이 줄기를 감싸지 않으며 가장자리는 뒤로 약간 말린다. ❽2001. 7. 21. 대구시 경북대학교

떡쑥

Pseudognaphalium affine (D. Don)
Anderb.

국화과

국내분포/자생지 전국의 길가, 농경
지, 민가, 하천가 등
형태 2년초. 줄기는 높이 15~40cm
이고 전체가 백색의 솜털로 덮여 있
다. 잎은 길이 2~5cm의 주걱형이며
가장자리가 밋밋하다. 꽃은 5~6월에
황백색-연한 황색으로 피며 머리모
양꽃차례는 줄기와 가지의 끝에서 산
방상으로 모여 달린다. 총포는 길이
3mm 정도의 둥근 종형이다. 총포편
은 난형-긴 타원형이고 3열로 배열
되며 누른빛이 돈다. 열매(수과)는 길
이 0.5mm 정도의 긴 타원형이며 관
모는 황백색이다.
참고 남해안 섬지역에 자라는 금떡쑥
(*P. hypoleucum*)에 비해 꽃이 봄철에
피며 잎끝이 둥글고 잎 표면에 백색
의 솜털이 밀생하는 것이 특징이다.

❶2016. 4. 19. 전남 진도 ❷꽃. 암술대가
꽃부리보다 짧다. ❸총포. 황록색-연한 황
색이다. ❹잎. 선상 주걱형-주걱형이며 양
면에 백색의 면모가 밀생한다.

풀솜나물

Euchiton japonicus (Thunb.) Holub

국화과

국내분포/자생지 중부지방 이남의
풀밭이나 공원의 잔디밭 등
형태 다년초. 줄기는 높이 10~20cm
이고 곧추서며 전체에 솜 같은 백색
의 털이 많다. 뿌리잎은 길이 2.5~
10cm의 주걱형이며 표면은 녹색이고
뒷면에는 백색 털이 밀생한다. 줄기
잎은 선형이고 가장자리는 밋밋하다.
꽃은 5~7월에 피며 머리모양꽃차례
는 줄기의 끝에 모여 달린다. 총포편
은 3열로 배열하고 끝이 둔하다. 열
매(수과)는 길이 1mm 정도의 긴 타원
형이며 관모는 백색이다.
참고 다년초이고 뿌리잎이 꽃이 필
때까지 남아 있으며 총포가 종형이고
총포편에 갈색-적자색 무늬가 있는
것이 특징이다.

❶2014. 5. 27. 강원 속초시 ❷꽃. 머리모
양꽃차례의 가장자리에서 피는 대롱꽃은
암꽃이며 중앙부의 대롱꽃은 양성화이다.
❸줄기잎. 뒷면에 백색의 면모가 밀생한다.
❹뿌리잎. 꽃이 필 때도 시들지 않고 남아
있다.

자주풀솜나물
Gamochaeta purpurea (L.) Cabrera

국화과

국내분포/자생지 북아메리카 원산. 제주 및 남부지방의 길가, 농경지, 민가 등

형태 1년초. 줄기는 높이 20~40cm 이고 전체에 백색의 털이 많다. 잎은 길이 3~6cm의 주걱형이다. 꽃은 4~6월에 피며 머리모양꽃차례는 줄기의 끝부분에서 모여 달린다. 총포는 길이 4~6mm의 넓은 종형이고 부드러운 털이 밀생한다. 총포편의 끝이 뾰족하고 흔히 밤색 또는 적자색을 띤다. 열매(수과)는 길이 1mm 정도의 타원형이며 관모는 백색이다.

참고 미국풀솜나물에 비해 줄기잎이 주걱형이며 머리모양꽃차례가 줄기 끝부분에 밀집해서 모여 달리고 총포편이 흔히 적자색을 띠는 것이 특징이다.

❶2013. 5. 21. 제주 제주시 한경면 ❷~ ❸꽃. 총포편은 흔히 적갈색이지만 드물게 황록색인 경우도 있다. ❹잎 뒷면. 백색의 면모가 밀생한다.

미국풀솜나물
Gamochaeta pensylvanica (Willd.) Cabrera

국화과

국내분포/자생지 북아메리카 원산. 제주의 길가, 농경지, 민가 등

형태 1~2년초. 줄기는 높이 15~60 cm이고 곧추서며 전체에 백색 솜털이 많다. 잎은 길이 4~8cm의 도피침형-주걱형이며 표면에 긴 털이 약간 있다. 꽃은 5~9월에 핀다. 총포는 황갈색(-적자색)이며 3~4열로 배열된다. 외총포편은 삼각상 난형이고 밑부분이 털로 덮여 있다. 열매(수과)는 길이 0.5mm 정도의 타원상 원통형이다.

참고 자주풀솜나물에 비해 뿌리잎이 개화 시에 시들고 꽃차례가 보다 아래쪽 줄기의 잎겨드랑이에도 달리는 것이 특징이다.

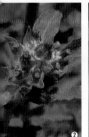  

❶2013. 5. 21. 제주 제주시 한경면 ❷꽃. 내총포편은 길이 3~3.5mm로 자주풀솜나물(4~5mm)보다 짧다. ❸열매. 부리는 없으며 관모는 백색이고 길이 2~2.5mm이다. ❹줄기와 잎 뒷면. 백색의 긴 털이 자주풀솜나물에 비해 적은 편이다.

왜떡쑥

Gnaphalium uliginosum L.

국화과

국내분포/자생지 전국의 저지대 습한 풀밭이나 경작지

형태 1년초. 줄기는 높이 15~35cm 이고 가지가 갈라지며 전체에 백색의 털이 많다. 줄기잎은 길이 4~5mm 의 도피침상 선형이고 가장자리가 밋밋하다. 꽃은 5~7월에 피며 머리모양꽃차례는 줄기와 가지의 끝에서 모여 달린다. 총포는 길이 2~3mm의 거의 구형이다. 총포편은 3열로 배열되고 끝이 둔하다. 열매(수과)는 길이 0.7mm 정도의 긴 타원형이며 점이 있고 관모는 백색이다.

참고 풀솜나물에 비해 1년초이고 뿌리잎이 꽃이 필 무렵 시들어 없어지며 총포가 반구형-거의 구형인 것이 특징이다.

❶2002. 7. 9. 강원 횡성군 ❷~❸꽃. 총포편은 반구형-거의 구형이며 녹색 또는 연한 황색~황갈색이다. ❹줄기잎. 도피침상이며 양면에 백색의 면모가 적거나 많다.

물머위

Adenostemma lavenia (L.) Kuntze

국화과

국내분포/자생지 제주의 도랑이나 습한 농경지에서 매우 드물게 자람

형태 다년초. 줄기는 높이 30~100cm 이고 가지가 많이 갈라진다. 잎은 마주나며 길이 4~20cm의 난형-난상 타원형이고 가장자리에 둔한 톱니가 있다. 꽃은 9~10월에 백색으로 피며 머리모양꽃차례는 줄기와 가지의 끝에서 취산상으로 모여 달린다. 총포는 길이 4mm 정도의 종형이다. 총포편은 긴 타원형이고 끝이 둥글며 2열로 배열된다. 열매(수과)는 길이 4mm 정도의 도피침형이다.

참고 열매의 관모가 3~4개이고 뿔모양이며 표면에 돌기모양의 샘털이 있는 것이 특징이다.

❶2012. 10. 10. 제주 서귀포시 ❷~❸꽃. 2개의 변형된 수술대는 곤봉상의 꽃잎모양이고 꽃부리 밖으로 길게 나온다. ❹열매. 관모의 끝부분에서 점액이 분비된다. ❺잎. 뒷면의 맥위에 짧은 털이 약간 있다.

등골나물아재비

Ageratum conyzoides L.

국화과

국내분포/자생지 아메리카 대륙의
열대-아열대지역 원산. 경남(거제도),
제주, 서울시(월드컵공원)의 길가, 빈터
형태 1년초. 줄기는 높이 30~60cm
이고 곧추서며 전체에 털이 많다. 잎
은 마주나며 길이 2~6cm의 난형이
고 가장자리에 둔한 톱니가 있다. 꽃
은 7~10월에 백색으로 피며 머리모
양꽃차례는 1cm 정도이고 대롱꽃만
있으며 줄기와 가지의 끝에서 모여
달린다. 총포는 길이 3~4mm의 종형
이다. 총포편은 선형-피침형이고 2
열로 배열되며 끝이 둥글고 3맥이 있
다. 열매(수과)는 길이 2mm 정도이고
5각지며 흑색이다. 관모는 5개이고
까락모양이다.
참고 불로화(*A. houstonianum*)에 비해
키가 크고 줄기가 곧추서는 것이 특
징이다.

❶ 2012. 4. 2. 필리핀 ❷ 꽃. 총포편은 선
형-피침형이며 2열로 배열된다. 암술대
는 꽃부리 밖으로 길게 나온다. ❸ 불로화
(2008. 11. 1. 전남 완도)

서양등골나물

Ageratina altissima (L.) R. M. King &
H. Rob.
Eupatorium rugosum Houtt.

국화과

국내분포/자생지 북아메리카 원산. 중
부지방의 길가, 빈터 및 숲가장자리
형태 다년초. 줄기는 높이 30~130cm
이다. 잎은 마주나며 길이 2~10cm
의 난형이고 가장자리에는 거친 톱니
가 있다. 꽃은 8~10월에 백색으로 피
며 머리모양꽃차례는 지름 7~8mm
이다. 암술머리는 가늘게 2개로 갈라
져 꽃부리 밖으로 나온다. 총포는 길
이 4~5.5mm의 원통형이며 총포편은
1열로 배열되고 등쪽에 털이 있다. 열
매(수과)는 길이 2mm 정도의 원뿔형
이고 흑색이며 광택이 있다.
참고 등골나물류에 비해 잎이 난형이
고 잎자루가 길며 머리모양꽃차례가
백색인 것이 특징이다.

❶ 2012. 9. 23. 경기 과천시 서울대공원
❷ 꽃. 백색이며 암술대가 꽃부리 밖으로 길
게 나온다. ❸ 총포. 2열로 배열되며 내총포
편은 선상 피침형이다. ❹ 잎. 난형상이다.

서양톱풀

Achilela millefolium L.

국화과

국내분포/자생지 유럽 원산. 주로 사방용 또는 관상용으로 식재

형태 다년초. 줄기는 높이 30~100cm이고 곧추 자라며 연한 털이 있다. 뿌리잎은 길이 10~25cm의 피침상 긴 타원형-피침형이며 2~3회 깃털모양으로 깊게 갈라진다. 줄기잎은 길이 6~9cm이고 밑부분은 좁아져 줄기를 감싼다. 꽃은 6~9월에 백색-담홍색으로 피며 머리모양꽃차례는 줄기의 끝부분에서 산방상으로 모여 달린다. 총포는 원통형이며 총포편은 난형이고 3열로 배열된다. 열매(수과)는 길이 1mm 정도의 긴 타원형이며 관모는 없다.

참고 잎이 2~3회 깃털모양으로 갈라지는 것이 특징이다. 관상용, 사방용으로 식재된 것의 일부가 야생화되기도 한다.

❶2004. 6. 20. 경기 구리시 ❷꽃. 혀꽃은 5개이다. 관모는 없다. ❸총포. 총포편은 3열로 배열된다. ❹잎. 2~3회 깃털모양으로 갈라진다.

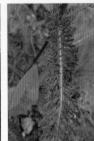

개똥쑥

Artemisia annua L.

국화과

국내분포/자생지 전국의 길가, 농경지, 민가, 하천가 등

형태 1~2년초. 줄기는 높이 50~160cm이고 곧추 자라며 가지가 많이 갈라진다. 줄기 중간부의 잎은 길이 4~7cm의 난형이고 2~3회 깃털모양으로 가늘게 갈라진다. 꽃은 8~10월에 피며 머리모양꽃차례는 길이 1.5~1.9mm, 너비 1.3~1.6mm의 거의 구형이고 아래 방향으로 달린다. 총포편은 3~4열로 배열되며 털이 약간 있다. 열매(수과)는 길이 0.7mm 정도의 타원상 난형이다.

참고 잎이 2~3회 깃털모양으로 깊게 갈라지며 머리모양꽃차례가 지름 1.5mm 정도로 작은 것이 특징이다. 식물체를 비비면 특유의 강한 냄새가 난다.

❶2012. 7. 9. 인천시 백령도 ❷꽃. 머리모양꽃차례는 둥글며 작은 편이다. ❸줄기잎. 2~3회 깊게 갈라진다. ❹뿌리잎. 꽃이 필 무렵 시들어 없어진다.

황해쑥

Artemisia argyi H. Lév. & Vaniot

국화과

국내분포/자생지 주로 경기(특히 서해안) 이북 길가, 하천가 및 해안가 또는 숲가장자리

형태 다년초. 줄기는 높이 70~150cm 이고 곧추 자라며 전체에 백색의 솜털이 많다. 줄기 아랫부분의 잎은 길이 6~8.5cm의 삼각상 난형-난형-거의 능형이고 1~2회 깃털모양으로 깊게 갈라진다. 줄기 윗부분의 잎은 긴 타원형-타원상 피침형이고 3개로 갈라지거나 밋밋하며 잎자루가 거의 없다. 표면에 백색의 선모가 있으며 뒷면에 백색의 솜털이 밀생한다. 꽃은 9~10월에 피며 머리모양꽃차례는 길이 3.5~4mm, 너비 2.3~2.8mm의 타원상 종형이며 줄기와 가지의 끝에서 모여 원뿔꽃차례를 이룬다. 총포편은 4열로 배열되며 피침형-타원형-타원상 난형이고 거미줄 같은 털이 밀생한다. 열매(수과)는 길이 0.7~0.9mm의 긴 타원형-타원형이며 연한 갈색-갈색이다.

참고 쑥에 비해 대형이며 전체에 백색 털이 더 많이 밀생하는 편이며, 특히 잎의 표면에 백색의 샘점이 있는 것이 특징이다. 또한 줄기의 잎이 흔히 난형-넓은 난형이고 잎자루 부근에 가(假)턱잎이 없거나 적게 달린다. 머리모양꽃차례의 크기가 길이 2.8mm, 너비 1.5mm 이하로 작은 것을 좀황해쑥(f. microcephala)으로 구분하기도 하지만, 황해쑥 집단 내에서 크기가 작은 머리모양꽃차례가 관찰되므로 연속 변이로 처리함이 타당해 보인다. 강화도에서 사자발쑥이나 싸주아리쑥이라 부르면서 재배하는 쑥류도 모두 황해쑥에 포함된다.

❶2015. 9. 23. 경기 안산시 대부도 ❷꽃. 총포는 타원상 종형이며 총포편은 4열로 배열한다. ❸~❹줄기잎. 잎의 형태 변이가 심한 편이다. 흔히 가턱잎이 없지만 개체에 따라 1~3개 있는 경우도 있다. ❺잎 표면 확대. 표면에 백색의 샘점이 밀생한다. ❻자생지(2016. 8. 31. 경북 고령군 낙동강)

금쑥

Artemisia aurata Kom.

국화과

국내분포/자생지 북부지방의 건조한 바위지대 및 길가

형태 1~2년초. 줄기는 높이 25~90 cm이고 곧추 자라며 털이 없다. 줄기 중간부의 잎은 길이 3~5.3cm의 도란형이고 2~3회 깃털모양으로 깊게 갈라진다. 열편은 끝이 뾰족하고 가장자리가 밋밋하다. 양면에 털이 없다. 꽃은 8~9월에 황색으로 피며 머리모양꽃차례는 길이 1.7~2.1mm, 너비 2.3~2.6mm의 거의 구형이다. 총포편은 3~4열로 배열되며 타원형-난형이고 털이 없다. 열매(수과)는 난상 타원형이다.

참고 개똥쑥에 비해 잎의 열편이 선형이고 가장자리가 흔히 밋밋하며 머리모양꽃차례가 2~5개씩 모여 달리는 것이 특징이다.

❶2012. 9. 14. 중국 지린성 ❷꽃. 머리모양꽃차례는 구형이며 3~5개씩 모여 달린다. 총포편은 광택이 나는 황록색이고 털은 거의 없다. ❸줄기잎. 2~3회 깃털모양으로 갈라진다.

사철쑥

Artemisia capillaris Thunb.

국화과

국내분포/자생지 전국의 길가, 하천가, 해안가 및 산지의 풀밭 등

형태 아관목상 다년초. 줄기는 높이 40~110cm이고 곧추 자라며 털이 있다. 잎은 길이 1.5~9cm이고 2회 깃털모양으로 갈라지며 위로 갈수록 작아진다. 열편은 실처럼 가늘다. 꽃은 9~10월에 피며 머리모양꽃차례는 지름 1.5~2mm이다. 총포는 길이 1.5~1.8mm, 너비 0.8~1.2mm의 난형이며 총포편은 3~4열로 배열된다. 외총포편은 끝이 둔하고 뒷면에 능각이 있다. 열매(수과)는 길이 0.8mm 정도의 긴 타원형이다.

참고 비쑥(*A. scoparia*)은 사철쑥에 비해 작은열편이 짧고 전체적으로 소형이며 머리모양꽃차례는 지름 1~1.2mm로 작다.

❶2002. 8. 18. 경북 김천시 ❷꽃 ❸줄기잎. 2회 깃털모양으로 갈라지며 열편은 실처럼 가늘다. ❹가을철 잎. 열편이 제비쑥류에 비해 선상으로 좁다.

개사철쑥

Artemisia caruifolia Buch.-Ham. ex Roxb.
Artemisia apiacea Hance ex Walp.

국화과

국내분포/자생지 전국의 길가, 빈터, 하천가에서 드물게 자람

형태 1~2년초. 줄기는 높이 40~120 cm이다. 줄기 중간부의 잎은 길이 4.5~9cm의 도란상 타원형이고 2~3 회 깃털모양으로 깊게 갈라지며 열편의 끝이 뾰족하다. 꽃은 7~9월에 피며 머리모양꽃차례는 길이 3~5mm, 너비 3.5~6mm의 반구형이고 아래를 향해 달린다. 총포편은 3~4열로 배열되며 긴 타원형-타원형이고 가장자리는 막질이다. 열매(수과)는 길이 1mm 정도의 타원형이다.

참고 개똥쑥에 비해 잎이 도란상 타원형이고 열편의 끝이 보다 뾰족하며 머리모양꽃차례가 대형인 것이 특징이다. 개화기도 약간 빠른 편이다.

❶2001. 7. 23. 대구시 경북대학교 ❷꽃. 머리모양꽃차례는 반구형이고 큰 편이다. ❸줄기잎. 개똥쑥에 비해 열편의 끝이 뾰족하다.

참쑥

Artemisia codonocephala Diels

국화과

국내분포/자생지 강원, 경기, 경남, 경북 이북의 길가, 하천가, 해안가

형태 다년초. 줄기는 높이 100~150 cm이고 곧추 자란다. 중앙부의 잎은 길이 8~14cm의 난형-넓은 난형이며 1~2회 깃털모양으로 갈라지고 뒷면은 백색의 솜털이 밀생한다. 꽃은 9~10월에 피며 머리모양꽃차례는 길이 3~3.5mm, 너비 2.4~3mm의 타원상 종형이다. 총포편은 4~5열로 배열되며 거미줄 같은 털이 많다. 열매(수과)는 길이 1mm 정도의 도란형이다.

참고 쑥이나 산쑥에 비해 잎 표면에 백색 샘점이 있고 1~2회 깃털모양으로 깊게 갈라지며 열편이 선상 피침형이고 가장자리가 밋밋한 것이 특징이다.

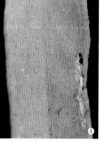

❶2016. 9. 15. 강원 고성군 ❷꽃. 총포는 타원상 종형이다. ❸줄기잎. 열편은 2~3쌍이며 선상 피침형이다. 가탁잎은 없거나 1~2 개 있다. ❹잎 표면. 백색의 샘점이 많다.

애기비쑥

Artemisia fauriei Nakai

국화과

국내분포/자생지 서해안의 해안가 갯벌 및 매립지에 드물게 자람

형태 2년초. 줄기는 높이 30~60cm 이고 곧추 자란다. 줄기잎은 길이 2.4~4.2cm의 타원상 난형-넓은 난형이고 2~3회 깃털모양으로 갈라진다. 열편은 길이 1~3cm의 선형이고 끝이 둔하다. 꽃은 9~10월에 피며 머리모양꽃차례는 길이 2.5~4mm, 너비 2~2.5mm의 타원상 종형-도원뿔형이며 아래를 향해 달린다. 총포편은 5~6열로 배열되고 부드러운 긴 털이 드물게 있다. 열매(수과)는 길이 1~1.3mm의 서양배모양이다.

참고 큰비쑥에 비해 머리모양꽃차례가 길이 2.5~4mm로 작고 꽃턱에 털이 밀생하는 것이 특징이다.

❶2016. 9. 22. 인천시 소래습지생태공원 ❷꽃. 총포는 너비 2~2.5mm의 타원상 도원뿔형-도원뿔형이다. ❸줄기잎. 열편은 가늘다. ❹개화 전 모습. 꽃이 필 무렵 줄기 아래쪽의 잎은 마른다.

큰비쑥

Artemisia fukudo Makino

국화과

국내분포/자생지 제주 및 서남해안의 해안가

형태 2년초 또는 다년초. 줄기는 높이 30~70cm이고 곧추 자라거나 비스듬히 자란다. 뿌리 부근 잎은 2~3회 깃털모양으로 갈라진 넓은 도란형이다. 줄기잎은 길이 2.5~5cm의 넓은 도란형이고 1~2회 깃털모양으로 갈라진다. 꽃은 9~10월에 피며 머리모양꽃차례는 길이 4.2~5.5mm, 너비 3.8~4.5mm의 도원뿔형이고 아래를 향해 달린다. 총포편은 4~5열로 배열되고 털이 없으며 가장자리는 막질이다. 열매(수과)는 길이 1~2mm의 서양배모양-도란형이다.

참고 줄기잎이 넓은 도란형이고 열편의 폭(1.2~2mm)이 넓으며 머리모양꽃차례가 도원뿔형이고 큰 것이 특징이다.

❶2002. 10. 4. 전남 완도군 보길도 ❷꽃. 총포는 너비 3.8~4.5mm의 도원뿔형이다. ❸잎. 열편은 애기비쑥에 비해 넓다. ❹자생지 전경

쑥

Artemisia indica Willd.
Artemisia princeps var. *orientalis*
(Pamp.) H. Hara.

국화과

국내분포/자생지 전국의 길가, 농경지, 민가, 풀밭 및 숲가장자리 등

형태 다년초. 줄기는 높이 30~110cm이다. 줄기잎은 길이 5~10cm의 타원형-긴 타원형이고 2회 깃털모양으로 깊게 갈라진다. 뒷면은 백색의 솜털이 밀생한다. 꽃은 9~10월에 피며 머리모양꽃차례는 길이 1.7~2.5mm, 너비 1.5~2.2mm의 타원상 종형이다. 총포편은 4~5열로 배열하며 타원형-도란형-난형이고 거미줄 같은 털이 약간 있다. 열매(수과)는 길이 1.5mm 정도의 긴 타원형이다.

참고 산쑥에 비해 키가 작고 머리모양꽃차례의 지름이 1.5~2.2mm(산쑥은 지름 2.2~2.6mm)로 작은 편이다.

❶2016. 9. 27. 경기 구리시 한강 ❷꽃. 총포는 너비 1~1.3mm이다. ❸줄기잎. 흔히 타원형이지만 변이가 심하다. 잎자루의 밑부분에 1~2쌍의 가턱잎이 있다. ❹줄기. 어릴 때는 백색의 털이 많다.

뺑쑥

Artemisia lancea Vaniot
Artemisia feddei H. Lév. & Vaniot

국화과

국내분포/자생지 전국의 길가, 농경지, 풀밭 및 숲가장자리 등

형태 다년초. 줄기는 높이 80~140cm이고 곧추 자라며 가지가 많이 갈라진다. 줄기 중간부의 잎은 길이 4~7cm의 타원형-도란형이고 1회 깃털모양으로 깊게 갈라진다. 줄기 윗부분과 가지의 잎은 선상 피침형이며 가장자리가 밋밋하다. 꽃은 8~9월에 피며 머리모양꽃차례는 길이 3~3.3mm, 너비 0.9~1.2mm의 좁은 타원상 종형이다. 총포편은 타원형-난형이며 4~5열로 배열된다. 열매(수과)는 길이 1mm 정도의 타원형이다.

참고 쑥에 비해 줄기잎의 열편과 가지잎의 가장자리가 밋밋하며 머리모양꽃차례가 좁은 타원상 종형인 것이 특징이다.

❶2002. 8. 18. 경북 김천시 ❷꽃. 흔히 곧추 달리며 총포는 너비 0.9~1.2mm의 좁은 타원상 종형이다. ❸줄기잎. 표면에 백색의 샘점이 있다. ❹가지의 잎. 선상 피침형이다.

제비쑥

Artemisia japonica Thunb. subsp.
japonica var. *japonica*

국화과

국내분포/자생지 전국의 길가, 풀밭
및 숲가장자리

형태 다년초. 줄기는 높이 40~110cm
이고 곧추 자라며 가지가 갈라지고
털이 없다. 뿌리 부근의 잎은 꽃이 피
기 전에 시들어 없어진다. 줄기 중앙
부의 잎은 길이 2.3~5.5cm의 주걱형
이며 중간부 이상의 가장자리에 뾰족
한 톱니 또는 결각상 톱니가 있거나
깃털모양으로 깊게 갈라지기도 한다.
꽃은 8~10월에 피며 머리모양꽃차례
는 길이 2.3~3mm, 너비 1.3~1.7mm
의 난상 타원형-난형-도란형이다.
총포편은 4~5열로 배열되며 타원
형-난형-도란형이고 털이 없다. 열
매(수과)는 길이 0.5~0.8mm의 긴 타
원형-난형이다.

참고 실제비쑥(subsp. *japonica* var.
angustissima)은 제비쑥에 비해 줄기
잎이 1~2회 깃털모양으로 깊게 갈
라지고 열편의 너비가 1mm 정도
로 좁다. 주로 경상도 지역의 퇴적
암지대에 분포한다. **갯제비쑥**(subsp.
littoricola)은 제비쑥에 비해 줄기잎이
손바닥모양으로 깊게 갈라지거나 깃
털모양으로 갈라지며 머리모양꽃차
례가 너비 2mm 정도로 약간 더 크
다. 국내에서는 울릉도와 독도의 해
안가에 자란다. **섬쑥**(subsp. *japonica*
var. *hallaisanensis*)은 높이 30cm 이하
이고 줄기잎이 2회 깃털모양으로 깊
게 갈라지며 머리모양꽃차례는 지름
1.4~1.6mm이다. 제주의 풀밭에 자란
다. 학자에 따라서는 실제비쑥, 갯제
비쑥, 섬쑥을 모두 제비쑥에 통합하
기도 한다.

❶2001. 9. 20. 강원 태백시 ❷꽃. 꽃줄기
는 흔히 아래로 굽는다. 총포는 너비 1.3~
1.7mm의 난형이다. ❸줄기잎. 보통은 홑잎
이고 윗부분에 뾰족한 톱니가 있다. ❹가
을철 줄기 끝부분의 잎. 난형-넓은 난형이
며 깊게 갈라진다. 양면에 백색의 털이 밀
생한다. ❺~❼갯제비쑥 ❺꽃. 총포는 너비
1.8~2.1mm이며 제비쑥에 비해 약간 큰 편
이다. ❻줄기잎. 1~2회 깃털모양으로 깊게
갈라진다. ❼가을철 줄기 끝부분의 잎. 깊
게 갈라지고 양면에 백색의 털이 많다. 잎
자루도 길다. ❽2016. 10. 15. 경북 울릉도

산쑥
Artemisia montana (Nakai) Pamp.

국화과

국내분포/자생지 울릉도, 독도의 길가, 농경지, 해안가 및 숲가장자리

형태 다년초. 줄기는 높이 80~150cm 이고 곧추 자라며 거미줄 같은 털이 많다. 뿌리 부근의 잎은 도란형이고 2회 깃털모양으로 갈라진다. 줄기잎은 길이 8~17.5cm의 타원형이고 깃털모양으로 깊게 갈라진다. 표면은 녹색이고 뒷면은 백색의 솜털이 밀생한다. 꽃은 8~10월에 피며 머리모양꽃차례는 길이 3.5~4mm, 너비 2.2~2.6mm의 타원상 종형이다. 총포편은 타원형-난형이고 4열로 배열된다. 열매(수과)는 도란형이다.

참고 쑥에 비해 전체가 대형이며 잎의 열편이 피침형이고 가장자리가 흔히 밋밋하다.

❶2001. 8. 30. 경북 울릉도 ❷꽃. 총포는 너비 2.2~2.6mm의 타원상 종형이다. ❸줄기잎. 쑥에 비해 밑부분에 작은 열편이 없다. 1~2쌍의 가탁잎이 있다. 표면에 샘점이 없다. ❹꽃이 달리지 않는 줄기의 잎

덤불쑥
Artemisia rubripes Nakai

국화과

국내분포/자생지 주로 중부지방 이북의 길가, 풀밭 및 숲가장자리

형태 다년초. 줄기는 높이 90~160cm 이고 곧추 자라며 가지가 갈라지고 털은 거의 없다. 줄기잎은 길이 6.5~12cm의 넓은 난형이며 2회 깃털모양으로 갈라진다. 표면은 녹색이고 뒷면은 거미줄 같은 털이 있다. 꽃은 8~10월에 피며 머리모양꽃차례는 길이 3.2~3.5mm, 너비 1.4~1.6mm의 좁은 타원상 종형이다. 총포편은 4열로 배열되며 도피침형-타원형-난형이다. 열매(수과)는 길이 1mm 정도의 타원형이다.

참고 쑥이나 산쑥에 비해 잎이 2회로 깊게 갈라진 넓은 난형이며 머리모양꽃차례의 너비가 1.4~1.6mm로 좁은 타원상 종형인 것이 특징이다.

❶2001. 8. 15. 경북 봉화군 ❷꽃. 꽃자루는 곧추서는 편이며 총포는 너비 1.4~1.6mm의 좁은 타원상 종형이다. ❸줄기잎. 흔히 난형상이고 2회 깊게 갈라진다. ❹봄철 어린 줄기의 잎

물쑥

Artemisia selengensis Turcz. ex Besser

국화과

국내분포/자생지 내륙지방의 저수지, 하천가, 호수 등 습지

형태 다년초. 줄기는 높이 80~150cm이고 곧추 자라며 줄기에 털이 거의 없다. 줄기 중앙부의 잎은 길이 5~11.5cm의 도란형이고 3~5개로 갈라진다. 끝이 뾰족하고 가장자리에 뾰족한 톱니가 있다. 뒷면은 흰빛이 돌며 백색 털이 많다. 꽃은 8~10월에 피며 머리모양꽃차례는 길이 4.5~4.8mm, 너비 2.3~3mm의 타원상 종형이다. 총포편은 4~5열로 배열되며 긴 타원형-난상 타원형-난형이다. 열매(수과)는 길이 1~1.5mm의 난상 타원형이다.

참고 줄기 아래쪽 잎이 손바닥모양으로 3~5개로 갈라지며 열편 가장자리에 뾰족한 톱니가 있는 것이 특징이다.

❶ 2008. 9. 2. 경남 창녕군 우포늪 ❷꽃. 꽃자루는 곧추선다. 총포는 너비 2.3~3mm의 타원상 종형이다. ❸줄기잎. 깊게 갈라지며 열편은 1~2쌍이다. ❹자생지 전경

산흰쑥

Artemisia sieversiana Ehrh. ex Willd.

국화과

국내분포/자생지 주로 중부지방 이북의 길가, 산지, 하천가 등

형태 1~2년초. 줄기는 높이 60~130cm이고 곧추 자란다. 줄기 중앙부의 잎은 길이 2.5~9cm의 넓은 난형-난상 원형이고 2~3회 깃털모양으로 깊게 갈라진다. 꽃은 8~10월에 피며 머리모양꽃차례는 길이 3.5~4.5mm, 너비 3.5~5.7mm의 반구형-거의 구형이고 아래를 향해 달린다. 총포편은 5~6열로 배열하며 연한 긴 털이 밀생하고 가장자리는 막질이다. 열매(수과)는 길이 1~1.2mm의 도란상 타원형이다.

참고 머리모양꽃차례는 대형이고 포와 꽃줄기가 길며 꽃턱에 털이 밀생하는 것이 특징이다.

❶ 2001. 9. 21. 강원 영월군 동강 ❷꽃. 꽃자루는 아래로 굽는다. 총포는 너비 3.5~5.7mm이다. ❸줄기잎. 오각상의 손바닥모양으로 깊게 갈라진다. ❹잎 뒷면. 백색의 털이 밀생한다.

흰쑥
Artemisia stelleriana Besser

국화과

국내분포/자생지 북부지방의 해안가 모래땅

형태 다년초. 줄기는 높이 20~60cm 이고 곧추 자라며 전체에 거미줄 같은 백색 털이 많다. 줄기 중앙부의 잎은 길이 2.5~4.2cm의 도피침형-주걱형이고 깃털모양으로 갈라진다. 잎은 두껍고 양면에 백색의 털이 많다. 꽃은 7~9월에 피며 머리모양꽃차례는 길이 6~8mm, 너비 5~8mm의 난형-거의 구형이다. 총포편은 3~4열로 배열하며 타원형-난형이고 백색의 털이 덮고 있다. 열매(수과)는 길이 3mm 정도의 도란상 타원형이다.

참고 전체적으로 백색의 부드러운 털이 밀생하고 머리모양꽃차례가 대형인 것이 특징이다.

❶2013. 9. 10. 러시아 프리모르스키주 ❷꽃. 총포는 너비 5~8mm의 난상 구형이며 백색의 털이 밀생한다. ❸잎. 양면이 백색의 털로 덮여 있다. ❹자생지 전경

호주단추쑥
(유럽단추쑥)

Cotula australis (Sieber ex Spreng.) Hook. f.

국화과

국내분포/자생지 오스트레일리아 원산. 제주의 경작지, 길가

형태 1년초. 줄기는 높이 5~20cm이다. 잎은 길이 2~3cm의 주걱형-도란형이고 2~3회 깃털모양으로 깊게 갈라진다. 꽃은 2~4월에 피며 머리모양꽃차례는 지름 3~5(~6)mm이고 줄기와 가지의 끝에 1개씩 달린다. 총포편은 2~3열로 배열되며 타원형이고 가장자리는 막질이다. 열매(수과)는 암꽃의 경우 길이 1.2~1.5mm의 긴 타원형-도란형이며 두껍고 좁은 날개가 있다. 양성화의 열매는 보다 작고 날개가 없다.

참고 머리모양꽃차례의 가장자리에 암꽃이 1~3열로 배열하고 중앙부에 양성화의 대롱꽃이 핀다.

❶2011. 2. 18. 제주 제주시 ❷꽃. 꽃차례 가장자리의 대롱꽃은 암꽃이다. ❸열매. 암꽃의 열매는 양성화의 열매보다 크다. ❹줄기잎 ❺줄기. 긴 털이 많다.

중대가리풀

Centipeda minima (L.) A. Braun & Aschers.

국화과

국내분포/자생지 전국의 길가, 농경지, 민가, 풀밭, 하천가 등

형태 1년초. 줄기는 높이 5~10cm이고 흔히 땅위에 누워 자란다. 잎은 길이 7~20mm의 주걱형이며 끝부분의 가장자리에 톱니가 있고 뒷면에 샘점이 있다. 꽃은 7~8월에 피며 머리모양꽃차례는 지름 3~4mm이고 잎겨드랑이에 1개씩 달린다. 머리모양꽃차례의 중앙부에는 10~20개 정도의 양성화가 달린다. 총포는 긴 타원형이며 총포편은 길이가 비슷하고 2열로 배열된다. 열매(수과)는 길이 0.7~1mm의 좁은 도피침형이며 거친 털과 5개의 능각이 있다.

참고 머리모양꽃차례는 거의 구형이며 가장자리에는 암꽃이, 중앙부에는 양성화가 달린다.

❶ 2002. 10. 20. 대구시 경북대학교 ❷꽃. 꽃차례의 중앙부에 양성화가 핀다. ❸열매. 꽃차례와 유사한 모습으로 달린다. ❹잎. 주걱상이며 가장자리에 불규칙한 톱니가 있다.

  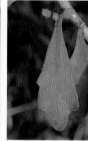

산국

Dendranthema boreale (Makino) Ling & Kitam.

국화과

국내분포/자생지 전국의 길가, 풀밭, 하천가 및 숲가장자리 등

형태 다년초. 줄기는 높이 1~1.5m이고 곧추 자란다. 잎은 길이 5~7cm의 넓은 난형이고 깃털모양으로 얕게 갈라지고 양면(특히 뒷면)에 털이 있다. 열편은 난형-피침형이며 가장자리에 톱니가 있다. 꽃은 9~11월에 황색으로 피며 머리모양꽃차례는 지름 1~2cm이다. 주변부에 혀꽃이 있고 중앙부에 대롱꽃이 달린다. 총포는 반구형-거의 구형이며 총포편은 4~5열로 배열된다. 열매(수과)는 길이 1mm 정도의 도란형이다.

참고 감국(*D. indicum*)에 비해 머리모양꽃차례의 크기가 작고 총포가 너비 5~7mm의 반구형인 것이 특징이다.

❶ 2003. 10. 12. 충북 단양군 ❷꽃. 머리모양꽃차례는 지름 1~2cm이다. ❸총포. 너비 5~7mm의 반구형이며 총포편은 4~5열로 배열된다. ❹잎. 가장자리는 5~7개로 얕게 갈라진다.

가는잎구절초
(포천구절초)

Dendranthema zawadskii var.
tenuisectum Kitag.

국화과

국내분포/자생지 중부지방 이북의
하천가 바위지대 및 숲가장자리
형태 다년초. 줄기는 높이 30~50cm
이다. 줄기잎은 길이 3~7cm의 넓은
난형이고 깃털모양으로 깊게 갈라지
며 열편은 너비 1mm 정도이다. 꽃은
9~10월에 백색-분홍색으로 피며 머
리모양꽃차례는 지름 4~6cm이다.
총포편은 3~4열로 배열되며 끝은 둥
글고 가장자리는 막질이다. 열매(수과)
는 긴 타원형이고 능각이 있다.
참고 산구절초(*D. zawadskii*)에 비해
잎의 열편이 너비 1mm 정도의 선형
이다. 산구절초 및 중국, 러시아에 분
포하는 *D. maximowiczii*와 비교·검
토가 요구된다.

❶2001. 9. 21. 강원 정선군 조양강 ❷꽃.
백색 또는 분홍색으로 핀다. ❸총포. 넓은
컵모양이며 총포편은 4열로 배열된다. ❹뿌
리잎. 깃털모양으로 완전히 갈라지며 열편
은 선형이다.

키큰산국

Leucanthemella linearis (Matsum.)
Tzvelev

국화과

국내분포/자생지 경남 이북의 산지
습지에 드물게 자람
형태 다년초. 줄기는 높이 30~100cm
이고 곧추 자라며 땅속줄기가 길게
벋는다. 줄기잎은 길이 4.5~9cm이고
가장자리는 밋밋하거나 1~3개의 피
침형 열편이 있다. 표면은 거칠고 뒷
면에 샘점이 있다. 꽃은 8~11월에 백
색으로 피며 머리모양꽃차례는 지름
3~6cm이고 줄기와 가지의 끝에 1개
씩 달린다. 총포는 길이 5~6mm의
넓은 컵모양이며 총포편은 2~3열로
배열되고 끝은 둥글다. 열매(수과)는
원통형으로 10개의 능각이 있다.
참고 술기잎이 밋밋하거나 1~3개의
피침형 열편이 있으며 열매에 10개의
능각이 있는 것이 특징이다.

❶2002. 9. 18. 울산시 울주군 무제치늪
❷꽃. 꽃차례 가장자리의 혀꽃은 흔히 임
성이다. ❸총포. 넓은 컵모양이며 총포편은
2~3열로 배열한다. ❹줄기잎. 열편은 1~3
개이다.

불란서국화

Leucanthemum vulgare Lam.
Chrysanthemum leucanthemum L.

국화과

국내분포/자생지 유럽 원산. 사방용, 관상용으로 식재

형태 다년초. 줄기는 높이 30~50cm이고 밑부분에서 가지가 갈라진다. 뿌리잎은 도란형이며 가장자리는 거친 톱니가 있거나 깃털모양으로 갈라진다. 줄기잎은 어긋나며 길이 2.5~7cm의 선형–주걱형이다. 꽃은 5~9월에 백색으로 피며 머리모양꽃차례는 지름 4~5cm이고 줄기의 끝에 1개씩 달린다. 총포편은 긴 타원형이고 끝이 둔하며 털이 없고 가장자리는 막질이다. 열매(수과)는 길이 1~1.5mm이고 관모는 없다.

참고 쑥갓(*C. coronarium*)에 비해 꽃(혀꽃)이 백색으로 피며 줄기잎은 선형–주걱형이고 가장자리가 얕게 갈라지는 것이 특징이다.

❶2015. 5. 2. 전남 장흥군 ❷꽃 ❸총포. 넓은 컵모양이며 총포편은 4~5열로 배열하며 가장자리는 막질이다. ❹줄기잎. 주걱상이며 흔히 깊게 갈라지지 않는다.

족제비쑥

Matricaria matricarioides (Less.)
Porter ex Britton

국화과

국내분포/자생지 북아메리카 및 동북아시아 원산. 전국의 길가, 빈터, 하천가 등

형태 1년초. 줄기는 높이 5~30cm이며 줄기는 밑부분에서 가지가 갈라진다. 잎은 어긋나며 도피침형이고 2~3회 깃털모양으로 깊게 갈라진다. 열편은 짧은 선형이고 양면에 털이 없다. 꽃은 4~8월에 연한 황록색으로 피며 지름 6~8mm이고 머리모양꽃차례는 대롱꽃만 있고 줄기와 가지의 끝에 1개씩 달린다. 총포는 원통형이며 총포편은 2열로 배열되고 가장자리는 넓은 백색의 막질이다. 열매(수과)는 길이 1~1.5mm의 긴 타원형이고 약간 능각이 지며 관모는 관모양이다.

참고 카밀레에 비해 키가 작고 머리모양꽃차례에 대롱꽃만 핀다.

❶2014. 6. 9. 서울시 한강공원 ❷꽃. 혀꽃은 없다. ❸열매. 관모는 관모양이다. ❹줄기잎. 2~3회 깃털모양으로 깊게 갈라진다.

카밀레

Matricaria chamomilla L.

국화과

국내분포/자생지 유럽 원산. 내륙지 방의 길가 또는 하천가

형태 1년초. 줄기는 높이 30~60cm 이고 곧추 자란다. 잎은 길이 0.5~ 7.5cm의 난형이며 2~3회 깃털모양 으로 완전히 갈라진다. 꽃은 6~9월 에 피며 머리모양꽃차례의 혀꽃은 백 색이고 차츰 뒤로 젖혀진다. 꽃턱은 원뿔형이고 비늘조각이 없다. 총포는 긴 타원형이며 총포편은 3열로 배열 되고 가장자리가 막질이다. 열매(수과) 는 길이 0.7~0.9mm의 타원형이고 5 개의 능각이 있으며 관모는 없다.

참고 족제비쑥에 비해 머리모양꽃차 례의 가장자리에 혀꽃이 있으며 수과 에 대롱꽃이 남지 않는 것이 특징이다.

❶2014. 5. 23. 전북 남원시 ❷꽃. 꽃차례 는 지름 1.3~2.5cm이다. 꽃턱(화탁)은 원뿔 상이다. ❸미숙 열매. 수과의 표면에 5개의 희미한 능각이 있다. ❹줄기잎. 열편은 길 이가 짧은 선형이다.

개꽃

Tripleurospermum limosum (Maxim.) Pobed.

국화과

국내분포/자생지 중부지방 이북의 길가, 하천가 등에 드물게 분포

형태 1~2년초. 줄기는 높이 10~35cm 이고 곧추 자라며 털이 거의 없다. 줄 기잎은 어긋나며 길이 5.5~9.5cm의 도피침형-긴 타원형이고 2회 깃털모 양으로 갈라진다. 꽃은 5~8월에 피며 머리모양꽃차례는 지름 1.5~1.8cm이 고 줄기와 가지의 끝에 1개씩 달린다. 총포는 길이 3.5~4.5mm의 반구형이 다. 총포편은 2~3열로 배열되며 피침 형-긴 타원형이고 가장자리가 막질이 다. 열매(수과)는 길이 2.5~3mm이고 3개의 능각이 있으며 관모는 없다.

참고 혀꽃이 길이 4mm 정노로 식고 수과에 3개의 능각이 있는 것이 특징 이다.

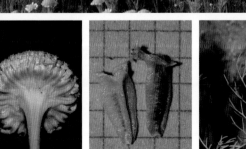 

❶2014. 5. 30. 충북 제천시 남한강 ❷총 포. 납작한 반구형이며 총포편은 2~3열로 배열된다. ❸열매. 3개의 뚜렷한 능각이 있 다. ❹줄기잎. 열편은 가는 선형이다.

머위

Petasites japonicus (Siebold & Zucc.) Maxim.

국화과

국내분포/자생지 전국의 농경지, 민가 또는 습한 풀밭

형태 다년초. 높이 10~50cm이다. 뿌리잎은 심장형이고 가장자리에 불규칙한 톱니가 있으며 잎자루가 길다. 암수딴그루이다. 꽃은 3~4월에 피며 머리모양꽃차례는 지름 6~10mm이고 산방상으로 모여핀다. 총포는 통형이며 총포편은 1~2열로 배열된다. 열매(수과)는 길이 3.5mm 정도의 원통형이며 관모는 길이 1.2cm 정도이고 백색이다.

참고 털머위에 비해 머리모양꽃차례에 혀꽃이 없으며 잎이 초질이고 상록성이 아닌 것이 특징이다.

❶2014. 4. 9. 경기 광주시 ❷수꽃차례. 수꽃의 꽃부리는 구개부가 넓은 통형이며 뚜렷한 삼각상의 열편이 있다. ❸암꽃차례. 암꽃의 꽃부리는 선상 원통형이고 열편은 불명확하며 암술대는 꽃부리 밖으로 길게 나온다. 흔히 소수의 양성화와 혼생한다. ❹잎. 초질이며 털이 많다.

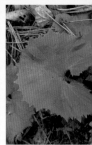

털머위

Farfugium japonicum (L.) Kitam.

국화과

국내분포/자생지 울릉도 및 남부지방의 해안가 바위지대 및 숲가장자리

형태 상록성의 다년초. 줄기는 30~70cm이고 전체에 갈색의 솜털이 있다가 점차 없어진다. 잎은 땅속줄기에서 모여나고 길이 4~5cm의 심장형-원형이며 가장자리에 얕은 톱니가 있다. 잎자루는 길이 10~40cm로 길다. 꽃은 9~11월에 황색으로 피며 머리모양꽃차례는 지름 4~6cm이고 줄기와 가지의 끝부분에서 산방상으로 모여 달린다. 총포는 넓은 통형이며 총포편은 1열로 배열된다. 열매(수과)는 길이 5~6.5mm의 원통형이고 털이 밀생한다.

참고 머위에 비해 잎이 상록성이고 표면에 광택이 있으며 꽃이 황색인 것이 특징이다.

❶2001. 10. 22. 경북 울릉도 ❷꽃. 혀꽃은 10~15개이다. ❸총포. 넓은 통형이며 총포편은 1열로 배열된다. ❹열매. 관모는 길이 1cm 정도이고 연한 황갈색이다.

주홍서나물

Crassocephalum crepidioides
(Benth.) S. Moore

국화과

국내분포/자생지 아프리카 원산. 중부 이남의 길가, 빈터 등

형태 1년초. 줄기는 높이 20~100cm이고 곧추 자라며 성긴 털이 있다. 잎은 길이 7~12cm의 난형-긴 타원형이고 깃털모양으로 불규칙하게 갈라지며 가장자리에 톱니가 있다. 꽃은 7~10월에 주황색-적색으로 피며 머리모양꽃차례는 지름 4~6mm이고 대롱꽃만 있다. 총포는 길이 1~1.2cm의 원통형이며 밑부분이 약간 부푼다. 열매(수과)는 길이 1.8~2.3mm의 좁은 타원형이고 관모는 백색이다.

참고 붉은서나물에 비해 머리모양꽃차례가 아래를 향하고 대롱꽃의 끝부분이 주황색인 것이 특징이다. 총포편은 2열로 배열되며 내총포편은 선형이고 외총포편은 실모양이다.

❶2017. 11. 6. 제주 제주시 ❷꽃. ❸열매. 적갈색이고 뚜렷한 능각이 있으며 관모는 백색이다. ❹줄기잎. 흔히 깃털모양으로 깊게 갈라진다.

붉은서나물

Erechtites hieraciifolius (L.) Raf. ex DC.

국화과

국내분포/자생지 아메리카 대륙의 열대-아열대지역 원산. 전국의 민가, 길가, 하천가 등

형태 1년초. 줄기는 높이 30~150cm이다. 잎은 길이 5~40cm의 선형-피침형이고 가장자리에 불규칙한 톱니가 있다. 꽃은 8~10월에 피며 머리모양꽃차례는 지름 4~6mm이고 대롱꽃만 있다. 총포는 길이 9~15mm의 원통형이며 총포편은 2열로 배열된다. 내총포편은 선형이고 외총포편은 실모양이다. 열매(수과)는 길이 2.5~3mm의 긴 타원형이며 관모는 백색이다.

참고 수홍서나물에 비해 식쿨제가 크고 전체에 털이 적은 편이며 대롱꽃 끝부분이 연한 황백색이고 수과가 갈색인 것이 특징이다.

❶2017. 9. 19. 경기 가평군 ❷꽃. 대롱꽃은 연한 황백색-황록색이다. ❸열매. 황갈색-갈색이고 뚜렷한 능각이 있다. ❹줄기잎.

갯취

Ligularia taquetii (H. Lév. & Vaniot) Nakai

국화과

국내분포/자생지 거제도 및 제주의 해안가 또는 저지대 풀밭에 드물게 자람

형태 다년초. 줄기는 높이 80~120cm 이고 곧추 자란다. 뿌리잎은 길이 15~25cm의 긴 타원형~난형이다. 줄기잎은 어긋나며 밑부분은 줄기를 감싸고 줄기의 윗부분으로 갈수록 작아진다. 꽃은 6~7월에 황색으로 피며 머리모양꽃차례는 지름 3~4cm이다. 총포는 길이 1~1.2cm의 원통형이며 총포편은 1열로 배열되고 끝이 둔하다. 열매(수과)는 원뿔형이고 털이 없으며 관모는 길이 7mm 정도이고 적 갈색이다.

참고 전체에 털이 없으며 머리모양꽃차례가 총상으로 모여 달리고 포가 선형인 것이 특징이다.

❶ 2016. 6. 15. 제주 제주시 한경면 ❷ 꽃. 혀꽃과 대롱꽃은 합쳐 8~9개 정도이다. ❸ 총포. 총포편은 피침상이며 5개가 1열로 배열된다. ❹ 줄기잎. 밑부분이 줄기를 감싼다.

개쑥갓

Senecio vulgaris L.

국화과

국내분포/자생지 유럽 원산. 전국의 길가, 농경지, 민가, 빈터 등

형태 1년초. 줄기는 높이 15~40cm 이고 비스듬히 또는 곧추 자란다. 잎은 어긋나며 길이 3~8cm의 주걱형이고 가장자리가 깃털모양으로 불규칙하게 갈라진다. 꽃은 3~11월에 황색으로 피며 머리모양꽃차례는 지름 6~8mm이고 줄기의 끝부분에서 산방상으로 모여 달린다. 총포는 길이 6~7mm의 원통형이다. 총포편은 2열로 배열되며 피침형이고 끝부분은 흑색이다. 열매(수과)는 길이 2~2.5mm의 원통형이고 능각 위에 털이 있으며 관모는 길이 6~7mm이고 백색이다.

참고 1년초이며 머리모양꽃차례에 대롱꽃만 있는 것이 특징이다

❶ 2001. 4. 7. 경북 울릉도 ❷ 꽃. 총포편은 2열로 배열되며 외총포편은 매우 짧다. ❸ 열매. 능각 위에 잔털이 많다. 부리는 없다. ❹ 잎. 가장자리가 불규칙하게 갈라진다.

웅기솜나물

Senecio pseudoarnica Less.

국화과

국내분포/자생지 북부지방의 해안가 모래땅

형태 다년초. 줄기는 높이 30~70cm 이고 비스듬히 또는 곧추 자란다. 줄기잎은 길이 12~20cm의 긴 타원형-도란상 긴 타원형이며 끝이 둥글고 밑부분이 좁아져 줄기를 감싼다. 꽃은 7~9월에 황색으로 피며 머리모양꽃차례는 지름 3.5~4.5cm이고 줄기의 끝부분에서 산방상으로 모여 달린다. 총포는 길이 1~1.5cm의 넓은 종형이며 총포편은 1열로 배열된다. 열매(수과)는 길이 6~8mm의 원통형이고 털이 없으며 관모는 오백색이다.

참고 줄기잎이 긴 타원상이고 가장자리가 물결모양이며 꽃줄기의 속이 비어 있는 것이 특징이다.

❶2013. 9. 10. 러시아 프리모르스키주 ❷꽃. 혀꽃은 가늘고 길다. ❸총포. 총포편은 피침상이고 1열로 배열되며 거미줄 같은 털이 있다. 포는 실모양이다. ❹열매. 능각이 있으며 끝부분에 부리는 없다.

솜방망이

Tephroseris kirilowii (Turcz. ex DC.) Holub

국화과

국내분포/자생지 전국의 풀밭 또는 숲가장자리

형태 다년초. 줄기는 높이 20~50cm 이고 곧추 자란다. 줄기잎은 어긋나며 길이 7~11cm의 도피침형이다. 꽃은 4~5월에 황색으로 피며 머리모양꽃차례는 지름 3~4cm이고 줄기의 끝부분에서 산방상으로 모여 달린다. 총포는 길이 8mm의 통형이다. 총포편은 피침형이고 18~20개이며 1열로 배열된다. 열매(수과)는 길이 2.5mm의 원통형이며 털이 있고 관모는 길이 6mm 정도이며 백색이다.

참고 솜쑥방망이에 비해 키가 작고 신세에 거미줄 같은 털이 낳는 편이다. 또한 머리모양꽃차례가 적게 달리고 열매에 털이 있다.

❶2011. 4. 23. 강원 영월군 ❷꽃. 흔히 꽃줄기와 총포에 거미줄 같은 털이 많다. ❸열매. 표면에 털이 많다. ❹뿌리잎. 잎자루가 없다.

솜쑥방망이

Tephroseris pierotii (Miq.) Holub
Senecio pierotii Miq.

국화과

국내분포/자생지 전국의 저지대 습지 및 하천가에서 드물게 자람

형태 다년초. 줄기는 높이 50~70cm이고 곧추 자라며 거미줄 같은 솜털이 있다가 점차 없어진다. 뿌리잎은 로제트모양으로 퍼지며 좁은 주걱형이고 가장자리는 밋밋하거나 얕은 톱니가 있다. 줄기잎은 어긋나며 길이 12~20cm의 타원형-도피침형이고 밑부분은 좁아져 줄기를 감싼다. 줄기 윗부분으로 갈수록 작아지며 끝이 뾰족한 선형-피침형이 된다. 꽃은 5~6월에 황색으로 피며 머리모양꽃차례는 지름 3~4cm이고 줄기의 끝부분에서 6~30(~150)개씩 산방상으로 모여 달린다. 총포는 길이 7~8.5mm의 원통상 종형이다. 총포편은 20~22개이고 피침형이며 1열로 배열된다. 열매(수과)는 길이 2.5~3mm의 원통형이고 털이 없다. 관모는 길이 7~9mm이며 백색이다.

참고 솜방망이에 비해 키가 크게 자라는 편이며 전체에 거미줄 같은 털이 보다 적고 수과에 털이 없는 것이 특징이다. 흔히 물솜방망이(*T. pseudosonchus*)로 잘못 동정해왔던 분류군이다. 중국 식물지에는 물솜방망이가 중국의 중남부(구이저우성, 후베이성, 후난성 등) 저지대에 분포하는 고유종으로 기록되어 있어 국내(한라산과 지리산의 높은 지대)의 분포에 대한 재검토가 필요한 것으로 판단된다. 참고로 물솜방망이는 수과에 털이 없다는 점에서 솜방망이와 쉽게 구분되며 줄기에 거미줄 같은 털이 거의 없고 총포가 길이 4~6mm로 짧은 것이 특징이다.

❶2004. 5. 16. 강원 영월군 동강 ❷꽃. 혀꽃은 20~25개이다. ❸꽃차례 내부. 솜방망이에 비해 총포와 꽃줄기에 거미줄 같은 털이 없거나 적다. ❹대롱꽃. 황색이고 길이 7~9mm이다. ❺열매. 표면에 털이 없으며 관모는 백색이다. ❻잎 앞면. 줄기와 잎에 거미줄 같은 털이 약간 있으나 차츰 없어진다. ❼잎 뒷면 ❽2013. 5. 30. 충북 단양군 남한강

실망초

Conyza bonariensis (L). Cronquist
Erigeron bonariensis L.

국화과

국내분포/자생지 남아메리카 원산. 주로 제주 및 남부지방의 길가, 민가, 빈터 등

형태 1~2년초. 줄기는 높이 50~150 cm이고 곧추서며 전체에 회백색의 털이 있다. 줄기잎은 선형이고 흔히 약간 뒤틀린다. 꽃은 7~9월에 피며 머리모양꽃차례는 지름 5~10mm이다. 총포는 길이 5~6mm의 종형이다. 총포편은 피침형이고 3열로 배열되며 털이 있다. 열매(수과)는 길이 1mm 정도의 원통형이고 관모는 백색~연한 황갈색이다.

참고 큰망초에 비해 줄기잎의 가장자리가 흔히 밋밋하거나 물결모양이며 꽃줄기가 1~1.5cm로 길고 머리모양꽃차례가 큰 편(총포 길이 5~6mm)이다.

❶ 2002. 6. 22. 대구시 경북대학교 ❷ 꽃. 혀꽃은 있으나 총포 밖으로 나오지 않는다. ❸ 열매. 표면에 털이 있다. ❹ 잎. 약간 뒤틀리는 경우가 많으며 양면에 털이 많다.

망초

Conyza canadensis (L). Cronquist
Conyza canadensis var. *pusilla*
(Nutt.) Cronquist; *C. parva* Cronquist

국화과

국내분포/자생지 북아메리카 원산. 전국의 길가, 민가, 빈터 등

형태 2년초. 줄기는 높이 100~150cm 이다. 줄기잎은 길이 7~10cm의 도피침형이고 가장자리에 2~4쌍의 톱니가 있다. 꽃은 7~9월에 백색으로 피며 머리모양꽃차례는 지름 3~5mm 이고 줄기와 가지의 끝부분에서 원뿔상으로 모여 달린다. 총포는 길이 2.5mm 정도의 종형이며 총포편은 선형이고 4~5열로 배열된다. 열매(수과)는 길이 1.2mm 정도의 원통형이고 관모는 연한 황갈색이다.

참고 큰망초에 비해 전체가 녹색을 띠며 혀꽃이 있는 것이 특징이다. 애기망초는 망초와 동일 종으로 처리하는 추세이다.

❶ 2014. 7. 22. 인천시 ❷ 꽃. 혀꽃이 뚜렷하다. ❸ 총포. 총포편의 끝에 무늬가 없다. ❹ 열매. 관모는 연한 갈색이다. ❺ 잎. 털이 많다. ❻ 줄기. 긴 털이 많다.

큰망초

Conyza sumatrensis (Retz.) E. Walker

국화과

국내분포/자생지 남아메리카 원산. 제주 및 중남부지방의 길가, 빈터 등
형태 2년초. 줄기는 높이 80~180cm 이고 긴 털이 많다. 줄기잎은 길이 6~10cm의 피침형이며 가장자리가 거의 밋밋하거나 4~8쌍의 톱니가 있다. 꽃은 7~9월에 피며 머리모양꽃차례는 지름 3~5mm이다. 총포는 길이 4mm 정도의 난형이다. 총포편은 피침형이고 3열로 배열되며 털이 있다. 열매(수과)는 길이 1.2~1.5mm의 좁은 원통형이고 관모는 길이 4mm 정도의 연한 황갈색이다.
참고 실망초에 비해 줄기의 잎이 뒤틀리지 않으며 꽃줄기가 짧고 머리모양꽃차례와 열매가 작은 편이다.

❶ 2016. 8. 28. 충남 태안군 안면도 ❷ 총포. 혀꽃이 총포 밖으로 나오지 않으며 총포편에 털이 많다. ❸ 열매. 관모는 연한 황갈색이다. ❹ 잎. 뒤틀리지 않는다. ❺ 줄기. 털이 많다.

나래가막사리

Verbesina alternifolia (L.) Britton ex Kearney

국화과

국내분포/자생지 북아메리카 원산. 전국의 길가, 민가, 빈터, 하천가 등
형태 다년초. 줄기는 높이 100~250cm 이고 전체에 거친 털이 많다. 잎은 길이 8~20cm의 긴 타원형이며 뚜렷한 맥이 있고 가장자리에 톱니가 있다. 꽃은 8~9월에 황색으로 피며 머리모양꽃차례는 지름 2.5~5cm이다. 총포는 길이 1~1.2cm의 원반형이며 총포편은 선형-주걱형이고 1~2열로 배열된다. 열매(수과)는 길이 4.5~5mm의 도피침형-원형이며 윗부분에 관모가 변한 2개의 까락이 있다.
참고 줄기에 잎의 밑부분과 연결된 잎모양의 날개가 있으며 열매의 가장자리에 넓은 날개가 발달하는 것이 특징이다.

❶ 2001. 8. 18. 경북 울진군 ❷ 꽃. 혀꽃은 흔히 뒤로 약간 젖혀진다. ❸ 열매. 가장자리에 막질의 넓은 날개가 있으며 관모는 2개이고 가시모양이다. ❹ 줄기. 날개가 발달한다.

양미역취

Solidago altissima L.

국화과

국내분포/자생지 북아메리카 원산. 제주 및 남부지방의 길가, 빈터 등

형태 다년초. 줄기는 높이 100~250cm 이고 곧추 자라며 전체에 잔털이 있다. 잎은 길이 3~10cm의 피침형이고 3맥이 뚜렷하며 줄기에 촘촘히 달린다. 꽃은 9~10월에 황색으로 피며 머리모양꽃차례는 지름 5~10mm이고 줄기와 가지의 끝부분에서 커다란 원뿔꽃차례를 이루며 달린다. 총포는 길이 3~4.5mm의 원통형이며 총포편은 긴 타원형이고 3열로 배열된다. 열매(수과)는 길이 0.5~1.5mm의 도원뿔형이며 관모는 백색이다.

참고 미국미역취에 비해 줄기에 털이 밀생하며 혀꽃의 암술대가 꽃부리 밖으로 길게 나오는 것이 특징이다.

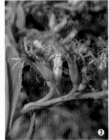 

❶2011. 10. 28. 전북 부안군 ❷~❸꽃. 총 포편은 3열로 배열된다. ❹줄기잎. 가장자리는 거의 밋밋하거나 얕은 톱니가 있으며 뒷면의 맥위에 털이 있다.

미국미역취

Solidago gigantea Aiton
Solidago serotina Aiton

국화과

국내분포/자생지 북아메리카 원산. 전국의 길가, 민가, 빈터 등

형태 다년초. 줄기는 높이 50~200cm 이고 줄기에 털이 없다. 잎은 길이 3~10cm의 피침형 또는 도피침형이고 3맥이 뚜렷하며 줄기에 촘촘히 달린다. 꽃은 7~8월에 황색으로 피며 머리모양꽃차례는 지름 5~10mm이고 줄기와 가지의 끝부분에 커다란 원뿔꽃차례를 이루며 달린다. 총포는 길이 2.5~4mm의 종형이며 총포편은 긴 타원형이고 4~5열로 배열된다. 열매(수과)는 길이 1~1.5mm의 도원뿔형이며 관모는 백색이다.

참고 양미역취에 비해 개화기가 빠르고 줄기에 털이 거의 없으며 혀꽃의 암술대가 꽃부리 밖으로 짧게 나오는 것이 특징이다.

❶2001. 6. 26. 경북 구미시 낙동강 ❷~❸. 총포편은 4~5열로 배열된다. ❹줄기잎. 흔히 상반부 가장자리에 뾰족한 톱니가 있으며 뒷면의 맥위에는 털이 없거나 적다.

미역취아재비

Euthamia graminifolia (L.) Nutt.

국화과

국내분포/자생지 중앙 및 북아메리카 원산. 중부지방(강원 인제군)의 길가
형태 다년초. 땅속줄기가 옆으로 벋는다. 줄기는 높이 30~150cm이고 뻣뻣한 억센 털이 있다. 잎은 길이 3~13cm의 피침형이며 끝부분이 뾰족하다. 꽃은 8~9월에 황색으로 피며 머리모양꽃차례는 지름 3~5mm이고 줄기와 가지의 끝에서 산방꽃차례를 이룬다. 총포는 길이 3~5.5mm의 종형이며 총포편은 긴 타원형이고 3~5열로 배열된다. 열매(수과)는 길이 0.5~0.7mm의 긴 타원형이며 관모는 백색이다.
참고 미역취(*Solidago japonica*)에 비해 잎 표면에 샘점이 있고 가장자리가 밋밋하며 대롱꽃에 맥이 없는 것이 특징이다.

❶2016. 8. 11. 강원 인제군 ❷꽃. 머리모양꽃차례가 작고 대롱꽃에 맥이 없다. ❸총포. 긴 타원상 종형이다. ❹잎. 가장자리가 밋밋하다. ❺줄기. 잔털이 많다.

민망초

Erigeron acris L.

국화과

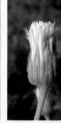

국내분포/자생지 중부지방 이북의 길가 또는 산지의 풀밭
형태 2년초 또는 다년초. 줄기는 높이 15~55cm이고 곧추 자라며 털이 약간 있다. 줄기 중앙부의 잎은 길이 3~6cm의 선상 긴 타원형이고 가장자리가 거의 밋밋하며 잎자루는 없다. 꽃은 8~9월에 피며 머리모양꽃차례는 지름 1.3~1.7cm이다. 총포는 길이 6~9mm의 원통상 종형이며 총포편은 선상 피침형이고 3열로 배열된다. 열매(수과)는 길이 2~2.5mm의 긴 타원형이고 부드러운 털이 있으며 관모는 오백색이다.
참고 개망초류에 비해 허꽃이 (백색–) 적자색이며 3~4열로 배열되고 직립하는 것이 특징이다.

❶2013. 9. 23. 중국 지린성 두만강 ❷꽃. 허꽃은 총포 밖으로 짧게 나오며 흔히 연한 적자색이다. ❸총포. 털이 많다. ❹열매. 관모는 오백색이다. ❺줄기잎. 가장자리가 거의 밋밋하다.

개망초

Erigeron annuus (L.) Pers.

국화과

국내분포/자생지 북아메리카 원산. 전국의 길가, 민가, 빈터, 하천가 등

형태 2년초. 줄기는 높이 30~100cm 이고 곧추 자라며 전체에 퍼진 털이 있다. 뿌리잎은 난상 피침형이고 로제트모양으로 퍼지며 가장자리에 거친 톱니가 있다. 줄기잎은 길이 4~15cm의 피침형이며 가장자리에 성긴 톱니가 있다. 꽃은 6~9월에 백색으로 피며 머리모양꽃차례는 지름 2cm 정도이다. 총포는 길이 3~5mm의 반구형이며 총포편은 피침형이고 2~3열로 배열된다. 열매(수과)는 길이 0.8~1mm이고 표면에 털이 약간 있으며 관모는 연한 황갈색이다.

참고 주걱개망초에 비해 잎이 흔히 연한 녹색~녹색이며 잎가장자리에 톱니가 있는 것이 특징이다.

❶2014. 6. 6. 서울시 한강공원 ❷꽃. 혀꽃은 백색이고 대롱꽃은 황색이다. ❸총포. 털이 많다. ❹줄기잎. 가장자리에 톱니가 있다. ❺뿌리잎. 로제트모양이다.

봄망초

Erigeron philadelphicus L.

국화과

국내분포/자생지 북아메리카 원산. 주로 중부지방의 길가, 민가, 빈터 등

형태 다년초. 줄기는 높이 30~80cm 이고 곧추 자라며 전체에 연한 털이 있다. 뿌리잎은 길이 4~10cm의 좁은 피침형이고 성긴 톱니가 있다. 줄기잎은 길이 5~15cm의 타원상 피침형이며 밑부분이 심장형이고 줄기를 감싼다. 꽃은 4~6월에 백색~연한 분홍색으로 피며 머리모양꽃차례는 지름 2~2.5cm이다. 총포는 길이 4~6mm의 반구형이며 총포편은 피침형이고 2~3열로 배열된다. 열매(수과)는 길이 0.6~1mm이고 2맥이 있으며 표면에 털이 약간 있다.

참고 줄기 속이 비어 있으며 잎의 밑부분이 줄기를 감싸는 것이 특징이다.

❶2013. 5. 30. 인천시 소래습지생태공원 ❷꽃. 개망초보다 일찍 개화한다. ❸총포. 반구형이다. ❹줄기잎. 밑부분은 줄기를 약간 감싼다. ❺줄기 속. 개망초(하)에 비해 속이 비어 있다.

주걱개망초

Erigeron strigosus Muhl. ex Willd.

국화과

국내분포/자생지 유럽 원산. 주로 중부지방의 길가, 빈터, 민가 등

형태 2년초. 줄기는 높이 30~100cm이고 곧추 자라며 거친 털이 있다. 뿌리잎은 길이 3.5~8cm의 주걱형이고 가장자리에 톱니가 없으나 얕은 톱니가 있기도 하다. 줄기잎은 길이 3~15cm의 도피침형−주걱형이다. 꽃은 6~7월에 백색으로 피며 머리모양꽃차례는 지름 1.4~1.8cm이다. 총포는 길이 3~4mm의 반구형이며 총포편은 피침형이고 2~4열로 배열된다. 열매(수과)는 길이 0.9~1.2mm이고 2맥이 있으며 표면에 털이 약간 있다.

참고 줄기잎은 주걱상이며 가장자리에 톱니가 없는 것이 특징이다.

❶2013. 6. 11. 경기 안산시 ❷꽃. 개망초와 비슷한 시기에 핀다. ❸총포. 총포편에 긴 털이 있다. ❹줄기잎. 연한 청록색이다. 가장자리가 밋밋하다.

가새쑥부쟁이

Aster incisus Fisch.

국화과

국내분포/자생지 전국의 길가, 농경지, 습한 풀밭 및 숲가장자리 등

형태 다년초. 줄기는 높이 60~150cm이다. 줄기잎은 길이 8~10cm의 피침형−도피침형이다. 꽃은 7~10월에 연한 자주색으로 피며 머리모양꽃차례는 지름 2.5~3cm이다. 열매(수과)는 길이 3~3.5mm의 편평한 도란형이고 털이 있다. 관모는 길이 0.5~1mm이며 연한 갈색−적갈색이다.

참고 쑥부쟁이에 비해 땅속줄기가 짧게 벋고 관모가 길이 0.5~1mm로 뚜렷한 것이 특징이다. 참고로 버드쟁이나물(*A. pinnatifidus*)은 국내에 분포하지 않는 것으로 알려져 있다.

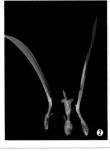

❶2011. 10. 7. 강원 고성군 ❷허꽃과 대롱꽃. 대롱꽃은 관모가 뚜렷하다. ❸총포. 총포편은 3~4열로 배열되며 피침형 또는 도피침형이다. 외총포편은 길이 3.5~5mm이고 끝이 뾰족하다. ❹열매. 쑥부쟁이에 비해 관모가 뚜렷이 길다. ❺줄기잎. 깃털모양으로 얕게 또는 깊게 갈라진다.

벌개미취
Aster koraiensis Nakai

국화과

국내분포/자생지 중부지방 이남(주로 전라)의 농경지, 습지

형태 다년초. 줄기는 높이 50~100cm 이고 곧추 자라며 땅속줄기가 옆으로 벋는다. 잎은 길이 8~20cm의 선상 피침형–피침형이며 끝은 뾰족하고 가장자리에 잔톱니가 있다. 꽃은 7~10월에 연한 자주색으로 피며 머리모양꽃차례는 지름 3.5~4.5cm이다. 총포편은 4~5열로 배열된다. 외총포편은 길이 4~5mm의 긴 타원형이고 가장자리에 털이 있다. 열매(수과)는 길이 4mm 정도의 도란상 타원형이며 끝부분에 관모는 없다.

참고 잎이 선상 피침형–피침형이며 관모가 없는 것이 특징이다.

❶2017. 9. 10. 전북 남원시 ❷허꽃과 대롱꽃. 관모가 없다. ❸총포. 외총포편은 긴 타원형–타원상 난형이고 끝이 뾰족한 편이며 내총포편은 주걱형–주걱상 도란형이고 끝이 둔한 편이다. ❹열매. 샘털이 약간 있다. ❺줄기잎. 양면에 털이 거의 없다.

가는쑥부쟁이
Aster pekinensis (Hance) F. H. Chen
Aster integrifolius (Turcz. ex DC.) Franch.

국화과

국내분포/자생지 북부지방의 길가, 민가, 풀밭 및 숲가장자리

형태 다년초. 줄기는 높이 30~140cm이다. 줄기잎은 길이 2.5~4cm의 피침형–도피침형이고 가장자리가 밋밋하다. 꽃은 7~9월에 연한 적자색으로 피며 머리모양꽃차례는 지름 2~3cm이다. 총포는 길이 4mm 정도의 반구형이며 총포편은 길이 3mm 정도의 피침형이다. 열매(수과)는 길이 1.5~2mm의 도란형이고 끝부분에 털이 있다. 관모는 길이 0.3~0.5mm이다.

참고 잎은 약간 청록색을 띠고 가장자리에 톱니가 없으며 관모가 매우 짧은 것이 특징이다.

❶2012. 9. 16. 중국 지린성 룽징시 ❷허꽃과 대롱꽃. 관모가 매우 짧다. ❸총포. 총포편은 3~4열로 배열되며 피침상이고 끝이 뾰족하다. ❹열매. 표면에 짧은 털이 있으며 샘털은 없다. ❺잎 앞면. 가장자리가 밋밋하다. ❻잎 뒷면. 흰빛이 돌며 털이 밀생한다.

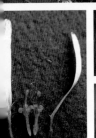

쑥부쟁이

Aster yomena (Kitam) Honda

국화과

국내분포/자생지 주로 제주 및 남부 지방의 농경지, 습지 주변

형태 다년초. 줄기는 높이 30~100cm 이다. 줄기잎은 길이 8~10cm의 피침형-긴 타원상 피침형이고 가장자리에 굵은 톱니가 있다. 꽃은 8~10월에 연한 적자색으로 피며 머리모양꽃차례는 지름 2.5~3.5cm이다. 총포는 길이 8~12mm의 반구형이며 총포편은 길이 3~5mm의 피침형이고 3열로 배열된다. 열매(수과)는 길이 3mm 정도의 도란형이고 털이 있으며 관모는 길이 0.2~0.5mm이다.

참고 가새쑥부쟁이에 비해 땅속줄기가 길게 벋으며 줄기와 가지가 딱딱하지 않다는 점이 특징이다. 국내 분포하는 것으로 알려진 남원쑥부쟁이 (*A. robustus*) 및 *A. indicus*와 면밀한 비교·검토가 요구된다.

❶2017. 10. 15. 경남 창원시 ❷혀꽃과 대롱꽃. 관모가 매우 짧다. ❸총포. ❹열매. 샘털이 많다. 가새쑥부쟁이에 비해 관모가 짧다. ❺땅속줄기. 길게 벋는다.

단양쑥부쟁이

Aster altaicus var. *uchiyamae* Kitam.

국화과

국내분포/자생지 강원(원주시), 경기(여주시), 충북(단양군)의 하천가

형태 2년초. 줄기는 높이 30~100cm 이며 윗부분에서 가지가 많이 갈라진다. 줄기잎은 길이 3.5~5.5cm의 선형이고 가장자리는 밋밋하거나 드물게 톱니가 있다. 꽃은 9~10월에 연한 적자색으로 피며 머리모양꽃차례는 지름 3.5~4cm이다. 총포는 길이 8~10mm의 반구형이며 총포편은 선상 피침형이고 2열로 배열된다. 열매(수과)는 길이 2.5~3.5mm의 도란형이며 털이 많다. 관모는 길이 4~5mm이며 적갈색이다.

참고 줄기잎이 선형으로 매우 가는 것이 특징이다. 학자에 따라 기본 종(*A. altaicus*)에 통합하기도 한다.

❶2017. 10. 17. 강원 원주시 ❷혀꽃과 대롱꽃. 둘 다 관모가 길다. ❸총포. 총포편은 선상 피침형이다. ❹열매. 관모가 길고 적갈색이다. ❺줄기잎. 매우 가늘다.

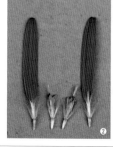

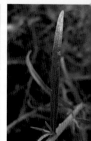

돌해국

Aster asagrayi Makino

국화과

국내분포/자생지 제주 서귀포시 해안가 바위지대 및 풀밭

형태 다년초. 줄기는 높이 10~30cm이고 가지가 많이 갈라진다. 줄기잎은 길이 1~2.5cm의 긴 타원상 주걱형-주걱형이며 가장자리가 밋밋하다. 꽃은 11월-이듬해 1월에 연한 자주색-연한 적자색으로 피며 머리모양꽃차례는 지름 2.5~4cm이다. 총포는 길이 5.6~8.7mm의 반구형이고 총포편은 길이 5.6~9.6mm의 선상 피침형-피침형이다. 열매(수과)는 길이 3.2~4.6mm의 도란형이고 관모는 적갈색이다.

참고 갯쑥부쟁이에 비해 혀꽃의 관모가 길이 2.2~3.7mm로 길고 관모양이 아닌 것이 특징이다.

❶ 2017. 12. 6. 제주 서귀포시(ⓒ남기흠) ❷ 혀꽃과 대롱꽃. 대롱꽃의 관모가 혀꽃의 관모보다 약간 더 길다. ❸ 총포. 총포편은 피침상이고 2열로 배열된다. ❹ 대롱꽃의 열매. 관모는 길이 2.9~3.8mm이다. ❺ 줄기와 가지의 잎(ⓒ남기흠). 가죽질이다. 줄기에 털이 거의 없다.

섬갯쑥부쟁이
(주걱쑥부쟁이)

Aster arenarius (Kitam.) Nemoto

국화과

국내분포/자생지 제주 및 남부지방의 해안가 모래땅, 바위지대, 풀밭

형태 2년초 또는 다년초. 줄기는 높이 10~30cm이다. 줄기잎은 길이 2~3cm의 주걱형이다. 꽃은 7~10월에 연한 적자색으로 피며 머리모양꽃차례는 지름 3~3.5cm이다. 총포는 길이 7~10mm의 반구형이며 총포편은 길이 6~7mm의 선상 피침형-선상 도피침형이고 2열로 배열된다. 열매(수과)는 길이 2.5~3mm의 도란형이고 털이 있다. 혀꽃(0.5mm)과 대롱꽃(3~4mm)의 관모 길이가 서로 다르다.

참고 갯쑥부쟁이에 비해 줄기가 땅위에 누워 자라며 잎이 주걱형이고 가죽질로 두꺼운 것이 특징이다.

❶ 2015. 10. 29. 부산시 기장군 ❷ 혀꽃과 대롱꽃. 혀꽃의 관모는 짧고 대롱꽃의 관모는 길다. ❸ 총포. 총포편은 피침상이고 끝이 길게 뾰족하다. ❹ 열매. 관모는 적갈색이고 길다. ❺ 잎. 가장자리는 흔히 밋밋하다.

갯쑥부쟁이

Aster hispidus Thunb.

국화과

국내분포/자생지 전국 산지와 바닷가의 바위지대 및 풀밭 등

형태 2년초. 줄기는 높이 20~80cm이다. 줄기잎은 길이 2~6cm의 선형–선상 피침형이고 끝이 둔하며 양면과 가장자리에 짧은 털이 있다. 꽃은 8~11월에 백색–연한 자주색으로 피며 머리모양꽃차례는 지름 2.5~4cm이다. 총포는 길이 5~9mm의 반구형이고 총포편은 길이 5~10mm의 선형–피침형이며 2열로 배열된다. 열매(수과)는 길이 2~2.8mm의 도란형이고 관모는 적갈색이다.

참고 개쑥부쟁이에 비해 허꽃의 관모가 길이 1mm 이하로 짧고 밑부분이 융합된 관모양이며 백색인 것이 특징이다.

❶2004. 10. 8. 전남 신안군 홍도 ❷허꽃과 대롱꽃. 대롱꽃의 관모가 허꽃의 관모보다 훨씬 더 길다. ❸총포. 총포편은 선상 피침형이다. ❹열매. 대롱꽃의 관모는 길이 3.1~3.6mm이고 적갈색이다. ❺줄기잎. 가장자리가 밋밋하거나 둔한 톱니가 있다.

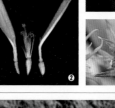

개쑥부쟁이

Aster meyendorffii (Regel & Maack) Voss

국화과

국내분포/자생지 강원 이북의 높은 산지 또는 석회암지대

형태 2년초. 줄기는 높이 30~80cm이다. 줄기잎은 길이 3~6cm의 선형–선상 피침형 또는 주걱상 피침형이며 가장자리에 짧은 털이 있다. 꽃은 8~11월에 백색–연한 자주색으로 피며 머리모양꽃차례는 지름 3~5cm이다. 총포편은 길이 6.5~9.3mm의 선상 피침형이고 2열로 배열된다. 열매(수과)는 길이 2.6~3.2mm의 도란형이며 관모는 적갈색이다.

참고 갯쑥부쟁이에 비해 허꽃의 관모가 길이 2~3mm로 길고 관모양이 아닌 것이 특징이다.

❶❹❺(ⓒ김재영) ❶2016. 9. 23. 강원 설악산 ❷허꽃과 대롱꽃. 허꽃의 관모가 대롱꽃의 관모보다 약간 짧다. ❸총포. 총포편은 선상 피침상이고 끝이 뾰족하다. ❹대롱꽃의 열매. 대롱꽃의 관모는 길이 2.7~3.7mm이다. ❺줄기잎. 선형–주걱상 피침형이며 가장자리는 흔히 밋밋하지만 간혹 톱니가 있다.

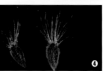
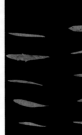

해국

Aster spathulifolius Maxim.

국화과

국내분포/자생지 중부지방 이남 바닷가의 바위지대 및 풀밭

형태 다년초. 줄기는 높이 20~60cm이고 비스듬히 자라며 밑에서 가지가 많이 갈라진다. 전체에 부드러운 털이 많고 줄기의 밑부분이 목질화된다. 뿌리잎은 로제트모양으로 퍼지며 꽃이 필 무렵 시들어 없어진다. 줄기잎은 어긋나고 길이 3~20cm의 주걱형-도란형이며 가장자리에 톱니가 있거나 밋밋하다. 꽃은 9~11월에 백색-연한 적자색으로 피며 머리모양꽃차례는 지름 3.5~4cm이고 줄기와 가지의 끝부분에 1개씩 달린다. 총포는 길이 7~10mm의 반구형이며 총포편은 선상 피침형이고 3~4열로 배열된다. 열매(수과)는 길이 3.5mm 정도의 약간 편평한 도피침형이다. 관모는 길이 4~5mm이고 오백색-연한 황갈색이다.

참고 줄기, 가지, 꽃줄기가 굵은 편이며 줄기 아랫부분이 목질화되고 외총포편이 피침상인 것이 특징이다. 해국은 전 세계에서 일본(규슈, 혼슈 서부)과 우리나라에만 제한적으로 분포한다. 울릉도 및 독도에서 자라고 잎이 넓적하고 대형이며 샘털이 비교적 적고 총포의 길이가 보다 긴 것을 왕해국(var. *harai*)으로 구분하기도 하지만, 최근에는 해국에 통합하는 추세이다.

❶2015. 10. 29. 부산시 기장군 ❷허꽃과 대롱꽃. 둘 다 관모가 길다. ❸총포. 잔털과 샘털이 혼생한다. 총포편은 피침상이고 끝이 뾰족하다. ❹백색의 꽃. 드물게 관찰된다. ❺잎. 주걱형-도란형이며 양면(특히 가장자리)에 부드러운 털이 밀생한다. ❻2007. 10. 15. 경북 울릉군 독도

섬쑥부쟁이

Aster pseudoglehni Y. Lim,
J. O. Hyun & H. Shin

국화과

국내분포/자생지 동해안 또는 울릉
도의 해안가, 풀밭 및 숲가장자리
형태 다년초. 줄기는 높이 40~100cm
이다. 줄기잎은 길이 5~20cm의 도
피침형-타원형이며 가장자리에 불
규칙한 톱니가 있다. 꽃은 9~10월
에 백색-연한 분홍색으로 피며 머
리모양꽃차례는 지름 1~1.8cm이다.
외총포편은 길이 1.6~2.5mm의 타
원형-난형이다. 열매(수과)는 길이
2.4~2.7mm의 도란형이고 털이 있으
며 관모는 길이 3.5~4mm이다.
참고 까실쑥부쟁이(*A. ageratoides*)에
비해 줄기와 잎에 털이 적거나 없으
며 잎이 보다 넓다. 또한 흔히 머리모
양꽃차례가 보다 큰 편인 것이 특징
이다.

❶ 2003. 9. 15. 경북 울릉도 ❷ 혀꽃과 대
롱꽃. 둘 다 관모가 길다. ❸ 총포. 총포편은
3~4열로 배열되며 끝이 뾰족하거나 둔하
다. ❹ 뿌리 부근의 잎. 까실쑥부쟁이에 비
해 잎이 넓고 털이 적다.

추산쑥부쟁이

Aster chusanensis Y. Lim, J. O Hyun,
Y. D. Kim & H. Shin

국화과

국내분포/자생지 울릉도의 길가, 해
안가 또는 인근 산지의 바위지대
형태 다년초. 줄기는 높이 20~80cm
이며 전체에 부드러운 털이 약간 있
다. 줄기잎은 길이 5~11cm의 난형-
타원형이고 가장자리에 6~10쌍의 톱
니가 있다. 꽃은 9~10월에 백색-연
한 적자색으로 피며 머리모양꽃차례
는 지름 2.5~3cm이다. 총포편은 좁
은 난형-난형이고 3열로 배열된다.
열매(수과)는 길이 3.5~4mm의 난형
이고 관모는 백색이다.
참고 해국과 섬쑥부쟁이의 자연교잡
종이며 외부 형태(머리모양꽃차례의 크
기, 혀꽃과 총포편의 배열, 잎가장자리 톱니
의 수 등)에서 두 종의 중간 형태를 보
인다.

❶ 2001. 9. 20. 경북 울릉도 ❷ 혀꽃과 대
롱꽃. 둘 다 관모가 길다. ❸ 총포. 해국보다
작으며 섬쑥부쟁이에 비해 총포편 끝이 뾰
족하고 샘털이 많다. ❹ 잎. 해국와 섬쑥부
쟁이의 중간적 형태이다.

좀개미취
Aster maackii Regel

국화과

국내분포/자생지 중부지방 이북의 계곡이나 하천 가장자리의 모래땅, 바위지대

형태 다년초. 줄기는 높이 30~80cm 이다. 줄기잎은 길이 5~12cm의 피침 형이고 가장자리에 뾰족한 톱니가 불규칙하게 있다. 꽃은 8~10월에 연한 적자색으로 피며 머리모양꽃차례는 지름 2.5~4cm이다. 총포편은 3열로 배열된다. 열매(수과)는 길이 2.3~2.5mm의 도란형이고 털이 많다. 대롱꽃은 관모가 길이 5mm 정도이다.

참고 개미취에 비해 전체적으로 소형이며 외총포편과 중간 총포편(1~2열)의 끝이 둥글거나 둔한 것이 특징이다.

❶2001. 9. 21. 강원 정선군 조양강 ❷허꽃과 대롱꽃. 둘 다 관모가 길다. ❸총포. 털은 거의 없다. 총포편의 끝이 둔하거나 둥글다. ❹줄기잎. 소수의 톱니가 있다.

갯개미취
Aster tripolium L.

국화과

국내분포/자생지 제주 및 서남해안의 갯벌, 매립지, 하구역

형태 1~2년초. 줄기는 높이 30~100 cm이고 곧추 자란다. 줄기잎은 길이 6~10cm의 선상 피침형-선형이고 가장자리는 밋밋하다. 꽃은 9~10월에 연한 적자색으로 피며 머리모양꽃차례는 지름 1.5~2.5cm이고 줄기와 가지 끝에서 몇 개씩 모여 산방꽃차례를 이룬다. 총포는 길이 7~8mm의 통형이며 총포편은 길이 4~6mm의 피침형이고 3~4열로 배열된다. 열매(수과)는 길이 2.5~3mm의 긴 타원형이고 관모는 길이 5mm 정도이다.

참고 전체에 털이 없고 약간 가죽질-나륙질이며 개화 후 관모가 길게 신장하는 것이 특징이다.

❶2011. 10. 11. 전북 군산시 ❷허꽃과 대롱꽃. 둘 다 관모가 길다. ❸총포. 내총포편은 타원상 피침형이며 끝이 둔하거나 둥글다. ❹결실기의 총포. 관모는 신장하여 총포 밖으로 길게 나온다.

우선국

Symphyotrichum novi-belgii
(L.) G. L. Nesom

국화과

국내분포/자생지 북아메리카 원산. 흔히 원예용으로 식재하며 간혹 길가에서 야생

형태 다년초. 줄기는 높이 30~100cm이다. 잎은 길이 2~6cm의 피침형-난상 피침형 또는 도피침형이며 가장자리는 밋밋하거나 뾰족한 톱니가 약간 있다. 꽃은 8~10월에 연한 적자색-적자색-자색으로 피며 머리모양꽃차례는 지름 2~3.5cm이다. 총포편은 3~4열로 배열되고 선형이며 끝이 뾰족하다. 열매(수과)는 길이 2~4mm의 약간 납작한 도란형이며 관모는 길이 4~6mm이다.

참고 총포편이 옆으로 퍼지거나 뒤로 약간 젖혀지고 혀꽃에 비해 대롱꽃이 적은 것이 특징이다.

❶2017. 9. 15. 인천시 강화도 ❷혀꽃과 대롱꽃. 둘 다 관모가 길다. ❸총포. 총포편은 3~4열로 배열되며 끝이 뾰족하고 외총포는 옆으로 개출(開出)하거나 뒤로 약간 젖혀진다. ❹줄기잎. 다소 두텁고 털은 거의 없다.

비짜루국화

Symphyotrichum subulatum (Michx.)
G. L. Nesom

국화과

국내분포/자생지 북아메리카 원산. 중부지방 이남의 길가, 농경지, 빈터, 바닷가, 습지 등

형태 1년초. 줄기는 높이 30~150cm이고 곧추 자란다. 줄기잎은 길이 4~13cm의 선형-선상 피침형이다. 꽃은 8~10월에 백색-연한 자주색으로 피며 머리모양꽃차례는 지름 5~10mm이고 줄기와 가지의 끝에 모여 원뿔꽃차례를 이룬다. 총포는 길이 5~7mm의 원통상 종형이고 털이 없다. 총포편은 선상 피침형-피침형이고 끝이 뾰족하며 3~5열로 배열된다. 열매(수과)는 길이 1.5~2.5mm의 피침형-도란형이다.

참고 큰비짜루국화(var. *sandwicensis*)를 비짜루국화에 통합하는 추세이다.

❶2016. 10. 4. 부산시 ❷꽃. 혀꽃은 16~30개이고 2열로 배열된다. ❸열매. 부리는 없으며 관모는 길이 3.5~5.5mm이고 백색-오백색이다. ❹잎 앞면. 가장자리가 거의 밋밋하다. ❺잎 뒷면. 양면에 털이 거의 없다.

미국쑥부쟁이

Symphyotrichum pilosum (Willd.)
G. L. Nesom

국화과

국내분포/자생지 북아메리카 원산. 전국의 길가, 민터, 빈터, 하천가 등

형태 다년초. 줄기는 높이 30~120cm 이고 곧추 자라며 전체에 거친 털이 많다. 뿌리잎은 주걱형이고 가장자리에 털이 있다. 줄기잎은 길이 3~10cm의 선형-선상 피침형이고 끝이 뾰족하며 가장자리에 톱니는 없다. 꽃은 8~10월에 백색으로 피며 머리모양꽃차례는 지름 1~2cm이고 줄기와 가지의 끝부분에서 모여 총상꽃차례를 이룬다. 총포는 길이 3.5~5mm의 종형이며 총포편은 타원형-피침형이고 4~6열로 배열된다. 열매(수과)는 길이 1.5mm 정도의 도란형이고 관모는 백색이다.

참고 뿌리잎이 주걱형이고 줄기잎은 선형이며 꽃이 작은 것이 특징이다.

❶2011. 9. 15. 전북 진안군 ❷꽃. 허꽃은 1열로 배열된다. ❸총포. 총포편은 피침상이고 끝이 가시처럼 뾰족하다. ❹잎. 가장자리에 긴 털이 많다. ❺줄기. 퍼진 털이 있다.

만수국아재비

Tagetes minuta L.

국화과

국내분포/자생지 남아메리카 원산. 주로 제주 및 중남부지방의 길가, 민가, 빈터, 하천가

형태 1년초. 줄기는 높이 30~100cm 이며 줄기에 털은 없다. 잎은 길이 3~30cm의 타원형이고 깃털모양으로 갈라진다. 열편은 가장자리에 뾰족한 톱니가 있으며 표면에 샘점이 있다. 꽃은 8~10월에 연한 황색으로 피며 머리모양꽃차례는 지름 2~3mm이다. 총포는 길이 8~14mm의 종형이다. 총포편은 선형-피침형이고 갈색의 샘점이 있으며 3~4열로 배열된다. 열매(수과)는 길이 6~7mm의 선형이고 털이 있으며 관모는 길이 2~3mm의 가시모양이다.

참고 특유의 강한 냄새가 나며 잎의 열편이 선상 긴 타원형으로 좁고 긴 것이 특징이다.

❶2011. 10. 2. 전남 완도 ❷꽃. 허꽃은 1~3개이고 대롱꽃은 3~5개이다. ❸총포. 총포편의 가장자리가 융합되어 꽃받침모양이다. ❹줄기잎

돼지풀

Ambrosia artemisiifolia L.

국화과

국내분포/자생지 북아메리카 원산. 전국의 길가, 민가, 빈터, 하천가 등

형태 1년초. 줄기는 높이 30~180cm 이고 곧추 자라며 전체에 부드러운 털이 많다. 줄기 아랫부분의 잎은 마주나며 2~3회 깃털모양으로 깊게 갈라진다. 윗부분의 줄기잎은 어긋난다. 꽃은 8~9월에 핀다. 수꽃차례는 10~15개의 대롱꽃으로 이루어지며 총포는 지름 3~4mm의 반구형이다. 암꽃차례는 녹색이고 수꽃차례 밑의 잎(또는 포)겨드랑이에 달리며 암술대는 2개이다. 열매(수과)는 길이 2~5mm의 타원형이다.

참고 단풍잎돼지풀에 비해 식물체가 비교적 작고 잎이 깃털모양으로 갈라지는 것이 특징이다.

❶2016. 10. 1. 인천시 영종도 ❷수꽃차례. 총포는 단풍잎돼지풀에 비해 얕은 쟁반모양이며 총포편이 융합되어 잎모양이고 꽃줄기는 짧은 편이다. ❸암꽃차례 ❹열매. 서양배모양-거의 구형이다.

단풍잎돼지풀

Ambrosia trifida L.

국화과

국내분포/자생지 북아메리카 원산. 전국의 길가, 농경지, 민가, 빈터, 하천가 등

형태 1년초. 줄기는 높이 1~3m이고 곧추 자라며 전체에 거친 털이 많다. 잎은 마주나며 길이 10~30cm의 난형-넓은 난형이고 3~5개로 갈라진다. 꽃은 7~9월에 핀다. 수꽃차례는 총상꽃차례에 달리며 15개 정도의 대롱꽃이 있다. 총포는 길이 5mm 정도의 쟁반모양이다. 암꽃차례는 수꽃차례 아랫부분의 잎(또는 포)겨드랑이에 달리며 암술대는 2개이다. 열매(수과)는 길이 6~12mm의 난형이다.

참고 잎이 손바닥모양으로 갈라지는 것이 특징이다. 최근 전국적으로 급속히 확산되고 있다.

❶2011. 9. 11. 경기 포천시 ❷수꽃차례. 총포는 지름 2~4mm의 쟁반모양이다. 꽃줄기는 길이 2~4mm 정도이다. ❸암꽃차례 ❹열매. 피라미드모양이다. ❺잎. 마주난다.

돼지풀아재비
Parthenium hysterophorus L.

국화과

국내분포/자생지 아메리카 대륙의 열대–아열대지역 원산. 남부지방의 길가, 빈터

형태 1년초. 줄기는 높이 30~90cm이고 곧추 자라며 줄기에 털이 많다. 잎은 어긋나며 길이 8~20cm의 타원형–난형이고 2회 깃털모양으로 깊게 갈라진다. 꽃은 8~11월에 백색으로 피며 머리모양꽃차례는 지름 3~6mm이고 줄기와 가지의 끝에 모여 산방꽃차례를 이룬다. 꽃차례의 주변부에 있는 5개의 혀꽃은 암꽃이다. 중앙부에 40개 정도의 대롱꽃이 있으며 수꽃이다. 총포는 쟁반모양이고 총포편은 마름모형이다. 열매(수과)는 길이 1~1.5mm의 납작한 도란형이다.

참고 열매 윗부분에 숟가락모양의 흑색 부속체가 있는 것이 특징이다.

❶2004. 8. 15. 서울시 월드컵공원 ❷꽃. 혀꽃은 5개이고 작다. ❸총포. 총포편은 마름모형이고 털이 밀생한다. ❹줄기잎. 돼지풀의 잎과 닮았다. 털이 많다.

가시도꼬마리
Xanthium orientale subsp. *italicum* (Moretti) Greuter

국화과

국내분포/자생지 아메리카 대륙 또는 유럽 원산(추정). 전국의 길가, 빈터, 하천가 등

형태 1년초. 줄기는 높이 40~120cm이고 전체에 짧은 털이 있다. 잎은 길이 8~12cm의 넓은 난형이고 3개로 얕게 갈라지며 가장자리에 얕은 톱니가 있다. 꽃은 8~10월에 핀다. 수꽃차례는 둥글고 꽃차례의 윗부분에 달리며 암꽃차례는 총포에 싸여 있고 수꽃차례의 아래쪽에 달린다. 열매(수과)는 길이 2~3cm의 타원형–넓은 타원형이며 끝부분에 2개의 굽은 부리모양의 돌기가 있다.

참고 열매에 갈고리모양의 긴 가시가 밀생하며 가시의 하반부에 털이 있는 것이 특징이다.

❶2009. 10. 5. 강원 영월군 ❷꽃차례. 수꽃차례는 둥글고 꽃차례의 윗부분에서 모여 달린다. ❸열매. 가시 밑부분에 뾰족한 털이 밀생한다. ❹줄기잎. 밋밋하거나 얕게 갈라진다.

도꼬마리

Xanthium strumarium subsp.
sibiricum (Patrin ex Widder) Greuter

국화과

국내분포/자생지 아시아 대륙 원산.
전국의 길가, 민가, 빈터, 하천가 등
형태 1년초. 줄기는 높이 20~100cm
이고 전체에 짧은 털이 있다. 잎은 길
이 8~12cm의 난형이고 3개로 얕게
갈라지며 가장자리에 불규칙한 톱니
가 있다. 꽃은 8~9월에 핀다. 수꽃차
례는 둥글고 윗부분에 달리며 암꽃
차례는 수꽃차례의 아래쪽에 달린다.
열매(수과)는 길이 1~1.5cm의 타원형
이고 끝부분에 2개의 굽은 부리모양
의 돌기가 있다.
참고 큰도꼬마리에 비해 총포가 작고
표면에 거친 털이 많으며 작은 가시
가 드물게 달리는 것이 특징이다. 중
국과 미국의 식물지에서는 도꼬마리,
큰도꼬마리, 가시도꼬마리를 모두 동
일 종(*X. strumarium*)으로 처리한다.

❶2013. 10. 3. 전남 완도군 ❷수꽃차례 ❸열
매. 가시가 짧고 표면에는 털이 많다. ❹줄
기잎

큰도꼬마리

Xanthium occidentale Bertol.

국화과

국내분포/자생지 북아메리카 원산.
전국의 길가, 빈터, 민가, 하천가 등
형태 1년초. 줄기는 높이 50~200cm
이고 전체에 짧은 털이 있다. 잎은 길
이 8~15cm의 넓은 난형이고 3개로
얕게 갈라지거나 중간까지 갈라지며
가장자리에 불규칙한 톱니가 있다.
꽃은 8~9월에 핀다. 수꽃차례는 둥
글고 윗부분에 달리며 암꽃차례는 수
꽃차례의 아래쪽에 달린다. 열매(수과)
는 길이 2~2.5cm의 타원형-넓은 타
원형이고 끝부분에 2개의 굽은 부리
모양의 돌기가 있다.
참고 도꼬마리에 비해 열매의 표면에
사마귀모양의 샘털이 있고 거친 털은
거의 없으며 갈고리모양의 가시가 촘
촘히 달리는 것이 특징이다.

❶2009. 10. 5. 강원 영월군 ❷꽃차례. 수
꽃차례는 둥글고 암꽃차례의 위쪽에 달린
다. ❸열매. 표면에 털이 거의 없고 가시도
꼬마리에 비해 열매의 가시 밑부분에 가시
모양의 털이 없는 것이 특징이다. ❹줄기잎

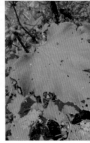

별꽃아재비
Galinsoga parviflora Cav.

국화과

국내분포/자생지 아메리카 대륙의 열대-아열대지역 원산. 주로 중남부 지방의 길가, 농경지, 민가, 빈터 등

형태 1년초. 줄기는 높이 10~40cm이며 줄기의 윗부분에 털이 약간 있다. 잎은 마주나며 길이 2~7cm의 긴 타원상 난형-난형이고 가장자리에 얕은 톱니가 있다. 꽃은 6~10월에 피며 머리모양꽃차례는 지름 5~6mm이다. 혀꽃은 (3~)5개이고 백색이며 길이 1~2mm이고 끝은 갈라지지 않거나 (1~)3개로 얕게 갈라진다. 총포는 길이 5mm 정도의 반구형이며 총포편은 넓은 타원형이다. 열매(수과)는 길이 1.3~2.5mm이고 털이 없다.

참고 털별꽃아재비에 비해 전체에 털이 적으며 혀꽃이 매우 작고 관모가 없거나 매우 짧은 것이 특징이다.

❶2016. 9. 16. 경북 영천시 ❷꽃. 혀꽃이 소형이다. ❸총포, 2(~3)열로 배열되며 총포편에 털이 없거나 샘털이 약간 있다. ❹줄기잎. 털이 없거나 적다.

털별꽃아재비
Galinsoga quadriradiata Ruiz & Pavón

국화과

국내분포/자생지 아메리카 대륙의 열대-아열대지역 원산. 전국의 길가, 민가, 빈터 등

형태 1년초. 줄기는 높이 15~50cm이며 긴 털이 많다. 잎은 마주나며 길이 2~8cm의 긴 타원상 난형-난형이고 가장자리에 불규칙한 톱니가 있다. 꽃은 6~10월에 피며 머리모양꽃차례는 지름 6~7mm이다. 총포는 길이 5~6mm의 반구형이며 총포편은 5개이고 샘털이 있다. 열매(수과)는 길이 1.5~2.5mm이고 털이 있다.

참고 별꽃아재비에 비해 전체에 털이 많으며 혀꽃이 큰 편이고 관모가 긴 것이 특징이다. 또한 총포편에 샘털이 있다.

❶2013. 7. 6. 서울시 한강공원 ❷꽃. 혀꽃은 별꽃아재비보다 크고 흔히 3개로 갈라진다. 총포편에 털이 많다. ❸줄기와 머리모양꽃차례 비교. 별꽃아재비(좌)에 비해 줄기에 긴 털이 밀생하고 머리모양꽃차례의 혀꽃이 큰 편이다. ❹줄기잎. 양면에 털이 많은 편이다.

코스모스

Cosmos bipinnatus Cav.

국내분포/자생지 멕시코, 미국(서남부) 원산. 전국에서 관상용으로 재배. 일부가 야생화됨

형태 1년초. 줄기는 높이 50~120cm이고 곧추 자란다. 잎은 마주나며 난형이고 2회 깃털모양으로 가늘게 갈라진다. 꽃은 (6~)8~10월에 백색-연한 분홍색-홍자색으로 피며 머리모양꽃차례는 지름 5~6cm이다. 총포는 지름 7~13mm이다. 총포편은 피침형-난상 피침형이고 8개이며 2열로 배열된다. 열매(수과)는 길이 7~12mm이고 털이 없으며 끝부분에 부리모양의 돌기가 있다. 관모는 없거나 길이 1~3mm의 가시모양의 관모가 2~3개 있기도 하다.

참고 노랑코스모스에 비해 잎의 열편이 선형으로 매우 좁고 가는 것이 특징이다.

❶ 2003. 10. 3. 전남 완도 ❷ 꽃. 흔히 연한 적자색이지만 꽃색은 다양하다. ❸ 열매. 털이 없다. ❹ 줄기잎. 열편은 실모양으로 매우 가늘다.

노랑코스모스

Cosmos sulphureus Cav.

국내분포/자생지 멕시코 원산. 전국에서 관상용으로 식재. 일부가 야생화됨

형태 1년초. 줄기는 높이 30~120cm이고 곧추 자란다. 잎은 마주나며 삼각상 난형이고 2회 깃털모양으로 깊게 갈라진다. 꽃은 7~9월에 짙은 황색-주황색으로 피며 머리모양꽃차례는 지름 5~6cm이고 꽃줄기의 끝에 1개씩 달린다. 총포는 지름 6~10mm이다. 총포편은 긴 타원형-피침형이고 8개이며 2열로 배열된다. 열매(수과)는 길이 15~30mm이고 털이 있다. 관모는 없거나 길이 1~7mm의 가시모양의 관모가 2~3개 있기도 하다.

참고 코스모스에 비해 꽃이 황색-주황색이고 잎의 열편이 긴 타원형인 것이 특징이다.

❶ 2013. 9. 10. 전남 광주시 ❷ 꽃. 황색-연한 주황색이다. ❸ 열매. 표면에 짧은 털이 있으며 부리모양의 돌기가 매우 길다. ❹ 줄기잎. 열편은 넓은 편이다.

큰금계국
Coreopsis lanceolata L.

국화과

국내분포/자생지 북아메리카 원산. 전국에서 관상용으로 식재. 일부가 야생화됨

형태 다년초. 줄기는 높이 30~70cm 이고 거친 털이 밀생한다. 뿌리잎은 길이 5~15cm의 주걱형이고 끝이 둔하다. 줄기잎은 대개 마주나며 긴 타원형-피침형이고 아랫부분은 깊게 또는 완전히 갈라진다. 꽃은 5~8월에 연한 황색으로 피며 머리모양꽃차례는 지름 4~6cm이고 긴 꽃줄기의 끝에 1개씩 달린다. 총포편은 피침형-둥근 피침형이고 8개이며 2열로 배열된다. 열매(수과)는 길이 2.5~4mm이고 둥글며 가장자리에 날개가 있다. 관모는 2개가 있거나 없다.

참고 기생초에 비해 꽃이 등황색이며 잎의 열편이 보다 넓은 것이 특징이다.

❶2014. 5. 28. 강원 고성군 ❷꽃. 밝은 황색이다. ❸열매. 가장자리에 날개가 있다. ❹줄기잎. 깊게 또는 완전히 갈라진다.

기생초
Coreopsis tinctoria Nutt.

국화과

국내분포/자생지 북아메리카 원산. 전국에서 관상용으로 식재. 일부가 야생화됨

형태 1년초. 줄기는 높이 60~120cm 이다. 잎은 마주나며 난형이고 1~2회 깃털모양으로 깊게 갈라진다. 꽃은 6~9월에 등황색이거나 자갈색 무늬가 있는 등황색으로 피며 머리모양꽃차례는 지름 3~4cm이다. 총포는 반구형이며 총포편은 길이 4~7mm이고 2~3열로 배열된다. 열매(수과)는 길이 1.5~3mm의 선상 긴 타원형이며 날개가 없다. 관모는 흔히 없다.

참고 큰금계국에 비해 전체에 털이 없으며 잎의 열편이 선형이고 광택이 나는 것이 특징이다. 혀꽃은 등황색이고 흔히 하반부에 자갈색의 진한 무늬가 있다.

❶2014. 6. 27. 경기 수원시 ❷꽃. 흔히 자갈색의 큰 무늬가 있다. ❸총포. 총포편은 2~3열로 배열된다. ❹줄기잎. 매우 가늘다.

도깨비바늘

Bidens bipinnata L.

국화과

국내분포/자생지 전국의 산지, 길가, 민가, 빈터, 하천가에 드물게 분포

형태 1년초. 줄기는 높이 30~80cm 이고 윗부분에 잔털이 약간 있다. 잎은 2~3회 깃털모양으로 갈라지고 양면에 털이 있다. 꽃은 7~10월에 피며 머리모양꽃차례는 지름 6~10mm이고 혀꽃은 없거나 2~5개이다. 총포는 길이 5~7mm의 종형이다. 총포편은 8~12개이며 1열로 배열된다. 열매(수과)는 길이 7~15mm의 선형-긴 타원형이고 짧은 털이 있다. 관모는 3~4개이고 가시모양이다.

참고 털도깨비바늘에 비해 털이 적은 편이며 잎의 정단부 최종열편이 긴 타원상이고 가장자리에 톱니가 적은 것이 특징이다.

❶2017. 9. 19. 경기 가평군 ❷꽃. 혀꽃은 없거나 2~5개이다. ❸열매. 가시모양의 관모가 3~4개이다. ❹잎. 열편은 거의 밋밋하거나 결각상으로 갈라진다.

털도깨비바늘

Bidens biternata (Lour.) Merr. & Sherff

국화과

국내분포/자생지 전국의 길가, 민가, 빈터, 하천가 등

형태 1년초. 줄기는 높이 30~150cm이다. 잎은 마주나며 1~2회 깃털모양으로 갈라지고 양면에 털이 있다. 꽃은 8~10월에 피며 머리모양꽃차례는 지름 6~10mm이고 혀꽃은 흔히 3~4개이다. 총포는 길이 5~7mm의 종형이고 총포편은 8~10개이며 1열로 배열된다. 열매(수과)는 길이 9~19mm의 편평한 선형이고 3~4개의 능각이 있으며 표면에 짧은 털이 있다. 관모는 3~4개이고 가시모양이다.

참고 도깨비바늘에 비해 잎이 1~2회로 갈라지며 잎의 정단부 최종열편이 난상이고 가장자리에 톱니가 많은 것이 특징이다.

❶2012. 9. 3. 경북 안동시 ❷꽃. 혀꽃은 흔히 3~4개이다. ❸열매. 선형이며 가시모양의 관모가 3~4개이다. ❹잎. 도깨비바늘에 비해 열편의 가장자리에 뚜렷한 톱니가 있다.

좁은잎가막사리

Bidens cernua L.

국화과

국내분포/자생지 주로 북부지방의 습지

형태 1년초. 줄기는 높이 25~90cm 이다. 잎은 길이 4~10cm의 피침형이며 밑부분은 줄기를 약간 감싼다. 가장자리에 뾰족한 톱니가 촘촘히 있거나 불규칙하게 있으며 간혹 밋밋한 경우도 있다. 꽃은 8~9월에 피며 머리모양꽃차례는 지름 2~3cm이다. 총포는 길이 6~10mm의 넓은 반구형이며 총포편은 길이 2~10mm의 피침형-난형이다. 열매(수과)는 네모진 도란형-쐐기형이고 끝은 편평하며 관모는 4개이다.

참고 혀꽃이 6~8개이며 열매가 네모진 도란형-쐐기형이고 끝에 가시모양의 관모가 4개 있는 것이 특징이다.

❶2013. 9. 25. 중국 지린성 ❷꽃. 혀꽃이 많다. ❸총포. 덧꽃받침모양(부악상)의 포는 선상 피침형이고 옆으로 퍼지거나 뒤로 약간 젖혀진다. ❹열매. 네모지며 가시모양의 관모가 4개이다. ❺줄기잎. 마주나며 밑부분이 줄기를 약간 감싼다.

미국가막사리

Bidens frondosa L.

국화과

국내분포/자생지 북아메리카 원산. 전국의 길가, 농경지, 민가, 빈터 등

형태 1년초. 줄기는 높이 50~180cm 이다. 잎은 3~5개의 작은잎으로 이루어진 깃털모양의 겹잎이다. 작은잎은 길이 3~6(~12)cm의 피침형-난상 피침형이다. 꽃은 6~10월에 피며 머리모양꽃차례는 지름 2~3cm이다. 총포는 길이 6~9mm의 종형-반구형이며 총포편은 길이 5~9mm의 긴 타원형-난형이다. 열매(수과)는 길이 5~10mm의 도란형-쐐기형이고 표면에 잔털이 밀생한다.

참고 열매가 납작한 쐐기모양이고 끝에 가시 같은 관모가 2개이며 줄기잎이 겹잎인 깃이 특징이다.

❶2001. 8. 20. 경북 울릉도 ❷꽃. 덧꽃받침모양의 포는 선형-도피침형-주걱형이다. ❸열매 ❹줄기잎. 열편의 끝은 길게 뾰족하며 가장자리에 톱니가 많다. 열편은 자루가 뚜렷하다.

까치발

Bidens parviflora Willd.

국화과

국내분포/자생지 전국의 길가 및 산지의 돌이나 바위가 많은 곳

형태 1년초. 줄기는 높이 20~70cm이다. 잎은 2~3회 깃털모양으로 갈라지며 열편은 선형-좁은 피침형이고 가장자리는 밋밋하거나 둔한 톱니가 드물게 있다. 꽃은 8~9월에 핀다. 총포편은 길이 4~9mm의 긴 타원형이고 4~5개이며 1열로 배열된다. 열매(수과)는 길이 1.3~1.6cm의 약간 납작한 선형-긴 타원형이고 4개의 능각이 있으며 표면에 짧은 털이 있다. 관모는 2개이며 가시모양이다.

참고 잎이 2~3회로 가늘게 깃털모양으로 갈라지며 혀꽃이 없고 수과는 선형상이고 관모가 2개인 것이 특징이다.

❶ 2001. 9. 22. 경북 울진군 ❷ 꽃. 덧꽃받침모양의 포는 선형이고 열매보다 짧다. 대롱꽃의 꽃부리열편은 4개이다. ❸ 열매. 선형이며 가시모양의 관모는 2개이다. ❹ 줄기잎. 열편은 선형-좁은 피침형이다.

구와가막사리

Bidens maximowicziana Oett.
Bidens radiata var. *pinnatifida* (Turcz. ex DC.) Kitam.

국화과

국내분포/자생지 중남부지방 이북의 농경지 및 습지

형태 1년초. 줄기는 높이 15~70cm이다. 잎은 깃털모양으로 깊게 갈라진다. 열편은 2~3쌍이며 선상 피침형이고 가장자리에 안으로 굽은 톱니가 있다. 꽃은 7~9월에 피며 머리모양꽃차례는 지름 2~3cm이다. 총포편은 길이 2~3.5cm의 선상 피침형이고 12~14개이며 1열로 배열된다. 열매(수과)는 길이 3~5.5mm의 도란형-쐐기형이고 가장자리에 아래로 향한 털이 있다. 관모는 2개이고 가시모양이다.

참고 가막사리에 비해 외총포편이 9~14개이고 수과가 길이 3~5.5mm로 짧은 것이 특징이다.

❶ 2001. 9. 15. 경남 창녕군 ❷ 꽃. 덧꽃받침모양의 포는 선형-피침형이고 길다. ❸ 열매. 납작한 도란상 쐐기형이며 가시모양의 관모는 2개이다. ❹ 줄기잎. 열편은 폭이 좁다.

울산도깨비바늘
Bidens pilosa L.

국화과

국내분포/자생지 남아메리카 원산. 중부지방 이남의 길가, 빈터, 하천가 및 해안가

형태 1년초. 줄기는 높이 50~120cm 이다. 잎은 1회 깃털모양으로 갈라진 다. 작은잎은 3~5개이며 난형이고 가장자리에 톱니가 있다. 꽃은 6~9월에 피며 머리모양꽃차례에는 흔히 혀꽃이 없다. 총포편은 길이 4~6mm의 도피침형-주걱형이고 7~8개이며 1열로 배열된다. 열매(수과)는 길이 4~15mm의 선형이며 윗부분에 가시같은 털이 있다. 관모는 3~4개이고 가시모양이다.

참고 총포편이 주걱상이고 열매가 선형이며 관모가 3~4개인 것이 특징이다. 백색의 혀꽃이 4~6개인 것을 흰도깨비바늘(var. *minor*)로 구분하기도 한다.

❶2013. 10. 15. 강원 강릉시 ❷꽃. 흔히 혀꽃이 없으며 덧꽃받침모양의 포는 짧다. ❸흰도깨비바늘 타입. 혀꽃이 백색이고 4~6개이다. ❹열매. 선형이며 가시모양의 관모는 3~4개이다. ❺줄기잎

왕도깨비바늘
Bidens subalternans DC.

국화과

국내분포/자생지 남아메리카 원산. 경상도(경산시, 고령군, 대구시, 부산시 등)의 길가, 빈터, 하천가

형태 1년초. 줄기는 높이 30~220cm 이다. 잎은 1~2회 깊게 갈라진 깃털모양의 겹잎이다. 작은잎은 좁은 피침형-피침형이다. 꽃은 8~11월에 핀다. 총포편은 길이 4~6.6mm의 선형-긴 타원형이고 7~9개이며 1열로 배열된다. 열매(수과)는 길이 4~14mm의 선형이며 관모는 3~4개이고 가시모양이다.

참고 잎이 1~2회 깊게 갈라지는 겹잎이고 작은잎이 좁은 피침형이며 열매가 긴 타원형인 것이 특징이다. 최근 경상도(특히 낙동강) 일대에서 급속히 확산되고 있다.

❶2015. 9. 28. 대구시 경북대학교 ❷~❸꽃. 혀꽃은 없거나 1~3(~5)개이다. ❹열매. 흔히 선형이며 가시모양의 관모는 3~4개이다. ❺줄기잎. 1~2회 깃털모양으로 깊게 갈라지며 열편의 끝은 길게 뾰족하고 가장자리에 톱니가 있거나 없다.

가막사리

Bidens tripartita L. var. *tripartita*

국화과

국내분포/자생지 전국의 습지, 농경지

형태 1년초. 줄기는 높이 20~150cm
이며 둔하게 네모진다. 잎은 길이
4~8(~15)cm의 긴 타원상 피침형
이고 3~5개로 갈라지기도 하며 가
장자리에 톱니가 있다. 꽃은 8~10
월에 피며 머리모양꽃차례는 지름
2.5~3.5cm이다. 총포편은 7~10개
이며 길이 6~9mm의 도피침형이고
표면에 털이 있다. 열매(수과)는 길이
6~11mm의 선형-좁은 쐐기형이며 가
장자리에 아래로 향한 털이 있다. 관
모는 2~3개이고 가시모양이다.

참고 구와가막사리에 비해 외총포편
이 5~9개이고 수과의 길이가 긴 것
이 특징이다.

❶2016. 9. 17. 인천시 ❷꽃. 허꽃이 없으
며 덧꽃받침모양의 포는 선형-도피침형이
고 옆으로 퍼진다. ❸열매. 선형-좁은 쐐기
형이며 편평하지만 약간 각이 진다. 가시모
양의 관모가 2~3개 있다. ❹줄기잎

눈가막사리

Bidens tripartita var. *repens* (D. Don)
Sherff

국화과

국내분포/자생지 제주 한라산의 해
발고도 1,000m 이상 습지

형태 1년초. 줄기는 높이 5~20cm이
고 흔히 비스듬히 자란다. 잎은 3개
로 갈라지기도 하며 가장자리에는 톱
니가 있다. 꽃은 8~10월에 피며 머리
모양꽃차례는 지름 7~15mm이다. 총
포편은 길이 8.5~11.5mm의 도피침
형-긴 타원형이고 11개 정도이며 가
장자리에 다세포성 털이 있다. 열매
(수과)는 길이 6.5~7.5mm의 도란형-
쐐기형이다. 관모는 2(~3)개이고 가
시모양이다.

참고 가막사리에 비해 전체가 작고
수과의 가장자리에 뻣뻣하고 억센 털
이 없는 것이 특징이다. 높은 지대에
자라는 생태형으로 간주해 가막사리
와 동일 종으로 처리하기도 한다.

❶2009. 8. 29. 제주 한라산 ❷꽃. 가막
사리에 비해 소형이고 대롱꽃의 수도 적
다. ❸열매. 표면과 가장자리에 털이 적다.
❹줄기잎. 가막사리보다 작다.

노랑도깨비바늘
Bidens polylepis S. F. Blake.

국화과

국내분포/자생지 북아메리카 원산. 경기, 경남, 인천시 등의 경작지, 길가, 빈터에 귀화

형태 1(~2)년초. 줄기는 높이 30~150cm이다. 잎은 길이 4~15cm의 삼각형–난형이며 1회 깃털모양으로 갈라진다. 꽃은 9~10월에 황색으로 피며 머리모양꽃차례는 지름 2.5~6cm이다. 외총포편은 길이 6~15mm의 피침형–선상 피침형이고 흔히 물결모양으로 주름진다. 혀꽃은 보통 8개이고 대롱꽃은 40~100개이다. 열매(수과)는 길이 5~8mm의 도피침형–도란형이고 편평하다.

참고 머리모양꽃차례가 대형이며 열매의 끝부분에 관모가 없거나 가시모양의 짧은 관모가 있는 것이 특징이다.

❶2017. 10. 2. 인천시 영종도 ❷총포. 편평한 쟁반모양이며 총포편은 2열로 배열한다. ❸열매. 가장자리에 털이 있으며 흔히 관모는 없다. ❹줄기잎. 열편은 선형–피침형이며 가장자리에 뾰족한 톱니가 있다.

삼잎국화
Rudbeckia laciniata L.

국화과

국내분포/자생지 북아메리카 원산. 전국에서 원예용으로 식재. 일부가 야생화됨

형태 다년초. 줄기는 높이 50~200cm이다. 줄기 중앙부의 잎은 3~5갈래로 깊게 갈라진다. 꽃은 7~9월에 황색으로 피며 머리모양꽃차례는 지름 4~8cm이다. 총포편은 8~15개이며 피침형–난형이고 가장자리에 털이 있다. 혀꽃은 8~12개이며 대롱꽃의 꽃부리는 길이 3.5~5mm이고 황색–황록색이다. 총포편은 잎모양이며 3열로 배열된다. 열매(수과)는 길이 3~4.5mm이며 관모는 짧다.

참고 겹꽃으로 피는 것을 **겹삼잎국화**라고 부른다.

❶2016. 8. 21. 경기 김포시 ❷꽃 ❸줄기잎. 3~5갈래로 깊게 갈라지며 가장자리에 톱니가 있다. ❹겹삼잎국화. 대롱꽃 없이 혀꽃만 있다.

진득찰

Sigesbeckia glabrescens Makino

국화과

국내분포/자생지 전국의 길가, 농경지, 민가, 빈터 및 숲가장자리 등

형태 1년초. 줄기는 높이 30~100cm이고 짧은 털이 있다. 잎은 길이 5~13cm의 난상 삼각형이고 가장자리에 불규칙한 톱니가 있으며 밑부분은 차츰 좁아져 날개처럼 된다. 꽃은 8~9월에 피며 머리모양꽃차례는 지름 1.5~2cm이다. 대롱꽃은 끝이 5개로 갈라진다. 외총포편은 5(~6)개이며 선상 주걱형–주걱형이고 표면에 샘털이 있다. 열매(수과)는 길이 2mm 정도의 도란형이며 능각이 있다.

참고 털진득찰에 비해 잎과 줄기에 털이 적은 편이며 꽃줄기에 샘털이 없고 열매가 작은 것이 특징이다.

❶ 2004. 9. 11. 경기 포천시 국립수목원 ❷꽃. 총포편은 2열로 배열된다. 외총포편은 5개이고 자루가 있는 굵은 샘털이 많다. ❸줄기잎. 양면에 누운 짧은 털이 있다. ❹줄기. 털진득찰에 비해 누운 짧은 털이 있다.

제주진득찰

Sigesbeckia orientalis L.

국화과

국내분포/자생지 제주 및 남부지방의 길가 및 빈터

형태 1년초. 줄기는 높이 20~60cm이고 짧은 털이 있다. 잎은 길이 5~14cm의 난상 긴 타원형–삼각상 난형이고 밑부분은 차츰 좁아져 날개처럼 된다. 꽃은 8~10월에 피며 머리모양꽃차례는 지름 1.6~2.1cm이고 줄기와 가지의 끝에서 산방꽃차례처럼 모여 달린다. 대롱꽃은 끝이 5개로 갈라진다. 외총포편은 5개이며 선상 주걱형이고 표면에 샘털이 있다. 열매(수과)는 길이 3mm 정도의 좁은 도란형이며 능각과 털이 있다.

참고 줄기가 차상으로 2개씩 갈라지며 잎이 두터운 편이고 가장자리에 물결모양의 톱니가 불규칙하게 있는 것이 특징이다.

❶2012. 10. 10. 제주 서귀포시 성산읍 ❷꽃. 외총포편은 선상 주걱형이며 길다. ❸잎. 짧은 털(특히 뒷면 맥위)과 누운 털이 혼생한다. ❹줄기. 가지는 차상으로 갈라진다.

털진득찰
Sigesbeckia pubescens Makino

국화과

국내분포/자생지 전국의 길가, 농경지, 빈터 및 숲가장자리 등

형태 1년초. 줄기는 높이 60~120cm이고 곧추 자라며 백색의 털이 밀생한다. 잎은 길이 7~19cm의 난상 삼각형-난형이며 가장자리에 불규칙한 톱니가 있고 밑부분은 차츰 좁아져 날개처럼 된다. 꽃은 8~9월에 피며 머리모양꽃차례는 지름 2cm 정도이고 줄기와 가지의 끝에서 산방꽃차례처럼 모여 달린다. 대롱꽃은 끝이 5개로 갈라진다. 외총포편은 5개이며 선상 주걱형이고 표면에 샘털이 있다. 열매(수과)는 길이 2.5~3.5mm의 각 좁은 도란형이며 능각이 있다.

참고 진득찰에 비해 줄기에 백색의 털이 밀생하며 꽃줄기에 샘털이 있는 것이 특징이다.

❶ 2016. 10. 2. 경북 고령군 ❷ 꽃. 꽃줄기에 샘털이 있다. ❸ 잎. 특히 뒷면 맥위에 짧은 털이 밀생한다. ❹ 줄기. 긴 퍼진 털이 밀생한다.

뚱딴지(돼지감자)
Helianthus tuberosus L.

국화과

국내분포/자생지 북아메리카 원산. 전국에서 관상용 또는 식용으로 재배, 일부가 야생화됨

형태 다년초. 줄기는 높이 1~3m이며 전체에 짧고 거친 털이 많다. 잎은 길이 10~20cm의 난형이고 밑부분에서 3맥이 발달한다. 꽃은 9~10월에 황색으로 피며 머리모양꽃차례는 지름 5~10cm이다. 꽃턱의 비늘조각은 막질이다. 총포는 길이 8~12mm의 반구형이며 총포편은 길이 8.5~12.5mm의 피침형이고 2~3열로 배열된다. 열매(수과)는 길이 5~7mm이며 관모는 삼각상-화살모양이고 2(~3)개이다.

참고 땅속에 넝이줄기가 발달하며 '돼지감자'라 하여 식용한다.

❶ 2016. 9. 15. 대구시 ❷ 총포. 총포편은 피침상이며 가장자리에 긴 털이 밀생한다. ❸ 열매. 관모는 2개이며 짧은 삼각상 비늘조각모양이다. ❹ 줄기잎. 양면(특히 맥위)에 짧고 거친 털이 많다.

한련초

Eclipta prostrata (L.) L.

국화과

국내분포/자생지 전국의 민가, 길가,
농경지, 하천가, 습지 등 다소 습한 곳
형태 1년초. 줄기는 높이 10~60cm
이며 거친 털이 많다. 잎은 길이 3~
10cm의 선상 피침형~넓은 피침형이
고 가장자리에 잔톱니가 있다. 꽃은
8~9월에 백색으로 피며 머리모양꽃
차례는 지름 6~10mm이고 가장자리
에 혀꽃(암꽃), 중앙에는 대롱꽃(양성
화)이 달린다. 총포는 길이 5mm 정도
의 둥근 종형이다. 총포편은 긴 타원
상 피침형이고 8~13개이며 2열로 배
열된다. 열매(수과)는 길이 2~2.5mm
이고 세모지거나 네모지며 흑색이다.
관모는 매우 짧다.
참고 혀꽃이 백색이고 열매가 네모진
도란형으로 두꺼운 것이 특징이다.

❶ 2011. 9. 10. 경기 포천시 ❷ 꽃. 허꽃은
많고 2열로 배열된다. ❸~❹ 열매. 흑갈색~
흑색이며 세모지거나 네모진다. 관모는 짧
은 왕관모양이다. ❺ 잎. 양면에 누운 거친
털이 많다.

갯금불초

Melanthera prostrata (Hemsl.)
W. L. Wagner & H. Rob.
Wedelia prostrata Hemsl.

국화과

국내분포/자생지 제주 바닷가의 모
래땅, 바위지대
형태 다년초. 줄기는 높이 5~15cm
이고 땅위로 벋으며 자란다. 잎은 길
이 1.3~3.5cm의 긴 타원형~피침형이
며 두꺼운 편이고 양면에 거친 털이
있다. 꽃은 7~10월에 황색으로 피며
머리모양꽃차례는 지름 1.5~2.5cm
이다. 총포편은 난상 긴 타원형~난형
이고 5개이며 1열로 배열된다. 열매
(수과)는 길이 3.5~4mm이고 세모지
거나 네모진다. 관모는 짧고 없거나
1~2개이다.
참고 긴갯금불초(*Wedelia chinensis*)는
갯금불초에 비해 관모가 컵모양이며
꽃줄기가 6~12cm로 매우 긴 것이 특
징이며 국내 분포는 불명확하다.

❶ 2005. 8. 8. 제주 서귀포시 안덕면 ❷ 꽃.
머리모양꽃차례는 지름 2cm 정도이다. ❸ 열
매. 두텁고 뚜렷하게 각이 진다. ❹ 잎. 약간
다육질이다.

피자
식물문

MAGNOLIOPHYTA

백합강
LILIOPSIDA

택사아강
ALISMATIDAE

택사과 ALISMATACEAE
자라풀과 HYDROCHARITACEAE
지채과 JUNCAGINACEAE
가래과 POTAMOGETONACEAE
줄말과 RUPPIACEAE
뿔말과 ZANNICHELLIACEAE
나자스말과 NAJADACEAE
거머리말과 ZOSTERACEAE

종려아강
ARECIDAE

천남성과 ARACEAE
창포과 ACORACEAE
개구리밥과 LEMNACEAE

택사

Alisma canaliculatum A. Braun & C. D. Bouché

택사과

국내분포/자생지 전국의 농경지, 하천 등 습지

형태 다년초. 잎은 뿌리에서 모여나며 길이 10~20cm의 선형 또는 약간 낫모양이고 3~5맥이 있다. 잎자루는 길이 9~30cm이다. 꽃은 7~9월에 백색-연한 적자색으로 피며 길이 30~60cm의 원뿔꽃차례에서 모여달린다. 꽃받침잎은 길이 3~3.5mm의 타원형이다. 꽃잎은 3개이며 넓은 타원형-거의 원형이고 끝은 흔히 불규칙하게 갈라진다. 수술은 6개이며 암술대는 길이 0.5mm 정도이고 뒤로 젖혀진다. 열매(수과)는 길이 2~2.5mm의 도란형이다.

참고 질경이택사에 비해 잎이 피침형이고 밑부분이 쐐기형인 것이 특징이다.

❶2002. 8. 4. 울산시 울주군 정족산 ❷꽃. 백색-연한 홍색이고 꽃잎의 윗부분 가장자리에 불규칙한 톱니가 있다. ❸ 열매(집합과). 수과는 납작한 도란상이며 빽빽이 모여 달린다. ❹잎. 피침상이고 뿌리에서 모여난다.

질경이택사

Alisma orientale (Sam.) Juz.

택사과

국내분포/자생지 전국의 농경지, 하천 등 습지

형태 다년초. 잎은 길이 6~20cm의 좁은 타원형-타원형이고 5~7맥이 있다. 꽃은 7~9월에 백색-연한 적자색으로 피며 길이 20~70cm의 원뿔꽃차례에서 모여 달린다. 꽃받침잎은 길이 2~2.5mm의 난형이다. 꽃잎은 3개이며 거의 원형이고 끝은 흔히 불규칙한 물결모양이다. 수술은 6개이며 암술대는 길이 0.5mm 정도이고 뒤로 약간 젖혀진다. 열매(수과)는 길이 1.5~2mm의 타원상 도란형이다.

참고 *A. plantago-aquatica*(국내 분포 추정)는 질경이택사에 비해 꽃과 열매가 크고 암술대가 길이 0.7~1.5mm로 긴 것이 특징이다.

❶2001. 7. 26. 경북 포항시. 잎은 타원상이며 밑부분은 편평하거나 심장형이다. ❷꽃. 택사와 유사하다. ❸열매(집합과). 수과는 납작한 타원상 도란형이다.

둥근잎택사

Caldesia parnassifolia (Bassi ex L.) Parl.

택사과

국내분포/자생지 제주의 습지에 드물게 자람

형태 다년초. 잎은 길이 4~10cm의 신장형-거의 원형이고 9~15맥이 있다. 꽃은 7~9월에 백색으로 피며 길이 20~40cm의 원뿔꽃차례에서 모여 달린다. 꽃받침잎은 길이 3.5~5mm의 난형이다. 꽃잎은 3개이며 넓은 난형이고 상반부의 가장자리는 흔히 불규칙한 물결모양이다. 수술은 6개이며 암술대는 길이 2~4mm이다. 열매(수과)는 5~10개씩 모여 달리고 길이 3mm 정도의 부푼 도란형이며 끝부분에 암술대가 남아 있다.

참고 질경이택사에 비해 잎이 둥글고 열매가 둥글게 부푼 도란형인 것이 특징이다.

❶ 2016. 8. 12. 제주 제주시 조천읍 ❷ 꽃. 택사보다 가장자리가 더 불규칙하게 갈라진다. 심피가 나선상으로 배열된다. ❸ 열매. 핵과상이고 부푼다. ❹ 잎. 밑부분은 깊은 심장형이다.

올미

Sagittaria pygmaea Miq.

택사과

국내분포/자생지 전국의 농경지 등 습지에 드물게 자람

형태 다년초. 잎은 길이 5~16cm의 선형-선상 주걱형이고 가장자리가 밋밋하다. 암수한그루이다. 꽃은 7~9월에 백색으로 피며 길이 10~30cm의 총상꽃차례에서 3개씩 돌려난다. 꽃받침잎은 길이 5~7mm의 넓은 도란형이다. 꽃잎은 3개이며 길이 1~1.5cm의 거의 원형이다. 수술은 6~21개이다. 열매(집합과)는 지름 8~12mm의 거의 구형이며 수과는 길이 3~5mm의 넓은 도란형이고 가장자리에 닭볏모양의 날개가 발달한다.

참고 잎자루가 거의 없고 잎이 선형이거나 수척상이며 열매의 가장자리가 닭볏모양인 것이 특징이다.

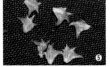

❶ 2012. 7. 28. 경남 양산시 ❷ 수꽃. 수술대는 연한 황색-황록색이다. ❸ 암꽃. 주로 꽃차례의 아래쪽에서 모여 달린다. ❹ 열매(집합과) ❺ 열매(수과). 등쪽의 가장자리는 닭볏모양이다.

보풀
Sagittaria aginashi Makino

택사과

국내분포/자생지 전국의 산지습지에 드물게 분포

형태 다년초. 잎은 길이 15~35cm의 화살촉모양이다. 중앙열편은 너비 6~45mm의 피침형이며 3~5맥이 있다. 잎자루는 길이 15~40cm이다. 암수한그루이다. 꽃은 7~10월에 백색으로 피며 길이 30~80cm의 총상꽃차례에서 3개씩 돌려난다. 암꽃은 흔히 꽃차례의 아래쪽에 달린다. 꽃받침잎과 꽃잎은 3개이며 수술은 다수이다. 열매(수과)는 길이 2~3.5mm의 도란형이고 가장자리에 넓은 날개가 있다.

참고 벗풀에 비해 땅속줄기가 없고 잎겨드랑이에 무성아(無性芽)가 생기는 것이 특징이다.

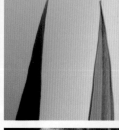
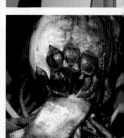

❶~❸(ⓒ이강협) ❶2010. 8. 7. 전남 담양군 ❷잎. 벗풀에 비해 중앙열편이 기부열편보다 길다. ❸잎의 기부열편의 끝부분 비교. 벗풀(좌)은 길게 꼬리처럼 뾰족한 것에 비해 보풀(우)은 둔하거나 둥글다. ❹뿌리부근. 잎겨드랑이에 무성아가 발달한다.

벗풀
Sagittaria trifolia L.

택사과

국내분포/자생지 전국의 농경지, 연못, 저수지 등 습지

형태 다년초. 덩이줄기는 길이 2~3cm이다. 잎은 길이 15~40cm의 화살촉모양이며 중앙열편은 너비 1.5~10cm의 타원형이다. 꽃은 7~10월에 백색으로 피며 총상꽃차례에서 3개씩 돌려난다. 꽃받침잎은 길이 3~5mm의 난형이며 꽃잎은 3개이고 거의 원형이다. 열매(수과)는 길이 4.5~5.5mm의 도란형이며 가장자리에 넓은 날개가 있다.

참고 잎의 너비는 좁은 것부터 10cm 정도로 넓은 것까지 변이 폭이 매우 넓다. 덩이줄기의 길이가 5~10cm이며 중앙열편이 난상이고 끝이 둔한 것을 소귀나물(subsp. *leucopetala*)로 구분하기도 한다.

❶2001. 8. 5. 경남 창원시 ❷수꽃. 수술은 다수이다. ❸열매(집합과). 편구형-거의 구형이다. ❹잎이 좁은 개체. 흔히 보풀과 혼동해왔던 형태이다. 농경지 및 저지대 습지에 흔하다.

올챙이자리
Blyxa aubertii Rich.

자라풀과

국내분포/자생지 강원, 경기 이남의 습지에 드물게 분포

형태 1년초. 잎은 줄기의 밑부분에서 로제트모양으로 모여나며 길이 5~17(~30)cm이고 5~9맥이 있다. 꽃은 7~10월에 백색으로 피며 꽃줄기는 길이 2.7~8cm이다. 꽃받침잎은 길이 5~7mm의 선형-피침형이며 꽃잎은 길이 9~17mm이고 3개이다. 수술은 3개이며 수술대는 길이 3~6mm이고 꽃밥은 길이 1~1.8mm이다. 열매는 길이 4~6(~8)cm이다. 씨는 길이 1.2~1.8mm의 긴 타원상 난형이며 6~12개의 뚜렷한 능각이 있다.

참고 올챙이풀(*B. echinosperma*)은 씨의 양끝에 꼬리모양의 긴 돌기가 있고 표면에 가시모양의 돌기가 있다.

❶2015. 8. 29. 충남 태안군 ❷꽃. 수술이 3개이며 암술대는 3개로 갈라진다. ❸-❹잎(ⓒ김상희). 대부분 뿌리 부근에서 모여나며 로제트모양으로 퍼져서 달린다. 희미한 5~9맥이 있다.

올챙이솔
Blyxa japonica (Miq.) Maxim. ex Asch. & Gürke

자라풀과

국내분포/자생지 강원, 경기 이남의 습지에 드물게 분포

형태 1년초. 줄기는 길이 10~30cm이고 가지가 갈라진다. 잎은 길이 3~6cm의 선형-피침형이고 가장자리에 잔톱니가 있으며 3맥이 있다. 잎자루는 없다. 꽃은 8~10월에 백색으로 피며 잎겨드랑이에 1개씩 달린다. 꽃받침잎은 길이 2~4mm의 선상 피침형이며 꽃잎은 길이 6~10mm의 선형이다. 수술은 3개이고 꽃밥은 길이 1.8~2.5mm이다. 암술대는 길이 3~4mm이다. 열매는 길이 1~2.5cm이며 씨는 좁은 타원형이다.

참고 올챙이지디에 비해 긴 톱니가 있으며 잎이 줄기에서 어긋나는 것이 특징이다.

❶2012. 9. 6. 강원 고성군 ❷-❸꽃. 꽃잎은 백색이고 선형이며 3개이다. 불염포는 길이 1~3cm이며 씨방의 윗부분은 부리 또는 꽃자루처럼 신장한다. ❹전체 모습. 줄기가 길고 가지가 많이 갈라진다.

자라풀

Hydrocharis dubia (Blume) Backer

자라풀과

국내분포/자생지 강원, 경기 이남의 농경지, 하천, 호수 등 습지

형태 다년초. 줄기는 옆으로 길게 벋으며 마디에서 뿌리를 내린다. 잎은 길이 4~6cm의 심장형−원형이고 5~7맥이 있다. 앞면은 광택이 나며 뒷면에는 공기주머니가 발달한다. 암수딴그루이다. 꽃은 8~10월에 백색으로 핀다. 꽃잎과 꽃받침잎은 각 3개씩이다. 꽃잎은 길이 1.2~1.4cm의 넓은 도란형이며 수술(수꽃)은 6~9개이고 중앙에 3개의 가수술이 있다. 암술대(암꽃)는 6개이고 2개로 깊게 갈라진다. 열매는 길이 8~10mm의 도란형−구형이고 장과상이다.

참고 물질경이에 비해 잎이 물위에 뜨고 꽃이 단성인 것이 특징이다.

  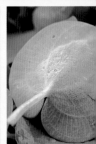

❶~❷(ⓒ양형호) ❶2010. 8. 31. 경남 양산시 ❷수꽃. 수술은 6~9개이다. ❸열매. 거의 구형이다. ❹잎 뒷면. 중앙부에 공기주머니가 넓게 발달한다.

물질경이

Ottelia alismoides (L.) Pers.

자라풀과

국내분포/자생지 전국의 농경지(주로 묵논), 호수 등 습지

형태 1년초 또는 다년초. 줄기는 없으며 잎은 뿌리에서 모여난다. 잎은 길이 5~25cm의 난상 타원형−넓은 난형 또는 거의 원형이며 밑부분은 넓은 쐐기형−심장형이다. 양성화(간혹 암수딴그루)이다. 꽃은 7~10월에 백색−연한 적자색으로 피며 길이 3~4cm의 불염포(spathe)에 싸여 1개씩 달린다. 불염포는 끝이 2~3개로 갈라지며 3~6개의 주름진 날개가 있다. 수술과 암술대는 각 3~6개씩이다. 열매는 길이 2~5cm이다.

참고 물위에 뜨는 잎이 없으며 꽃이 대형이고 1개씩 달리는 특징이 있다.

❶2010. 9. 18. 전남 진도 ❷꽃. 백색−연한 적자색이다. ❸열매. 불염포에 싸여 있으며 불염포의 표면에는 3~6개의 주름진 날개가 발달한다. ❹잎. 모두 물속 잎(수중잎)이다.

해호말

Halophila nipponica J. Kuo

자라풀과

국내분포/자생지 남해안의 얕은 바닷속

형태 침수성 상록다년초. 잎은 길이 1.5~3.2cm의 긴 타원형-넓은 타원형이며 마디에서 2개씩 나온다. 끝은 둥글며 측맥은 9~13개이다. 암수딴그루이다. 꽃은 7~8월에 잎겨드랑이에서 달린다. 수꽃은 꽃자루가 길이 6~23mm이며 화피편과 수술은 각 3개씩이다. 암꽃은 길이 3.5~8mm의 화탁통에 싸여 있으며 암술대는 길이 7~25mm이다. 열매는 길이 4mm 정도의 난형-난상 원형이다.

참고 인도양과 태평양에 넓게 분포하는 *H. ovalis*와 비교·검토가 필요한 것으로 판단된다.

❶2017. 8. 30. 경남 거제도 ❷암꽃. 암술대는 3개이다. ❸잎. 측맥은 중앙맥에서 비스듬히 벋은 나란히맥이며 잎의 밑부분에서 가장자리로 벋은 맥에 닿는다. ❹땅속줄기와 비늘조각. 땅속줄기는 옆으로 길게 벋으며 줄기의 끝부분과 잎자루의 밑부분에 2개의 비늘조각이 있다.

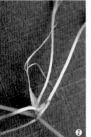

검정말

Hydrilla verticillata (L. f.) Royle

자라풀과

국내분포/자생지 전국의 농경지, 하천, 호수 등 습지

형태 다년초. 줄기는 길이 30~200cm이며 겨울눈을 형성해 월동한다. 잎은 3~8개씩 돌려나며 길이 8~15cm의 선형이고 가장자리에 톱니가 있다. 암수딴그루(간혹 암수한그루)이다. 꽃은 8~10월에 반투명한 백색으로 피며 잎겨드랑이에 달린다. 수꽃은 불염포에 싸여 있다가 개화 시 물위로 방출된다. 암꽃의 경우 불염포 밖으로 자루모양의 씨방이 길게 나와 물위에 뜬다. 열매(삭과는 길이 5~12mm의 선상 원통형이며 흔히 표면에 2~9개의 가시모양의 돌기가 있다.

참고 잎이 돌려나며 가장자리에 뚜렷한 톱니가 있는 것이 특징이다.

❶2008. 9. 19. 전북 군산시 ❷수꽃. 수면으로 방출된다. 수술은 3개이다. ❸암꽃. 꽃잎은 백색의 막질이며 꽃자루처럼 보이는 것은 길게 자라난 씨방의 윗부분이다. ❹잎. 가장자리에 뾰족한 톱니가 있다.

나사말

Vallisneria natans (Lour.) H. Hara

자라풀과

국내분포/자생지 전국의 하천, 호수 등 습지

형태 침수성 다년초. 가는줄기는 지름 2mm 정도로 가는 편이다. 잎은 길이 30~120cm, 너비 5~10(~15)mm이며 5(~9)개의 잎맥이 있다. 끝은 둔하며 가장자리는 밋밋하거나 희미한 톱니가 있다. 암수딴그루이다. 꽃은 8~10월에 핀다. 수꽃은 길이 1~2.3cm의 난상 원뿔모양의 불염포에 싸여 있다가 개화 시 물위로 방출된다. 수술은 1개이며 수술대는 간혹 끝부분이 2개로 갈라지고 밑부분에 털이 있다. 암꽃의 꽃줄기는 길이 30cm 이상이고 나선상으로 꼬여 있다. 암꽃의 불염포는 길이 1.5~2cm이다. 꽃받침잎은 3개이며 길이 2~4mm이고 끝이 둔하다. 꽃잎은 백색이고 헛수술은 3개이다. 열매는 길이 5~8(~15)cm의 원통형이고 표면은 평활하거나 작은 돌기가 있다. 씨는 길이 2~3.5mm의 선상 방추형이다.

참고 낙동나사말에 비해 수술이 1개이며 열매가 긴 원통형이고 씨에 막질의 날개가 없으며 잎의 가장자리가 밋밋하거나 톱니가 미약한 것이 특징이다.

❶2016. 9. 16. 경북 경산시 금호강 ❷~❸암꽃. 암술머리는 3(~4)개로 갈라지며 열편은 다시 2개로 깊게 갈라진다. 암술머리 열편은 낙동나사말에 비해 다소 넓은 편이다. ❹암꽃의 꽃줄기. 나선상으로 꼬여 있어 물의 흐름에 따라 유연하게 움직일 수 있다. ❺수꽃의 불염포. 물속의 뿌리 부근 잎겨드랑이에서 모여 달린다. 불염포는 투명한 막질이며 속에 800~1,000개의 수꽃이 들어 있다. ❻열매. 원통형이며 흔히 밋밋하지만 맥위에 잔돌기가 있는 경우도 있다. ❼씨. 선상 방추형이며 날개가 없이 밋밋하다. ❽자생 모습. 암꽃 주변으로 물속에서 방출된 수꽃이 떠다닌다.

낙동나사말

Vallisneria spinulosa S. Z. Yan

자라풀과

국내분포/자생지 경남의 하천 또는 오래된 호수에 드물게 분포

형태 침수성 다년초. 잎은 길이 20~50(~200)cm이며 끝은 둔하거나 약간 뾰족하고 가장자리에 흔히 뚜렷한 톱니가 있다. 암수딴그루이다. 꽃은 7~10월에 핀다. 수꽃은 길이 8~15mm의 원뿔상 불염포에 싸여 있다. 수술은 2개이며 밑부분에 털이 없다. 암꽃은 긴 꽃줄기의 끝에 달리며 꽃받침잎은 길이 2.5~4mm이고 끝이 둔하다. 열매는 길이 8~14(~20)cm의 삼각상 원통형이고 능각에 돌기(또는 가시)가 있거나 밋밋하다.

참고 나사말에 비해 수술이 2개이고 털이 없으며 씨의 표면에 2~5개의 날개가 있는 것이 특징이다.

❶2017. 10. 4. 경남 김해시 ❷암꽃. 암술머리는 흔히 3개로 갈라지고 열편은 다시 2개로 깊게 갈라진다. ❸잎 비교. 나사말(좌)에 비해 너비가 넓으며 가장자리에 뾰족한 톱니가 뚜렷하다. ❹기는 줄기. 옆으로 길게 벋는다. 나사말보다 굵은 편이며 끝부분의 새순(겨울눈)은 덩이줄기모양이다.

지채

Triglochin maritima L.

지채과

국내분포/자생지 서남해안의 기수역에 주로 분포하지만 동해안의 습지(석호)에도 드물게 분포

형태 다년초. 땅속줄기는 굵고 짧게 벋는다. 잎은 뿌리 부근에서 모여나며 길이 10~30cm이고 밑부분은 잎집으로 되어 있다. 꽃은 (4~)8~10월에 피며 잎사이에서 나온 수상꽃차례에서 모여 달린다. 꽃자루는 길이 1~4mm이고 화피편은 길이 1.5mm 정도의 난형-원형이고 녹색이다. 열매는 길이 3~5mm의 긴 타원형-거의 구형이며 꽃줄기에 밀착하지 않고 비스듬히 달린다.

참고 물지채에 비해 꽃이 빽빽이 달리며 열매가 긴 타원형-거의 구형이고 밑부분이 둥근 것이 특징이다.

❶2003. 10. 4. 전남 완도군 보길도 ❷꽃. 수꽃이 먼저 발달한다. ❸열매(서해안 개체). 타원상이다. ❹열매(동해안 개체). 거의 구형이고 능각이 뚜렷하게 돌출한다. ❺잎. 잎집의 끝부분에 돌기모양의 뾰족한 엽설이 있다.

물지채

Triglochin palustris L.

지채과

국내분포/자생지 강원(대암산)의 고층 습지 및 북부지방의 습원

형태 다년초. 잎은 뿌리 부근에서 모여나며 길이 10~20cm의 선형이고 밑부분은 잎집으로 되어 있다. 꽃은 6~8월에 피며 잎사이에서 나온 수상꽃차례에서 성기게 모여 달린다. 꽃자루는 길이 2~4mm이고 화피편은 길이 2~2.5mm의 타원형이며 보랏빛이 도는 녹색이다. 열매는 길이 6~10mm의 곤봉상 선형이며 꽃줄기에 밀착하여 붙는다.

참고 장지채(*Scheuchzeria palustris*, 장지채과)는 북부지방의 습원에서 자라는 다년초이며 높이 10~30cm이다. 지채속에 비해 잎과 꽃이 소수이며 꽃차례에 포가 있는 것이 특징이다.

❶ 2008. 7. 1. 강원 인제군 대암산 용늪 ❷ 꽃. 성기게 모여 달린다. ❸ 열매. 길이 6~7mm의 곤봉상(윗부분이 가장 넓음)이며 꽃줄기에 밀착하여 붙는다. ❹~❻ 장지채 ❹ 2018. 6. 13. 중국 지린성 ❺ 꽃차례. 꽃은 양성화이고 수술은 6개이다. ❻ 열매. 1~4개씩 모여 달린다.

솔잎가래

Stuckenia pectinata (L.) Börner
Potamogeton pectinatus L.

가래과

국내분포/자생지 바닷가 부근의 연못, 하천, 호수

형태 침수성 다년초로서 뜨는 잎이 없다. 잎은 길이 5~15cm의 실모양-선형이고 1~3맥이 있다. 잎의 기부는 턱잎과 합생하여 잎집상으로 줄기를 감싼다. 잎집은 길이 1~2cm이고 턱잎의 끝부분은 귀모양이다. 꽃은 5~10월에 황록색~황갈색으로 피며 길이 1~5cm의 수상꽃차례에서 엉성하게 모여 달린다. 화피편, 수술, 심피는 각 4개씩이다. 열매는 길이 3~4mm의 넓은 난형-도란형이고 끝부분에 짧은 부리가 있다.

참고 가래속에 비해 턱잎의 절반 이상이 잎기부와 합생하며 꽃차례가 물밖으로 나오지 않는 것이 특징이다.

❶ 2014. 5. 27. 강원 양양군 ❷~❸ 꽃. 꽃차례는 수면 위에 뜬다. 화피편. 수술, 심피는 각 4개씩이며 꽃밥이 꽃의 크기에 비해 매우 크다. ❹ 열매. 끝부분에는 짧은 부리가 있다.

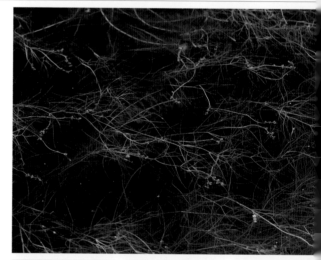

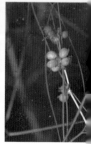

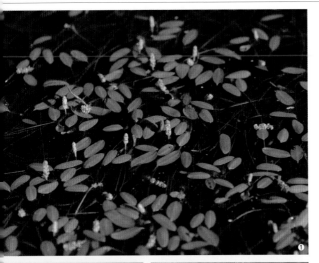

가는가래

Potamogeton cristatus Regel & Maack

가래과

국내분포/자생지 전국의 농경지, 연못, 저수지, 호수 등 습지

형태 다년초. 줄기는 가늘고 가지가 갈라지며 땅속줄기는 옆으로 벋는다. 물속의 잎은 어긋나며 길이 3~6cm의 좁은 선형이고 잎자루가 없다. 뜨는 잎은 마주나며 길이 2~3cm의 긴 타원형이고 잎자루는 길이 8~15mm이다. 꽃은 5~9월에 황록색으로 피며 길이 6~10mm의 수상꽃차례에서 모여 달린다. 화피편, 수술, 심피는 각 4개씩이다. 열매는 길이 1.5~2.5mm의 편평한 도란형이고 가장자리에 닭볏모양의 돌기가 발달한다.

참고 애기가래에 비해 열매의 등쪽 가장자리에 닭볏모양의 돌기가 발달하는 것이 특징이다.

❶ 2013. 5. 31. 강원 강릉시 ❷ 꽃. 화피편, 수술, 심피는 각 4개씩이다. ❸ 열매. 등쪽의 가장자리에 닭볏모양의 돌기가 발달한다.

애기가래

Potamogeton octandrus Poir.

가래과

국내분포/자생지 전국의 농경지, 연못, 저수지, 호수 등 습지

형태 다년초. 물속의 잎은 어긋나며 길이 2~6cm의 좁은 선형이고 잎자루가 없다. 뜨는 잎은 마주나며 길이 1.5~2.5cm의 긴 타원형-긴 타원상 난형이고 잎자루는 길이 7~20mm이다. 꽃은 6~9월에 황록색-연한 녹색으로 피며 길이 9~13mm의 수상꽃차례에서 모여 달린다. 화피편, 수술, 심피는 각 4개씩이다. 열매는 넓은 난형이고 끝부분에 길이 0.3mm 정도의 짧은 부리가 있으며 등쪽의 가장자리는 밋밋하거나 둔한 톱니가 있다.

참고 가는가래에 비해 열매의 등쪽 가장자리가 밋밋하거나 물결모양이며 부리는 길이 0.3mm(가는가래는 길이 1~1.2mm) 정도라는 것이 특징이다.

❶ 2016. 6. 19. 경기 김포시 ❷~❸ 꽃. 암꽃이 먼저 발달한다. 화피편, 수술, 심피는 각 4개씩이다. ❹ 열매. 등쪽의 가장자리는 밋밋하거나 물결모양이다.

가래

Potamogeton distinctus A. Benn.

가래과

국내분포/자생지 전국의 농경지, 연못, 저수지, 호수 등 습지

형태 다년초. 물속의 잎은 피침형이고 잎질이 얇으며 잎자루는 짧다. 뜨는 잎은 길이 5~10cm의 긴 타원형이고 잎맥은 11~19개이며 잎자루는 길다. 꽃은 5~10월에 황록색으로 피며 길이 3~5(~7)cm의 수상꽃차례에서 빽빽이 모여 달린다. 꽃줄기는 길이 3~10cm이다. 화피편과 수술은 각 4개씩이고 심피는 (1~)2(~3)개이다. 열매는 길이 2.9~3.7mm의 넓은 타원형-난상 구형이다.

참고 꽃은 흔히 암술이 먼저 나오며 암술이 수분된 후 수술이 발달한다. 물속 잎이 피침형이고 심피가 1~3개인 것이 특징이다.

❶ 2012. 7. 1. 경기 김포시 ❷~❸ 꽃. 암꽃이 먼저 성숙한다. 심피는 흔히 1~3개이다. ❹ 열매. 넓은 타원형-난상 구형이다. ❺ 잎. 물속 잎은 피침상이다.

큰가래(대동가래)

Potamogeton natans L.

가래과

국내분포/자생지 전국의 연못, 저수지, 호수 등 습지에 드물게 분포

형태 다년초. 물속 잎은 길이 10~20cm의 좁은 선형이다. 뜨는 잎은 길이 5~12cm의 타원형-난상 타원형이며 잎맥은 17~35개이다. 잎자루는 길이 10~16cm이다. 꽃은 5~10월에 황록색으로 피며 길이 3~5cm의 수상꽃차례에서 빽빽이 모여 달린다. 꽃줄기는 길이 3~8cm이다. 화피편과 수술은 각 4개씩이고 심피는 (1~)2(~4)개이다. 열매는 길이 3~4mm의 넓은 난형이다.

참고 가래에 비해 물속 잎이 헛잎상의 좁은 선형이고 단면이 편평하지 않으며 뜨는 잎의 밑부분이 흔히 원형이거나 심장형인 것이 특징이다.

❶ 2016. 5. 28. 강원 고성군 ❷ 꽃. 심피는 흔히 2개이다. ❸ 열매. 넓은 난형이다. ❹ 물속 잎. 헛잎상이고 선형이다.

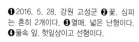

말즘
Potamogeton crispus L.

가래과

국내분포/자생지 전국의 농경지, 연
못, 저수지, 호수 등 습지
형태 침수성 다년초로서 물위에 뜨는
잎이 없다. 잎은 길이 3~8cm의 넓은
선형-좁은 긴 타원형이고 잎자루는
없다. 꽃은 4~8월에 녹갈색-적갈색
으로 피며 길이 1.5~3cm의 수상꽃차
례에서 2~4개씩 돌려난다. 꽃줄기는
길이 2~6(~12)cm이다. 화피편, 수술,
심피는 각 4개씩이다. **열매**는 길이
3.5~4mm의 난형이고 끝부분은 길게
뾰족해지며 등쪽의 가장자리에 닭볏
모양의 톱니가 약간 있다.
참고 잎이 줄기보다 넓고 가장자리가
물결모양이며 열매가 약간 납작하고 가
장자리에 톱니가 있는 것이 특징이다.

❶2016. 6. 19. 경기 김포시 ❷~❸꽃. 꽃차
례에 꽃이 적게 달리는 편이다. 암꽃이 먼저
성숙하며 수술은 4개이다. ❹열매. 앞쪽은
피침상이며 등쪽의 가장자리에 닭볏모양의
톱니가 있다.

새우가래
Potamogeton maackianus A. Benn.

가래과

국내분포/자생지 중부지방 이남의
농경지, 연못, 저수지, 하천 등 습지
형태 침수성 다년초로서 물위에 뜨
는 잎이 없다. 잎은 길이 2~4(~6)cm
의 넓은 선형이고 가장자리에 톱니가
있다. 잎자루는 없다. 꽃은 5~6(~9)
월에 연한 녹색-황록색으로 피며 길
이 1~3cm의 수상꽃차례에서 성기게
모여 달린다. 꽃줄기는 길이 1~4cm
이고 화피편과 수술은 각 4개씩이다.
열매는 길이 3.5~4mm의 도란형이고
끝부분에 짧은 부리가 있다.
참고 잎가장자리에 톱니가 있으며 잎
의 밑부분이 턱잎과 합생하여 줄기를
잎집상으로 감싸는 것이 특징이다.

❶2017. 8. 31. 전남 장성군 ❷꽃(ⓒ이강
협). 수상꽃차례에 적게(2~3열) 달린다.
❸잎. 가장자리에 뚜렷한 톱니가 있으며 턱
잎은 밑부분이 합생되어 있다. ❹잎끝(ⓒ이
강협). 미철두(微凸頭)상이다.

대가래

Potamogeton wrightii Morong
Potamogeton mucronatus C. Presl

가래과

국내분포/자생지 전국의 저수지, 하천, 호수 등 습지
형태 침수성 다년초로서 물위에 뜨는 잎이 없다. 잎은 길이 8~15(~30)cm의 긴 타원상 피침형–좁은 긴 타원형이며 끝은 돌기상으로 뾰족하고 가장자리는 물결모양이다. 잎자루는 길이 1.5~10(~14)cm이다. 꽃은 6~9월에 연한 녹색–황록색으로 피며 길이 3~5cm의 수상꽃차례에서 빽빽이 모여 달린다. 꽃줄기는 길이 4~7cm이다. 화피편, 수술, 심피는 각 4개씩이다. 열매는 길이 2~3mm의 난상 마름모형이고 등쪽의 가장자리에 날개모양의 돌기가 있다.
참고 넓은잎말에 비해 잎끝이 돌기상으로 뾰족하며 잎자루가 긴 것이 특징이다.

❶ 2001. 7. 27. 경북 울진군. ❷ 꽃. 화피편, 수술, 심피는 각 4개씩이다. ❸ 열매. 길이 2~3mm로 작은 편이다. ❹ 잎. 끝은 돌기모양으로 뾰족하며 잎자루가 길다.

넓은잎말

Potamogeton perfoliatus L.

가래과

국내분포/자생지 전국의 저수지, 하천, 호수 등 습지에 드물게 분포
형태 침수성 다년초로서 물위에 뜨는 잎이 없다. 잎은 길이 2~6cm의 넓은 피침형–넓은 난형이고 3~5맥이 있으며 끝이 둔하거나 편평하다. 꽃은 6~9월에 연한 녹색–황록색으로 피며 길이 1.5~2.5cm의 수상꽃차례에서 빽빽이 모여 달린다. 꽃줄기는 길이 2~11cm이다. 화피편, 수술, 심피는 각 4개씩이다. 열매는 길이 2.5~4.5mm의 넓은 난형 또는 도란상 넓은 타원형이며 등쪽의 가장자리에 돌출된 중앙 능각을 포함해 3개의 능각이 있다.
참고 대가래에 비해 잎이 짧고 밑부분이 줄기를 감싸며 잎자루가 없는 것이 특징이다.

❶ 2001. 7. 27. 경북 울진군 ❷ 꽃. 화피편, 수술, 심피는 각 4개씩이다. ❸ 열매. 도란상이며 등쪽에 3개의 능각이 있다. ❹ 잎. 자루가 없이 밑부분은 줄기를 감싼다.

실말
Potamogeton pusillus L.

가래과

국내분포/자생지 전국의 농경지, 연 못, 저수지, 하천, 호수 등 습지

형태 침수성 다년초로서 물위에 뜨 는 잎이 없다. 잎은 길이 2~7cm, 너 비 1~2mm의 선형이고 1~3맥이 있 으며 끝이 뾰족하다. 뒷면의 중앙맥 이 뚜렷하게 돌출한다. 꽃은 6~9월 에 연한 녹색-황록색으로 피며 길이 0.5~1.5cm의 수상꽃차례에서 모여 달린다. 꽃줄기는 길이 2~5cm이다. 화피편, 수술, 심피는 각 4개씩이다. 열매는 길이 1.8~2.5mm의 난상 원형 이다.

참고 버들말즘에 비해 잎이 좁고 1(~3)맥이며, 꽃과 열매가 작고 적게 달리는 것이 특징이다.

❶ 2001. 10. 27. 경북 울진군 ❷ 꽃. 꽃차례 에 적게 달리는 편이다. ❸ 열매. 버들말즘 에 비해 작다. ❹ 잎. 너비 1~2mm로 좁다. 뒷면의 중앙맥이 뚜렷하게 돌출한다.

버들말즘(말)
Potamogeton oxyphyllus Miq.

가래과

국내분포/자생지 전국의 농경지, 연 못, 하천, 호수 등 습지에 드물게 분포

형태 침수성 다년초로서 물위에 뜨는 잎이 없다. 잎은 길이 3~10cm, 너비 1.5~3mm의 선형이고 5(~7)맥이 있 으며 끝이 뾰족하다. 뒷면의 중앙맥 이 뚜렷하게 돌출한다. 꽃은 6~10월 에 연한 녹색-황갈색으로 피며 길이 1~2cm의 원통상 수상꽃차례에서 모 여 달린다. 화피편, 수술, 심피는 각 4 개씩이다. 열매는 길이 3~3.5mm의 도란형이고 끝부분에 길이 0.5mm의 짧은 부리가 있으며 등쪽에 능각이 있다.

참고 실말에 비해 잎이 넓고 열매가 길이 3~3.5mm로 긴 편이며, 꽃차례 가 더 길고 꽃이 빽빽이 모여 달리는 것이 특징이다.

❶ 2017. 8. 31. 전남 장성군 ❷ 꽃. 꽃차례 에 실말보다 많이(3~4열) 달린다. ❸ 열매. 실말보다 대형이며 등쪽에 능각이 있다. ❹ 잎. 낫모양으로 약간 굽은 선형이며 5맥 이 뚜렷하다.

줄말

Ruppia maritima L.
Ruppia rostellata W. D. J. Koch ex Rchb.

줄말과

국내분포/자생지 바닷가 부근의 연못, 호수 또는 하천

형태 침수성 다년초로서 물위에 뜨는 잎이 없다. 잎은 길이 5~10cm의 실모양이고 중앙맥이 뚜렷하다. 잎의 단면은 편원형이다. 잎의 밑부분은 턱잎과 합생하여 길이 1~1.5cm의 잎집상으로 줄기를 감싼다. 턱잎의 끝부분에는 2개의 엽설(잎혀)이 있다. 꽃은 6~10월에 피며 길이 2~4(결실기에는 7~12)cm의 꽃줄기의 끝에서 2개씩 모여 달린다. 심피는 4~7개이다. 열매는 길이 2mm 정도의 난형이고 산형상으로 모여 달린다.

참고 솔잎가래와 유사하지만 잎의 단면이 편원형이고 열매가 산형상으로 모여 달리는 것이 특징이다.

❶ 2014. 11. 13. 전남 함평군 ❷ 꽃. 꽃차례에 2개씩 달린다. 심피는 개화기에는 자루가 없으나 결실기가 되면 길어진다. ❸ 열매. 난형상이며 끝부분에 짧은 부리가 있다. ❹ 잎. 잎집은 길이 2~10mm이다.

뿔말

Zannichellia palustris L.

뿔말과

국내분포/자생지 바닷가 부근의 농경지, 연못, 호수 또는 하천

형태 침수성 다년초로서 물위에 뜨는 잎이 없다. 잎은 길이 2~10cm의 실모양이고 1맥이 있으며 끝이 뾰족하다. 밑부분이 줄기를 감싸며 막질의 잎집은 턱잎상이다. 암수한그루이다. 꽃은 5~9월에 피며 잎겨드랑이에서 나온 꽃차례에서 암꽃과 수꽃이 모여 달린다. 수꽃은 암꽃의 아래쪽에 달리며 수술은 1개이다. 암꽃은 화피편이 1개이며 심피는 2~5개이다. 열매는 길이 2~2.5mm의 초승달모양의 긴 방추형이며 등쪽에 닭볏모양의 톱니가 있다. 부리는 길다.

참고 꽃이 단성이며 열매가 긴 방추형이고 끝부분에 긴 부리가 있는 것이 특징이다.

❶ 2012. 6. 8. 충남 태안군 안면도 ❷ 암꽃. 잎겨드랑이에서 암꽃과 수꽃이 함께 모여 달린다. 심피는 2~5개이다. ❸ 열매. 등쪽의 가장자리에 닭볏모양의 톱니가 있다.

나자스말
Najas graminea Delile

국내분포/자생지 전국의 농경지, 연못, 호수 또는 하천 등 습지

형태 침수성 1년초. 잎은 길이 1.3~3.3cm, 너비 0.4~0.7mm의 선형이며 마디에서 3개씩 모여 달린다. 잎집의 끝부분은 창모양으로 돌출하며 돌출부는 길이 0.5~1.4mm로 긴 편이다. 암수한그루이다. 꽃은 7~9월에 잎겨드랑이에서 1(~3)개씩 달린다. 수꽃과 암꽃이 모두 포에 싸여 있지 않으며 동일한 마디에 달린다. 열매(수과)는 길이 1.5~2.5mm의 선상 긴 타원형이다.

참고 잎가장자리에 톱니가 30~65쌍으로 자생 나자스말류 중에서 가장 많으며 잎집의 끝부분이 창모양으로 돌출하는 것이 특징이다.

❶2004. 7. 25. 강원 고성군 ❷열매. 끝부분에 긴 암술대가 남아 있다. ❸잎. 마디에서 3개씩 돌려난다. 가장자리에 톱니가 자생 나자스말류 중 가장 많다. ❹잎집. 끝부분 가장자리가 창모양으로 길게 돌출한다.

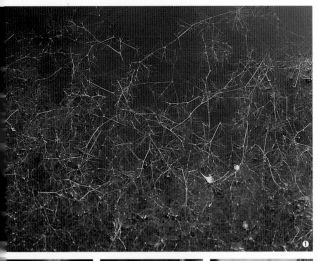

실나자스말
Najas gracillima (A. Braun ex Engelm.) Magnus
Najas japonica Nakai

국내분포/자생지 전국의 농경지, 연못, 호수 또는 하천 등 습지

형태 침수성 1년초. 잎은 길이 2~2.5cm, 너비 0.3~0.5mm의 선형이며 마디에서 5개씩 모여 달린다. 잎집의 끝부분은 둥글거나 편평하며 가장자리에 6~7개의 톱니가 있다. 암수한그루이다. 꽃은 6~9월에 잎겨드랑이에서 1(~4)개씩 달린다. 수꽃과 암꽃은 동일한 마디에 달리며 암꽃은 포에 싸여 있지 않다. 열매(수과)는 길이 2~3mm의 선상 긴 타원형이다.

참고 나자스말에 비해 잎이 마디에서 5개씩 모여 달리며 잎가장자리 톱니가 6~1/쌍으로 석는 것이 특징이다.

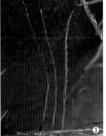

❶2012. 8. 29. 경기 연천군 ❷열매. 익어도 열리지 않는 막질의 껍질에 싸여 있다. ❸잎. 마디에서 5개씩 돌려난다. 매우 가늘며 가장자리에 6~17쌍의 톱니가 있다. ❹잎집. 끝부분 가장자리가 거의 밋밋하다.

톱니나자스말

Najas minor All.

나자스말과

국내분포/자생지 전국의 농경지, 연못, 호수 또는 하천 등 습지

형태 침수성 1년초. 잎은 길이 1~3cm, 너비 0.5~0.8mm의 선형이며 마디에서 3개씩 모여 달린다. 가장자리에 6~19쌍의 톱니가 있다. 잎집의 끝부분이 거의 편평하거나 둥글며 가장자리에 10개 정도의 톱니가 있다. 암수한그루이다. 꽃은 6~9월에 잎겨드랑이에 1(~3)개씩 달린다. 암꽃이 포에 싸여 있지 않다. 열매(수과)는 길이 2~3mm의 선상 긴 타원형이고 흔히 끝부분이 약간 굽는다.

참고 나자스말에 비해 잎의 가장자리에 톱니가 적은 편이며 잎집의 끝부분이 거의 편평한 것이 특징이다.

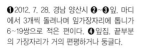

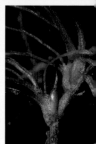

❶ 2012. 7. 28. 경남 양산시 ❷~❸ 잎. 마디에서 3개씩 돌려나 잎가장자리에 톱니가 6~19쌍으로 적은 편이다. ❹ 잎집. 끝부분의 가장자리가 거의 편평하거나 둥글다.

민나자스말

Najas marina L.

나자스말과

국내분포/자생지 전국의 농경지, 연못, 호수 또는 하천 등 습지

형태 침수성 1년초. 줄기는 지름 1~4.5mm이며 가시모양의 돌기가 있다. 잎은 길이 1.5~3cm, 너비 2~3.5mm의 선형이며 마디에서 흔히 3개씩 모여 달린다. 가장자리에 4~14쌍의 큰 톱니가 있다. 잎집의 끝부분은 거의 편평하고 가장자리는 밋밋하다. 암수딴그루이다. 꽃은 7~9월에 핀다. 수꽃은 길이 3~4.5mm이고 4개의 약실로 되어 있으며 막질의 포에 싸여 있다. 열매(수과는 길이 4~6mm의 타원형~도란상 타원형이다.

참고 자생 나자스말류 중 가장 대형이고 억세며 잎가장자리의 톱니가 큰 것이 특징이다.

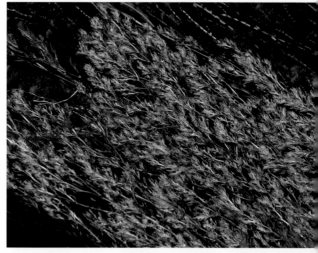

❶ 2012. 8. 12. 전남 담양군 ❷ 수꽃. 열매와 비슷한 모양이다. 성숙하면 끝부분이 찢어져 꽃가루가 방출된다. ❸ 암꽃. 나출되어 있으며 암술머리는 2~3개이다. ❹ 열매. 익으면 가로로 갈라져 1개의 씨가 나온다.

애기거머리말
Zostera japonica Asch. & Graebn.

거머리말과

국내분포/자생지 전국의 얕은 바다 및 기수역에 드물게 분포

형태 침수성 다년초. 잎은 길이가 15~40cm, 너비는 1.5~2.5mm의 선형이며 끝은 둥글거나 약간 오목하다. 잎집은 길이 2~10cm이고 가장자리는 막질이다. 암수한그루이다. 꽃은 4~6월에 피며 불염포의 잎집에 싸인 육수꽃차례에서 모여 달린다. 꽃차례는 수꽃 2개와 그 사이에 암꽃 1개가 줄지어 배열된다. 화피편은 없고 꽃밥은 길이 2mm 정도이다. 암술대는 씨방과 길이가 비슷하며 송곳모양으로 길게 뾰족하다. 열매는 길이 2mm 정도의 좁은 타원형이다.

참고 거머리말에 비해 잎이 짧고 매우 좁으며 3(~5)맥이 있는 것이 특징이다.

❶2013. 5. 26. 강원 고성군 ❷개화 직전의 꽃차례. 수꽃과 암꽃은 불염포의 잎집에 싸여 있다. ❸잎. 너비 1.5~2.5mm로 매우 가늘며 3맥이 있다. ❹자생 모습(물속)

거머리말
Zostera marina L.

거머리말과

국내분포/자생지 전국의 얕은 바다

형태 침수성 다년초. 잎은 길이가 40~180cm, 너비는 3~6mm의 선형이고 5~7맥이 있으며 끝은 둥글다. 암수한그루이다. 꽃은 3~6월에 피며 불염포의 잎집에 싸인 육수꽃차례에서 모여 달린다. 꽃차례는 수꽃 2개와 그 사이에 암꽃 1개가 줄지어 배열된다. 꽃밥은 길이 4~5mm이며 암술대는 길이 1.5~2.5mm이다. 열매는 길이 4mm 정도의 타원형이며 씨의 표면에 세로능각이 있다.

참고 왕거머리말(*Z. asiatica*)은 잎의 너비가 1~1.5cm이고 7~11맥이 있으며 열매와 씨 표면이 평활한 것이 특징이다. 거머리말에 비해 수심 깊은 곳에서 자란다.

❶2013. 6. 25. 경남 남해도 ❷꽃차례가 달리는 줄기 ❸열매. 타원형이고 밋밋하다. ❹잎 비교(왕거머리말/거머리말/게바다말). 5~7맥이 있으며 잎끝이 둥글다.

새우말

Phyllospadix iwatensis Makino

거머리말과

국내분포/자생지 동해와 서해의 얕은 바다

형태 침수성 다년초. 잎은 어긋나며 길이 1~1.5m, 너비 2~6mm의 선형이고 5맥이 있다. 윗부분의 가장자리에 불규칙한 톱니가 있으며 잎끝은 흔히 둥글다. 암수딴그루이다. 꽃은 3~5월에 피며 불염포의 잎집에 싸인 육수꽃차례에서 모여 달린다. 수꽃차례는 수술이 2열로 배열되며 암꽃차례는 심피와 헛수술이 교대로 2열로 배열된다. 열매는 길이 2.2~3mm의 긴 반달모양이다.

참고 게바다말에 비해 잎이 넓고 흔히 5맥이며 잎끝은 주로 둥글며 줄기 밑부분의 섬유질이 황갈색-적갈색인 것이 특징이다.

❶2012. 7. 11. 인천시 백령도 ❷열매. 불염포에 싸인 육수꽃차례는 결실기에 새우의 등처럼 구부러진다. ❸잎. 끝부분이 둥글다. ❹뿌리 부근. 줄기 밑부분의 섬유질이 황갈색-적갈색이다.

게바다말

Phyllospadix japonicus Makino

거머리말과

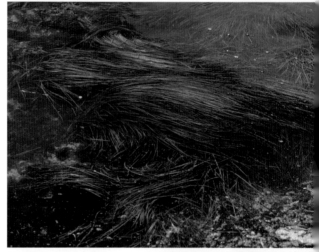

국내분포/자생지 동해의 얕은 바다

형태 침수성 다년초. 잎은 2열로 어긋나며 길이 0.3~1m, 너비 1.5~3mm의 선형이고 3(~5)맥이 있다. 윗부분의 가장자리에 뾰족한 톱니가 있으며 잎끝은 오목하다. 암수딴그루이다. 꽃은 3~4월에 피며 불염포의 잎집에 싸인 육수꽃차례에서 모여 달린다. 수꽃차례는 수술이 2열로 배열되며 암꽃차례는 심피와 헛수술이 교대로 2열로 배열된다. 열매는 길이 2~2.5mm의 반달모양이고 밑부분은 심장형이다.

참고 새우말에 비해 잎이 좁고 흔히 3맥이며 잎끝이 오목하고 줄기 밑부분의 섬유질이 흑갈색이라는 특징이 있다.

❶2013. 6. 26. 경북 포항시 ❷암꽃. 불염포 밖으로 암술대가 길게 나온다. ❸잎. 새우말에 비해 폭이 좁고 잎끝은 오목하다. ❹뿌리 부근. 줄기 밑부분의 섬유질은 광택이 나는 흑갈색이다.

반하
Pinellia ternata (Thunb.) Makino

천남성과

국내분포/자생지 전국의 농경지, 민가, 풀밭 등

형태 다년초. 잎은 3출겹잎이며 줄기에 1~2개씩 달린다. 작은잎은 길이 3~12cm의 긴 타원형-타원형이다. 잎자루는 길이 8~20cm이며 흔히 중앙부 또는 잎과 연결되는 끝부분에 주아가 달린다. 꽃은 5~6월에 피며 육수꽃차례의 아랫부분에서 암꽃이, 위쪽으로 1cm 정도 떨어져 수꽃이 모여 달린다. 채찍모양의 부속체는 길이 6~10cm이다. **열매**(장과)는 난형상이며 백색-황록색으로 익는다.

참고 천남성속(*Arisaema*)에 비해 암수한그루이며 수꽃차례와 암꽃차례가 속이 비어 있는 짧은 축을 경계로 떨어져 달리는 것이 특징이다.

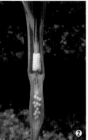  

❶2016. 4. 19. 전남 광주시 ❷꽃. 수꽃차례(위)와 암꽃차례(아래)의 사이에 곤충이 지나갈 수 있는 통로가 있다. ❸열매. 흔히 황록색으로 익는다. ❹주아. 잎자루의 중간부 또는 끝부분에 달린다.

산부채
Calla palustris L.

천남성과

국내분포/자생지 북부지방이나 고산지역의 습지

형태 다년초. 땅속줄기가 굵고 길게 벋는다. **잎은** 길이 6~14cm의 심장형이고 10~14맥이 있으며 가장자리는 밋밋하다. 잎자루는 길이 12~24cm이고 녹색이다. 꽃은 6~7월에 피고 길이 3~5cm의 육수꽃차례에서 빽빽하게 모여 달린다. 불염포는 길이 4~7cm의 넓은 타원형이고 끝은 꼬리모양으로 뾰족하며 안쪽 면은 백색이다. 꽃잎은 없다. 수술은 6개이고 황백색이며 암술은 녹색이다. **열매**(장과)는 길이 6~12cm의 타원형이며 붉게 익는다.

참고 꽃이 양성화이며 열매가 익을 때까지 불염포가 남아 있는 것이 특징이다.

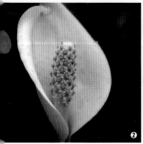 

❶2007. 6. 23. 중국 지린성 ❷꽃. 불염포는 꽃차례를 완전히 감싸지 않으며 안쪽 면이 백색이다. ❸미숙 열매. 붉게 익는다.

창포

Acorus calamus L.

창포과

국내분포/자생지 전국의 연못, 저수지, 하천 등 습지

형태 다년초. 땅속줄기가 굵고 길게 벋는다. 잎은 땅속줄기에서 모여나며 길이 50~80cm의 선형이다. 꽃은 4~5월에 연한 황록색으로 피고 길이 5~10cm의 육수꽃차례에서 빽빽하게 모여 달린다. 꽃줄기는 길이 25~40cm이다. 불염포는 길이 30~40cm의 잎모양이고 꽃차례를 감싸지 않는다. 화피편은 6개이며 길이 2.5~3mm의 긴 타원형-좁은 도란형이다. 수술은 6개이다. **열매**는 길이 3.5~4.5mm의 긴 타원상 도란형이다.

참고 석창포에 비해 잎에 뚜렷한 중앙맥이 있으며 꽃차례가 굵은 것이 특징이다.

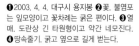

❶ 2003. 4. 4. 대구시 용지봉 ❷ 꽃. 불염포는 잎모양이고 꽃차례는 굵은 편이다. ❸ 열매. 도란상 긴 타원형이고 약간 네모진다. ❹ 땅속줄기. 굵고 옆으로 길게 벋는다.

석창포

Acorus gramineus Sol. ex Aiton

창포과

국내분포/자생지 중부지방 이남의 계곡, 하천가 등 습지

형태 다년초. 땅속줄기가 가늘고 옆으로 벋는다. 잎은 땅속줄기에서 모여나며 길이 20~50cm의 선형이다. 꽃은 5~7월에 황색-황록색으로 피며 길이 10~25cm의 육수꽃차례에서 빽빽이 모여 달린다. 꽃줄기는 길이 10~25cm이고 단면은 압착된 삼각상이다. 불염포는 길이 7~25cm의 잎모양이고 꽃차례를 감싸지 않는다. 화피편은 6개이며 길이 1.5~2mm의 긴 타원형이다. 수술은 6개이다. **열매**는 길이 3~3.5mm의 도란상 구형이고 녹색이다.

참고 창포에 비해 소형이며 잎의 중앙맥이 희미하고 꽃차례가 가는 것이 특징이다.

❶ 2005. 8. 6. 제주 서귀포시 안덕계곡 ❷ 잎. 소형이고 중앙맥이 희미하다. ❸ 꽃. 양성화이고 꽃차례는 가늘다. ❹ 열매. 도란상-난상 구형이고 녹색이다.

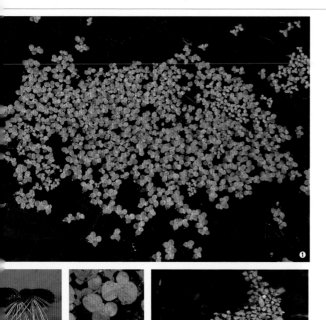

개구리밥

Spirodela polyrhiza (L.) Schleid.

개구리밥과

국내분포/자생지 전국의 농경지, 연못, 하천 등 습지

형태 부유성 1년초. **뿌리**는 길이 3~5cm이고 7~11(~20)개씩 나온다. **엽상체**는 길이 3~10mm의 넓은 도란형-도란상 원형이고 5~11개의 맥이 있으며 가장자리와 뒷면은 (녹색-)적자색-적갈색이다. 꽃은 드물게 7~8월에 백색으로 피며 엽상체의 측면에 나온 꽃차례에서 1개의 암꽃과 2개의 수꽃이 모여 달린다.

참고 점개구리밥[*S. punctata* (G. Mey.) C. H. Thomps., 국명 신칭]은 개구리밥에 비해 엽상체가 긴 타원형-좁은 도란형이고 3(~7)개의 맥이 있으며 뿌리가 2~6(~11)개인 것이 특징이다. 제주의 연못, 하천 등 습지에서 자란다.

❶2016. 6. 19. 경기 김포시 ❷뿌리. 흔히 7~11개의 긴 뿌리가 나온다. ❸엽상체. 넓은 도란형-도란상 원형이며 5~11맥이 있다. ❹~❺점개구리밥 ❹뿌리. 흔히 2~4개씩 나온다. ❺2017. 6. 9. 제주 제주시 한림읍

좀개구리밥

Lemna aequinoctialis Welw.

개구리밥과

국내분포/자생지 전국의 농경지, 연못, 하천 등 습지

형태 부유성 1년초. **뿌리**는 길이 1~3cm이며 엽상체의 뒷면 중앙부에서 1개씩 나온다. 끝부분의 뿌리골무는 날개가 있고 끝은 뾰족하다. **엽상체**는 길이 1.5~4mm의 넓은 타원형-도란상 원형이고 3개의 희미한 맥이 있으며 가장자리와 뒷면은 녹색이다. 꽃은 드물게 7~8월에 백색으로 피며 엽상체 측면의 포 속에서 1개의 암꽃과 2개의 수꽃이 모여 달린다. **열매**(포과)는 날개가 없다.

참고 분개구리밥(*Wolffia arrhiza*)은 뿌리가 없으며 엽상체가 길이 0.3~0.8mm이 타원형 도란형이고 잎맥이 없는 것이 특징이다.

❶2001. 8. 20. 경북 울릉도 ❷엽상체. 넓은 타원형-도란형-도란상 원형이며 희미한 (1~)3맥이 있다. ❸뿌리. 1개씩 나온다. ❹분개구리밥. 길이 1mm 이하로 매우 작다. 뿌리는 없다.

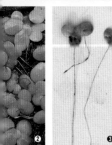

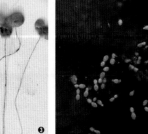

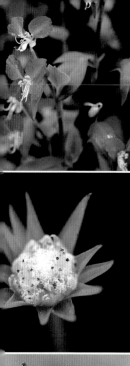

피자
식물문

MAGNOLIOPHYTA

백 합 강
LILIOPSIDA

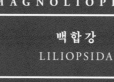

닭의장풀아강
COMMELINIDAE

닭의장풀과 COMMELINACEAE
곡정초과 ERIOCAULACEAE
골풀과 JUNCACEAE
사초과 CYPERACEAE
벼과 POACEAE
흑삼릉과 SPARGANIACEAE
부들과 TYPHACEAE

고깔닭의장풀

Commelina benghalensis L.

닭의장풀과

국내분포/자생지 제주 및 경남, 전남의 저지대에 드물게 분포

형태 1년초 또는 다년초. 줄기는 높이 10~30cm이며 차상으로 갈라지고 흔히 비스듬히 자란다. 잎은 길이 3~5cm의 피침형-난형이며 잎자루는 뚜렷하다. 잎집은 적색의 긴 딱딱한 털로 덮여 있다. 꽃은 7~10월에 잎과 마주나는 꽃차례에서 모여 달린다. 꽃잎은 3개이며 위쪽 2개의 꽃잎은 길이 3~5mm이고 청색-청자색이며 아래쪽 1개의 꽃잎은 보다 밝거나 흰색이다. 열매(삭과)는 길이 4~6mm의 타원형이다.

참고 닭의장풀에 비해 총포는 가장자리가 합생한 깔때기모양이며 폐쇄화가 달리는 것이 특징이다.

❶2015. 9. 10. 경남 통영시 욕지도 ❷꽃. 불염포모양의 총포는 가장자리가 합생하여 깔때기모양이다. ❸뿌리

닭의장풀

Commelina communis L.
Commelina coreana H. Lév.

닭의장풀과

국내분포/자생지 전국의 길가, 농경지, 민가, 숲가장자리 등

형태 1년초. 줄기는 길이 1m 정도까지 자라며 흔히 비스듬히 자라고 가지가 많이 갈라진다. 잎은 길이 3~9cm의 피침형-난상 피침형이며 뒷면에 털이 있거나 없다. 꽃은 6~10월에 청색-청자색으로 핀다. 꽃잎은 3개이다. 위쪽 2개의 꽃잎은 길이 9~10mm의 넓은 거의 원형이며 아래쪽 1개의 꽃잎은 피침형이고 반투명하다. 수술은 길고 2개이며 가수술은 짧고 4개이다. 열매(삭과)는 길이 5~7mm의 타원형이다.

참고 닭의장풀보다 소형이고 잎 뒷면에 털이 밀생하는 것을 좀닭의장풀로 구분하였으나 최근에는 닭의장풀에 통합하는 추세이다.

❶2016. 9. 16. 경북 영천시 ❷꽃. 불염포모양의 총포는 끝이 뾰족하다. 꽃잎은 3장이다. ❸꽃(백색). 간혹 백색으로 핀다. ❹열매. 타원상이다.

사마귀풀

Murdannia keisak (Hassk.) Hand.-Mazz.

닭의장풀과

국내분포/자생지 전국의 농경지, 하천가, 호수 등 습지

형태 1년초. 줄기는 흔히 비스듬히 또는 누워 자라며 가지가 많이 갈라진다. 잎은 길이 2~7cm의 좁은 피침형이다. 잎집은 앞면과 가장자리에 털이 있다. 꽃은 8~10월에 연한 적자색으로 피며 잎겨드랑이 또는 가지의 끝에 흔히 1개씩 달린다. 꽃받침잎은 길이 5~6mm의 좁은 타원형이다. 꽃잎은 3개이며 길이 4~6mm의 타원형-도란상 타원형이다. 수술과 가수술은 각 3개씩이다. 열매(삭과)는 길이 5~10mm의 좁은 타원형이다.

참고 닭의장풀속(*Commelina*)에 비해 총포가 없으며 꽃잎 3개가 동일한 모양이고 수술대의 밑부분에 긴 털이 있는 것이 특징이다.

❶2012. 9. 6. 강원 강릉시 ❷꽃. 총포는 없으며 꽃잎은 연한 적자색이고 크기가 비슷하다. ❸열매. 좁은 타원형이다. ❹줄기잎. 잎자루는 없으며 표면에 짧은 털이 있다.

자주달개비

Tradescantia ohioensis Raf.
Tradescantia reflexa Raf.

닭의장풀과

국내분포/자생지 관상용으로 식재 또는 드물게 야생

형태 다년초. 줄기는 모여나며 높이 40~60cm이고 곧추 자란다. 잎은 길이 10~40cm의 선형이고 흔히 활처럼 휘어지며 밑부분이 줄기를 감싼다. 꽃은 5~9월에 청자색-자색으로 피며 줄기와 가지의 끝부분에서 나온 총상꽃차례에서 빽빽이 모여 달린다. 꽃잎은 3개이며 길이 1~1.6cm의 넓은 난형이다. 꽃받침잎은 3개이며 길이 4~15mm이고 털이 없거나 끝부분에 긴 털이 약간 있다. 수술은 6개이며 수술대에는 깃털모양의 긴 털이 밀생한다.

참고 닭의장풀속에 비해 꽃이 방사대칭형을 이루며 수술이 6개인 것이 특징이다.

❶2016. 5. 31. 경기 김포시 ❷꽃. 수술은 6개이고 수술대에 깃털모양으로 갈라진 긴 털이 있다. ❸열매. 결실률이 낮다.

좀개수염
Eriocaulon decemflorum Maxim.

곡정초과

국내분포/자생지 전국의 저지대 또는 산지의 습지

형태 1년초. 잎은 길이 5~10cm, 너비 1~3mm의 선형이며 3~7(~11)맥이 있다. 암수한그루이다. 꽃은 8~9월에 피며 머리모양꽃차례는 지름 7~10mm의 반구형–도원뿔형이다. 총포편은 길이 3.5~5.5mm의 난상 긴 타원형이며 볏짚색이다. 수꽃의 꽃받침잎은 2개이고 아랫부분이 합생하며 꽃잎은 2개이며 통모양으로 합착한다. 수술은 4(~5)개이고 꽃밥은 흑색이다. 암꽃은 꽃잎과 꽃받침잎이 각 2개씩이며 암술대는 2개로 갈라진다.

참고 개수염에 비해 꽃이 2수성이고 암술대가 2개로 갈라지며 총포편의 길이가 보다 짧은 것이 특징이다.

❶2012. 9. 6. 강원 강릉시 ❷꽃. 총포는 난상 긴 타원형이며 끝은 뾰족하고 꽃차례보다 약간 더 길다. ❸열매. 씨는 거의 둥글고 광택이 난다. ❹뿌리잎. 흔히 3~7맥이 있다.

개수염(흰개수염)
Eriocaulon miquelianum Körn.
Eriocaulon sikokianum Maxim.

곡정초과

국내분포/자생지 주로 중부지방 이남의 산지습지

형태 1년초. 잎은 길이 6~15cm, 너비 1~3mm의 선형이며 (5~7~)9맥이 있다. 암수한그루이다. 꽃은 7~9월에 피며 머리모양꽃차례는 지름 8~10mm의 도원뿔형이다. 총포편은 길이 4~7.5mm의 피침형이며 백색–볏짚색이다. 수꽃의 꽃받침잎은 3개이고 불염포모양이며 꽃잎은 3개이고 좁은 난형이다. 수술은 6개이며 꽃밥은 흑색이다. 암꽃은 꽃잎과 꽃받침잎이 각 3개씩이며 암술대는 3개로 갈라진다.

참고 좀개수염에 비해 꽃이 3수성이며 암술대가 3개로 갈라지고 수술이 6개인 것이 특징이다

❶2007. 9. 13. 부산시 기장군 ❷꽃. 총포편은 피침형이고 끝이 길게 뾰족하며 꽃차례보다 훨씬 길다. ❸열매 ❹잎. 뚜렷한 7~9맥이 있다.

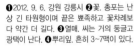

검은개수염
Eriocaulon parvum Körn.

곡정초과

국내분포/자생지 중부지방 이남의 농경지, 연못, 저수지 등 저지대 습지

형태 1년초. 잎은 길이 3~8cm, 너비 1~2mm의 선형이며 3~5맥이 있다. 암수한그루이다. 꽃은 9~10월에 피며 머리모양꽃차례는 지름 4~5mm의 거의 구형이다. 총포편은 도란형이고 꽃차례보다 짧으며 흑남색이다. 수꽃의 꽃받침잎은 3개이고 편평한 불염포모양이며 끝이 3개로 갈라진다. 꽃잎은 3개이고 피침형이며 수술은 6개이고 꽃밥은 흑색이다. 암꽃의 꽃받침잎은 3개이고 검은빛이 돌며 암술대는 3개로 갈라진다.

참고 곡정초(*E. cinereum*)에 비해 꽃밥이 흑색이며 암꽃의 꽃잎이 3개인 것이 특징이다.

❶ 2005. 10. 30. 제주 제주시 동백동산 ❷꽃. 총포는 꽃차례보다 짧고 흑남색이다. ❸ 열매. 꽃받침잎이 흑색이다. ❹ 뿌리잎. 짧은 편이며 3~5맥이 있다.

넓은잎개수염
Eriocaulon alpestre Hook. f. & Thomson ex Körn.

곡정초과

국내분포/자생지 전국의 농경지, 연못, 저수지 등 저지대 습지

형태 1년초. 잎은 길이 6~15cm, 너비 2~4(~6)mm의 선형이며 7~17맥이 있다. 암수한그루이다. 꽃은 8~10월에 피며 머리모양꽃차례는 지름 4~7mm의 반구형-거의 구형이다. 총포편은 난형이고 끝이 둔하거나 약간 뾰족하며 꽃차례보다 짧다. 수꽃의 꽃받침잎은 3개이고 불염포모양이며 끝이 3개로 얕게 갈라진다. 꽃잎은 통모양으로 합생하며 수술은 6개이고 꽃밥은 흑색이다. 암꽃의 꽃받침잎은 3개이며 암술대는 3개로 갈라진다.

참고 긴개수염에 비해 총포편이 꽃차례보다 짧고 끝이 길게 뾰족하지 않은 것이 특징이다.

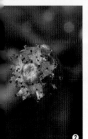

❶ 2012. 10. 12. 제주 제주시 조천읍 ❷꽃. 총포편은 꽃차례보다 짧다. 수술은 6개이고 꽃밥은 흑색이다. ❸ 열매 ❹뿌리잎. 꽃줄기보다 길며 7~17맥이 있다.

큰개수염

Eriocaulon taquetii Lecomte
Eriocaulon hondoense Satake

곡정초과

국내분포/자생지 주로 남부지방의
농경지, 연못, 저수지 등 저지대 습지
형태 1년초. 잎은 길이 8~20cm, 너
비 2~6mm의 선형이며 5~15맥이
있다. 암수한그루이다. 꽃은 8~9
월에 피며 머리모양꽃차례는 지름
4~9mm의 반구형이다. 총포편은 길
이 5~17mm의 피침형이고 끝이 길게
뾰족하다. 수꽃은 꽃받침잎이 통모양
이며 끝이 3개로 얕게 갈라지고 꽃잎
은 아랫부분이 합생하며 수술은 6개
이고 꽃밥은 흑색이다. 암꽃은 꽃받
침잎이 합생하며 끝부분은 3개로 얕
게 갈라지며 꽃잎은 3개이고 암술대
는 3개로 갈라진다.
참고 넓은잎개수염에 비해 총포편이
피침형이고 끝이 길게 뾰족하며 꽃차
례보다 긴 것이 특징이다.

❶2012. 10. 12. 제주 제주시 조천읍 ❷꽃.
총포편은 녹색이고 꽃차례보다 훨씬 길다.
❸열매 ❹뿌리잎. 꽃줄기보다 길며 5~15맥
이 있다.

꿩의밥

Luzula capitata Kom.

골풀과

국내분포/자생지 전국의 산과 들
형태 다년초. 줄기는 높이 10~30cm
이고 모여나며 곧추 자란다. 뿌리 부
근의 잎은 길이 7~15cm의 선형이고
가장자리에 백색의 긴 털이 많다. 줄
기잎은 2~3개이고 작은 편이다. 꽃은
4~5월에 피고 줄기의 끝에서 나온
머리모양꽃차례에서 빽빽이 모여 달
린다. 잎모양의 포는 꽃차례보다 길
다. 화피편은 길이 2.5~3mm의 넓은
피침형이며 6개이다. 수술은 6개이고
암술머리는 3개로 갈라진다. 열매(삭
과)는 세모진 난형이며 화피편과 길이
가 비슷하다.
참고 산꿩의밥에 비해 머리모양꽃차
례가 보통 1(~3)개씩 달리고 대형인
것이 특징이다.

❶2003. 5. 1. 인천시 강화도 ❷꽃. 암술머
리는 3개로 깊게 갈라지며 수술은 6개이고
수술대는 매우 짧다. ❸열매. 세모진 난형
이고 약간 광택이 난다. ❹잎. 잎집과 잎가
장자리에 긴 털이 밀생한다.

산꿩의밥
Luzula multiflora (Ehrh.) Lej.

골풀과

국내분포/자생지 전국의 산과 들
형태 다년초. 줄기는 높이 20~40cm
이고 모여나며 곧추 자란다. 뿌리 부근
의 잎은 길이 6~15cm의 선형이고 가
장자리에 백색의 긴 털이 많다. 줄기잎
은 1~3개이고 작은 편이다. 꽃은 4~5
월에 피고 머리모양꽃차례에서 4~10
개씩 모여 달린다. 화피편은 길이
2.5~3mm의 난형상 피침형이며 6개
이다. 수술은 6개이다. 열매(삭과)는 세
모진 난형이며 화피편보다 약간 길다.
참고 꿩의밥에 비해 크기가 작은 머
리모양꽃차례가 여러 개씩 취산상 또
는 산형상으로 달리고 꽃차례에 자루
가 있으며 잎모양의 포가 꽃차례보다
짧은 것이 특징이다.

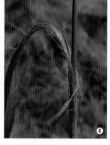

❶ 2002. 4. 21. 울산시 울주군 정족산
❷ 꽃. 머리모양의 꽃차례에 긴 자루가 있
다. ❸ 열매. 세모진 난형이다. ❹ 잎. 잎집과
잎가장자리에 긴 털이 있다.

애기골풀(애기비녀골풀)
Juncus bufonius L.

골풀과

국내분포/자생지 전국의 저지대 습
지 가장자리에서 드물게 분포
형태 1년초. 줄기는 높이 5~25cm이
며 뿌리에서 모여난다. 뿌리 부근의
잎은 길이 5~8cm이고 1~2개이며 줄
기잎은 길이 7~13cm이고 1~3개이
다. 꽃은 5~6월에 피며 취산상꽃차
례에서 약간 밀집하여 모여 달린다.
화피편은 길이 3.5~4.5mm의 피침
상 삼각형이고 녹백색이며 외화피편
이 내화피편보다 약간 더 길다. 수술
은 6개이고 암술머리는 길이 0.5mm
정도이고 3개로 갈라진다. 열매(삭과)
는 길이 3.5~3.6mm의 타원형~타원
상 난형이다.
참고 1년초이며 꽃지데의 길이가 식
물체 높이의 2분의 1 이상인 것이 특
징이다.

❶2011. 8. 10. 강원 고성군 ❷꽃. 1개씩 달
린다. 화피편은 피침상이며 수술은 6개이
다. ❸ 열매. 능각이 없는 타원형이며 화피
편과 길이가 비슷하다. ❹ 뿌리 부근의 잎.
1~2장이고 줄기의 윗부분에는 잎이 없다.

물골풀

Juncus gracillimus (Buchenau)
V. I. Krecz. & Gontsch.

골풀과

국내분포/자생지 전국의 해안가 염
습지, 갯바위 등

형태 다년초. 줄기는 높이 40~70cm
이고 원통형이며 땅속줄기가 옆으
로 벋는다. 줄기잎은 1~3개이며 길이
14~30cm이다. 꽃은 6~7월에 피며
취산상꽃차례에서 모여 달린다. 포
는 길이 2.5~9cm의 잎모양이다. 화
피편은 길이 1.8~2.5mm의 피침상 난
형-난형이고 끝은 둔하다. 수술은 6
개이며 암술대는 매우 짧고 암술머리
는 길이 1.5mm 정도이다. 열매(삭과)
는 길이 1.8~2.5mm의 난형-구형이
고 끝이 둥글거나 둔하다.

참고 줄기잎의 잎몸은 뚜렷하며 꽃
차례가 줄기의 끝부분에 달리고 포가
잎모양인 것이 특징이다.

❶ 2006. 6. 28. 전남 완도 ❷꽃. 화피편
은 난형이고 끝이 둔하다. 수술은 6개이다.
❸ 열매. 능각이 희미한 난형상이고 끝이 둔
하며 화피편보다 길다. ❹줄기잎. 길골풀이
나 골풀에 비해 줄기잎이 있다.

길골풀

Juncus tenuis Willd.

골풀과

국내분포/자생지 전국의 습한 길가,
풀밭, 습지 등

형태 다년초. 줄기는 높이 20~50cm
이고 뿌리 부근에서 모여난다. 줄기
아래쪽의 잎은 길이 10~20cm이고
1~2개이다. 꽃은 6~7월에 피며 취산
상꽃차례에서 밀집해서 모여 달린다.
화피편은 길이 3.5~4mm의 피침형
이고 끝은 뾰족하다. 수술은 6개이며
암술대는 매우 짧고 암술머리는 길이
1.5mm 정도이다. 열매(삭과)는 길이
3~3.5mm의 난형-구형이고 끝이 둥
글거나 둔하다.

참고 물골풀에 비해 줄기가 빽빽이
모여나며 잎이 주로 줄기의 중간 이
하에서 나고 화피편이 피침형이며 끝
이 매우 뾰족한 것이 특징이다.

❶ 2016. 6. 16. 서울시 한강공원 ❷꽃. 화피
편은 피침형이고 끝이 뾰족하다. 수술은 6
개이다. ❸열매. 능각이 희미한 난형상이고
끝은 둔하며 화피편보다 약간 짧다.

골풀
Juncus decipiens (Buchenau) Nakai
Juncus effusus var. *decipiens*
Buchenau

골풀과

국내분포/자생지 전국의 습한 길가, 농경지, 습지 등

형태 다년초. 줄기는 높이 25~100cm 이고 원통형이며 땅속줄기는 옆으로 짧게 벋는다. 잎은 비늘모양이고 줄기에 3~4개가 있다. 꽃은 6~7월에 피며 줄기의 옆에서 나온 것처럼 보이는 취산상꽃차례에서 모여 달린다. 포는 줄기모양이며 길이 16~34cm이다. 화피편은 길이 1.6~2.4mm의 난형이고 끝은 둔하다. 수술은 3개이며 암술대는 매우 짧다. 열매(삭과)는 길이 2.3~2.5mm의 난형상이고 끝이 둥글거나 편평하다.

참고 푸른갯골풀에 비해 줄기의 능각이 미약하고 열매의 끝이 편평한 것이 특징이다.

❶2002. 6. 17. 강원 양양군 ❷열매. 능각이 희미한 난형상이고 끝이 다소 편평하다. ❸줄기. 원통형이며 능각이 불명확하다.

푸른갯골풀
Juncus setchuensis Buchenau

골풀과

국내분포/자생지 중남부지방의 농경지, 하천가, 호수 등 습지

형태 다년초. 줄기는 높이 40~80cm 이고 원통형이며 땅속줄기는 옆으로 짧게 벋는다. 잎은 길이 1~9cm의 비늘모양이고 줄기에 1~3개가 있다. 꽃은 6~7월에 피며 줄기의 옆에서 나온 것처럼 보이는 취산상꽃차례에서 모여 달린다. 포는 줄기모양이며 길이 14~22cm이다. 화피편은 길이 2~3mm의 난상 피침형이고 끝은 뾰족하다. 수술은 3개이며 암술대는 매우 짧다. 열매(삭과)는 길이 2.5~2.7mm의 난형상이고 끝이 둔하다.

참고 골풀에 비해 줄기에 푸른빛이 돌며 능각(설)이 뚜렷하고 열매가 가(불완전한)삼실이며 끝이 둔한 것이 특징이다.

❶2004. 5. 17. 전남 완도 ❷꽃(봉오리). 꽃차례에 빽빽하게 달리는 모습이 골풀과 비슷하다. ❸ 열매. 끝이 둔하거나 둥글다. ❹줄기. 푸른빛이 도는 녹색이며 능각이 뚜렷하다.

검정납작골풀

Juncus fauriei H. Lév. & Vaniot

골풀과

국내분포/자생지 강원의 석호와 인근 해안가 습한 모래땅에 드물게 분포

형태 다년초. 줄기는 높이 30~70cm 이고 땅속줄기는 옆으로 길게 벋는다. 잎은 비늘모양이고 줄기에 3~4개가 있다. 꽃은 5~6월에 피며 취산상 꽃차례에서 모여 달린다. 포는 줄기 모양이며 길이 5~13cm이다. 화피편은 길이 2.9~3.7mm의 좁은 피침형이고 끝이 뾰족하다. 수술은 6개이며 암술머리는 3개로 갈라진다. 열매(삭과)는 길이 3~4mm의 난형상이다.

참고 골풀에 비해 줄기의 단면이 납작한 원통형이고 속이 거미줄 같은 유조직으로 채워져 있으며 땅속줄기의 마디 사이가 뚜렷한 것이 특징이다.

❶ 2014. 5. 27. 강원 양양군 ❷ 열매. 약간 세모진 난형상이며 화피편과 길이가 비슷하거나 약간 짧다. ❸ 줄기. 약간 납작한 원통형이며 속이 거미줄 같은 유조직으로 채워져 있다. ❹ 땅속줄기. 옆으로 벋으며 마디 사이가 뚜렷하다.

비녀골풀

Juncus krameri Franch. & Sav.

골풀과

국내분포/자생지 중부지방 이북의 습한 풀밭이나 습지

형태 다년초. 줄기는 높이 45~60cm 이고 원통형이며 땅속줄기는 짧게 벋는다. 줄기잎은 2~3(~4)개이며 길이 10~27cm의 거의 원통형이고 완전한 격막을 갖는다. 꽃은 7~9월에 피며 4~6개씩 밀집해 취산상꽃차례를 이룬다. 화피편은 길이 2.5~3mm의 피침형이고 끝은 뾰족하다. 수술은 3개 또는 6개이며 암술대는 매우 짧다. 열매(삭과)는 길이 3~3.5mm의 세모진 난형이다.

참고 청비녀골풀에 비해 땅속줄기의 마디사이가 뚜렷하며 열매가 화피편과 비슷하거나 약간 더 긴 것이 특징이다.

❶ 2013. 8. 7. 강원 양양군 ❷ 열매. 세모진 난형상이며 화피편과 길이가 비슷하거나 약간 더 길다. ❸ 줄기(좌)와 잎(우). 잎은 원통형이고 세로능각이 뚜렷하지 않다. ❹ 땅속줄기. 옆으로 벋으며 마디사이가 뚜렷하다.

청비녀골풀

Juncus papillosus Franch. & Sav.

골풀과

국내분포/자생지 전국의 습한 풀밭이나 습지

형태 다년초. 줄기는 높이 20~60cm이고 원통형이다. 줄기잎은 2~4개이며 길이 10~35cm의 거의 원통형이고 완전한 격막을 갖는다. 꽃은 6~9월에 피며 2~3개씩 모여서 취산상꽃차례를 이룬다. 화피편은 길이 2.2~2.5mm의 좁은 피침형이고 끝이 뾰족하다. 수술은 3개이며 암술대는 매우 짧다. 열매(삭과)는 길이 3~3.5mm의 세모진 피침상 난형이고 끝이 길게 뾰족하다.

참고 비녀골풀에 비해 줄기는 뿌리 부근에서 촘촘히 모여나고 길게 벋는 땅속줄기가 있으며 열매가 화피편보다 1.5~2배 정도 긴 것이 특징이다.

❶ 2002. 8. 4. 울산시 울주군 무제치늪 ❷꽃. 화피편은 좁은 피침형이고 끝이 뾰족하다. 수술은 3개이다. ❸ 열매. 세모진 피침상 난형이며 화피편보다 훨씬 길다. ❹ 줄기(좌)와 잎(우). 잎은 원통상이고 세로능각이 뚜렷하다.

날개골풀

Juncus alatus Franch. &Sav.

골풀과

국내분포/자생지 주로 중남부지방의 습한 풀밭이나 습지

형태 다년초. 줄기는 높이 30~45cm이고 편평하며 가장자리에 날개가 발달한다. 줄기잎은 1~2(~3)개이고 길이 10~20cm, 너비 3~4mm이며 편평하고 불완전한 격막을 갖는다. 꽃은 6~7월에 피며 6~10개씩 컵모양으로 모여서 취산상꽃차례를 이룬다. 화피편은 길이 3~3.5mm의 피침형이고 끝이 뾰족하다. 수술은 6개이고 암술대는 짧다. 열매(삭과)는 길이 4mm 정도의 세모진 난형이고 끝이 뾰족하다.

참고 참비녀골풀에 비해 잎과 줄기가 넓고 꽃이 컵모양으로 모여 달리며 수술이 6개인 것이 특징이다.

❶ 2011. 6. 24. 제주 서귀포시 ❷열매. 세모진 난형이며 화피편보다 약간 더 길다. ❸ 줄기(좌측상에서 두 번째)와 잎. 줄기는 납작하고 양쪽 가장자리에 날개가 발달한다. 잎도 납작하다.

별날개골풀

Juncus diastrophanthus Buchenau

골풀과

국내분포/자생지 제주를 제외한 전국의 습한 풀밭이나 습지 주변

형태 다년초. 줄기는 높이 25~42cm이고 편평하며 가장자리에 날개가 발달한다. 줄기잎은 3~4(~5)개이다. 잎은 길이 5~17cm, 너비 2.5~3mm이고 편평하며 불완전한 격막을 갖는다. 꽃은 6~7월에 피며 10~25(~40)개씩 별모양으로 빽빽이 모여서 취산상꽃차례를 이룬다. 화피편은 길이 2.9~3.4mm의 좁은 피침형이고 끝이 뾰족하다. 수술은 3개이다. 열매(삭과)는 길이 4.5~4.7mm의 세모진 피침상 난형이고 끝이 뾰족하다.

참고 참비녀골풀에 비해 열매가 화피편의 2배 정도 긴 것이 특징이다.

❶2001. 8. 21. 경북 울진군 ❷꽃. 수술은 3개이다. ❸열매. 별모양으로 모여 달린다. 화피편보다 훨씬 길다. ❹줄기(좌)와 잎(우). 줄기는 납작하고 양쪽 가장자리에 날개가 발달한다.

참비녀골풀

Juncus prismatocarpus subsp. *leschenaultii* (Gay ex Laharpe) Kirschner

골풀과

국내분포/자생지 주로 남부지방의 습한 풀밭이나 습지

형태 다년초. 줄기는 높이 20~30cm이고 편평하며 가장자리에 날개가 발달한다. 줄기잎은 1~3(~4)개이다. 잎은 길이 5~10cm, 너비 1.3~2mm이고 편평하며 불완전한 격막이 있다. 꽃은 5~7월에 피며 5~10개씩 별모양으로 모여서 취산상꽃차례를 이룬다. 화피편은 길이 4~5mm의 좁은 피침형이고 끝이 뾰족하다. 수술은 3개이다. 열매(삭과)는 길이 4~5mm의 세모진 피침상 난형이고 끝이 뾰족하다.

참고 별날개골풀에 비해 줄기와 잎이 좁은 편이며 열매의 길이가 화피편과 비슷한 것이 특징이다.

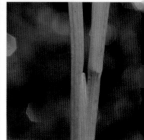

❶2004. 6. 26. 경남 거제도 ❷열매. 화피편과 길이가 비슷하거나 약간 짧다. ❸줄기(좌)와 잎(우). 줄기는 납작하고 양쪽 가장자리에 날개가 발달한다. 잎도 납작하다.

방동사니

Cyperus amuricus Maxim.

사초과

국내분포/자생지 전국의 길가(특히 임도), 농경지, 저수지, 하천가에 비교적 드물게 분포

형태 1년초. 줄기는 높이 10~50cm이고 모여난다. 잎은 너비 2~5mm의 납작한 선형이다. 소수(小穗)는 길이 5~15mm의 선형-도란상 긴 타원형이며 소화는 8~20개이고 2열로 배열된다. 비늘조각은 길이 1~1.5mm이고 황갈색-적갈색이다. 열매(수과)는 길이 1mm 정도의 세모진 도란상 긴 타원형-도란형이고 갈색으로 익는다. 개화/결실기는 8~10월이다.

참고 금방동사니에 비해 비늘조각이 흔히 갈색-적갈색이며 비늘조각의 끝이 까락모양이고 밖으로 휘어지는 것이 특징이다.

❶2005. 8. 6. 제주 제주시 ❷꽃차례. 가지는 갈라지지 않는다. ❸~❹소수. 비늘조각의 끝이 까락모양으로 뾰족하며 밖으로 휘어진다.

참방동사니

Cyperus iria L.

사초과

국내분포/자생지 전국의 민가(잔디밭 등), 농경지, 저수지, 하천가 등

형태 1년초. 줄기는 높이 10~40cm이며 모여난다. 잎은 너비 2~5mm의 납작한 선형이다. 소수는 길이 1~4cm의 선형-피침상 긴 타원형-타원상 난형이며 소화는 6~22개이고 2열로 배열된다. 비늘조각은 길이 1~1.5mm의 넓은 도란형이고 연한 황색-황갈색이다. 열매(수과)는 길이 1.2~1.4mm의 세모진 긴 타원형-도란형이고 갈색으로 익는다. 개화/결실기는 8~10월이다.

참고 소수가 가지에서 좁은 각도로 비스듬히 달리며 비늘조각의 끝은 뭉특한 것(돌기가 매우 짧음)이 특징이다. 민가 주변에서 매우 흔하게 자란다.

❶2001. 8. 5. 경남 창원시 주남저수지 ❷~❸꽃차례. 가지는 1~2회로 갈라지며 소수는 가지의 축에서 좁은 각도로 벌어져 달린다. ❹소수. 비늘조각의 끝이 뭉툭하다.

금방동사니

Cyperus microiria Steud.

사초과

국내분포/자생지 전국의 민가(잔디밭 등), 농경지, 저수지, 하천가 등

형태 1년초. 줄기는 높이 10~50cm 이며 모여난다. 잎은 너비 2~5mm 의 납작한 선형이다. 소수는 길이 6~15mm의 선형-피침상 긴 타원형 이며 소화는 8~24개이고 2열로 배 열된다. 비늘조각은 길이 1.2~1.6mm 이고 황갈색이다. 열매(수과)는 길이 1.2~1.5mm의 세모진 도란형이고 갈 색으로 익는다. 개화/결실기는 8~10 월이다.

참고 비늘조각은 광택이 나는 황색(황 금색)-황갈색이고 끝이 까락모양으로 짧게 돌출하는 것이 특징이다. 민가 주변에서 흔히 자란다.

❶ 2008. 9. 28. 전남 담양군 ❷ 꽃차례. 가 지는 1~2회로 갈라지며 소수는 가지의 축 에서 45~90°로 벌어져 달리는 것이 특징 이다. ❸ 소수. 비늘조각의 끝은 돌기모양 으로 뾰족하지만 뒤로 젖혀지지 않는다. ❹ 금방동사니/참방동사니 소수 비교. 참방 동사니(우)에 비해 비늘조각의 끝이 뚜렷한 돌기모양이다.

알방동사니

Cyperus difformis L.

사초과

국내분포/자생지 전국의 농경지, 저 수지, 하천가 등 습한 풀밭

형태 1년초. 줄기는 높이 10~40cm 이며 모여난다. 잎은 너비 2~5mm 의 납작한 선형이다. 소수는 길이 1~4cm의 선형-피침상 긴 타원형- 타원상 난형이며 소화는 6~22개이 고 2열로 배열한다. 비늘조각은 길 이 1~1.5mm의 넓은 도란형이고 연한 황색-황갈색이다. 열매(수과)는 길이 1.2~1.4mm의 세모진 긴 타원형-도 란형이고 갈색으로 익는다. 개화/결 실기는 8~10월이다.

참고 소수가 구형으로 빽빽이 모여 달 리며 비늘조각이 1mm 이하로 작은 점 이 특징이다.

❶ 2002. 8. 28. 경남 창녕군 ❷ 꽃차례. 길 이가 서로 다른 가지는 손바닥모양으로 갈 라지며 소수는 가지의 끝부분에서 구형(둥 근모양)으로 모여 달린다. ❸ 소수. 적갈색이 며 소화는 2열로 배열된다.

병아리방동사니

Cyperus flaccidus R. Br.
Cyperus hakonensis Franch. & Sav.

사초과

국내분포/자생지 전국의 농경지, 저수지, 하천가 등 습한 풀밭

형태 다년초. 줄기는 높이 5~20cm이고 모여나며 땅속줄기는 짧다. 잎은 너비 1~2mm의 납작한 선형이다. 소수는 길이 5~12mm의 편평한 선상 피침형-긴 타원형이며 소화는 12~30개이고 2열로 배열된다. 비늘조각은 길이 1~1.5mm이고 연한 녹색-황록색이다. 열매(수과)는 길이 0.3~0.5mm의 세모진 도란형이고 갈색으로 익는다. 개화/결실기는 8~10월이다.

참고 소수 비늘조각의 끝이 까락모양으로 돌출하여 밖으로 휘어지는 것이 특징이다. 학자에 따라서는 동아시아에 분포하는 것을 *C. hakonensis*로, 호주와 뉴질랜드에 분포하는 것을 *C. flaccidus*로 구분하기도 한다.

❶2002. 8. 21. 경북 울진군 ❷꽃차례. 소수는 가지 끝부분에서 2~6개씩 모여 달린다. ❸소수. 연한 녹색-황록색이며 소화는 2열로 배열된다.

드렁방동사니

Cyperus flavidus Retz.
Cyperus globosus All.

사초과

국내분포/자생지 전국의 농경지, 저수지, 하천가 등 습한 풀밭

형태 다년초. 줄기는 높이 10~50cm이고 모여나며 땅속줄기는 짧다. 잎은 너비 1~2mm의 납작한 선형이고 줄기와 길이가 비슷하거나 짧다. 소수는 길이 3~18mm의 납작한 선형-선상 긴 타원형이며 소화는 20~50개이고 2열로 배열된다. 비늘조각은 길이 1.5mm 정도이고 황갈색-적갈색이다. 열매(수과)는 길이 1mm 정도의 도란형이고 갈색으로 익는다. 개화/결실기는 8~10월이다.

참고 소수가 납작한 선형-선상 긴 타원형이고 소화가 많이 달리며 비늘조각은 황갈색-적갈색인 것이 특징이다.

❶2001. 7. 27. 경북 울진군 ❷꽃차례. 가지가 손바닥모양으로 갈라지며 소수는 끝부분에서 비교적 성기게 달린다. ❸소수. 적갈색이고 소화는 2열로 배열된다.

쇠방동사니

Cyperus orthostachyus Franch. & Sav.

사초과

국내분포/자생지 전국의 농경지, 저수지, 하천가 등 습한 풀밭

형태 1년초. 줄기는 높이 10~40cm이고 모여난다. 잎은 너비 2~5mm의 납작한 선형이다. 소수는 길이 4~25mm의 납작한 선형-좁은 난형이며 소화는 6~26개이고 2열로 배열된다. 비늘조각은 길이 1.5mm 정도이고 적갈색-흑갈색이다. 열매(수과)는 길이 1mm 정도의 세모진 도란형이고 갈색으로 익는다. 개화/결실기는 8~10월이다.

참고 휴경지 및 논, 저수지 주변에서 흔하게 보이며 적갈색-흑갈색을 띤 뭉툭한 비늘조각이 특징이다

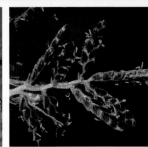

❶2002. 10. 28. 경남 양산시 정족산 ❷꽃차례. 적갈색-갈색이며 화수(花穗)는 길이 1~3.5cm이고 5~23(~30)개의 소수가 빽빽이 모여 달린다. ❸소수. 비늘조각의 끝이 뭉툭하고 2열로 배열한다.

갯방동사니
(중방동사니)

Cyperus polystachyos Rottb.

사초과

국내분포/자생지 중부지방 이남의 바닷가, 하천가 또는 인근 습지

형태 1년초 또는 드물게 다년초. 줄기는 높이 10~40cm이고 모여난다. 잎은 너비 2~4mm의 납작한 선형이며 줄기와 길이가 비슷하거나 짧다. 소수는 길이 7~18mm의 납작한 선형-선상 긴 타원형이며 소화는 (6~)20~30개이고 2열로 배열된다. 비늘조각은 길이 2mm 정도이고 적갈색-갈색이다. 열매(수과)는 길이 1mm 정도의 긴 타원형-난상 긴 타원형이고 갈색으로 익는다. 개화/결실기는 8~10월이다.

참고 끝이 뾰족한 적갈색-갈색의 소수가 머리모양으로 밀집하여 달리는 것이 특징이다.

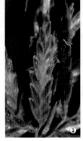

❶2001. 8. 21. 경북 울진군 ❷꽃차례. 길이가 짧은 가지의 끝부분에서 머리모양으로 빽빽이 모여 달린다. 가지는 길이 3.5cm 이하이다. ❸~❹소수. 적갈색-갈색이며 소화는 2열로 배열된다.

방동사니대가리
Cyperus sanguinolentus Vahl

국내분포/자생지 전국의 농경지, 임도변, 저수지, 하천가 등 습한 풀밭
형태 1년초. 줄기는 높이 5~40cm이고 모여난다. 잎은 너비 2~4mm의 납작한 선형이고 줄기와 길이가 비슷하거나 짧다. 소수는 길이 5~18mm의 긴 타원상 난형-좁은 난형이며 소화는 (6~)14~24개이고 2열로 배열된다. 비늘조각은 길이 2mm 정도이고 자갈색이다. 열매(수과)는 길이 1~1.5mm의 도란형이고 갈색으로 익는다. 개화/결실기는 8~10월이다.
참고 비교적 너비가 넓은 소수가 머리모양으로 빽빽이 모여 달리며 소수의 비늘조각이 넓은 것이 특징이다.

❶2001. 8. 21. 경북 울진군 ❷꽃차례. 길이가 서로 다른 가지의 끝부분에서 머리모양으로 빽빽이 모여 달린다. ❸소수. 갈색이고 소화는 2열로 배열된다.

푸른방동사니
Cyperus nipponicus Franch. & Sav.

국내분포/자생지 전국의 농경지, 임도변, 저수지, 하천가 등 습한 풀밭
형태 1년초. 줄기는 높이 5~20cm이고 모여난다. 잎은 너비 1.5~2mm의 납작한 선형이고 줄기와 길이가 비슷하거나 짧다. 소수는 길이 3~8mm의 피침상 긴 타원형-긴 타원상 난형이며 소화는 (3~)20~30개이고 2열로 배열된다. 비늘조각은 길이 2mm 정도이고 백색-녹백색(또는 갈백빛 도는 녹색)이다. 열매(수과)는 길이 1mm 정도의 도란형(길이가 너비의 2배)이고 갈색으로 익는다. 개화/결실기는 8~10월이다.
참고 푸른방동사니와 외부 형태가 유사하지만 열매가 원통형(길이가 너비의 3배 정도)인 것을 **애기방동사니(*C. pygmaeus*)**라고 하며 주로 저수지의 가장자리에서 자란다.

❶2006. 9. 23. 전남 광주시 동구 ❷소수. 흔히 연한 녹색이고 소화는 2열로 배열된다. ❸애기방동사니(2016. 9. 7. 전북 군산시 신시도)

서울방동사니
(흰방동사니)

Cyperus pacificus (Ohwi) Ohwi

사초과

국내분포/자생지 전국의 농경지, 임도변, 저수지, 하천가 등 습한 풀밭
형태 1년초. 줄기는 높이 5~30cm이고 모여난다. 잎은 너비 1~3mm의 납작한 선형이다. 소수는 길이 3~5mm의 긴 타원형–좁은 난형이며 소화는 2열(아래쪽은 나선상)로 배열된다. 비늘조각은 길이 1.5mm 정도이고 백록색–연한 녹색이다. 열매(수과)는 길이 0.5~1mm의 긴 타원형이며 갈색으로 익는다. 개화/결실기는 8~10월이다.
참고 푸른방동사니에 비해 열매가 긴 타원형(길이가 너비의 3배)이고 애기방동사니에 비해 소수의 비늘조각이 나선상으로 붙는 것이 특징이다.

❶2013. 8. 9. 전북 임실군 ❷꽃차례. 소수는 매우 짧은 가지 끝에서 머리모양으로 빽빽이 모여 달린다. ❸소수. 아래쪽의 소화가 나선상으로 돌려나기 때문에 애기방동사니에 비해 두텁다. ❹열매. 가장자리에 막질의 날개가 있다.

모기방동사니

Cyperus haspan L.

사초과

국내분포/자생지 전국의 농경지(묵논), 임도변, 저수지, 하천가 등 습한 풀밭
형태 다년초. 줄기는 높이 10~50cm이며 땅속줄기는 옆으로 벋는다. 잎은 너비 2~3mm의 납작한 선형이다. 소수는 길이 5~10mm의 납작한 선형이며 소화는 10~25개이고 2열로 배열된다. 비늘조각은 길이 1.5mm 정도이고 황갈색–자갈색–적갈색이다. 열매(수과)는 길이 0.6~0.8mm의 도란형이고 갈색으로 익는다. 개화/결실기는 8~10월이다.
참고 우산방동사니에 비해 다년초이고 옆으로 벋는 땅속줄기가 있으며 소수의 비늘조각이 겹쳐 달려서 소수축이 잘 보이지 않는 것이 특징이다.

❶2012. 8. 9. 강원 고성군 ❷꽃차례. 가지는 손바닥모양으로 갈라지며 소수는 끝부분에서 성기게 모여 달린다. ❸소수. 갈색이며 소화는 2열로 배열된다. ❹땅속줄기. 옆으로 길게 벋는다.

우산방동사니
Cyperus tenuispica Steud.

사초과

국내분포/자생지 제주 및 남부지방의 임도변, 저수지, 하천가 등 습한 풀밭

형태 1년초. 줄기는 높이 5~20cm이고 모여난다. 잎은 너비 1~2mm의 납작한 선형이다. 소수는 길이 3~12mm의 선형이며 소화는 10~40개이고 2열로 배열된다. 비늘조각은 길이 1mm 정도이고 자갈색이다. 열매(수과)는 길이 0.3mm 정도의 도란형이며 갈색으로 익는다. 개화/결실기는 8~10월이다.

참고 모기방동사니에 비해 1년초이고 줄기가 모여나며 소수의 비늘조각이 겹치지 않아 소수축이 보이는 것이 특징이다.

❶ 2014. 9. 21. 전남 신안군 ❷~❸꽃차례. 가지는 손바닥모양으로 갈라지며 소수는 끝부분에서 3~12개씩 성기게 모여 달린다. ❹소수. 자갈색-적갈색이며 소화는 2열로 배열된다.

방동사니아재비
Cyperus cyperoides (L.) Kuntze
Carex cyperoides Murray

사초과

국내분포/자생지 제주 및 남부지방 도서의 길가, 농경지, 풀밭 등

형태 다년초. 줄기는 높이 20~50cm이고 모여나며 땅속줄기는 짧다. 잎은 너비 3~6mm의 납작한 선형이다. 소수는 길이 3~5mm의 선상 피침형-긴 타원상 난형이고 1~3개의 소화가 달린다. 비늘조각은 길이 3mm 정도의 긴 타원형이며 연한 녹색-황록색이다. 열매(수과)는 길이 1.5~2mm의 세모진 피침상 긴 타원형이고 갈색으로 익는다. 개화/결실기는 8~10월이다.

참고 소수가 길이 1~3cm의 원통형 화수에 빽빽이 모여 달리는 것이 특징이다.

❶ 2009. 8. 29. 제주 서귀포시 ❷꽃차례. 가지는 5~10개이고 손바닥모양으로 갈라진다. ❸소수. 연한 녹색-녹색-황갈색이고 원통형으로 빽빽이 모여난다.

기름골

Cyperus esculentus L.

사초과

국내분포/자생지 북아메리카 원산. 전국의 길가, 농경지, 하천가, 풀밭 등
형태 다년초. 줄기는 높이 20~50cm 이고 짧게 모여나며 땅속줄기는 길게 벋고 가을철에 끝부분에서 덩이줄기를 형성한다. 잎은 너비 3~6mm의 납작한 선형이다. 소수는 길이 1~1.5cm 의 선형-긴 타원형이며 소화는 10~20 개이고 2열로 배열된다. 비늘조각은 길이 2.2~2.6mm이고 황색-황갈색이다. 열매(수과)는 길이 1.2~1.5mm의 세모진 타원형이며 갈색으로 익고 광택이 난다. 개화/결실기는 8~10월이다.
참고 땅속줄기의 끝부분에서 덩이줄기가 생기며 가지가 길고 밝은 황색-황갈색의 소수가 엉성하게 달리는 것이 특징이다.

❶2011. 8. 26. 전남 담양군 ❷꽃차례. 손바닥모양으로 갈라진 가지의 끝부분에서 5~25개의 소수가 느슨히 모여 달린다. 가지의 길이는 최대 12cm까지 이른다. ❸~❹소수. 황록색-황갈색이며 소화는 2열로 배열된다.

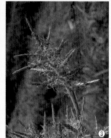

왕골

Cyperus exaltatus var. *iwasakii*
(Makino) T. Koyama

사초과

국내분포/자생지 아시아, 아프리카, 오세아니아의 열대-아열대지역 원산. 전국의 호수, 저수지 및 하천가
형태 1년초. 줄기는 높이 1~1.5m이고 모여난다. 잎은 너비 5~10mm의 납작한 선형이다. 소수는 길이 4~6mm 의 피침상 긴 타원형-긴 타원상 난형이며 소화는 6~16개이고 2열로 배열된다. 비늘조각은 길이 1.5mm 정도이며 황갈색-자갈색이고 광택이 약간 난다. 열매(수과)는 길이 1mm 정도의 세모진 타원형-도란형이고 갈색으로 익는다. 개화/결실기는 8~10월이다.
참고 재배하던 것이 야생화되어 저수지 주변이나 하천가에서 드물게 자란다. 식물체가 대형이고 가지에서 2회 갈라지며 많은 소수가 약간 느슨히 달리는 것이 특징이다.

❶2013. 11. 2. 전남 장성군 ❷꽃차례. 가지는 2차 분지하며 끝에 1~3개의 화수가 달린다. ❸소수. 황갈색-적갈색이며 소화는 2열로 배열된다.

물방동사니

Cyperus glomeratus L.

사초과

국내분포/자생지 전국의 농경지(특히 묵논), 저수지, 하천가 등 습지

형태 1년초. 줄기는 높이 30~90cm이고 모여난다. 잎은 너비 4~8mm의 납작한 선형이다. 소수는 길이 5~10mm의 선형-피침상 긴 타원형이며 소화는 8~16개이고 2열로 배열된다. 비늘조각은 길이 2mm 정도이고 황갈색-적갈색이다. 열매(수과)는 길이 1mm 정도의 세모진 긴 타원상 원통형이며 갈색으로 익는다. 개화/결실기는 8~10월이다.

참고 식물체가 대형이다. 가지 끝부분의 화수는 길이 1~3cm의 긴 타원형-구형이고 적갈색의 소수가 빽빽이 모여 달리는 것이 특징이다.

❶ 2001. 8. 22. 경북 영천시 ❷ 꽃차례. 다수의 소수가 가지의 끝부분에서 빽빽이 모여 달린다. 가지는 3~8개이다. ❸ 소수. 황갈색-적갈색이며 소화는 2열로 배열된다.

너도방동사니
(꽃방동사니)

Cyperus serotinus Rottb.

사초과

국내분포/자생지 전국의 농경지, 하천가, 호수 등 습지

형태 다년초. 줄기는 높이 30~100cm이다. 땅속줄기는 옆으로 벋고 끝에 덩이줄기가 생긴다. 잎은 너비 3~10mm의 납작한 선형이고 줄기와 길이가 비슷하거나 짧다. 소수는 길이 8~20mm의 선상 긴 타원형-좁은 난형이며 소화는 10~30개이고 2열로 배열된다. 비늘조각은 길이 2mm 정도이고 자갈색이다. 열매(수과)는 길이 1.5mm 정도의 타원형-구형이고 갈색으로 익는다. 개화/결실기는 8~10월이다.

참고 대형 방동사니류로, 옆으로 벋는 땅속줄기가 있어 경작지에 침입하면 제거하기 어려운 잡초로 알려져 있다.

❶ 2001. 8. 19. 경북 울진군 ❷ 꽃차례. 가지는 손바닥모양으로 갈라지며 소수는 끝부분에 성기게 달린다. ❸-❹ 소수. 자갈색이며 소화는 2열로 배열된다.

향부자

Cyperus rotundus L.

사초과

국내분포/자생지 제주 및 남부지방
의 길가, 민가(특히 잔디밭), 바닷가 등
건조한 풀밭

형태 다년초. 줄기는 높이 20~70cm
이며 땅속줄기는 옆으로 벋고 덩이
줄기를 형성한다. 잎은 너비 2~5mm
의 납작한 선형이다. 소수는 길이 1~
3cm의 선형이며 소화는 8~28개이
고 2열로 배열된다. 비늘조각은 길이
2.5~3mm이고 적갈색이다. 열매(수과)
는 길이 1.5mm 정도의 세모진 긴 타
원상 도란형이고 갈색으로 익는다. 개
화/결실기는 8~10월이다.

참고 적갈색의 긴 소수가 비스듬히
벌어져 약간 느슨히 달리며 옆으로
벋는 땅속줄기에서 줄기가 1(~2)개씩
나오는 것이 특징이다.

❶2005. 8. 6. 제주 제주시 ❷꽃차례. 가지
는 3~10개이며 몇 개의 소수가 비스듬히
벌어져 느슨히 달리는 것이 특징이다. ❸소
수. 적갈색이며 소화는 2열로 배열된다.
❹땅속줄기. 옆으로 길게 벋는다.

검정방동사니

Fuirena ciliaris (L.) Roxb.
Scirpus ciliaris L.

사초과

국내분포/자생지 제주 및 남부지방
도서의 습지에 매우 드물게 분포

형태 1년초. 줄기는 높이 10~40cm
이며 모여난다. 잎은 너비 3~7mm
의 납작한 선형이고 줄기보다 짧으며
마디에 1개씩 난다. 소수는 길이 5~
8mm의 긴 타원형-난형이며 수십 개
의 소화가 돌려 달린다. 비늘조각은
길이 1.2~2mm의 도란형이며 끝부분
에 길이 1mm 정도의 까락이 있고 등
쪽에는 잔털이 있다. 열매(수과)는 길
이 0.7~1mm이고 갈색으로 익는다.
개화/결실기는 8~10월이다.

참고 식물체에 털이 많고 꽃차례가
줄기의 끝과 잎겨드랑이(마디 부근)에
서 머리모양으로 밀집해 달리며 화피
편의 모양이 2가지인 것이 특징이다.

❶2010. 9. 18. 전남 신안군 ❷꽃차례. 줄기
의 끝과 잎겨드랑이에서 10~25개의 소수가
빽빽이 모여 달린다. ❸소수. 비늘조각은
끝이 까락처럼 되고 등쪽에 잔털이 많다.

파대가리

Kyllinga brevifolia var. *leiolepis*
(Franch. & Sav.) H. Hara

사초과

국내분포/자생지 전국의 농경지, 저수지, 하천가, 호수 등

형태 다년초. 줄기는 높이 5~30cm이고 땅속줄기는 옆으로 벋으며 마디에서 줄기가 1개씩 난다. 잎은 너비 2~4mm의 납작한 선형이고 줄기보다 짧다. 소수는 길이 3mm 정도의 피침상 긴 타원형-좁은 난형이고 소화는 1~2개이다. 비늘조각은 길이 3mm 정도의 난형이고 백색 또는 연한 황갈색이다. 열매(수과)는 길이 1~1.5mm의 도란상 긴 타원형이고 갈색으로 익는다. 개화/결실기는 8~10월이다.

참고 가시파대가리(var. *brevifolia*)는 비늘조각의 용골에 가시모양의 돌기가 많으며 제주에 분포한다.

❶ 2012. 8. 9. 강원 강릉시 ❷~❸ 꽃차례. 소수는 구형의 화수에 빽빽이 모여 달린다. ❹ 소수. 비늘조각의 길이는 변이가 심한 편이며 용골에 가시가 없다.

세대가리

Lipocarpha microcephala (R. Br.)
Kunth

Hypaelytrum microcephalum R. Br.

사초과

국내분포/자생지 전국의 농경지, 저수지, 하천가, 호수 등

형태 1년초. 줄기는 높이 5~40cm이며 모여난다. 잎은 너비 1mm 정도이고 납작한 선형이며 줄기보다 짧다. 소수는 수십개가 길이 3~5mm의 타원상 원통형에 빽빽이 모여 달린다. 비늘조각은 길이 1.5mm 정도이고 연한 녹색-자갈색이다. 열매(수과)는 길이 1mm 정도의 세모진 피침상 긴 타원형이고 갈색으로 익는다. 개화/결실기는 7~10월이다.

참고 소수가 원통형 화수에 빽빽하게 모여 달리며 화수가 줄기의 끝에서 흔히 3(~5)개씩 달리는 것이 특징이다.

❶ 2001. 7. 28. 경북 울진군 ❷ 꽃차례. 줄기 끝에서 3(~5)개의 화수가 모여 달린다. ❸ 소수. 원통형의 화수에 빽빽이 모여 달린다. 비늘조각의 끝이 뾰족하여 밖으로 휘어진다.

큰매자기

Bolboschoenus fluviatilis (Torrey)
Soják

사초과

국내분포/자생지 전국의 저수지, 하천가, 호수 등 주로 내륙의 습지

형태 다년초. 줄기는 높이 50~150cm이며 잎은 너비 5~10mm의 납작한 선형이다. 마디사이가 길고 마디는 잎집 밖으로 나출된다. 소수는 긴 타원형-난형이며 다수의 꽃이 돌려난다. 비늘조각은 길이 7mm 정도의 긴 타원형이고 황갈색이며 등쪽에 잔털이 약간 있다. 암술머리는 3개로 갈라진다. 열매(수과)는 길이 3~4mm의 세모진 도란형이고 광택이 나는 흑갈색이다. 개화/결실기는 5~7월이다.

참고 매자기나 새섬매자기에 비해 내륙의 저수지 또는 하천가에서 주로 자라며 열매의 단면이 거의 정삼각형인 것이 특징이다.

❶ 2010. 9. 18. 전남 신안군 ❷ 꽃차례. 가지는 3~8개이고 길이가 서로 다르며 가지의 끝부분에 소수가 1~3(~4)개씩 모여 달린다. ❸ 열매. 3면은 오목하며 횡단면이 거의 정삼각형이다.

매자기

Bolboschoenus maritimus (L.) Palla

사초과

국내분포/자생지 전국의 해안가에 드물게 자람

형태 다년초. 줄기는 높이 40~100cm이다. 잎은 너비 4~8mm의 납작한 선형이며 마디는 잎집에 싸여서 보이지 않는다. 소수는 길이 1~1.6cm의 긴 타원상 난형-난형이며 다수의 꽃이 돌려난다. 비늘조각은 길이 5~8mm의 긴 타원상이고 갈색이다. 암술대는 2개로 갈라진다. 열매(수과)는 길이 3~3.5mm의 한쪽 면이 볼록한(거의 세모진 형태) 도란형이고 광택이 나는 흑갈색이다. 개화/결실기는 6~9월이다.

참고 분포 및 형태가 큰매자기와 새섬매자기의 중간적 특징을 보인다. 큰매자기에 비해 암술머리가 2개로 갈라지며 열매의 단면이 눌린 삼각형이다.

❶ 2002. 6. 17. 강원 양양군 ❷ 꽃차례. 1~5개의 길이가 다른 가지의 끝에서 소수가 1~10개씩 머리모양으로 모여 달린다. ❸ 소수 ❹ 열매. 한 면은 볼록하고 다른 한 면은 편평하거나 약간 오목하다.

새섬매자기(좀매자기)

Bolboschoenus planiculmis
(F. Schmidt) T. V. Egorova

사초과

국내분포/자생지 전국 바닷가 근처의 농경지(수로), 매립지, 염습지, 하천(주로 하구) 등

형태 다년초. 줄기는 높이 30~80cm이다. 잎은 너비 3~5mm이고 납작한 선형이며 마디는 잎집에 싸여서 보이지 않는다. 소수는 긴 타원상 난형-난형이며 다수의 꽃이 돌려난다. 비늘조각은 길이 5~7mm의 긴 타원형-타원형이고 갈색이며 등쪽에 잔털이 약간 있다. 열매(수과)는 길이 3.5mm 정도의 납작한 도란형이고 광택이 나는 갈색이다. 개화/결실기는 5~7월이다.

참고 매자기에 비해 열매가 납작하고 양면의 중앙이 오목한 것이 특징이다.

❶2013. 5. 30. 인천시 소래습지생태공원 ❷~❸꽃차례. 가지가 짧아서 흔히 1~5개의 소수가 머리모양으로 모여 달리지만 간혹 긴 가지가 있기도 하다. ❹열매. 세모지지 않고 납작한 편이고 양쪽의 중앙부는 약간 오목하다.

층층고랭이

Cladium jamaicense subsp. *chinense*
(Nees) T. Koyama

사초과

국내분포/자생지 제주 및 경남, 전남의 해안가

형태 다년초. 줄기는 높이 1~2m이고 모여나며 땅속줄기는 짧다. 잎은 길이 60~80cm, 너비 8~10mm의 넓은 선형이며 단면은 V자형이다. 가장자리와 뒷면 중륵은 매우 깔끄럽다. 꽃차례는 줄기의 윗부분에서 층층으로 배열되며 소수가 빽빽하게 모여 달린다. 소수는 4~12개의 꽃이 모여 달린다. 비늘조각은 6~8개이며 난형-넓은 난형이고 끝이 뾰족하거나 둔하다. 암술머리는 3개이고 미세한 털이 있다. 열매(수과)는 길이 2.5mm 정도의 긴 타원상 난형이다. 개화/결실기는 8~10월이다.

참고 국내에 분포하는 사초과 식물 중 가장 대형이다.

❶2008. 8. 15. 전남 해남군 ❷꽃. 꽃밥은 길이 2mm 정도이다. ❸열매. 갈색으로 익으며 밑부분은 둥글고 끝은 짧은 부리모양이다.

좀올챙이골

Schoenoplectiella hotarui (Ohwi)
J. Jung & H. K. Choi
Scirpus hotarui Ohwi

사초과

국내분포/자생지 전국의 길가(주로 임도), 산지습지 등
형태 다년초. 줄기는 높이 15~40cm이고 모여나며 땅속줄기는 매우 짧다. 잎은 비늘모양이며 1~3개 정도이다. 소수는 길이 6~14mm의 긴 타원상 난형–난형이며 다수의 꽃이 돌려난다. 비늘조각은 길이 3~4.5mm의 난상 원형이고 연한 녹색–황갈색이다. 화피편은 5~6개이고 열매와 같거나 약간 더 길다. 열매(수과)는 길이 2~2.5mm의 약간 세모진 도란상 구형이고 갈색으로 익는다. 개화/결실기는 8~10월이다.
참고 올챙이고랭이에 비해 줄기의 단면이 둥글며 암술머리가 3갈래로 갈라지는 것이 특징이다.

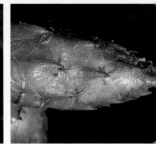

❶2011. 9. 6. 전남 담양군 ❷꽃차례. 소수는 2~5개씩 모여 달린다. ❸소수. 암술머리는 항상 3개로 갈라진다.

올챙이고랭이
(올챙이골)

Schoenoplectiella juncoides
(Roxb.) Lye

사초과

국내분포/자생지 전국의 농경지, 저수지, 하천가, 호수 등 주로 교란된 습지
형태 다년초. 줄기는 높이 15~50cm이고 모여난다. 잎은 비늘모양이며 1~3개 정도이다. 소수는 길이 8~17mm의 긴 타원형–긴 타원상 난형이다. 비늘조각은 길이 3~4mm의 난형–넓은 난형이고 연한 녹색–황갈색이다. 화피편은 5~6개이고 열매와 길이가 같거나 보다 짧다. 열매(수과)는 길이 2~2.5mm의 렌즈모양의 도란형–도란상 원형이고 흑갈색으로 익는다. 개화/결실기는 8~10월이다.
참고 좀올챙이골에 비해 줄기가 흔히 둔하게 각지고 암술머리가 2개(또는 3개)로 갈라지는 것이 특징이다.

❶2008. 8. 16. 전남 담양군 ❷꽃차례. 줄기의 옆에서 나온 것처럼 보이며(가측생) 소수는 3~10개씩 모여 달린다. ❸소수. 암술머리는 2개(간혹 3개)로 갈라진다. ❹줄기. 능각이 져서 단면은 다각형이다.

광릉골

Schoenoplectiella komarovii
(Roshev.) J. Jung & H. K. Choi
Scirpus komarovii Roshev.

사초과

국내분포/자생지 중부지방 이북의 농경지, 하천가, 호수 등 습지

형태 다년초. 줄기는 높이 10~50cm 이고 모여나며 땅속줄기는 짧다. 잎은 비늘모양이고 2~3개이다. 소수는 길이 4~7mm의 긴 타원상 난형-난형이고 다수의 꽃이 돌려난다. 비늘조각은 길이 2~2.5mm 정도의 긴 타원형이며 연한 녹색-연한 갈색이다. 화피편은 4개이고 열매보다 훨씬 길다. 열매(수과)는 길이 1~1.5mm의 도란형이고 흑갈색으로 익는다. 개화/결실기는 8~10월이다.

참고 좀올챙이골이나 올챙이고랭이에 비해 비늘조각과 열매가 보다 작으며 화피편이 열매보다 훨씬 긴 것이 특징이다.

❶2011. 9. 26. 경기 고양시 ❷꽃차례. 소수는 2~10(~20)개씩 모여 달린다. ❸소수. 암술머리는 2개로 갈라진다. ❹열매. 화피편은 열매보다 길다.

제주올챙이골

Schoenoplectiella lineolata (Franch.
& Sav.) J. Jung & H. K. Choi
Scirpus lineolatus Franch. & Sav.

사초과

국내분포/자생지 제주 및 남부지방의 바닷가 습지, 저수지, 하천가 등

형태 다년초. 줄기는 높이 5~20cm 이다. 잎은 비늘모양이고 1~2개이다. 소수는 길이 4~6mm의 피침형-긴 타원형이며 10여 개의 꽃이 돌려난다. 비늘조각은 길이 4~5mm의 긴 타원형이고 막질이며 연한 녹색-황갈색이다. 화피편은 4~5개이고 열매보다 2배 정도 길다. 열매(수과)는 길이 1.8~2mm의 타원형-도란형이고 갈색-흑갈색으로 익는다. 개화/결실기는 8~10월이다.

참고 땅속줄기가 길게 벋으면서 줄기가 성기게 나오고 소수가 줄기의 끝에 1개씩 달리는 것이 특징이다.

 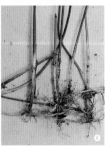

❶2009. 10. 10. 울산시 ❷꽃차례. 소수는 1개씩 달린다. ❸열매. 화피편은 열매보다 2배 정도 길며 보통 4~5개이지만 퇴화되어 보다 수가 적어지거나 없는 경우도 있다. ❹땅속줄기. 옆으로 길게 벋는다.

수원고랭이

Schoenoplectiella wallichii (Nees) Lye
Scirpus wallichii Nees

사초과

국내분포/자생지 전국의 저수지, 하천가, 호수 등 습지에 드물게 자람

형태 다년초. 줄기는 높이 20~40cm이고 모여난다. 잎은 비늘모양이고 2~3개이다. 소수는 길이 7~20mm의 피침상 긴 타원형-긴 타원상 난형이다. 비늘조각은 길이 4~5mm의 긴 타원상 난형이고 연한 녹색-황갈색이다. 화피편은 4~5개이고 열매보다 훨씬 길다. 열매(수과)는 길이 2~2.5mm의 도란형이고 갈색-흑갈색으로 익는다. 개화/결실기는 8~10월이다.

참고 올챙이고랭이, 좀올챙이골에 비해 화피편이 열매보다 현저히 길다.

❶2009. 10. 10. 울산시 ❷꽃차례. 소수는 3~5(~8)개씩 모여 달린다. ❸소수. 흔히 끝이 뾰족한 피침상이다. ❹열매. 화피편은 열매보다 훨씬 길다.

좀송이고랭이

Schoenoplectiella mucronata (L.)
J. Jung & H. K. Choi
Scirpus mucronatus L.

사초과

국내분포/자생지 전국의 길가(주로 임도변), 산지습지 등

형태 다년초. 줄기는 높이 30~80cm이고 모여난다. 잎은 비늘모양이다. 소수는 길이 6~12mm이고 난상 긴 타원형-난형이다. 비늘조각은 길이 3~3.6mm의 도란형이고 끝이 짧게 뾰족하며 연한 녹색-황갈색이다. 화피편은 6개이고 열매와 길이가 비슷하거나 짧다. 열매(수과)는 길이 2mm 정도의 약간 눌린 듯한 세모진 도란형이고 가로주름이 뚜렷하다. 개화/결실기는 7~10월이다.

참고 송이고랭이에 비해 줄기의 단면이 정삼각형이며 소수의 끝이 둔하고 비늘조각이 길이 4mm 이하인 것이 특징이다.

  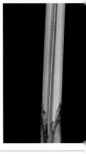

❶2011. 8. 26. 전남 담양군 ❷꽃차례. 소수는 3~8(~10)개씩 모여 달린다. ❸열매. 표면에 주름이 뚜렷한 편이다. ❹줄기. 횡단면이 정삼각형이다.

송이고랭이

Schoenoplectiella triangulata
(Roxb.) J. Jung & H. K. Choi
Scirpus triangulatus Roxb

사초과

국내분포/자생지 전국의 농경지(주로 묵논), 저수지, 하천가, 호수 등

형태 다년초. 줄기는 높이 50~100cm 이고 모여난다. 잎은 비늘모양이고 2~4개이다. 소수는 길이 1~2cm의 피침상 긴 타원형-긴 타원형(-긴 타원상 난형)이며 다수의 꽃이 돌려난다. 비늘조각은 길이 3.8~5mm의 난형-넓은 도란형이고 황갈색이다. 화피편은 6개이고 열매보다 길다. 열매(수과)는 길이 2~2.5mm의 약간 눌린 듯한 세모진 도란형이고 광택이 나는 갈색-흑갈색으로 익는다. 개화/결실기는 7~10월이다.

참고 좀송이고랭이에 비해 열매의 표면이 매끈하면서 광택이 있는 것이 특징이다.

❶ 2017. 8. 17. 경남 의령군 **❷** 소수. 줄기의 끝에서 5~20개씩 모여 달린다. 비늘조각의 끝은 뾰족하다. **❸** 열매. 표면이 매끈하다. **❹** 줄기. 흔히 횡단면은 3면이 얕게 오목한 삼각상이지만 불규칙하다.

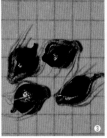
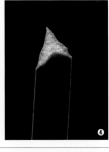

나도송이고랭이

Schoenoplectiella x *trapezoideus*
(Koidz) J. Jung & H. K. Choi
Scirpus x *trapezoideus* Koidz.

사초과

국내분포/자생지 강원 고성군의 호수(석호) 가장자리

형태 다년초. 줄기는 높이 60~95cm 이다. 잎은 비늘모양이며 1~2개이다. 소수는 길이 8~12mm의 긴 타원상 난형-난형이다. 비늘조각은 길이 4.5~5mm의 도란상 타원형이고 황갈색이며 끝이 뾰족하다. 화피편은 6개이고 열매와 길이가 비슷하거나 길다. 열매(수과)는 길이 2~2.5mm의 약간 눌린 듯한 세모진 도란형이고 흑갈색으로 익는다. 개화/결실기는 7~10월이다.

참고 송이고랭이와 좀올챙이골의 교잡종이다. 줄기의 단면이 다각형이며 소수가 난형이고 끝이 다소 뾰족한 것이 특징이다.

❶ 2012. 8. 10. 강원 고성군 **❷** 꽃차례. 소수는 2~10개씩 모여 달린다. **❸** 열매. 약간 눌린 듯한 세모진 도란형이다. **❹** 줄기(단면). 다각형이고 가장자리에 4~6개 능각이 있다.

물고랭이

Schoenoplectus nipponicus (Makino) Soják.

Scirpus nipponicus Makino

사초과

국내분포/자생지 제주 및 중부지방의 농경지, 연못, 호수 등 습지

형태 다년초. 줄기는 높이 40~70cm이며 땅속줄기는 옆으로 길게 벋고 끝에 덩이줄기를 형성한다. 잎은 너비 2~3mm의 세모진 선형이며 줄기의 아래쪽에 달린다. 소수는 길이 1~1.7cm의 피침상 긴 타원형−긴 타원형이고 끝이 뾰족하다. 비늘조각은 길이 4mm 정도이다. 화피편은 4~5개이고 열매보다 길다. 열매(수과)는 길이 2~2.5mm의 도란형이다. 개화/결실기는 7~10월이다.

참고 줄기의 횡단면이 삼각형이고 땅속줄기가 길게 벋으며 엽신(잎몸)이 발달하는 것이 특징이다.

❶ 2012. 9. 6. 강원 고성군 ❷ 꽃차례. 가지가 갈라지며 소수는 가지의 끝에 1~3개씩 달린다. ❸ 열매. 화피편은 열매보다 길다. ❹ 줄기와 잎. 둘 다 세모진다. ❺ 줄기(단면). 삼각형이며 2면은 약간 오목하다.

큰고랭이

Schoenoplectus tabernaemontani (C. C. Gmel.) Palla

Scirpus tabernaemontani C. C. Gmel.

사초과

국내분포/자생지 전국의 농경지(주로 묵논), 저수지, 하천가, 호수 등

형태 다년초. 줄기는 높이 1~2m이고 모여나며 땅속줄기는 옆으로 벋는다. 잎은 비늘모양이며 3~4개이다. 소수는 길이 5~10mm의 긴 타원형−난형이다. 비늘조각은 길이 2.5~3mm이고 막질이며 갈색−적갈색이다. 화피편은 6개이고 열매와 길이가 비슷하거나 길다. 열매(수과)는 길이 2~2.5mm의 렌즈모양이고 갈색으로 익는다. 개화/결실기는 7~10월이다.

참고 식물체가 대형이며 땅속줄기가 굵고 마디사이가 짧으며 줄기의 횡단면이 둥근 것이 특징이다.

❶ 2013. 5. 30. 강원 강릉시 ❷ 소수. 꽃차례의 가지는 길이가 서로 다르고 2차 분지를 한다. 소수는 가지의 끝에 1~3(~5)개씩 모여 달린다. ❸ 열매. 화피편보다 짧다. ❹ 줄기. 단면은 둥글다.

세모고랭이
Schoenoplectus triqueter (L.) Palla
Scirpus triqueter L.

사초과

국내분포/자생지 전국의 농경지(주로 묵논), 저수지, 하천가, 호수 등

형태 다년초. 줄기는 높이 30~80cm 이다. 잎은 비늘모양이지만 줄기의 아래쪽에는 길이 1.3~5.5(~8)cm의 잎몸이 달리기도 한다. 소수는 길이 6~12mm의 긴 타원형–긴 타원상 도란형이다. 비늘조각은 길이 3~4mm의 타원형–넓은 난형이고 황갈색이다. 화피편은 3~5개이고 열매와 길이가 비슷하다. 열매(수과)는 길이 2~2.5mm의 세모진 도란형이다. 개화/결실기는 7~10월이다.

참고 큰고랭이에 비해 땅속줄기가 가늘고 길게 벋으며 줄기의 단면이 삼각형이고 비늘모양의 잎이 보다 드물게 달리는 것이 특징이다.

❶ 2001. 8. 5. 경남 창원시 주남저수지 ❷꽃차례. 가지가 갈라지며 소수는 1~5개 정도 달린다. ❸열매. 광택이 있고 연한 갈색–갈색으로 익는다. ❹줄기. 큰고랭이에 비해 횡단면이 정삼각형이다.

솔방울고랭이
Scirpus karuisawensis Makino

사초과

국내분포/자생지 전국의 (산지에 있는) 저수지 또는 산지습지

형태 다년초. 줄기는 높이 80~150cm 이며 땅속줄기는 짧다. 잎은 너비 2~5mm의 납작한 선형이다. 소수는 길이 4~5mm의 긴 타원형–긴 타원상 난형이고 끝이 둥글다. 비늘조각은 길이 2~3mm의 피침형–긴 타원상 난형이고 녹갈색–황갈색이다. 화피편은 6개이고 열매보다 길며 심하게 구부러진다. 열매(수과)는 길이 1.2mm 정도의 약간 납작하게 세모진 긴 타원형–긴 타원상 도란형이다. 개화/결실기는 8~10월이다.

참고 솔방울골에 비해 잎이 좁으며 소수의 비늘조각이 너비 1.5mm 이상으로 넓은 것이 특징이다.

❶ 2012. 9. 6. 강원 고성군 ❷꽃차례. 소수는 꽃차례 가지의 끝에서 5~10(~15)개씩 빽빽이 모여 달린다. ❸잎. 너비가 2~5mm로 좁다. ❹열매. 연한 황갈색으로 익는다.

솔방울골
Scirpus mitsukurianus Makino

사초과

국내분포/자생지 전국의 연못, 저수지, 하천가, 호수 등 습지

형태 다년초. 줄기는 높이 1~1.5m이며 땅속줄기는 짧다. 잎은 너비 4.5~10mm의 납작한 선형이다. 소수는 길이 6~9mm의 타원형이다. 비늘조각은 길이 2~3mm의 피침형이고 녹갈색~황갈색이다. 화피편은 6개이고 심하게 구부러진다. 열매(수과)는 길이 1.2mm 정도의 긴 타원상 도란형이고 연한 황갈색으로 익는다. 개화/결실기는 7~9월이다.

참고 솔방울고랭이에 비해 잎이 넓으며 소수의 비늘조각 너비가 0.5~1.2mm로 좁은 것이 특징이다.

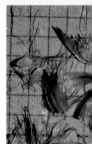

❶ 2001. 8. 5. 경남 창원시 주남저수지 ❷꽃차례. 소수는 자루가 없으며 가지의 끝에서 5~10개씩 모여 달린다. ❸소수 비교. 솔방울고랭이(우)에 비해 소수가 대형이고 소화가 훨씬 많이 달린다. ❹비늘조각과 열매. 비늘조각은 너비 0.5~1.2mm의 피침형

방울고랭이
Scirpus wichurae Boeckeler

사초과

국내분포/자생지 전국의 연못, 하천가, 호수 등 습지

형태 다년초. 줄기는 높이 80~150cm이며 땅속줄기는 짧다. 잎은 너비 8~15mm의 납작한 선형이다. 소수는 길이 3~8mm의 거의 구형이다. 비늘조각은 길이 1.5~2mm의 삼각상 난형-난형이며 황갈색~자갈색이다. 화피편은 6개이고 심하게 구부러진다. 열매(수과)는 길이 0.8~1.2mm의 세모진 타원형-긴 타원상 도란형이다. 개화/결실기는 7~9월이다.

참고 솔방울고랭이에 비해 잎이 보다 넓으며 소수가 둥글고 꽃차례에 보다 성기게 달리는 것이 특징이다.

❶2012. 9. 6. 강원 고성군 ❷꽃차례. 가지는 옆으로 퍼져서 달리며 1~2회 갈라진다. 소수는 가지 끝에서 3~7(~10)개씩 모여 달린다. ❸소수. 흔히 거의 구형이다. 비늘조각은 길이가 2mm 이하이다. ❹열매. 연한 황갈색으로 익는다.

검은도루박이

Scirpus orientalis Ohwi

사초과

국내분포/자생지 강원 이북의 길가(임도변), 농경지, 하천가, 호수 등 습지

형태 다년초. 줄기는 높이 70~150cm이며 땅속줄기는 옆으로 길게 벋는다. 잎은 너비 7~10mm의 납작한 선형이며 가장자리는 날카롭지 않다. 소수는 길이 4~5mm의 긴 타원형-긴 타원상 난형이며 가지의 끝에서 1~3개씩 모여 달린다. 비늘조각은 길이 1.5~2mm의 난형-넓은 난형이고 갈색-흑갈색이다. 열매(수과)는 길이 1mm 정도의 약간 납작한 세모진 타원형-도란형이고 연한 갈색-갈색으로 익는다. 개화/결실기는 6~8월이다.

참고 도루박이에 비해 땅으로 처져 뿌리를 내리는 줄기가 없으며 화피편이 구부러지지 않는 것이 특징이다.

❶ 2007. 6. 23. 중국 지린성 두만강 인근 ❷~❸ 꽃차례와 소수. 소수는 가지의 끝에서 1~3개씩 모여 달린다. ❹ 열매. 화피편은 5~6개이며 구부러지지 않는다.

도루박이

Scirpus radicans Schkuhr

사초과

국내분포/자생지 전국의 농경지(주로 수로), 저수지, 하천가, 호수 등 습지

형태 다년초. 줄기는 높이 70~150cm이며 땅속줄기는 길게 옆으로 벋는다. 잎은 너비 7~10mm의 납작한 선형이다. 소수는 길이 5~8mm의 피침상 타원형-긴 타원상 난형이고 가지의 끝에 1개씩 달린다. 비늘조각은 길이 1.5~2mm의 긴 타원형이고 갈색-흑갈색이다. 열매(수과)는 길이 1mm 정도의 약간 납작한 세모진 도란형이고 갈색으로 익는다. 개화/결실기는 5~7월이다.

참고 검은도루박이에 비해 소수가 가지의 끝에 1개씩 달리며 화피편이 구부러지고 땅으로 처지는 줄기의 끝에서 뿌리를 내리며 번식하는 것이 특징이다.

❶ 2013. 6. 7. 경남 양산시 ❷ 꽃차례. 소수는 가지의 끝에 1개씩 달린다. ❸ 열매. 화피편은 6개이며 심하게 구부러진다. ❹ 땅으로 처지는 줄기 끝에서 뿌리를 내리면서 새로운 개체를 만든다.

참황새풀

Eriophorum angustifolium Honck.

사초과

국내분포/자생지 북부지방의 습지

형태 다년초. 줄기는 높이 30~100 cm이며 땅위로 벋는 가는 줄기가 있다. 줄기잎은 1~3개이며 너비 3~5 (~7)mm 정도로 납작한 선형이다. 소수는 길이 1~1.5cm(개화 시)의 타원형-난형이다. 비늘조각은 길이 5~5.5mm의 피침형-난형이고 1(~3)맥이 있다. 열매(수과)는 약간 납작한 세모진 길이 2~3mm 정도의 좁은 도란형이고 흑색으로 익는다. 개화/결실기는 6~7월이다.

참고 애기황새풀에 비해 줄기가 굵으며 줄기잎이 넓고 편평한 것이 특징이다. **황새풀**(*E. vaginatum*)은 자생하는 황새풀속의 다른 종에 비해 소수가 1개씩 정생하는 것이 가장 큰 특징이다.

❶ 2011. 6. 18. 중국 지린성 두만강 상류 ❷ 꽃차례. 가지는 길며 소수는 2~10개이다. ❸ 결실기의 꽃차례. 결실기 소수에 달리는 솜털모양의 털은 황새풀류의 화피편이다. ❹ 황새풀(2011. 5. 26. 중국 지린성 두만강 상류)

작은황새풀

Eriophorum gracile W. D. J. Koch ex Roth

사초과

국내분포/자생지 강원(인제군) 이북의 산지습지

형태 다년초. 줄기는 높이 20~50cm이며 땅속줄기는 옆으로 길게 벋는다. 줄기잎은 너비 1mm 정도의 약간 납작하게 세모진 선형이다. 소수는 길이 6~10mm(개화 시)의 도란형이다. 비늘조각은 길이 4.5~5mm의 넓은 난형이고 다수의 맥이 있다. 열매(수과)는 약간 납작한 세모진 길이 3mm 정도의 긴 타원형이고 황갈색으로 익는다. 개화/결실기는 6~7월이다.

참고 줄기잎이 가늘며 꽃차례에 소수가 다수(2~4개)이고 소수의 자루에 황색의 잔털이 밀생하는 것이 특징이다. 황새풀류 중에 유일하게 국내(남한)에 분포한다.

❶ 2011. 6. 18. 강원 인제군 ❷ 꽃차례. 총포는 불염포모양이며 길이 1.5cm 정도이다. ❸ 꽃차례의 가지. 짧고 잔털이 밀생한다. ❹ 열매. 화피편은 다수이고 백색이며 결실기에는 길이 1~2cm까지 길어져 소수 밖으로 나출된다.

애기하늘지기

Fimbristylis autumnalis (L.) Roem. & Schult.

사초과

국내분포/자생지 전국의 농경지, 저수지 주변의 습한 풀밭

형태 1년초. 줄기는 높이 5~30cm이며 모여난다. 잎은 줄기보다 짧으며 너비 1~2mm의 납작한 선형이다. 꽃차례는 줄기의 끝에서 부채살처럼 퍼지며 가지는 수차례 갈라진다. 소수는 길이 3~6mm의 좁은 도란형-긴 타원상 난형이며 소화는 7~16개이다. 비늘조각은 길이 1.5~2mm의 피침상 난형이고 황갈색-자갈색이다. 열매(수과)는 길이 0.5mm 정도의 넓은 도란형이고 황갈색으로 익는다. 개화/결실기는 8~10월이다.

참고 어른지기에 비해 1년초이며 꽃밥이 작고 1개인 것이 특징이다.

❶2010. 9. 4. 전남 담양군 ❷꽃차례. 소수는 가지의 끝에 1개씩 느슨히 달린다. ❸소수. 좁은 도란형-긴 타원상 난형이다. ❹비늘조각. 끝이 가늘어지며 밖으로 휘어진다.

어른지기

Fimbristylis complanata var. *exaltata* (T. Koyama) Y. C. Tang ex S. R. Zhang & T. Koyama

사초과

국내분포/자생지 주로 남부지방의 산지습지 및 습한 풀밭

형태 다년초. 줄기는 높이 20~50cm이며 땅속줄기가 짧아서 모여난다. 잎은 줄기보다 짧으며 너비 1~3mm의 납작한 선형이다. 꽃차례는 줄기의 끝에서 부채살처럼 퍼지며 가지는 수차례 갈라진다. 소수는 길이 5~9mm의 긴 타원형-난형이며 소화는 5~13개이다. 비늘조각은 길이 2~3mm의 난형이고 황갈색-자색이다. 열매(수과)는 길이 0.5mm 정도의 도란형-넓은 도란형이고 황갈색으로 익는다. 개화/결실기는 8~10월이다.

참고 애기하늘지기에 비해 다년초이며 꽃밥이 3개인 것이 특징이다.

❶2012. 8. 19. 전남 해남군 ❷꽃차례. 소수는 가지의 끝에 1개씩 느슨히 달린다. ❸소수. 긴 타원형-난형이다. ❹비늘조각. 길이 2~3mm이고 끝이 뭉툭하다.

들하늘지기

Fimbristylis pierotii Miq.

사초과

국내분포/자생지 남부지방의 건조한 풀밭(흔히 무덤가)

형태 다년초. 줄기는 높이 10~30cm 이며 땅속줄기는 길게 벋는다. 잎은 줄기보다 짧으며 너비 1~3mm의 납작한 선형이다. 꽃차례는 줄기의 끝에서 부채살처럼 퍼지며 소수는 2~7개 정도 달린다. 소수는 길이 6~10mm의 긴 타원형−타원형이며 소화는 9개 정도이다. 비늘조각은 길이 2~3mm의 넓은 난형이고 자갈색이다. 열매(수과)는 길이 1mm 정도의 도란형이며 황백색으로 익는다. 개화/결실기는 5~7월이다.

참고 줄기가 길게 벋는 땅속줄기의 마디에서 1개씩 나오며 소수가 10개 미만이고 개화시기가 초여름인 것이 특징이다.

❶2007. 6. 6. 전남 신안군 ❷꽃차례. 10개 미만의 소수가 느슨히 달린다. ❸열매. 도란상이다. ❹땅속줄기. 옆으로 길게 벋는다.

검정하늘지기

Fimbristylis diphylloides Makino

사초과

국내분포/자생지 남부지방의 농경지, 저수지 가장자리 등 습지

형태 다년초. 줄기는 높이 20~40cm 이며 땅속줄기는 짧아서 모여난다. 잎은 영양 줄기에만 달리며 너비 1~3mm의 납작한 선형이고 줄기보다 짧다. 꽃차례는 줄기의 끝에서 부채살처럼 퍼진다. 소수는 길이 2.5 ~7.5mm의 긴 타원상 도란형−도란형이며 다수의 소화가 빽빽이 달린다. 비늘조각은 길이 2mm 정도의 긴 타원상 난형−넓은 난형이고 흑갈색이다. 열매(수과)는 길이 0.6mm 정도의 넓은 도란형이고 황갈색으로 익는다. 개화/결실기는 8~9월이다.

참고 잎은 영양 줄기에서만 나오며 비늘조각이 흑갈색인 것이 특징이다.

❶2011. 8. 6. 전남 고흥군 ❷꽃차례. 소수가 가지의 끝에 1개씩 달리며 비늘조각은 흑갈색이다. ❸소수. 긴 타원상 도란형−도란형이다. ❹열매. 황갈색으로 익으며 표면에 돌기가 있다.

바람하늘지기
Fimbristylis littoralis Gaudich.
Fimbristylis miliacea (L.) Vahl

사초과

국내분포/자생지 전국의 농경지, 연못, 저수지, 하천가, 호수 등 습지
형태 1년초. 줄기는 높이 10~40cm이고 모여난다. 잎은 줄기보다 짧으며 너비 1~2mm의 옆으로 납작하게 눌린 선형이다. 꽃차례는 줄기의 끝에서 부채살처럼 퍼진다. 소수는 길이 1.5~2.5mm의 거의 구형~구형이며 다수의 소화가 빽빽이 돌려난다. 비늘조각은 길이 1~2mm의 난형이고 막질이며 자갈색이다. 열매(수과)는 길이 0.5mm 정도의 도란형~넓은 도란형이고 황갈색으로 익는다. 개화/결실기는 8~9월이다.
참고 줄기의 횡단면은 눌린 사각형(십자가 모양)이며 줄기의 아래쪽 잎이 옆으로 납작하게 눌린 것이 특징이다.

❶ 2012. 9. 21. 전북 완주군 ❷ 꽃차례. 소수는 가지의 끝에 아주 성기게 1개씩 달린다. ❸ 열매. 황갈색으로 익으며 표면에 돌기가 있다.

민하늘지기
Fimbristylis squarrosa Vahl var. *squarrosa*

사초과

국내분포/자생지 전국의 농경지, 연못, 저수지, 하천가, 호수 등 습지
형태 1년초. 줄기는 높이 5~20cm이고 모여난다. 잎은 줄기보다 짧으며 너비 1mm 정도이고 처음에는 납작하지만 차츰 말려서 원통형이 된다. 소수는 길이 3~7mm의 긴 타원형~긴 타원상 난형이며 소화는 10개 정도이다. 비늘조각은 길이 2mm 정도의 긴 타원형~긴 타원상 난형이고 끝에는 비늘조각 길이의 2분의 1 정도 되는 까락이 있다. 열매(수과)는 길이 0.5~1mm의 도란형이고 황갈색으로 익는다. 개화/결실기는 7~10월이다.
참고 조미하늘지기에 비해 암술대와 열매의 연결부에 긴 털이 있는 것이 특징이다.

❶ 2008. 8. 22. 대구시 달성군 ❷ 꽃차례. 줄기의 끝에서 부채살처럼 퍼지며 소수는 가지의 끝에 1개씩 달린다. ❸ 소수. 비늘조각의 끝은 까락모양으로 길어진다. ❹ 열매. 암술대와 열매 사이에 긴 털이 있다.

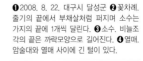

암하늘지기

Fimbristylis squarrosa var. *esquarrosa* Makino

사초과

국내분포/자생지 전국의 농경지, 연못, 저수지, 하천가, 호수 등 습지

형태 1년초. 줄기는 높이 5~20cm이고 모여난다. 잎은 줄기보다 짧으며 너비 1mm 정도이고 처음에는 납작하지만 차츰 말려 원통형이 된다. 소수는 수십 개의 소화가 돌려 달린다. 비늘조각은 길이 2mm 정도이고 황갈색이다. 열매(수과)는 길이 0.5mm 정도이고 황백색으로 익는다. 개화/결실기는 7~10월이다.

참고 민하늘지기에 비해 비늘조각 끝이 까락처럼 길어지지 않는 것이 특징이다.

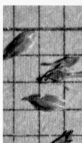

❶2012. 7. 8. 전남 담양군 ❷꽃차례. 줄기의 끝에서 부채살처럼 퍼지며 소수는 가지의 끝에 1개씩 달린다. ❸소수. 비늘조각의 끝이 까락처럼 길어지지 않는다. ❹비늘조각과 열매. 비늘조각의 끝이 뾰족하고 암술대와 열매 사이에 긴 털이 있다.

좀민하늘지기

Fimbristylis aestivalis (Retz.) Vahl

사초과

국내분포/자생지 전국의 농경지, 연못, 저수지, 하천가, 호수 등 습지

형태 1년초. 줄기는 높이 5~20cm이며 모여난다. 잎은 줄기보다 짧으며 너비 1mm 정도이고 납작하지만 차츰 말려서 원통형이 된다. 소수는 길이 2.5~6mm의 긴 타원형-긴 타원상 난형이며 수십 개의 소화가 돌려 달린다. 비늘조각은 길이 1mm 정도의 긴 타원형-난형이고 황갈색이다. 열매(수과)는 길이 0.5~0.6mm의 도란형이고 황갈색으로 익는다. 개화/결실기는 7~10월이다.

참고 암하늘지기에 비해 암술대와 열매 사이에 긴 털이 없다는 점이 특징이다.

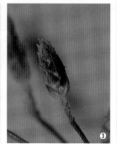

❶2013. 9. 30. 전북 정읍시 ❷꽃차례. 줄기의 끝에서 부채살처럼 퍼지며 소수는 가지의 끝에 1개씩 달린다. ❸소수. 비늘조각의 끝이 까락처럼 길어지지 않는다. ❹열매. 암술대와 열매 사이에 긴 털이 없다.

밭하늘지기

Fimbristylis stauntonii Debeaux & Franch.

사초과

국내분포/자생지 전국의 농경지 및 하천가 습한 모래땅에 드물게 자람
형태 1년초. 줄기는 높이 5~20cm이며 모여난다. 잎은 줄기보다 짧고 너비 1~2mm이며 납작하다. 소수는 길이 3~7mm의 긴 타원형-타원상 난형이며 수십 개의 소화가 돌려 달린다. 비늘조각은 길이 1.5~2mm의 피침상 긴 타원형이고 황갈색이다. 열매(수과)는 길이 1mm 정도의 긴 타원상 원통형이고 황백색으로 익는다. 개화/결실기는 8~10월이다.
참고 암술대가 열매에서 잘 떨어지지 않으며 열매의 표면에 격자무늬가 있는 것이 특징이다.

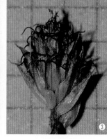
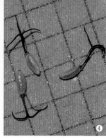

❶2013. 10. 5. 경남 창녕군 ❷꽃차례. 줄기의 끝에서 부채살처럼 퍼지며 소수는 가지의 끝에 1개씩 달린다. ❸소수. 비늘조각의 끝이 뾰족하다. ❹암술. 암술머리가 2~3개로 갈라지며 잘 떨어지지 않는다.

푸른하늘지기

Fimbristylis dipsacea var. *verrucifera* (Maxim.) T. Koyama

사초과

국내분포/자생지 남부지방의 농경지, 저수지, 하천가 등
형태 1년초. 줄기는 높이 2~15cm이며 모여난다. 잎은 줄기보다 짧으며 너비 0.5mm 정도로 짧거나 잎집상의 잎만 있다. 소수는 길이 3~6mm의 긴 타원형-거의 구형이며 수십 개의 소화가 돌려 달린다. 비늘조각은 길이 1~1.5mm의 긴 타원형-긴 타원상 난형이고 황갈색이다. 열매(수과)는 길이 1mm 정도의 긴 타원상 원통형이고 갈색으로 익는다. 개화/결실기는 8~10월이다.
참고 줄기가 방석모양으로 퍼져 자라며 열매가 워통형이고 표면에 혹 같은 돌기가 있는 것이 특징이다.

❶2013. 9. 30. 전북 정읍시 ❷꽃차례. 줄기의 끝에서 부채살처럼 퍼지며 가지의 끝에 1(~2)개씩 달린다. ❸소수. 긴 타원형-구형이다. ❹열매. 원통형이며 표면에 혹 같은 돌기가 있다.

털잎하늘지기
Fimbristylis sericea R. Br.

사초과

국내분포/자생지 남부지방의 바닷가 모래땅에 매우 드물게 분포

형태 다년초. 줄기는 높이 10~30cm 이며 땅속줄기는 짧게 옆으로 벋는다. 잎은 줄기보다 짧으며 너비 2~3mm의 납작한 선형이다. 꽃차례는 줄기의 끝에서 부채살처럼 퍼지며 소수는 가지의 끝에 3~10(~15)개씩 밀집해 달린다. 소수는 길이 6~15mm의 긴 타원형-긴 타원상 난형이며 수십 개의 소화가 돌려 달린다. 비늘조각은 길이 3mm 정도의 난형이고 황록색이다. 열매(수과)는 길이 1.5mm 정도의 세모진 타원상 도란형-도란형이고 갈색으로 익는다. 개화/결실기는 8~10월이다.

참고 식물체에 털이 많고 꽃차례에 소수가 다소 빽빽하게 모여 달리는 것이 특징이다.

❶ 2007. 9. 1. 전남 완도군 ❷ 소수. 가지의 끝에 3~10(~15)개씩 밀집하여 달린다. ❸ 열매. 수과는 약간 세모진 도란형이다.

갯하늘지기
Fimbristylis sieboldii Miq. ex Franch. & Sav.

사초과

국내분포/자생지 중부지방(주로 서남해안) 이남 바닷가의 갯바위, 매립지, 염습지 등

형태 다년초. 줄기는 높이 5~30cm 이며 땅속줄기는 짧게 벋는다. 잎은 줄기보다 짧으며 너비 1mm 정도이고 안쪽으로 말려서 원통형이 된다. 소수는 길이 1~1.7cm의 피침상 긴 타원형-긴 타원상 난형이며 끝이 다소 뾰족하다. 비늘조각은 길이 3mm 정도의 타원형-난형이고 끝부분과 가장자리에 털이 있으며 황갈색이다. 열매(수과)는 길이 1.2mm 정도의 약간 세모진 도란형-넓은 도란형이고 갈색으로 익는다. 개화/결실기는 8~10월이다.

참고 소수가 10개 미만이고 비늘조각에 털이 있는 것이 특징이다.

❶ 2012. 9. 13. 경남 하동군 ❷ 꽃차례. ❸ 소수. 3~10개이고 느슨하게 달린다. ❹ 비늘조각. 길이 3mm 정도이고 털이 있다.

하늘지기

Fimbristylis dichotoma (L.) Vahl
var. *dichotoma*

사초과

국내분포/자생지 전국의 농경지, 민가(잔디밭), 빈터, 습지 주변 등 풀밭

형태 1년초. 줄기는 높이 10~60cm이고 모여난다. 잎은 줄기보다 짧으며 너비 0.5~3mm의 납작한 선형이다. 소수는 길이 5~7mm의 긴 타원형–난형이고 황갈색–자갈색이다. 비늘조각은 길이 2~4mm의 긴 타원형–난형이며 3~5맥이 있고 중앙맥은 녹색이다. 열매(수과)는 길이 1.2mm 정도의 도란형이며 표면에 격자무늬의 세로줄이 7~10개 있다. 개화/결실기는 8~10월이다.

참고 털하늘지기에 비해 열매의 표면에 격자무늬의 세로줄이 10개 정도 있으며 남하늘지기에 비해서는 소수가 1개씩 달리는 것이 특징이다.

  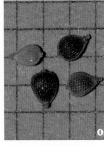

❶ 2017. 8. 31. 전남 광주시 광산구 ❷꽃차례. 소수는 가지의 끝에 1개씩 느슨히 달린다. ❸소수. 긴 타원형–난형이다. ❹열매. 수과 표면에 10줄 정도의 격자무늬(세로줄이 특히 뚜렷함)가 있다.

남하늘지기

Fimbristylis dichotoma var.
floribunda (Miq.) T. Koyama

사초과

국내분포/자생지 제주 및 남부지방의 건조한 풀밭

형태 다년초. 줄기는 높이 20~40cm이고 1개 또는 여러 개가 느슨히 모여나며 땅속줄기는 짧다. 잎은 줄기보다 짧고 너비 1~3mm의 납작한 선형이다. 소수는 수십 개의 소화가 돌려 달린다. 비늘조각은 길이 3mm 정도이며 황갈색–자갈색이다. 열매(수과는 길이 1mm 정도의 납작한 도란형이고 표면에 격자무늬의 세로줄이 7~10개 정도 있다. 황백색으로 익는다. 개화/결실기는 8~10월이다.

참고 하늘지기에 비해 땅속줄기가 짧게 벋으며 자라는 다년초이며 소수가 가지의 끝에서 1~3개씩 모여 달리는 것이 특징이다.

  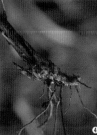

❶ 2014. 9. 26. 제주 ❷꽃차례. 소수는 가지의 끝에서 1~3개씩 모여 달린다. ❸열매. 수과 표면에 격자무늬의 세로줄이 10개 정도 있다. ❹땅속줄기. 굵어지며 짧게 벋는다.

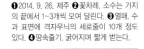

털하늘지기

Fimbristylis tomentosa Vahl
Fimbristylis dichotoma f. *tomentosa*
Ohwi

사초과

국내분포/자생지 남부지방의 농경지, 저수지, 호수 등 습한 풀밭

형태 1년초. 줄기는 높이 10~50cm 이며 모여난다. 잎은 너비 1~3mm 정도의 납작한 선형이다. 소수는 길이 4~6mm의 긴 타원상 난형이다. 비늘조각은 길이 3mm 정도의 넓은 난형-거의 구형이고 황갈색-자갈색이다. 열매(수과)는 길이 1.2mm 정도의 도란형이고 황백색으로 익는다. 개화/결실기는 8~10월이다.

참고 하늘지기에 비해 열매 표면의 희미한 격자무늬가 12줄 이상인 것이 특징이다. 털이 달리는 밀도와 소수의 개수는 변이가 심해 식별형질이 되지 못한다.

❶2012. 9. 10. 전남 신안군 ❷꽃차례. 소수는 가지의 끝에서 1개씩 달린다. ❸소수. 긴 타원상 난형이며 수십 개의 소화가 돌려 달린다. ❹열매. 수과 표면에 12줄 이상의 희미한 무늬가 있다.

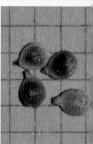

큰하늘지기

Fimbristylis longispica Steud.

사초과

국내분포/자생지 중부지방 이남의 바닷가 염습지(주로 하천 하구)

형태 다년초. 줄기는 높이 20~50cm 이며 땅속줄기는 짧게 벋는다. 잎은 줄기보다 짧으며 너비 2~3mm의 납작한 선형이다. 소수는 길이 6~20mm의 피침상 긴 타원형-긴 타원형이다. 비늘조각은 길이 3~4mm의 넓은 난형이고 황갈색이다. 열매(수과)는 길이 1.3mm 정도의 도란형이고 표면에 희미한 격자무늬가 있으며 황갈색으로 익는다. 개화/결실기는 7~9월이다.

참고 꽃차례에 3~6(~10)개 정도의 소수가 성기게 달리며 열매의 표면에 희미한 격자무늬가 있는 것이 특징이다.

❶2006. 8. 5. 전남 영광군 ❷꽃차례. 줄기의 끝에서 부채살처럼 퍼지며 소수는 3~10개이고 가지의 끝에 1개씩 달린다. ❸소수. 피침상 긴 타원형-긴 타원형이고 황갈색이다. ❹열매. 수과의 표면에 희미한 무늬가 있다.

꼴하늘지기

Fimbristylis subbispicata Nees & Meyen

사초과

국내분포/자생지 전국의 농경지(주로 묵논), 습한 풀밭, 호수 등

형태 다년초. 줄기는 높이 5~40cm 이며 모여난다. 잎은 줄기보다 짧으며 너비 1mm 정도의 약간 안쪽으로 말린 선형이다. 소수는 길이 8~30mm의 피침상 긴 타원형-긴 타원상 난형이다. 비늘조각은 길이 4~6mm의 난형-넓은 난형이다. 열매(수과)는 길이 2mm 정도(0.5mm 정도의 자루 포함)의 도란형이고 표면에 희미한 격자무늬가 있으며 갈색으로 익는다. 개화/결실기는 8~10월이다.

참고 쇠하늘지기(*F. ovata*)도 소수가 1개씩 달리지만 약간 압착되어 있으며 인편이 마주 달리는 것이 특징이다. 국내에서는 제주(마라도)에서만 관찰된다.

 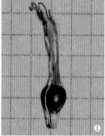 

❶2001. 8. 19. 경북 울진군 ❷소수. 1개씩 달린다. ❸열매. 길이 0.5mm 정도의 자루가 있다. 암술대가 길다. ❹쇠하늘지기(2017. 8. 17. 제주). 소수의 인편이 마주난다.

꽃하늘지기

Bulbostylis densa (Wall.) Hand.-Mazz.

사초과

국내분포/자생지 전국의 농경지, 하천가 및 낮은 산지의 임도

형태 1년초. 줄기는 높이 5~30cm 이며 모여난다. 잎은 줄기보다 짧으며 너비 1mm 정도의 약간 안쪽으로 말린 선형이다. 엽설에 긴 털이 있다. 소수는 길이 3~6mm의 긴 타원형-긴 타원상 난형이며 소화는 5~18개이다. 비늘조각은 길이 1.5~2mm의 난형-넓은 난형이고 갈색이다. 열매(수과)는 길이 0.8mm 정도의 뚜렷하게 세모진 도란형이고 갈색으로 익는다. 개화/결실기는 8~10월이다.

참고 모기골속(*Bulbostylis*)은 암술대의 밑부분이 열매에 돌기 모양으로 수존하는 점이 하늘지기속(*Fimbristylis*)과 다른 점이다.

❶2008. 8. 19. 전남 영암군 ❷꽃차례. 모기골에 비해 꽃차례가 갈라지며 소수가 가지의 끝에 1개(드물게 2~3개)씩 느슨히 달린다. ❸열매. 위쪽에 둥근 부속체가 있다. ❹엽설. 주변으로 긴 털이 있다.

모기골

Bulbostylis barbata (Rottb.) C. B. Clarke

사초과

국내분포/자생지 전국의 바닷가 또는 하천가 모래땅

형태 1년초. 줄기는 높이 5~20cm이며 모여난다. 잎은 줄기보다 짧으며 너비 0.5mm 정도의 약간 안쪽으로 말린 선형이다. 엽설에 긴 털이 있다. 소수는 길이 3~6.5mm의 피침형−좁은 난형이며 소화는 7~13개이다. 비늘조각은 길이 2mm 정도의 난형−넓은 난형이고 끝이 밖으로 휘어지며 황갈색이다. 열매(수과)는 길이 0.7mm 정도의 뚜렷하게 세모진 도란형이고 갈색으로 익는다. 개화/결실기는 8~10월이다.

참고 자루가 없는 소수가 3~15개씩 머리모양으로 모여 달리는 것이 특징이다. 주로 건조한 모래땅(특히 바닷가 해안사구)에서 자란다.

❶2008. 8. 9. 전북 고창군 ❷꽃차례. 소수는 가지의 끝에서 3~15개씩 머리모양으로 빽빽이 모여 달린다. ❸소수. 비늘조각의 끝은 밖으로 휘어진다. ❹열매. 위쪽에 둥근 부속체가 있다.

남방개

Eleocharis dulcis (Burm.f.) Trin. ex Hensch.

사초과

국내분포/자생지 제주의 연못, 호수 등 습지

형태 다년초. 줄기는 높이 30~80cm, 너비 3~5mm이며 땅속줄기는 옆으로 길게 벋는다. 잎은 줄기의 아래쪽에 잎집상의 잎만 있다. 소수는 길이 1.5~4cm의 원통형이고 너비는 줄기와 동일하다. 비늘조각은 길이 4~6mm의 넓은 타원형−난형이고 거의 가죽질이다. 끝은 둥글며 가장자리는 막질이고 연한 황색이다. 화피편은 6~7개이고 열매보다 길다. 열매(수과)는 길이 2~2.5mm의 도란형−넓은 도란형이고 갈색으로 익는다. 개화/결실기는 8~10월이다.

참고 올방개에 비해 소수 비늘조각의 끝이 둥근 것이 특징이다. 국내에서는 제주에서만 관찰된다.

❶2010. 10. 2. 제주 ❷꽃차례. 줄기의 끝에서 1개의 소수가 정생한다. ❸비늘조각. 끝은 둥글다. ❹열매. 넓은 도란형이다.

올방개

Eleocharis kuroguwai Ohwi

사초과

국내분포/자생지 중부지방 이남의 농경지, 하천가 습지, 호수 등

형태 다년초. 줄기는 높이 30~70cm, 너비 3~5mm이다. 땅속줄기는 옆으로 길게 벋는다. 잎은 줄기의 아래쪽에 잎집상의 잎만 있다. 소수는 길이 2~8cm의 원통형이고 너비는 줄기와 동일하다. 비늘조각은 길이 6~8mm의 긴 타원형-타원형이며 끝은 (둔하거나) 뾰족하고 녹색-연한 황색이다. 화피편은 5~6개이고 열매보다 길다. 열매(수과)는 길이 2mm 정도의 도란형이며 갈색으로 익는다. 개화/결실기는 8~10월이다.

참고 남방개에 비해 소수 비늘조각의 끝이 뾰족한 것이 특징이다. 중남부 지방에 분포한다.

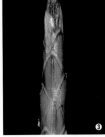
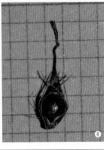

❶ 2002. 10. 23. 대구시 경북대학교 ❷ 꽃차례. 소수는 줄기의 끝에 1개씩 정생한다. ❸ 비늘조각. 끝이 뾰족한 편이다. ❹ 열매. 도란형이다.

쇠털골

Eleocharis acicularis (L.) Roem. & Schult.

사초과

국내분포/자생지 전국의 농경지, 저수지, 하천가, 호수 등 습지

형태 다년초. 줄기는 높이 2~10cm이고 땅속줄기는 옆으로 짧게 벋으며 개체군을 형성한다. 잎은 줄기의 아래쪽에 잎집상의 잎만 있다. 소수는 길이 2~4mm의 긴 타원형-긴 타원상 난형이며 소화는 10개 미만이다. 비늘조각은 길이 1.5~2mm의 긴 타원형이고 자갈색이다. 화피편은 3~4개이고 열매보다 약간 길거나 짧다. 열매(수과)는 길이 1mm 정도의 도란상 긴 타원형이고 연한 갈색으로 익는다. 개화/결실기는 8~10월이다.

참고 식물체가 소형이고 가늘며 땅속줄기가 옆으로 벋고 소수가 줄기의 끝에 1개씩 달리는 것이 특징이다.

❶ 2011. 9. 27. 전북 고창군 ❷ 꽃차례. 소수는 줄기의 끝에 1개씩 정생한다. ❸ 소수. 암술머리는 3개로 갈라진다. ❹ 열매. 연한 갈색으로 익으며 표면에 무늬가 있다.

참바늘골
Eleocharis attenuata (Franch. & Sav.) Palla

사초과

국내분포/자생지 남부지방의 농경지, 저수지, 하천가, 호수 등 습지

형태 다년초. 줄기는 높이 20~50cm, 너비 1mm 정도이고 모여난다. 소수는 길이 6~10mm의 타원상 난형–난형이고 끝은 뾰족하거나 둔하다. 비늘조각은 길이 2~2.2mm의 긴 타원형–타원형이고 자갈색이다. 화피편은 6개이고 열매와 길이가 비슷하다. 열매(수과)는 길이 1.5~2mm의 세모진 도란형이고 갈색으로 익는다. 개화/결실기는 6~10월이다.

참고 바늘골에 비해 식물체, 비늘조각, 수과가 보다 대형이며 열매의 윗부분에 남아 있는 암술대의 밑부분이 약간 납작하고 너비가 열매의 너비와 비슷한 것이 특징이다.

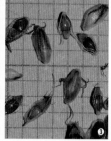

❶ 2010. 6. 12. 제주 ❷ 꽃차례. 소수는 줄기의 끝에서 1개씩 정생한다. ❸ 비늘조각 및 수과. 바늘골보다 크다. ❹ 줄기와 잎. 줄기의 아래쪽에 잎집상의 잎만 있다.

바늘골
Eleocharis congesta D. Don

사초과

국내분포/자생지 전국의 농경지, 저수지, 하천가, 호수 등 습지

형태 1년초. 줄기는 높이 5~30cm, 너비 1mm 미만이며 모여난다. 잎은 줄기의 아래쪽에 잎집상의 잎만 있다. 소수는 길이 5~10mm의 긴 타원형–긴 타원상 난형(–좁은 난형)이며 수십 개의 소화가 돌려난다. 비늘조각은 길이 1.5~2mm의 타원형이고 자갈색이며 중앙맥은 녹색이다. 화피편은 6개이고 열매보다 길다. 열매(수과)는 길이 1~1.2mm의 약간 부푼 세모진 도란형이고 황갈색–갈색으로 익는다. 개화/결실기는 7~10월이다.

참고 참바늘골에 비해 열매의 윗부분에 남아 있는 암술대의 밑부분이 납작하지 않으며 너비가 열매 너비의 2분의 1 정도로 작은 것이 특징이다.

❶ 2002. 7. 9. 강원 횡성군 ❷ 꽃차례. 소수는 줄기의 끝에서 1개씩 정생한다. ❸ 열매. 황갈색–갈색으로 익는다. 화피편에 아래 방향의 뚜렷한 가시가 있다.

올방개아재비
Eleocharis kamtschatica (C. A. Mey.) Kom.

사초과

국내분포/자생지 동해안 또는 서해안의 바닷가 인근 호수, 하천의 하구 또는 염습지

형태 다년초. 줄기는 높이 20~50cm, 너비 1~2mm이며 땅속줄기가 옆으로 길게 뻗는다. 잎은 줄기의 아래쪽에 잎집상의 잎만 있다. 소수는 길이 8~20mm의 긴 타원상 난형–난형이며 끝은 다소 둔하다. 비늘조각은 길이 4mm 정도의 긴 타원형이며 자갈색이다. 화피편은 없거나 (1~)4~5개이고 열매와 길이가 비슷하다. 열매(수과)는 길이 1~1.5mm의 도란형–거의 구형이고 갈색으로 익는다. 개화/결실기는 5~7월이다.

참고 열매의 윗부분에 남아 있는 암술대의 밑부분이 수과보다 더 크거나 비슷한 것이 특징이다.

❶ 2011. 5. 26. 강원 고성군 송지호 ❷~❸ 꽃차례. 소수는 줄기의 끝에서 1개씩 정생한다. ❹ 열매. 화피편은 있거나 없으며 암술대의 밑부분이 수과보다 크다.

쇠바늘골(원산바늘골)
Eleocharis maximowiczii Zinserl.

사초과

국내분포/자생지 제주 및 중북부지방의 산지습지

형태 1년초. 줄기는 높이 5~20cm, 너비 1mm 미만이고 모여난다. 횡단면에 미세한 홈이 있다. 잎은 줄기의 아래쪽에 잎집상의 잎만 있다. 소수에 다수의 소화가 약간 느슨하게 달린다. 비늘조각은 길이 1~1.5mm의 타원형이고 자갈색이다. 화피편은 6개이고 열매보다 짧다. 열매(수과)는 길이 1mm 정도의 약간 부푼 세모진 도란형이고 황록색으로 익는다. 개화/결실기는 7~10월이다.

참고 바늘골에 비해 주로 고산습지에 자라며 비늘조각과 열매가 바늘골보다 작고 열매가 짙은 녹황색으로 익는 것이 특징이다.

❶ 2009. 8. 29. 제주 ❷ 꽃차례. 소수는 줄기의 끝에서 1개씩 정생한다. ❸ 열매. 녹황색으로 익는다.

좀네모골
Eleocharis wichurae Boeckeler

사초과

국내분포/자생지 전국의 농경지, 저수지, 하천가, 호수 등 습지
형태 다년초. 줄기는 높이 30~60cm, 너비 1.5mm 정도이다. 잎은 줄기의 아래쪽에 잎집상의 잎만 있다. 소수는 길이 8~15mm의 긴 타원형–긴 타원상 난형이다. 비늘조각은 길이 4~6mm의 타원형–긴 타원형이고 황갈색이다. 화피편은 6개이며 길이 1.5~2mm의 깃털모양이고 열매보다 길다. 열매(수과)는 길이 1.5~2mm의 넓은 도란형이고 갈색으로 익는다. 개화/결실기는 7~10월이다.
참고 줄기 횡단면의 모양이 변이가 많은 편이지만 희미하게나마 능각이 있으며 화피편에 잔가시가 있는 것이 특징이다.

❶ 2002. 8. 24. 경남 양산시 정족산 ❷ 소수. 줄기의 끝에서 1개씩 정생한다. ❸ 열매. 암술대 아래의 부속체는 열매와 길이가 비슷하다. ❹ 줄기. 단면은 3~6각형이며 가장자리에 능각이 있다.

 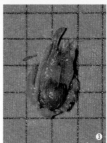 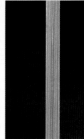

물꼬챙이골
Eleocharis mamillata H. Lindb.

사초과

국내분포/자생지 전국의 농경지, 저수지, 하천가, 호수 등 습지
형태 다년초. 줄기는 높이 20~70cm, 너비 2~4mm이며 땅속줄기가 옆으로 길게 벋으면서 개체군을 형성한다. 소수는 길이 1~2cm의 난형–긴 타원상 난형이다. 비늘조각은 길이 3~4mm의 난상 피침형이고 자갈색이다. 열매(수과)는 길이 1~1.5mm의 넓은 도란형–도란상 구형이고 갈색으로 익는다. 개화/결실기는 5~7월이다.
참고 까락골에 비해 줄기가 황록색이고 세로줄이 뚜렷하지 않으며 마르면 납작해지는 것이 특징이다. 학자에 따라 *E. ussuriensis* 또는 *E. palustris* 로 처리하기도 한다.

❶ 2012. 5. 22. 경남 양산시 ❷ 꽃차례. 소수는 줄기의 끝에서 1개씩 정생한다. ❸ 열매. 화피편은 4~5개이고 열매보다 길다. ❹ 줄기. 세로줄이 뚜렷하지 않다. 줄기의 아래쪽에 잎집상의 잎만 있다.

까락골

Eleocharis valleculosa var. *setosa* Ohwi

사초과

국내분포/자생지 전국의 저수지, 하천가, 호수 등 습지

형태 다년초. 줄기는 높이 20~70cm, 너비 2~4mm이고 뚜렷하게 능각이 있으며 땅속줄기가 길게 벋으면서 개체군을 형성한다. 잎은 줄기 아래쪽에 잎집상의 잎만 있다. 소수는 길이 7~20mm의 긴 타원형-긴 타원상 난형이다. 비늘조각은 길이 3mm 정도의 난상 피침형이고 자갈색이다. 열매(수과)는 길이 1~1.5mm의 도란상 구형이고 갈색으로 익는다. 개화/결실기는 5~7월이다.

참고 물꼬챙이골에 비해 줄기가 분녹색(-연한 청록색)이고 능각이 뚜렷한 것이 특징이다. 화피편이 퇴화된 것을 민까락골(var. *valleculosa*)이라고 한다.

❶2011. 4. 28. 대구시 금호강 ❷꽃차례. 소수는 줄기의 끝에서 1개씩 정생한다. ❸열매. 화피편은 4개이고 수과보다 길다. ❹줄기. 세로홈이 뚜렷하다.

고양이수염

Rhynchospora chinensis Nees & Meyen

사초과

국내분포/자생지 남부지방의 해발고도가 낮은 산지습지

형태 다년초. 줄기는 높이 20~80cm이고 모여나며 땅속줄기는 짧다. 잎은 너비 1.5~2.5mm의 납작한 선형이다. 소수는 길이 7~8mm의 피침상 긴 타원형-긴 타원상 난형이며 소화는 (2~)3~5개이다. 비늘조각은 길이 4~5mm의 난상 타원형이고 갈색이다. 열매(수과)는 길이 2mm의 넓은 타원상 도란형이고 갈색-적갈색으로 익는다. 개화/결실기는 8~9월이다.

참고 좀고양이수염에 비해 식물체가 보다 크고 곧추서며 화피편이 열매보다 길고 잔가시가 있는 것이 특징이다. 화피편이 열매보다 3배 정도 긴 것을 큰고양이수염(*R. faurie*)이라고 하며 국내 분포는 불명확하다.

❶2013. 8. 2. 전남 장흥군 ❷꽃차례. 소수는 꽃차례의 가지 끝에서 몇 개씩 모여 달린다. ❸열매. 화피편은 6개이고 열매보다 2배 정도 길다.

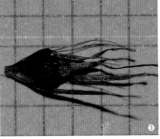

골풀아재비
Rhynchospora faberi C. B. Clarke

사초과

국내분포/자생지 중부지방 이남의 산지습지

형태 다년초. 줄기는 높이 5~30cm이고 모여나며 땅속줄기는 짧다. 잎은 너비 0.5~1mm의 납작한 선형이다. 소수는 길이 3.5mm 정도의 좁은 난형이고 곧추 달리며 소화는 2~3개이다. 비늘조각은 길이 2~3mm의 난상 타원형이고 갈색-짙은 갈색이다. 열매(수과)는 길이 2mm 정도의 넓은 도란형-도란상 구형이고 연한 자갈색-갈색으로 익는다. 개화/결실기는 8~9월이다.

참고 좀고양이수염에 비해 화피편의 길이가 열매보다 짧고 아래 방향으로 난 가시가 있는 것이 특징이다.

❶2005. 8. 9. 제주 1,100고지 ❷~❸꽃차례. 소수는 3~5개씩 모여 달린다. ❹열매. 화피편은 6개이고 열매와 길이가 비슷하거나 짧다.

좀고양이수염
Rhynchospora fujiiana Makino

사초과

국내분포/자생지 남부지방의 해발고도가 낮은 산지습지

형태 다년초. 줄기는 높이 10~50cm이고 모여나며 땅속줄기는 짧다. 잎은 너비 1~1.5mm의 납작한 선형이다. 소수는 길이 5~6mm의 피침형이고 곧추 달리며 소화는 3~4개이다. 비늘조각은 길이 3~4(~5)mm의 긴 타원상 난형-타원상 난형이고 갈색-적갈색이다. 열매(수과)는 길이 2mm 정도의 긴 타원상 도란형이고 황갈색-갈색으로 익는다. 개화/결실기는 8~9월이다.

참고 고양이수염과 골풀아재비의 중간적 형태를 보인다. 골풀아재비에 비해 소수가 길며 화피편이 열매와 길이가 비슷하거나 길고 잔가시가 없는 것이 특징이다.

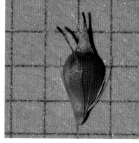

❶2013. 8. 2. 전남 장흥군 ❷꽃차례. 소수는 3~5개씩 모여 달린다. ❸열매. 화피편은 6개이며 열매와 길이가 비슷하거나 길고 잔가시가 없다.

붉은골풀아재비

Rhynchospora rubra (Lour.) Makino
Schoenus ruber Lour.

사초과

국내분포/자생지 전남(해남군, 진도군)의 산지습지 및 습한 풀밭에 드물게 분포

형태 다년초. 줄기는 높이 10~50cm이고 모여나며 땅속줄기는 짧다. 잎은 너비 1.5~2.5mm의 납작한 선형이다. 소수는 길이 6~8mm의 피침상 긴 타원형-긴 타원상 난형이며 소화는 2~4개이다. 비늘조각은 길이 1~3mm 또는 4~6mm(두 종류가 있음)의 피침형-난상 타원형이고 녹갈색-갈색이다. 열매(수과)는 길이 1.5~2mm의 도란형이고 가장자리에 돌출된 능각이 있으며 갈색-흑갈색으로 익는다. 개화/결실기는 8~9월이다.

참고 꽃차례가 줄기의 끝에서 머리모양으로 밀집해 달리는 것이 특징이다.

❶ 2010. 9. 12. 전남 해남군 ❷꽃차례. 줄기의 끝에서 10여 개의 소수가 머리모양으로 빽빽이 모여 달린다. ❸열매. 화피편은 4~6개이고 열매 길이의 0.3~0.5배이며 열매의 가장자리에 약간 돌출한 능각이 있다.

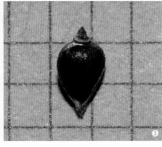

너도고랭이

Scleria parvula Steud.

사초과

국내분포/자생지 중남부지방의 산지 습지

형태 1년초. 줄기는 높이 20~60cm이며 횡단면은 삼각형이다. 잎은 너비 3~5mm의 납작한 선형이다. 꽃차례는 줄기의 중간부 이상의 잎겨드랑이에 달리며 가지는 2~4개이고 길이가 서로 다르다. 암꽃소수는 길이 4~5mm의 좁은 난형이고 4~5개의 비늘조각이 있으며 그중 1개에만 암꽃이 핀다. 비늘조각은 피침형-난형이고 연한 황갈색-자갈색이며 끝이 뾰족하다. 열매(수과)는 길이 2.5~3mm의 구형이다. 개화/결실기는 8~9월이다.

심고 줄기의 모서리에 날개가 발달하며 열매가 백색이고 골프공처럼 표면에 홈이 있는 것이 특징이다.

❶ 2009. 9. 18. 전남 순천시 ❷꽃차례. 가지의 마디부분에서 암꽃소수와 수꽃소수가 함께 달린다. ❸열매. 골프공처럼 표면에 홈이 있다. ❹줄기. 삼각지며 가장자리는 날개모양이다.

가시개올미

Scleria rugosa R. Br.

사초과

국내분포/자생지 남부지방 산지습지

형태 1년초. 줄기는 높이 10~20cm이고 모서리는 날개처럼 확장하며 횡단면이 삼각형이다. 잎은 너비 2~3mm의 납작한 선형이다. 암꽃소수는 길이 2~4mm의 좁은 난형이고 3~5개의 비늘조각이 있으며 그중 1개에만 암꽃이 핀다. 비늘조각은 녹색이다. 열매(수과)는 길이가 1.5mm 정도의 구형이고 백색이며 골프공처럼 표면에 홈이 있다. 개화/결실기는 8~9월이다.

참고 너도고랭이에 비해 식물체에 털이 많고 크기가 작다. 식물체에 털이 거의 없는 것을 덕산풀(var. *onoei*)로 구분하기도 하지만 연속 변이로 판단된다.

❶ 2009. 9. 18. 전남 순천시 ❷꽃차례. 가지의 마디부분에서 암꽃소수와 수꽃소수가 1~2개씩 모여 달린다. ❸~❹열매. 너도고랭이에 비해 크기가 작으며 열매 밑에 있는 원반체(화반)의 열편 끝이 둥글다.

진퍼리사초

Carex arenicola F. Schmidt

사초과

국내분포/자생지 중부지방 이북의 바닷가 모래땅

형태 다년초. 줄기는 높이 20~30cm이며 땅속줄기는 옆으로 길게 벋는다. 잎은 너비 1~3mm의 납작한 선형이다. 소수는 줄기의 끝부분에서 수상으로 모여 달린다. 암꽃의 비늘조각은 길이 3~4mm이고 갈색-짙은 갈색이다. 열매(수과)의 과낭은 길이 4~5mm의 긴 난형이다. 수과는 과낭 속에 들어차 있다. 개화/결실기는 5~7월이다.

참고 땅속줄기가 옆으로 길게 벋으면서 자라고 소수가 줄기의 끝부분에서 모여 달리는 것이 특징이다.

❶ 2004. 6. 2. 강원 고성군 송지호 ❷꽃차례. 소수는 줄기의 끝부분에서 수상으로 모여 달린다. ❸과낭. 표면에 잔맥이 많으며 가장자리가 약간 날개모양으로 확장된다. ❹땅속줄기. 길게 벋으며 마디에서 줄기가 1개씩 나온다.

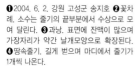

들사초

Carex duriuscula C. A. Mey.

사초과

국내분포/자생지 북부지방의 건조한 풀밭

형태 다년초. 줄기는 높이 5~20cm 이며 땅속줄기는 옆으로 길게 벋는 다. 잎은 너비 2~3mm의 납작한 선 형이다. 소수는 줄기의 끝부분에서 몇 개씩 모여 달린다. 암꽃의 비늘 조각은 길이 3mm 정도의 넓은 난 형이고 끝은 뾰족하거나 까락모양이 며 가장자리는 막질이고 중앙맥은 뚜렷하다. 열매(수과)의 과낭은 길이 3~4mm의 넓은 난형이고 끝은 급히 좁아지며 표면에 갈색의 맥이 있다. 수과는 과낭 속에 헐겁게 들어 있다. 개화/결실기는 4~6월이다.

참고 식물체가 소형이며 여러 개의 소수가 뭉쳐서 1개의 소수처럼 보이 고 개화 시기가 빠른 것이 특징이다.

❶2010. 6. 20. 중국 지린성 두만강 상류 ❷~❸꽃차례. 짧은 소수 몇 개가 줄기의 끝 부분에서 인접해 모여 달려 1개의 소수처럼 보인다. ❹땅속줄기. 옆으로 길게 벋는다.

대암사초

Carex chordorrhiza L.f.

사초과

국내분포/자생지 중부지방(강원 인제 군 대암산 용늪) 이북의 습지

형태 다년초. 줄기는 높이 5~20cm이 다. 잎은 너비 0.5~2mm의 납작한 선 형이다. 소수는 줄기의 끝부분에 빽빽 이 모여 1개의 소수처럼 보인다. 암꽃 의 비늘조각은 길이 3mm 정도의 긴 난형–난형이고 자갈색이다. 열매(수 과)의 과낭은 길이 3mm 정도의 넓은 타원형이고 끝이 급히 좁아지며 표면 에 맥이 있다. 수과는 과낭 속에 헐겁 게 들어 있다. 개화/결실기는 6~7월 이다.

참고 기는 줄기가 땅위로 길게 벋으며 마디에서 뿌리를 내리고 소수가 줄기 의 끝부분에서 빽빽이게 모여 달리는 것이 특징이다. 국내(남한)에서는 강원 인제군 대암산 용늪에만 분포한다.

❶2013. 6. 28. 강원 인제군 ❷~❸꽃차례. 몇 개의 소수가 줄기의 끝부분에서 빽빽하 게 모여 달려 1개의 소수처럼 보인다. ❹과 낭. 표면에 맥이 있으며 광택이 난다.

산사초

Carex canescens L.

사초과

국내분포/자생지 중부지방 이북의 습지

형태 다년초. 줄기는 높이 20~50cm 이고 모여나며 땅속줄기는 짧다. 잎은 너비 2~3mm의 납작한 선형이다. 소수는 줄기의 윗부분에서 수상으로 모여 달린다. 암꽃의 비늘조각은 길이 2mm 정도의 난형이고 과낭보다 짧으며 녹갈색이다. 열매(수과)의 과낭은 길이 2~2.5mm의 도란상 타원형이다. 수과는 과낭 속에 들어차 있다. 개화/결실기는 5~6월이다.

참고 식물체가 흰빛이 도는 분녹색이며 소수가 줄기에 수상으로 달리고 소수의 아랫부분에 수 개의 수꽃이 달리는 것이 특징이다.

❶2016. 6. 25. 강원 평창군 ❷~❸꽃차례. 소수는 줄기의 윗부분에 성기게 달리며 소수의 아랫부분에 수 개의 수꽃이 달린다. ❹과낭. 끝이 오목하게 파이며 표면에 맥이 있다.

애괭이사초

Carex laevissima Nakai

사초과

국내분포/자생지 전국의 길가(주로 산지), 습지 등

형태 다년초. 줄기는 높이 20~50cm 이고 모여나며 땅속줄기는 짧다. 잎은 너비 2~3mm의 납작한 선형이다. 소수는 줄기의 끝부분에 수상으로 달린다. 암꽃의 비늘조각은 길이 3~4mm의 긴 타원상 난형~난형이고 황갈색이다. 열매(수과)의 과낭은 길이 3~4mm의 긴 난형이고 끝이 서서히 좁아지며 표면에 다수의 맥이 있다. 수과는 과낭 속에 헐겁게 들어 있다. 개화/결실기는 5~7월이다.

참고 산괭이사초에 비해 잎집 앞쪽의 투명한 막질부가 주름지고 끝이 혀모양으로 돌출하며 과낭의 표면에 자주색의 점이 없는 것이 특징이다. 또한 잎이 좁은 편이다.

❶2011. 5. 28. 경남 창녕군 우포늪 ❷꽃차례. 소수가 수상으로 빽빽이 모여 달리며 꽃차례의 밑부분에 포가 없거나 짧다. ❸과낭. 자주색의 잔점은 없다. ❹잎집. 뚜렷한 가로주름이 있다.

산괭이사초
Carex leiorhyncha C. A. Meyer

사초과

국내분포/자생지 전국의 길가, 농경지, 빈터, 습지, 하천가 등

형태 다년초. 줄기는 높이 20~60cm이고 모여나며 땅속줄기는 짧다. 잎은 너비 3~5mm의 납작한 선형이다. 꽃차례의 포는 꽃차례와 길이가 비슷하다. 암꽃의 비늘조각은 길이 3~4mm의 난형이고 황갈색~적갈색이다. 열매(수과)의 과낭은 길이 3~4mm의 긴 난형이고 끝이 서서히 좁아진다. 수과는 과낭 속에 헐겁게 들어 있다. 개화/결실기는 5~6월이다.

참고 애괭이사초에 비해 잎집 앞쪽의 투명한 막질부가 크고 넓으며 비늘조각과 과낭의 표면에 자주색의 점이 있는 것이 특징이다. 잎은 넓은 편이다.

❶ 2001. 5. 18. 대구시 경북대학교 ❷ 꽃차례. 밑부분에 꽃차례와 길이가 비슷한 포가 있다. ❸ 과낭. 다수의 맥이 있다. ❹ 잎집. 투명한 막질부가 넓다.

괭이사초
Carex neurocarpa Maxim.

사초과

국내분포/자생지 전국의 길가, 농경지, 빈터, 습지, 하천가 등

형태 다년초. 줄기는 높이 20~60cm이고 모여나며 땅속줄기는 짧다. 잎은 너비 2~3mm의 납작한 선형이다. 꽃차례의 포는 꽃차례의 길이보다 훨씬 길며 소수는 줄기의 끝부분에서 수상으로 빽빽이 모여 달린다. 암꽃의 비늘조각은 길이 3~4mm의 난형~넓은 난형이고 황갈색이다. 열매(수과)의 과낭은 길이 4mm 정도의 긴 난형이고 끝이 급하게 좁아지며 표면에 자주색의 맥이 있다. 수과는 과낭 속에 헐겁게 들어 있다. 개화/결실기는 5~6월이다.

참고 꽃차례 아랫부분에 있는 포는 꽃차례보다 길며 과낭의 상부 가장자리에 넓은 날개가 발달하는 것이 특징이다.

❶ 2014. 5. 23. 전남 구례군 ❷ 꽃차례. 아랫부분의 포는 꽃차례보다 길다. ❸~❹ 과낭. 상부 가장자리에 날개가 넓게 발달한다.

대구사초

Carex paxii Kük.

사초과

국내분포/자생지 전국의 습지 주변, 하천가 등의 풀밭에 드물게 자람

형태 다년초. 줄기는 높이 20~60cm 이고 모여나며 땅속줄기는 짧다. 잎은 너비 2~3mm의 납작한 선형이다. 꽃차례의 포는 긴 가시모양이며 꽃차례보다 짧다. 암꽃의 비늘조각은 길이 2~3mm의 난형이고 연한 녹색이다. 열매(수과)의 과낭은 길이 3.5mm 정도의 넓은 난형이고 등쪽에 적자색의 돌기가 흩어져 있으며 가장자리 상부에 톱니모양의 날개가 약간 있다. 수과는 과낭 속에 헐겁게 들어 있다. 개화/결실기는 5~6월이다.

참고 과낭의 등쪽에 녹색의 맥과 적자색의 돌기가 있고 가장자리 상부에 좁은 날개가 있는 것이 특징이다.

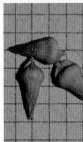

❶2011. 6. 10. 전남 장흥군 ❷꽃차례. 밑부분의 포는 선상 긴 가시모양이며 꽃차례보다 짧다. ❸~❹과낭. 등쪽에 돌기가 약간 있다. 가장자리 상부에 톱니모양의 좁은 날개가 있다.

타래사초

Carex maackii Maxim.

사초과

국내분포/자생지 전국의 연못, 저수지, 하천가, 호수 등 습지

형태 다년초. 줄기는 높이 20~60cm 이고 모여나며 땅속줄기는 짧다. 잎은 너비 2~4mm의 납작한 선형이다. 꽃차례에 포는 없다. 암꽃의 비늘조각은 길이 2.2~2.5mm의 난형이고 연한 갈색–갈색이다. 열매(수과)의 과낭은 길이 3.5mm 정도의 넓은 난형이고 가장자리에 좁은 날개가 있으며 표면에는 녹색의 맥이 있다. 수과는 과낭 속에 헐겁게 들어 있다. 개화/결실기는 5~6월이다.

참고 꽃차례가 곧추서며 수꽃이 소수의 아래쪽에 수 개씩 달리는 것이 특징이다.

❶2013. 5. 18. 경북 성주군 낙동강 ❷꽃차례. 곧추서며 소수는 수상으로 약간 성기게 모여 달린다. ❸소수. 아래쪽에 수 개의 수꽃이 달리며 성숙하면 과낭이 옆으로 벌어진다. ❹과낭. 가장자리의 날개는 매우 좁고 깔끄럽다.

덩굴사초
Carex pseudocuraica F. Schmidt

사초과

국내분포/자생지 북부지방의 습지

형태 다년초. 줄기는 높이 20~40cm 이고 모여난다. 잎은 너비 1~3mm의 납작한 선형이다. 꽃차례에 포는 없다. 암꽃의 비늘조각은 길이 3mm 정도의 난형이고 자갈색-연한 흑갈색이다. 열매(수과)의 과낭은 길이 3~4mm의 타원상 난형이고 가장자리에 좁은 날개가 있으며 표면에 맥이 있다. 수과는 과낭 속에 헐겁게 들어 있다. 개화/결실기는 6~7월이다.

참고 꽃차례가 달리지 않는 줄기가 땅위로 쓰러져 마디에서 뿌리를 내리며 이듬해에 마디에서 나온 줄기에 꽃차례가 달린다.

❶2011. 5. 26. 중국 지린성 두만강 상류 ❷꽃차례. 5~8개의 소수가 줄기의 끝부분에서 수상으로 모여 달린다. ❸소수. 암꽃이 아랫부분에, 수꽃이 윗부분에 핀다. ❹줄기. 꽃차례가 달리지 않는 줄기는 땅으로 쓰러져 마디에서 뿌리를 내린다.

별사초
Carex tenuiflora Wahlenb.

사초과

국내분포/자생지 강원(인제군) 이북의 습지에 드물게 분포

형태 다년초. 줄기는 높이 15~30cm 이고 모여난다. 잎은 너비 1~1.5mm의 납작한 선형이다. 꽃차례에 포는 없으며 소수는 2~3개이고 줄기의 끝부분에서 머리모양으로 모여 달린다. 암꽃의 비늘조각은 길이 2~2.5mm의 난형이고 과낭보다 짧으며 연한 녹색이다. 열매(수과)의 과낭은 길이 2.5~3mm의 긴 난형이고 부리가 없으며 황록색이고 표면에 자주색의 맥이 있다. 수과는 과낭 속에 들어차 있다. 개화/결실기는 6~7월이다.

참고 잎의 너비가 1~1.5mm로 좁으며 줄기 끝의 끝부분에서 머리모양으로 모여 달리는 것이 특징이다.

❶2012. 9. 16. 중국 지린성 두만강 상류 ❷꽃차례. 줄기 끝에 2~3개 소수가 빽빽이 모여 달려 1개의 소수처럼 보인다. ❸소수 ❹과낭. 황록색이고 표면에 자주색의 맥이 뚜렷하다.

통보리사초

Carex kobomugi Ohwi

사초과

국내분포/자생지 전국의 바닷가 모래땅

형태 다년초. 줄기는 높이 10~20cm이며 땅속줄기는 옆으로 길게 받는다. 잎은 너비 3~8mm의 납작한 선형이며 가죽질이고 광택이 난다. 암수딴그루이다. 꽃차례의 포는 아주 짧다. 암꽃의 비늘조각은 길이 1.2~1.6cm의 긴 타원상 난형–난형이고 가죽질이며 끝에 긴 까락이 있다. 열매(수과)의 과낭은 길이 1~1.5cm이고 끝부분이 서서히 좁아진다. 수과는 과낭 속에 헐겁게 들어 있다. 개화/결실기는 5~6월이다.

참고 암수딴그루이며 대형의 소수가 줄기 끝부분에 1개씩 달리는 것이 특징이다. 대표적인 사구식물이다.

❶ 2002. 6. 17. 경북 포항시 ❷ 수꽃소수. 암수딴그루이지만 드물게 암수한그루로 피기도 한다. ❸ 암꽃소수. 줄기의 끝부분에 길이 4~6cm의 소수가 1개씩 달린다. ❹ 과낭. 목질화되며 끝이 깊게 갈라진다.

꼬랑사초

Carex mira Kük.

사초과

국내분포/자생지 전국의 하천가(주로 중상류) 바위지대

형태 다년초. 줄기는 높이 20~40cm이고 모여나며 땅속줄기는 짧다. 잎은 너비 1~3mm의 납작한 선형이다. 꽃차례의 포는 비늘조각모양이고 짧다. 암꽃의 비늘조각은 길이 4mm 정도의 난형이고 자갈색–흑자색이며 끝이 뾰족하다. 열매(수과)의 과낭은 길이 3~5mm의 긴 타원형이고 황갈색–흑갈색이며 끝부분이 서서히 좁아진다. 수과는 과낭 속에 들어차 있다. 개화/결실기는 4~5월이다.

참고 과낭이 약간 눌린 긴 타원형이며 암꽃 비늘조각의 끝이 뾰족한 난형이고 흑자색인 것이 특징이다. 하천가의 바위지대에서 자라며 개화/결실기가 4~5월로 빠른 편이다.

  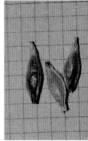

❶ 2021. 4. 11. 강원 영월군 ❷ 꽃차례. 소수는 줄기의 끝부분에서 2~4개씩 모여 달린다. 가장 위에 수꽃소수가 있다. ❸ 소수. 과낭의 끝부분과 비늘조각은 흔히 흑자색–흑갈색이다. ❹ 과낭. 표면에 털이 밀생한다.

청사초

Carex breviculmis R. Br. var.
breviculmis
Carex leucochlora Bunge

사초과

국내분포/자생지 전국의 길가, 농경지, 민가(잔디밭), 풀밭, 하천가 등
형태 다년초. 줄기는 높이 10~50cm이고 모여난다. 잎은 너비 2~3mm의 납작한 선형이다. 소수는 3~4개이고 줄기의 윗부분에서 모여 달린다. 암꽃의 비늘조각은 길이 2~3mm의 긴 타원형-긴 타원상 난형이다. 열매(수과)의 과낭은 길이 3mm 정도의 난형이고 희미한 맥과 털이 있으며 끝이 오목하다. 수과는 과낭 속에 들어차 있다. 개화/결실기는 4~6월이다.
참고 까락겨사초(C. mitrata var. aristata)와 유사하지만 포에 잎집이 없거나 매우 짧다는 점이 다르다.

❶2007. 4. 14. 전남 광주시 ❷꽃차례. 줄기, 잎, 과낭, 비늘조각 등 전체가 연한 녹색-녹색이어서 청사초라 부른다. ❸과낭과 비늘조각. 비늘조각 끝에 까락이 있으며 과낭 표면에는 희미한 맥이 있다. ❹땅속줄기. 짧게 벋는다.

갯청사초

Carex breviculmis var. *fibrillosa*
(Franch. & Sav.) Matsum. & Hayata

사초과

국내분포/자생지 중부지방 이남의 바닷가 모래땅 또는 인근 풀밭
형태 다년초. 줄기는 높이 5~30cm이고 땅속줄기는 길게 벋는다. 잎은 너비 2~3mm의 납작한 선형이다. 꽃차례의 포는 꽃차례보다 길거나 짧으며 소수는 3~4개이고 줄기의 윗부분에서 모여 달린다. 열매(수과)의 과낭은 길이 3mm 정도의 난형이고 끝이 오목하며 표면에 희미한 맥과 털이 있다. 수과는 과낭 속에 들어차 있다. 개화/결실기는 4~6월이다.
참고 청사초에 비해 길게 벋는 땅속줄기가 있는 것이 특징이며 주로 바닷가의 솔숲 아래에서 자란다.

❶2013. 6. 25. 전남 완도군 ❷꽃차례. 줄기의 윗부분에서 3~4개의 소수가 인접해 달린다. ❸과낭과 비늘조각. 암꽃의 비늘조각은 길이 2~3mm 정도이고 연한 녹색이며 끝에 까락이 있다. ❹땅속줄기. 길게 벋는 땅속줄기가 있어 청사초와 구별된다.

양지사초

Carex nervata Franch. & Sav.

사초과

국내분포/자생지 전국의 햇볕 잘 드는 건조한 풀밭(특히 무덤가, 하천 제방)

형태 다년초. 줄기는 높이 10~30cm이다. 잎은 너비 1~3mm의 납작한 선형이다. 소수는 3~4개이고 줄기의 끝부분에서 인접하여 달린다. 암꽃의 비늘조각은 길이 2~3mm의 난형–도란형이고 연한 녹색이다. 열매(수과)의 과낭은 길이 2~2.5mm의 도란상 긴 타원형이며 맥과 털이 있고 끝이 오목하다. 수과는 과낭 속에 들어차 있다. 개화/결실기는 4~6월이다.

참고 길게 벋는 땅속줄기가 있고 줄기가 매우 성기게 나며 수꽃소수와 암꽃소수가 줄기의 끝부분에서 인접하여 달리는 것이 특징이다.

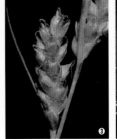

❶ 2011. 4. 24. 전남 영광군 ❷꽃차례. 수꽃소수는 줄기의 가장 위쪽에 달리며 암꽃소수보다 흔히 더 길다. ❸소수. 과낭에 잔털이 많다. ❹땅속줄기. 길게 벋고 줄기는 드문드문 난다.

반들사초

Carex tristachya Thunb. var. *tristachya*

사초과

국내분포/자생지 중부지방 이남의 건조한 풀밭

형태 다년초. 줄기는 높이 10~40cm이고 모여난다. 잎은 너비 2~5mm의 납작한 선형이다. 소수는 줄기의 끝부분에서 모여 달린다. 암꽃의 비늘조각은 길이 2mm 정도의 긴 타원형–타원형이고 연한 녹색이다. 열매(수과)의 과낭은 길이 3mm 정도의 도란상 긴 타원형이고 끝이 오목하다. 수과는 과낭 속에 들어차 있다. 개화/결실기는 4~6월이다.

참고 애기반들사초(var. *pocilliformis*)에 비해 수꽃소수의 너비가 1.5mm 정도(애기반들사초는 0.6~0.7mm)이고 비늘조각이 3분의 2 이상 겹쳐서 빽빽하게 달리는 것이 특징이다.

❶ 2013. 5. 2. 전남 장흥군 ❷꽃차례. 4~6개이고 줄기의 윗부분에서 인접(가장 아래의 소수는 떨어져 달림)하여 달린다. ❸수꽃소수. 비늘조각은 겹쳐서 빽빽하게 달린다. ❹과낭과 비늘조각. 비늘조각은 과낭보다 짧으며 과낭에는 맥과 털이 있다.

갯보리사초

Carex laticeps C. B. Clarke ex
Franch.

사초과

국내분포/자생지 남부지방의 햇볕
잘 드는 건조한 풀밭(특히 무덤가)
형태 다년초. 줄기는 높이 20~40cm
이고 약간 느슨하게 모여 달리며 땅
속줄기는 짧다. 잎은 너비 3~5mm의
납작한 선형이고 백색의 털이 많다.
꽃차례의 포는 소수보다 길다. 암꽃의
비늘조각은 길이 5~7mm의 피침상
난형이고 연한 녹색이며 끝이 길게
뾰족하다. 열매(수과)의 과낭은 길이
6~8mm의 난형이고 표면에 맥과 털
이 있다. 수과는 과낭 속에 헐겁게 들
어 있다. 개화/결실기는 4~6월이다.
참고 전체에 털이 많으며 소수가 떨
어져 달리는 것이 특징이다.

❶2013. 5. 3. 전남 진도군 ❷꽃차례. 소수
는 3~4개이고 넓은 간격을 두고 떨어져 달
린다. ❸소수. 과낭의 끝부분이 급하게 좁
아지며 끝이 깊게 갈라진다. 과낭의 표면에
잔털이 많다. ❹줄기와 잎. 전체에 털이 많
다.

밀사초(갯사초)

Carex wahuensis subsp. *robusta*
(Franch. & Sav.) T. Koyama
Carex boottiana Hook. & Arn.

사초과

국내분포/자생지 경북 울릉도 및 남
부지방의 바닷가 바위지대
형태 다년초. 줄기는 높이 20~60cm
이고 모여난다. 잎은 너비 5~10mm
의 납작한 선형이고 가죽질이다. 꽃
차례의 포는 소수보다 길다. 암꽃의
비늘조각은 길이 4~6mm의 피침상
긴 타원형-난형이고 끝부분에 길이
5mm 정도의 긴 까락이 있다. 열매
(수과)의 과낭은 길이 5~6mm의 난형
이며 끝이 깊게 갈라지고 표면에 맥
이 있으며 털은 없다. 수과는 과낭 속
에 헐겁게 들어 있다. 개화/결실기는
4~6월이다.
참고 식물체가 크고 억세며 암꽃 비
늘조각의 끝에 긴 까락이 있는 것이
특징이다.

❶2011. 5. 22. 전남 신안군 ❷꽃차례. 암꽃
소수는 길이 3~6cm의 원통형이며 끝부분
에 짧은 수꽃이 달리는 부분이 있다. ❸소
수. 비늘조각의 끝에 긴 까락이 있다. ❹과
낭. 끝이 깊게 갈라진다.

흰이삭사초

Carex metallica H. Lév.

사초과

국내분포/자생지 제주 및 남부지방 도서의 계곡가, 풀밭

형태 다년초. 줄기는 높이 20~50cm 이고 모여난다. 잎은 너비 3~5mm 의 납작한 선형이다. 꽃차례의 포는 꽃차례보다 길며 소수는 줄기의 끝 과 포(잎)겨드랑이에서 1~3개씩 모 여 달린다. 암꽃의 비늘조각은 길 이 4~5mm의 피침상 난형이고 연한 녹색이다. 열매(수과)의 과낭은 길이 (5~)6~7mm의 타원형–긴 타원형이 고 끝부분은 부리처럼 가늘고 길다. 수과는 과낭 속에 매우 헐겁게 들어 있다. 개화/결실기는 5~6월이다.

참고 줄기 가장 위쪽의 소수는 암꽃 과 수꽃(아랫부분에 달림)이 혼생하며 소수가 흰빛이 도는 것이 특징이다.

❶2014. 6. 5. 제주 ❷꽃차례. 흰빛이 돈다. ❸소수. 과낭은 길이 6~7mm의 타원형–긴 타원형이고 광택이 약간 있다. ❹과낭. 표 면에 털이 약간 있다.

양뿔사초

Carex capricornis Meinsh. ex Maxim.

사초과

국내분포/자생지 강원, 경기, 전북(군 산) 이북의 습지에 드물게 분포

형태 다년초. 줄기는 높이 30~70cm 이고 모여난다. 잎은 너비 3~8mm 의 납작한 선형이다. 꽃차례의 포는 꽃차례보다 길다. 암꽃의 비늘조각 은 길이 4~6mm의 긴 피침형이고 녹 갈색–갈색이며 끝에 긴 까락이 있다. 열매(수과)의 과낭은 길이 6~9mm의 세모진 피침상 긴 타원형이고 끝이 깊게 갈라져 벌어지며 표면에 맥이 있다. 수과는 과낭 속에 헐겁게 들어 있다. 개화/결실기는 5~6월이다.

참고 암꽃소수가 통통한 원통형이며 과낭의 끝이 깊게 갈라지고 열편이 밖으로 휘어지는 것이 특징이다.

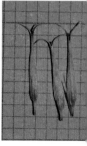

❶2002. 7. 26. 강원 횡성군 ❷꽃차례. 소 수는 3~5개이고 줄기의 윗부분에서 인 접하여 모여 달린다. ❸암꽃소수. 길이 1.5~3cm, 너비 1.5~1.8mm의 원통형이다. ❹과낭. 끝이 깊게 갈라지고 열편은 양뿔모 양으로 벌어진다.

이삭사초
Carex dimorpholepis Steud.

사초과

국내분포/자생지 전국의 농경지(수로, 묵논), 저수지, 하천가, 호수 등

형태 다년초. 줄기는 높이 30~70cm 이고 모여난다. 잎은 너비 3~7mm의 납작한 선형이다. 꽃차례의 포는 꽃 차례보다 길며 소수는 4~5개이고 가장 위쪽의 소수는 윗부분에 암꽃이, 아랫부분에 수꽃이 섞여 달린다. 암 꽃의 비늘조각은 길이 4~5mm의 도 란상 긴 타원형이고 연한 녹색이며 끝에 까락이 있다. 열매(수과)의 과낭은 길이 3~4mm의 타원형이다. 수과는 과낭 속에 헐겁게 들어 있다. 개화/결실기는 5~6월이다.

참고 4~5개의 소수가 줄기의 윗부분에서 인접해 달리며 암꽃소수는 긴 자루가 있어 아래로 처지는 것이 특징이다.

❶2002. 5. 26. 경북 안동시 ❷꽃차례. 암 꽃소수는 긴 자루가 있어 아래로 처져서 달린다. ❸소수. 비늘조각의 끝에 까락이 있다. ❹과낭. 맥이 없고 잔돌기가 있다.

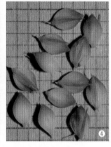

왕비늘사초
Carex maximowiczii Miq.

사초과

국내분포/자생지 전국의 산지습지 및 습한 풀밭

형태 다년초. 줄기는 높이 20~60cm 이고 모여나며 땅속줄기는 짧다. 잎은 너비 3~4mm의 납작한 선형이다. 소수는 2~4개이고 줄기의 윗부분에 간격을 두고 달린다. 암꽃의 비늘조각은 길이 4~4.5mm의 피침상 긴 타원형이고 갈색이며 중앙맥은 녹색이다. 열매(수과)의 과낭은 길이 4~5mm의 넓은 난형이며 표면에 맥과 잔돌기가 있다. 수과는 과낭 속에 헐겁게 들어 있다. 개화/결실기는 5~6월이다.

참고 암꽃소수가 폭이 넓은 편이고 이때로 치치며 피낭의 표면에 진들기가 밀생하는 것이 특징이다.

❶2013. 6. 1. 경남 하동군 ❷꽃차례. 암꽃 소수는 자루가 가늘고 길어서 아래로 처진다. ❸소수. 비늘조각의 끝에 긴 까락이 있다. ❹과낭. 표면에 잔돌기가 빽빽이 있다.

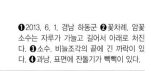

중삿갓사초

Carex tuminensis Kom.

사초과

국내분포/자생지 북부지방의 계곡가, 산지습지

형태 다년초. 줄기는 높이 60~100cm 이고 땅속줄기는 옆으로 벋는다. 잎은 너비 5~10mm의 납작한 선형이며 가장자리는 뒤로 약간 말린다. 소수는 10~30개이다. 암꽃의 비늘조각은 길이 3~3.8mm의 피침형–피침상 타원형이고 끝에 짧은 까락이 있으며 연한 갈색–녹갈색이고 중앙맥은 녹색이다. 열매(수과)의 과낭은 길이 2.5~3mm의 편평한 타원형–난형이고 4~6맥이 있으며 끝부분(부리)은 매우 짧다. 수과는 과낭 속에 들어차 있다. 개화/결실기는 6~8월이다.

참고 암꽃소수가 포(잎)겨드랑이에서 2~4개씩 모여 달리며 아래로 처지는 것이 특징이다.

❶ 2013. 6. 28. 중국 지린성 백두산 ❷ 꽃차례. 수꽃소수는 줄기의 끝에서 3~6개씩 달린다. ❸ 암꽃소수. 길이 3~6cm의 긴 원통형이며 자루는 길고 깔끄럽다. ❹ 과낭. 비늘조각보다 짧다.

늪사초

Carex buxbaumii Wahlenb.

사초과

국내분포/자생지 북부지방의 습지

형태 다년초. 줄기는 높이 30~70cm 이고 성기게 모여난다. 잎은 너비 2~3mm의 납작한 선형이다. 꽃차례의 포는 꽃차례보다 짧으며 소수는 2~4개이고 줄기의 윗부분에서 모여 달린다. 암꽃의 비늘조각은 길이 3mm 정도의 난형이고 자갈색–흑갈색이며 끝이 뾰족하다. 열매(수과)의 과낭은 길이 3~3.5mm의 다소 편평한 도란상 타원형이며 표면에 맥과 돌기가 있다. 수과는 과낭 속에 헐겁게 들어있다. 개화/결실기는 6~7월이다.

참고 줄기의 가장 위쪽 소수에는 암꽃과 수꽃이 함께 달리는데, 소수의 아랫부분에는 수꽃이 모여 달린다. 땅속줄기가 옆으로 길게 벋는다.

❶ 2013. 6. 28. 중국 지린성 두만강 상류 ❷ 꽃차례. 2~4개의 소수가 줄기의 끝부분에서 인접해서 모여 달린다. ❸ 과낭. 맥이 뚜렷하며 표면에 잔돌기가 많다.

진들검정사초
(큰검정사초)
Carex meyeriana Kunth

사초과

국내분포/자생지 북부지방의 습지

형태 다년초. 줄기는 높이 30~60cm 이고 땅속줄기가 짧아 빽빽이 모여난다. 잎은 너비 1~1.5mm의 안쪽으로 말린 원통형이다. 꽃차례의 포는 짧으며 소수는 2~3개이고 줄기의 끝부분에서 모여 달린다. 암꽃의 비늘조각은 길이 2.8~3.5mm의 긴 타원상 난형이며 짙은 자갈색-적갈색이다. 열매(수과)의 과낭은 길이 3~3.5mm의 편평한 넓은 난형이며 맥이 없고 돌기가 있다. 수과는 과낭 속에 헐겁게 들어 있다. 개화/결실기는 6~7월이다.

참고 전체에 흰빛이 많이 돌고 줄기가 빽빽이 모여서 큰 포기를 이루는 것이 특징이다.

❶2007. 6. 28. 중국 지린성 두만강 상류 ❷꽃차례. 수꽃과 암꽃이 줄기의 끝부분에서 밀접하게 모여 달린다. ❸과낭. 표면에 유머리모양 돌기가 많다.

뚝사초
Carex thunbergii var. *appendiculata* (Trautv. & C. A. Mey) Ohwi

사초과

국내분포/자생지 중부지방(강원 인제군) 이북의 습지에 드물게 분포

형태 다년초. 줄기는 높이 30~70cm 이고 모여나며 땅속줄기는 짧다. 잎은 너비 2~4mm의 납작한 선형이다. 소수는 3~5개이다. 암꽃의 비늘조각은 길이 2~3mm의 삼각상 타원형이고 흑자색이며 중앙맥은 녹색이다. 열매(수과)의 과낭은 길이 3~3.5mm의 약간 납작한 넓은 타원형-타원상 난형이고 끝이 뭉툭하다. 수과는 과낭 속에 들어차 있다. 개화/결실기는 5~7월이다.

참고 줄기가 빽빽이 모여나서 큰 포기를 이루며 잎이 단단한 가죽질이고 마르면 뒤로 말리는 것이 특징이다.

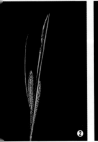

❶2013. 6. 28. 강원 인제군 대암산 ❷꽃차례. 수꽃소수는 줄기의 끝에서 1~2개씩 모여 달리고 암꽃소수는 그 밑으로 2~3개가 간격을 두고 달린다. ❸소수 ❹과낭과 비늘조각. 비늘조각은 흑자색이고 과낭에 뚜렷한 맥이 있다.

회색사초
Carex cinerascens Kük.

사초과

국내분포/자생지 전국의 저수지, 호수, 하천가의 습지에 드물게 분포

형태 다년초. 줄기는 높이 30~60cm이며 땅속줄기는 옆으로 길게 벋는다. 잎은 너비 2~4mm의 납작한 선형이고 줄기 밑부분의 잎은 가장자리가 뒤로 젖혀진다. 소수는 3~5개이다. 암꽃의 비늘조각은 길이 2~3mm의 피침상 긴 타원형이고 자갈색이며 중앙맥은 녹색이다. 열매(수과)의 과낭은 길이 2.5~3mm의 넓은 타원형이고 끝이 뭉툭하며 맥이 희미하다. 수과는 과낭 속에 약간 헐겁게 들어 있다. 개화/결실기는 5~6월이다.

참고 큰뚝사초에 비해 과낭의 표면에 맥이 희미하고 돌기(또는 잔점)가 없는 것이 특징이다.

❶2013. 5. 18. 경남 우포늪 ❷꽃차례. 3~5개이고 줄기의 윗부분에서 간격을 두고 달린다. ❸소수. 비늘조각은 자갈색(중앙맥은 녹색)이고 과낭보다 짧다. ❹과낭. 끝이 뭉툭하며 맥이 희미하게 있다.

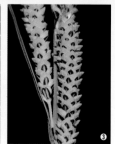

큰뚝사초
Carex humbertiana Ohwi

사초과

국내분포/자생지 중부지방(강원 강릉시) 이북의 습지

형태 다년초. 줄기는 높이 30~70cm이고 성기게 모여나며 땅속줄기는 옆으로 길게 벋는다. 잎은 너비 2~3mm의 납작한 선형이다. 소수는 3~4개이다. 암꽃의 비늘조각은 길이 2~2.5mm의 긴 타원형이고 자갈색이며 중앙맥은 녹색이다. 열매(수과)의 과낭은 길이 3mm 정도의 도란상 타원형이다. 수과는 과낭 속에 헐겁게 들어 있다. 개화/결실기는 5~6월이다.

참고 회색사초에 비해 과낭에 뚜렷한 맥과 잔돌기가 있는 것이 특징이다. 국내(남한)에서는 강원의 석호에 주로 분포하며 기준표본의 채집지는 두만강(함북 서수라)이다.

❶2011. 6. 5. 강원 고성군 ❷수꽃소수. 줄기의 끝에 1~2개씩 달린다. ❸암꽃소수. 줄기의 윗부분에 간격을 두고 달린다. ❹과낭. 끝이 뭉툭하며 표면에는 뚜렷한 맥이 있다.

산비늘사초
Carex heterolepis Bunge

사초과

국내분포/자생지 전국의 호수, 하천가 등 저지대 습지

형태 다년초. 줄기는 높이 30~70cm 이며 땅속줄기는 옆으로 길게 벋는다. 잎은 너비 4~7mm의 납작한 선형이다. 소수는 3~5개이며 줄기의 윗부분에 간격을 두고 달린다. 암꽃의 비늘조각은 길이 2~3mm의 피침상 긴 타원형이다. 열매(수과)의 과낭은 길이 2.5~3mm의 약간 납작한 도란상 타원형이며 잔돌기가 있고 맥은 없다. 수과는 과낭 속에 들어차 있다. 개화/결실기는 5~6월이다.

참고 산뚝사초(*C. forficula*)에 비해 잎이 넓은 편(산뚝사초는 너비 2~3mm)이며 과낭의 끝부분이 짧고 끝(口部)이 얕게 갈라지는 것이 특징이다. 주로 저지대 습지에서 자란다.

❶ 2001. 4. 28. 대구시 동구 동화천 ❷ 꽃차례. 소수는 산뚝사초나 뚝사초에 비해 넓은 편이다. ❸ 암꽃소수. 인편조각은 자갈색이고 중앙맥은 녹색이다 ❹ 과낭. 끝부분이 짧고 급하게 좁아지며 끝이 얕게 갈라진다.

참삿갓사초
Carex jaluensis Kom.

사초과

국내분포/자생지 중남부지방 이북의 길가(주로 임도), 습한 풀밭, 하천가 및 숲속의 도랑 등

형태 다년초. 줄기는 높이 30~80cm 이고 모여나며 땅속줄기는 짧다. 잎은 너비 3~5mm의 납작한 선형이다. 소수는 3~5개이고 줄기의 윗부분에서 간격을 두고 모여 달린다. 암꽃의 비늘조각은 길이 2.5mm 정도의 긴 타원상 난형~난형이고 끝이 뾰족하거나 돌기모양이다. 열매(수과)의 과낭은 길이 2.5mm의 타원형~도란상 긴 타원형이며 표면에 맥과 털이 없다. 수과는 과낭 속에 들어차 있다. 개화/결실기는 5~7월이다.

참고 산꼬리사초(*C. shimidzensis*)에 비해 암술머리가 3개로 갈라지는 것이 특징이다.

❶ 2002. 6. 17. 강원 평창군 ❷ 꽃차례. 암꽃소수는 가늘고 길어 아래쪽으로 처지며 흔히 끝부분에 수꽃이 약간 달린다. ❸ 수꽃소수. 가늘고 길다. ❹ 과낭. 타원형~도란상 긴 타원형이며 표면에 맥과 털이 없다.

무늬사초

Carex maculata Boott

사초과

국내분포/자생지 남부지방의 풀밭

형태 다년초. 줄기는 높이 30~55cm이고 모여난다. 잎은 너비 3~6mm의 납작한 선형이다. 꽃차례의 포는 꽃차례보다 길며 소수는 3~4개이고 줄기의 윗부분에 달린다. 암꽃의 비늘조각은 길이 2mm 정도의 긴 타원상 난형이고 막질이며 3맥이 있다. 열매(수과)의 과낭은 길이 2.2~2.5mm의 약간 납작한 넓은 타원형-도란형이고 3~5개의 굵은 맥이 있다. 수과는 과낭 속에 들어차 있다. 개화/결실기는 4~6월이다.

참고 잎과 암꽃소수가 흰빛이 도는 분녹색이고 과낭이 약간 납작한 넓은 타원형이며 끝부분이 짧게 뾰족하고 끝이 잘린 듯 편평한 것이 특징이다.

❶ 2015. 5. 20. 전북 고창군 ❷ 꽃차례. 가장 아래쪽의 암꽃소수는 떨어져 달리지만 나머지 2~3개의 소수는 줄기의 끝부분에서 인접해 달린다. ❸ 소수. 흰빛이 많이 돈다. ❹ 과낭. 유머리모양 돌기가 많다.

구슬사초

Carex tegulata H. Lév. & Vaniot

사초과

국내분포/자생지 전국의 저수지, 하천가, 호숫가의 습한 풀밭

형태 다년초. 줄기는 높이 20~50cm이며 땅속줄기는 옆으로 길게 벋는다. 잎은 너비 2mm 정도의 납작한 선형이다. 꽃차례의 포는 소수보다 길며 소수는 3~4개이고 줄기의 윗부분에서 서로 간격을 두고 달린다. 암꽃의 비늘조각은 길이 1.5~2mm의 도란상 긴 타원형이고 자갈색이며 끝이 둔하다. 열매(수과)의 과낭은 길이 2~2.5mm의 부풀어진 도란형이다. 수과는 과낭 속에 매우 헐겁게 들어있다. 개화/결실기는 4~6월이다.

참고 결실기에는 과낭이 부풀어 비늘조각이 잘 보이지 않는다.

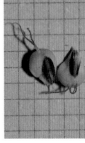

❶ 2013. 5. 18. 경남 창녕군 우포늪 ❷ 꽃차례. 3~4개의 소수가 떨어져 달린다. 결실기의 암꽃소수는 긴 타원상 원통형-거의 구형이다. ❸ 소수. 과낭이 부풀어 비늘조각이 잘 보이지 않는다. ❹ 과낭. 부풀어진 도란형이며 맥과 털이 없다.

햇사초

Carex pseudochinensis H. Lév. &
Vaniot

사초과

국내분포/자생지 경기(포천시), 경남
(양산시), 전북(전주시) 등의 저지대 습
지에 매우 드물게 분포

형태 다년초. 줄기는 높이 30~60cm
이고 땅속줄기는 옆으로 길게 벋는
다. 잎은 너비 2~4mm의 납작한 선
형이다. 소수는 3~5개이고 줄기의
윗부분에서 간격을 두고 달린다. 암
꽃의 비늘조각은 길이 2mm의 난형
이고 연한 녹색이며 끝은 뾰족하다.
열매(수과)의 과낭은 길이 4~5mm의
좁은 난형이며 맥이 뚜렷하다. 수과
는 과낭 속에 헐겁게 들어 있다. 개
화/결실기는 5~6월이다.

참고 과낭이 좁은 난형이고 비늘조
각보다 길이가 2배 이상 길며 표면에
굵은 맥이 있고 털이 없는 것이 특징
이다.

❶2005. 5. 15. 경남 양산시 ❷꽃차례. 수
꽃소수는 줄기의 끝에 1개씩 달린다. ❸소
수. 비늘조각의 길이는 과낭의 2분의 1 정도
이다. ❹과낭. 좁은 난형이고 끝부분이 서
서히 좁아지며 표면에 굵은 맥이 있다.

숲이삭사초

Carex drymophila Turcz.

사초과

국내분포/자생지 북부지방의 습지
및 습한 풀밭

형태 다년초. 줄기는 높이 50~90cm
이고 땅속줄기는 옆으로 길게 벋는
다. 잎은 너비 4~8mm의 납작한 선
형이다. 소수는 5~8개이다. 암꽃의
비늘조각은 길이 4mm의 긴 타원상
난형이며 끝이 뾰족하고 까락이 있
으며 적갈색이고 중앙맥은 녹색이다.
열매(수과)의 과낭은 길이 5~7mm의
넓은 난형이며 끝부분이 서서히 좁아
져 부리모양이 되고 끝은 깊게 갈라
진다. 수과는 과낭 속에 헐겁게 들어
있다. 개화/결실기는 6~7월이다.

참고 곱슬사초에 비해 잎이 4~8mm
로 넓고 잎 뒷면과 너불어 잎집에 털
이 있으며 수꽃소수가 흔히 2~5개씩
모여 달리는 것이 특징이다.

❶2011. 6. 5. 중국 지린성 ❷수꽃소수. 수
꽃소수는 줄기의 끝에서 2~5개씩 모여난
다. ❸암꽃소수. 과낭은 털이 있으며 곱슬
사초보다 크다. ❹뿌리 부근의 줄기. 적갈
색이고 섬유질이 붙어 있다.

곱슬사초

Carex glabrescens (Kük.) Ohwi

사초과

국내분포/자생지 전국의 계곡가, 하천가, 습지 주변의 풀밭

형태 다년초. 줄기는 높이 20~50cm이고 땅속줄기는 옆으로 길게 벋는다. 잎은 너비 3~5mm의 납작한 선형이다. 소수는 5~6개이다. 암꽃의 비늘조각은 길이 4~5mm의 좁은 난형이며 끝이 뾰족하고 까락이 있다. 열매(수과)의 과낭은 길이 5~6mm의 난형-넓은 난형이고 맥과 털이 있다. 수과는 과낭 속에 헐겁게 들어 있다. 개화/결실기는 5~6월이다.

참고 융단사초에 비해 가장 아래쪽 포의 잎집이 뚜렷하며 과낭의 끝부분이 서서히 좁아지고 과낭의 표면에 털이 성기게 있는 것이 특징이다.

❶2013. 6. 26. 강원 양양군 ❷꽃차례. 수꽃소수는 줄기의 끝에서 2~4개씩 모여나며 암꽃소수는 그 아래쪽으로 간격을 두고 2~3개가 달린다. ❸암꽃소수. 비늘조각은 적갈색이고 중앙맥은 녹색이다. ❹과낭. 난형이고 뚜렷한 굵은 맥이 있으며 끝부분이 비교적 천천히 좁아진다.

  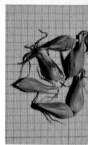

융단사초

Carex miyabei Franch.

사초과

국내분포/자생지 전국의 하천가, 호수 등 습지 주변 풀밭(특히 사력지)

형태 다년초. 줄기는 높이 30~80cm이고 느슨히 모여나며 땅속줄기는 옆으로 길게 벋는다. 잎은 너비 3~5mm의 납작한 선형이다. 소수는 5~6개이다. 암꽃의 비늘조각은 길이 2~3mm의 긴 타원상 난형이고 적갈색이다. 열매(수과)의 과낭은 길이 5~7mm의 난형이고 끝부분이 급하게 좁아져 긴 부리가 되며 끝은 깊게 갈라진다. 수과는 과낭 속에 헐겁게 들어 있다. 개화/결실기는 5~6월이다.

참고 곱슬사초에 비해 과낭의 끝부분이 급하게 좁아져 긴 부리가 되며 표면에 털이 밀생하는 것이 특징이다.

❶2013. 5. 30. 강원 강릉시 ❷수꽃소수. 줄기의 끝에서 2~4개씩 모여 달린다. ❸암꽃소수. 비늘조각의 끝에 길이 1.2~2.2mm의 까락이 있다. ❹과낭. 표면에 맥이 있고 털이 밀생한다.

벌사초
Carex lasiocarpa Ehrh.

사초과

국내분포/자생지 중부지방(강원 인제군) 이북의 습지

형태 다년초. 줄기는 높이 40~80cm이며 땅속줄기는 옆으로 길게 벋는다. 소수는 2~4개이다. 암꽃의 비늘조각은 길이 4.5~5mm의 피침형-긴 타원상 난형이고 자갈색이며 끝이 뾰족하다. 열매(수과)의 과낭은 길이 4~5mm의 난형이고 끝이 깊게 갈라지며 표면에 털이 많고 맥은 없다. 수과는 과낭 속에 들어차 있다. 개화/결실기는 6~7월이다.

참고 잎은 가늘고 말려서 원통형이 되며 과낭이 목질화되고 끝부분(부리)이 비교적 짧은 것이 특징이다. 국내(남한)에서는 강원 인제군 대암산 용늪에서만 자란다.

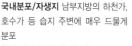

❶2013. 6. 28. 강원 인제군 ❷소수. 비늘조각은 과낭과 길이가 비슷하다. ❸과낭. 표면에 털이 많다. ❹잎. 너비 1.5~3mm로 좁고 안쪽으로 말린 원통형이다.

화산사초
Carex nakasimae Ohwi

사초과

국내분포/자생지 남부지방의 하천가, 호수가 등 습지 주변에 매우 드물게 분포

형태 다년초. 줄기는 높이 40~80cm이고 느슨히 모여나며 땅속줄기는 옆으로 길게 벋는다. 잎은 너비 2~4mm의 납작한 선형이다. 소수는 5~6개이다. 암꽃의 비늘조각은 길이 4~5mm의 긴 타원형이고 막질이다. 열매(수과)는 과낭 속에 헐겁게 들어 있다. 개화/결실기는 5~6월이다.

참고 과낭이 피침상 긴 타원형이며 끝이 갈라지고 열편이 바깥쪽으로 휘어지는 것이 특징이다. 한반도 고유종이며 현재 경남의 일부 지역(우포늪 등)에만 분포하는 희귀식물이다.

❶2013. 5. 15. 경남 창녕군 우포늪 ❷수꽃소수. 줄기의 끝에 (1~)2개씩 모여난다. ❸암꽃소수. 비늘조각은 연한 녹갈색이고 중앙맥은 녹색이다. ❹과낭. 길이 8~11mm, 너비 2mm 정도의 피침상 긴 타원형이며 끝은 깊게 갈라지고 열편은 양옆으로 벌어진다.

좀보리사초

Carex pumila Thunb.

사초과

국내분포/자생지 전국의 바닷가 또는 하천가의 모래땅

형태 다년초. 줄기는 높이 10~30cm이며 땅속줄기는 옆으로 길게 벋는다. 잎은 너비 2~4mm의 납작한 선형이고 약간 가죽질이다. 꽃차례의 포는 잎모양이고 줄기보다 길다. 암꽃의 비늘조각은 길이 5~6mm의 넓은 난형이고 끝이 뾰족하며 갈색 또는 연한 적갈색이다. 열매(수과)의 과낭은 길이 6~7mm의 난형이고 끝부분은 뾰족하고 끝은 깊게 갈라지며 표면에 뚜렷한 맥이 있다. 개화/결실기는 5~6월이다.

참고 천일사초에 비해 식물체가 작고 잎이 너비 2~4mm로 넓은 것이 특징이다.

❶2002. 6. 16. 강원 속초시 ❷꽃차례. 수꽃소수(또는 암꽃과 수꽃이 혼생하는 소수)는 줄기의 끝에서 1~3개씩 모여 달리며 수꽃소수에서 약간 밑으로 떨어져서 2~3개의 암꽃소수가 인접해 달린다. ❸암꽃소수. 비늘조각은 갈색이고 중앙맥은 녹색이다. ❹과낭. 목질화되어 단단해진다.

천일사초

Carex scabrifolia Steud.

사초과

국내분포/자생지 전국의 바닷가 습지(주로 염습지)

형태 다년초. 줄기는 높이 30~60cm이며 땅속줄기는 옆으로 길게 벋는다. 잎은 너비 1.5~3mm의 납작한 선형이다. 꽃차례의 포는 잎모양이며 아래쪽은 꽃차례보다 길고 위쪽으로 갈수록 짧아진다. 암꽃의 비늘조각은 길이 4~6mm의 넓은 난형이고 황갈색이며 끝이 뾰족하다. 열매(수과)의 과낭은 길이 6~7mm의 난상 긴 타원형이고 끝이 얕게 갈라지며 맥이 뚜렷하다. 수과는 과낭 속에 들어차 있다. 개화/결실기는 5~6월이다.

참고 큰천일사초에 비해 잎이 너비 1.5~3mm로 가늘고 암꽃소수가 1~2개로 적게 달리는 것이 특징이다.

❶2013. 5. 30. 경기 안산시 대부도 ❷꽃차례. 수꽃소수는 줄기의 끝부분에 (1~)2~3(~4)개씩 모여 달린다. ❸소수. 비늘조각은 황갈색이다. ❹과낭. 끝이 얕게 갈라지며 광택이 나고 뚜렷한 맥이 있다.

큰천일사초
Carex rugulosa Kük.

사초과

국내분포/자생지 강원(고성군) 이북의 하천 하구 및 인근의 호숫가에 드물게 분포

형태 다년초. 줄기는 높이 40~80cm 이고 땅속줄기는 옆으로 길게 벋는다. 잎은 너비 5~10mm의 납작한 선형이다. 꽃차례의 포는 소수보다 길며 수꽃소수는 줄기의 끝부분에서 2~4개씩 달리고 암꽃소수는 그 밑으로 2~4개씩 달린다. 암꽃의 비늘조각은 길이 3.5~4mm의 난형이고 끝이 뾰족하며 자갈색이다. 열매(수과)의 과낭은 길이 6~7mm의 난상 긴 타원형이고 끝이 얕게 갈라진다. 수과는 과낭 속에 들어차 있다. 개화/결실기는 5~6월이다.

참고 천일사초에 비해 식물체가 보다 크고 잎이 넓으며 암꽃소수가 2~4개인 것이 특징이다.

❶2011. 5. 26. 강원 고성군 송지호 ❷꽃차례. 위쪽 2~4개는 수꽃소수가 달린다. ❸소수. 비늘조각은 자갈색이다. ❹과낭. 목질화되고 뚜렷한 맥이 있다.

흰꼬리사초
Carex brownii Tuck.
Carex nipposinica Ohwi

사초과

국내분포/자생지 남부지방의 풀밭

형태 다년초. 줄기는 높이 30~60cm 이고 모여난다. 잎은 너비 3~4mm의 납작한 선형이다. 꽃차례의 포는 꽃차례보다 길며 소수는 3~4개이고 줄기의 윗부분에 달린다. 암꽃의 비늘조각은 길이 3~4mm의 피침상 난형이고 연한 녹색이며 끝에 긴 까락이 있다. 열매(수과)의 과낭은 길이 3~3.5mm의 넓은 타원형이고 끝부분이 급하게 좁아지며 맥이 뚜렷하다. 수과는 과낭 속에 들어차 있다. 개화/결실기는 4~6월이다.

참고 화살사초에 비해 부리가 짧은 것이 특징이다. 화살사초처럼 성숙하면 과낭이 흑갈색으로 변한다.

❶2016. 4. 26. 대구시 동구 ❷꽃차례. 암꽃소수는 뚜렷한 자루가 있다. ❸암꽃소수. 비늘조각은 연한 녹색이고 끝에 긴 까락이 있다. ❹과낭. 부리가 짧으며 표면에 맥이 뚜렷하다.

삿갓사초

Carex dispalata Boott

사초과

국내분포/자생지 전국의 연못, 산지 습지, 저수지, 호수 등 습지

형태 다년초. 줄기는 높이 40~80cm 이며 땅속줄기는 옆으로 길게 벋는다. 잎은 너비 4~10mm의 납작한 선형이다. 소수는 4~6개이다. 암꽃의 비늘조각은 길이 3mm 정도의 피침형–피침상 긴 타원형이며 적갈색이다. 열매(수과)의 과낭은 길이 3~4mm의 난형이며 맥이 뚜렷하고 가로주름이 있다. 수과는 과낭 속에 헐겁게 들어 있다. 개화/결실기는 5~6월이다.

참고 열매가 소수축에서 거의 직각으로 벌어져 달리며 성숙하면 과낭이 구부러지고 표면에 가로주름이 생기는 것이 특징이다.

❶2009. 5. 4. 전남 화순군 ❷꽃차례. 수꽃 소수는 줄기의 끝에 1개씩 달린다. ❸암꽃 소수. 열매가 옆으로 벌어져 달린다. ❹과낭. 성숙하면 가로주름이 생기고 휘어진다.

화살사초

Carex transversa Boott

사초과

국내분포/자생지 남부지방의 습지 주변, 하천 제방 등 풀밭

형태 다년초. 줄기는 높이 30~60cm 이고 모여난다. 잎은 너비 3~5mm의 납작한 선형이다. 꽃차례의 포는 꽃차례보다 길며 소수는 3~4개이고 줄기의 윗부분에 달린다. 암꽃의 비늘조각은 길이 4~5mm의 난형이고 연한 녹색이며 끝에 긴 까락이 있다. 열매(수과)의 과낭은 길이 5~6.5mm의 넓은 난형이고 끝이 서서히 좁아지며 길게 뾰족해지고 표면에 맥이 뚜렷하다. 수과는 과낭 속에 들어차 있다. 개화/결실기는 4~6월이다.

참고 흰꼬리사초에 비해 과낭의 끝이 서서히 좁아지며 길게 뾰족해지고 성숙하면 과낭이 흑갈색으로 변하는 것이 특징이다.

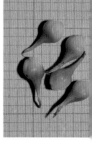

❶2014. 4. 30. 전남 진도군 ❷~❸꽃차례. 성숙하면 과낭이 흑갈색으로 변한다. ❹과낭. 끝부분이 서서히 좁아지며 길어진다.

도깨비사초
Carex dickinsii Franch. & Sav.

사초과

국내분포/자생지 전국의 산지습지

형태 다년초. 줄기는 높이 20~50cm 이고 모여나며 땅속줄기는 짧다. 잎은 너비 4~8mm의 납작한 선형이다. 꽃차례의 포는 꽃차례보다 길며 소수는 2~3개이고 줄기의 윗부분에서 모여 달린다. 암꽃의 비늘조각은 과낭보다 현저히 짧고 녹색-연한 갈색이다. 열매(수과)의 과낭은 길이 1cm 정도의 난형이며 끝이 얕게 갈라지고 맥이 있으며 털은 없다. 수과는 과낭 속에 헐겁게 들어 있다. 개화/결실기는 6~7월이다.

참고 암꽃소수가 큰 편이며 부풀어진 과낭이 빽빽이 모여 마치 도깨비방망이 같은 형태가 되는 것이 특징이다.

❶ 2002. 6. 27. 울산시 울주군 무제치늪 ❷ 꽃차례. 수꽃소수와 암꽃소수는 인접해 달린다. ❸ 수꽃소수. 줄기의 끝에 1개씩 달린다. ❹ 암꽃소수. 비늘조각은 작아서 잘 보이지 않으며 과낭은 크게 부풀어 있다.

물삿갓사초
Carex rostrata Stokes
Carex rostrata var. *borealis* (Hartm.) Kük.

사초과

국내분포/자생지 강원(인제군 대암산) 이북의 해발고도가 높은 산지습지 및 호수 가장자리

형태 다년초. 줄기는 높이 40~100cm 이고 땅속줄기가 길게 벋는다. 잎은 너비 4~8mm이며 줄기보다 길다. 암꽃소수는 길이 3~7cm의 원통형이며 비늘조각은 긴 타원상 피침형이고 끝이 뾰족하거나 둔하다. 암술머리는 3개로 갈라진다. 열매(수과)의 과낭은 길이 3~4mm의 난상이고 끝이 2개로 갈라진 짧은 부리모양이다.

참고 잎과 줄기가 회색빛이 돌며 과낭이 난형-넓은 난형이고 끝이 짧은 부리모양인 것이 특징이다.

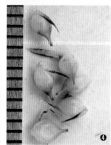

❶ 2018. 6. 13. 중국 지린성 두만강 유역 ❷ 꽃차례. 소수는 3~6개이고 위쪽의 2~3개는 수꽃소수이다. ❸ 암꽃소수. 가장 밑부분의 소수는 짧은 자루가 있는 경우도 있다. ❹ 과낭. 표면에 털이 없고 광택이 나며 등쪽에 4~6개의 맥이 있다.

왕삿갓사초

Carex rhynchophysa C. A. Mey.

사초과

국내분포/자생지 중부지방(강원 인제군) 이북의 습지

형태 다년초. 줄기는 높이 50~100cm이며 땅속줄기는 옆으로 길게 벋는다. 잎은 너비 8~15mm의 납작한 선형이다. 소수는 7~11개이다. 암꽃의 비늘조각은 길이 3~4mm의 피침상 긴 타원형-좁은 난형이고 끝이 뾰족하다. 열매(수과)의 과낭은 길이 5~6mm의 넓은 난형이다. 수과는 과낭 속에 헐겁게 들어 있다. 개화/결실기는 6~7월이다.

참고 새방울사초에 비해 잎이 넓은 편이며 열매가 소수의 축과 거의 직각으로 벌어져 달리는 것이 특징이다. 국내에서는 강원 인제군 대암산의 용늪에서만 자란다.

❶ 2008. 7. 1. 강원 인제군 대암산 용늪 ❷ 꽃차례. 수꽃소수는 줄기의 끝에서 3~7개씩 모여 달린다. ❸ 암꽃소수. 열매가 소수의 축과 거의 직각으로 벌어져 달린다. ❹ 과낭. 끝부분이 급하게 좁아지고 끝은 깊게 갈라진다.

새방울사초

Carex vesicaria L.

사초과

국내분포/자생지 강원(양양군), 경남(양산시) 이북의 호수

형태 다년초. 줄기는 높이 30~80cm이며 땅속줄기는 옆으로 길게 벋는다. 잎은 너비 2~5mm로 납작한 선형이다. 소수는 4~6개이다. 암꽃의 비늘조각은 길이 3~4mm의 피침상 긴 타원형-긴 타원상 난형이고 끝이 길게 뾰족하다. 열매(수과)의 과낭은 길이 6~7mm의 난형-넓은 난형이고 끝부분이 천천히 좁아지며 광택이 나는 황록색(→황갈색)이다. 수과는 과낭 속에 헐겁게 들어 있다. 개화/결실기는 5~6월이다.

참고 왕삿갓사초에 비해 잎이 넓으며 과낭이 약간 더 큰 편이고 위쪽으로 비스듬히 달리는 것이 특징이다.

❶ 2013. 6. 29. 강원 양양군 ❷ 꽃차례. 수꽃소수는 줄기의 끝에서 2~3개씩 모여 달린다. ❸ 암꽃소수. 비늘조각은 연한 적갈색-갈색이고 끝부분이 길게 뾰족하다. ❹ 과낭. 끝이 깊게 갈라지며 표면에 뚜렷한 맥이 있고 털은 없다.

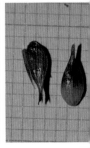

좀겨풀

Leersia oryzoides (L.) Sw.

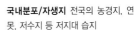

국내분포/자생지 전국의 농경지, 연못, 저수지 등 저지대 습지

형태 다년초. 줄기는 높이 40~80cm이고 아래쪽 마디가 땅에 닿으면 뿌리를 내린다. 잎은 너비 5~10mm의 납작한 선형이다. 꽃차례는 원뿔형이며 가지는 옆으로 벌어지고 가지의 3분의 1 이상에만 소수가 달린다. 소수는 길이 6~8mm의 좁은 긴 타원형~긴 타원형이고 한쪽 면이 납작하며 포영은 퇴화되었다. 호영의 맥 위에는 딱딱한 긴 털이 있다. 꽃밥은 3개이고 폐쇄화의 경우에는 길이가 0.4~0.7mm이다. 개화/결실기는 9~10월이다.

참고 겨풀(*L. sayanuka*)은 소수가 길이 5~6mm의 타원상이며 호영에 누운 털이 있고 맥위에는 딱딱한 짧은 털이 거의 없다. 폐쇄화의 꽃밥은 길이 1~2mm이다. 이에 비해 **좀겨풀**은 소수가 길이 6~8mm의 좁은 긴 타원상이며 호영의 맥위에 딱딱한 털이 흔히 뚜렷하다. 또한 폐쇄화의 꽃밥이 길이 0.7mm 이하로 짧은 것이 특징이다. 좀겨풀은 주로 저지대 습지(특히 바다 가까운 습지)에 분포하는 반면, 겨풀은 산지습지에서 드물게 관찰된다.

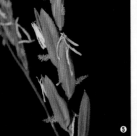

❶2009. 9. 20. 강원 고성군 ❷꽃차례. 원뿔형이며 가지는 벌어진다. ❸소수. 겨풀에 비해 긴 타원상이고 보다 길며 호영의 맥위에 가시 같은 딱딱한 털이 줄지어 난다. ❹줄기와 잎. 잎집의 아래쪽에 뻣뻣한 털이 있으며 엽설은 길이 1~2mm이다. ❺~❻겨풀(2002. 9. 18. 울산시 울주군 무제치늪) ❺소수. 타원형이며 좀겨풀에 비해 짧다. 흔히 호영에는 누운 털만 있고 딱딱한 짧은 털은 없다. ❻줄기와 잎. 마디에 털이 밀생하며 엽설은 길이 1~2mm의 막질이다. ❼좀겨풀(2011. 11. 7. 강원 고성군 송지호)

나도겨풀

Leersia japonica (Honda) Makino ex Honda

벼과

국내분포/자생지 전국의 연못, 저수지 등 습지

형태 다년초. 줄기는 높이 20~40cm 이며 흔히 땅위(또는 물위)로 길게 벋고 마디에서 뿌리를 내린다. 땅속줄기는 짧다. 잎은 너비 4~8mm의 납작한 선형이다. 잎집의 아랫부분에 가시 같은 털이 있다. 꽃차례는 원뿔형이며 가지가 옆으로 벌어지고 아래쪽부터 소수가 달린다. 소수는 길이 6mm 정도의 긴 타원형이고 한쪽 면이 납작하며 포영은 퇴화되었다. 호영의 맥에는 딱딱한 긴 털이 있다. 개화/결실기는 9~10월이다.

참고 겨풀이나 좀겨풀에 비해 꽃차례의 가지 아래쪽부터 소수가 달리고 수술이 6개인 것이 특징이다.

❶ 2008. 7. 30. 전남 광주시 ❷ 꽃차례. 소수는 가지의 아래쪽부터 달린다. ❸ 꽃. 꽃밥은 6개이다. ❹ 줄기와 잎. 마디에 털이 있으며 엽설은 길이 2~3mm이고 끝이 편평하다.

줄

Zizania latifolia (Griseb.) Turcz. ex Stapf

벼과

국내분포/자생지 전국의 연못, 저수지, 하천 등

형태 다년초. 줄기는 높이 1~2m이고 전체에 털이 거의 없으며 땅속줄기는 굵고 길게 벋는다. 잎은 너비 1~3cm의 납작한 선형이다. 꽃차례는 원뿔형이며 가지는 비스듬히 서거나 벌어지고 꽃차례의 아래쪽에는 수꽃이, 위쪽에는 암꽃이 달린다. 소수는 수꽃의 경우 길이 1cm 정도, 암꽃의 경우 길이 2cm 정도이고 끝에 까락이 달리며 포영은 퇴화되었다. 개화/결실기는 7~10월이다.

참고 식물체가 대형이고 꽃차례의 아래쪽에 수꽃이, 위쪽에 암꽃이 달리는 것이 특징이다.

❶ 2014. 8. 28. 강원 강릉시 ❷ 꽃차례. 원뿔형으로 비스듬히 선다. ❸ 수꽃. 꽃차례의 아래쪽에 수꽃이 달린다. ❹ 암꽃. 꽃차례의 위쪽에 암꽃이 달린다.

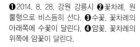

나도개피

Eriochloa villosa (Thunb.) Kunth

벼과

국내분포/자생지 전국의 풀밭 등

형태 다년초. 줄기는 40~100cm이고 모여나며 땅속줄기는 짧다. 잎은 너비 5~15mm의 납작한 선형이며 잎집과 더불어 털이 있다. 꽃차례의 가지(화총)는 3~5(~8)개이고 한쪽 방향으로 치우쳐 달린다. 소수는 길이 4~6mm이고 가지에 2열로 달리며 털이 많다. 1포영은 흔적만 있으며 2포영은 길이가 소수와 비슷하다. 호영은 끝이 뭉툭하다. 개화/결실기는 7~9월이다.

참고 흔히 3~5개의 가지가 줄기의 윗부분에서 한쪽 방향으로만 달리는 것이 특징이다.

❶2013. 8. 7. 전북 진안군 ❷꽃차례. 3~8개의 가지가 한쪽 방향으로 치우쳐 달린다. ❸소수가 달린 가지(화총). 털이 많고 소수가 2열로 달린다. ❹소수. 털이 있다.

개기장

Panicum bisulcatum Thunb.

벼과

국내분포/자생지 전국의 농경지, 습지 주변 등

형태 1년초. 줄기는 50~100cm이고 땅속줄기는 없다. 잎은 너비 3~10mm의 납작한 선형이다. 엽설은 길이 0.5mm 정도이고 막질이다. 꽃차례는 원뿔형이며 가지는 2~3회 갈라지고 옆으로 퍼져 달린다. 소수는 성기게 달리며 길이 2~2.5mm의 난형이고 녹색 또는 흑자색이다. 1포영은 소수 길이의 2분의 1 정도이고 2포영은 소수와 길이가 같다. 호영은 털이 없거나 약간 있다. 개화/결실기는 9~10월이다.

참고 미국개기장에 비해 주로 들판의 축축한 땅에서 자라며 꽃차례의 가지가 축과 거의 80~90° 벌어져서 달리는 것이 특징이다.

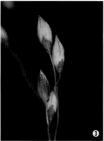

❶2010. 8. 30. 경북 울릉도 ❷꽃차례. 가지가 거의 수평으로 퍼져서 달린다. ❸소수. 소수축에서 벌어져 달린다. ❹줄기 아랫부분. 마디에서 뿌리가 내리며 뿌리는 느슨히 난다.

미국개기장

Panicum dichotomiflorum Michx.

벼과

국내분포/자생지 북아메리카 원산. 전국의 길가, 농경지, 민가, 하천가 등

형태 1년초. 줄기는 30~100cm이고 털이 없다. 잎은 너비 5~10mm의 납작한 선형이고 엽설은 길이 1~2mm이고 막질이다. 꽃차례는 원뿔형이며 가지는 2~3회 갈라지고 옆으로 퍼져 달린다. 소수는 길이 3~4mm의 난형이고 황록색이다. 1포영은 소수 길이의 2분의 1 정도이고 2포영은 소수와 길이가 같다. 호영은 털이 없다. 개화/결실기는 8~10월이다.

참고 개기장에 비해 꽃차례의 가지가 축과 50~60° 이하로 벌어져 달리며 소수가 소수축에 밀착해 달리는 것이 특징이다. 주로 교란된 지역에서 자란다.

❶ 2002. 9. 28. 울산시 문수산 ❷ 꽃차례. 가지가 비스듬히 서는 편이다. ❸ 소수, 소수축에 밀착해 붙는다. ❹ 줄기와 잎. 털이 없다.

큰개기장

Panicum virgatum L.

벼과

국내분포/자생지 북아메리카 원산. 중부지방(수원시, 인천시)의 길가, 빈터 등 교란지

형태 다년초. 줄기는 높이 50~150cm이고 털이 없으며 땅속줄기는 길게 벋는다. 잎은 너비 4~10mm의 납작한 선형이다. 잎집은 길이 1.5~7mm이고 가는 털이 술모양을 이룬다. 꽃차례는 원뿔형이며 가지는 2~3회 갈라지고 옆으로 퍼져 달린다. 소수는 가지 끝에 1개씩 달리며 길이 3~4mm의 좁은 난형이고 황록색이다. 1포영은 소수 길이의 2분의 1 정도이며 2포영은 소수와 길이가 같다. 호영은 끝이 뾰족하고 털이 없다. 개화/결실기는 9~10월이다.

참고 미국개기장에 비해 땅속줄기가 있으며 다년초인 것이 특징이다.

❶ 2012. 9. 24. 인천시 ❷ 꽃차례. 비스듬히 서거나 사방으로 벌어진다. ❸ 소수, 호영과 포영은 끝이 뾰족하다. ❹ 땅속줄기. 옆으로 벋는다.

돌피
Echinochloa crusgalli (L.) P. Beauv.

국내분포/자생지 전국의 농경지, 연못, 저수지, 하천가 등

형태 1년초. 줄기는 높이 20~150cm 이고 털이 없다. 잎은 너비 5~15mm 의 납작한 선형이다. 꽃차례는 원뿔형이며 가지(화총)는 꽃차례의 축에 밀착하거나 비스듬히 벌어져 달린다. 소수는 길이 3~4mm의 넓은 난형이고 녹색 또는 자갈색이다. 1포영은 소수 길이의 3분의 1 정도이고 2포영은 소수와 길이가 같다. 호영은 가시 같은 털이 있고 끝부분의 까락은 길이가 다양하다. 개화/결실기는 7~9월 이다.

참고 돌피는 경작지에 흔하게 자라고 거의 전 세계적으로 분포하며 다양한 변종과 품종이 알려져 있다. 돌피에 비해 까락이 아주 길고 물가에 자라는 것을 물피(var. *aristata*)로, 건조한 풀밭에 자라고 크기가 작은 것을 좀돌피(var. *praticola*)로 구별하기도 한다. 좀돌피 타입과 유사하나 1포영이 소수 길이의 2분의 1 정도로 긴 것을 **열대피**(*E. colona*)라 하며 제주에서 드물게 자란다.

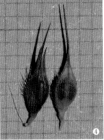

❶2001. 7. 7. 경북 영천시 ❷꽃차례. 원뿔상으로 벌어지거나 비스듬히 선다. ❸소수가 달린 가지(화총). 소수가 밀착해 달린다. ❹소수. 2포영과 호영의 까락이 짧거나 길다. ❺~❻좀돌피 타입. 꽃차례의 가지가 짧고 호영의 끝부분에 까락이 없다. ❼~❽물피 타입. 호영의 끝부분에 긴 까락이 달린다. ❾열대피. 1포영이 소수 길이의 2분의 1 정도이다.

논피

Echinochloa oryzicola (Vasing.) Vasing.

벼과

국내분포/자생지 전국의 농경지(주로 논) 또는 주변

형태 1년초. 줄기는 높이 30~150cm 이고 털이 없다. 잎은 너비 5~15mm 의 납작한 선형이다. 꽃차례는 원뿔형이며 가지가 벌어지거나 비스듬히 선다. 소수는 길이 3~4mm의 넓은 난형이고 녹색이다. 1포영은 소수 길이의 2분의 1 정도이고 2포영은 소수와 길이가 같다. 호영은 가시 같은 털이 있고 끝이 뾰족하거나 드물게 까락이 달린다. 개화/결실기는 7~9월이다.

참고 대만피에 비해 1포영의 길이가 소수의 2분의 1 정도이고 첫째 소화의 호영이 성숙해도 볼록해지지 않는 것이 특징이다.

❶2010. 9. 17. 전남 영광군 ❷꽃차례의 가지(화총) ❸꽃차례. 가지는 총상으로 비스듬히 서거나 벌어진다. ❹소수. 1포영은 소수 길이의 2분의 1 정도이다.

대만피

Echinochloa glabrescens Kossenko

벼과

국내분포/자생지 전국의 농경지(주로 논) 또는 주변

형태 1년초. 줄기는 높이 30~150cm 이고 털이 없다. 잎은 너비 5~15mm 의 납작한 선형이다. 꽃차례는 원뿔형이며 가지는 벌어지거나 비스듬히 선다. 소수는 길이 3.5~4.5mm의 넓은 난형이고 녹색이다. 1포영은 소수 길이의 2분의 1 이하이고 2포영은 소수와 길이가 같다. 첫째 호영은 성숙하면 광택이 나면서 볼록해지며 둘째 호영은 가시 같은 털이 있다. 개화/결실기는 7~9월이다.

참고 논피에 비해 1포영의 길이가 소수 길이의 2분의 1 이하이며 첫째 호영이 성숙하면 광택이 나면서 볼록해지는 것이 특징이다. 주로 논피와 혼생한다.

❶2010. 9. 17. 전남 영광군 ❷꽃차례. 가지는 총상으로 비스듬히 서거나 벌어진다. ❸소수가 달린 가지(화총). 소수가 밀착해서 달린다. ❹소수. 성숙하면 불임성 호영이 부풀어지며 광택이 난다.

나도논피

Echinochloa oryzoides (Ard.) Fritsch

벼과

국내분포/자생지 전국의 농경지(주로 논) 또는 그 주변

형태 1년초. 줄기는 높이 30~150cm 이고 털이 없다. 잎은 너비 5~15mm 의 납작한 선형이다. 꽃차례는 원뿔 형이며 가지가 벌어지거나 비스듬히 선다. 소수는 길이 4~5mm의 넓은 난형이고 황록색이다. 1포영은 소수 길이의 2분의 1 이하이고 2포영은 소수와 길이가 같다. 호영은 가시 같은 털이 있으며 끝은 뾰족하고 길이 1cm 이상의 까락이 달린다. 개화/결실기 는 7~9월이다.

참고 돌피에 비해 식물체가 녹색-황 록색이고 까락의 길이가 균일하다. 주로 남부지방에서 볼 수 있다.

❶2012. 9. 13. 경남 하동군 ❷~❸꽃차례. 가지는 총상으로 비스듬히 서거나 벌어진 다. ❹소수. 1포영은 소수 길이의 3분의 1 이하이고 까락이 있다.

물잔디

Pseudoraphis sordida (Thwaites) S. M. Phillips & S. L. Chen

벼과

국내분포/자생지 중부지방 이남의 저수지, 호수 등

형태 다년초. 줄기는 높이 10~30cm 이다. 잎은 너비 2~4mm의 납작한 선형이고 엽설은 가는 털이 달린 막 질이다. 꽃차례는 원뿔형이며 가지가 개화기에는 벌어지지만 성숙하면서 꽃차례의 축에 밀착된다. 소수는 길 이 4~5mm의 좁은 긴 타원형이고 녹 색이다. 1포영은 흔적만 있고 2포영 은 길다. 호영은 포영보다 크기가 작 으며 소수의 자루에서 연장된 것처럼 보이는 긴 까락이 발달한다. 개화/결 실기는 (5~)7~10월이다.

참고 꽃차례가 잎집에 싸여 나오며 긴 자루의 끝에 소수가 하나씩 달리는 것 이 특징이다.

❶ 2001. 8. 5. 경남 창원시 주남저수지 ❷꽃차례. 개화기에는 가지가 옆으로 벌어 져서 달린다. ❸소수. 긴 까락이 있다. ❹물 밖의 개체. 줄기는 땅위로 길게 벋으며 가 지가 많이 갈라진다.

좀물뚝새

Sacciolepis indica (L.) Chase var. *indica*

벼과

국내분포/자생지 전국의 농경지, 호수, 하천가 등 습한 풀밭

형태 1년초. 줄기는 높이 5~35cm이고 털이 없다. 잎은 너비 1~5mm의 납작한 선형이다. 엽설은 길이 0.2~0.5mm로 매우 짧다. 원뿔꽃차례는 길이 1~3cm의 가는 원통형이며 소수가 빽빽이 밀집해서 달린다. 소수는 길이 2~3mm로 녹색이다. 1포영과 2포영은 길이가 서로 비슷하며 소수보다는 짧다. 호영에는 흔히 털이 약간 있고 까락은 없다. 개화/결실기는 8~10월이다.

참고 좀물뚝새에 비해 **물뚝새**(var. *oryzetorum*)는 높이 25~40cm로 대형이며 꽃차례가 길이 3~13cm로 길고 굵다. 또한 꽃차례가 흔히 자줏빛을 띠며 호영에 털이 없는 것이 특징이다. 비교적 드물게 자란다.

❶2009. 10. 10. 울산시 ❷~❸꽃차례. 길이 1~3cm이고 녹색(–자갈색)이다. ❹소수. 흔히 호영에 긴 털이 있다. ❺~❽물뚝새. ❺꽃차례. 길이 3~13cm이고 흔히 자색을 띠지만 상부만 자색인 경우도 있다. ❻소수. 호영에 짧은 털이 약간 있거나 없다. ❼줄기와 잎. 털이 없으며 엽설은 길이 0.2~0.5mm로 매우 짧다. ❽2012. 9. 20. 전남 담양군

물참새피(갈래참새피)

Paspalum distichum L.

벼과

국내분포/자생지 열대−아열대지역 원산. 전국의 저수지, 하천가, 호수 등 주로 습지 가장자리

형태 다년초. 줄기는 높이 20~50cm 이고 땅위(또는 물속)로 길게 벋으며 가지가 갈라진다. 잎은 너비 3~7mm 의 납작한 선형이고 털이 거의 없다. 엽설은 길이 2~3mm이다. 꽃차례의 가지는 2~3개이고 옆으로 벌어져 달 린다. 소수는 길이 3mm 정도의 넓은 난형이고 녹색이며 2열로 달린다. 1포 영은 퇴화되었고 2포영은 소수와 길 이가 비슷하다. 호영은 끝이 뭉툭하며 윗부분에 털이 약간 있기도 하다. 개 화/결실기는 7~10월이다.

참고 물참새피에 비해 잎집에 긴 털 이 밀생하는 것을 털물참새피(var. *indutum*)로 구분하기도 한다.

❶2012. 9. 2. 제주 제주시 ❷꽃차례. 가지 는 흔히 2개이다. ❸꽃차례의 가지(화총). 소수가 2열로 달린다. ❹줄기와 잎. 잎집에 털이 없다. ❺털물참새피 타입. 잎집에 긴 털이 밀생한다.

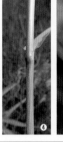

참새피

Paspalum thunbergii Kunth ex Steud.

벼과

국내분포/자생지 전국의 풀밭, 습지 주변 등 다소 축축한 땅

형태 다년초. 줄기는 높이 20~80cm 이며 땅속줄기는 짧다. 잎은 너비 4~8mm의 납작한 선형이며 잎집과 더불어 털이 있다. 꽃차례의 가지는 2~6개이고 좌우로 번갈아가며 달린 다. 소수는 길이 3mm 정도의 넓은 난형이고 녹색이며 2열로 달린다. 1포 영은 퇴화되었고 2포영은 소수와 길 이가 비슷하다. 호영은 끝이 다소 뾰 족하며 털이 약간 있기도 하다. 개화/ 결실기는 7~10월이다.

참고 큰참새피에 비해 잎과 잎집에 털이 있으며 꽃차례의 가지에 털이 없고 소수에만 약간의 털이 있는 것 이 특징이다.

❶2012. 9. 9. 강원 강릉시 ❷꽃차례. 보통 3~5개의 가지가 좌우로 달린다. ❸소수. 호 영에 털이 거의 없다. ❹줄기와 잎. 잎집과 더불어 백색의 긴 털이 있다. ❺엽설. 길이 0.5~1.5mm로 매우 짧다.

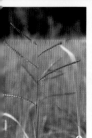

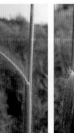

큰참새피

Paspalum dilatatum Poir.

벼과

국내분포/자생지 남아메리카 원산. 제주 및 서남해 도서지방의 길가, 농경지, 풀밭 등

형태 다년초. 줄기는 높이 50~100cm이고 땅속줄기는 짧다. 잎은 너비 3~10mm의 납작한 선형이며 잎집과 더불어 털이 있다. 꽃차례의 가지는 5~8개이고 좌우로 번갈아가며 달린다. 소수는 길이 4mm 정도의 넓은 난형이고 녹색이며 2열로 달린다. 1포영은 퇴화되었고 2포영은 소수와 길이가 비슷하다. 호영은 끝이 다소 뾰족하며 가장자리에 긴 털이 밀생한다. 개화/결실기는 6~9월이다.

참고 참새피에 비해 식물체가 대형이고 꽃차례의 가지와 소수에 긴 털이 있는 것이 특징이다.

❶ 2005. 8. 8. 제주 서귀포시 ❷ 꽃차례. 5~8개의 가지가 좌우로 달린다. ❸ 소수. 호영의 가장자리에 긴 털이 있다. ❹ 줄기와 잎. 잎집의 개방부에 긴 털이 있다. 엽설은 길이 2~4mm이다.

가는금강아지풀

Setaria parviflora (Poir.) Kerguélen
Setaria pallidefusca (Schumach.) Stapf & C. E. Hubb.

벼과

국내분포/자생지 전국의 길가, 농경지, 민가 등 교란지

형태 1년초. 줄기는 높이 30~100cm이고 땅속줄기는 없다. 잎은 너비 4~10mm의 납작한 선형이고 잎집의 개방부를 제외하고는 털이 거의 없다. 원뿔꽃차례는 길이 2~15cm, 너비 5~12mm의 좁은 원통형이고 끝부분이 휘어진다. 소수 아래의 딱딱한 털은 황금색이다. 소수는 길이 3mm의 타원형이다. 1포영의 길이는 2포영의 2분의 1 정도이고 2포영은 소수보다 짧다. 개화/결실기는 7~10월이다.

참고 금강아지풀에 비해 소수가 타원형이며 꽃차례가 가늘고 길며 끝부분이 아래쪽으로 휘어지는 특징이 있다.

❶ 2008. 7. 23. 전남 순천시 ❷ 꽃차례. 가늘고 길며 끝부분이 아래로 휘어진다. ❸ 소수. 제2소화(임성)의 호영은 단단해지면서 주름이 생기지만 제1소화(불임성)의 호영에는 주름이 없다. ❹ 줄기와 잎. 잎집의 개방부에 털이 있다.

금강아지풀

Setaria pumila (Poir.) Roem. &
Schult. var. *pumila*

벼과

국내분포/자생지 전국의 길가, 농경
지, 풀밭 등

형태 1년초. 줄기는 높이 20~80cm
이다. 잎은 너비 4~10mm의 납작
한 선형이며 털이 없다. 엽설은 길이
1mm 정도이고 거의 털로만 되어 있
다. 원뿔꽃차례는 길이 3~8cm의 원
통형이고 곧추선다. 소수의 아래에는
황금색의 딱딱한 털(강모)이 5~10개
정도 있다. 소수는 길이 3mm 정도의
넓은 난형이다. 1포영의 길이는 2포영
의 2분의 1 정도이고 2포영은 소수보
다 짧다. 개화/결실기는 7~10월이다.
참고 주름금강아지풀에 비하여 꽃차
례의 딱딱한 털이 황금색이며 제1소
화(불임성)의 호영에 가로주름이 없는
것이 특징이다.

❶2011. 8. 25. 전남 담양군 ❷꽃차례의 털
(강모). 황금색이다. ❸소수. 제2소화(임성)
의 호영은 단단해지고 주름이 생기지만 제
1소화(불임성)의 호영에는 주름이 없다.
❹줄기와 잎. 잎집의 개방부에 털이 있다.

주름금강아지풀

Setaria pumila var. *dura* (I. C. Chung.)
J. H. Kim & S. J. Kim, *comb. nov.*
Basionym *Setaria lutescens* var.
dura I. C. Chung, J. Wash. Acad. Sci.
45 214. 1955.

벼과

국내분포/자생지 전국의 길가, 농경
지, 풀밭 등

형태 1년초. 줄기는 높이 20~80cm
이다. 잎은 너비 4~10mm의 납작한 선
형이고 잎집의 개방부를 제외하면 털
이 거의 없다. 소수는 길이 3mm 정
도의 넓은 난형이다. 1포영의 길이는
2포영의 2분의 1 정도이고 2포영은
소수보다 짧다. 제1소화(불임성)와 제2
소화(임성)의 호영은 모두 가로주름이
있다. 개화/결실기는 7~10월이다.
참고 금강아지풀에 비해 꽃차례의 딱
딱한 털(강모)이 주황색이고 제1소화
(불임성)의 호영에 가로주름이 있는 것
이 특징이다.

❶2009. 8. 2. 전북 군산시 ❷꽃차례의 털
(강모). 적색을 띤 황금색이다. ❸소수. 제1
소화와 제2소화의 호영에 모두 가로주름이
생긴다. ❹줄기와 잎. 잎집의 개방부에 털
이 있다.

강아지풀

Setaria viridis (L.) P. Beauv. subsp. *viridis*

벼과

국내분포/자생지 전국의 길가, 농경지, 민가, 풀밭 등

형태 1년초. 줄기는 높이 20~80cm 이다. 잎은 너비 5~15mm의 납작한 선형이다. 원뿔꽃차례는 길이 3~ 12cm, 너비 4~13mm의 좁은 원통형이고 곧추서며 짧은 가지가 밀집해 달린다. 소수 아래의 딱딱한 털은 녹색(또는 자색)이다. 소수는 길이 2~3mm의 넓은 난형이다. 1포영의 길이는 2포영의 2분의 1 정도이고 2포영은 소수보다 길이가 짧다. 호영은 포영에 완전히 싸여 나출되지 않는다. 개화/결실기는 6~9월이다.

참고 가을강아지풀에 비해 꽃차례가 휘지 않고 2포영의 길이가 소화와 비슷한 것이 특징이다.

❶2001. 8. 30. 경북 울릉도 ❷꽃차례. 곧추서며 딱딱한 털은 녹색이다. ❸소수. 소화는 2포영과 길이가 비슷하다. ❹줄기와 잎. 잎집의 개방부에 털이 있다.

수강아지풀

Setaria viridis subsp. *pycnocoma* (Steud.) Tzvelev

벼과

국내분포/자생지 전국의 길가, 농경지, 민가, 풀밭 등

형태 1년초. 줄기는 높이 40~150cm 이다. 잎은 너비 5~20mm의 납작한 선형이다. 원뿔꽃차례는 길이 15~ 40cm, 너비 1~2.5cm의 좁은 원통형이고 끝부분이 아래로 휘어진다. 소수 아래의 딱딱한 털은 녹색(또는 자색)이다. 소수는 길이 3mm 정도의 넓은 난형이다. 1포영의 길이는 2포영의 2분의 1 정도이고 2포영은 소수와 길이가 비슷하다. 개화/결실기는 7~10월이다.

참고 강아지풀에 비해 식물체가 대형이며 꽃차례의 가지(화총)에서 소수가 밀집한 짧은 2차 가지가 갈라지는 것이 특징이다. 강아지풀과 조의 잡종으로 보는 견해가 많다.

❶2011. 8. 25. 전남 담양군 ❷꽃차례. 짧은 2차 가지를 낸다. ❸소수. 소화는 2포영과 길이가 비슷하다. ❹줄기와 잎. 잎집의 개방부에 털이 있다.

가을강아지풀
Setaria faberi R. A. W. Herrm.

벼과

국내분포/자생지 전국의 길가, 농경지, 민가, 풀밭 등

형태 1년초. 줄기는 높이 30~80cm이다. 잎은 너비 5~15mm의 납작한 선형이다. 원뿔꽃차례는 짧은 가지가 밀집한 길이 5~25cm, 너비 5~20mm의 좁은 원통형이고 끝부분은 휘어진다. 소수 아래의 딱딱한 털은 녹색(-자색)이다. 소수는 길이 2~3mm의 넓은 난형이다. 1포영의 길이는 2포영의 2분의 1 정도이고 2포영의 길이는 소수의 5분의 4 정도이다. 호영은 포영보다 길어 약간 나출된다. 개화/결실기는 7~10월이다.

참고 강아지풀에 비해 꽃차례의 끝부분이 아래쪽으로 휘어지고 소수가 비교적 성기게 달리며 2포영의 길이가 소화보다 짧은 것이 특징이다.

❶2001. 8. 20. 경북 울릉도 ❷꽃차례. 끝부분이 아래로 휘어지며 딱딱한 털은 흔히 녹색이다. ❸소수. 소화는 2포영보다 약간 더 길다. ❹줄기와 잎. 잎집의 개방부에 털이 있다.

수크령
Pennisetum alopecuroides (L.) Spreng.

벼과

국내분포/자생지 전국의 길가, 농경지, 풀밭, 숲가장자리 등

형태 다년초. 줄기는 높이 30~80cm이고 땅속줄기는 짧다. 잎은 너비 5~20mm의 납작한 선형이다. 엽설은 길이 0.5~2.5mm이고 털로 이루어져 있다. 원뿔꽃차례는 길이 5~25cm, 너비 1.5~3.5cm의 긴 원통형이며 까락 같은 긴 털이 있다. 소수는 길이 6~8mm의 넓은 난형이다. 1포영의 길이는 1mm 정도이고 2포영은 소수의 3분의 1 정도이다. 내영과 호영은 포영보다 길며 털과 까락이 없다. 개화/결실기는 7~10월이다.

참고 원통형이 꽃차례에 까락 같은 긴 털이 있는 것이 특징이며 털의 색에 따라 여러 품종으로 구별한다.

❶2012. 9. 4. 강원 고성군 ❷꽃차례. 긴 털은 백색-연한 녹색-적자색-자색으로 다양하다. ❸소수. 딱딱한 털은 소수보다 길다. ❹줄기와 잎. 잎의 밑부분과 잎집의 가장자리에 털이 있다.

좀바랭이

Digitaria radicosa (J. Presl) Miq.

벼과

국내분포/자생지 전국의 길가, 농경지, 풀밭 등 다소 건조한 곳

형태 1년초. 줄기는 높이 10~40cm이다. 잎은 너비 2~5mm의 납작한 선형이며 털이 없다. 엽설은 길이 0.7~2mm이다. 꽃차례의 가지(화총)는 2~3(~4)개이고 손바닥모양으로 비스듬히 벌어진다. 소수는 길이 3mm 정도의 피침형이다. 1포영은 흔적만 있고 2포영은 길이가 소수의 2분의 1 정도이다. 호영은 끝이 다소 뾰족하고 가장자리에 털이 있다. 개화/결실기는 7~9월이다.

참고 바랭이에 비해 꽃차례에 달리는 가지가 보통 2~3개이며 가지의 가장자리가 매끈한 것이 특징이다.

❶ 2005. 9. 13. 전남 신안군 홍도 ❷ 꽃차례. 보통 2~3개의 가지가 퍼져 달린다. ❸ 소수가 달린 가지(화총). 가장자리가 매끈하다. ❹ 소수. 1포영은 매우 작다.

바랭이

Digitaria ciliaris (Retz.) Koeler

벼과

국내분포/자생지 전국의 길가, 농경지, 민가, 빈터, 풀밭 등

형태 1년초. 줄기는 높이 20~80cm이며 땅에 닿으면 마디에서 뿌리를 내린다. 잎은 너비 2~8mm의 납작한 선형이며 잎집과 더불어 털이 나기도 한다. 엽설은 길이 1~3mm이다. 꽃차례는 가지가 3~10개이고 손바닥모양으로 비스듬히 벌어진다. 소수는 길이 3.5mm 정도의 피침형이다. 1포영은 흔적만 있고 2포영의 길이는 소수의 2분의 1 이하이다. 호영은 끝이 다소 뾰족하고 가장자리에 털이 있다. 개화/결실기는 6~9월이다.

참고 좀바랭이에 비해 꽃차례에 달리는 가지가 다수이며 가지의 가장자리가 깔끄러운 것이 특징이다.

❶ 2002. 7. 21. 경북 구미시 ❷ 꽃차례. 보통 5~20개의 가지가 퍼져 달린다. ❸ 소수가 달린 가지(화총). 가장자리가 깔끄럽다. ❹ 소수. 1포영이 작고 2포영의 길이는 소수의 2분의 1 이하이다.

민바랭이
Digitaria violascens Link

벼과

국내분포/자생지 전국의 길가, 농경지, 민가, 빈터, 풀밭 등

형태 1년초. 줄기는 높이 20~50cm이고 모여나며 땅속줄기는 짧다. 잎은 너비 2~6mm의 납작한 선형이다. 엽설은 길이 1~2mm의 막질이고 털이 없다. 꽃차례는 가지가 3~10개이고 손바닥모양으로 비스듬히 벌어지며 가지의 가장자리가 깔끄럽다. 소수는 길이 2mm 정도의 긴 타원상 난형-난형이며 돌기모양의 짧은 털이 있다. 1포영은 퇴화되었고 2포영의 길이는 소수와 거의 비슷하다. 호영은 끝이 다소 뾰족하고 털이 있다. 개화/결실기는 8~10월이다.

참고 바랭이에 비해 소수가 길이 2mm 정도로 작고 1포영이 퇴화되어 없는 것이 특징이다.

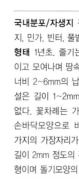

❶ 2011. 9. 19. 전남 나주시 ❷꽃차례. 가지는 3~10개이고 퍼져 달린다. ❸소수. 긴 타원상 난형-난형이다. ❹줄기와 잎. 잎집과 더불어 털이 있는 경우도 있다.

기장대풀
Isachne globosa (Thunb.) Kuntze

벼과

국내분포/자생지 전국의 산지습지, 호수, 하천가 등

형태 다년초. 줄기는 높이 20~60cm이고 비스듬히 자라며 마디부분이 땅이나 물에 닿으면 뿌리를 내린다. 땅속줄기는 짧다. 잎은 너비 4~8mm의 납작한 선형이며 엽설은 털로 되어 있다. 꽃차례는 원뿔형이며 가지는 옆으로 퍼져서 달린다. 소수는 길이 2mm의 구형이고 자색이다. 1포영과 2포영은 소수보다 크기가 약간 작고 길이는 거의 비슷하다. 개화/결실기는 6~9월이다.

참고 습지 또는 임도변의 축축한 곳에 자라며 소수가 거의 구형이고 소수의 샤루에 횡색 셈림이 있는 깃이 특징이다.

❶ 2002. 8. 4. 울산시 울주군 무제치늪 ❷꽃차례. 옆으로 벌어진다. ❸소수. 자루에 황색의 샘점(선점)이 있다. ❹줄기와 잎. 잎집의 개방부와 가장자리에 긴 털이 있다.

좀조개풀

Coelachne japonica Hack.

벼과

국내분포/자생지 경남(울산시)의 고층습지

형태 1년초. 줄기는 높이 5~20cm이고 가지가 갈라지며 마디부분에만 털이 약간 있다. 잎은 너비 2~5mm의 피침형이고 엽설은 거의 없다. 꽃차례는 길이 1~3cm의 원뿔형이며 가지는 옆으로 퍼져 달린다. 소수는 길이 2~2.5mm이고 녹색 또는 자색이다. 1포영이 2포영보다 작다. 호영은 길이 2~2.5mm이고 포영보다 크며 털이나 까락이 없다. 개화/결실기는 9~10월이다.

참고 식물체가 왜소하며 국내에서는 울산시의 고층습지에서만 관찰된다.

❶ 2002. 8. 24. 울산시 울주군 무제치늪 ❷ 꽃차례. 벌어지거나 비스듬히 선다. ❸ 소수. 소화가 1~2개 달린다. ❹ 줄기와 잎. 털이 없지만 마디부분과 잎집에 짧은 털이 약간 있는 경우도 있다.

새

Arundinella hirta (Thunb.) Tanaka var. *hirta*

벼과

국내분포/자생지 전국의 길가, 농경지, 풀밭, 산지 등 다소 건조한 곳

형태 다년초. 줄기는 높이 50~120cm이고 땅속줄기는 짧다. 잎은 너비 2~5mm의 납작한 선형이다. 잎집과 잎에 흔히 털이 있으나 간혹 없다. 꽃차례는 원뿔형이며 가지는 비스듬히 서거나 약간 벌어진다. 자루가 짧거나 긴 소수가 쌍을 이루며 가지의 축에 밀착해 달린다. 소수는 길이 3~4mm이고 백녹색–녹색 또는 자색이다. 1포영과 2포영은 길이가 서로 다르다. 개화/결실기는 8~10월이다.

참고 소수가 꽃차례의 가지축에 밀착하는 것이 특징이다. 소수가 꽃차례의 가지축에서 벌어지는 것을 털새 (var. *ciliata*)로 구분하기도 한다.

❶ 2001. 8. 19. 경북 울진군 ❷ 꽃차례. 옆으로 벌어진다. ❸ 소수. 털이 없으나 간혹 있는 것도 있다. ❹ 털새. 소수가 가지의 축에서 벌어진다.

잔디바랭이
Dimeria ornithopoda Trin.

벼과

국내분포/자생지 전국의 습한 풀밭
(특히 산지 길가 또는 무덤 주변)

형태 1년초. 줄기는 높이 5~40cm이
다. 잎은 너비 1~3mm의 납작한 선
형이며 잎집과 더불어 성긴 털이 있
다. 엽설은 길이 0.5~1mm이고 끝부
분에 짧은 털이 있다. 꽃차례는 가지
가 2~5개이고 비스듬하게 벌어진다.
소수는 길이 2.5~3.5mm이고 아래
에 짧은 털이 있다. 1포영과 2포영은
길이가 거의 비슷하다. 내영과 호영
은 포영보다 현저히 작다. 임성 소화
의 경우 호영 끝부분의 갈라진 틈에
서 길이 2~10mm의 긴 까락이 나온
다. 개화/결실기는 7~9월이다.

참고 꽃차례의 가지가 2~3(~5)개이
며 소수가 자루 없이 가지에 밀착하
는 것이 특징이다.

❶ 2002. 8. 24. 경남 양산시 정족산 ❷~
❸ 꽃차례. 2~5개의 가지가 비스듬히 벌어
진다. ❹ 소수. 임성 호영의 끝부분에 긴 까
락이 있다.

조개풀
Arthraxon hispidus (Thunb.) Makino

벼과

국내분포/자생지 전국의 습지 주변
등 습한 풀밭

형태 1년초. 줄기는 높이 20~50cm
이며 마디부분이 땅에 닿으면 뿌리를
내린다. 잎은 너비 2~6mm의 좁은 난
형이다. 꽃차례의 가지는 (3~)10~20
개이고 손바닥모양으로 벌어진다. 소
수는 길이 4~6mm이며 1포영과 2포
영은 길이가 비슷하며 등쪽에 가시
같은 털이 있다. 내영과 호영은 포영
보다 현저히 작고 임성 소화의 호영
은 등쪽에서 긴 까락이 발달한다. 개
화/결실기는 8~10월이다.

참고 꽃차례가 손바닥모양으로 갈라
지며 녹색 또는 자갈색이고 소수에는
흔히 긴 까락이 있다.

❶ 2002. 9. 28. 경남 양산시 정족산 ❷ 꽃
차례. 흔히 10~20개의 가지가 손바닥모양
으로 달린다. ❸ 소수. 포영에 털이 있고 호
영의 등쪽에 긴 까락이 있지만 간혹 없다.
❹ 줄기와 잎. 털이 거의 없다. 엽설은 길이
0.5~3mm이고 끝부분에 짧은 털이 있다.

기름새

Spodiopogon cotulifer (Thunb.) Hack.

벼과

국내분포/자생지 전국의 농경지, 풀밭 및 숲가장자리

형태 다년초. 줄기는 높이 60~200cm 이다. 잎은 너비 8~15mm의 납작한 선형이고 뒷면은 성기게 가시 같은 털이 있다. 잎집에는 털이 없고 엽설은 길이 2~3mm이다. 꽃차례는 원뿔형이며 가지는 마디에서 4~8개씩 나와서 퍼져 달린다. 소수는 길이 5~6mm이며 2포영과 2포영은 길이가 비슷하다. 내영과 호영은 포영보다 작고 임성 소화의 호영에 소수보다 긴 까락이 발달한다. 개화/결실기는 7~10월이다.

참고 성숙하면 꽃차례에 기름 성분이 생겨 미끈하다. 큰기름새에 비해 흔히 풀밭이나 숲가장자리에서 자라고 꽃차례가 처지는 것이 특징이다.

❶2007. 9. 28. 경북 의성군 ❷꽃차례. 자루가 길어서 아래로 처진다. ❸소수. 털과 까락이 있다. ❹잎. 아래쪽의 잎은 자루가 있다.

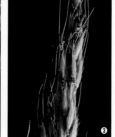

큰기름새

Spodiopogon sibiricus Trin.

벼과

국내분포/자생지 전국의 풀밭(주로 산지) 및 숲가장자리

형태 다년초. 줄기는 높이 60~200cm 이다. 잎은 너비 5~15mm의 납작한 선형이며 털이 거의 없다. 엽설은 길이 1~2mm이다. 꽃차례는 원뿔형이며 가지가 마디에서 2~5개씩 나와 비스듬하게 선다. 소수는 길이 4~6mm이며 1포영과 2포영은 길이가 비슷하다. 내영과 호영은 포영보다 작고 임성 소화의 호영에 소수보다 긴 까락이 발달한다. 개화/결실기는 7~10월이다.

참고 기름새와 마찬가지로 꽃차례에 기름 성분이 생겨 미끈하다. 기름새에 비해 주로 산지에서 자라고 꽃차례의 가지가 비스듬하게 서는 것이 특징이다.

❶2001. 8. 8. 경북 군위군 팔공산 ❷꽃차례. 곧추서고 가지는 비스듬히 선다. ❸소수. 털과 까락이 있다. ❹잎. 아래쪽 잎에 자루가 없다.

개사탕수수

Saccharum spontaneum L.

벼과

국내분포/자생지 중국(남부) 및 동남아시아의 열대-아열대지역 원산. 제주의 길가 및 풀밭

형태 다년초. 줄기는 높이 1~3m이고 땅속줄기는 옆으로 길게 벋는다. 잎은 너비 3~10mm의 납작한 선형이며 털이 거의 없고 잎집에 돌기모양의 털이 있다. 엽설은 길이 2~3mm이고 끝부분에 짧은 털이 있다. 꽃차례는 원뿔형이고 털이 많으며 가지가 마디에서 2~5개씩 나와 비스듬하게 선다. 소수는 길이 3.5mm 정도이고 1포영과 2포영은 길이가 비슷하다. 호영은 포영보다 작으며 까락이 없다. 개화/결실기는 7~10월이다.

참고 식물체가 대형이고 포영과 호영 등 소수에는 까락이 없는 것이 특징이다.

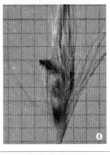

❶2010. 10. 1. 제주 ❷꽃차례. 가지는 비스듬히 벌어지며 소수보다 긴 캘러스털이 있다. ❸꽃차례의 가지(화총) ❹소수. 까락이 없다.

띠

Imperata cylindrica (L.) Raeusch.

벼과

국내분포/자생지 전국의 길가, 농경지, 풀밭, 하천가 등

형태 다년초. 줄기는 높이 20~80cm이고 땅속줄기는 옆으로 길게 벋는다. 잎은 너비 5~10mm의 납작한 선형이고 잔털이 있다. 엽설은 길이 1~2mm이고 잔털이 있다. 원뿔꽃차례는 길이 6~20cm의 긴 원통형이며 자루의 길이가 일정하지 않은 소수가 빽빽이 밀집해 달린다. 소수는 길이 2.5~6mm이며 1포영과 2포영은 길이가 비슷하고 등쪽에 털이 있다. 개화/결실기는 5~6월이다.

참고 꽃차례의 가지가 축에 밀착해 선상의 원통형을 이루는 것이 특징이다. 마디의 털이 없는 것을 들띠(*I. pallida*)로 구분하기도 한다.

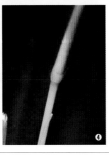

❶2016. 5. 27. 강원 삼척시 ❷꽃차례. 캘러스에 소수의 길이보다 긴 털이 있다. ❸꽃. 꽃밥은 2개이다. ❹마디. 긴 털이 있거나 없다.

물억새

Miscanthus sacchariflorus (Maxim.) Benth.

벼과

국내분포/자생지 전국의 농경지, 호수, 저수지, 하천 둔치 등 습한 풀밭

형태 다년초. 줄기는 높이 1~2m이다. 잎은 너비 5~30mm의 납작한 선형이고 잎집과 더불어 털이 없다. 엽설은 길이 1~2mm이고 짧은 털이 있다. 꽃차례의 가지는 10~30개이고 손바닥모양으로 비스듬히 벌어져 달린다. 소수는 길이 4~6mm이며 소화는 2개이고 아래쪽에는 불임성 소화가 위쪽에는 임성 소화가 달린다. 1포영과 2포영은 길이가 비슷하다. 개화/결실기는 8~10월이다.

참고 억새에 비해 주로 습한 풀밭에서 자라며 길게 벋는 땅속줄기가 있고 소수(호영)에 까락이 없는 것이 특징이다.

❶2001. 9. 22. 경북 울진군 ❷~❸꽃차례. 10~30개의 가지가 비스듬히 휘어져 달린다. ❹소수. 캘러스털은 소수보다 길며 호영에는 까락이 없다. ❺줄기와 잎. 마디에 긴 털이 밀생한다.

  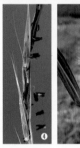 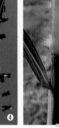

억새(참억새)

Miscanthus sinensis Andersson

벼과

국내분포/자생지 전국의 길가, 농경지, 풀밭, 산지 등 건조한 곳

형태 다년초. 줄기는 높이 1~2m이고 땅속줄기는 짧다. 잎은 너비 5~20mm의 납작한 선형이고 잎집의 가장자리와 개방부에 털이 있다. 엽설은 길이 1~2mm이다. 꽃차례는 가지가 5~20개이고 손바닥모양으로 비스듬하게 벌어져 달린다. 소수는 길이 4~6mm이며 2개의 소화로 이루어진다. 1포영과 2포영은 길이가 비슷하다. 캘러스에는 소수와 길이가 비슷한 긴 털이 있다. 호영은 등쪽에 까락이 발달해 소수 바깥으로 나온다. 개화/결실기는 8~10월이다.

참고 물억새에 비해 주로 건조한 곳에서 자라며 줄기가 모여나고 호영에 긴 까락이 있는 것이 특징이다. 다양한 변종과 품종이 있다.

❶2001. 9. 18. 경북 울릉도 ❷~❸꽃차례. 5~20개의 가지가 비스듬히 선다. ❹소수. 긴 털과 까락이 있다.

 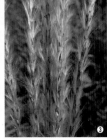 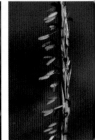

시리아수수새
Sorghum halepense (L.) Pers.

벼과

국내분포/자생지 유럽(남부)−서남아시아 원산. 경기 이남의 길가(특히 도로변), 농경지 등 교란지

형태 다년초. 줄기는 높이 1~2m이고 땅속줄기는 옆으로 길게 벋는다. 잎은 너비 1~3cm의 납작한 선형이고 가장자리는 약간 깔끄럽다. 꽃차례는 원뿔형이며 가지는 비스듬히 서거나 옆으로 퍼진다. 가지(화총)에는 긴 자루가 있는 소수와 자루가 없는 소수가 쌍을 이루어 2~5개씩 모여 달린다. 자루가 없는 소수는 길이 4~5mm이고 1개의 소화가 있으며 포영이 호영을 감싼다. 호영은 포영보다 약간 작으며 까락이 생기기도 한다. 개화/결실기는 6~8월이다.

참고 대형이며 자루가 없는 소수와 자루가 긴 소수가 쌍으로 달리는 것이 특징이다.

❶2017. 8. 31. 전남 장성군 ❷꽃차례. 가지는 벌어지거나 비스듬히 선다. ❸소수. 까락이 있거나 없다. ❹줄기와 잎. 엽설은 길이 0.5~1mm로 짧다.

수수
Sorghum bicolor (L.) Moench

벼과

국내분포/자생지 아프리카 원산. 전국에서 흔히 재배

형태 1년초. 줄기는 높이 1~4m이다. 잎은 너비 3~5cm의 납작한 선형이고 털이 없다. 꽃차례는 원뿔형이며 다수의 가지가 밀착해 모여나거나 약간 벌어져 달린다. 소수는 길이 3~5mm이고 자루가 긴 것과 짧은 것이 교대로 달린다. 1포영과 2포영은 길이가 비슷하며 가장자리에 털이 있다. 내영과 호영은 포영보다 작고 짧은 까락이 나기도 한다. 개화/결실기는 7~9월이다.

참고 재배작물로서 품종이 다양하며 탈곡을 끝낸 뒤의 남은 꽃차례를 빗자루로 만들어 쓴다. 중국에서는 수수를 고량(高粱)이라 부르며 고량주의 주원료로 이용한다.

❶2009. 9. 5. 전남 영광군 ❷꽃차례. 소수가 한쪽 방향으로 달리고 소화의 포에는 털이 있거나 없다. ❸비수수의 꽃차례 ❹비수수의 소수. 성숙하면 거의 구형으로 부풀어 오른다.

바랭이새

Bothriochloa ischaemum (L.) Keng

벼과

국내분포/자생지 전국의 건조한 풀
밭(주로 산지 및 해안가) 등에서 비교적
드물게 자람

형태 다년초. 줄기는 높이 30~70cm
이고 땅속줄기는 짧다. 잎은 너비
2~5mm의 납작한 선형이다. 꽃차
례의 가지는 5~15개이고 손바닥모
양으로 모여 달린다. 소수는 길이
4~5mm이며 자루가 없는 임성 소
수(아래쪽)와 자루가 있는 불임성 소
수(위쪽)가 쌍으로 달린다. 내영과 호
영은 포영보다 작다. 개화/결실기는
7~8월이다.

참고 소수자루에 긴 털이 있고 임성
소수의 호영 끝부분에 길이 1.2~1.5
cm의 긴 까락이 있는 것이 특징이다.

❶ 2002. 11. 1. 대구시 경북대학교 ❷ 꽃차
례. 가지(화총)는 비스듬히 벌어진다. ❸ 소
수. 자루와 캘러스에 긴 털이 있으며 임성
소수의 호영에 까락이 있다. ❹ 잎의 밑부
분. 잎집과 더불어 털이 있다. 엽설은 길이
0.5~1mm로 짧다.

갯쇠보리

Ischaemum anthephoroides
(Steud.) Miq.

벼과

국내분포/자생지 전국의 바닷가 모
래땅

형태 다년초. 줄기는 높이 30~70cm
이고 마디에 긴 털이 있으며 땅속줄
기는 짧다. 잎은 너비 3~8mm의 납
작한 선형이며 잎집과 더불어 잔털이
있다. 엽설은 길이 1~3mm이고 털이
없다. 꽃차례는 총상이며 가지는 2개
가 마주나지만 밀착해서 1개처럼 보
인다. 소수는 길이 8~10mm이고 전
체에 털이 많으며 자루가 없는 임성
소수와 자루가 있는 불임성 소수가
쌍으로 달린다. 호영의 까락은 소수
바깥으로 약간 나오기도 한다. 개화/
결실기는 7~10월이다.

참고 쇠보리에 비해 주로 바닷가에서
자라고 식물체에 털이 많은 것이 특
징이다.

❶ 2009. 8. 29. 경북 포항시 ❷ 꽃차례. 2
개의 가지(화총)가 밀착해서 1개로 보인다.
❸ 소수. 긴 털이 밀생한다. ❹ 줄기와 잎. 잎
집, 마디와 더불어 긴 털이 밀생한다.

쇠보리

Ischaemum aristatum L.

벼과

국내분포/자생지 전국의 습지(주로 산지)

형태 다년초. 줄기는 높이 40~80cm이고 땅속줄기는 짧다. 잎은 너비 3~8mm의 납작한 선형이며 잎집과 더불어 털이 없다. 엽설은 길이 3~4mm이다. 꽃차례는 총상이며 가지는 2개가 마주나지만 밀착해 1개처럼 보인다. 소수는 길이 7~8mm이고 털이 없으며 자루가 없는 임성 소수와 자루가 있는 불임성 소수가 쌍으로 달린다. 호영의 까락은 소수 바깥으로 나오지 않는다. 개화/결실기는 7~10월이다.

참고 갯쇠보리에 비해 주로 내륙의 습지에 서식하고 전체에 털이 없는 것이 특징이다. 바닷가 습지에서는 갯쇠보리와 혼생하기도 한다.

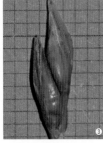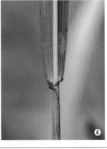

❶2004. 7. 25. 강원 고성군 송지호 ❷꽃차례. 털이 없다. 성숙하면 포영이 벌어진다. ❸소수. 자루가 있는 것과 없는 것이 쌍으로 달린다. ❹줄기와 잎. 잎집 상부를 제외하고는 털이 거의 없다.

나도솔새

Andropogon virginicus L.

벼과

국내분포/자생지 북아메리카 원산. 남부지방의 길가, 빈터 등 교란지

형태 다년초. 줄기는 높이 50~100cm이고 땅속줄기는 짧다. 잎은 너비 2~5mm의 납작한 선형이며 잎집과 더불어 털이 없다. 꽃차례는 직립하거나 가지의 소포엽에 싸인 채 기울어져 달린다. 소수는 가지에서 몇 개씩 모여 달리며 길이 2.5~5mm이고 자루에 소수보다 긴 털이 있다. 포영은 길이 3mm 정도이며 호영은 포영보다 작고 끝부분의 갈라진 틈에서 긴 까락이 나온다. 개화/결실기는 9~10월이다.

참고 줄기가 빽빽이 모여나고 곧추 자라며 소수자루에 긴 털이 있어 하얗게 보이는 것이 특징이다.

❶2009. 10. 10. 울산시 ❷꽃차례. 마디마다 작은 꽃차례가 나온다. ❸소수. 불임성 소수에 백색의 부드러운 털이 있다. ❹전체 모습. 겨울까지 남아 있다.

솔새

Themeda triandra Forssk.

벼과

국내분포/자생지 전국의 농경지, 풀밭(주로 산지), 하천 둔치 등

형태 다년초. 줄기는 높이 50~100cm이고 땅속줄기는 짧다. 잎은 너비 5~10mm의 납작한 선형이며 잎집과 더불어 잔털이 있거나 없다. 엽설은 길이 1~3mm이고 막질이다. 꽃차례는 원뿔형이며 몇 개의 소수가 달리는 가지는 마디에서 한쪽 방향으로 달린다. 소수는 길이 1.5cm 정도이고 몇 개의 소화로 이루어진다. 소화는 잎모양의 포영 속에 들어 있고 밑부분에 갈색의 털이 있다. 임성 소수의 포영 끝부분에 길이 3.5~7cm의 긴 까락이 있다. 개화/결실기는 9~10월이다.

참고 개솔새에 비해 꽃차례(특히 소수)가 보다 크고 녹색–갈색인 것이 특징이다.

❶ 2001. 8. 11. 경북 포항시 ❷ 꽃차례. 원뿔형이며 비스듬히 선다. ❸ 소수. 큰 포영 안에 몇 개의 소수가 달린다. ❹ 줄기와 잎. 잎집과 더불어 흔히 잔털과 긴 털이 있다.

개솔새

Cymbopogon goeringii (Steud.) A. Camus

벼과

국내분포/자생지 전국의 농경지, 풀밭(주로 산지), 하천 둔치 등

형태 다년초. 줄기는 높이 50~100cm이다. 잎은 너비 3~5mm의 납작한 선형이다. 엽설은 길이 3mm 정도이다. 원뿔상꽃차례는 줄기 윗부분의 잎겨드랑이에서 나오며 길이 1.5~2.2cm의 포엽에 싸인 총상꽃차례에서 2개의 가지(화총)가 갈라진다. 소수는 길이 4~7mm의 좁은 도란형이다. 내영과 호영은 포영보다 작고 임성 소수의 호영에는 긴 까락이 있다. 개화/결실기는 9~10월이다.

참고 솔새에 비해 총상꽃차례에서 2개의 가지가 갈라지며 가지가 옆으로 퍼지거나 아래쪽으로 처지는 것이 특징이다.

❶ 2001. 8. 17. 경북 김천시 ❷ 꽃차례. 옆으로 퍼지거나 아래쪽으로 처진다. ❸ 소수. 자루가 긴 것(불임성)과 없는 것(임성)이 쌍을 이루어 달리며 소수의 자루에 백색의 털이 있다. ❹ 잎과 줄기. 털이 거의 없다.

대청가시풀

Cenchrus longispinus (Hack.) Fernald,

벼과

국내분포/자생지 북아메리카 원산. 서해 도서(대청도, 백령도)의 바닷가 모래땅 또는 풀밭

형태 1년초. 줄기는 높이 20~40cm이다. 잎은 너비 5~7mm의 납작한 선형이다. 꽃차례는 길이 5~10cm이며 지름 4~8mm의 둥근 소수구가 5~15개 정도 모여 달린다. 소수구는 털과 가시가 있는 황록색의 총포에 싸여 있으며 그 안에 2~4개의 소수가 들어 있다. 1포영은 흔적상이고 2포영은 길이 4~6mm이며 백녹색이다. 호영은 길이 4~6mm이다. 개화/결실기는 7~9월이다.

참고 총포에 끝부분이 갈고리처럼 굽은 가시가 있어 옷이나 동물의 털에 잘 달라붙는다.

❶2011. 8. 15. 인천시 대청도 ❷~❹(ⓒ남기흠) ❷ 개화 직후의 꽃차례. 결실기에도 모양이 거의 비슷하다. ❸ 열매. 총포에는 털과 가시가 많다. ❹자생지 모습. 해안가 풀밭 또는 모래밭에서 무리지어 자란다.

모새달

Phacelurus latifolius (Steud.) Ohwi

벼과

국내분포/자생지 제주 및 서남해의 바닷가 또는 인근 습지

형태 다년초. 줄기는 높이 1~2m이고 땅속줄기는 옆으로 길게 벋는다. 잎은 너비 5~30mm의 납작한 선형이며 털이 없다. 엽설은 길이 0.5~3mm이다. 총상꽃차례의 가지는 3~10개이고 손바닥모양으로 벌어진다. 소수는 길이 8~11mm이고 털이 없으며 자루가 없는 불임성 소수와 자루가 있는 임성 소수가 쌍으로 달린다. 내영과 호영은 포영보다 작으며 까락이나 털이 없다. 개화/결실기는 6~9월이다.

참고 키가 작고 잎이 너비 2~8mm로 좁으며 꽃줄기가 가는 것을 가는잎모새달(var. *angustifolius*)로 구분하기도 한다.

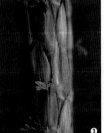

❶2016. 6. 16. 제주 서귀포시 ❷꽃차례. 3~10개의 소수가 달리는 가지(화총)가 손바닥모양으로 벌어진다. ❸개화기의 소수. 암꽃은 자루가 없는 아래쪽 소수에만 달린다. ❹잎집. 잎과 더불어 털이 없다.

쇠치기풀

Hemarthria sibirica (Gand.) Ohwi

벼과

국내분포/자생지 전국의 농경지, 하천 둔치 등 습한 풀밭

형태 다년초. 줄기는 높이 60~100cm이고 땅속줄기는 길게 옆으로 벋는다. 잎은 너비 5~15mm의 납작한 선형이고 털이 없다. 총상꽃차례는 길이 5~8cm이며 줄기의 마디에서 비스듬히 1개씩 달린다. 단면은 약간 납작한 타원형이다. 소수는 길이 5~8mm이고 털이 없다. 1포영과 2포영은 길이가 비슷하다. 내영과 호영은 포영보다 작으며 까락이나 털이 없다. 개화/결실기는 8~10월이다.

참고 꽃차례의 구조는 모새달의 소수가 달리는 가지(화총)와 유사하지만, 모새달에 비해 꽃차례가 갈라지지 않고 1개의 화총으로 이루어지는 것이 특징이다.

❶2001. 8. 3. 대구시 경북대학교 ❷~❸꽃차례. 소수가 압착해 달린다. ❹소수. 자루가 없는 불임성 소수와 자루가 있는 임성 소수가 쌍으로 달린다. ❺줄기와 잎. 엽설은 길이 0.5~1.5mm이고 짧은 털이 있다.

외대쇠치기아재비

Eremochloa ophiuroides (Munro) Hack.

벼과

국내분포/자생지 제주의 바닷가 풀밭 및 인근의 길가

형태 다년초. 줄기는 높이 10~30cm이고 땅위로 벋는 줄기는 마디에서 뿌리를 내린다. 잎은 너비 2~5mm의 납작한 선형이다. 총상꽃차례는 줄기의 끝에 1개씩 달린다. 소수는 길이 3~4mm이고 털이 없다. 자루가 없는 불임성 소수와 자루가 있는 임성 소수가 쌍으로 달린다. 1포영과 2포영은 길이가 비슷하며 포영의 상부는 넓은 날개모양이다. 개화/결실기는 7~10월이다.

참고 식물체가 잔디처럼 소형이며 꽃차례가 갈라지지 않고 1개의 가지(화총)로 이루어지는 것이 특징이다.

❶2009. 8. 29. 제주 ❷꽃차례. 1개의 가지로 이루어진다. ❸~❹소수. 포영의 상부에 넓은 날개가 있다.

 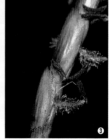 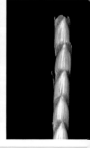

뿔이삭풀

Parapholis incurva (L.) C. E. Hubb.

벼과

국내분포/자생지 아프리카(북부), 유럽-서남아시아 원산. 제주 및 서남해안의 매립지, 모래땅, 폐염전 등

형태 1년초. 줄기는 높이 5~20cm이고 모여나며 땅위에 눕거나 비스듬히 자란다. 잎은 너비 1~2mm의 납작한 선형이며 털이 없다. 엽설은 길이 0.5~1mm이고 털이 없다. 총상꽃차례는 줄기와 가지의 끝에 1개씩 달린다. 소수는 길이 8~12mm이고 1포영과 2포영은 길이가 비슷하다. 내영과 호영은 포영보다 작으며 까락이나 털이 없다. 개화/결실기는 5~6월이다.

참고 1개의 가지(화총)로 이루어진 꽃차례가 갈라지지 않고 뿔처럼 휘는 것이 특징이다.

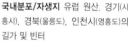

❶ 2009. 5. 9. 전남 진도군 ❷ 꽃차례. 뿔처럼 굽는다. ❸ 소수. 자루 없이 꽃차례에 달린다.

염소풀

Aegilops cylindrica Host

벼과

국내분포/자생지 유럽 원산. 경기(시흥시), 경북(울릉도), 인천시(영흥도)의 길가 및 빈터

형태 1년초. 줄기는 높이 20~40cm이고 땅속줄기는 없다. 잎은 너비 2~4mm의 납작한 선형이며 밑부분에 털이 있다. 엽설은 길이 1mm 정도이다. 수상꽃차례는 길이 6~10cm이며 줄기의 끝에서 곧추서서 달린다. 소수는 길이 7~8mm이고 털이 많으며 자루 없이 꽃차례에 밀착해 달린다. 1포영과 2포영은 길이가 비슷하고 포영의 끝에는 긴 까락이 있다. 개화/결실기는 5~6월이다.

참고 꽃차례의 마디가 잘 부러지며 포영의 끝부분에 긴 까락이 있는 것이 특징이다.

❶ 2016. 5. 23. 전북 군산시 선유도 ❷~❸ 꽃차례. 소수는 자루 없이 수상으로 꽃차루 축에 밀착해 달리며 포영에는 털이 많다. ❹ 줄기와 잎. 잎(특히 가장자리와 잎집 개방부)에 긴 털이 많다.

육절보리풀

Glyceria acutiflora subsp. *japonica*
(Steud.) T. Koyama & Kawano

벼과

국내분포/자생지 남부지방의 저수지,
하천가, 호수 등 습지
형태 다년초. 줄기는 높이 30~70cm
이고 밑부분의 마디가 땅에 닿으면
뿌리를 내린다. 잎은 너비 3~5mm
의 납작한 선형이다. 꽃차례는 원뿔
형이며 가지가 꽃차례의 축에 밀착하
여 달린다. 소수는 길이 2.5~4cm이
고 녹색이며 8~15개의 소화로 이루
어진다. 1포영은 2포영보다 짧다. 호
영은 길이 7~9mm이며 내영은 길이
8~11mm로 호영보다 길어 밖으로 드
러난다. 개화/결실기는 4~6월이다.
참고 유럽육절보리풀에 비해 꽃차례
의 모든 가지가 꽃차례의 축에 밀착
해서 달리고 내영이 호영보다 길어
밖으로 나출되는 것이 특징이다.

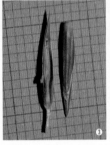

❶ 2005. 5. 15. 경남 양산시 ❷소수. 가늘
고 길다. ❸소화. 내영이 호영보다 길다.
❹줄기와 잎. 털이 없다.

유럽육절보리풀

Glyceria declinata Bréb.

벼과

국내분포/자생지 유럽 원산. 남부지
방의 농경지, 습한 풀밭 등 교란지
형태 다년초. 줄기는 높이 30~70cm
이고 밑부분의 마디가 땅에 닿으면
뿌리를 내린다. 잎은 너비 3~5mm
의 납작한 선형이다. 꽃차례는 원뿔
형이며 위쪽의 가지는 꽃차례의 축
에 밀착하고 아래쪽의 가지는 벌어진
다. 소수는 길이 1.5~2.5cm이고 녹색
이며 6~12개의 소화로 이루어진다. 1
포영의 길이는 2포영보다 짧다. 호영
은 길이 4~5mm이고 내영은 호영보
다 짧아서 호영 밖으로 드러나지 않
는다. 개화/결실기는 4~6월이다.
참고 육절보리풀에 비해 꽃차례 윗부
분의 가지만 꽃차례의 축에 밀착하며
내영이 호영 밖으로 나출되지 않는
것이 특징이다.

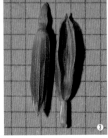

❶ 2014. 4. 19. 광주시 ❷꽃차례. 아래쪽의
가지는 옆으로 퍼진다. ❸소화. 내영과 호
영은 길이가 비슷하다. ❹줄기와 잎. 털이
없다.

왕미꾸리광이
Glyceria leptolepis Ohwi

벼과

국내분포/자생지 전국의 하천, 호수 등 습지

형태 다년초. 줄기는 높이 50~120cm 이고 땅속줄기는 옆으로 길게 벋는다. 잎은 너비 5~12mm의 납작한 선형이고 털이 없다. 잎집은 거의 원통형이고 가로맥이 뚜렷하다. 엽설은 길이 0.8~1.3mm이다. 꽃차례는 원뿔형이며 가지와 함께 아래로 처져서 달린다. 소수는 길이 6~8mm이고 황록색이며 4~7개의 소화로 이루어진다. 1포영과 2포영은 길이가 비슷하며 호영보다 현저히 짧다. 호영은 길이 3~3.5mm이다. 개화/결실기는 7~10월이다.

참고 꽃차례가 황록색이며 잎집이 줄기를 거의 원통형으로 감싸고 가로맥이 뚜렷한 것이 특징이다.

❶2002. 7. 15. 경북 군위군 팔공산 ❷꽃차례. 아래로 휘어지며 가지는 옆으로 퍼져서 달린다. ❸소수. 황록색이다. ❹줄기와 잎. 잎집은 윗부분만 약간 벌어진 거의 원통형이다.

갯겨이삭
Puccinellia coreensis Hackel ex Honda

벼과

국내분포/자생지 남부지방의 바닷가 인근 매립지, 폐염전, 풀밭 등

형태 다년초. 줄기는 높이 20~60cm 이고 모여나며 땅속줄기는 짧다. 잎은 너비 2~3mm의 납작한 선형이다. 엽설은 길이 2~2.5mm이고 털이 없다. 꽃차례는 원뿔형이며 잎집에서 나오자마자 가지가 옆으로 퍼져 달린다. 소수는 길이 4~5mm이고 3~5개의 소화로 이루어지며 자루는 거의 매끈하다. 2포영은 길이 1.5~2mm이고 바로 위쪽 호영보다 짧다. 호영은 길이 2~2.5mm이고 끝이 투명하면서 뭉툭하다. 개화/결실기는 5~7월이다.

참고 갯미꾸리광이에 비에 꽃지데가 잎집에서 나오면서 바로 전개되고 꽃밥이 작은 것이 특징이다.

❶2013. 5. 18. 전남 신안군 ❷꽃차례. 잎집에서 나오자마자 벌어지며 연한 녹색이다. ❸꽃밥. 길이 0.9~1.2mm이다. ❹줄기와 잎. 털이 없다.

549

각시미꾸리광이

Puccinellia chinampoensis Ohwi

벼과

국내분포/자생지 주로 서남해안의 매립지, 염습지, 폐염전 등

형태 다년초. 줄기는 높이 30~70cm 이고 모여나며 땅속줄기는 짧다. 잎은 너비 2~3mm의 납작한 선형이다. 꽃차례는 원뿔형이며 가지는 꽃차례가 완전히 자라서 잎집 밖으로 올라온 후 옆으로 벌어진다. 소수는 길이 3~6mm이고 3~5개의 소화로 이루어지며 자루는 거의 매끈하다. 2포영은 길이 2mm 미만이고 바로 위쪽의 호영보다 짧다. 호영은 길이 1.8~2.2mm이며 끝이 투명하고 뭉툭하다. 개화/결실기는 5~7월이다.

참고 갯겨이삭에 비해 꽃차례의 가지는 꽃차례가 잎집에서 완전히 올라온 뒤 옆으로 퍼지는 것이 특징이다.

❶2010. 6. 8. 전남 목포시 ❷꽃차례. 잎집에서 완전히 나온 뒤 가지가 옆으로 퍼진다. 흔히 적자색빛이 약간 돈다. ❸꽃밥. 길이 1.2~1.5mm이다. ❹줄기와 잎. 털이 없다. 엽설은 길이 1~1.7mm이다.

갯꾸러미풀

Puccinellia nipponica Ohwi

벼과

국내분포/자생지 주로 서남해안의 매립지, 염습지, 폐염전 등

형태 다년초. 줄기는 높이 30~70cm 이고 모여나며 땅속줄기는 짧다. 잎은 너비 2~3mm의 납작한 선형이다. 꽃차례는 원뿔형이며 가지는 꽃차례의 축에 밀착하거나 위쪽 가지만 비스듬하게 벌어진다. 소수는 길이 5~8mm이고 3~5개의 소화로 이루어진다. 2포영은 길이가 바로 위쪽의 호영과 비슷하다. 호영은 길이 2.5~3.5mm이며 끝이 투명하고 뭉툭하다. 꽃밥은 길이 0.6~0.8mm이다. 개화/결실기는 5~7월이다.

참고 각시미꾸리광이나 갯겨이삭에 비해 꽃차례의 가지가 축에 밀착하거나 비스듬히 벌어지는 것이 특징이다.

❶2011. 6. 2. 전북 부안군 ❷꽃차례. 가지는 비스듬히 벌어지거나 밀착하며 깔끄럽다. ❸소수. 갯겨이삭에 비해 호영은 크지만 꽃밥은 작다. ❹줄기와 잎. 털이 없다. 엽설은 길이 2~3mm이다.

처진미꾸리광이
Puccinellia distans (Jacq.) Parl.

벼과

국내분포/자생지 유럽 원산. 전국의 바닷가 주변의 길가, 농경지, 매립지, 빈터, 폐염전 등

형태 다년초. 줄기는 높이 20~40cm 이고 모여나며 땅속줄기는 짧다. 잎은 너비 1~2mm의 납작한 선형이다. 꽃차례는 원뿔형이며 잎집에서 나오면서 바로 가지가 전개된다. 소수는 길이 4~6mm이고 4~6개의 소화로 이루어지며 자루는 깔끄럽다. 2포영은 길이 1.5mm 정도이고 바로 위쪽의 호영보다 짧다. 호영은 길이 2mm 정도이다. 개화/결실기는 5~7월이다.

참고 꽃차례의 아래쪽 가지가 밑으로 처지면서 땅을 향하고 꽃밥의 길이가 1mm 미만으로 작은 것이 특징이다.

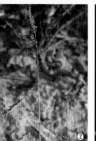

❶2014. 5. 27. 강원 강릉시 ❷꽃차례. 아래쪽 가지가 밑으로 처지는 모습이 뚜렷하다. ❸소수. 꽃밥은 1mm 미만이다. ❹줄기와 잎. 털이 없다. 엽설은 길이 1~2mm이다.

천도미꾸리광이
Puccinellia kurilensis (Takeda) Honda

벼과

국내분포/자생지 강원(고성군) 이북의 바닷가 인근 습한 풀밭

형태 다년초. 줄기는 높이 10~30cm 이고 모여나며 땅속줄기는 짧다. 잎은 너비 2~3mm의 납작한 선형이다. 엽설은 길이 1.5~3mm이다. 꽃차례는 원뿔형이며 가지는 꽃차례의 축에 밀착하거나 다소 비스듬히 벌어지며 매끈하거나 윗부분만 다소 깔끄럽다. 소수는 길이 5~7mm이고 4~6개의 소화로 이루어진다. 호영은 길이 2.7~3.5(~4)mm이고 녹색이며 맥의 아랫부분에 짧은 털이 약간 있다. 개화/결실기는 5~7월이다.

참고 갯꾸러미사이나 가시미꾸리광이에 비해 호영이 큰 편이며 갯꾸러미풀에 비해서는 꽃차례의 가지가 매끈한 것이 특징이다.

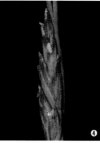

❶2011. 6. 2. 강원 고성군 ❷꽃차례. 아래쪽 가지가 밑으로 처지지 않는다. ❸-❹소수. 꽃밥은 길이 0.7~1.2mm이다.

들묵새

Vulpia myuros (L.) C. C. Gmel.

벼과

국내분포/자생지 아프리카(북부), 유럽–서아시아 원산. 전국의 길가, 농경지, 민가(특히 잔디밭) 등 교란지

형태 1년초. 줄기는 높이 10~60cm이고 모여난다. 잎은 너비 1~2mm의 선형이고 가장자리가 안쪽으로 말린다. 꽃차례는 원뿔형이며 가지는 꽃차례의 축에 밀착한다. 소수는 길이 7~10mm이고 3~5개의 소화로 이루어진다. 1포영은 길이가 2포영의 2분의 1 이하이며 2포영은 길이 3~5mm이고 바로 위쪽의 호영보다 짧다. 호영은 길이 5~7mm이고 끝부분에 긴 까락이 있다. 개화/결실기는 4~6월이다.

참고 1포영은 길이가 2포영의 절반 이하이며 꽃차례의 가지가 축에 밀착하는 것이 특징이다.

❶2011. 8. 4. 강원 고성군 ❷꽃차례. 가지가 밀착한다. ❸소수. 호영의 끝부분에 소수보다 2~3배 긴 까락이 있다. ❹줄기와 잎. 털이 없다. 엽설은 길이 0.3~1mm이다.

김의털아재비

Festuca parvigluma Steud.

벼과

국내분포/자생지 전국의 풀밭, 습지 주변, 하천 둔치 및 숲가장자리 등

형태 다년초. 줄기는 높이 30~60cm이고 땅속줄기는 짧다. 잎은 너비 2~5mm의 납작한 선형이다. 꽃차례는 원뿔형이며 가지는 꽃차례의 축에 밀착하거나 옆으로 퍼진다. 소수는 길이 7~10mm이고 3~5개의 소화로 이루어진다. 1포영은 길이가 2포영보다 짧으며 2포영은 길이 2mm 정도이고 바로 위쪽의 호영보다 훨씬 짧다. 호영은 길이 4~6mm이며 끝은 갈라지거나 뾰족하고 긴 까락이 있다. 개화/결실기는 5~7월이다.

참고 꽃차례의 가지 끝에 몇 개의 소수가 달리며 포영이 호영에 비해 현저히 짧은 것이 특징이다.

❶2012. 5. 11. 경남 창녕군 우포늪 ❷꽃차례. 가지는 꽃차례의 축에 밀착하거나 비스듬히 선다. ❸소수. 1포영이 흔적상이다. ❹줄기와 잎. 털이 없다. 엽설은 길이 0.5~1.5mm이다.

왕김의털

Festuca rubra L.

벼과

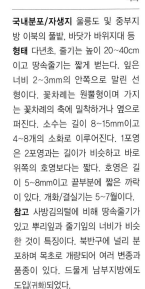

국내분포/자생지 울릉도 및 중부지방 이북의 풀밭, 바닷가 바위지대 등
형태 다년초. 줄기는 높이 20~40cm이고 땅속줄기는 짧게 벋는다. 잎은 너비 2~3mm의 안쪽으로 말린 선형이다. 꽃차례는 원뿔형이며 가지는 꽃차례의 축에 밀착하거나 옆으로 퍼진다. 소수는 길이 8~15mm이고 4~8개의 소화로 이루어진다. 1포영은 2포영과는 길이가 비슷하고 바로 위쪽의 호영보다는 짧다. 호영은 길이 5~8mm이고 끝부분에 짧은 까락이 있다. 개화/결실기는 5~7월이다.
참고 사방김의털에 비해 땅속줄기가 있고 뿌리잎과 줄기잎의 너비가 비슷한 것이 특징이다. 북반구에 널리 분포하며 목초로 개량되어 여러 변종과 품종이 있다. 드물게 남부지방에도 도입(귀화)되었다.

❶2011. 6. 1. 경북 울릉도 ❷꽃차례. 벌어지거나 비스듬히 선다. ❸소수. 호영에 짧은 까락이 있다. ❹줄기와 잎. 털이 없다. 엽설은 길이 0.1~0.5mm이다.

큰김의털

Festuca arundinacea Schreb.

벼과

국내분포/자생지 유럽 원산. 전국의 길가, 민가, 빈터 등 교란지
형태 다년초. 줄기는 높이 30~100cm이며 땅속줄기는 짧다. 잎은 너비 3~5mm의 편평한 선형이고 홈이 있다. 꽃차례는 원뿔형이며 마디에서 길이가 서로 다른 2~3개의 가지가 나와 옆으로 퍼져서 달린다. 소수는 길이 1cm 정도이고 3~6개의 소화로 이루어진다. 2포영은 바로 위쪽의 호영과 길이가 비슷하다. 호영은 길이 6~8mm이고 까락이 생기기도 한다. 개화/결실기는 5~7월이다.
참고 왕김의털에 비해 잎이 편평하며 꽃차례가 느슨한 편이다. 영명은 톨 페스큐(tall fescue)이며 도로변이 나면 녹화용으로 흔하게 이용한다.

❶2007. 6. 3. 전북 부안군 ❷꽃차례. 비스듬히 선다. ❸소수. 호영에 까락이 없거나 있다. ❹줄기와 잎. 털이 없다. 엽설은 길이 1~2mm이다.

사방김의털

Festuca heterophylla Lam.

벼과

국내분포/자생지 유럽 원산. 전국의 길가, 도로변 사면에 녹화용으로 식재

형태 다년초. 줄기는 40~90cm이고 땅속줄기는 짧다. 잎은 줄기 아래쪽의 잎은 너비 1mm 정도, 위쪽의 잎은 너비 2~4mm의 편평한 선형이다. 엽설은 길이 0.2~0.5mm이고 가장자리에 털이 있다. 꽃차례는 원뿔형이며 가지는 비스듬히 서거나 옆으로 퍼져 달린다. 소수는 길이 1~2cm이고 6~12개의 소화로 이루어진다. 1포영은 길이가 2포영보다 약간 짧으며 2포영은 바로 위쪽의 호영보다 짧다. 호영은 길이 5~8mm이고 끝부분에 까락이 있다. 개화/결실기는 5~7월이다.

참고 왕김의털에 비해 뿌리 부근의 잎과 줄기잎의 너비가 다른 점이 특징이다.

❶2012. 6. 13. 전북 무주군 ❷꽃차례. 옆으로 벌어지거나 비스듬히 선다. ❸소수. 호영은 끝이 뾰족해진다. ❹잎. 줄기 위쪽의 잎은 줄기 아래쪽의 잎보다 넓다.

김의털

Festuca ovina L.

벼과

국내분포/자생지 전국의 길가 또는 건조한 풀밭(흔히 산지)

형태 다년초. 줄기는 높이 10~70cm이고 빽빽이 모여난다. 잎은 너비 1mm 정도의 선형이고 안쪽으로 말린다. 꽃차례는 원뿔형이며 가지는 옆으로 퍼지거나 비스듬히 선다. 소수는 길이 5~10mm이고 4~9개의 소화로 이루어진다. 1포영은 길이가 2포영보다 약간 짧으며 2포영은 바로 위쪽의 호영보다 짧다. 호영은 길이 3~5mm이고 까락이 생기기도 한다. 개화/결실기는 4~7월이다.

참고 잎이 안쪽으로 말려 가는 원통형이 되는 것이 특징이다. 잎 횡단면 모양, 꽃차례, 까락 등의 변이에 따라 많은 변종이 있다. 묘지 부근에서 흔히 보인다.

❶2014. 4. 30. 전남 진도군 ❷꽃차례. 가지가 벌어지거나 밀착한다. ❸소수. 흰빛을 띤 녹색이다. ❹줄기. 잎은 말려서 선상 원통형이 된다.

오리새
Dactylis glomerata L.

벼과

국내분포/자생지 아프리카(북부), 유럽-서아시아 원산. 전국의 길가, 농경지, 빈터, 하천가 등 교란지

형태 다년초. 줄기는 높이 30~100cm이고 땅속줄기는 짧다. 잎은 너비 4~8mm의 편평한 선형이다. 꽃차례는 원뿔형이며 가지가 개화기에는 옆으로 퍼지지만 성숙기에는 꽃차례의 축에 밀착한다. 소수는 길이 5~8mm이고 3~6개의 소화로 이루어진다. 1포영과 2포영은 호영과 길이가 비슷하다. 호영은 길이 4~6mm이고 중앙맥에 털이 있으며 끝에는 짧은 까락이 있다. 개화/결실기는 5~6월이다.

참고 갈풀에 비해 줄기가 모여나며 소수가 눌린 듯 납작하고 소화가 빽빽이 모여 달리는 것이 특징이다.

❶2001. 5. 20. 대구시 경북대학교 ❷꽃차례. 가지는 개화기에 옆으로 퍼지지만 차츰 꽃차례의 축에 밀착한다. ❸소수. 눌린 듯 다소 납작하며 호영에 짧은 까락이 있다. ❹줄기와 잎. 털이 없다. 엽설은 길이 7~12mm로 길다.

쥐보리
Lolium multiflorum Lam.

벼과

국내분포/자생지 아프리카(북부), 유럽-서아시아 원산. 전국의 길가, 농경지, 빈터, 하천가 등 교란지

형태 다년초. 줄기는 높이 50~100cm이며 땅속줄기는 짧다. 잎은 너비 4~8mm의 편평한 선형이다. 꽃차례는 수상이고 소수는 꽃차례의 축에서 비스듬히 벌어져 달린다. 소수는 길이 1~2.5cm이고 5~20개의 소화로 이루어진다. 1포영은 없거나 희미하며(제일 위쪽의 소수에만 1포영이 있음) 2포영은 길이가 바로 위쪽의 호영보다 짧다. 호영은 길이 5~8mm이고 끝이 반투명하며 길이 5~10mm의 까락이 있다. 개화/결실기는 5~6월이다.

참고 호밀풀에 비해 2포영의 실이가 바로 위쪽 호영보다 짧으며 호영의 끝에 긴 까락이 있는 것이 특징이다.

❶2003. 5. 13. 경남 양산시 ❷꽃차례. 소수가 좌우로 어긋나며 달린다. ❸소수. 1포영은 퇴화되고 2포영만 있다. ❹줄기와 잎. 털이 없다. 엽설은 길이 1~2mm이다.

호밀풀(가는보리풀)

Lolium perenne L.

벼과

국내분포/자생지 아프리카(북부)–유럽 원산. 전국의 길가, 농경지, 빈터, 하천가 등 교란지

형태 다년초. 줄기는 높이 30~90cm이고 땅속줄기는 짧다. 잎은 너비 3~6mm의 편평한 선형이다. 꽃차례는 수상이고 소수는 꽃자루의 축에서 비스듬하게 벌어져 달린다. 소수는 길이 1~2cm이고 5~10개의 소화로 이루어진다. 2포영은 길이가 바로 위쪽 호영보다 길며 때로는 소수와 길이가 비슷하다. 호영은 길이 5~10mm이며 끝이 투명하고 까락은 없다. 개화/결실기는 5~7월이다.

참고 쥐보리에 비해 2포영의 길이가 바로 위쪽 호영보다 길고 호영에 까락이 없는 것이 특징이다.

❶2003. 7. 23. 경기 용인시 ❷꽃차례. 소수가 좌우로 어긋나며 달린다. ❸소수. 가장 위쪽의 소수를 제외하면 1포영은 퇴화되고 2포영만 있다. ❹줄기와 잎. 털이 없다. 엽설은 길이 1~2mm이다.

갯그령

Leymus mollis (Trin.) Pilg.
Elymus mollis Trin. ex Spreng.

벼과

국내분포/자생지 전국의 바닷가 모래땅

형태 다년초. 줄기는 50~120cm이며 땅속줄기는 짧고 모여난다. 잎은 너비 5~15mm의 편평한 선형이고 단단하며 약간 말린다. 앞면은 다소 깔끄럽고 뒷면은 매끈하다. 꽃차례는 수상이고 곧추선다. 마디에 2~3개의 소수가 꽃차례의 축에 밀착해 달린다. 소수는 길이 1.5~2cm이고 털이 있으며 2~5개의 소화로 이루어진다. 포영은 바로 위쪽의 소화보다 길고 호영은 길이 1~1.5cm이다. 호영은 까락이 없다. 개화/결실기는 5~7월이다.

참고 갯보리에 비해 소수에 털이 있으며 호영에 까락이 없는 것이 특징이다.

❶2012. 7. 9. 인천시 백령도 ❷꽃차례. 곧추서며 호영에 까락이 없다. ❸소수. 마디에서 2~3개씩 모여 달리며 털이 있다. ❹줄기와 잎. 잎집과 더불어 털이 없다. 엽설은 길이 1~2mm이다.

구주개밀

Elymus repens (L.) Gould
Elytrigia repens (L.) Desv. ex Nevski

벼과

국내분포/자생지 유럽–서아시아–중앙아시아 원산. 전국의 길가, 빈터 등
형태 다년초. 줄기는 높이 40~80cm이다. 잎은 너비 3~8mm의 편평한 선형이다. 엽설은 길이 1mm 정도이다. 꽃차례는 수상이고 곧추선다. 소수는 길이 8~15mm이고 꽃차례의 축에서 비스듬하게 달리며 4~7개의 소화로 이루어진다. 포영은 바로 위쪽의 소화와 길이가 비슷하며 호영은 길이 6~10mm이고 털이 없다. 호영은 끝이 까락처럼 뾰족하거나 짧은 까락이 있다. 개화/결실기는 5~7월이다.
참고 호밀풀이나 쥐보리와 유사하지만 길게 벋는 땅속줄기가 있고 모든 소수에 2개의 포영이 있는 것이 특징이다.

  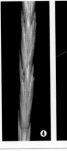 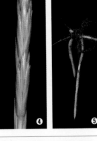

❶2010. 6. 17. 전북 남원시 ❷꽃차례. 짧고 곧추선다. ❸~❹소수. 2개의 포영이 있고 까락이 거의 없거나 간혹 있다. ❺땅속줄기. 길게 벋으며 개체군을 형성한다.

갯보리

Elymus dahuricus Turcz. ex Griseb.

벼과

국내분포/자생지 전국의 바닷가 모래땅 또는 드물게 산지 풀밭
형태 다년초. 줄기는 높이 40~120cm이고 땅속줄기는 짧다. 잎은 너비 5~10mm의 편평한 선형이다. 꽃차례는 수상이고 곧추서거나 약간 휘어진다. 마디에 2(~3)개의 소수가 꽃차례의 축에 밀착해 달린다. 소수는 길이 1~1.5cm이고 3~5개의 소화로 이루어진다. 포영은 바로 위쪽의 소화와 길이가 비슷하다. 호영은 길이 8~12mm이고 털이 없으며 끝부분에 길이 2~20mm의 까락이 있다. 개화/결실기는 5~7월이다.
참고 속털개밀에 비해 꽃차례의 마디에서 수수가 2개씩 밀착해 달리고 내영이 호영과 길이가 비슷한 것이 특징이다.

❶2013. 6. 15. 전북 고창군 ❷꽃차례. 직립하거나 약간 휘어진다. ❸소수. 꽃차례의 마디에서 2개씩 달리며 털이 있다. ❹소화. 내영이 호영과 길이가 비슷하다. ❺줄기와 잎. 엽설이 매우 짧다.

개밀

Elymus kamoji (Ohwi) S. L. Chen

벼과

국내분포/자생지 전국의 길가, 농경지, 민가, 풀밭 등

형태 다년초. 줄기는 높이 40~80cm이고 땅속줄기는 짧다. 잎은 너비 3~10mm의 편평한 선형이다. 엽설은 길이 0.5mm 정도이다. 꽃차례는 수상이고 자색 또는 녹색이다. 소수는 길이 1.5~3cm이고 4~8개의 소화로 이루어진다. 포영은 바로 위쪽의 소화보다 짧다. 호영은 길이 8~12mm이고 흔히 털이 없으나 드물게 잔털이 나기도 하며 끝부분에 길이 2~3cm의 까락이 있다. 개화/결실기는 5~7월이다.

참고 속털개밀에 비해 꽃차례가 아래쪽으로 심하게 휘어지며 내영과 호영은 길이가 비슷하고 호영의 까락이 결실기에도 구부러지지 않는 것이 특징이다.

❶ 2001. 6. 4. 대구시 경북대학교 ❷꽃차례. 끝이 땅쪽으로 휘어지며 털이 없다. ❸소수. 호영의 까락은 속털개밀보다 길다. ❹소화. 내영과 호영은 길이가 비슷하다.

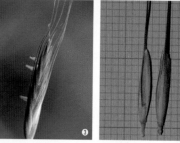

속털개밀

Elymus ciliaris (Trin.) Tzvelev
Agropyron ciliare (Trin.) Franch.

벼과

국내분포/자생지 전국의 길가, 농경지, 민가, 풀밭 등

형태 다년초. 줄기는 높이 40~100cm이고 땅속줄기는 짧다. 잎은 너비 3~10mm의 편평한 선형이다. 엽설은 길이 0.3mm 정도이다. 꽃차례는 수상이고 곧추서거나 비스듬하게 휘어진다. 소수는 길이 1~2cm이고 5~10개의 소화로 이루어진다. 포영은 바로 위쪽의 소화보다 짧으며 호영은 길이 7~12mm이고 흔히 털이 있다. 내영의 길이는 호영의 3분의 2 정도이다. 개화/결실기는 5~7월이다.

참고 개밀에 비해 꽃차례가 곧추서거나 비스듬하게 휘어지며 내영이 호영보다 짧다. 또한 성숙하면서 호영의 까락이 바깥쪽으로 심하게 구부러지는 것이 특징이다.

❶ 2008. 6. 7. 전남 담양군 ❷꽃차례. 성숙하면 호영의 까락이 심하게 꺾인다. ❸소화. 털이 있고 내영은 호영보다 짧다. ❹줄기와 잎. 엽설은 매우 짧다.

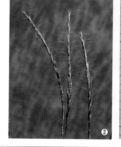

고사리새
Catapodium rigidum (L.) C. E. Hubb. ex Dony

벼과

국내분포/자생지 아프리카(북부), 유럽-서아시아 원산. 제주 및 남부지방의 농경지, 습한 풀밭 등
형태 1년초. 줄기는 5~30cm이며 땅속줄기는 없고 모여난다. 잎은 너비 2~4mm의 편평한 선형이고 털이 없다. 꽃차례는 원뿔형이며 가지가 비스듬하게 벌어진다. 소수는 길이 5~8mm이고 녹색 또는 자색이다. 1포영은 2포영보다 작다. 호영은 길이 3mm 정도이며 털이 없다. 개화/결실기는 3~5월이다.
참고 새포아풀에 비해 식물체가 뻣뻣하고 짧은 가지에 여러 개의 소수가 모여 달리는 것이 특징이다.

❶2013. 3. 27. 경남 하동군 ❷꽃차례. 가지는 뻣뻣하며 비스듬히 서거나 퍼진다. ❸소수. 짧은 가지에 모여나며 소화는 4~10개이다. ❹줄기와 잎. 엽설은 길이 1.5~2mm이고 막질이다.

방울새풀
Briza minor L.

벼과

국내분포/자생지 아프리카(북부), 유럽-서아시아 원산. 제주 및 남부지방의 길가, 농경지, 바닷가, 풀밭 등
형태 1년초. 줄기는 높이 10~60cm이다. 잎은 너비 4~8mm의 편평한 선형이다. 꽃차례는 원뿔형이며 가지가 옆으로 넓게 벌어진다. 소수는 길이 3~5mm이고 3~6개의 소화로 이루어진다. 1포영과 2포영은 길이가 2~3mm로 비슷하며 3~5개의 맥이 있다. 호영은 길이 2~3mm의 넓은 난형-콩팥형이며 등쪽이 주머니모양으로 부풀고 가장자리가 투명하다. 개화/결실기는 3~5월이다.
참고 긴 가지 끝에서 소수가 아래 방향으로 아주 성기게 달리는 것이 특징이다.

❶2002. 5. 15. 제주 서귀포시 ❷꽃차례. 가지는 옆으로 퍼지며 소수가 성기게 달린다. ❸소수. 흰빛을 띤 녹색이다. ❹줄기와 잎. 엽설은 길이 3~6mm의 백색 막질이고 털이 없다.

새포아풀

Poa annua L.

벼과

국내분포/자생지 전국의 길가, 농경지, 민가, 하천가 등

형태 1년초. 줄기는 높이 5~30cm이다. 잎은 너비 1~3mm의 편평한 선형이다. 꽃차례는 원뿔형이며 가지는 비스듬히 서거나 벌어진다. 소수는 길이 4~6mm이고 3~5개의 소화로 이루어진다. 1포영은 2포영보다 작다. 호영은 길이 2~3mm 정도이며 캘러스에 꼬인 털이 없고 맥에만 털이 있다. 개화/결실기는 2~6월이다.

참고 큰꾸러미풀에 비해 식물체가 작고 꽃차례의 가지가 매끈한 것이 특징이다.

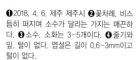

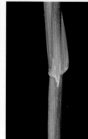

❶2018. 4. 6. 제주 제주시 ❷꽃차례. 비스듬히 퍼지며 소수가 달리는 가지는 매끈하다. ❸소수. 소화는 3~5개이다. ❹줄기와 잎. 털이 없다. 엽설은 길이 0.6~3mm이고 털이 없다.

좀포아풀

Poa compressa L.

벼과

국내분포/자생지 아프리카 및 유라시아 원산. 전국의 길가, 민가 등 교란지

형태 다년초. 줄기는 높이 10~40cm이다. 잎은 너비 1~3mm의 편평한 선형이다. 꽃차례는 원뿔형이며 가지는 비스듬하게 서거나 옆으로 벌어진다. 소수는 길이 4~6mm이고 3~6개의 소화로 이루어진다. 1포영은 2포영보다 작다. 호영은 길이 3mm 정도이고 캘러스와 맥에 털이 없다. 개화/결실기는 5~7월이다.

참고 길게 벋는 땅속줄기가 있고 줄기가 약간 납작하며 꽃차례가 녹백색이고 꽃차례의 가지가 짧아 소수가 빽빽이 달리는 것이 특징이다.

❶2014. 6. 6. 서울시 한강공원 ❷꽃차례. 가지가 왕포아풀에 비해 매우 짧은 편이다. ❸소수. 털이 없다. ❹줄기와 잎. 줄기의 단면은 눌린 듯한 타원형이다. 엽설은 길이 1~3mm이고 털이 없다. ❺땅속줄기. 옆으로 길게 벋는다.

큰새포아풀
Poa trivialis L.

벼과

국내분포/자생지 전국의 길가(주로 임도), 농경지, 저수지, 하천가 등 다소 축축한 교란지

형태 다년초. 줄기는 높이 30~80cm 이고 땅속줄기는 짧거나 옆으로 길게 벋는다. 잎은 너비 2~5mm의 편평한 선형이다. 엽설은 길이 4~10mm로 긴 편이다. 꽃차례는 원뿔형이며 가지가 거의 수평으로 벌어진다. 소수는 길이 3~4mm이고 녹색 또는 자줏빛을 띠며 2~4개의 소화로 이루어진다. 1포영은 2포영보다 작다. 호영은 길이 2~3mm이고 캘러스에 꼬인 털이 있으며 맥에도 털이 있다. 개화/결실기는 5~6월이다.

참고 꽃차례의 가지가 거의 수평으로 넓게 벌어지고 잎집과 잎가장자리가 매우 깔끄러운 것이 특징이다.

 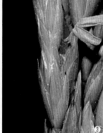 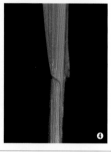

❶2009. 6. 6. 전남 담양군 ❷꽃차례. 가지가 수평으로 퍼진다. ❸소수. 거의 털이 없다. ❹줄기와 잎. 잎집 부위가 매우 깔끄럽다.

포아풀
Poa sphondylodes Trin.

벼과

국내분포/자생지 전국의 길가(주로 산지), 농경지, 풀밭, 하천가 등

형태 다년초. 줄기는 높이 30~70cm 이고 땅속줄기는 짧다. 잎은 너비 1~3mm의 편평한 선형이다. 엽설은 길이 3~10mm이고 막질이다. 꽃차례는 원뿔형이며 가지는 꽃차례의 축에 밀착하지만 약간 벌어지기도 한다. 소수는 길이 3~6mm이고 녹색이다. 1포영은 2포영보다 작다. 호영은 길이 2~3mm이고 캘러스에 꼬인 털이 있으며 맥에도 털이 있다. 개화/결실기는 5~6월이다.

참고 꽃차례의 가지가 축에 흔히 밀착하며 잎이 수평으로 퍼지거나 아래쪽으로 섰혀지고 엽설이 긴 것이 특징이다.

❶2012. 5. 12. 경남 거제시 ❷꽃차례. 가지는 비스듬히 서거나 밀착한다. ❸소수. 소화는 3~6개이다. ❹줄기와 잎. 엽설 부근에서 거의 90° 이상으로 꺾여 수평으로 퍼지거나 아래로 젖혀진다.

왕포아풀

Poa pratensis L.

벼과

국내분포/자생지 유라시아 원산. 전국 길가, 농경지, 민가, 하천가 등

형태 다년초. 줄기는 높이 20~90cm이다. 잎은 너비 2~4mm의 편평한 선형이며 잎집이 엽신보다 길다. 꽃차례는 원뿔형이며 가지는 흔히 옆으로 벌어지지만 간혹 꽃차례의 축에 밀착하기도 한다. 소수는 길이 3~6mm이고 녹색 또는 자색이다. 1포영은 2포영보다 작다. 호영은 길이 3mm 정도이고 캘러스에 꼬인 털이 있으며 맥에도 털이 있다. 개화/결실기는 5~6월이다.

참고 줄기는 모여나지만 옆으로 길게 벋는 땅속줄기가 있다. 좀포아풀에 비해 꽃차례의 폭이 넓으며 줄기가 곧게 서고 가장 위쪽의 잎이 잎집보다 현저히 짧은 것이 특징이다.

❶2018. 5. 9. 서울시 한강공원 ❷꽃차례. 가지는 비스듬히 서거나 옆으로 퍼진다. ❸소수. 소화는 3~6개이다. ❹줄기와 잎집. 털이 없으며 엽설은 길이 0.5~4mm의 막질이다.

드렁새

Dinebra chinensis (L.) P.M. Peterson & N. Snow
Leptochloa chinensis (L.) Nees

벼과

국내분포/자생지 전국의 농경지, 하천가, 호수 등 습지 주변

형태 1년초. 줄기는 높이 20~80cm이며 땅위를 길게 벋는 줄기가 있다. 잎은 너비 2~5mm의 편평한 선형이다. 엽설은 길이 1~5mm이다. 꽃차례는 원뿔형이며 다수의 가지가 옆으로 비스듬히 퍼져서 달린다. 소수는 길이 2~3mm이고 자줏빛을 띠며 소화는 3~7개이고 가지에 1열로 달린다. 1포영은 2포영보다 약간 작다. 호영은 포영과 길이가 비슷하고 까락이 없다. 개화/결실기는 8~10월이다.

참고 갯드렁새에 비해 소수가 보다 작고 호영에 까락이 없는 것이 특징이다.

❶2011. 9. 19. 전남 나주시 ❷꽃차례. 가지는 옆으로 퍼진다. ❸소수. 호영에 까락이 없다. ❹줄기와 잎. 잎집의 개방부에 털이 있다.

갯드렁새

Diplachne fusca subsp. *fascicularis*
(Lam.) P.M. Peterson & N. Snow

벼과

국내분포/자생지 아프리카~서남아
시아 원산. 전국의 바닷가 주변 길가,
농경지, 매립지 등 주로 교란지
형태 다년초. 줄기는 높이 40~100cm
이며 일부 줄기는 밑부분이 땅에 눕
는다. 잎은 너비 3~6mm의 편평한
선형이다. 꽃차례는 원뿔형이며 다
수의 가지가 옆으로 퍼져서 달린다.
소수는 길이 7~15mm이고 소화는
5~10개이며 가지에 1열로 달린다. 1
포영은 2포영보다 약간 작다. 호영은
길이 4~5mm이고 포영보다 길고 끝
에는 까락이 발달한다. 개화/결실기
는 8~10월이다.
참고 드렁새에 비해 주로 바닷가의
교란된 지역에서 자라며 소수가 보다
크고 호영에 까락이 있는 것이 특징
이다.

❶2014. 9. 16. 전북 부안군 ❷꽃차례. 가지
는 옆으로 퍼진다. ❸소수. 호영에 까락이
있다. ❹줄기와 잎. 잎집의 개방부는 깔끄
럽다. 엽설은 길이 3~12mm이고 끝이 뾰족
하며 흔히 불규칙하게 찢어진다.

좀새그령

Eragrostis minor Host

벼과

국내분포/자생지 전국의 길가, 농경
지, 빈터 등
형태 1년초. 줄기는 높이 10~30cm
이다. 잎은 너비 1~3mm의 편평한 선
형으로 앞면에 털이 약간 있다. 꽃차
례는 원뿔형이며 가지는 옆으로 벌어
진다. 소수는 길이 4~8mm이고 녹백
색~녹색이고 5~10개의 소화가 성기
게 달린다. 1포영과 2포영은 길이가
비슷하다. 호영은 길이 1.5mm 정도이
고 포영보다 길며 중앙맥에 몇 개의
샘점이 있다. 개화/결실기는 7~10월
이다.
참고 참새그령에 비해 식물체가 보다
작고 소수가 5~10개의 소화로 이루
어지는 것이 특징이다.

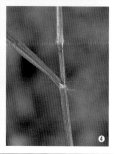

❶2010. 9. 18. 전남 광주시 ❷꽃차례. 가지
는 옆으로 퍼진다. ❸소수. 소수 아래와 포
영에 샘점이 있다. ❹줄기와 잎. 잎의 밑부
분 가장자리와 잎집의 가장자리에 백색의
긴 털이 있다.

참새그령

Eragrostis cilianensis (All.) Vignolo
ex Janch.

벼과

국내분포/자생지 전국의 길가, 빈터, 바닷가 등에 드물게 자람

형태 1년초. 줄기는 높이 30~80cm 이다. 잎은 너비 2~5mm의 편평한 선형이고 가장자리에 황색의 샘점이 있다. 꽃차례는 원뿔형이며 가지는 옆으로 퍼져서 달린다. 소수는 길이 5~15mm이고 회색-녹백색-녹색이며 10~30개의 소화가 성기게 또는 약간 밀집해 달린다. 포영의 중앙맥에 샘점이 있다. 호영은 길이 2mm 정도이고 포영보다 길며 중앙맥에 샘점이 있다. 개화/결실기는 7~10월이다.

참고 좀새그령에 비해 식물체가 보다 크고 샘점이 많으며 소수가 10~30개의 소화로 이루어진 것이 특징이다.

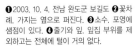

❶ 2003. 10. 4. 전남 완도군 보길도 ❷꽃차례. 가지는 옆으로 퍼진다. ❸소수. 포영에 샘점이 있다. ❹줄기와 잎. 잎집 부위를 제외하고는 전체에 털이 거의 없다.

그령

Eragrostis ferruginea (Thunb.)
P. Beauv.

벼과

국내분포/자생지 전국의 길가, 농경지, 풀밭 등

형태 다년초. 줄기는 높이 20~80cm 이다. 잎은 너비 2~5mm의 편평한 선형이다. 엽설은 길이 1mm 정도이고 가는 털로 되어 있다. 꽃차례는 원뿔형이며 가지는 옆으로 퍼져 달린다. 소수는 길이 5~10mm이고 녹색 또는 자색이며 6~10개의 소화가 성기게 달린다. 소수자루의 상부에 황색의 샘점이 있다. 호영은 길이 2~3mm이고 포영보다 길며 샘점이 없다. 개화/결실기는 7~10월이다.

참고 참새그령에 비해 다년초이고 대형이며 소수자루에 황색의 샘점이 있고 소수가 6~10개의 소화로 이루어지며 호영에 샘점이 없는 것이 특징이다.

❶ 2001. 8. 3. 대구시 경북대학교 ❷꽃차례. 가지는 옆으로 퍼진다. ❸소수. 소수자루에 황색의 샘점이 있다. ❹줄기와 잎. 잎집의 개방부와 엽설에 털이 있다.

각시그령
Eragrostis japonica (Thunb.) Trin.

벼과

국내분포/자생지 전국의 농경지, 호수 및 저수지 가장자리, 하천가 등 습한 풀밭

형태 1년초. 줄기는 높이 10~80cm이고 땅속줄기는 없다. 잎은 너비 2~5mm의 편평한 선형이다. 꽃차례는 원뿔형이며 가지는 옆으로 퍼져서 달린다. 소수는 길이 1~2mm이고 초기에는 녹색이지만 성숙하면 적색-적자색으로 변한다. 소화는 5~8개이고 짧은 자루가 있다. 포영과 호영은 길이 1mm 정도이고 샘점이 없다. 개화/결실기는 7~10월이다.

참고 소수가 소형(길이 1~2mm)이고 흔히 적색이며 꽃차례에서 빽빽하게 모여 달리는 것이 특징이다.

❶2001. 10. 1. 경남 창녕군 우포늪 ❷꽃차례. 가지는 옆으로 퍼진다. ❸소수. 작으며 붉은색을 띤다. ❹줄기와 잎. 털이 없다. 엽설은 길이 0.5mm 정도이고 막질이다.

능수참새그령
Eragrostis curvula (Schrad.) Nees

벼과

국내분포/자생지 아프리카 원산. 전국의 길가(특히 도로변), 빈터 등 교란지

형태 다년초. 줄기는 높이 50~120cm이고 땅속줄기는 짧다. 잎은 너비 1~2mm의 선형이다. 꽃차례는 원뿔형이며 가지는 옆으로 퍼져서 달린다. 꽃차례의 축과 가지 사이에 긴 털이 있다. 소수는 길이 5~8mm이고 회녹색-암회색이며 4~10개의 소화로 이루어진다. 1포영과 2포영은 길이가 서로 다르며 소화는 길이 2~3mm이고 털이나 까락이 없다. 개화/결실기는 7~10월이다.

참고 꽃차례의 가지가 다소 늘어지고 소수가 암회색이며 꽃차례의 가지가 갈라지는 부분에 털이 있는 것이 특징이다.

❶2014. 5. 27. 강원 강릉시 ❷꽃차례. 옆으로 퍼지거나 비스듬히 선다. ❸소수. 흔히 암회색이다. ❹꽃차례의 축. 가지가 갈라지는 부분에 털이 있다. ❺줄기와 잎. 잎집의 개방부에 긴 털이 있으며 잎은 말려서 원통형이 된다.

비노리

Eragrostis multicaulis Steud.

벼과

국내분포/자생지 전국의 길가, 농경지, 민가, 빈터 등

형태 1년초. 줄기는 높이 5~40cm이고 땅속줄기는 없다. 잎은 너비 0.5~2mm의 편평한 선형이다. 꽃차례는 원뿔형이며 가지는 옆으로 퍼져서 달린다. 소수는 길이 2~5mm이고 녹색 또는 자색이며 4~10개의 소화로 이루어진다. 1포영은 2포영보다 길이가 짧다. 호영은 길이 1.5mm 정도이고 포영보다 약간 길며 샘점은 없다. 개화/결실기는 5~9월이다.

참고 큰비노리에 비해 꽃차례의 가지가 갈라지는 분기점에 털이 없는 것이 특징이다.

❶2018. 5. 23. 서울시 한강공원 ❷꽃차례. 가지가 갈라지는 부분에 털이 없다. ❸소수. 성숙하면 아래쪽의 소화부터 떨어진다. ❹줄기와 잎. 잎집은 털이 없거나 몇 가닥의 털이 있으며 엽설은 길이 0.1~0.2mm이고 짧은 털로 되어 있다.

큰비노리

Eragrostis pilosa (L.) P. Beauv.

벼과

국내분포/자생지 전국의 길가, 농경지, 민가 등

형태 1년초. 줄기는 높이 10~60cm이고 땅속줄기는 없다. 잎은 너비 0.5~2mm의 편평한 선형이다. 꽃차례는 원뿔형이며 가지는 옆으로 퍼져서 달린다. 소수는 길이 3~8mm이고 녹색 또는 자색이며 4~8개의 소화로 이루어진다. 1포영은 2포영보다 길이가 짧다. 호영은 길이 1.5~2mm이고 포영보다 약간 길며 샘점은 없다. 개화/결실기는 5~10월이다.

참고 비노리에 비해 꽃차례의 가지가 갈라지는 분기점에 긴 털이 있는 것이 특징이다.

❶2002. 8. 18. 경북 김천시 ❷~❸꽃차례. 가지가 갈라지는 부분에 털이 있다. ❹소수. 성숙하면 아래쪽부터 떨어진다. ❺줄기와 잎. 잎집은 윗부분에 털이 있으며 엽설은 짧은 털로 되어 있다.

왕바랭이
Eleusine indica (L.) Gaertn.

벼과

국내분포/자생지 전국의 길가, 농경지, 민가, 빈터 등

형태 1년초. 줄기는 높이 10~70cm이다. 잎은 너비 2~5mm의 편평한 선형이다. 꽃차례의 가지(화총)는 2~7개이고 손바닥모양으로 갈라진다. 소수는 길이 4~6mm이고 녹색이며 소화는 3~6개이고 가지에 2열로 배열된다. 1포영은 2포영보다 약간 작으며 포영의 중앙맥은 납작하게 돌출해 조금 넓은 날개모양이 된다. 호영은 포영보다 길며 털이 없다. 개화/결실기는 7~10월이다.

참고 총상꽃차례가 손바닥모양으로 벌어지며 소수가 가지(화총)에 2열로 배열되는 것이 특징이다.

❶2009. 7. 29. 경남 하동군 ❷꽃차례, 손바닥모양이다. ❸~❹소수, 2열로 배열된다. ❺줄기와 잎. 잎집의 개방부에는 털이 있다. 엽설은 길이 1mm 정도이고 잔털이 약간 있다.

우산잔디
Cynodon dactylon (L.) Pers.

벼과

국내분포/자생지 전국의 농경지, 민가(잔디밭), 풀밭, 바닷가 모래땅 등

형태 다년초. 줄기는 높이 10~30cm이다. 잎은 너비 1~3mm의 선형이고 편평하거나 안쪽으로 약간 말린다. 꽃차례의 가지는 3~6개이고 손바닥모양으로 갈라진다. 소수는 길이 2mm 정도이고 녹색 또는 자색이며 가지에 1열로 배열된다. 1포영은 2포영보다 약간 작다. 호영은 포영보다 길며 가장자리에 털이 있다. 개화/결실기는 5~8월이다.

참고 총상꽃차례가 손바닥모양으로 벌어지며 1개의 소화로 이루어진 소수가 가지에 1열로 배열되는 것이 특징이다.

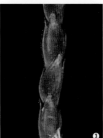

❶2015. 8. 7. 강원 양양군 ❷꽃차례, 손바닥모양이다. ❸소수, 가지에 1열로 배열된다. ❹줄기와 잎. 잎집의 개방부에 긴 털이 있으며 엽설은 짧고 잔털로 되어 있다.

나도바랭이

Chloris virgata Sw.

벼과

국내분포/자생지 아프리카, 유라시아, 아메리카의 열대-아열대지역 원산. 전국의 길가, 농경지, 매립지, 민가, 빈터 등 교란지

형태 1년초. 줄기는 높이 20~60cm이다. 잎은 너비 2~5mm의 편평한 선형이다. 꽃차례의 가지는 5~12개이고 손바닥모양으로 갈라진다. 소수는 길이 3~4mm이고 연한 황갈색-녹갈색이며 2~3개의 소화로 이루어진다. 1포영은 2포영보다 약간 작고 끝이 까락처럼 가늘어진다. 호영은 포영과 길이가 비슷하고 끝에 긴 까락이 있으며 가장자리와 캘러스에 털이 있다. 개화/결실기는 7~10월이다.

참고 꽃차례가 5~12개의 가지로 갈라진 손바닥모양이고 소수에 2개의 까락이 나는 것이 특징이다.

❶ 2002. 10. 23. 대구시 경북대학교 ❷ 꽃차례. 가지는 비스듬히 또는 곧추선다. ❸ 소수. 호영에 긴 까락이 있다. ❹ 줄기와 잎. 털이 없다. 엽설은 길이 0.8~1mm이다.

참쌀새

Melica scabrosa Trin.

벼과

국내분포/자생지 강원, 경남, 경북 이북의 길가, 건조한 풀밭 등

형태 다년초. 줄기는 40~80cm이고 땅속줄기는 짧다. 잎은 너비 2~5mm의 편평한 선형이다. 꽃차례는 원뿔형이며 가지는 꽃차례의 축에 밀착한다. 소수는 길이 4~8mm이고 녹색 또는 자색이며 3~5개의 소화로 이루어진다. 1포영과 2포영은 길이가 비슷하며 호영은 길이 4~6mm이고 털이 없다. 개화/결실기는 5~7월이다.

참고 쌀새(*M. onoei*)에 비해 꽃차례의 가지가 5cm 이하로 짧고 다소 꽃차례에 밀착해 달리며 소수의 가장 윗부분에 미발달 불임성 호영이 뭉치로 달리는 것이 특징이다.

❶ 2006. 6. 21. 강원 강릉시 ❷ 꽃차례. 비스듬히 서며 가지가 짧다. 쌀새에 비해 봄~초여름에 개화한다는 특징이 있다. ❸ 소수. 쌀새보다 큰 편이며 포영과 호영의 절반 이상이 투명한 막질이다. ❹ 줄기와 잎. 털이 없다. 엽설은 길이 1~3mm이고 막질이다.

잠자리피

Trisetum bifidum (Thunb.) Ohwi

국내분포/자생지 전국의 길가(주로 산지), 풀밭 및 숲가장자리

형태 다년초. 줄기는 높이 30~70cm 이고 땅속줄기는 짧다. 잎은 너비 3~5mm의 편평한 선형이다. 꽃차례는 원뿔형이며 가지는 옆으로 비스듬히 벌어지거나 축에 밀착한다. 소수는 길이 6~8mm이고 2~3개의 소화로 이루어진다. 1포영은 길이가 소수의 2분의 1 정도이며 2포영은 소수보다 조금 작다. 호영의 캘러스와 소화의 자루에 털이 있다. 개화/결실기는 5~6월이다.

참고 호영이 황갈색이고 성숙하면 끝부분의 까락이 꼬이면서 심하게 구부러지는 것이 특징이다.

❶ 2001. 6. 11. 경북 영천시 ❷ 꽃차례. 끝부분이 휘어지며 가지가 축에 밀착한다. ❸ 소수. 호영의 끝은 2개로 갈라지며 긴 까락이 있다. ❹ 줄기와 잎. 엽설은 길이 0.2~1.5mm이다.

개나래새

Arrhenatherum elatius (L.) P. Beauv. ex J. Presl & C. Presl

국내분포/자생지 유럽-중앙아시아 원산. 전국의 길가, 빈터 등 교란지

형태 다년초. 줄기는 높이 1~1.5m이며 땅속줄기는 짧고 구형으로 굵어지기도 한다. 잎은 너비 3~8mm의 편평한 선형이고 부드러운 털이 약간 있다. 엽설은 길이 1~2mm이다. 꽃차례는 원뿔형이며 가지는 축에 밀착했다가 개화하면서 벌어진다. 소수는 길이 1cm 정도이고 성기게 달리며 크기가 비슷한 2개의 소화로 이루어진다. 1포영은 소수보다 짧고 2포영은 소수와 길이가 비슷하다. 아래쪽 소화의 호영 끝에는 긴 까락이 있다. 개화/결실기는 6~7월이다.

참고 땅속줄기가 구형으로 부풀어 오른 것을 염주개나래새(var. *bulbosum*)로 구분하기도 한다.

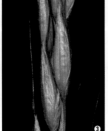

❶ 2011. 6. 10. 전남 광주시 ❷ 꽃차례. 가지는 옆으로 퍼진다. ❸ 소수. 2개의 포영이 반투명하다. ❹ 염주개나래새 타입. 땅속줄기가 염주모양이다.

흰털새

Holcus lanatus L.

벼과

국내분포/자생지 유럽 원산. 서울시, 제주 및 남부지방의 길가, 목장 등

형태 다년초. 줄기는 높이 30~80cm 이다. 잎은 너비 3~8mm의 편평한 선형이다. 엽설은 길이 1~4mm이다. 꽃차례는 원뿔형이며 가지는 비스듬히 서거나 꽃차례의 축에 밀착한다. 소수는 길이 3~6mm이고 2개의 소화로 이루어진다. 1포영과 2포영은 길이가 비슷하며 호영보다는 현저히 커서 소화가 잘 드러나지 않는다. 호영은 길이 2mm 정도이며 위쪽(두 번째) 소화의 호영에 짧은 까락이 있다. 개화/결실기는 5~6월이다.

참고 식물체 전체에 백색의 털이 밀생하며 포영이 크게 발달해 속에 들어 있는 2개의 소화가 잘 보이지 않는 것이 특징이다.

❶ 2009. 5. 24. 제주 ❷ 꽃차례. 가지는 벌어지며 흰빛이 강하게 돈다. ❸ 소수. 포영은 거의 백색이며 털이 있다. ❹ 줄기와 잎. 털이 많고 잎집은 마디사이보다 짧다.

향모

Hierochloe odorata (L.) P. Beauv.

벼과

국내분포/자생지 전국의 길가, 농경지, 민가(잔디밭), 풀밭, 하천 제방 등

형태 다년초. 줄기는 높이 20~50cm 이고 땅속줄기는 옆으로 길게 벋는다. 잎은 너비 2~5mm의 편평한 선형이다. 꽃차례는 원뿔형이며 가지는 옆으로 퍼져서 달린다. 소수는 길이 3~4mm이고 2~3개의 소화로 이루어지며 꽃차례의 가지 끝에 성기게 달린다. 포영은 소수보다 길며 1포영은 2포영보다 약간 짧다. 호영은 갈색빛이 돌고 윗부분에 짧은 털이 약간 있다. 개화/결실기는 4~6월이다.

참고 애기향모(*H. glabra*)는 향모에 비해 주로 남부지방에서 자라며 포영의 길이가 소수와 비슷하거나 짧은 것이 특징이다.

❶ 2004. 4. 20. 경기 포천시 ❷ 꽃차례. 가지는 옆으로 벌어진다. ❸ 소수. 포영은 소수보다 길다. ❹ 줄기와 잎. 엽설은 길이 1.5~3(~6.5)mm이다.

도랭이피

Koeleria macrantha (Ledeb.) Schult.

벼과

국내분포/자생지 전국의 다소 건조한 풀밭

형태 다년초. 줄기는 높이 20~50cm 이고 땅속줄기는 짧다. 잎은 너비 1~3mm의 편평한 선형이며 잎집 과 더불어 털이 많다. 엽설은 길이 0.2~0.5mm이고 가장자리에 짧은 털이 약간 있다. 꽃차례는 원뿔형이며 가지는 개화기에는 옆으로 퍼지지만 차츰 꽃차례의 축에 밀착한다. 소수는 길이 4mm 정도이고 2~3개의 소화로 이루어지며 자루가 짧아 가지에 빽빽하게 달린다. 포영은 소수와 길이가 비슷하고 호영처럼 짧은 털이 있다. 개화/결실기는 5~6월이다.

참고 꽃차례가 너비 2cm 이하로 가늘고 털이 많으며 잎이 녹백색이고 앞면에 깊은 홈이 있는 것이 특징이다.

❶2002. 5. 30. 경북 군위군 ❷꽃차례. 축 과 가지에 털이 많다. ❸소수. 소화는 2~3 개이다. ❹줄기. 잎과 더불어 털이 있다.

향기풀

Anthoxanthum odoratum L.

벼과

국내분포/자생지 유라시아 원산. 전국의 길가, 풀밭 등 주로 교란지에 드물게 분포

형태 다년초. 줄기는 높이 20~60cm 이고 느슨히 모여난다. 잎은 너비 2~6mm의 편평한 선형이다. 꽃차례는 원뿔형이며 가지는 꽃차례의 축에 빽빽이 모여 달린다. 소수는 길이 6~9mm이고 녹색이다. 2개의 소화로 이루어지며 그중 하나만 결실이 된다. 1포영의 길이는 소수의 2분의 1 정도이고 2포영은 소수와 길이가 비슷하다. 호영은 황색의 털이 많으며 등쪽에서 긴 까락이 나온다. 개화/결실기는 6~7월이다.

참고 꽃차례의 가시가 빌십하며 호영에 황색의 털이 빽빽이 있는 것이 특징이다.

❶2015. 6. 19. 전북 무주군 ❷꽃차례. 곧추 서며 가지는 비스듬히 벌어진다. ❸소수. 1 포영의 길이는 2포영의 2분의 1 정도이다. ❹줄기와 잎. 엽설은 길이 1~3mm이다.

갈풀

Phalaris arundinacea L.

벼과

국내분포/자생지 전국의 수로, 연못, 저수지, 하천가 등 습지 주변

형태 다년초. 줄기는 높이 60~150cm 이고 땅속줄기는 옆으로 길게 벋는다. 잎은 너비 8~15mm의 편평한 선형이다. 꽃차례는 원뿔형이며 가지는 개화기에는 옆으로 벌어지지만 차츰 꽃차례의 축에 밀착한다. 소수는 길이 4~6mm이고 2개의 소화로 이루어진다. 포영은 호영보다 길고 까락이 없으며 1포영과 2포영은 길이가 비슷하다. 호영은 길이 3~4mm이고 광택이 있으며 짧은 털이 있다. 개화/결실기는 5~6월이다.

참고 오리새 또는 산조풀과 유사하지만 소수가 넓은 난형이며 포영이 보다 크고 끝부분에 까락이 없는 것이 특징이다.

❶ 2004. 6. 7. 경북 구미시 ❷ 꽃차례. 개화기에만 벌어진다. ❸ 소수. 흰빛을 띠는 녹색이다. ❹ 줄기와 잎. 엽설은 길이 2~3mm이고 끝이 편평하며 막질이다.

산조풀

Calamagrostis epigeios (L.) Roth

벼과

국내분포/자생지 전국의 수로, 연못, 저수지, 염습지, 하천가 등 습지 주변

형태 다년초. 줄기는 높이 1~1.5m이고 땅속줄기는 옆으로 길게 벋는다. 잎은 너비 3~8mm의 편평한 선형이다. 꽃차례는 원뿔형이며 가지는 짧고 꽃차례의 축에 빽빽이 달린다. 소수는 길이 5~7mm의 좁은 피침형이고 녹백색이며 1개의 소화로 이루어진다. 1포영과 2포영은 길이가 비슷하고 까락이 없다. 호영은 길이 3~4mm이고 캘러스털과 까락은 길다. 개화/결실기는 5~6월이다.

참고 갈풀에 비해 소수가 피침형이며 호영에 긴 까락과 캘러스털이 있는 것이 특징이다.

❶ 2013. 6. 24. 전북 군산시 ❷ 꽃차례. 가지는 짧고 개화기에는 옆으로 퍼지지만 차츰 꽃차례의 축에 밀착한다. ❸ 소수. 선상 피침형으로 가늘다. ❹ 줄기와 잎. 털이 없다. 엽설은 길이 3~12mm이고 끝이 불규칙하게 찢어진다.

산겨이삭

Agrostis clavata Trin. var. *clavata*

벼과

국내분포/자생지 전국의 길가(주로 산지), 풀밭 등

형태 다년초. 줄기는 높이 20~60cm이고 다수의 줄기가 모여나며 땅속줄기는 짧다. 잎은 너비 2~5mm의 편평한 선형이다. 잎집은 매끈하고 개방부와 가장자리에 털이 있다. 엽설은 길이 1.5~3mm이고 막질이며 털이 없다. 꽃차례는 원뿔형이며 가지는 옆으로 퍼져서 달린다. 가지의 3분의 1 이상 지점부터 소수가 달린다. 소수는 길이 2mm 정도이고 녹색이거나 약간 자줏빛이 돌며 1개의 소화로 이루어진다. 포영은 까락이 없으며 1포영과 2포영은 길이가 비슷하다. 호영은 포영보다 작다. 내영은 호영 길이의 3분의 1 이하이며 꽃밥은 길이 0.5mm 이하이다. 개화/결실기는 5~6월이다.

참고 산겨이삭에 비해 꽃차례의 가지가 꽃차례의 축에 밀착하며 소수가 꽃차례 가지의 아래쪽부터 달리는 것을 **겨이삭**(var. *nukabo*)으로 구분한다. 겨이삭과 산겨이삭이 혼생하기도 하며 꽃차례의 특징(가지가 달리는 모습, 소수가 달리는 위치) 외의 다른 형질로는 두 분류군을 구별하기가 어렵다. 산겨이삭과 겨이삭에 대한 면밀한 분류학적 재검토가 요구된다.

❶ 2002. 6. 27. 경남 양산시 정족산 ❷ 꽃차례. 가지가 비스듬히 서거나 옆으로 퍼진다. 소수는 꽃차례의 가지 3대의 1 2대의 1 이상의 위쪽으로 달린다. ❸ 소수. 소화는 1개이고 포영에 까락이 없다. ❹ 줄기와 잎. 잎집을 제외하고는 잎과 더불어 털이 거의 없다. ❺~❼ 겨이삭. ❺ 꽃차례. 가지는 비스듬히 서거나 축에 밀착하며 소수는 산겨이삭과 달리 꽃차례 가지의 아래쪽부터 달린다. ❻ 소수. 산겨이삭과 같다. ❼ 줄기와 잎. 산겨이삭과 같다. ❽ 2002. 6. 5. 전남 신안군 흑산도

흰겨이삭
Agrostis gigantea Roth

벼과

국내분포/자생지 전국의 길가, 농경지, 풀밭, 하천가 등 교란지

형태 다년초. 줄기는 높이 50~100cm이고 땅속줄기는 옆으로 길게 벋는다. 잎은 너비 3~8mm의 편평한 선형이다. 꽃차례는 원뿔형이며 가지는 옆으로 퍼져서 달린다. 소수는 가지의 아래쪽부터 달리며 길이 2~3mm이고 녹색 또는 자색을 띤다. 포영은 까락이 없고 1포영과 2포영은 길이가 비슷하다. 호영은 포영보다 작다. 내영은 호영 길이의 2분의 1 정도이고 꽃밥은 길이 1~1.5mm이다. 개화/결실기는 5~6월이다.

참고 산겨이삭에 비해 식물체가 보다 크며 옆으로 벋는 땅속줄기가 있는 것이 특징이다.

❶2011. 5. 20. 경남 창녕군 우포늪 ❷꽃차례. 자줏빛을 띤다. 가지는 옆으로 퍼지며 개화기가 지난 후에도 꽃차례의 축에 밀착하지 않는다. ❸소수. 소화는 1개이고 포영에 까락이 없다. ❹땅속줄기. 옆으로 길게 벋는다.

애기겨이삭
Agrostis stolonifera L.

벼과

국내분포/자생지 전국의 저수지, 하천가 등 교란된 습지 주변

형태 다년초. 줄기는 높이 20~60cm이며 옆으로 벋으며 가지가 많이 갈라진다. 잎은 너비 1~4mm의 편평한 선형이다. 엽설은 길이 2~3.5mm이다. 꽃차례는 원뿔형이다. 소수는 가지의 3분의 1 지점부터 달리며 길이 2~3mm이고 녹색 또는 자색을 띤다. 1포영과 2포영은 길이가 비슷하다. 호영은 포영보다 작다. 내영은 호영 길이의 3분의 2 정도이며 꽃밥은 길이 0.8~1.3mm이다. 개화/결실기는 6~7월이다.

참고 흰겨이삭에 비해 지상줄기가 옆으로 벋으면서 가지를 치고 잎이 가는 것이 특징이다.

❶2014. 6. 28. 전북 임실군 ❷꽃차례. 흰겨이삭과 달리 꽃차례의 가지가 개화기 이후에는 꽃차례의 축에 밀착한다. ❸소수. 소화는 1개이고 포영에 까락이 없다. ❹줄기. 땅위로 벋으며 가지가 많이 갈라진다.

참새귀리

Bromus japonicus Thunb. ex Murr.

벼과

국내분포/자생지 전국의 길가, 민가, 풀밭, 하천 둔치 등

형태 1년초. 줄기는 높이 30~90cm 이다. 잎은 너비 3~8mm의 편평한 선형이다. 꽃차례는 원뿔형이다. 소수는 길이 1.5~2.5cm이고 6~10개의 소화로 이루어진다. 1포영은 2포영보다 작으며 포영은 바로 위쪽의 호영보다 작다. 호영은 길이 8~10mm이며 끝부분은 투명하고 2갈래로 갈라진 사이에서 길이 1~1.4mm의 긴 까락이 나온다. 개화/결실기는 5~6월이다.

참고 털큰참새귀리에 비해 꽃차례가 흔히 아래로 처지며 개화 이후에도 호영의 까락이 심하게 구부러지지 않는 것이 특징이다.

❶ 2001. 5. 18. 대구시 경북대학교 ❷ 꽃차례. 가지는 한쪽 방향으로 퍼져서 달리며 아래로 처진다. ❸ 소수. 소화는 서로 겹쳐 달린다. ❹ 줄기와 잎. 잎집과 더불어 털이 많다. 엽설은 길이 1~2.5mm의 반원형이다.

좀참새귀리

Bromus inermis Leyss.

벼과

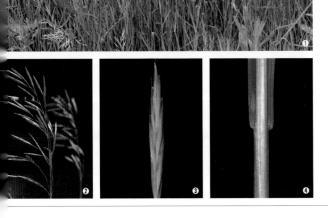

국내분포/자생지 유럽-서남아시아 원산. 중부의 길가, 풀밭 등 교란지

형태 다년초. 줄기는 높이 50~120cm 이고 땅속줄기는 옆으로 길게 벋는다. 잎은 너비 3~8mm의 편평한 선형이다. 꽃차례는 원뿔형이다. 소수는 길이 1.5~2.5cm이고 6~10개의 소화로 이루어진다. 1포영은 2포영보다 작으며 포영은 바로 위쪽의 호영보다 작다. 호영은 길이 8~12mm이다. 개화/결실기는 6~7월이다.

참고 꽃차례가 황백색-황록색이고 비스듬하게 서며 호영에 까락이 없거나 짧은 것이 특징이다. 옆으로 길게 벋는 땅속줄기가 있어 흔히 개체군을 형성한다.

❶ 2012. 6. 9. 강원 정선군 ❷ 꽃차례. 가지는 비스듬히 퍼져서 달린다. ❸ 소수. 흔히 끝부분에 까락이 없지만 드물게 길이 5mm 이하의 짧은 까락이 있다. ❹ 줄기와 잎. 털이 거의 없다. 엽설은 길이 1~2mm이다.

털빕새귀리

Bromus tectorum L.

벼과

국내분포/자생지 아프리카(북부), 유럽-서남아시아 원산. 전국의 길가, 농경지, 빈터, 바닷가 모래땅 등

형태 1년초. 줄기는 높이 20~50cm이다. 잎은 너비 3~5mm의 편평한 선형이며 잎집과 더불어 털이 많다. 엽설은 길이 1mm 정도이다. 소수는 길이 1~2cm이고 4~8개의 소화로 이루어진다. 1포영은 2포영보다 작으며 포영은 바로 위쪽의 호영보다 작다. 호영은 길이 8~15mm이고 털이 많으며 끝부분에 길이 5~10mm의 까락이 있다. 개화/결실기는 4~6월이다.

참고 참새귀리에 비해 소수의 자루가 짧아 꽃차례가 보다 밀집되어 보이며 소수에 털이 많은 것이 특징이다. 소수에 털이 없는 것을 민둥빕새귀리(var. *glabratus*)로 구분하기도 한다.

❶2009. 5. 3. 경북 영천시 ❷꽃차례. 가지는 축에서 비스듬하게 벌어져 한 방향으로 치우쳐 달린다. ❸소수. 전체에 털이 많다. ❹줄기와 잎. 엽설은 길이 1.5~2mm이다.

긴까락빕새귀리

Bromus rigidus Roth

벼과

국내분포/자생지 아프리카(북부), 유럽-서아시아 원산. 전국의 길가, 빈터, 하천 둔치 등 교란지

형태 1년초. 줄기는 높이 20~60cm이다. 잎은 너비 3~5mm의 편평한 선형이고 잎집과 더불어 털이 있다. 꽃차례는 원뿔형이다. 소수는 길이 2~4cm이고 4~8개의 소화로 이루어진다. 1포영은 2포영보다 작으며 포영은 바로 위쪽의 호영보다 작다. 호영은 길이 2~3cm이고 끝부분에 길이 2cm 이상의 긴 까락이 있다. 개화/결실기는 4~6월이다.

참고 호영에 길이 2cm 이상의 긴 까락이 있는 것이 특징이다. 까락빕새귀리(*B. sterilis*)에 비해 소수가 크고 털이 없으며 꽃차례의 가지는 자루가 짧아서 비스듬히 서는 편이다.

❶2016. 5. 12. 경북 울릉도 ❷꽃차례. 가지는 축에서 비스듬히 벌어지고 한쪽 방향으로 치우쳐 달린다. ❸소수. 호영의 까락은 소수보다 더 길다. ❹줄기와 잎. 엽설은 길이 3~5mm이다.

털큰참새귀리

Bromus commutatus Schrad.

벼과

국내분포/자생지 아프리카(북부), 유럽–서아시아 원산. 전국의 길가, 빈터, 하천 둔치 등 교란지

형태 1년초. 줄기는 높이 30~80cm이다. 잎은 너비 3~6mm의 편평한 선형이다. 엽설은 길이 1~2mm이다. 꽃차례는 원뿔형이며 가지는 마디에서 윤생(輪生)하듯이 모여나고 가지에는 1~4개의 소수가 달린다. 소수는 길이 1.5~3cm이고 5~12개의 소화로 이루어진다. 호영은 길이 8~10mm이며 끝부분에 길이 5~7mm의 까락이 있다. 개화/결실기는 5~6월이다.

참고 털큰참새귀리에 비해 호영이 안으로 심하게 말려 소화축이 뚜렷이 보이는 것을 큰참새귀리(*B. secalinus*)라 하며, 드물게 분포한다.

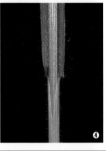

❶2011. 5. 20. 경북 울릉도 ❷꽃차례. 가지는 축에서 비스듬히 벌어져 달린다. ❸소수. 성숙하면 호영의 가장자리가 안쪽으로 말린다. ❹줄기와 잎. 잔털이 있으며 잎집의 아래쪽에 거친 털이 있다.

털참새귀리

Bromus hordeaceus L.

벼과

국내분포/자생지 유라시아 원산. 전국의 길가, 빈터, 하천 둔치 등 교란지

형태 1년초. 줄기는 높이 30~80cm다. 잎은 너비 3~6mm의 편평한 선형이며 잎집과 더불어 잔털이 많다. 엽설은 길이 1mm 정도이다. 꽃차례는 원뿔형이고 곧추서며 가지는 아주 짧고 잔털이 있다. 소수는 길이 1~2cm이고 6~10개의 소화로 이루어진다. 1포영은 2포영보다 작으며 포영은 바로 위쪽의 호영보다 작다. 호영은 길이 6~10mm이고 끝부분에 길이 5~10mm의 까락이 있다. 개화/결실기는 5~6월이다.

참고 꽃차례의 가지가 밀집해 꽃차례의 축에 밀착하는 것이 특징이나. 꽃차례에 털이 없는 것을 **민둥참새귀리**(*B. racemosus*)라 한다.

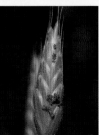

❶2013. 5. 25. 서울시 ❷꽃차례. 가지는 소수보다 짧고 흔히 축에 밀착한다. ❸소수. 털이 많다. ❹민둥참새귀리. 소수에 털이 없다.

큰이삭풀

Bromus catharticus Vahl

벼과

국내분포/자생지 남아메리카 원산. 전국의 길가, 농경지, 빈터, 풀밭 등 교란지

형태 다년초. 줄기는 30~80cm이고 땅속줄기는 짧다. 잎은 너비 4~8mm의 편평한 선형이다. 꽃차례는 원뿔형이다. 소수는 길이 2~4cm이고 5~10개의 소화로 이루어진다. 1포영은 2포영보다 약간 작으며 포영은 바로 위쪽의 호영보다 작다. 호영은 납작하게 눌린 형태이며 길이 1~1.5cm이고 끝이 뾰족하다. 개화/결실기는 5~7월이다.

참고 소수가 납작하게 눌린 형태이고 참새귀리속(*Bromus*) 식물 중 가장 대형인 것이 특징이다.

❶2011. 5. 22. 전남 신안군 ❷꽃차례. 개화기에 퍼지고 성숙하면 아래로 처진다. ❸소수. 납작하게 눌려 있다. ❹줄기와 잎. 털이 없다. 엽설은 길이 3~5mm이다.

보리

Hordeum vulgare L.

벼과

국내분포/자생지 아시아 원산. 전국적으로 재배

형태 2년초. 줄기는 높이 40~100cm이다. 잎은 너비 5~10mm의 편평한 선형이며 밑부분은 낫모양으로 줄기를 감싼다. 엽설은 길이 1~2mm이다. 꽃차례는 원뿔형 또는 수상이고 가지는 꽃차례의 축에 밀착한다. 소수는 짧은 자루에 3개씩 달리며 길이 1cm 정도이고 1개의 소화로 이루어진다. 개화/결실기는 4~6월이다.

참고 보리의 기본 종에는 굵고 단단한 까락이 있어 사료로 쓰이지 않지만 까락이 없는 품종은 사료로 재배하기도 한다.

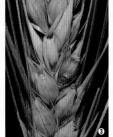

❶2001. 5. 17. 대구시 경북대학교 ❷꽃차례. 가지는 자루가 거의 없어 축에 밀착하며 호영에 굵고 단단한 긴 까락이 있다. ❸소수. 3개의 소화 중 좌우 2개는 불임성이고 가운데 하나의 소수만 임성이다. ❹재배지

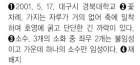

긴까락보리풀

Hordeum jubatum L.

벼과

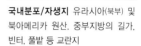

국내분포/자생지 유라시아(북부) 및 북아메리카 원산. 중부지방의 길가, 빈터, 풀밭 등 교란지

형태 다년초. 줄기는 높이 30~60cm 이고 아랫부분이 땅에 눕기도 하며 땅속줄기는 짧다. 잎은 너비 2~4mm 의 편평한 선형이며 잔털이 있다. 꽃 차례는 수상(또는 원뿔형)이고 비스듬 히 또는 아래쪽으로 휘어진다. 소수 는 3개씩 달리며 잘 떨어진다. 좌우 2 개는 불임성이고 가운데 하나의 소수 만 임성이다. 포영은 길이 2~6cm의 선상 피침형이다. 임성 소수의 호영 은 길이 5~6mm의 피침형이고 녹색 이며 끝부분에 긴 까락이 있다. 개화/ 결실기는 5~6월이다.

참고 좀보리풀에 비해 식물체가 대형 이며 길이 4~6cm의 긴 까락이 있는 것이 특징이다.

❶ 2016. 6. 10. 인천시 서구 ❷꽃차례. 길 이 5~12cm이며 임성 호영에 길이 4~6cm 의 긴 까락이 있다. ❸줄기와 잎. 털이 없 으며 엽설은 짧다.

좀보리풀

Hordeum pusillum Nutt.

벼과

국내분포/자생지 북아메리카 원산. 제주 및 남부지방의 길가, 빈터, 풀밭 등 교란지

형태 1년초. 줄기는 높이 10~40cm이 다. 잎은 너비 2~4mm의 편평한 선 형이다. 엽설은 길이 0.3~0.5mm이 다. 꽃차례는 원뿔형이며 곧추선다. 소수는 3개씩 모여 달리며 좌우 2개 는 불임성 소수이고 가운데 하나의 소수만 임성이다. 임성 소수의 호영 은 길이 4~6mm의 피침형이고 끝부 분에 길이 2~7mm의 까락이 있다. 개 화/결실기는 5~6월이다.

참고 보리처럼 꽃차례에 소수가 3개 씩 모여 달리며 가장자리 2개는 불임 성이고 가운데 하나인 임성 소수인 점이 특징이다.

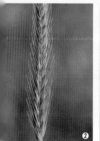

❶ 2009. 5. 24. 제주 ❷꽃차례. 가지가 짧 고 축에 밀착해 수상처럼 보인다. 위쪽부터 성숙해 떨어진다. ❸소수. 포영은 선상 피 침형이고 끝부분에 길이 1.2cm 정도의 긴 까락이 있다. ❹줄기. 뿌리에서 모여난다.

진퍼리새

Molinia japonica Hack.

벼과

국내분포/자생지 전국의 산지습지

형태 다년초. 줄기는 높이 1~3m이고 땅속줄기는 옆으로 짧게 벋는다. 잎은 너비 5~10mm의 편평한 선형이다. 엽설은 길이 0.5~1mm이다. 꽃차례는 원뿔형이며 가지는 옆으로 퍼져서 달린다. 소수는 길이 8~15mm이고 녹색–녹자색빛을 띠며 3~5개의 소화로 이루어진다. 1포영은 2포영보다 약간 작다. 호영은 길이 4~7mm이고 포영보다 크며 캘러스에는 길이 1~2mm의 털이 약간 있다. 개화/결실기는 9~10월이다.

참고 산지의 습지나 임도변의 축축한 땅에서 흔히 큰 개체군을 형성하며 자란다. 도깨비사초, 왕미꾸리광이 등과 같이 산지습지의 대표적 종으로 분류할 수 있다.

❶ 2002. 9. 28. 울산시 울주군 무제치늪
❷ 꽃차례. 비스듬히 서거나 옆으로 퍼진다.
❸ 소수. 소화는 3~5개이고 까락이 없다.
❹ 줄기와 잎. 잎집의 개방부와 엽설에 짧은 털이 밀생한다.

달뿌리풀

Phragmites japonicus Steud.

벼과

국내분포/자생지 전국의 하천(계곡, 소하천, 강 등)의 가장자리

형태 다년초. 줄기는 높이 1~2m이고 땅위를 길게 벋는 줄기는 마디에서 뿌리를 내린다. 땅속줄기는 짧다. 잎은 너비 1~2cm의 편평한 선형이다. 꽃차례는 원뿔형이다. 소수는 길이 8~15mm이고 자갈색빛을 띠고 3~4개의 소화로 이루어진다. 호영은 길이 6~10mm이고 포영보다 크며 끝이 까락처럼 가늘어지고 캘러스에는 호영보다 짧은 털이 있다. 개화/결실기는 9~10월이다.

참고 갈대에 비해 땅위(또는 물위)로 길게 벋는 줄기가 있고 1포영과 2포영의 길이가 서로 비슷한 것이 특징이다. 주로 하천 중·상류에서 자란다.

❶ 2001. 9. 6. 경북 울진군 ❷ 꽃차례. 옆으로 벌어지면서 아래로 처진다. ❸ 소수. 1포영의 길이는 제1소화 호영의 2분의 1~3분의 2 정도이다. ❹ 줄기와 잎. 엽설은 길이 0.2~0.6mm이고 짧은 털이 있다.

갈대
Phragmites australis (Cav.) Trin. ex Steud.

벼과

국내분포/자생지 전국의 강 하류(하구 포함), 바닷가 및 인근 저지대 습지

형태 다년초. 줄기는 높이 2~4m이고 땅속줄기는 옆으로 길게 벋는다. 잎은 너비 1~3cm의 편평한 선형이다. 꽃차례는 원뿔형이다. 소수는 길이 1~2cm이고 자갈색빛을 띠며 2~4개의 소화로 이루어진다. 호영은 길이 8~15mm이고 포영보다 크며 끝이 까락처럼 가늘어지고 캘러스에는 호영과 길이가 비슷한 털이 있다. 개화/결실기는 9~10월이다.

참고 달뿌리풀에 비해 길게 벋는 땅속줄기가 있으며 1포영의 길이가 2포영의 2분의 1 정도인 것이 특징이다.

❶2001. 9. 6. 경북 울진군 ❷꽃차례. 마디에 백색의 긴 털이 밀생한다. ❸소수. 1포영의 길이는 제1소화 호영의 3분의 1~2분의 1 정도이다. ❹줄기와 잎. 털이 없다. ❺땅속줄기. 옆으로 길게 벋는다.

영국갯끈풀
Spartina anglica C.E. Hubb.

벼과

국내분포/자생지 유럽(영국) 원산. 중부지방(인천시)의 바닷가 갯벌

형태 다년초. 줄기는 높이 40~60cm이다. 잎은 너비 6~10mm의 편평한 선형이다. 꽃차례는 원뿔형이지만 가지가 꽃차례의 축에 밀착해 선상으로 보인다. 소수는 길이 1~2cm의 납작한 피침형이고 황록색이며 털이 있다. 1포영의 길이는 소수와 비슷하고 2포영의 길이는 소수의 3분의 2 정도이다. 호영과 내영은 포영에 싸여 있으며 까락이 없다. 개화/결실기는 9~10월이다.

참고 갯줄풀에 비해 식물체가 작고 소수에 털이 있는 것이 특징이다. 갯줄풀과 함께 생태계교란생물로 지정되어 있다.

❶2015. 9. 20. 인천시 강화도 ❷꽃차례. 선형이며 가지가 밀착한다. ❸줄기와 잎. 털이 거의 없다. 엽설은 길이 1~3mm이다. ❹땅속줄기. 옆으로 길게 벋는다.

갯줄풀(갯쥐꼬리풀)

Spartina alterniflora Loisel.

벼과

국내분포/자생지 북아메리카(대서양 해안) 원산. 남부지방(진도)의 바닷가 갯벌

형태 다년초. 줄기는 높이 1~2m이고 땅속줄기는 옆으로 길게 벋는다. 잎은 너비 1~2cm의 편평한 선형이다. 엽설은 길이 1mm 정도이다. 꽃차례는 원뿔형이지만 가지가 꽃차례의 축에 밀착해 선상으로 보인다. 소수는 길이 1~2cm의 납작한 피침형이고 황록색이며 털이 없다. 1포영의 길이는 소수와 비슷하며 2포영은 소수의 3분의 2 정도이다. 호영과 내영은 포영에 싸여 있고 까락이 없다. 개화/결실기는 9~10월이다.

참고 영국갯끈풀에 비해 식물체가 대형이고 소수에 털이 없는 것이 특징이다. 갯줄풀이라는 명칭으로 생태계교란생물로 지정되어 있다.

❶ 2015. 10. 10. 전남 진도군 ❷ 소수. 길이 1~2cm이고 털이 없다. ❸ 땅속줄기. 옆으로 길게 벋는다.

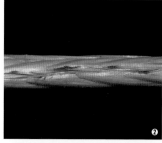

쇠돌피

Polypogon fugax Nees ex Steud.

벼과

국내분포/자생지 전국의 농경지, 바닷가, 습한 풀밭 등

형태 1년초. 줄기는 높이 10~60cm이고 땅속줄기는 없다. 잎은 너비 3~8mm의 편평한 선형이다. 원뿔꽃차례는 좁은 원통형이며 가지는 꽃차례의 축에 밀착하거나 비스듬히 퍼져서 달린다. 소수는 길이 2mm 정도이고 녹색이며 1개의 소화로 이루어진다. 1포영과 2포영은 길이가 서로 비슷하며 끝에 1mm 이하의 까락이 있다. 호영은 포영보다 작고 등쪽에 짧은 까락이 생기지만 소수 밖으로 나오지는 않는다. 개화/결실기는 5~6월이다.

참고 갯쇠돌피에 비해 포영과 호영의 까락이 짧은 것이 특징이다.

❶ 2002. 6. 5. 전남 신안군 흑산도 ❷ 꽃차례. 잎집에 싸여 나오며 비스듬히 선다. ❸ 소수. 까락은 길이 1mm 이하로 짧다. ❹ 줄기와 잎. 털이 없다. 엽설은 길이 3~8mm이다.

갯쇠돌피
Polypogon monspeliensis (L.) Desf.

벼과

국내분포/자생지 전국의 바닷가
형태 1년초. 줄기는 높이 20~60cm 이다. 잎은 너비 3~8mm의 편평한 선형이다. 원뿔꽃차례는 좁은 원통형이며 가지는 꽃차례의 축에 밀착하거나 비스듬히 벌어진다. 소수는 길이 2mm 정도이고 연한 녹색~녹색이며 1개의 소화로 이루어진다. 1포영과 2포영은 길이가 비슷하고 끝부분에 길이 1mm 이상의 까락이 있다. 호영은 포영보다 작으며 등쪽에 긴(길이 2~4mm) 까락이 발달해 소수 밖으로 나온다. 개화/결실기는 5~6월이다.
참고 쇠돌피에 비해 주로 바닷가에 분포하며 포영과 호영의 까락이 긴 것이 특징이다.

❶ 2012. 6. 24. 전북 군산시 ❷ 꽃차례. 잎집에 싸여 나오며 가지는 비스듬히 서거나 밀착한다. ❸ 소수. 포영과 호영에 긴 까락이 있다. ❹ 줄기와 잎. 털이 없다. 엽설은 길이 2~8mm이다.

뚝새풀
Alopecurus aequalis Sobol.

벼과

국내분포/자생지 전국의 농경지 및 습한 풀밭
형태 1년초. 줄기는 높이 10~40cm이다. 잎은 너비 2~5mm의 편평한 선형이다. 원뿔꽃차례는 선상 원뿔형이며 소수가 빽빽하게 밀착해 달린다. 소수는 길이 2.5mm 정도이고 납작하며 1개의 소화로 이루어진다. 1포영과 2포영은 길이가 비슷하고 가장자리에 긴 털이 있다. 호영은 길이 2.5mm 정도이고 등쪽에 짧은 까락이 생겨 소수 밖으로 나오기도 한다. 꽃밥은 길이 1mm 이하이고 곧 (황색→)갈색으로 변한다. 개화/결실기는 3~6월이다.
참고 털뚝새풀에 비해 소수가 작고 꽃밥이 빨리 갈색으로 변하는 것이 특징이다.

❶ 2001. 4. 21. 경북 울진군 ❷ 꽃차례. 가늘고 길며 소수가 밀착해 달린다. ❸ 소수. 꽃밥이 빨리 갈색으로 변한다. ❹ 줄기와 잎. 털이 없다. 엽설은 길이 2~5mm이다.

털뚝새풀

Alopecurus japonicus Steud.

벼과

국내분포/자생지 남부지방의 농경지 및 습한 풀밭

형태 1년초. 줄기는 높이 10~50cm이다. 잎은 너비 3~7mm의 편평한 선형이다. 원뿔꽃차례는 선상 원통형이며 소수가 빽빽하게 밀착해 달린다. 소수는 길이 5~7mm이고 납작하며 1개의 소화로 이루어진다. 1포영과 2포영은 길이가 비슷하며 가장자리에 긴 털이 있다. 호영은 포영과 길이가 비슷하며 등쪽에 까락이 발달해 소수 밖으로 나오기도 한다. 꽃밥은 길이 1mm 정도이고 백색이다. 개화/결실기는 3~6월이다.

참고 뚝새풀에 비해 소수가 보다 크며 꽃밥이 백색인 것이 특징이다.

❶ 2009. 4. 28. 전남 광주시 ❷ 꽃차례. 가늘고 길며 소수가 밀착해 달린다. ❸ 소수. 꽃밥이 오랫동안 백색으로 유지된다. ❹ 줄기와 잎. 털이 없다. 엽설은 길이 2~5mm이다.

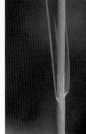

큰뚝새풀

Alopecurus pratensis L.

벼과

국내분포/자생지 유라시아 원산. 전국의 길가(특히 도로), 빈터 등 교란지

형태 다년초. 줄기는 높이 30~100cm이고 땅속줄기는 짧다. 잎은 너비 3~8mm의 편평한 선형이다. 원뿔꽃차례는 선상 원통형이며 소화가 빽빽하게 밀착해 달린다. 소수는 길이 4~6mm이고 납작하며 1개의 소화로 이루어진다. 1포영과 2포영은 길이가 비슷하고 가장자리에 긴 털이 있다. 호영은 포영과 길이가 비슷하며 등쪽에 까락이 발달해 소수 밖으로 나온다. 꽃밥은 길이 2~3mm이고 황색(~담자색)이다. 개화/결실기는 5~7월이다.

참고 뚝새풀에 비해 대형이고 꽃밥이 길이 2~3mm로 큰 것이 특징이다.

❶ 2009. 5. 30. 강원 평창군 ❷ 꽃차례. 소수는 긴 타원형~타원형이고 밀착해 달린다. ❸ 소수. 포영 가장자리에 긴 털이 있으며 호영의 끝에는 길이 3~6mm의 까락이 있다. ❹ 줄기와 잎. 털이 없다. 엽설은 길이 1~2mm이다.

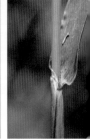

큰조아재비

Phleum pratense L.

벼과

국내분포/자생지 유럽 원산. 전국의 길가, 농경지, 풀밭 등 교란지

형태 다년초. 줄기는 높이 40~100cm 이며 땅속줄기는 짧고 난형으로 굵어진다. 잎은 너비 3~8mm의 편평한 선형이다. 원뿔꽃차례는 선상 원통형이며 소수는 빽빽하게 밀착해 달린다. 소수는 길이 2~3mm이고 연한 녹색이며 1개의 소화로 이루어진다. 1포영과 2포영은 길이가 비슷하며 가장자리에 긴 털이 있고 끝부분에 1mm 정도의 까락이 있다. 호영은 포영보다 작으며 까락이 없다. 개화/결실기는 5~6월이다.

참고 큰뚝새풀에 비해 포영의 끝부분에 뿔모양의 굵은 까락이 있고 호영에 까락이 없는 것이 특징이다.

❶ 2002. 6. 18. 강원 정선군 ❷ 꽃차례. 길이 3~15cm의 선상 원통형이다. ❸ 소수. 포영의 끝에 길이 1~2mm의 굵은 까락이 있고 등쪽의 중앙맥에 긴 털이 있다. ❹ 줄기와 잎. 털이 없다. 엽설은 길이 2~5mm이고 끝이 둥글다.

메귀리

Avena fatua L.

벼과

국내분포/자생지 아프리카(북부), 유럽-서남아시아 원산. 전국의 길가, 빈터, 하천가 등 교란지

형태 2년초. 줄기는 높이 50~150cm 이다. 잎은 너비 4~10mm의 편평한 선형이다. 꽃차례는 원뿔형이며 가지는 옆으로 퍼져서 달린다. 소수는 길이 1.5~2.5cm이고 2~3개의 소화로 이루어지며 꽃차례에 성기게 달리고 끝이 아래를 향한다. 1포영과 2포영은 길이가 비슷하며 소수보다 길다. 호영은 긴 털과 더불어 광택이 있으며 등쪽에 긴 까락이 있다. 개화/결실기는 4~6월이다.

참고 귀리에 비해 호영의 등쪽에 긴 털과 긴 까락이 있는 것이 특징이다.

❶ 2013. 5. 21. 제주 서귀포시 ❷ 꽃차례. 가지는 옆으로 퍼져서 달리며 소수가 아래쪽을 향한다. ❸ 소수. 호영에 긴 까락이 있다. ❹ 줄기와 잎. 털이 없다. 엽설은 길이 1~5mm이고 표면은 약간 깔끄럽다.

귀리

Avena sativa L.

벼과

국내분포/자생지 유럽-중앙아시아 원산. 전국적으로 드물게 재배

형태 2년초. 줄기는 높이 50~150cm 이다. 잎은 너비 4~10mm의 편평한 선형이다. 꽃차례는 원뿔형이며 가지는 옆으로 퍼져서 달린다. 소수는 길이 2~3cm이며 꽃차례에 성기게 달리고 끝이 아래를 향한다. 크기가 비교적 큰 1개의 소화와 그보다 작은 1~2개의 소화로 이루어진다. 1포영과 2포영은 길이가 비슷하며 소수보다 길다. 호영은 광택이 있으며 흔히 까락이 없지만 드물게 있다. 개화/결실기는 5~6월이다.

참고 메귀리에 비해 호영이 더 크며 털이나 까락이 없는 것이 특징이다.

❶2009. 5. 24. 제주 ❷꽃차례. 가지는 옆으로 벌어지며 소수는 아래를 향한다. ❸소수. 호영에 까락이 없다. ❹줄기와 잎. 털이 없다. 엽설은 길이 3~6mm이다.

 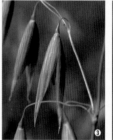 

애기카나리새풀

Phalaris minor Retz.

벼과

국내분포/자생지 아프리카(북부), 유럽(남)-서남아시아 원산. 인천시의 길가, 매립지, 하천가 등

형태 1년초. 줄기는 높이 20~50cm 이다. 잎은 길이 5~20cm, 너비 3~7mm의 편평한 선형이다. 꽃차례는 원뿔형이며 가지가 빽빽이 밀집해 달린다. 소수는 길이 4.5~5.5mm의 납작한 타원형이다. 포영은 도피침형이고 윗부분 가장자리는 막질의 날개모양이다. 임성 호영은 길이 2.7~4mm의 피침상 난형이며 털이 있고 광택이 난다. 꽃밥은 길이 1.5~1.8mm이다. 개화/결실기는 5~6월이다.

참고 카나리새풀(*P. canariensis*)에 비해 전체적으로 약간 작고 포영 가장자리의 날개에 불규칙한 톱니가 있는 것이 특징이다.

❶2013. 6. 13. 인천시 남동구 ❷꽃차례. 길이 1~4cm의 긴 타원상 원통형이다. ❸소수. 포영의 윗부분은 날개모양이고 가장자리에 불규칙한 결각상 톱니와 잔톱니가 있다. ❹줄기와 잎. 엽설은 길이 4~6mm이다.

개피

Beckmannia syzigachne (Steud.) Fernald

벼과

국내분포/자생지 전국의 농경지, 저수지, 하천가 등

형태 1년초. 줄기는 높이 30~80cm이다. 잎은 너비 3~10mm의 편평한 선형이다. 꽃차례는 원뿔형이며 가지(화총)는 꽃차례의 축에 밀착하거나 벌어져 달린다. 소수는 길이와 너비가 각 2~3mm이고 연한 녹색이며 1개의 소화로 이루어진다. 1포영과 2포영은 길이가 비슷하며 호영보다는 현저하게 크다. 소화는 가늘며 끝이 뾰족하다. 개화/결실기는 5~7월이다.

참고 식물체가 연한 녹색이고 꽃차례가 총상의 원뿔꽃차례이며 2개의 포영이 매우 커서 소화가 잘 드러나지 않는 것이 특징이다.

❶2003. 6. 14. 강원 횡성군 ❷꽃차례. 가지는 비스듬히 서거나 밀착한다. ❸소수. 2개의 포영은 크게 부풀어 오른다. ❹줄기와 잎. 엽설은 길이 3~8mm이다.

잔디

Zoysia japonica Steud.

벼과

국내분포/자생지 전국의 민가(식재) 및 산지의 건조한 풀밭

형태 다년초. 줄기는 높이 5~20cm이고 땅위(또는 땅속)를 길게 벋는 줄기가 있다. 잎은 너비 1~2mm의 선형이고 편평하거나 안쪽으로 말린다. 수상꽃차례는 길이 2.5~4.5cm의 선상 원주형이다. 소수는 길이 3mm 정도이고 광택이 나는 (녹색-)짙은 자갈색이며 1개의 소화로 이루어진다. 1포영은 없다. 2포영은 광택이 나고 털이나 까락이 없으며 호영과 길이가 비슷하다. 개화/결실기는 4~6월이다.

참고 갯잔디에 비해 소수가 길이 3mm 정도의 긴 타원상 난형~난형이며 샤루가 소수보나 긴 깃이 득징이다.

❶2018. 5. 21. 인천시 국립생물자원관 ❷꽃차례. 소수가 꽃자루의 축에 빽빽이 밀착해 달린다. ❸소수. 긴 타원상 난형이며 자루가 소수보다 길다. ❹줄기와 잎. 잎집의 개방부와 가장자리에 긴 털이 있다.

갯잔디

Zoysia sinica Hance

벼과

국내분포/자생지 전국 바닷가의 염습지 또는 인근 습지

형태 다년초. 줄기는 높이 10~30cm이고 땅속(또는 땅위)을 길게 벋는 줄기가 있다. 잎은 너비 2~3mm의 선형이고 편평하거나 안쪽으로 말린다. 엽설은 짧은 털로 되어 있다. 수상꽃차례는 길이 4~6cm의 선상 원주형이다. 소수는 길이 4~8mm이고 자갈색이며 1개의 소화로 이루어진다. 1포영은 없다. 2포영은 광택이 나고 털이나 까락이 없으며 길이가 호영보다 길다. 개화/결실기는 5~6월이다.

참고 잔디에 비해 소수가 길이 4~8mm의 피침형-긴 타원상 난형이며 자루가 소수보다 짧은 것이 특징이다.

❶2001. 7. 6. 제주 ❷소수. 흔히 피침상 긴 타원형-긴 타원형이며 소수의 자루는 소수보다 길다. ❸줄기와 잎. 잎집의 개방부에 긴 털이 많다. ❹벋는 줄기. 땅속 또는 땅위로 길게 벋는다.

왕잔디

Zoysia macrostachya Franch. & Sav.

벼과

국내분포/자생지 전국의 바닷가 모래땅

형태 다년초. 줄기는 10~20cm이고 땅속줄기는 옆으로 길게 벋는다. 잎은 너비 2~4mm의 선형이고 편평하거나 안쪽으로 약간 말린다. 수상꽃차례는 선상-방추상 원통형이고 소수가 꽃차례의 축에 빽빽이 밀착해 달린다. 소수는 길이 5~8mm이고 1개의 소화로 이루어지며 자루는 소수보다 짧다. 1포영은 없다. 2포영은 광택이 나고 털이나 까락이 없으며 길이가 호영보다 길다. 개화/결실기는 5~6월이다.

참고 갯잔디에 비해 꽃차례가 너비 5~10mm로 굵고 밑부분이 잎집에 싸여 있는 것이 특징이다.

❶2009. 8. 6. 경북 포항시 ❷꽃차례. 밑부분은 잎집에 싸여 있다. ❸소수. 광택이 나는 자갈색이며 겹쳐 달린다. ❹벋는 줄기. 옆으로 길게 벋는다.

흑삼릉

Sparganium erectum subsp.
stoloniferum (Buch.-Ham. ex
Graebn.) H. Hara

흑삼릉과

국내분포/자생지 전국의 농경지, 하천, 호수 등 습지

형태 다년초. 줄기는 높이 50~150cm이고 땅속줄기는 옆으로 길게 벋는다. 잎은 길이 50~100cm, 너비 8~20mm이며 뒷면의 중앙맥은 삼각상으로 돌출한다. 암수한그루이다. 꽃은 5~8월에 핀다. 수술대는 길이 3(~6)mm 정도이며 암술대는 길이 1.5mm 정도이고 암술머리는 길이 3~6mm이다. 열매(핵과)는 길이 6~9mm의 도란상이고 능각이 있다.

참고 원뿔상꽃차례는 옆가지가 3~7개이며 암꽃차례는 자루가 없고 암술머리가 길이 3~4(~6)mm로 긴 것이 특징이다.

❶2018. 6. 24. 강원 영월군 ❷수꽃차례. 수술대는 개화 초기 길이 2~3mm로 짧지만 차츰 길어져 시들 무렵에는 길이 5~6mm로 길어진다. ❸암꽃차례. 자루가 없으며 암술머리가 길다. ❹열매. 도란상이다.

남흑삼릉

Sparganium fallax Graebn.

흑삼릉과

국내분포/자생지 제주의 저지대 습지에 드물게 자람

형태 다년초. 줄기는 높이 40~80cm이다. 잎은 길이 40~90cm, 너비 5~20mm이며 뒷면의 중앙맥은 삼각상으로 돌출한다. 암수한그루이다. 꽃은 4~5월에 총상을 이루며 달리는 머리모양꽃차례에서 빽빽이 모여핀다. 총상꽃차례는 가지가 갈라지지 않는다. 수꽃의 화피편은 길이 2~3mm의 선형이고 막질이며 6개이다. 수술대는 길이 4~4.5mm이며 암술머리는 길이 1.5~2mm이다. 열매(핵과)는 길이 5~6mm의 마름모상 난형이다.

참고 긴흑삼릉에 비해 머리모양의 암꽃차례가 푸(위)겨드랑이뿐 아니라 포 사이의 꽃줄기에서도 나오는 것이 특징이다.

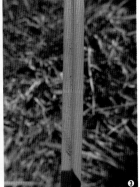

❶2016. 8. 12. 제주 제주시 동백동산 ❷열매. 마름모상 난형이다. ❸잎 뒷면. 중앙맥은 삼각상으로 돌출한다.

긴흑삼릉

Sparganium japonicum Rothert

흑삼릉과

국내분포/자생지 강원, 경기, 경남, 경북, 전남의 습지에 드물게 자람

형태 다년초. 줄기는 높이 40~80cm 이고 가지가 갈라지지 않으며 곧추 자란다. 잎은 길이 30~80cm, 너비 4~11mm의 편평한 선형이며 뒷면의 중앙맥은 삼각상으로 돌출한다. 암수한그루이다. 꽃은 5~8월에 총상을 이루며 달리는 머리모양꽃차례에서 빽빽이 모여핀다. 총상꽃차례는 가지가 갈라지지 않으며 윗부분에 수꽃차례가 달리고 아랫부분의 포(잎모양) 겨드랑이에 암꽃차례가 달린다. 머리모양의 수꽃차례는 지름 1cm 정도이다. 암꽃차례는 보통 3~6개이고 가장 아래쪽의 암꽃차례는 자루가 있는 것도 있다. 암꽃이 진 다음 수꽃이 핀다. 수술대는 길이 4~5mm이고 꽃밥은 길이 0.7~1mm이다. 암꽃의 화피편은 길이 4~5mm의 주걱모양이고 암술대와 암술머리는 길이 1~2mm 이다. 결실기의 암꽃차례(집합과)는 길이 1.5~2cm이다. 열매(핵과)는 길이 4~6mm의 방추형–난상 긴 타원형이고 능각이 없으며 길이 1.5~2mm의 짧은 자루가 있다.

참고 흑삼릉에 비해 꽃차례는 가지가 갈라지지 않아 총상을 이루며 암술머리의 길이가 1~2mm로 짧은 것이 특징이다. 남흑삼릉과 유사하지만 머리모양의 암꽃차례가 잎겨드랑이에서 나는 것이 다르다. 최근 동해안 습지에서 발견된 **가는흑삼릉**(*S. subglobosum*)은 긴흑삼릉에 비해 흔히 가장 아래의 암꽃차례에서 짧은 가지가 나와 꽃차례가 원뿔상을 이루는 것이 특징이다. 또한 잎의 폭이 3~4mm로 매우 좁으며 열매가 도란형이고 자루가 거의 없는 것이 특징이다. 전 세계적으로는 중국, 일본, 러시아에 분포한다.

❶2018. 7. 28. 강원 양양군 남대천 ❷수꽃차례. 수술대는 길이 4~5mm이다. ❸암꽃차례. 흔히 자루가 없지만 가장 아래쪽 암꽃차례는 짧은 자루가 있는 것도 있다. ❹열매. 방추형–난상 긴 타원형이며 능각이 없고 짧은 자루가 있다. ❺~❽가는흑삼릉 ❺수꽃차례. 수술대는 길이 2~3mm이고 꽃밥은 길이 1mm 정도의 긴 타원형이다. ❻암꽃차례. 암술대는 길이 1.5mm 정도이다. ❼열매. 긴흑삼릉에 비해 도란상이고 밑부분에 자루가 없다. ❽2014. 5. 28. 강원 고성군

애기부들
Typha domingensis Pers.

부들과

국내분포/자생지 전국의 저지대 습지

형태 다년초. 줄기는 높이 1~2m이고 곧추 자란다. 잎은 길이 70~140cm, 너비 5~9mm이며 밑부분은 잎집모양으로 줄기를 감싼다. 암수한그루이다. 꽃은 6~8월에 피며 원통형의 육수꽃차례에서 모여 달린다. 수꽃차례는 암꽃차례보다 위쪽에 달린다. 꽃차례 밑에 2~3개의 포가 있으나 일찍 떨어진다. 꽃은 화피가 없고 밑부분에 백색의 털이 있다. 수술은 3개이고 수술대는 길이 0.3~0.9mm이다. 암술대는 길이 1~1.5mm이다.

참고 암꽃차례와 수꽃차례가 간격을 두고 떨어져서 달리며 암꽃에 작은 포가 있고 암술머리가 실모양인 것이 특징이다.

❶2012. 8. 9. 강릉 양양군 ❷꽃차례. 수꽃차례와 암꽃차례는 간격을 두고 달린다. ❸수꽃차례. 수술은 3개이다. ❹꽃밥. 길이 1.4mm 정도이다. ❺잎. 너비는 5~9mm이다.

꼬마부들
Typha laxmannii Lepech.

부들과

국내분포/자생지 주로 서해안의 염습지 및 인근 습지

형태 다년초. 줄기는 높이 60~100cm이다. 잎은 길이 40~90cm, 너비 2~5mm이며 밑부분은 잎집모양으로 줄기를 감싼다. 암수한그루이다. 꽃은 6~8월에 피며 원통형의 육수꽃차례에서 모여 달린다. 수꽃차례는 길이 8~14cm이며 암꽃차례는 길이 3~6cm이고 수꽃차례의 아래쪽으로 간격을 두고 달린다. 수술은 2~3개이며 수술대는 길이 0.4~0.7mm이다. 암술대는 길이 0.4~1.7mm이다.

참고 애기부들에 비해 소형이고 암꽃차례의 길이가 3~6cm로 짧은 것이 특징이다.

❶2014. 8. 15. 인천시 ❷암꽃차례. 애기부들에 비해 길이는 짧지만 너비는 비슷하거나 좀 더 넓은 편이다. ❸잎. 너비는 2~5mm이다.

큰잎부들

Typha latifolia L.

부들과

국내분포/자생지 전국의 농경지, 하천, 호수 등 습지

형태 다년초. 줄기는 높이 1~2m이다. 잎은 길이 45~110cm, 너비 2~3cm이며 밑부분은 잎집모양으로 줄기를 감싼다. 암수한그루이다. 꽃은 6~8월에 원통형의 육수꽃차례에 모여 달린다. 수꽃차례는 길이 8~12cm이며 암꽃차례는 길이 10~20cm이고 수꽃차례의 아랫부분에 인접해 달린다. 수술은 2개이며 수술대는 길이 0.3~1.7mm이고 꽃밥은 길이 2~2.8mm이다. 암술대는 길이 2.5~3mm이며 암술머리는 피침상이다.

참고 부들에 비해 잎이 넓고 수꽃차례의 길이가 암꽃차례의 2분의 1~1배로 긴 것이 특징이다.

❶ 2016. 6. 19. 인천시 ❷ 결실기 모습. 초겨울~초봄에 씨가 날린다. ❸ 잎. 너비 2~3cm로 부들이나 애기부들에 비해 넓다.

부들

Typha orientalis C. Presl.

부들과

국내분포/자생지 전국의 농경지, 하천, 호수 등 습지

형태 다년초. 줄기는 높이 1~1.5m이다. 잎은 길이 50~120cm, 너비 6~10mm이며 밑부분이 줄기를 감싼다. 암수한그루이다. 꽃은 6~8월에 원통형의 육수꽃차례에 모여 달린다. 수꽃차례는 길이 3~10cm이며 암꽃차례는 길이 6~10cm이고 수꽃차례의 아랫부분에 인접해 달린다. 수술은 (2~)3개이며 수술대는 길이 0.4~0.9mm이고 꽃밥은 길이 2.4~2.7mm이다. 암술대는 길이 1.4~2.4mm이며 암술머리는 주걱상이다.

참고 큰잎부들에 비해 잎이 좁고 수꽃차례의 길이가 암꽃차례의 3분의 1~2분의 1로 짧은 것이 특징이다.

❶ 2014. 7. 23. 전남 화순군 ❷ 꽃차례. 수꽃차례와 암꽃차례는 붙어서 달린다. ❸ 수꽃차례. 수술은 2(~3)개이다. ❹ 잎. 너비 6~10mm이다.

피자
식물분

MAGNOLIOPHYTA

백합강
LILIOPSIDA

백합아강
LILIIDAE

물옥잠과 PONTEDERIACEAE
백합과 LILIACEAE
수선화과 AMARYLLIDACEAE
붓꽃과 IRIDACEAE
마과 DIOSCOREACEAE
난초과 ORCHIDACEAE

물옥잠

Monochoria korsakowii Regel & Maack

물옥잠과

국내분포/자생지 전국의 농경지, 하천, 호수 등 습지

형태 1년초. 줄기는 높이 20~50cm 이다. 잎은 길이 4~10cm의 난상 원형–넓은 심장형이다. 꽃은 지름 3~3.5cm이고 8~9월에 청색–청자색으로 피며 총상꽃차례에 10~30개씩 모여 달린다. 꽃자루는 길이 5~10mm이다. 화피편은 6개이며 타원형–도란상 타원형이고 끝은 둔하다. 수술은 6개이고 그중 1개는 조금 더 길다. 암술대는 구부러져 비스듬히 선다. 열매(삭과)는 길이 1~2cm의 세모진 난형–긴 타원상 난형이다.

참고 물달개비에 비해 대형이며 잎의 밑부분이 뚜렷한 심장모양이고 꽃자루가 긴 것이 특징이다.

❶2001. 8. 22. 경북 영천시 금호강 ❷꽃. 물달개비보다 크고 꽃차례에 총상으로 많이 달린다. ❸열매. 세모진 난형이며 꽃줄기는 구부러지지 않는다. ❹잎. 심장모양이며 잎자루는 길다.

물달개비

Monochoria vaginalis (Burm. f.) C. Presl

물옥잠과

국내분포/자생지 전국의 농경지, 하천, 호수 등 습지

형태 1년초. 줄기는 높이 10~30cm 이다. 잎은 길이 3~7cm의 넓은 피침형–삼각상 난형이고 끝은 뾰족하다. 꽃은 지름 1.5~2.5cm이고 8~10월에 청색–청자색으로 피며 3~8(~12)개씩 총상꽃차례에서 모여 달린다. 꽃차례는 잎보다 짧다. 화피편은 6개이며 길이 0.8~1.2cm의 긴 타원형이다. 수술은 6개이고 그중 1개는 조금 더 길다. 암술대는 곧추선다. 열매(삭과)는 길이 0.7~1cm의 타원형–난형이다.

참고 물옥잠에 비해 꽃이 적게 달리고 꽃자루가 짧으며 개화 후 꽃줄기가 구부러지는 것이 특징이다.

❶2002. 9. 28. 울산시 울주군 정족산 ❷꽃. 소수의 꽃이 짧은 총상꽃차례에서 모여 달린다. ❸열매. 흔히 타원형이며 꽃줄기는 구부러진다. ❹잎. 밑부분은 둥글거나 얕은 심장형이다.

산달래

Allium macrostemon Bunge

백합과

국내분포/자생지 전국의 농경지, 풀밭 등

형태 다년초. 줄기는 높이 30~60cm이며 비늘줄기는 지름 1~2.5cm의 구형이다. 잎은 3~6개이며 길이 15~30cm의 선형이고 밑부분은 잎집모양으로 꽃줄기를 감싼다. 꽃은 5~6월에 백색-연한 홍색으로 피며 산형꽃차례에서 모여 달리지만 주아와 혼생하거나 주아만 달리기도 한다. 화피편은 6개이며 길이 4~6mm의 피침상 타원형이다. 수술과 암술은 화피편보다 길다. 수술은 6개이며 꽃밥은 연한 자색이다. 열매(삭과)는 길이 3.5~3.7mm의 세모진 심장형이다.

참고 뿌리와 줄기에 달리는 작은비늘줄기(소인경)와 주아로 번식을 한다는 점이 특징이다.

❶2017. 5. 28. 강원 영월군 ❷~❸꽃과 주아. 꽃차례에 주아와 혼생한다. 주아는 흔히 넓은 타원형-난형-거의 구형이고 끝은 뾰족하지만 모양과 크기는 다양하다. ❹잎

강부추

Allium thunbergii var. *longistylim* (Baker) H. J. Choi & B. U. Oh

백합과

국내분포/자생지 강원, 경기의 하천가 바위지대에 드물게 분포

형태 다년초. 줄기는 높이 20~50cm이며 비늘줄기는 지름 5~15mm의 원통상 난형이다. 잎은 2~5개이며 길이 10~40cm의 선형이고 속은 비어 있다. 꽃은 9~10월에 적자색으로 피며 산형꽃차례에서 모여 달린다. 꽃자루는 길이 5~15mm이다. 화피편은 6개이며 길이 4~6.5mm의 난상 타원형이다. 수술은 6개이며 꽃밥은 주황색이다. 열매(삭과)는 길이 4.5~5.5mm이다.

참고 산부추(*A. thunbergii*)에 비해 잎의 단면이 둥글며 비늘줄기가 보다 많이 모여 달리는 것이 특징이다.

❶2005. 10. 5. 경기 포천시 한탄강 ❷꽃. 적자색이고 산형으로 모여 달린다. ❸열매. 세모진 도심장형이고 골이 진다. ❹잎. 선상 원통형이고 속은 비어 있다.

참산부추

Allium sacculiferum Maxim.

백합과

국내분포/자생지 전국 산야의 바위지대, 습지, 풀밭 등

형태 다년초. 줄기는 높이 30~70cm이며 비늘줄기는 지름 7~23mm의 원통상 난형-거의 구형이다. 잎은 3~5(~7)개이며 길이 25~60cm, 너비 (2~)3~4(~5)mm의 선형이고 편평하거나 뚜렷이 세모진다. 꽃은 9~10월에 연한 청자색-적자색으로 피며 산형꽃차례에서 빽빽이 모여 달린다. 꽃자루는 길이 8~26mm이다. 화피편은 6개이며 길이 4~5.3mm의 난상 타원형(개화 초기에는 보트모양)이고 중륵은 녹색-짙은 적자색이다. 수술은 6개이며 수술대는 화피편과 길이가 비슷하거나 1.5배 정도 길다. 꽃밥은 길이 1.6~2.2mm의 원통상 긴 타원형이며 주황색이다. 열매(삭과)는 길이 4.5~5.5mm의 세모진 심장형이다.

참고 산부추(*A. thunbergii*)에 비해 대형이고 잎이 넓으며 꽃이 연한 청자색-적자색이고 빽빽이 모여서 달리는 것이 특징이다. 주로 습지에 자라며 잎이 세모지고 곧게 벋는 것을 세모부추(*A. deltoidefistulosum*)로 구분하기도 하지만 최근에는 참산부추의 생태형으로 처리하는 추세이다. **갯부추**(*A. pseudojaponicum*)는 거의 상록성으로 해안가 풀밭 또는 바위지대에 자라며 참산부추에 비해 잎이 윤기가 나고 잎, 꽃줄기, 꽃자루 등이 보다 넓고 두텁다. 참산부추의 생태형 또는 종내 분류군으로 처리하는 것이 타당한 것으로 판단된다.

❶ 2005. 10. 7. 경기 포천시 국립수목원 ❷ 꽃차례. 흔히 푸른빛이 약간 도는 연한 청자색 또는 적자색이다. ❸ 꽃. 수술은 6개이고 꽃밥은 주황색이다. ❹~❺ 세모부추 타입. ❹ 2013. 10. 15. 강원 양양군 ❺ 잎. 뚜렷하게 세모지며 속은 비어 있다. ❻~❼ 갯부추. ❻ 꽃. 참산부추에 비해 꽃자루와 꽃줄기가 짧고 굵은 편이다. ❼ 2007. 10. 11. 전남 여수시 거문도

부추

Allium tuberosum Rottler ex Spreng.

백합과

국내분포/자생지 전국의 길가, 농경지, 민가, 바위지대, 풀밭 등

형태 다년초. 줄기는 높이 30~65cm이며 비늘줄기는 지름 6~10mm의 원통상 난형이다. 잎은 3~6개이며 길이 20~37cm의 선형이고 편평하다. 꽃은 8~9월에 백색으로 피며 산형꽃차례에서 빽빽이 모여 달린다. 꽃자루는 길이 1.5~2.5cm이다. 화피편은 6개이며 길이 5.5~7mm의 피침상 타원형~난상 타원형이고 끝이 뾰족하거나 돌기모양이다. 수술은 6개이며 꽃밥은 황색~적자색이다. 열매(삭과)는 길이 5~5.5mm의 세모진 심장형이다.

참고 실부추에 비해 대형이며 잎이 넓고 편평하며 꽃은 백색인 것이 특징이다.

❶2016. 9. 16. 경북 영천시 ❷꽃. 백색이며 수술은 6개이고 꽃밥은 흔히 적자색이다. ❸열매. 세모진 심장형~심장상 구형이다.

실부추

Allium anisopodium Ledeb.

백합과

국내분포/자생지 북부지방 및 서해 도서의 바위지대, 풀밭 등

형태 다년초. 줄기는 높이 20~40cm이다. 잎은 3~5개이며 길이 20~40cm의 선형이고 편평하거나 둥글다. 꽃은 8~9월에 연한 분홍색으로 핀다. 화피편은 길이 4~5mm이고 옆으로 활짝 펴지지 않는다. 내화피편은 도란상 긴 타원형이고 외화피편은 난상 긴 타원형이다. 열매(삭과)는 길이 3~4mm의 약간 세모진 구형이다.

참고 남해안 도서지방에 분포하는 애기실부추(A. tenuissimum)에 비해 꽃자루가 길고(1.5~3.5cm) 길이가 서로 다른(특히 결실기) 것이 특징이다.

❶2012. 8. 23. 인천시 백령도 ❷꽃. 연한 분홍색이며 화피편은 활짝 벌어지지 않는다. 꽃자루는 서로 길이가 다르다. ❸열매. 약간 세모진 난상 구형이다. ❹애기실부추(ⓒ조양훈, 2017. 10. 14. 전남 여수시). 전체적으로 실부추에 비해 소형이며 꽃자루의 길이가 서로 비슷한 것이 특징이다.

비짜루

Asparagus schoberioides Kunth

백합과

국내분포/자생지 전국 산야의 풀밭

형태 다년초. 줄기는 높이 50~100cm 이며 비스듬히 또는 곧추 자라고 윗부분에서 가지가 많이 갈라진다. 가지는 각지고 능각 위에 작은 돌기가 있다. 잎모양의 가지(위엽 또는 엽상지)는 길이 1~2(~4)cm의 약간 세모진 선상 낫모양이며 3~7개씩 모여난다. 잎은 퇴화되어 막질의 흔적상이다. 암수딴그루이다. 꽃은 5~6월에 연한 황록색으로 피며 길이 2~3mm의 종 모양이고 잎겨드랑이에서 3~4(~7)개씩 모여 달린다. 꽃자루는 길이 0.8~1mm이고 윗부분에 관절이 있다. 화피편과 수술은 각 6개씩이다. 열매(장과)는 지름 5~6mm의 구형이고 적색으로 익는다.

참고 방울비짜루에 비해 잎모양의 가지가 낫모양으로 굽고 약간 각지며 꽃이 작고 꽃자루가 짧은 것이 특징이다. 비짜루에 비해 해안가 풀밭이나 바위지대에서 자라며 잎이 보다 두껍고 꽃자루가 길이 1.6mm 정도로 긴 것을 노간주비짜루(*A. rigidulus*)로 구분하기도 한다. **아스파라거스(*A. officinalis*)**는 샐러드용으로 재배하며 간혹 야생화되어 자라기도 한다. 위엽이 가늘고 둥근 실모양이며 꽃이 잎겨드랑이에서 1~2개씩 피고 꽃자루는 길이 1~1.5cm이다.

❶ 2017. 5. 6. 경북 의성군 ❷수꽃. 꽃잎과 꽃받침은 각 3개씩이며 꽃밥은 연한 황적색 또는 황색이다. ❸암꽃. 꽃자루가 거의 없다. ❹열매. 적색으로 익는다. ❺~❼노간주비짜루 타입 ❺수꽃. 수술은 6개이다. ❻암꽃. 종형이고 화피편은 옆으로 벌어지지 않는다. 꽃자루가 약간 있다. ❼열매. 적색으로 익는다. ❽2017. 6. 9. 제주 제주시 조천읍 ❾~❿아스파라거스 ❾수꽃. 1~2개씩 달리며 꽃자루가 길다. ❿미숙 열매. 적색으로 익는다. 꽃자루의 관절은 윗부분에 있다.

천문동
Asparagus cochinchinensis (Lour.) Merr.

백합과

국내분포/자생지 중부지방 이남의 바닷가 및 바위지대, 풀밭

형태 반목본성 또는 다년초. 줄기는 길이 1~2m이고 비스듬히 또는 바위나 나무를 타고 자란다. 잎모양의 가지는 2~3개씩 모여나며 길이 1~2(~3)cm의 약간 굽은 선형이고 편평하거나 다소 세모진다. 굵은 가지의 잎은 가시모양이다. 암수딴그루이다. 꽃은 5~6월에 연한 황록색으로 피고 잎겨드랑이에서 2~3개씩 모여난다. 꽃자루는 중앙부에 관절이 있다. 열매(장과)는 지름 6~7mm의 구형이며 (녹색→)오백색으로 익는다.

참고 비짜루에 비해 뿌리가 비후하고 오래된 줄기는 목질화되며 꽃자루가 길이 3~6.8mm이고 암꽃의 화피편이 뒤로 약간 젖혀지는 것이 특징이다.

❶2011. 6. 24. 제주 제주시 동백동산 ❷미숙 열매. 오백색으로 익는다. ❸줄기. 뚜렷하게 목질화된다. ❹뿌리. 비후해진다.

망적천문동
Asparagus dauricus Link

백합과

국내분포/자생지 중부지방 이북의 해안가 모래땅

형태 다년초. 줄기는 높이 30~70cm이다. 잎모양의 가지는 2~6개씩 모여나며 길이 1~4(~5)cm의 선형이고 약간 둥글거나 편평하다. 암수딴그루이다. 꽃은 5~6월에 연한 황록색으로 피고 잎겨드랑이에서 1~3개씩 모여난다. 수꽃의 꽃자루는 길이 3~5mm이고 화피편은 길이 4mm 정도이다. 암꽃의 꽃자루는 길이 2mm 정도이며 화피편은 길이 1.5mm 정도이다. 열매(장과)는 지름 6~7mm의 구형이다.

참고 천문동에 비해 잎모양의 가지는 굽지 않고 잎이 비늘상이며 암꽃이 종모양이고 열매가 짙은 주황빛적색으로 익는 것이 특징이다.

❶2002. 6. 14. 강원 양양군 ❷~❸수꽃. 암꽃에 비해 보다 긴 종형이다. ❹~❺암꽃. 천문동에 비해 종형이다. ❻열매. (오백색→)짙은 주황색~적색으로 익는다.

참나리

Lilium lancifolium Thunb.
Lilium tigrinum Ker Gawl.

백합과

국내분포/자생지 전국의 풀밭, 해안가, 계곡이나 하천가, 숲가장자리

형태 다년초. 줄기는 높이 1~2m이며 암자색의 반점이 많고 어릴 때는 백색의 솜털이 있다. 비늘줄기는 지름 4~8cm이다. 잎은 돌려나며 길이 5~10(~18)cm의 선상 피침형이고 5~7맥이 있다. 꽃은 7~8월에 짙은 주황색으로 피며 줄기의 끝부분에 총상으로 달린다. 화피편은 길이 6~10cm의 피침형이고 뒤로 젖혀지며 안쪽 면에 흑자색의 반점이 많다. 수술은 6개이다. 열매(삭과)는 길이 3~4cm의 타원상 원통형이다. 결실률은 낮다.

참고 중나리에 비해 잎겨드랑이에 주아가 달리고 땅속줄기가 발달하지 않는 것이 특징이다.

❶2002. 8. 1. 대구시 ❷꽃. 짙은 주황색이고 흑자색의 반점이 많다. ❸열매. 결실률이 낮은 편이다. ❹줄기. 잎겨드랑이에 주아가 발달한다.

중나리

Lilium leichtlinii var. *maximowiczii* (Regel) Baker

백합과

국내분포/자생지 중부지방 이북의 풀밭, 숲가장자리에 드물게 자람

형태 다년초. 줄기는 높이 1~2m이며 어릴 때는 백색의 솜털이 있다. 비늘줄기는 지름 2~4cm이다. 잎은 돌려나며 길이 3~10(~14)cm의 선상 피침형이고 3~7맥이 있다. 꽃은 7~8월에 짙은 주황색으로 피며 줄기의 끝부분에 총상으로 달린다. 화피편은 길이 6~10cm의 피침형이고 뒤로 젖혀지며 안쪽 면에 흑자색의 반점이 많다. 수술은 6개이다. 열매(삭과)는 길이 3cm 정도의 타원상 원통형이다.

참고 참나리에 비해 약간 소형이며 잎겨드랑이에 주아가 없고 땅속줄기가 길게 발달하는 것이 특징이다.

❶2004. 7. 26. 강원 평창군 ❷꽃. 참나리와 유사하다. ❸줄기와 잎. 잎겨드랑이에 주아가 생기지 않는다. ❹비늘줄기 및 땅속줄기 비교. 참나리(좌)에 비해 땅속줄기가 길게 발달하며 비늘줄기는 작다.

세잎솜대

Maianthemum trifolium (L.) Sloboda
Smilacina trifolia (L.) Desf.

백합과

국내분포/자생지 북부지방 산지습지의 가장자리(주로 이끼층)

형태 다년초. 줄기는 높이 10~25cm이다. 잎은 흔히 3개 또는 4개씩 달리며 길이 6~13cm의 피침상 긴 타원형~긴 타원형이고 밑부분이 줄기를 약간 감싼다. 꽃은 6~7월에 백색으로 피며 줄기 끝에서 나온 길이 3~6cm의 총상꽃차례에서 모여 달린다. 화피편은 길이 2~3mm의 긴 타원형이고 밑부분이 약간 융합되어 있다. 수술은 6개이며 화피편과 길이가 비슷하다. 암술대는 1개이고 자방과 길이가 비슷하다. 열매(장과)는 지름 5mm 정도의 구형이다.

참고 땅속줄기가 가늘고 길게 뻗으며 잎이 흔히 3개씩 달리는 것이 특징이다.

❶2018. 6. 13. 중국 지린성 ❷꽃. 수술은 화피편과 길이가 비슷하다. 꽃자루는 길이 4~6mm이고 털이 없다. ❸열매. 붉게 익는다.

무릇

Barnardia japonica (Thunb.) Schult. & Schult. f.
Scilla scilloides (Lindl.) Druce

백합과

국내분포/자생지 전국의 농경지, 풀밭 또는 산지의 바위지대

형태 다년초. 줄기는 높이 20~40cm이며 곧추 자란다. 비늘줄기는 길이 2~3cm의 난상 구형이다. 잎은 길이 10~30cm의 선형이며 표면은 오목하다. 꽃은 8~9월에 연한 적자색으로 피며 총상꽃차례에서 모여 달린다. 꽃자루는 길이 5~10mm이며 포는 길이 2~2.5mm의 선형이다. 화피편은 길이 3~3.5mm의 좁은 타원형~도피침형이고 옆으로 넓게 퍼진다. 수술은 6개이다. 열매(삭과)는 길이 3~6mm의 타원형~도란형이다.

참고 잎이 뿌리에서 2개씩 나며 꽃이 적자색이고 총상꽃차례에서 모여 달리는 것이 특징이다.

❶2002. 8. 29. 경북 영천시 ❷꽃. 연한 적자색의 꽃이 총상으로 빽빽이 모여 달린다. ❸열매. 타원형~도란형이다. ❹잎. 2개씩 달린다.

층층둥굴레

Polygonatum stenophyllum Maxim.

백합과

국내분포/자생지 중부지방 이북의 하천가 또는 인근 풀밭

형태 다년초. 줄기는 높이 60~100cm 이며 곧추 자란다. 땅속줄기는 지름 5~10mm로 굵다. 잎은 4~6개씩 돌려나며 길이 5~10cm의 선상 피침형이고 끝부분이 길게 뾰족하다. 꽃은 5~6월에 녹백색으로 피며 잎겨드랑이에서 2개씩 모여 달린다. 꽃줄기는 길이 2~4mm이고 꽃자루는 길이 2~3mm이다. 포는 2~3mm이며 백색의 막질이다. 화피편은 길이 8~12mm의 난상 피침형이고 합생하여 긴 종모양을 이룬다. 수술대는 길이 1mm 정도이고 꽃밥은 길이 2mm 정도이다. 씨방은 길이 2.5mm 정도이며 암술대는 길이 3.5mm 정도이다. 열매(장과)는 지름 6~10mm의 거의 구형이고 (짙은 녹색→)흑록색으로 익는다.

참고 층층갈고리둥굴레(*P. sibiricum*)는 층층둥굴레에 비해 잎끝이 굽거나 약간 말려서 갈고리모양이 되며 꽃줄기가 길이 1~2.5cm로 긴 것이 특징이다. 중부지방에서 간혹 재배하며 북한지역(평남)에 자생하는 것으로 알려져 있다.

❶2003. 6. 4. 충북 단양군 남한강 ❷~❸꽃. 잎겨드랑이에 2개씩 달린다. 화피통부는 짧은 편이다. ❹열매. 흑록색으로 익는다. ❺층층갈고리둥굴레(2003. 5. 17. 충북 단양군)

흰꽃나도사프란
Zephyranthes candida (Lindl.) Herb.

국내분포/자생지 남아메리카 원산. 제주의 풀밭

형태 다년초. 비늘줄기는 지름 2.5cm 정도의 난형이다. 잎은 길이 10~20cm의 선상 원통형이고 짙은 녹색이다. 꽃은 7~9월에 백색으로 피며 길이 15~20cm의 꽃줄기 끝에 1개씩 달린다. 화피편은 길이 3~5cm의 도란상 긴 타원형이며 밑부분은 황록색이고 합생하지 않는다. 수술은 화피편 길이의 2분의 1 정도이다. 열매(삭과)는 지름 1.2cm 정도의 삼릉상 구형이다.

참고 수선화(*Narcissus tazetta*)는 꽃에 좁은 통모양-컵모양의 부속체(부화관)가 발달하는 것이 특징이다. 제주 및 남부지방에서 야생화되어 자란다.

❶ 2012. 10. 10. 제주 서귀포시 ❷ 열매. 세모진 거의 구형이다. ❸ 수선화. 꽃의 색이나 컵모양의 부속체(부화관) 형태가 서로 다른 다양한 원예품종이 있다.

문주란
Crinum asiaticum var. *japonicum* Baker

국내분포/지생지 제주 토끼섬의 해안가 모래땅

형태 상록성 다년초. 줄기모양의 비늘줄기는 길이 5~10cm의 좁은 원통형이다. 잎은 길이 30~60cm, 너비 4~10cm의 선상 피침형이다. 꽃은 7~8월에 백색으로 피며 산형꽃차례에서 모여 달린다. 화피통부는 좁고 길며 화피편은 길이 7~8.5cm의 선형이다. 수술은 6개이며 수술대는 길이 4~5cm이고 상반부가 적자색이다. 열매(삭과)는 지름 3~5cm의 거의 구형이고 씨는 표면에 해면질이 있어 물위에 뜬다.

참고 문주란의 국명은 일본명 '文珠蘭'에서 유래했으며, 중국명은 '문수란(文殊蘭)'이다.

❶ 2015. 7. 18. 제주 서귀포시(ⓒ김상희) ❷ 꽃. 화피편은 선형이며 수술의 상반부가 적자색이다. ❸ 열매(ⓒ이강협). 익으면 꽃줄기가 땅으로 쓰러진다.

상사화

Lycoris squamigera Maxim.

수선화과

국내분포/자생지 공원 및 민가에 관상용으로 식재

형태 다년초. 비늘줄기는 지름 4~5cm의 난형이다. 잎은 길이 15~25cm, 너비 1.8~2.5cm의 선형이다. 꽃은 8~9월에 연한 적자색으로 피며 산형꽃차례에서 4~6개씩 모여 달린다. 꽃줄기는 길이 50~80cm이며 총포는 2개이고 길이 6cm 정도의 피침형이다. 화피통부는 길이 2~2.5cm이며 화피편은 길이 6~8cm의 도피침형이고 윗부분은 뒤로 젖혀진다. 수술은 6개이고 화피편보다 짧으며 암술대는 화피편보다 약간 더 길다.

참고 꽃이 연한 적자색이며 잎이 넓은 편이고 3~4월에 자라나 5~6월에 마르는 것이 특징이다.

❶2016. 9. 1. 충남 태안군 안면도 ❷꽃. 분홍색이고 수술은 화피편보다 짧다. ❸미숙열매. 씨는 맺지 않는다(불임성). ❹잎. 너비 1.5~3cm 정도로 넓은 편이다.

석산

Lycoris radiata (L'Hér.) Herb.

수선화과

국내분포/자생지 남부지방의 민가 또는 사찰에서 관상용으로 식재

형태 다년초. 잎은 길이 15~30cm, 너비 6~10mm의 선형이며 가을철에 자라나 봄철에 마른다. 꽃은 9~10월에 밝은 적색으로 피며 산형꽃차례에서 4~7개씩 모여 달린다. 화피편은 길이 3~4cm, 너비 5~10mm 정도의 선상 도피침형이며 가장자리는 물결모양으로 주름지고 윗부분은 뒤로 말리듯 젖혀진다. 수술은 6개이며 화피편보다 훨씬 길다.

참고 위도상사화(*L. uydoensis*)는 꽃이 백색이며 화피편이 도란상 피침형이고 가장자리가 물결모양으로 주름지지 않는다.

❶2016. 9. 30. 전북 군산시 ❷잎. 너비 6~10mm로 좁은 편이다. ❸위도상사화(2015. 8. 1. 전북 부안군). 꽃은 백색이고 화피편의 가장자리가 물결모양으로 주름지지 않는다.

꽃창포

Iris ensata var. *spontanea* (Makino) Nakai

붓꽃과

국내분포/자생지 전국의 습한 풀밭이나 산지습지

형태 다년초. 줄기는 높이 60~100 cm이며 땅속줄기는 굵고 옆으로 벋는다. 잎은 길이 30~60cm, 너비 5~12mm의 선형이다. 꽃은 6~7월에 자색–짙은 자색으로 피며 꽃줄기 끝부분의 포에 1개씩 달린다. 포는 피침형이고 2~3개이다. 외화피편은 길이 7~8.5cm의 도란형이며 아래로 처진다. 내화피편은 길이 4~5cm의 좁은 도피침형이며 곧추선다. 열매(삭과)는 길이 4.5~5.5cm의 타원상 원통형이다.

참고 제비붓꽃에 비해 잎에 중앙맥이 뚜렷하며 외화피편의 밑부분에 짙은 황색의 무늬가 있는 것이 특징이다.

❶2004. 7. 16. 경남 거제도, ❷꽃, 외화피편 밑부분에 황색의 무늬가 있다. 내화피편은 도피침상이고 곧추선다. ❸열매. 타원상 원통형이고 씨는 편평한 반원형~거의 원형이다. ❹잎. 중앙맥이 뚜렷하다.

노랑꽃창포

Iris pseudacorus L.

붓꽃과

국내분포/자생지 유럽 원산. 전국의 저지대 습지에 식재 또는 야생

형태 다년초. 줄기는 높이 60~120cm이다. 잎은 길이 50~100cm, 너비 2~3cm의 선형이다. 꽃은 5~6월에 황색으로 피며 꽃줄기 끝부분의 포에 1개씩 달린다. 외화피편은 길이 5~7cm의 난형–도란형이며 아래로 처진다. 내화피편은 길이 2cm, 너비 4mm 정도의 좁은 도피침형이며 곧추선다. 암술머리의 끝부분은 2개로 깊게 갈라지고 열편 가장자리에 톱니가 있다. 열매(삭과)는 길이 5~7cm의 약간 세모진 원통형이다.

참고 꽃이 황색이고 내화피편이 매우 작은 편이며 잎의 중륵이 뚜렷한 것이 특징이다.

❶2002. 5. 26. 경북 안동시 ❷꽃. 황색이고 내화피편이 매우 작다. ❸열매. 약간 세모진 원통형이다. ❹잎. 중앙맥이 뚜렷하다.

제비붓꽃

Iris laevigata Fisch. ex Fisch. & C. A. Mey.

붓꽃과

국내분포/자생지 강원(고성군) 이북의 습지에 드물게 분포

형태 다년초. 줄기는 높이 60~80cm 이며 땅속줄기는 굵고 옆으로 벋는다. 잎은 길이 30~90cm, 너비 8~15mm의 선형 또는 선상 칼모양이며 녹색-회청색이다. 밑부분은 밤갈색의 섬유질로 싸여 있으며 중앙맥은 불명확하다. 꽃은 5~6월에 청자색-자색으로 피며 꽃줄기 끝부분의 포에 1개씩 달린다. 포는 3~5개이며 길이 6~8cm, 너비 1~1.5cm의 피침상 보트모양이고 크기는 다양하다. 꽃자루는 길이 1.5~3.5cm이다. 외화피편은 길이 7~9cm, 너비 4~4.5cm의 도란형이며 아래로 처진다. 내화피편은 길이 5~6.5cm, 너비 8~15mm의 좁은 도피침형이며 곧추선다. 수술은 3개이고 외화피편과 암술대의 열편 사이에 각 1개씩 위치하며 길이 3cm 정도이고 꽃밥은 백색이다. 암술대는 3개로 갈라지며 각 열편은 길이 5~6cm이고 외화피편의 안쪽 면과 밀착 또는 평행하게 달린다. 암술머리의 끝부분은 2개로 깊게 갈라지고 열편의 가장자리에 불규칙한 이빨모양의 톱니가 있다. 열매(삭과)는 길이 6.5~7cm의 타원상 원통형이다. 씨는 길이 5~6.5mm의 납작한 원형상이며 갈색이다.

참고 꽃창포에 비해 잎에 중앙맥이 없으며 외화피편 밑부분의 무늬가 백색-연한 황색이고 작은(폭이 좁음) 것이 특징이다.

❶2011. 5. 26. 강원 고성군 ❷꽃. 외화피편 밑부분에 백색-연한 황색의 무늬가 있다. ❸꽃봉오리. 붓모양이다. 포는 보트모양이다. ❹열매(ⓒ양형호). 타원상 원통형이다. ❺씨. 흔히 납작한 원형상이지만 모양은 다양하다. ❻잎. 넓은 편이고 중앙맥이 없다. ❼자생지 전경(2011. 5. 26. 강원 고성군)

타래붓꽃
Iris lactea Pall.

붓꽃과

국내분포/자생지 전국 산야의 풀밭
형태 다년초. 줄기는 높이 30~60cm
이다. 잎은 길이 20~70cm, 너비
3~7mm이다. 꽃은 4~5월에 연한 청
색으로 핀다. 외화피편은 길이 5~
5.6cm, 너비 8~12mm의 도피침형
이며 거의 백색 바탕에 적자색의 줄
무늬가 있다. 내화피편은 길이 4.2~
4.5cm, 너비 5~7mm의 좁은 도피침
형이다. 암술머리의 끝부분은 2개로
갈라지고 열편의 가장자리에 톱니가
약간 있다. 열매(삭과)는 길이 6.5~
7.5cm의 좁은 원통형이다.
참고 잎이 나선상으로 약간 비틀리며
꽃이 연한 청자색이고 외화피편의 폭
이 좁은 것이 특징이다.

❶2001. 4. 18. 대구시 경북대학교 ❷꽃. 외
화피편은 폭이 좁으며 백색~연한 자색이고
자색의 줄무늬가 있다. 내화피편은 도피침
상이며 곧추선다. ❸열매. 긴 타원상 원통
형이다.

붓꽃
Iris sanguinea Donn ex Hornem.

붓꽃과

국내분포/자생지 전국 산야의 풀밭
형태 다년초. 줄기는 높이 40~70cm
이다. 잎은 길이 20~60cm, 너비
5~15mm의 선형이고 중앙맥은 불
명확하다. 꽃은 5~6월에 청자색~
자색으로 핀다. 외화피편은 길이
6.5~9cm의 도란형이며 밑부분은 백
색과 황갈색 바탕에 적자색의 줄무
늬가 있다. 내화피편은 길이 4~5cm,
너비 1.5~2cm의 피침상 도란형이다.
암술머리의 끝부분은 2개로 갈라지고
열편의 가장자리에 불규칙한 큰 톱니
가 있다. 열매(삭과)는 길이 3.5~5cm
의 타원상 원통형이다.
참고 부채붓꽃에 비해 잎이 좁고 내
화피편이 내링인 킷이 득링이디.

❶2004. 5. 17. 경기 포천시 ❷꽃. 외화피편
의 밑부분은 황갈색이고 적자색의 줄무늬가
있다. 내화피편은 도란상으로 윗부분이 넓
은 편이고 곧추선다. ❸열매. 긴 타원상 원
통형이다. ❹잎. 폭이 좁은 편이고 중앙맥
은 불명확하다.

부채붓꽃

Iris setosa Pall. ex Link

붓꽃과

국내분포/자생지 강원 이북의 습지
(주로 석호)에 드물게 분포

형태 다년초. 줄기는 높이 30~90cm
이다. 잎은 길이 30~60cm, 너비 1~
3cm의 선형 또는 선상 칼모양이고
녹색이다. 중앙맥은 불명확하며 밑부
분은 갈색-암갈색의 섬유질로 싸여
있다. 꽃은 5~6월에 연한 청자색-
자색으로 피며 꽃줄기 끝부분의 포
에 1개씩 달린다. 포는 길이 2~4cm
의 피침형-난형이며 2~3개이고 포 1
개당 (1~)2개의 꽃이 핀다. 꽃자루는
길이 2.5~3.5cm이고 비교적 가늘다.
외화피편은 길이 4.5~6.5cm, 너비
2~3cm의 넓은 도란형이며 밑부분
은 백색-황색이고 적자색의 줄무늬
가 있다. 내화피편은 길이 1~2cm의
난상 피침형이고 끝이 까락처럼 뾰족
하다. 수술은 3개이고 외화피편과 암
술대의 열편 사이에 각 1개씩 위치하
며 길이 2cm 정도이고 꽃밥은 적자
색이다. 암술대는 3개로 갈라지며 각
열편은 길이 3~4cm이고 외화피편의
안쪽 면과 약간 평행하게 달린다. 암
술머리의 끝부분은 2개로 깊게 갈라
지고 열편의 가장자리에 불규칙한 이
빨모양의 톱니가 있다. 열매(삭과)는
길이 3~4cm의 타원상 원통형이다.

참고 붓꽃에 비해 잎이 넓으며 꽃줄
기에서 가지가 갈라지고 내화피편이
매우 작아 눈에 잘 띄지 않는 것이 특
징이다.

❶2013. 5. 25. 강원 양양군 ❷꽃. 외화
피편이 넓은 편이고 내화피편은 매우 작
다. ❸꽃 측면 ❹열매. 타원상 원통형이다.
❺잎. 넓은 편이고 중앙맥은 불명확하다.
❻자생지 전경(2013. 5. 25. 강원 양양군).
습지 가장자리 또는 습한 풀밭에서 큰 집단
을 이루기도 한다.

애기범부채
(몬트부레치아)

Crocosmia × crocosmiiflora
(Lemoine) N. E. Br.

붓꽃과

국내분포/자생지 유럽 원산. 제주 및 남부지방의 길가, 풀밭에서 야생
형태 다년초. 줄기는 높이 50~80cm 이며 땅속줄기는 옆으로 길게 벋는 다. 잎은 길이 20~50cm, 너비 1~ 2cm의 선형이고 줄기의 아랫부분에 겹쳐져 달린다. 꽃은 6~7월에 짙은 주황색으로 피며 2~4개로 가지가 갈라지는 원뿔상꽃차례에서 모여 달린다. 꽃은 지름 2~3cm이며 화피편은 6개이고 밑부분에 2개의 반점이 있다. 수술은 3개이며 암술대는 1개이고 암술머리는 3개로 갈라진다. 열매는 맺지 않는다.
참고 *C. aurea*와 *C. pottsii*의 교배종 이며 다양한 품종이 있다.

❶ 2016. 6. 20. 제주 서귀포시 ❷~❸ 꽃. 화피편은 6개이고 열편 안쪽 면의 밑부분에 무늬가 2개 있다. ❹ 잎. 중앙맥이 뚜렷하다.

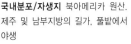

등심붓꽃

Sisyrinchium rosulatum E. P.
Bicknell

붓꽃과

국내분포/자생지 북아메리카 원산. 제주 및 남부지방의 길가, 풀밭에서 야생
형태 1년초 또는 수명이 짧은 다년초. 줄기는 높이 10~20cm이다. 잎은 길이 4~8cm의 선형이고 밑부분은 줄기를 감싼다. 꽃은 4~6월에 연한 자색– 청자색으로 핀다. 화피편은 6개이고 끝이 뾰족하며 바깥쪽 면의 밑부분에 긴 털이 많다. 수술은 3개이며 밑부분이 부풀어 오르고 표면에 자루가 있는 샘털이 밀생한다. 열매(삭과)는 지름 2~4.2mm의 구형이다.
참고 연등심붓꽃(*S. micranthum*)에 비해 잎의 너비가 1.2.6mm로 좁고 화피의 밑부분이 종모양이며 열매가 지름 3mm 정도로 작은 것이 특징이다.

❶ 2013. 5. 22. 제주 서귀포시 ❷ 꽃. 화피편의 끝이 뾰족하다. ❸ 꽃 측면. 화피편의 바깥쪽 면의 밑부분에 긴 털이 많다. ❹ 열매. 구형이고 자루가 길다.

참마

Dioscorea japonica Thunb.

마과

국내분포/자생지 제주 및 남부지방
의 길가, 민가, 숲가장자리 등
형태 덩굴성 다년초. 잎은 길이 5~
12cm의 좁은 삼각형이다. 흔히 잎겨
드랑이에 주아가 달린다. 암수딴그루
이다. 꽃은 7~8월에 백색−녹백색으
로 피며 수상꽃차례에서 모여 달린
다. 화피는 활짝 벌어지지 않는다. 수
꽃차례는 3~5개씩, 암꽃차례는 1~3
개씩 모여 달린다. 열매는 넓은 도란
형이며 3개의 날개가 있다. 씨는 길
이 1~1.5cm의 거의 원형이며 가장자
리 전체에 막질의 날개가 발달한다.
참고 마에 비해 잎의 밑부분이 뚜렷
하게 넓어지지 않는 좁은 삼각형이며
열매가 너비 2~3cm로 넓은 것이 특
징이다.

❶수그루(2008. 7. 28. 일본 쓰시마섬). 수
꽃화서는 곧추선다. ❷암꽃차례. 아래로 처
지며 암꽃은 백색이다. ❸열매. 씨 가장자
리의 막질 날개가 열매와 마찬가지로 넓은
편이다. ❹잎. 흔히 좁은 삼각상이고 밑부
분이 귀모양으로 넓어지지 않는다.

마

Dioscorea oppositifolia L.
Dioscorea batatas Decne

마과

국내분포/자생지 전국 산야의 길가,
풀밭 및 숲가장자리
형태 덩굴성 다년초. 땅속줄기는 수
직으로 벋는다. 잎은 길이 3~8cm의
삼각형이다. 흔히 잎겨드랑이에 주
아가 달린다. 암수딴그루이다. 꽃은
7~8월에 백색(수꽃) 또는 연한 주황색
(암꽃)으로 핀다. 화피는 활짝 벌어지
지 않는다. 수꽃차례는 2~8개씩, 암
꽃차례는 1~3개씩 모여 달린다. 열
매는 3개의 날개가 있다. 씨는 길이
3.5~4.3mm의 거의 원형이고 가장자
리 전체에 막질의 날개가 발달한다.
참고 참마에 비해 잎의 밑부분이 귀
모양으로 뚜렷하게 넓어지며 열매가
너비 1.6~1.8cm로 약간 더 좁은 것이
특징이다.

❶수그루(2016. 7. 28. 경기 김포시) ❷암꽃
차례. 아래로 처지며 암꽃은 연한 주황색이
다. ❸열매. 참마에 비해 씨도 작은 편이다.
❹주아. 잎겨드랑이와 그 주변에 주아가 생
긴다(참마도 동일함).

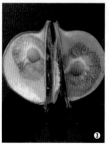
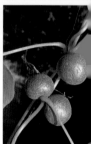

부채마
Dioscorea nipponica Makino

마과

국내분포/자생지 전국 산야의 길가, 풀밭 및 숲가장자리

형태 덩굴성 다년초. 땅속줄기는 옆으로 길게 뻗는다. 잎은 길이 4~12cm의 삼각상 난형이며 밑부분은 넓은 심장형이고 가장자리는 손바닥모양으로 얕게 갈라진다. 암수딴그루이다. 꽃은 7~8월에 연한 황색으로 피며 총상꽃차례에서 모여 달린다. 화피는 종모양이다. 열매는 길이 1.8~2.2cm의 긴 타원형이며 3개의 날개가 있다. 씨는 길이 4.3~6.5mm의 타원상이며 막질의 날개가 한쪽으로만 넓게 발달한다.

참고 단풍마에 비해 잎의 측열편이 흔히 뾰족하고 열매가 긴 타원형이며 씨의 막질 날개가 한쪽으로만 넓은 것이 특징이다.

❶ 2017. 8. 30. 강원 영월군 ❷수꽃차례. 수꽃은 연한 황색이다. ❸암꽃차례. 아래로 처지며 암꽃의 화피는 연한 황백색이다. ❹씨. 가장자리의 날개는 한쪽으로만 넓고 길게 발달한다.

단풍마
Dioscorea quinqueloba Thunb.

마과

국내분포/자생지 제주 및 남부지방의 길가, 풀밭 및 숲가장자리

형태 덩굴성 다년초. 땅속줄기는 옆으로 길게 뻗는다. 잎은 길이 7~13cm의 삼각상 난형이며 밑부분은 깊은 심장형이고 가장자리는 손바닥모양으로 얕게 갈라진다. 암수딴그루이다. 꽃은 7~8월에 황록색~주황색으로 피며 총상꽃차례에서 모여 달린다. 화피는 종모양이다. 수술은 6개이다. 열매는 길이 1.2~1.5cm의 넓은 도란형이며 3개의 날개가 있다. 씨는 길이 3.5~5mm의 거의 원형이다.

참고 부채마에 비해 잎자루의 밑부분에 다육성의 돌기가 발달하고 잎의 측열편이 둥글며 씨의 가상사리 선제에 막질의 날개가 발달하는 것이 특징이다.

❶ 수그루(2007. 8. 2. 경남 창원시) ❷암꽃차례. 아래로 처지며 주황색이다. ❸열매. 도란상이며 3개의 날개가 있다. ❹씨. 가장자리 전체에 날개가 있다. ❺잎자루. 밑부분에 뚜렷한 돌기가 있다.

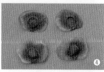

닭의난초

Epipactis thunbergii A. Gray.

난초과

국내분포/자생지 중부지방 이남의 습한 풀밭 및 습지 가장자리

형태 다년초. 줄기는 높이 20~70cm 이고 땅속줄기는 옆으로 벋는다. 잎은 6~8개이고 길이 5~10cm의 피침형-난상 피침형이다. 꽃은 6~8월에 피며 줄기 윗부분의 총상꽃차례에서 모여 달린다. 꽃받침잎은 3개이며 길이 1~1.5cm의 타원상 난형이고 연한 황록색-황록색이다. 꽃잎은 3장이다. 곁꽃잎은 2장이고 위쪽으로 치우쳐 달리며 길이 7~12mm의 넓은 난형이고 주황빛 도는 황록색이다. 열매(삭과)는 길이 2~2.5cm의 긴 타원상 원통형이다.

참고 전체에 털이 없으며 잎가장자리와 맥위에 유리상의 둥근 돌기가 있는 것이 특징이다.

❶2006. 6. 28. 전남 해남군 ❷꽃. 입술꽃잎은 3개로 갈라지며 자주색의 맥과 주황색의 무늬가 있다. ❸열매. 능각이 6줄 있다.

해오라비난초

Habenaria radiata (Thunb.) Spreng.

난초과

국내분포/자생지 강원 이남의 산지 습지 또는 습한 풀밭에 드물게 분포

형태 다년초. 줄기는 높이 15~40cm 이다. 잎은 3~6개이고 길이 5~10cm 의 선형이다. 꽃은 7~8월에 백색으로 핀다. 꽃받침잎은 3개이고 녹색이며 길이 8~10mm의 좁은 난형이다. 꽃잎은 3장이다. 곁꽃잎은 2장이며 길이 1~1.3cm의 일그러진 마름모형이고 가장자리의 중앙부에 뾰족한 톱니가 약간 있다. 입술꽃잎은 3개로 깊게 갈라진다. 거는 길이 2~4cm이며 아래로 처진다. 열매(삭과)는 길이 2~3cm의 긴 타원상 원통형이다.

참고 입술꽃잎의 측열편이 부채모양이고 가장자리가 술모양으로 깊게 갈라지는 것이 특징이다.

❶❸(ⓒ양형호) ❶2015. 8. 6. 경기 수원시 ❷꽃. 꽃받침은 타원상이고 녹색이다. 입술꽃잎은 가장자리가 술모양으로 갈라져 새(해오라기)의 날개처럼 보인다. ❸열매. 긴 타원상 원통형이다.

잠자리난초
Habenaria linearifolia Maxim.

국내분포/자생지 전국의 산지습지 또는 습한 풀밭

형태 다년초. 줄기는 높이 40~80cm 이고 곧추 자란다. 잎은 어긋나며 5~7개이고 길이 9~20cm의 선형 이다. 꽃은 7~8월에 백색으로 피 며 줄기의 끝부분에서 5~25개씩 모 여 달린다. 꽃받침잎은 3개이고 길이 5~7mm의 꽃잎모양이다. 위쪽의 꽃 받침은 넓은 난형이고 곧추서며 옆 쪽의 꽃받침은 좁은 난형상이고 날 개모양으로 펼쳐져서 달린다. 입술꽃 잎은 십자가모양으로 갈라진다. 중 앙열편은 길이 1.2~1.5cm의 선형이 고 가장자리가 밋밋하며 측열편은 길 이 1.5~2cm이고 흔히 가장자리에 톱 니가 있다. 거는 길이 2.5~3.5cm이 며 아래로 처진다. 열매(삭과)는 길이 1.5~2cm의 긴 타원상 원통형이고 비 스듬히 또는 곧추 달린다.

참고 개잠자리난초(*H. cruciformis*)는 잠자리난초에 비해 입술꽃잎이 씨방 쪽으로 활처럼 구부러지며 거가 길이 1.2~1.5cm로 짧은 것이 특징이다. 개 잠자리난초는 잠자리난초와 형태적 으로 매우 유사하며 유전적으로도 가 까운 것으로 알려져 있다.

❶ 2004. 7. 17. 울산시 울주군 무제치늪 ❷꽃. 꽃받침은 3개이고 꽃잎모양이다. 곁 꽃받침은 비스듬한 난형이고 끝이 뾰족하 다. ❸열매. 흔히 곧추선다. ❹~❼개잠자리 난초 ❹2018. 8. 1. 강원 영월군 ❺꽃. 옆쪽 의 꽃받침(곁꽃받침)이 뒤로 심하게 젖혀진 다. ❻열매. 잠자리난초와 같다. ❼잎. 선형 이고 끝이 뾰족하다.

흰제비란

Platanthera hologlottis Maxim.

난초과

국내분포/자생지 전국의 산지습지 또는 습한 풀밭

형태 다년초. 잎은 길이 10~20cm의 선형이다. 꽃은 6~7월에 백색으로 핀다. 포는 길이 1~1.5cm의 선형이고 씨방보다 더 길다. 꽃받침잎은 3개이고 꽃잎모양으로 위쪽은 타원형-난형이고 곧추서며 옆쪽은 비스듬한 타원상 난형이고 옆으로 펼쳐진다. 꽃잎은 3장이다. 곁꽃잎(2장)은 길이 4~5mm의 난형이며 입술꽃잎은 길이 5~8mm의 긴 타원형(혀모양)이고 끝이 둥글며 뒤로 약간 젖혀진다. 거는 길이 1~2cm이다.

참고 잎이 좁으며 꽃이 지름 1cm 정도로 작고 옆쪽의 꽃받침잎이 수평으로 퍼지는 것이 특징이다.

❶2008. 7. 5. 강원 인제군(ⓒ양형호) ❷꽃. 꽃받침잎은 3개이고 꽃잎모양이다. 거는 아래로 처진다. ❸잎. 넓은 선형-피침형이고 끝이 뾰족하다.

타래난초

Spiranthes sinensis (Pers.) Ames

난초과

국내분포/자생지 전국 산야의 풀밭

형태 다년초. 높이 20~50cm이다. 잎은 길이 5~20cm의 선형-선상 피침형이며 대부분 뿌리 부근에서 모여난다. 꽃은 6~7월에 (백색-)연한 홍색으로 핀다. 꽃받침잎은 3개이며 길이 4~6mm의 피침형(옆쪽) 또는 타원상 피침형(위쪽)이다. 곁꽃잎(2장)은 길이 4~6mm의 선형이다. 입술꽃잎은 길이 4~5mm의 넓은 타원형-도란형이며 끝은 아래로 구부러지고 가장자리는 불규칙한 물결모양이다. 열매(삭과)는 길이 6~7mm의 타원형이다.

참고 작은꽃이 총상꽃차례에서 나선상으로 모여 달리며 씨방과 꽃차례에 털이 많은 것이 특징이다.

❶2002. 7. 12. 전남 신안군 홍도 ❷꽃. 꽃차례에 나선상으로 달린다. 포는 피침형-난상 피침형이고 끝이 뾰족하다. 꽃차례에 흔히 털이 많다. ❸백색 꽃. 간혹 발견된다. ❹잎과 뿌리. 뿌리는 다육질이다.

큰방울새란
Pogonia japonica Rchb. f.

국내분포/자생지 전국의 산지습지
형태 다년초. 땅속줄기는 가늘고 길
게 벋는다. 잎은 길이 3~10cm의 피
침형-좁은 긴 타원형이며 줄기에 1개
씩 달린다. 꽃은 6~7월에 연한 적자
색으로 핀다. 꽃받침잎은 길이 1.5~
2.5cm의 넓은 선형(옆쪽) 또는 긴 타
원상 도피침형(위쪽)이다. 곁꽃잎(2장)
은 꽃받침보다 약간 짧다. 입술꽃잎
은 길이 1.4~2cm의 긴 타원형이며
중앙열편은 안쪽 면과 가장자리에 술
모양의 다육질 돌기가 많다. 열매(삭
과)는 길이 2~3cm의 긴 타원형이다.
참고 방울새란에 비해 대형이며 꽃이
활짝 피는 편이고 입술꽃잎이 옆쪽의
꽃받침(곁꽃잎)과 길이가 비슷하거나
약간 더 긴 것이 특징이다.

❶2004. 6. 4. 울산시 울주군 무제치늪 ❷
~❸꽃. 연한 적자색이고 잎모양의 꽃받침
이 활짝 또는 약간 벌어진다. ❹열매(ⓒ양
형호). 긴 타원상 원통형이다.

방울새란
Pogonia minor (Makino) Makino

국내분포/자생지 전국의 산지습지
및 풀밭
형태 다년초. 땅속줄기는 길게 벋는
다. 잎은 길이 3~6cm의 도피침형-
긴 타원형이며 줄기에 1개씩 달린다.
꽃은 6~7월에 연한 적자색으로 핀
다. 꽃받침잎은 길이 1.2~1.5cm의 좁
은 도피침형이다. 곁꽃잎은 꽃받침
보다 약간 더 넓다. 입술꽃잎은 길
이 1~1.2cm의 도피침형-긴 타원형
이고 3개로 갈라지며 중앙열편은 안
쪽 면과 가장자리에 술모양의 다육
질 돌기가 많다. 열매(삭과)는 길이
1.5~2.5cm의 긴 타원형이다.
참고 큰방울새란에 비해 소형이며 꽃
이 활짝 열리지 않고 꽃색이 더욱 연
하며(거의 백색) 입술꽃잎이 옆쪽 꽃받
침(곁꽃잎)보다 짧은 것이 특징이다.

❶2007. 6. 16. 충남 태안군(ⓒ양형호) ❷~
❸꽃. 거의 백색이고 잎모양의 꽃받침은 약
간 또는 거의 벌어지지 않는다. ❹열매. 긴
타원상 원통형이다.

용어 설명

가시 표피 또는 나무껍질 일부가 변해 끝이 뾰족하게 된 구조

가종피 씨의 껍질이 육질로 된 것

가죽질 두껍고 가죽 같은 느낌을 주는 것

가턱잎(헛턱잎) 잎 아래에 붙어 있는 가짜 잎

거(꽃뿔) 꽃받침이나 꽃부리의 일부가 길고 가늘게 뒤쪽으로 벋어난 돌출부로서, 대개 속이 비어 있거나 꿀샘이 있다.

겨울눈 전년도에 생겨 겨울을 지내고 봄에 잎이나 꽃으로 자랄 눈

격막 유관속식물의 물관이나 체관의 경계를 이루는 세포막의 부분

견과 딱딱한 껍질에 싸여 있고, 보통 1개의 씨가 들어 있는 열매로 다 익어도 열리지 않는 것

결각(열편) 잎가장자리가 들쑥날쑥한 모양

겹잎(복엽) 하나의 잎몸이 갈라져 2개 이상의 작은잎으로 구성된 잎

겹톱니 잎가장자리의 큰 톱니 안에 작은 톱니가 있는 것

곁꽃잎 난초과와 제비꽃과 식물의 꽃잎 가운데 옆으로 벌어지는 두 개의 꽃잎

곤봉모양 곤봉처럼 생긴 것으로, 끝으로 갈수록 폭이 넓어지는 것

골돌과 하나의 심피에서 발달하며 다 익으면 1개의 봉선으로 터진다.

과낭(과포) 사초속(*Carex*)에서 나타나며, 씨 또는 성숙 전 암술을 감싸고 있는 주머니 같은 포

과병(열매자루) 열매의 자루

과피 열매의 껍질. 겉열매껍질, 가운데열매껍질, 안쪽열매껍질로 나누기도 한다.

관모 국화과 식물 등의 열매 위쪽 끝부분에 나온 털의 뭉치 또는 씨방 위쪽에 달리는 털모양의 돌기

구형(원모양) 잎의 윤곽이 원형이거나 거의 원형인 것

그물맥 잎의 주맥에서 갈라져 나와 그물모양으로 퍼지는 맥

기주식물 기생식물이 양분을 흡수하는 식물

긴 타원형 길이가 너비의 2~4배 정도로 길고, 양쪽 가장자리가 평평한 모양

깃모양맥 주맥에서 나온 측맥이 새의 깃털모양으로 갈라지는 것

까락(까끄라기) 호영이나 포영의 주맥이 신장되어 가늘고 길게 발달한 구조물

까락모양 잎끝에 까락이나 센털을 가진 모양

꼬리모양 잎끝에 꼬리처럼 생긴 부속체가 있는 모양

꽃덮이(화피) 꽃받침과 꽃잎의 구별이 명확하지 않은 꽃에서 꽃잎과 꽃받침을 함께 지칭하는 것

꽃목 꽃부리나 꽃받침에서 대롱부가 시작하는 입구

꽃받침 꽃의 가장 밖에서 꽃잎을 싸고 있는 꽃받침조각들의 총칭

꽃받침열편 통꽃받침에서 하나의 열편

꽃받침잎(꽃받침조각) 꽃받침을 이루는 하나하나의 열편

꽃받침통부 통꽃받침에서 서로 붙어 통을 이루는 부분

꽃밥(약) 수술대 끝에 달린 꽃가루를 담고 있는 주머니 같은 기관

꽃부리 하나의 꽃에서 꽃잎을 총칭

꽃술대 수술과 암술이 융합한 복합체

꽃잎 꽃부리의 한 조각

꽃자루(소화경) 꽃차례에서 1개의 꽃을 달고 있는 자루

꽃줄기(화경) 꽃자루를 하나 또는 여럿 달고 있는 줄기

꽃차례 꽃대축에 꽃이 배열되어 있는 상태

꽃턱(화탁) 꽃의 구성요소들이 붙는 꽃자루의 정단 부분

꿀샘 꿀을 분비하는 조직이나 기관

나란히맥 측맥이 주맥과 평행한 것

나선상 나사가 꼬인 것처럼 말린 모양 또는 돌려서 난 모양

난형 잎의 아래쪽으로 갈수록 상대적으로 넓어지는 모양

내영 벼과(화본과)에서 낱꽃을 이루는 속껍질

내화피편 내꽃덮이의 한 조각

다년초 3년 이상을 사는 식물

다육질(다육성) 물기가 많은 육질성의 상태

단각과 각과(角果) 중에서 열매의 길이가 너비의 2배 이하인 것으로, 대표적 예로는 십자화과 냉이속이나 다닥냉이속의 과실이 있는데 과실의 열개가 기부에서 상부로 향하는 것은 장각과와 같다.

단성화 암술과 수술 중 한 가지만 있는 꽃으로 암꽃과 수꽃으로 나뉜다.

단엽(홑잎) 잎몸이 하나인 잎

단주화 암술마디가 짧은 것으로 꽃밥이 같은 높이로 되어 있지 않은 것이 많으며, 꽃밥은 높게 나타난다.

대롱꽃(통상화) 국화과 꽃을 구성하고 있는 두 종류의 꽃 중에서 중앙에 있는 대롱모양의 꽃

덧꽃받침(부악) 꽃받침의 바깥쪽에 잇대어 난 포엽

덧꽃부리(부화관) 꽃잎과 수술 사이에 있는 꽃잎 같은 구조

덩굴손 식물체를 지지하기 위해 다른 물건을 감을 수 있도록 줄기나 잎이 변한 부분

덩이뿌리 뿌리의 일부가 비대해 덩어리모양으로 된 뿌리

덩이줄기(괴경) 눈과 마디를 갖는 땅속줄기가 비대해진 것

도란형 잎의 위쪽으로 갈수록 상대적으로 폭이 넓어지는 것으로 선 달걀모양

도피침형 피침형이 뒤집힌 모양으로, 끝에서 밑부분을 향해 좁아지는 모양

돌려나기 3장 이상의 잎 또는 다른 기관들이 하나의 마디에 달리는 상태

땅속줄기(근경) 수평으로 자라는 땅속줄기

렌즈형 볼록렌즈처럼 두 개의 볼록한 면을 지닌 원반형 상태

로제트 뿌리잎이 지면상에 방사상으로 퍼진 상태

마디(관절) 줄기에서 잎이나 가지가 나오는 부위

마주나기 잎 또는 다른 기관이 한 마디에 2개씩 서로 마주나는 것

막질 얇고 부드러우며, 유연한 반투명으로 막과 같은 상태

맥 잎 또는 다른 기관에 있는 한 가닥의 굵은 관다발

머리모양(두상)꽃차례 꽃자루가 없거나 짧은 꽃이 줄기 끝에 모여 밀생한 꽃차례

머리모양 빽빽하게 모여 머리모양으로 둥근 것

모여나기 빽빽하게 모여 자라는 상태

물결모양 잎가장자리가 물결처럼 기복이 심한 모양

밀생 여럿이 촘촘히 모여서 나는 것

바늘모양 가늘고 길며 끝이 뾰족한 바늘 같은 모양

바퀴모양 평평하고 둥글게 원반처럼 배열한 모양

반구형 구형을 반으로 자른 모양

방사대칭 중심축을 중심으로 여러 방향으로 대칭을 이루는 모양

방추형 중앙부가 굵고 양끝으로 향하며 가늘어지는 모양

방패모양 잎자루가 잎몸 뒷면의 중앙부 또는 중앙부 가까이에 달린 모양

배상꽃차례 컵 같은 총포 속에 1개의 암꽃과 여러 개의 수꽃이 들어 있는 꽃차례

벌레잡이주머니 잎이나 잎의 일부가 곤충 포획을 목적으로 변형된 것

복산형꽃차례 산형꽃차례가 분지되어 있는 꽃차례

부엽 수생식물로서 수면에 떠 있는 잎

부채모양 넓은 부채와 같은 형상

분과 분열과에서 떨어져 나가는 각각의 작은 열매

분열과 중축에 2개 또는 여러 개의 분과가 달려 있다가 성숙하면 1개의 씨가 들어 있는 분과가 각각 떨어져 나간다.

불염포 꽃차례를 둘러싸는 커다란 총포

불임성 수술이 꽃가루를 만들지 못하거나 암술이 씨를 맺지 못하는 것

비늘조각(인편) 편평한 막질의 얇은 조각

비늘줄기 육질성의 비늘조각이 겹겹이 싸여 덩어리를 이룬 땅속줄기

뿌리골무 뿌리의 정단분열조직(頂端分裂組織)을 둘러싸고 있는 골무모양의 세포덩어리

뿌리잎 지표면에 가까운 줄기의 아래쪽에 달린 잎

뿔 뿔모양 부속체로 점점 가늘어지는 돌출물

삭과 1개 이상의 심피로 구성되며 열매가 다 익으면 벌어진다.

산형꽃차례 정단부가 편평하거나 볼록하고 꽃자루가 한 지점에 모여 달려 우산살의 모양을 하는 꽃차례

삼릉형 세 개의 각이 있는 모양

3출겹잎 한 지점에서 3개의 작은잎이 나온 겹잎

3출맥 한 점에서 3개의 주맥이 뻗어나간 것

상록성 겨울에도 녹색 잎을 갖고 떨어지지 않는 것

샘털(선모) 표피세포의 변형으로 끝에 분비샘이 발달한 털

선점 투명하거나 반투명한 작은 점의 형태로 유적(油滴)을 분비하는 선

선털(개출모) 잎이나 줄기 표면에 직각으로 곧게 선 털

선형 좁고 길어 가장자리가 거의 평평하게 된 모양

소견과 성숙한 씨방의 한 부분으로 1개의 씨가 들어 있다. 작고 딱딱하며 다 익은 후에도 열리지 않는다.

소수(작은이삭) 벼과, 사초과의 수상화서를 구성하고 있는 각각의 작은 화서로 작은꽃들이 모여 있는 이삭모양의 것

소포엽(작은포) 보통의 포보다 작은 포이며, 낱꽃 밑에 있다.

소화(낱꽃) 주로 국화과나 벼과의 꽃에서 하나의 꽃을 지칭

소화축(낱꽃축) 벼과, 사초과 식물에서 작은이삭의 중축(中軸)

솜털 면모 같은 털이나 가늘고 부드러운 털이 짜인 것처럼 빽빽하게 나 있는 털

수과 1개의 씨방실에 1개의 씨를 가지며, 씨는 씨방벽의 한곳에만 붙어 있고, 다 익어도 열리지 않는다.

수꽃 단성의 꽃으로 수술만 있고 암술이 없거나 퇴화된 꽃

수꽃양성화한그루 수꽃과 양성화가 같은 그루에서 피는 꽃 또는 나무

수분 꽃밥에 있는 꽃가루가 암술머리로 옮겨지는 것

수상꽃차례 가늘고 긴 꽃대축에 꽃자루가 없는 작은 꽃이 조밀하게 달린 꽃차례

수생식물 수중생활에 적응해 생활사 중 어느 한 시기를 수중에서 생육하게 되는 식물. 수생생활에 적응하기 위해 잎, 줄기 등에 통기조직이 발달하는 것이 특징이다.

수술 수술대와 꽃밥으로 구성된 웅성 생식기관

수술대(화사) 수술에서 꽃밥을 달고 있는 실 같은 자루

수염뿌리 외떡잎식물의 뿌리로 원뿌리와 곁뿌리가 같은 굵기로 수염처럼 나오는 뿌리

수중잎(수중엽) 수생식물이 물속에서 생활하기에 적합하도록 뿌리처럼 발달한 잎

숙존성(숙존) 꽃받침, 암술대 등의 부위가 열매가 익은 뒤까지 남아 있는 것

식충식물 곤충 등을 잡아 소화해 양분의 일부를 얻는 식물

심피 밑씨를 생산하는 대포자잎으로 단심피암술과 복심피암술이 있다.

쐐기모양 잎밑이 쐐기모양으로 기부를 향해 점점 좁아져 뾰족하게 된 모양

씨 밑씨가 성숙한 것

씨방 밑씨를 포함한 암술의 아랫부분이 부풀어 오른 곳

아래쪽꽃잎(용골판) 나비모양꽃부리에서 가장 밑에 있는 꽃잎 2장으로 서로 맞닿아 1장으로 보이며 용골모양이다.

아랫입술꽃잎 입술모양꽃부리에서 아래쪽 꽃잎

암꽃 단성의 꽃으로 암술만 있고 수술이 없거나 퇴화된 꽃

암꽃수꽃양성화한그루(잡성동주) 수꽃과 암꽃, 양성화가 같은 그루에서 피는 꽃 또는 나무

암수딴그루 암꽃과 수꽃이 서로 다른 그루에 따로 달려 있는 것

암수한그루 암꽃과 수꽃이 한 그루에 달려 있는 것

암술 암술머리, 암술대, 씨방으로 이루어진 자성 생식기관

암술꽃턱 암술군(群)이 위치한 꽃턱의 융기물

암술머리 꽃가루를 받는 부분이며, 암술의 가장 위에 있다.

약실 꽃가루가 들어 있는 주머니

양성화 수술과 암술이 함께 있는 꽃

어긋나기 마디마다 1개의 잎 또는 다른 기관이 줄기를 돌아가면서 배열한 상태

열매 씨방과 씨방 이외의 기관이 함께 성숙한 것을 통칭

엽상체 뿌리, 줄기, 잎과 같은 기관으로 분화되지 않은 식물체

엽설(잎혀) 국화과에서 혀꽃의 편평한 부분 또는 잎의 기부에서 돌출한 혀모양의 작은 잎, 사초과나 벼과에서 잎몸과 잎집의 경계면 안쪽에서 발달하는 막질 부속체 또는 털

엽초 부분적으로 또는 완전하게 줄기를 감싸는 잎의 기부

엽축 겹잎에서 작은잎이 달리는 중심축

옆쪽꽃잎(익판) 콩과 식물에서 나비모양꽃부리를 구성하는 꽃잎 중 하나로, 좌우 양측에 1개씩 2개가 있으며 기판과 용골판 사이에 있다.

외화피편 외꽃덮이의 한 조각

원반모양(원반형) 원반처럼 생긴 형태

원뿔꽃차례(원추꽃차례) 총상꽃차례가 분지하여 전체적으로 원뿔모양을 이룬 꽃차례

위쪽꽃잎(기판) 나비모양꽃부리에서 위쪽에 있는 가장 큰 꽃잎

윗입술꽃잎 입술모양꽃부리의 꽃부리 중 윗부분의 꽃잎

유관 미나리과(산형과) 열매의 심피벽에서 보이는 정유(精油)가 분포하는 관

유두상돌기 표면에 젖꼭지모양의 작은 돌기물이나 융기물이 있는 모양

유액 유관에 있는 백색 또는 황갈색의 액

유조직 식물의 기본조직 대부분을 차지하고 있는 유세포로 된 조직

육수꽃차례 육질의 꽃대축에 꽃자루가 없는 작은꽃이 모여 있는 꽃차례

2년초 2년을 사는 식물(싹이 튼 이듬해에 자라 꽃과 열매를 맺은 뒤 말라 죽는 풀)

인편엽(비늘잎) 편평한 비늘조각 모양의 작은 잎

1년초 1년을 사는 식물

임성 생식 기능이 있으며 결실이 되는 것

입술꽃잎 난초과 식물에서 입술모양의 꽃잎

입술모양꽃부리 좌우 상칭인 꽃에서 입술처럼 생긴 꽃잎을 가진 꽃부리로, 윗입술꽃잎과 아랫입술꽃잎이 있다.

잎겨드랑이 줄기와 잎자루 사이에 형성된 위쪽 모서리 부분

잎맥 잎몸에 있는 관다발

잎몸(엽신) 잎에서 잎자루와 턱잎을 제외한 넓은 부분

잎자루 잎몸과 줄기를 연결하는 부분

작은잎 겹잎을 구성하는 작은 잎

작은총포 산형과 식물의 복산형꽃차례에서 각각의 소산형화에 있는 총포

장각과 십자화과에서 보이고, 다 익으면 2개의 열개선을 따라 터지며 박격벽이 숙존하고 길이가 너비의 2배 이상인 것

장과 1개의 암술에서 발생한 것으로 여러 개의 씨가 들어 있는 육질인 열매

장주화 암술머리 형태의 일종이며 암술이 긴 것으로 짧은 수술대에는 꽃밥이 붙어 있다.

절간(마디사이) 줄기에서 마디 2개의 사이

점액질 미끌거리지만 달라붙지는 않는 것

제1포영 벼과의 작은이삭에서 낱꽃을 감싸서 보호하는 껍질로, 제2포영 아래에 있는 껍질

제2포영 벼과의 작은이삭에서 낱꽃을 감싸서 보호하고 있는 껍질로, 제1포영 위에 있는 껍질

종이질 종이 같은 상태

주걱모양 주걱과 같은 모양으로 둥근 잎몸이 점차 기부 쪽으로 좁아지는 것

주아(살눈) 모체의 일부분에서 나온 기관으로 새로운 개체를 만드는 것

줄기잎 줄기에서 나는 잎

중앙맥 일반적으로 잎의 중앙부에 있는 가장 큰 맥

집합과 여러 개의 꽃이 밀집한 꽃차례가 성숙해 하나의 열매가 된 것

창모양 기부열편이 화살촉의 밑부분과 같은 모양인 바깥쪽으로 벌어지는 모양

총상꽃차례 꽃대축이 길게 자라고 꽃자루도 발달하지만 분지하지 않는 꽃차례

총포 꽃차례를 둘러싸고 있는 총포편의 집합체

총포편 총포를 구성하는 각각의 비늘조각

취산꽃차례 정단에 있는 꽃밑에 작은 꽃자루가 나와 그 끝에 꽃이 달리는 꽃차례

측맥 중앙맥에서 갈라져 나온 맥

칼모양 칼과 같은 모양

캘러스(기반) 호영의 아랫부분이며, 여기서 난 털을 캘러스털(기모)이라고 한다.

턱잎 잎자루의 기부에 쌍으로 달리는 잎과 같은 부속체

톱니 잎가장자리가 톱니처럼 잘게 갈라지며, 모두 잎끝을 향하고 있다.

통모양 원통처럼 생긴 형태

편평하다 표면이 평탄하거나 매끄럽다

폐쇄화 개화하지 않고 제꽃가루받이(자가수분) 하는 꽃

포(포엽) 꽃의 기부에 있는 잎과 같은 구조

포과 작은 주머니모양의 열매로 열매껍질은 얇은 막질이며 1개의 씨를 지닌다.

피침형 창모양으로 밑에서 3분의 1 정도 되는 부분의 폭이 가장 넓은 것

합생 같은 기관끼리 완전히 또는 부분적으로 붙어 있어 쉽게 분리되지 않는 것

핵과 다육성 열매로 1개의 씨를 단단한 안쪽열매껍질이 둘러싸고 있는 것

헛뿌리 물관과 체관이 들어 있지 않은 뿌리모양의 구조

헛수술(가수술) 생식성이 없는 수술로 꽃가루를 만들지 않는다.

헛잎 잎처럼 보이지만 관다발을 가지지 않는 것

혀꽃(설상화) 국화과 꽃을 구성하고 있는 두 종류의 꽃 중에서 가장자리에 있는 혀모양의 꽃

협과 1개의 심피가 성숙하며 다 익으면 2개의 열개선을 따라 벌어지는 열매

호영 벼과에서 낱꽃을 이루는 겉껍질

화분괴 꽃가루가 뭉쳐진 덩어리로, 꽃가루받이를 할 때 덩어리째 운반된다.

화수(花穗) 수상꽃차례, 총상꽃차례 등과 같이 꽃차례의 축이나 가지에서 꽃 또는 소수가 이삭모양으로 모여 달리는 것

화피편(꽃덮이조각) 꽃덮이의 한 조각

참고문헌

강상준·조규송·최기룡(2010), 『대암산 용늪–살아 있는 자연사 박물관』, 울산대학교출판부.

곽명해(2001), 「한국산 여뀌속 *Persicaria*절(마디풀과)의 분류학적 연구」, 서울대학교 석사학위 논문.

국립생물자원관(2013), 『한반도 고유종–식물편』, 도서출판 두현.

국립수목원(2010), 『알기 쉽게 정리한 식물용어』, 국립수목원.

국립수목원(2011a), 『한국식물 도해도감 1. 벼과』 (개정증보판), 국립수목원.

국립수목원(2011b), 『한국의 재배식물–조경·화훼식물을 중심으로』, 국립수목원.

길지현·박수현·김영하·이두범(2009), 「미기록 귀화식물: 덩굴해란초(현삼과)」, 『한국식물분류학회지』 39: 120~123.

길지현·이규송(2008), 「미기록 귀화식물: *Cakile edentula*(Brassicaceae)」, 『한국식물분류학회지』 38: 179~185.

김무열(2004), 「한국산 상사화속(*Lycoris*, 수선화과)의 분류학적 재검토」, 『한국식물분류학회지』 34: 9~26.

김민하·곽명해·송진성·이상준·유미정·박종욱 (2001), 「여뀌속 *Echinocaulon*절(마디풀과)의 털, 꽃 및 수과 미세구조」, 『한국식물분류학회지』 31: 143~160.

김상준(2012), 「한국산 메꽃속 식물의 계통분류학적 연구」, 영남대학교 석사학위 논문.

김상태·김민하·박종욱(2000), 「닭의덩굴속 닭의덩굴절(마디풀과)의 분류학적 연구」, 『한국식물분류학회지』 30: 35~54.

김선유·고성회·김진석·김종현·이병윤(2013), 「한국산 조개나물속(꿀풀과)의 미기록 식물: 분홍꽃조개나물」, 『한국식물분류학회지』 43: 165~167.

김선유·윤석민·홍석표(2012), 「한국산 가막사리속(국화과)의 미기록 귀화식물: 왕도깨비바늘」, 『한국식물분류학회지』 42: 178~183.

김선유·홍석표(2008), 「한국산 가막사리속(*Bidens* L., 국화과) 수과 형태의 분류학적 검토」, 『한국식물분류학회지』 38: 509~522.

김성민·조양훈·김종환·심상득·김상태(2012), 「검정납작골풀(골풀과): 한국 미기록 식물」, 『한국식물분류학회지』 42: 330~334.

김윤영(2015), 「한국산 황새냉이속(배추과)의 계통분류학적 연구」, 충북대학교 박사학위 논문.

김윤영·지성진·오병운(2010), 「섬강개갓냉이: 한국에서 발견된 개갓냉이속(배추과)의 1신종」, 『한국식물분류학회지』 40: 84~89.

김윤영·지성진·오병운(2015), 「애기황새냉이(배추과)의 분류학적 재검토」, 『한국식물분류학회지』 45: 136~144.

김은규·길지현·주영규·정영상(2015), 「미기록 외래잡초 영국갯끈풀의 국내 분포와 식물학적 특성」, 『한국잡초·잔디학회지』 4: 65~70.

김은정·K. Srikanth·이은애·황성수(2014), 「DNA 염기서열에 근거한 선인장과 신품종 왕가시천년초[*Opuntia humifusa*(Raf.) Raf. f. *jeollaensis* E. J. Kim & S. S. Whang]」, 『한국식물분류학회지』 44: 181~187.

김재영(2017), 「한국산 갯쑥부쟁이 복합체의 분류학적 연구」, 안동대학교 석사학위 논문.

김정배·박정임·정창수·이사용·이필용·이근섭 (2009), 「해호말(자라풀과): 최근 한반도 연안에서 발견된 해초류 *Halophila nipponica*의 국명」, 『한국식물분류학회지』 39: 55~57.

김종원·류승원·이진국·박정원·이율경·심재훈·강 용훈·김수정·무기새·김구연·노훈호·이산부· 윤주덕(2009), 『하천생태학 그리고 낙동강』, 계명대학교출판부.

김종환(2015), 「한국산 하늘지기속 애기하늘지기절(Sect. *Trichelostylis*)의 분류학적 연구」, 전북대학교 석사학위 논문.

김종환·김무열(2013),「사초과 하늘지기속의 한국 미기록종: 바위하늘지기(Fimbristylis hookeriana Boeckeler)」, 『한국식물분류학회지』43: 296~299.

김종환·김무열(2015),「하늘지기속(사초과)의 신종: 물하늘지기(Fimbristylis drizae J. Kim & M. Kim)」,『한국식물분류학회지』45: 8~11.

김중현·김진석·남기흠·윤창영·김선유(2014), 「한반도 미기록 귀화식물: 댕돌보리와 애기분홍낮달맞이꽃」,『한국자원식물학회지』 27: 326~332.

김중현·김선유·홍정기·남기흠·안지홍·이병윤·김진석(2017),「한반도 동해안 석호의 관속식물상」,『한국식물분류학회지』41: 51~93.

김중현·김진석·심선희·이웅기·박성애(2020), 「한반도 미기록 외래식물 좀갯드렁새와 갯드렁새의 분류학적 실체」, 『한국자원식물학회지』33: 130~137.

김진석·장현도·김중현·이병윤(2019),『국가 생물종 목록. Ⅰ. 식물』, 국립생물자원관.

김찬수·고정군·송관필·문명옥·김지은·이은주·황석인·정진현(2006),「제주도의 귀화식물 분포특성」,『한국식물분류학회지』19: 640~648.

김찬수·김수영(2011),「우리나라 미기록 식물: 고깔닭의장풀(Commelina benghalensis L.)과 큰닭의장풀(C. diffusa Burm. f.)」, 『한국식물분류학회지』41: 58~65.

김찬수·김수영·문명옥(2010),「우리나라 미기록 식물: 남흑삼릉(흑삼릉과)」, 『한국식물분류학회지』40: 169~173.

김찬수·송관필·문명옥·이은주·김철환(2006), 「한국 미기록 귀화식물: 나도양귀비 (양귀비과)와 좀개불알풀(현삼과)」, 『한국식물분류학회지』36: 145~151.

김창균(2002),「부들과 식물의 형태 및 분자분류」,

아주대학교 박사학위 논문.

김창기·길지현(2017),『한반도 외래식물』, 자연과생태.

김형덕·박기룡(2005),「한국산 바위솔속(돌나물과) 5종에 대한 유전적 변이」, 『한국식물분류학회지』35: 295~311.

김호준(2002),「가래속(Potamogeton L.)의 분류학적 연구」, 아주대학교 박사학위 논문.

김호준·신현철·최홍근(2002),「한국산 가래속(가래과) 식물의 분류」, 『한국식물분류학회지』32: 209~232.

나성태·최홍근·김영동·신현철(2008),「한국산 통발(Utricularia japonica)과 참통발(U. tenuicaulis)의 분류학적 실체 및 분포」, 『한국식물분류학회지』38: 111~120.

나혜련(2010),「검정말아과(자라풀과)의 성 체계와 계통분류」, 아주대학교 박사학위 논문.

나혜련·김창균·정종덕·최홍근(2010),「열매 특성에 의한 한국산 마름과 큰마름에 대한 분류학적 검토」,『한국식물분류학회지』40: 113~117.

나혜련·최홍근(2009),「나자스말속(자라풀과)의 미기록 식물 2종: 동아나자스말, 큰톱니나자스말」,『한국식물분류학회지』39: 107~113.

나혜련·최홍근(2012),「한국산 나자스말속(Najas L.)의 수리분류학적 연구」, 『한국식물분류학회지』42: 126~140.

남보미·박명순·정규영(2010),「한국 미기록 식물: 제주백운풀(꼭두서니과)」, 『한국식물분류학회지』40: 130~133.

류태복·김종원·이승은(2017),「한국의 귀화식물: 신귀화식물상의 현황과 생태형질 특성」, 『한국환경생태학회지』31: 365~380.

문혜경·김영철·홍석표(2013),「큰쉽싸리 진단형질 및 신자생지 보고」,『한국식물분류학회지』43: 99~102.

박규진·고재기·박재홍(2011),「한국 미기록

귀화식물: 가는끈끈이장구채(석죽과)」,
『한국식물분류학회지』41: 171~174.

박명순(2012), 「한국산 쑥속(국화과)의
계통분류학적 연구」, 안동대학교 박사학위
논문.

박명순·남보미·정규영(2011), 「사철쑥과 비쑥의
분류학적 실체」, 『한국식물분류학회지』41:
1~9.

박명순·남보미·정규영(2012), 「강화약쑥의
분류학적 실체」, 『한국식물분류학회지』42:
161~166.

박명순·정규영(2013), 「한국산 쑥속(*Artemisia* L.)
산흰쑥절(sect. *Absinthium*)의 분류학적
재검토」, 『한국식물분류학회지』43: 188~195.

박명순·홍기남·엄정애·정규영(2010), 「한국산
쑥속(국화과)의 두상화서 형태에 의한 분류학적
연구」, 『한국식물분류학회지』40: 27~42.

박성준·박선주(2008), 「한국산 꿩의다리속
(*Thalictrum* L.) 식물의 형태학적 연구」,
『한국식물분류학회지』38: 433~458.

박수현(2009), 『세밀화와 사진으로 보는 한국의
귀화식물』, 일조각.

박용호(2015), 「국내 분포 비름속(*Amaranthus*)의
분류학적 연구」, 강원대학교 석사학위 논문.

박용호·박수현·유기억(2014), 「한국 미기록
귀화식물: 민털비름(비름과)」,
『한국식물분류학회지』44: 132~135.

박재홍·이미옥·김정성·김인선·서봉보·송승달
(2000), 「뽀리뱅이 미기록 아종의 실체」,
『한국식물분류학회지』30: 55~73.

손동찬·양종철·김현준·이강협·지성진·장계선
(2016), 「한국 미기록 식물 산쉽싸리(꿀풀과)」,
『한국식물분류학회지』46: 117~123.

신혜우·김명준·이남숙(2016), 「한국 미기록
귀화식물 연등심붓꽃과 등심붓꽃의 분류학적
재검토」, 『한국식물분류학회지』46: 295~300.

심현보(2005), 「한국산 나문재속(명아주과)의 분류
및 염생식물상 연구」, 인하대학교 박사학위
논문.

심현보(2009), 「한반도 해안염습지와 사구
염생식물 분포」, 『한국식물분류학회지』39:
265~276.

양영환(2003), 「제주도 귀화식물의 분포와 식생에
관한 연구」, 제주대학교 박사학위 논문.

양영환·한봉석(2007), 「한국 미기록 귀화식물 1종:
둥근빗살괴불주머니(현호색과)」,
『아열대농업생명과학연구지』23: 19~20.

여혜자·소순구·김무열(2011), 「할미꽃속의
신잡종: 연변할미꽃(*Pulsatilla* × *yanbianensis* H.
Z. Lv)」, 『한국식물분류학회지』41: 365~369.

오병운·조동광·김규식·장창기(2005), 『한반도
특산 관속식물』, 국립수목원.

오용자(2006), 『한국동식물도감 제 41권
식물편(외떡잎식물: 사초과)』, 교육인적자원부.

오용자·김성민·이창숙(2011),
「가는물달개비(물옥잠과): 한반도 미기록
식물」, 『한국식물분류학회지』41: 47~50.

유기억·장수길(2013), 『특징으로 보는 한반도
제비꽃』, 지성사.

이경화·양지영·T. Morita·M. Ito·박재홍(2004),
「형태형질에 의한 동아시아산 민들레속 2배체
식물의 유연관계」, 『한국식물분류학회지』34:
153~166.

이남숙(2011), 『한국의 난과 식물도감』,
이화여자대학교출판부.

이로영(2012), 「한국산 물레나물속(물레나물과)의
분류학적 연구」, 충북대학교 석사학위 논문.

이병윤·남기흠·이지연·박찬호·임채은·김민하·이
상준·노태권·임진아·한정은·김중현(2011),
『국가 생물종 목록집(관속식물)』,
국립생물자원관.

이상룡·허경인·이상태·유만희·김용성·이준선·
김승철(2013), 「외부형태와 종자의 미세구조에
의한 한국산 바늘꽃족(바늘꽃과)의 분류학적
연구」, 『한국식물분류학회지』43: 208~222.

이상용·권천중·김태진·서영배·최청일(1999),

「서식지에 따른 왕거머리말(*Zostera asiatica* Miki, Zosteraceae)의 형태적 특성」, 『한국환경생물학회지』 17: 503~512.

이상용·권천중·최청일(2000), 「동해안에서 자생하는 거머리말속(*Zostra*, Zosteraceae) 식물의 분포와 생육지 환경」, 한국수산과학회지 33: 501~507.

이영노(2000), 「한국산 할미꽃속 식물」, 『한국식물연구원보』 1: 9~15.

이영노(2000), 「한국산 향유속 식물」, 『한국식물연구원보』 1: 48~54.

이영노(2002), 「두 가지 한국 미기록종– Saedeulkkae(새들깨), Jomjureumjogaepul(좀주름조개풀)」, 『한국식물연구원보』 2: 26~27.

이영노(2004), 「Ⅰ. 새로운 한국 식물–11. 부산꼬리풀 *Veronica pusanensis* Y. Lee sp. nov.」, 『한국식물연구원보』 4: 16~17.

이영노(2006), 『새로운 한국식물도감』 Ⅰ, Ⅱ, 교학사.

이영노·이경아(2000), 「한국산 연화바위솔속 식물」, 『한국식물연구원보』 1: 31~47.

이우철(1996), 『(원색)한국기준식물도감』, 아카데미서적.

이우철(1996), 『한국식물명고』, 아카데미서적.

이유미·박수현·정수영·오승환·양종철(2011), 「한국 내 귀화식물의 현황과 고찰」, 『한국식물분류학회지』 41: 87~101.

이유미·박수현·정수영·윤석민(2009), 「한국 미기록 귀화식물: 톱니대극(*Euphorbia dentate* Michx.)과 왕관갈퀴나물(*Securigera varia* (L.) Lassen)」, 『한국식물분류학회지』 39: 114~119.

이유미·박수현·정재민(2005), 「한국 미기록 귀화식물: 긴털비름(*Amaranthus hybridus*)과 나도민들레(*Crepis tectorum*)」, 『한국식물분류학회지』 35: 201~209.

이유미·박수현·최형선·양종철·남기흠·정규영·최혁재(2009), 「달마산과 그 인근지역의 식물상 연구」, 『한국환경생태학회지』 23: 1~21.

이유미·양종철·박수현·이혜정·이정희(2008), 「한국 미기록 귀화식물 나도솔새(*Andropogon viginicus* L.)와 누운땅빈대(*Euphorbia postrata* Aiton)」, 『한국임학회 학술발표논문집』. pp. 186~187.

이창복(1980), 『대한식물도감』, 향문사.

이창숙·정미숙·정영순·이남숙(2009), 「미기록 비너스거울속(초롱꽃과)」, 『한국식물분류학회지』 39: 233~236.

이혜정·이유미·김종환·조양훈(2009), 「한국 미기록 귀화식물: 산방백운풀」, 『한국식물분류학회지』 39: 304~308.

이혜정·이유미·박수현·강영식(2008), 「한국 미기록 귀화식물인 유럽조밥나물(*Hieracium caespitosum* Dumort.)과 진홍토끼풀(*Trifolium incarnatum* L.)」, 『한국식물분류학회지』 38: 333~343.

이혜정·정수영·박수현·윤석민·양종철(2014), 「한국 미기록 외래식물: 산형나도별꽃, 갈퀴지치」, 『한국식물분류학회지』 44: 276~280.

임록재(1996~2000), 『조선식물지: 2판 10권호』, 과학기술출판사.

임용석(2010), 「한국산 수생식물의 분포 특성」, 순천향대학교 박사학위 논문.

임형탁·김규식·오병운(2008), 「웅단사초(*Carex miyabei* Franchet.; Cyperaceae)와 그 분포」, 『한국식물분류학회지』 38: 539~545.

장진·정규영(2011), 「한국산 금방망이속(*Senecio* L.)과 근연분류군(국화과)의 체세포 염색체수」, 『한국식물분류학회지』 41: 113~118.

장창석(2016), 「동북아시아산 골풀속(골풀과)의 계통분류학적 연구」, 충북대학교 박사학위 논문.

장현도(2016), 「동북아시아 현삼속(현삼과)의 분류학적 연구」, 충북대학교 박사학위 논문.

전의식(1993), 「새로 발견된 귀화식물(4):

애기범부채와 냄새명아주」,『자생식물』26: 322~323.

전의식(2000),「새로 발견된 귀화식물: 일시 귀화했다 사라진 것으로 보이는 부채갯메꽃: 학명 *Ipomoea pes-caprae* Sweet 영명 beach morning-glory」,『자생식물』51: 11~11.

정규영·김윤식(1991a),「한국산 개미취속(*Aster* L.) 및 근연분류군의 관모 형태에 관한 분류학적 연구」,『한국식물분류학회지』21: 197~209.

정규영·김윤식(1991b),「한국산 개미취속(*Aster* L.) 및 근연분류군의 화탁 형태에 관한 분류학적 연구」,『한국식물분류학회지』21: 229~238.

정규영·김윤식(1993a),「한국산 개미취속(*Aster* L.) 및 근연분류군의 두상화서 형태에 관한 연구」,『한국식물분류학회지』23: 105~118.

정규영·김윤식(1993b),「한국산 개미취속(*Aster* L.) 및 근연분류군의 해부적 형질에 의한 분류학적 연구」,『한국식물분류학회지』23: 119~130.

정규영·장계선·정재민·최혁재·백원기·현진오 (2017),「한반도 특산식물 목록」, 『한국식물분류학회지』47: 264~288.

정금선(2011),「한국·일본산 갈퀴덩굴속(*Galium* L.)의 계통분류 및 계통지리학적 연구」, 경북대학교 박사학위 논문.

정금선·박재홍(2012),「분계분석을 이용한 한국산 갈퀴덩굴(*Galium* L.) 식물의 외부형태학적 연구」,『한국식물분류학회지』42: 1~12.

정대희·정규영(2015),「한국산 마속(마과)의 외부형태형질에 의한 분류학적 연구」, 『한국식물분류학회지』45: 380~390.

정수영(2014),「침입외래식물(IAP)의 국내 분포특성 연구」, 안동대학교 박사학위 논문.

정수영·이유미·박수현·김종환·조양훈(2009), 「한국 미기록 벼과 귀화식물: 유럽육절보리풀과 처진미꾸리광이」,『한국식물분류학회지』39: 309~314.

정수영·이유미·박수현·양종철·장계선(2011),

「한국 미기록 벼과 식물: 애기향모 (*Anthoxanthum glabrum* (Trin.) Veldkamp)와 큰개사탕수수(*Saccharum arundinaceum* Retz.)」,『한국식물분류학회지』41: 81~86.

정수영·이유미·박수현·윤석민·양종철 (2010), 「애기마디풀(*Polygonum plebeium* R. Br.; Polygonaceae)」,『한국식물분류학회지』40: 247~250.

정수영·이준우·권영한·신현탁·김상준·안종빈·허 태임(2016),『한국 침입 외래식물의 이해』, 산림청·국립수목원.

정수영·정규영(2008),「한국산 포아풀속의 소수 형태에 의한 분류학적 연구」, 『한국식물분류학회지』38: 377~502.

정수영·홍정기·박수현·양종철·윤석민·강영식 (2015),「미기록 외래식물: 세열미국쥐손이 (쥐손이풀과), 유럽패랭이(석죽과)」, 『한국식물분류학회지』45: 272~277.

정영재(1993),「한국산 명아주과 식물의 분류학적 연구」, 성균관대학교 박사학위 논문.

정영재·이정희·박재읍·안준철·백원기(2001), 「명아주속(명아주과)의 분류학적 검토-외부형태학적 형질을 중심으로」, 『한국잡초학회지』21: 229~235.

정종덕(2010),「한국산 고랭이속(사초과)의 계통분류학적 연구」, 아주대학교 박사학위 논문.

정종덕·최홍근(2011),「한국산 광의의 고랭이속(사초과)의 분류학적 연구 1. 매자기속, 큰고랭이속, 올챙이골속, 고랭이속, 애기황새풀속의 형태적 특성」, 『한국식물분류학회지』41: 16~34.

조성현·김영동(2012a),「외부형태와 ITS 염기서열에 기초한 한국산 비짜루속 식물의 분류학적 고찰」,『한국식물분류학회지』42: 185~196.

조성현·김영동(2012b),「한국 미기록 귀화식물: 마늘냉이(십자화과)」,『한국식물분류학회지』

42: 278~281.

조양훈·김종환·박수현(2016), 『벼과·사초과
생태도감』, 지오북.

지성진(2013), 「한국산 사초속
왕비늘사초절(사초과)의 계통분류학적 연구」,
충북대학교 박사학위 논문.

지성진·박수현·이유미·이철호·김상용(2011),
「한국 미기록 귀화식물: 아메리카대극과
털땅빈대」, 『한국식물분류학회지』 41:
164~170.

지성진·양종철·정수영·장진·박수현·강영식·오승
환·이유미(2012), 「한국 미기록 귀화식물:
솔잎해란초와 유럽광대나물」,
『한국식물분류학회지』 42: 91~97.

지성진·정수영·홍정기·황희숙·박수현·양종철·장
계선·오승환·이유미(2014), 「한국 미기록
귀화식물: 미역취아재비와 미국풀솜나물」,
『한국식물분류학회지』 44: 13~17.

최경수·박선주(2012), 「한국산 피막이속
(Hydrocotyle L.) 식물의 분자계통학적 연구」,
『한국자원식물학회지』 25: 490~497.

최인수·김소영·최병희(2015), 「한국산 황기속의
분류학적 재검토」, 『한국식물분류학회지』 45:
227~238.

최일기·이은희(2008), 「인간의 영향에 따른
도시지역 식물종의 분포 패턴 및 특성」,
『한국환경생태학회지』 22: 505~513.

최지은·김중현·홍정기·김진석(2016), 「한국
미기록 귀화식물: 미국갯마디풀(마디풀과)과
끈적털갯개미자리(석죽과)」,
『한국식물분류학회지』 46: 326~330.

최혁재(2009), 「한국 및 중국 동북부산
부추속(부추과)의 계통분류학적 연구」,
충북대학교 박사학위 논문.

최혁재·박수현·양종철·이유미·고정은·홍석표
(2008), 「한반도 미기록 식물:
시베리아여뀌(마디풀과)」,
『한국식물분류학회지』 38: 63~68.

최혁재·오병운·장창기(2003), 「부추속(부추과)
미기록 식물 1종: 강부추」,
『한국식물분류학회지』 33: 295~301.

최혁재·장주은·정선우·T. Shiga(2014), 「한반도
미기록식물: 긴동아물수세미」,
『한국식물분류학회지』 44: 77~80.

최홍근(2000), 『수생관속식물』, 생명공학연구소.

한경숙·조현·김무열(2015),
「제비꽃속(제비꽃과)의 미기록 변종:
흰들제비꽃(Viola betonicifolia var. albescens
(Nakai) F. Maek. & T. Hashim.)」,
『한국식물분류학회지』 45: 173~177.

한국자생식물보존회(2007), 「본회, 남한 최초로
가는털백미꽃 자생지 발견」, 『자생식물』 64:
8~8.

한정은·최병희(2008), 「콩과 싸리속 귀화식물 2종:
자주비수리와 큰잎싸리」,
『한국식물분류학회지』 38: 547~555.

허경인(2008), 「한국산 광의의 양지꽃속(Potentilla
s.l.)의 계통분류학적 연구(장미과)」,
성균관대학교 박사학위 논문.

홍정기·김종환·김중현·최지은·김진석(2016),
「한국 미기록 외래식물:
털다닥냉이(십자화과)와 들괭이밥(괭이밥과)」,
『한국식물분류학회지』 46: 331~335.

홍정기·박수현·이유미·오승환·정수영·이봉식
(2012), 「한국 미기록 귀화식물:
전호아재비(산형과)와 봄나도냉이(십자화과)」,
『한국식물분류학회지』 42: 171~177.

황희숙(2012), 「열매특성에 따른 Rumex patientia
L. 부령소리쟁이(Polygonaceae)의 재검토」,
『한국식물연구회지』 49: 25~31.

Austin, D. F.(1986), "Nomenclature of the *Ipomoea nil* complex(Convolvulaceae)", *Taxon* 35: 355~358.

Austin, D. F., Z. Huáman(1996), "A synopsis of *Ipomoea* (Convolvulaceae) in the Americas", *Taxon* 45: 3~38.

Cho, Y., J. Kim, J. E. Han, B. Lee(2016), "Vascular plants of Poaceae (I) new to Korea: *Vulpia bromoides* (L.) Gray, *Agrostis capillaris* L. and *Eragrostis pectinacea* (Michx.) Nees", *Journal of Species Research* 5: 14~21.

Costea, M., G. L. Nesom, S. Stefanović(2006), "Taxonomy of the *Cuscuta pentagona* complex (Convolvulaceae) in north America", *Sida* 22: 151~175.

Costea, M., I. Spence, S. Stefanović(2011), "Systematics of *Cuscuta chinensis* species complex (subgenus *Grammica*, Convolvulaceae): evidence for long-distance dispersal and one new species", *Organisms Diversity & Evolution* 11: 373~386.

DiTommaso, A., D. R. Clements, S. J. Darbyshire, J. T. Dauer(2009), "The biology of Canadian weeds. 143. *Apocynum cannabinum* L." *Canadian Journal of Plant Science*, 89: 977~992.

Dkhar, J., S. Kumaria, S. Rama Rao, P. Tandon(2010), "Molecular phylogenetics and taxonomic reassessment of four Indian representatives of the genus *Nymphaea*", *Aquatic Botany* 93: 135~139.

Editorial Committee of the *Flora of Taiwan*(eds.) (1993-2003), Flora of Taiwan 2nd ed. 6 Vols., Department of Botany, National Taiwan University, Taipei.

Eiten, G.(1955), "The typification of the names '*Oxalis corniculata* L.' and '*Oxalis stricta* L.'", *Taxon* 4: 99~105.

EPPO(2011), "*Ludwigia grandiflora* and *L. peploides* Onagraceae-water primroses", *EPPO Bulletin* 41: 414-418.

Flora of China Editorial Committee(eds.)(1994⁺), *Flora of China* 10⁺ Vols., Missouri Botanical Garden Press, Ltd., St. Louis.

Flora of Korea Editorial Committee(eds.)(2007), *The Genera of Vascular Plants of Korea*, Academy Publishing Co., Seoul.

Flora of North America Editorial Committee(eds.) (1993⁺), *Flora of North America North of Mexico* 7⁺ Vols., New York and Oxford.

Freitag, H., M. Lomonosova(2006), "Typification and identity of *Suaeda crassifolia, S. Prostrata* and *S. salsa*, three often confused species of *Suaeda* sect. *Brezia* (Chenopodiaceae, Suaedoideae)", *Willdenowia* 36: 21~36.

Gu, H., P. C. Hoch(1997), "Systematics of *Kalimeris* (Asteraceae: Astereae)", *Annals of the Missouri Botanical Garden* 84: 762-814.

Hsu, T.-W., K.-H. Wang, T.-Y. Chiang(2006), "*Ipomoea purpurea* (L.) Roth (Convolvulaceae), a species of the *I. nil* complex, newly naturalized in Taiwan", *BioFormosa* 41: 19~22.

Hyun, J.-O., Y. Lim, H. Shin(2003), "Validation of *Orobanche filicicola* (Orobanchaceae) from Korea", *Novon* 13: 64~67.

Iwatsuki, K., T. Yamazaki, D. E. Boufford, H. Ohba(eds.)(1993⁺), *Flora of Japan* 3⁺ Vols., Kodansha, Tokyo.

Jung, S.-Y., S.-H. Park, H.-S. Hwang, K.-S. Chang, G.-H. Nam, Y.-H. Cho, J.-H. Kim(2013), "Three newly recorded plants of South Korea: *Muhlenbergia ramosa* (Hack. ex Matsum.) Makino, *Dichanthelium acuminatum* (Sw.) Gould & C.A. Clark and *Rottboellia cochinchinensis* (Lour.) Clayton",

Journal of Asia-Pacific Biodiversity 6: 397~406.

Kim, C.-S., J. Lee, I.-Y. Lee, Y.-W. Han(2013), "A newly naturalized species in Korea, *Pennisetum flaccidum* Griseb. (Poaceae)", *Journal of Species Research* 2: 223~226.

Kozhevnikov, A. E., Z. V. Kozhevnikova, M. Kwak, B. Y. Lee(2015), *Illustrated flora of the southwest Primorye (Russian far east)*, National Institute of Biological Resources.

Kuo, J., Z. Kanamoto, H. Iizumi, H. Mukai(2006), "Seagrasses of the genus *Halophila* Thouars (Hydrocharitaceae) from Japan", *Acta Phytotaxonomica et Geobotanica* 57: 129~154.

Lee, J., C.-S. Kim, I.-Y. Lee, Y.-W. Han(2013), "First records of *Paspalum notatum* Flügge and *P. urvillei* Steud. (Poaceae) in Korea", *Journal of Species Research* 2: 79~84.

Lepschi, B. J.(1996), "*Solanum sarrachoides* Sendtn.-a new alien *Solanum* in Australia", *Journal of the Adelaide Botanic Gardens* 17: 157~159.

Les, D. H., D. J. Crawford(1999), "*Landoltia* (Lemnaceae), a new genus of Duckweeds", *Novon* 9: 530-533.

Li, C.-Y., C.-M. Wang(2012), "*Anoda cristata* (L.) Schltdl. (Malvaceae), a newly naturalized plant in Taiwan", *Quarterly Journal of Forest Research* 34: 263~268.

Lidén, M.(1996), "New taxa of tuberous Corydalis (Fumariaceae)", *Willdenowia* 29: 23~35.

Lim, Y., J.-O. Hyun, H. Shin(2003), "*Aster pseudoglehni* (Asteraceae), a new species from Korea", *Journal of Japanese Botany* 78: 203~207.

Lim, Y., J.-O. Hyun, Y.-D. Kim, H. Shin(2005),

"*Aster chusanensis* (Asteraceae), a new species from Korea", *Journal of Plant Biology* 48: 479~482.

Nesom, G. L.(2009), "Taxonomy of yellow-flowered caulescent *Oxalis* (Oxalidaceae) in eastern north America", *Journal of the Botanical Research Institute of Texas* 3: 727~738.

Ohashi, H., J. Murata, K. Iwatsuki(2008), *New Makino's Illustrated Flora of Japan*, The Hokuryukan Co., Ltd. Tokyo. (in Japanese).

Ohwi, J.(1965), *Flora of Japan*, Smithsonian Institution: Washington D.C.

Osada, T.(1976), *Colored Illustrations of Naturalized Plants of Japan*. Hoikusha Publishing Co., Ltd. Osaka. (in Japanese).

Pak, J.-H., K. Bremer(1995), "Phylogeny and reclassification of the genus *Lapsana* (Asteraceae: Lactuceae)", *Taxon* 44: 13~21.

Shiga, T., K. Tsubota, H. J. Choi(2017), "Actual distribution and present status of a threatened aquatic plant, *Sagittaria aginashi* (Alismataceae), in Korea", *Korean Journal Plant Taxonomy* 47: 180~188.

Shimizu, N., H. Morita, S. Hirota(2011), *Picture Book of Japanese Naturalized Plants-Plant Invader 600 Species*, Zenkoku Nouson Kyouiku Kyoukai, Tokyo. (in Japanese).

Shimizu, T.(2003), *Naturalized Plants of Japan*, Heibonsha Ltd. Tokyo. (in Japanese).

So, J. H., M. J. Kim, N. S. Lee(2011), "*Triadenum breviflorum* (Hypericaceae): First report in Korea", *Korean Journal Plant Taxonomy* 41: 246~248.

Soejima, A., M. Igari(2007), "Nomenclatural changes in *Kalimeris*: towards a revision of Asian *Aster* and Allied Genera", *Acta Phytotaxonomica et Geobotanica* 58: 97~99.

Spalik, K., S. R. Downie(2006), "The evolutionary history of *Sium* sensu lato (Apiaceae): dispersal, vicariance, and domestication as inferred from ITS rDNA phylogeny", *American Journal of Botany* 93: 747~761.

Spaulding, D. D.(2013), "Key to the dodders (*Cuscuta*, Convolvulaceae) of Alabama and adjacent sttates", *Phytoneuron* 74: 1~15.

Vašut, R. J.(2003), "*Taraxacum* sect. *Erythrosperma* in Moravia (Czech Republic): Taxonomic notes and the distribution of previously described species", *Preslia* 75: 311~338.

Volkova, P. A., A. B. Shipunov(2007), "Morphological variation of *Nymphaea* (Nymphaeaceae) in European Russia", *Nordic Journal of Botany* 25: 329~338.

Wiegleb, G.(1990), "A redescription of *Potamogeton wrightii* (Potamogetonaceae)", *Plant Systematics and Evolution* 170: 53~70.